DIE ORTHOPTEREN EUROPAS III

THE ORTHOPTERA OF EUROPE III

von

Γ HARZ & ALFRED KALTENBACH

VOLUME III

Dr. W. JUNK B.V. – PUBLISHERS – THE HAGUE 1976

SERIES ENTOMOLOGICA

EDITORS

E. SCHIMITSCHEK & K. A. SPENCER

VOLUME 12

Dr. W. JUNK B.V. – PUBLISHERS – THE HAGUE 1976

ISBN 90 6193 122 3

INHALT - CONTENTS

VORWORT-FOREWORD

Allen im Vorwort zu Band I und II angeführten Damen und Herren danke ich nochmals herzlich und ganz besonders auch wieder der Deutschen Forschungsgemeinschaft für ihre Hilfe. Ganz besonderen Dank auch wieder meiner lieben Frau, die mir unentwegt zur Seite stand und meinem lieben Freund Dr. Alfred KALTENBACH, der mir die Bearbeitung der Mantodea abnahm und sie vorzüglich durchführte, und meinem verehrten Freund, Prof. Dr. Erwin SCHIMITSCHEK, Wien für seine Hilfe, sowie meinen lieben Freunden Patricia HOLMES, Birmingham, und Michael SAMWAYS, London, für die Durchsicht der englischen Manuskriptteile.

Weil sich die Gelegenheit bot in einer Sammlung Neotypen für verschollene Typen einzusetzen, habe ich dies getan; natürlich nicht um des Neotypus willen, sondern um einwandfreies Vergleichsmaterial sicherzustellen, denn es hat sich doch wiederholt ergeben, daß seither als einwandfrei betrachtete Arten mit fortschreitender Untersuchungstechnik und Verhaltensstudien sich plötzlich in einige Arten aufspalten ließen. Selbstverständlich habe ich mich zuvor in Rundschreiben an viele Kollegen in Europa nach dem Typenverbleib erkundigt und dann Neotypen von einem dem locus typicus möglichst nah liegendem Fundort eingesetzt. Wenn diese Neotypen nicht immer "Ausnahmefälle" im Interesse der Stabilität der Nomenklatur waren, wie sie die "International Commission on Zoological Nomenclature" vorschreibt, so geschah dies aus dem angeführten Grund; eines Tages mögen sie sich doch als nützlich erweisen. Sie befinden sich alle samt allen Typen, Allotypen und Paratypen mit meiner ganzen Sammlung im Muséum d'Histoire Naturelle Genève/Genf.

KURT HARZ
D 8801 Endsee

ÜBERORDNUNG/SUPERORDER: Orthopteroidea

Die Orthopteren im weiteren Sinne sind eine heterogene Insektengruppe mit kauenden Mundwerkzeugen, homonom vielgliederigen Antennen und bei geflügelten Formen mit oft gut geaderten, meist schmalen, nicht derben Elytra und – abgesehen von den *Isoptera* – zarthäutigen Alae mit einem großen, faltbaren Analfächer; die Flügel liegen dachförmig oder flach über dem Abdomen, zuweilen sind sie völlig zurückgebildet. Die Beine sind Schreitbeine, doch sind die hinteren oft zu Sprungbeinen umgewandelt, die vorderen selten zu Fang- oder Grabwerkzeugen. Cerci sind vorhanden; Styli nur bei einigen Ordnungen. «» *Orthoptera s. lat.* are a heterogeneous group of insects. The mouth-parts are masticators; the antennae ± homonomous and filiform (thread-like); in air-worthy forms the tegmina are mostly well veined, narrow, slightly sclerotised, alae – apart from *Isoptera* – soft with a big foldable anal-fan. Tegmina and alae lying flat or rooflike on the abdomen, sometimes they are reduced or absent. The legs are suitable for walking and climbing, the fore legs are sometimes modified for catching other animals or digging, the hind ones often for jumping. Cerci present; styli in some orders only.

Schlüssel zu den Ordnungen «» Key to the orders

1. Hinterbeine ohne verdickte Femora, nicht zum Springen geeignet; europäische Arten ohne Stridulationsorgane «» Hind legs without thickened femora, not modified for jumping; European species without stridulating organs 3
- Hinterbeine mit verdickten Femora, falls nicht sprungfähig, dann sind sie doch länger und dicker als die anderen Femora; mit verschiedenen Stridulationsorganen versehen «» Hindlegs with thickened femora, if not able for jumping, then longer and thicker than the other femora; with various stridulating organs 2
2. Antennen körperlang und länger «» Antennae as long as the body or longer . . . . *Enisfera*, volume I
- Die Antennen sind kürzer als der Körper «» Antennae shorter than the body . . . . *Caelifera*, volume II
3. Die Vorderbeine sind keine Fangbeine «» The fore legs are not modified for catching 4
- Die Vorderbeine sind ausgesprochene Fangbeine (1, 2) «» The fore-

TAFEL 1

1. *Mantis religiosa* L., ♀ in Abwehrstellung. Aus K. HARZ 1960
2. *Mantis religiosa* L., ♀, linkes Vorderbein von außen. Aus K. HARZ 1960
3. *Bacillus rossius* (ROSSIUS), ♀, Spanien, Port Bou, 28.V.1966, H. ECKERLEIN leg., coll. m.

4-7. *Forficula auricularia* L., aus K. HARZ 1960

4. ♂, Cerci f. macrolabia
5. ♂, Cerci der f. brachylabia
6. ♀, Cerci von oben.
7. ♀, von oben gesehen
8. *Ectobius lapponicus* L., ♂, aus K. HARZ 1960
9. *Blatta orientalis* L., ♀, aus K. HARZ 1960
10. *Reticulitermes lucifugus* (ROSSIUS), Arbeiter, Spanien, Totana, Collado Bermejo, 1280 m, 24.V.1969, U. EITSCHBERGER leg.

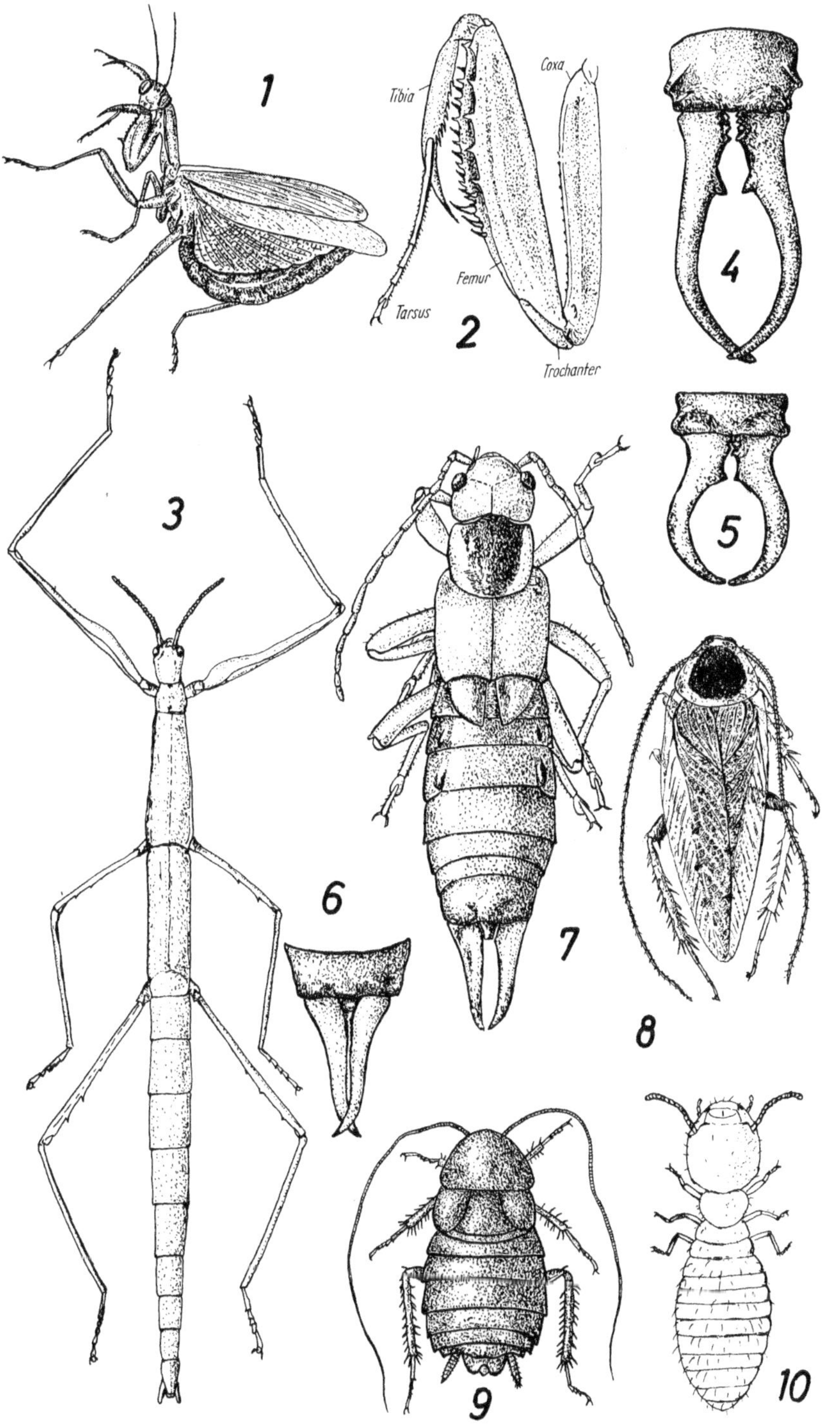
1
Tibia
Coxa
Femur
Tarsus
2
Trochanter
3
4
5
6
7
8
9
10

legs are modified into conspicuous catching legs (1-2) ....
Mantodea, p. 129

4. Der Körper ist nicht dünn und langgestreckt «» The body is not thin and long 5
– Der Körper ist dünn und lang (3) «» The body is thin and long (3) . .
Phasmoptera, p. 12

5. Die Cerci sind aus 2 und mehr Gliedern zusammengesetzt, nicht zangen- oder pinzettenförmig «» The cerci with two or more segments, not pincer- or tweezerlike 6
– Die aus einem Glied bestehenden Cerci sind starr, zangen- oder pinzettenförmig (4-7) «» Cerci one-segmented, inflexible, pincer- or tweezer-like (4-7) ....
Dermaptera, p. 31

6. Körper dorso-ventral ± abgeflacht; die Antennen sind körperlang oder länger (8-9) «» Body ± flattened dorso-ventrally; antennae as long as the body or longer (8-9) ....
Blattoptera, p. 169
– Körper ± zylindrisch; die Antennen sind kürzer oder wenig länger als der Kopf (10) «» Body ± cylindrical; antennae shorter or somewhat longer than the head (10) ....
Isoptera, p. 306

ORDNUNG/ORDER: PHASMOPTERA

(*Phasmida, Cheleutoptera*), Gespenstheuschrecken, Stabheuschrecken «» Stick insects.

Mittelgroße (etwa 5 cm) bis große (30 cm) Landinsekten mit meist stabförmigem, seltener blattartigem Körper. Der Kopf ist prognath, die Mundwerkzeuge kauend; die Antennen sind ± fadenförmig, bei den europäischen Arten durchwegs kurz. Der Prothorax ist kurz, Meso- und Metathorax sind meist verlängert, zumal ersterer. Das langgestreckte Abdomen besteht aus 10 Segmenten, von denen das 1. mit dem Metathorax verwachsen ist (Median- oder Mittelsegment, das dazugehörige Sternum ist zurückgebildet oder mit dem Metathorax verschmolzen), eine trennende Quernaht ist meist deutlich zu sehen. Die Cerci sind eingliederig; die Subgenitalplatte trägt keine Styli. Die Genitale des ♂ sind asymmetrisch, ♀ haben einen aus drei Valvenpaaren bestehenden Legeapparat. Die im Gebiet auftretenden Arten sind apter. Die Beine sind lang und dünn und einander recht ähnlich, nur die Vorderfemora sind basal zur Aufnahme des Kopfes in Ruhestellung innen ausgerandet (11); die Hüften sind gut voneinander getrennt; die Tarsi sind bei den behandelten Arten 5gliederig. Die bekannten, etwa 2500 Arten leben überwiegend in den Tropen, in der Paläarktis nur etwa 40 Arten, die aber den 45°n.Br. nur in N-

Amerika im Bereich der großen Seen überschreiten «» Medium sized (about 5 cm) to big (30 cm) land insects with stick-like body. The head is prognathous, the mouth-parts are masticators, the antennae ± filiform, in the European forms always short. The Prothorax is short, meso- and metathorax long, especially the former one. The elongated abdomen is ten-segmented, the 1st of which fused with the metatthorax (the so called median- or middle-segment, the sternum of which is reduced or entirely fused with the metathorax), a fine suture indicates the border between them dorsally. The Cerci consist of one segment only; subgenitalplate without styli. The genitalia of the ♂ are asymmetric, the ♀ has an ovipositor comprised of three pairs of valves. The species living in Europe are apterous. The legs are long and thin and similar to each other, only the fore femora are emarginated basally (11), in resting specimens the head fits in this emargination; the coxae are well separated from each other; the tarsi have 5 segments in the species dealt with. The metamorphosis is paurometabolous. There are about 2500 species, most of them living in the tropics, about forty in the Palaearctic region, but they cross the 45°lat.N. with a few species only in N. America in the terrtory of the big lakes.

Schlüssel zu den Familien «» Key to the families

1. Tibien mit ventralem Mittelkiel, der sich apikal gabelt und so ein etwa dreieckiges Feld (*Area apicalis*) umfaßt (12) «» The ventral medial keel of the tibiae forks out apically and its branches enclose an almost triangular area (*area apicalis*; 12) . . . . *Phyllidae*, p. 13
– Tibiae distal auf der Unterseite ohne Area apicalis «» Tibiae without such an area apicalis ventrally at the apex . . . . *Phasmatidae*, p. 25

FAMILIE/FAMILY: PHYLLIDAE

Von dieser Familie kommen in Europa nur Vertreter der Unterfamilie *Bacillinae* vor «» In Europe there are only a few representatives of the subfamily Bacillinae.

UNTERFAMILIE/SUBFAMILY: BACILLINAE

Der Körper ist schlank und stabförmig. Der Kopf ist leicht depress (13), seine Nähte sind höchstens als feine Linien sichtbar; der Vertex ist lang, proximal oft jederseits mit einer Längsfurche (Lateralsutur) versehen; die Augen sind relativ klein, Ocelli fehlen; der Clypeus ist von der Stirn gut abgegrenzt, das zweilappige Labrum ist beweglich inseriert; die kurzen Antennen sind am Vorderrand des Vertex zwischen den Augen eingelenkt, ihre Gliedzahl variert meist auch innerhalb der Art etwas, sie sind immer kürzer als die Vorderfemora; die Maxillarpalpi sind 5-, die Labialpalpi 3 gliederig. Das Pronotum hat nur leistenförmige Paranota, das Mesonotum übertrifft es weit an Länge; das Trochantin ist im Meso- und Metathorax lang und spangenförmig und ermöglicht so den Beinen in Ruhelage die typische Stellung. Am Abdomen sind nur 9 freie zylindrische Segmente erkennbar, weil eben das 1. mit dem Metanotum verwachsen ist; das Epiproct (11. Tergum) und die Paraproctes sind klein; die Subgenitalplatte wird beim ♂ vom 9. Sternum gebildet, seine Genitale bestehen außer dem Phallus aus einem linken Genitalfortsatz und das 10. Sternum ist zu einem Sklerit, dem Vomer oder Penis accesorius umgewandelt; beim ♀ bildet das 8. Sternum die Subgenitalplatte, sie ist meist fast kahnförmig und oft erreicht oder überragt sie den Abdomenapex; in ihr liegen die drei nur schwach sklerotisierten Gonapophysenpaare, von denen zuweilen die dorsalen Valven zurückgebildet sein können (*Bacillus*). Apter. Die Angehörigen dieser Unterfamilie sind über Afrika, Madagaskar und das Mittelmeergebiet verbreitet «» Body slender, stick-like. Head slightly depressed (13), its sutures at most visible as fine lines; vertex long, often with a longitudinal furrow (lateral suture) on each side proximally; eyes relatively small, ocelli absent; clypeus well limited to the frons, the bilobate labrum is movable articulated; the short antennae are inserted between the eyes at the fore-margin of the vertex, their segments are of varied numbers, also in the species, always they are shorter than the fore-femora; maxillar palpi with 5, labial palpi with 3 segments. Pronotum with ridge-like paranota; the mesonotum much longer than it; the trochantin is long and narrow so enabling the typical position of legs in resting speciments. Since the 1st segment of the abdomen is fused with the metanotum there are 9 other ones visible only, epiproct (11th tergite) and paraproctes small; the ♂ subgenital plate is formed by the 9th sternite, the ♂ genitalia consist of the phallus and the left genital process, the 10th sternite is modified into a sclerite, the so-called vomer or penis accesorius; the ♀ subgenital plate is formed by the 8th sternite, it is mostly almost boat-like and reaches often or overtops the apex of abdomen; in it are situated the 3 weakly sclerotised pairs of gonapophyses, the dorsal valves of which are reduced sometimes (*Bacillus*). Apterous. The species of this subfamily are spread over Africa, Madagascar and the mediterranean zone.

Schlüssel zu den Gattungen «» Key to the genera

1. Die Antennen sind beim ♂ so lang wie das Mesonotum, ± 20 gliederig, beim ♀ mit 20-25 Gliedern (14, 15, 25), der Vomer ist krallenförmig ausgebildet (16) «» Antennae in ♂ as long as the mesonotum, ± 20 segmented, in ♀ with 20-25 segments (14, 15, 25); vomer claw-like (16) . . . .
Bacillus LATR., p. 15
– Die Antennen des ♂ sind kürzer als das Mesonotum, 12-15 gliederig, beim ♀ mit 11-13 Gliedern; der Vomer ist recht klein und liegt in einer Längsrinne «» Antennae in ♂ shorter than the mesonotum, 12-15 segmented, in ♀ with 12-13 segments; vomer small, lying in a longitudinal groove . . . .
Clonopsis PANT., p. 24

Gattung/Genus: Bacillus ST. FARG et SERVILLE 1825

(Enc. Méth., Ins. 10:446; typus generis: *B. rossius f. redtenbacheri* PADEW. 1899)

Wie in der Beschreibung der Unterfamilie, aber durch folgende Merkmale gekennzeichnet; Der Kopf ist proximalwärts kaum bis schwach verschmälert; der Vertex ist vom Pronotumvorderrand bis zur kurzen Stirn fast waagrecht (13), die Antennen sind 20-25 gliederig. Das Pronotum ist länger als breit (17), glatt bis gekörnt oder wenig länger als breit und gekörnt (18), zuweilen vorn und hinten aufgebogen; Meso- und Metanotum sind stark verlängert (3), mit feinem Längskiel in der Mitte, gleichfalls glatt bis gekörnt; Metasternum beim ♂ mit geschlossenem (19), beim ♀ mit breitem Zwischenraum. Die Subgenitalplatte des ♂ ist hinten fast oval und am Apex kurz ausgerandet (20), beim ♀ konvergiert sie apikal, ist am Apex kurz verrundet und überragt nicht den Abdomenapex. Der Vomer ist gut entwickelt (16). Das 10. Tergum ist beim ♂ apikal etwa dreieckig ausgerandet (21), beim ♀ breit verrundet; das 9. Sternum des ♀ ist apikal leicht bis ziemlich tief ausgerandet (22). N-Afrika, S-Europa «» As in the description of the genus, but characterised by the following marks. Head hardly or slightly narrowed proximalwards, the vertex almost level from the fore-margin of the pronotum to the short frons (13), antennae 20-25 segmented. Pronotum longer than wide (17), smooth to granulated or weakly longer than wide und granulated (18), sometimes upcurved anteriorly and posteriorly; meso- and metanotum strongly elongated (3), with a fine longitudinal keel in the middle, likewise smooth to granulated; metasternum in ♂ with closed interspace (19), in ♀ with a wide one. ♂ subgenital plate almost oval poste-

TAFEL 2

11-17. *Bacillus rossius* (ROSSIUS)
11. ♀, linke Vordertibia von oben gesehen; Dalmatien, Curzola, 8.V.1934, NATTERER leg., Nat. Hist. Mus. Wien
12. ♀, linke Posttibia, Apex mit der Area apicalis, von unten; Spanien, Port Bou, 28.V.1966, H. ECKERLEIN leg., coll. m.
13. ♀, Kopf von links; ex coll. FIEBER in coll. BR., Nr. 9372, Nat. Hist. Mus. Wien
14. ♀, linke Antenne von oben gesehen; Dalmatien, Curzola, TÄUBEL leg., Nat. Hist. Mus. Wien
15. ♀, linke Antenne von oben gesehen; Curzola, wie in Fig. 11.
16. ♂, Abdomenapex, die Subgenitalplatte ist abwärtsgezogen, der Vomer aufgebogen, C = Cercus; J. REDTENBACHER leg., coll. BR. 4724, Nat. Hist. Mus. Wien
17. Pronotum eines ♂ von oben, wie zuvor.
18. *Bacillus atticus* BR., ♀, Pronotum von oben gesehen; S-Dalmatien, Nat. Hist. Mus. Wien
19-21. *Bacillus rossius* L., alle im Nat. Hist. Mus. Wien
19. Thorakalsterna ♂, Pr = Pronotum, Ms = Mesonotum, Mt = Metanotum, 2. St = 2. Sternum; wie in Fig. 16
20. ♂, Subgenitalplatte von unten gesehen; wie in Fig. 16
21. ♂, 10. Tergum mit Cerci von oben gesehen; wie in Fig. 16
22. *Bacillus atticus* BR. ♀, Abdomenapex von unten links gesehen, C = Cercus, Ep. = Epiproct, P = Paraproct, 9. St = 9. Sternum; S-Dalmatien, Nat. Hist. Mus. Wien
23. *Bacillus atticus* BR., ♀, Pronotum von rechts; wie zuvor
24. *Bacillus cyprius* UV., Apex des linken Mittelfemurs von außen; aus B. P. UVAROV 1936
25-29. *Bacillus rossius* (ROSSIUS), alle im Nat. Hist. Mus. Wien
25. ♀, Kopf von oben; wie in Fig. 11
26. ♂, linke Antenne von oben gesehen; wie in Fig. 14
27. ♂, Kopf und Pronotum von links; wie zuvor
28. ♀, Pronotum von links, 1. Ep. = 1. Episternum, 1. Epm. = 1. Epimerum; Lenga, 20.VII.1914, ex coll. H. KARNY
29. ♀, 7. Sternum ventral, der Pfeil zeigt auf das Präoperkularorgan; Istrien, Rovinj, 1.VII.1961, A. KALTENBACH leg

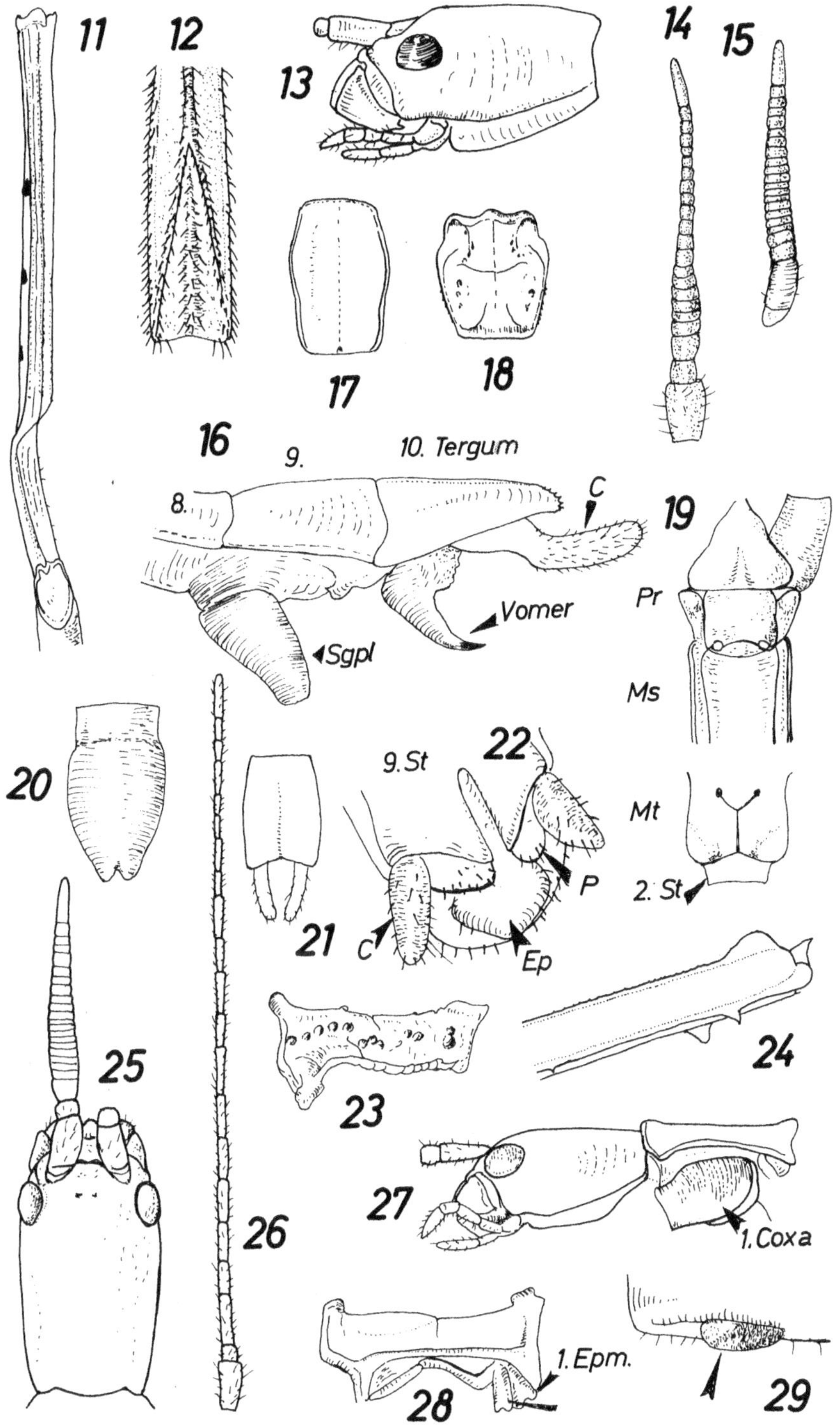
11
12
13
14
15
17
18
16
8.
9.
10. Tergum
C
Vomer
Sgpl
19
Pr
Ms
Mt
2. St
20
21
9. St
22
P
C
Ep
23
24
25
26
27
1. Coxa
28
1. Epm.
29

riorly and with a short emargination at the apex (20), in ♀ converging apically, apex shortly rounded, not overtopping the apex of the abdomen; vomer well developed (16). 10th tergum in ♂ about triangularly emarginated apically (21), in ♀ broadly rounded; 9th sternum in ♀ slightly to rather deeply emerginated (22). N. Africa, S. Europe.

Schlüssel zu den Arten «» Key to the species

1. Pro- und Mesonotum glatt oder schwach und fein granuliert; die Mittelfemora überragen meist deutlich das Median-Segment «» Pro- and mesonotum smooth or weakly and finely granulated; median femora mostly reaching beyond the median-segment . . 2

– Pro-, Meso- und Metanotum gekörnt (23); die Mittelfemora überragen das Median Segment nicht oder nur geringfügig «» Pro-, meso-, and metanotum granulated (23); the median femora mostly not or gently reaching beyond the median-segment . . . . *B. atticus* BR., p. 20

In die Nähe gehört nach B. P. UVAROV *B. cyprius*, der sich durch zwei runde Loben nahe dem Apex auf der Oberseite des Mittelfemurs unterscheidet (24) «» According B. P. UVAROV *B. cyprius* is allied to it but distinct from it by the intermediate femur bearing a pair of subapical round lobes dorsally . . . . p. 21

2. Das Verhältnis Breite: Länge (von oben gesehen; die Breite vor dem Apex gemessen) ist beim 1. Femur des ♂ etwa 1:40-43, beim ♀ etwa 1:25; der Dorsalkiel der Mittel- und Postfemora ist bei ♂ und ♀ deutlich gezähnelt und mit schwarzen Borsten versehen (immer??); Länge des Mittelfemurs beim ♂ 17,2-19, beim ♀ 12,8 «» Ratio width:length (seen from above, the width taken just before the apex) of the 1st femur in ♂ about 1:40-43, in ♀ about 1:25; the dorsal carinula of the median and hind femora in ♂ and ♀ distinctly crenulate, having black bristles (always??); middle femur in ♂ 17.2-19 mm in length, in ♀ 12.8 mm . . . . *B. tripolitanus* (HAAN), p. 20

– Das Verhältnis Breite: Länge des 1. Femurs ist beim ♂ etwa 1:35-38, beim ♀ 1:20-22, der Dorsalkiel von Mittel- und Postfemur ist bei ♂ und ♀ selten fein gezähnelt, ohne schwarze Borsten – Ratio width: length of the 1st femur in ♂ about 1:35-38, in ♀ 20-22, dorsal carinula of median and postfemur in ♂ and ♀ seldom finely denticulate, without black bristles . . . . *B. rossius* (ROSSIUS), p. 18

1. *B. rossius* (ROSSIUS) 1790 (*Mantis rossia*, Fauna Etrusca, 1:259, 2; Taf. 8, Fig. 1; Typ: verschollen; terra typica: Italien; Neotypus ♀, Spanien, Port Bou

28. V. 1966, H. ECKERLEIN leg., coll. m.; Syn.: *Mantis filiformis* PETAGNA 1792, *M. lobipes* LUCAS 1849 (= Larve), *Bacillus redtenbacheri* PADEWIETH 1899, B. CHOPARDI CAPRA 1937). Fig. 3, 11-17, 19-21, 25-34.

Der Kopf ist dorsal glatt (25), im Profil auf der Höhe des Augenhinterrandes zuweilen mit zwei getrennten dunklen Pünktchen; die kleinen Augen sind fast halbkugelig; der Clypeus ist etwa dreimal so breit wie lang, das Labrum wenig länger, das Apikalglied des Maxillarpalpus ist langkonisch, am Apex leicht verrundet, das des Labialpalpus schwach-konisch, am Apex verrundet, so lang wie die beiden vorhergehenden Glieder zusammen; die Antennen des ♂ sind ± 20 gliederig (26), der Scapus ist dorsoventral abgeflacht, das 2. Glied leicht verrundet, das 3. etwa dreimal so lang, dann verschmälern sich die Glieder ganz allmählich, das Apikalglied ist so lang wie die vorhergehenden 2-3 zusammen, im ganzen sind die Glieder schlanker als beim ♀, etwas länger behaart, zurückgelegt erreicht das Apikalglied die Mitte des Mesonotums oder dessen letztes Drittel; beim ♀ sind die Antennen 20-25 gliederig (14, 15 individuel auch weniger) und erreichen bei großen Exemplaren den Hinterrand des Pronotums. Das Pronotum (17, 27) ist gerade bis schwach gewölbt, rundum schwach gerandet, beim ♀ mit leichtem Längseindruck in der Mitte und am Vorder- und Hinterrand auch mit dunklen Fleckchen und zuweilen aufgebogen (28); Meso- und Metanotum sind fast zylindrisch und dorsal in der Mitte mit einem feinen Längskiel versehen, ventral an den Seiten leicht gerandet und besonders hier schwach und recht fein gekörnelt; das Mesonotum ist nur unbedeutend länger als das Metanotum, zuweilen aufgebogen (28); Meso- und Metanotum sind fast zylindrisch und dorsal in der Mitte mit einem feinen Längskiel versehen, ventral an den Seiten leicht gerandet und besonders hier schwach und recht fein gekörnelt; das Mesonotum ist nur unbedeutend länger als das Metanotum, zuweilen sind beide bei ♀♀ auch gut mit kleinen, glänzenden Tuberkeln besetzt; Thorakal-Sterna wie in Fig. 19, Meso- und Metasternum sind leicht gekörnelt, in der Mitte eine glasige Längslinie, die bei ♀ leicht vorspringen kann, seitlich sind sie leicht gerandet, die Pleuren sind lang und schmal. Das Metanotum ist beim ♂ 6-8 mal, beim ♀ 6-6,5 mal so lang wie das 1. Tergum; die folgenden Terga tragen seitlich meist 1-2 Längsschwielen oder Kiele; das 10. Tergum des ♂ ist an der Ausrandung verdickt und kurz bestachelt. Beim ♀ trägt das 7. Sternum vor dem Hinterrand einen stumpfen Vorsprung (29), das sogenannte Präoperkularorgan, das zur Verankerung des Vomer bei der Copula dient und auch bei grünen ♀♀ überwiegend braun gefärbt ist. Subgenitalplatte des ♂ wie in Fig. 16 und 20, beim ♀ wie in Fig. 30 und 31, das 10. Sternum des ♂ ist in einen kräftigen Vomer umgewandelt (16, 20), beim ♀ am Hinterrand leicht ausgerandet (32); der Ovipositor ist relativ kurz (30, 31), bei Larven sind die Valven flacher, auch fehlt diesen das Präoperkularorgan. Die Cerci des ♂ sind leicht gebogen (16), beim ♀ erscheinen sie von oben gesehen konisch, von unten wie in Fig. 32. Die Vorderfemora sind beim ♂ fast doppelt so lang wie das Mesonotum (etwa 22:12), beim ♀ etwa ⅓ länger, außen ventral mit 2-5 dunklen Dornen beim ♀ (11), beim ♂ ohne, nur ventral beiderseits vor dem Apex mit 2 Dörnchen; der 2. und 3. Femur trägt meist 3 dunkle Dornen auf den Ventralkanten, zuweilen sind diese leicht lappig erweitert (33) und gleichzeitig können auch am Anfang und Ende des Pronotums und am Ende von Meso- und Metanotum in der Mitte sowie auf dem 1. bis 5. Tergum Knötchen auftreten, die distalwärts immer kleiner werden; diese Variante wurde als *Mantis lobipes* LUCAS, *Bacillus rossius redtenbacheri* und schließlich als *Bacillus chopardi* beschrieben und kann überall mit der typischen Form auftreten, vielleicht gehört auch der *Bacillus cyprius* hierher. Die Tuberkel können aber auch unabhängig von den gelappten Femora auftreten und zwar bei braunen ♀♀. Die Tarsi haben kleine Pulvilli, das Arolium ist groß und so lang wie die Krallen. Grundfarbe grün oder braun in verschiedenen Abstufungen, auch grau, ♂♂ grün oder braun mit einer dunklen Seitenbinde, Meso- und Metanotum bei ♂ auch gelb bis orange mit gelbgrauen oder graubraunen Seiten, ventral wenig lichter gelb als dorsal, sonst gelblich-bräunlich mit grauen Pleuren. Die Eier sind breit eiförmig (34), apikal abgestutzt, etwa 2,25 mm lang, 1,75 mm breit. Maße: Körper ♂ 53-79, ♀ 68,5-102, Pronotum ♂ 2-2,9, ♀ 2,6-4,1, Mesonotum ♂ 10-12, ♀ 15-16, Metanotum ♂ 10,8-13, ♀ 12,5-20, Mediansegment beim ♀ 2-2,5, Vorderfemora ♂ 17,8-25, ♀ 14-23. IV-X. Ganz Südeuropa, von der Iberischen Halbinsel bis Syrien, auf vielen Mittelmeerinseln und in Algerien. Biologie: Zusammenfassung und Zitate bei L. CHOPARD 1951, besonders G. DE VICHET (+ 1974) hat die Vermehrung studiert.

2. *B. tripolitanus* (DE HAAN) 1842 (Phasma t., TEMNINCK, Verh. Orth. p. 101 note, Taf. 15, Fig. 3; Typ: Unbekannt; terra typica: Tripolitanien).
Sehr ähnlich *rossius* und von C. BRUNNER VON WATTENWYL (1882) auch mit diesem synonymisiert; ich habe zu wenig Material davon gesehen, um eine Entscheidung zu treffen, führe deshalb nur die Kennzeichen soweit sie von L. CHOPARD (1943) und J. REDTENBACHER (1908) angeführt und vor mir untersucht wurden für weitere Studien an. Die Antennen des ♂ sind 23-25 gliederig, beim ♀ verstümelt. Meso- und Metanotum sind glatt, in der Mitte mit einem leichten Längskiel versehen, beim ♀ ist dieser zuweilen nicht erkennbar. Die Beine sind im Schlüssel charakterisiert; es ist zu prüfen, ob sich bei mehr Material die Indices bewähren, die schwarzen Borsten können fehlen und die schwarzen subapikalen Dörnchen der Mittel- und Postfemora können auch bis auf das braune Spitzchen hell gefärbt sein, also genau so aussehen wie zuweilen bei *rossius* (Curzola, Jugoslawien). ♂♂ sind hell bräunlich, gelblichbraun oder licht graubräunlich, Meso- und Metanotum dorsal hellrot, fast englischrot mit seegrünen bis bläulichgrünen Seiten, auch die Pleuren sind so gefärbt, ventral gelb, ♀♀ sind braun, aber wohl auch grün. Maße: Körper ♂ 58-68, ♀ (? beim einzigen ♀ fehlt das Abdomen), Pronotum ♂ 2-3,5, ♀ 3, Mesonotum ♂ 13-14,5, ♀ 13,5, Metanotum ♂ 11-13, Mediansegment ♂ 1,2-1,6, Vorderfemur ♂ 24-25,7, ♀ 19,6, Mittelfemur ♂ 17,2-19, ♀ 19,6, Postfemur ♂ 21, ♀-. Antennen ♂ 7,5. Sizilien (Nat. Hist. Mus. Wien), Algerien, Tunis.

3. *B. atticus* BRUNNER 1882 (Prodr. Eur. Orth., p. 75; Typ: ♀ Nat. Hist. Mus. Wien; terra typica: Griechenland). Fig. 18, 22, 23, 35-37.
Seither sind von dieser Art nur ♀♀ bekannt geworden. Die schlanken Antennen (35) sind 20 bis 25 gliederig und erreichen zurückgeschlagen den Hinterrand des Pronotums, der gut aufgebogen ist (23), der Vorderrand desgleichen und springt in der Mitte etwas vor (18), mit deutlicher Querfurche vom Beginn bis zum Ende des 5. Zehntels der Gesamtpronotumlänge. Meso-

und Metanotum mit schmalem Längskiel in der Mitte und ziemlich mit Tuberkeln besetzt, seitlich gerandet und auch mit Längsschwielen; Meso- und Metasternum sind gleichfalls gut mit Tuberkeln besetzt. Das Metanotum ist etwa 7 mal so lang wie das 1. Tergum; die Terga zeigen am Hinterrand manchmal eine leichte Querschwiele, das letzte Tergum mit schwachem Mittelkiel (36). Die Subgenitalplatte konvergiert apikal und ist apikal kurz dreieckig ausgeschnitten, das Sternum davor mit Präoperkularorgan vor dem Hinterrand. Der Ovipositor ist ventral fast völlig von der Subgenitalplatte bedeckt (37), die vom Beginn des 8. bis zum Ende des 9. Tergums reicht. Das Verhältnis Breite: Länge des 1. Postfemurs ist wie 1:21,5-27; die Dorsalkante der Femora ist ganz fein gezähnelt und beborstet. Sonst weitgehend mit *rossius* übereinstimmend. Maße: Körper 60-83, Pronotum 3-4,5, Metanotum 11-16, Mediansegment 1,6-2,1, Vorderfemur 21-25,3. V-VIII. Griechenland (Athen, Hymmethus), auf den Inseln Meleda, Kres, Lośinj, Mljet, Hvar, Dalmatien

4. *B. cyprius* UVAROV 1936 (Ann. Mag. Nat. Hist. 10 s., 18:505-506, Fig. 1; Typ: ♀ Brit. Mus. (Nat. Hist.) London; terra typica: Zypern, Halefga). Fig. 24. Der Typ und ein weiteres ♀ im British Museum sind stark beschädigt; deswegen halte ich mich hier an die Beschreibung von B. P. UVAROV. Die Antennen sind 24 gliederig und fast so lang wie Kopf und Pronotum zusammen. Das Pronotum ist sattelförmig, in der Mitte des Vorderrandes mit einer Tuberkel und einem kleinerem in der Mitte des Hinterrandes; Meso- und Metanotum mit schwachen Mittelkiel und unregelmäßigen kleinen Knötchen, letzteres mit einem größeren queren Tuberkel in der Mitte des Hinterrandes; Meso- und Metasternum nicht gekielt, aber dichter mit Tuberkeln besetzt, letztes Tergum lang, gegen den breit verrundeten Apex etwas divergierend und in der Mitte mit winzigem Ausschnitt. Die Subgenitalplatte erreicht nicht ganz den Apex des 9. Segments, sie ist mit einem schwachem Mittelkiel versehen und am elliptische Apex dreieckig eingekerbt. Der Vorderfemur hat am ventralen Außenkiel 3-4 niedrige und Breite Zähne, der Mittelfemur dorsal ein paar subapikaler Loben (24), der äußere Ventralkiel trägt nahe dem Apex einen kleinen dreieckigen Loben, der innere Ventralkiel einen spitzeren Loben näher dem Apex und einen winzigen dreickigen an der Basis des Apikaldrittels; die Hinterbeine fehlen. Die Vordertibia ist einfach, die Mitteltibia hat nahe dem Apex leichterweiterte Dorsalkiele. Die Grundfarbe ist braun, die Tuberkel am Thorax sind etwas heller, die Basis der Vorderfemora ist gelblichbraun. Maße: Körper 81, Antennen 8, Pronotum 3,5, Vorderfemur 22, Vordertibia 25, Mittelfemur 15, Mitteltibia 17. Nur vom locus typicus bekannt. Vergleicht man die Abbildung 33 von der *f. lobipes* von *rossius* erhebt sich die Vermutung, daß es sich hier auch um diese handelt, doch wären Untersuchungen mit mehr Material erforderlich, um dies zu bestätigen bzw. die Arten besser gegeneinander abzugrenzen.

TAFEL 3

30–34. *Bacillus rossius* (ROSSIUS), alle im Nat. Hist. Mus. Wien

30. Ovipositor, von links gesehen, Sgpl = Subgenitalplatte, 9. T = 9. Tergum; Dalmatien, Curzola, 8.V.1934, NATTERER leg

31. Subgenitalplatte und Ovipositor von unten, Dors = Dorsalvalve, Pr = Präoperkularorgan, Vent = Ventralvalve; wie zuvor

32. ♀, 10. Sternum von unten; Monfalcone 1886, LICHTENSTERN leg

33. Apex des linken Postfemurs von außen, *f. lobipes;* Frankreich, Hyèrs, ex coll. YERSIN

34. Ei; Dalmatien, Obrovazza, 28.VII.1911, ex. coll. H. KARNY

35–37. *Bacillus atticus* BR., alle im Nat. Hist. Mus. Wien.

35. Rechte Antenne ♀; S-Dalmatien

36. ♀, 10. Tergum und Cerci; wie zuvor

37. ♀, Abdomenapex von links, 8., 9., 10. T = 8., 9., 10. Tergum, C = Cercus, E = Ei, Sgpl. = Subgenitalplatte; wie zuvor

38–47. *Clonopsis gallica* (CHARP.), alle im Nat. Hist. Mus. Wien

38. ♂, rechte Antenne von oben gesehen; Oran

39. ♀, linke Antenne von oben gesehen; Voltagio, Ligurien, DURIEU leg

40. ♀, Pronotum von oben gesehen; wie zuvor

41. ♀, Pronotum von links, wie zuvor

42. ♀, Pronotum und Anfang des Mesonotums von links; Sardinien, Aritzo, Gennargentu, Dr. KRÜGER leg

43. ♂, Abdomenapex von links, C = Cercus, Sgpl = Subgenitalplatte, 10. T = 10. Tergum; Oran, FINOT leg., coll. BR. Nr. 13256 (gelb)

44. ♂, 10. Tergum von oben, wie zuvor

45. ♂, Abdomenapex von unten-links, C = Cercus, Sgpl = Subgenitalplatte; Oran, leg. et coll. BR. 18106 (gelb)

46. ♀, Abdomenapex von links, C = Cercus, Sgpl = Subgenitalplatte; wie in Fig. 42

47. Ei; wie in Fig. 42

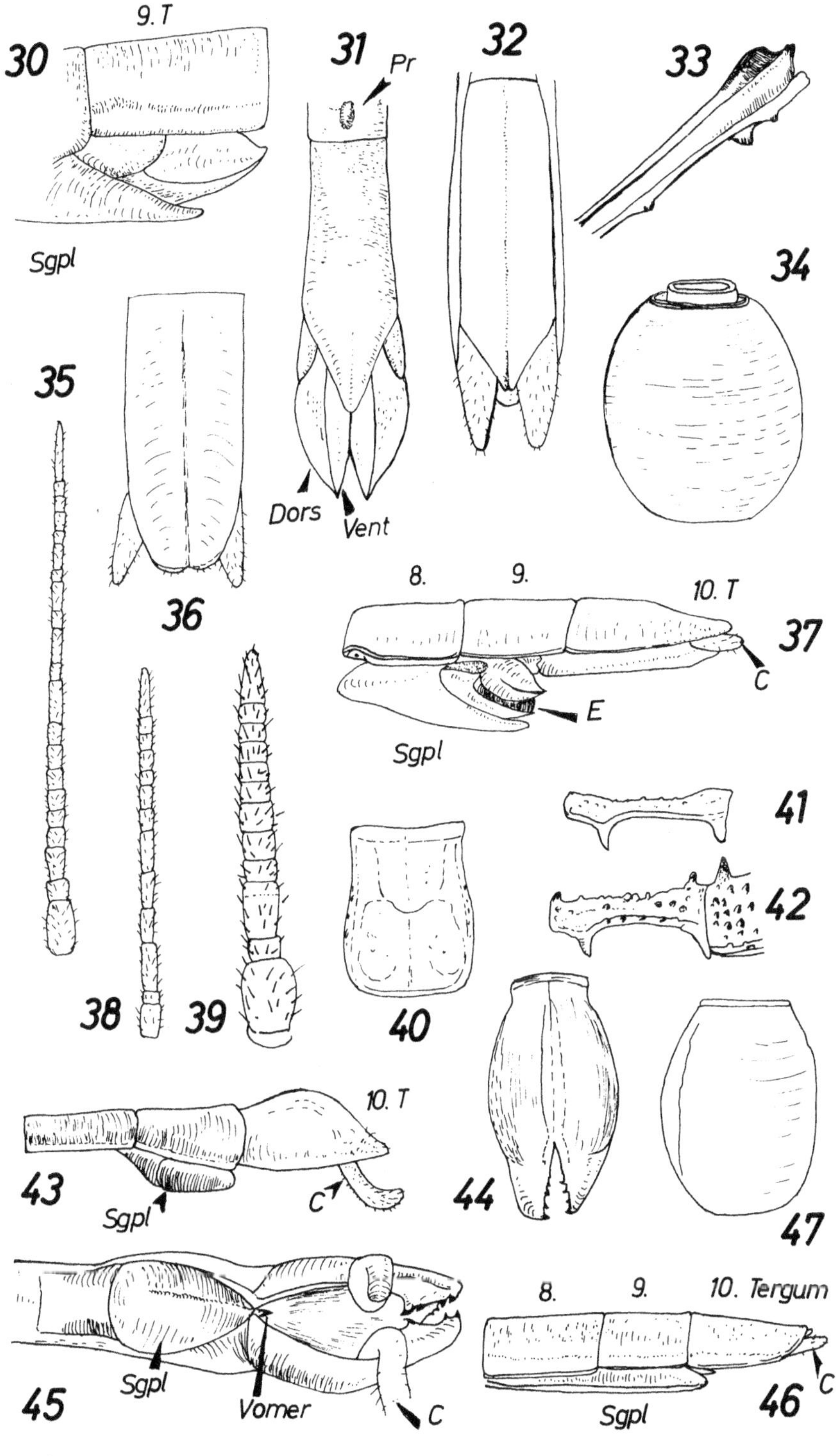

30
9. T
Sgpl
31
Pr
Dors
Vent
32
33
34
35
36
8.
9.
10. T
37
C
E
Sgpl
38
39
40
41
42
10. T
43
Sgpl
C
44
47
45
Sgpl
Vomer
C
8.
9.
10. Tergum
C
Sgpl
46

Gattung/Genus: Clonopsis PANTEL 1915

(Bull. Soc. Ent. France 1915, p. 95-96; typus generis: *Clonopsis algericus* PANTEL 1890).

Ähnlich voriger Gattung, aber die Antennen sind beim ♂ 12-13, beim ♀ 12-14 gliederig, kurz und überragen nur wenig den Vorderrand des Pronotums (38, 39). Das Pronotum (40, 41) mit wenigen Tuberkeln, aber alle ± nach hinten gerichtet und solche auch auf den Seitenrändern, Sulcus vom Ende des 5. bis zur Mitte des 6. Zehntels der Pronotumlänge reichend, vorn und hinten auch mit kleinen Tuberkeln am Rand, die durch eine dunkelbraune Mittellinie verbunden sein können; Meso- und Metanotum beim ♀ stärker gekörnt, mit Mittelkiel, vor dem Seitenrand auch mit Längsschwielen, Pleura mit Längskiel und Tuberkeln, auch derben und dann auch mit Höcker am Beginn und Ende des Pronotums sowie am Anfang des Mesonotums (42); die Thorakalsterna sind ziemlich dicht mit Tuberkeln besetzt, mit Mittel- und Seitenkielen; das Metanotum ist etwa 6 mal so lang wie das 1. Tergum. Alle Terga mit schmalem Mittelkiel, der am 10. etwas mehr vorspringt, beim ♂ (43) apikal tief ausgeschnitten und gezähnt (44). Die Subgenitalplatte beim ♂ wie in Fig. 45, Vomer klein, beim ♀ reicht sie vom Anfang des 8. bis zum Beginn des 10. Tergums und bedeckt ventral den Ovipositor fast völlig (46). Der 2. und 3. Femur trägt subapikal innen und außen je 1-3 Dornen auf den Ventralkanten, alle Knieloben sind stumpfverrundet «» Similar to the last genus, but the antennae in ♂ with 12-13, in ♀ with 12-14 segments, short, reaching a little beyond the fore margin of the pronotum (38, 39). Pronotum with a few tubercles (40, 41), all of them directed ± backwards, such ones also on the side margins; sulcus from the end of the 5th to the middle of the 6th tenth of the total length of the pronotum; sometimes small tubercles on the anterior and posterior margin connected by brown median line; meso- and metanotum in ♀ more strongly granulated, with a median carinula, in front of the side margin sometimes with longitudinal callosities, pleura with longitudinal carinula and tubercles, sometimes more strongly granulated and then also with a bigger tubercle or hump on the beginning and end of the pronotum and on the beginning of the mesonotum (42); the sterna of the thorax ara rather well covered with tubercles and with median and marginal carinula; the metanotum is about 6 times as long as the 1st tergum. All terga with a narrow median carina, that of the 10th tergum a little more projecting, 10th tergum in ♂ (43) deeply excised and denticulated at the apex (44). Subgenital plate in ♂ as in fig. 45, the vomer is small, ♀ subgenital plate reaching from the beginning of the 8th to the beginning of the 10th tergum, covering the ovipositor almost entirely

(46). The 2nd and 3rd femur with 1-3 spines on the ventral edges subapically, all knee-lobes bluntly rounded. S. Europe, N. Africa.

5. *C. gallica* (CHARPENTIER) 1825 (*Phasma g.*, Hor. Ent., p. 94; Typ: ♀, verschollen; terra typica: S-Frankreich; Neotypus: ♀ Frankreich, Morannes, Les Croix Vertes, VIII.1970, S. LORZ leg., coll. m.; Syn.: *Bacillus granulates* BRULLE *nec* KIRBY) 1832). Fig. 38-47.
Wie in der Gattungsbeschreibung. ♂ mit gelblichbrauner Grundfarbe, das Pronotum, Meso- und Metanotum dorsal meist grün, lateral mit hell rötlichbrauner Längsbinde, Ventralrand weiß, das Abdomen ist dorsal licht rötlichbraun, seitlich-ventral weiß, ventral grün bis hellbraun; am Vorderrand des Mesonotums in der Mitte mit oder ohne vorspringendes Knötchen, dazwischen alle Übergänge, auf Pro-, Meso- und Metanotum können am Vorder- und Hinterrand kleine braune Tuberkel auftreten. Die Grundfarbe des ♀ ist grün bis braun, seitlich eine weiße bis rosafarbige Linie; das Pronotum ist gekörnt und zeigt am Hinterrand in der Mitte eine vorspringende Tuberkel, Meso- und Metanotum sind stark gekörnt, besonders bei grauen Individuen und besonders bei diesem ist auch eine Tuberkel in der Mitte des Vorderrandes vom Mesonotum ausgebildet (42). Maße: Körper ♂ 54-57, ♀ 62-79, Pronotum ♂ 1,8-2,2, ♀ 2,5-3,3, Metanotum ♂ 9,7-10, ♀ 10-14, Mediansegment 1,3-1,5, ♀ 1,5-2,2, Vorderfemur ♂ 18-19, ♀ 15,6-25,8. V-X. Auf der ganzen Iberischen Halbinsel außer der zentralen Meseta, S-Frankreich, Sardinien, Korsika 1871, Ende VIII 1975: Forêt de l'Ospedale, Au Moulin (10 km Landeinwärts von Porto Veccio) in etwa 200-300 m Höhe (s. INGRISCH 1975 in litt.), in Italien in Ligurien und zerstreut bis 500 m im Apennin. Von I. BOLIVAR (1926) ohne nähere Angabe auch für Griechenland angeführt. N-Afrika (Marokko, Tunis, Algerien, die *gallica occidentalis* BOLIVAR in Marokko (Tanger) und auf den Azoren. Die Art steht *C. algerica* PANTEL sehr nahe, deren Antennen 14-15 Glieder haben. Die Vermehrung erfolgt in S-Europa überwiegend parthenogenetisch; die Eier sind größer als bei *rossius*, 2,6 mm lang und 1,8 mm breit, die auf der Dorsalseite befindliche Narbe reicht weder bis zum Verschlußdeckel noch bis zum entgegengesetzten Ende, letzteres berührt sie nur mit einer schmalen Brücke, dem Verschlußdeckel fehlt der bei *rossius* vorhandene parallel zum Rand verlaufende Ringwall (47).

FAMILIE/FAMILY: PHASMATIDAE

Recht schlanke, meistens stark stab- bis halmförmige Insekten. Am distalen Ende der Tibia ohne Area apicalis. In allen Regionen, die ursprünglichsten Formen finden sich im australisch-melanesischem Raum «» Very slender, mostly stick- to stalk-like. Distal end of the tibia without area apicalis. In all regions, the most primitive species in the Australian-Melanesian region.

UNTERFAMILIE/SUBFAMILY: PACHYMORPHINAE

In Europa ist von den 11 Unterfamilien nur diese vertreten. Sie umfaßt zahlreiche, meist recht schlanke, kurzfühlerige aptere Arten, die von den altweltlichen Tropen bis in das Mediterrangebiet vordringen und bis Zentral-Asien, China und Neuseeland verbreitet sind. Oft leben sie in Gras- und Steppengebieten. Von G. JA. BEY-BIENKO (1964) und L. CHOPARD (1951) in die Familie *Lonchodidae* gestellt und zwar in die Unterfamilie *Clitumninae* bzw. *Lonchodinae*; ich folge hier M. BEIER (1968), der sie bei dieser Unterfamilie einreihte «» Of the 11 subfamilies this one is represented in Europe only; it encloses many species, most of them are very slender, apterous and have short antennae; spread from the old-world tropics to New Zealand, China, central Asia, and the countries round the Mediterranean. Often living in grassy terrains and steppes. G. JA. BEY-BIENKO (1964) and L. CHOPARD (1951) put them into the family *Lonchodidae* and that into the subfamilies *Clitumninae* respectively *Lonchodinae*. I follow M. BEIER (1968) who inserts them into this subfamily.

Schlüssel zu den Gattungen «» Key to the genera

1. Grün, hell-gelblichbraun, auch braun marmoriert; am Kopf zwischen den Augen ohne ein paar Längshöcker oder Längsschwielen; vorletztes Sternum des ♀ ohne Mittelvorsprung «» Head without a pair of longitudinal humps or callousities between the eyes; the last but one sternite in ♀ without a median projection . . . .
Leptynia PANT., p. 26
– Dunkelbraun bis schwarz; zwischen den Augen ein Paar Längs höcker oder Längskiele; vorletztes Sternum des ♀ mit einem Mittelvorsprung (48) «» Dark brown to black; a pair of longitudinal humps or callosities between the eyes; the last but one sternite in ♀ with a median projection (48) . . . .
Ramulus SAUSS., p. 30

Gattung/Genus: Leptynia PANTEL 1890

(An. Soc. Esp. Hist. Nat. 19:385, 398-399; typus generis: *L. attenuata* PANTEL 1890).

Der Kopf ist – von oben gesehen – nach hinten leicht verengt, glatt; die Antennen sind beim ♂ 15-17, beim ♀ 11-17 gliederig und überragen beim ♂ den Pronotumhinterrand, beim ♀ wenig den Hinterkopf. Das Pronotum ist ± glatt bis gekörnt, wenig bis gut mit nach hinten gerichteten Borsten besetzt; Meso- und Metanotum mit oft schwachem Mittelkiel. Der Vomer ist gut ausgebildet; der Ovipositor unter der Subgenitalplatte verborgen. Die Postfemora ventral mit oder ohne Dornen. Mit zwei Arten über S-Frankreich und die Iberische Halbinsel verbreitet «» Head – seen from above – slightly converging backwards, smooth; antennae in ♂ 15-17, in ♀ 11-17 segmented, reaching in ♂ beyond the hind margin of the pronotum, in ♀ a little behind the occiput. Pronotum ± smooth, weakly to well covered with bristles that are directed backwards; meso- and metanotum with often weak median carinula. Vomer well developed; the ovipositor is covered by the subgenital plate. Postfemora with or without spines ventrally. With two species spread over southern France, Spain, and Portugal.

Schlüssel zu den Arten «» Key to the species

1. ♂. Mittel- und Postfemora ventral gegen den Apex ohne Zähnchen; Mesonotum kürzer als das Metanotum und Mediansegment zusammen, 10. Tergum so lang wie das 9.; Cerci an der Basis gut erweitert (49); die Cerci des ♀ sind kurz und überragen nicht den Abdomenapex (50) «» ♂: Middle and hind femora without denticles ventrally near the apex; mesonotum shorter than metanotum and median segment together, 10. tergite as long as the 9th one; cerci rather wide basally (49). ♀ cerci short, not reaching the apex of the abdomen (50): (*Subgen. Lyptynia* wie zuvor – as above) . . . .
L. Hispanica BOL., p. 27
– ♂: Mittel- und Postfemora am Apex ventral gezähnelt; das Mesotum ist so lang wie das Metanotum und Mediansegment zusammen, das 10. Tergum ist deutlich kürzer als das 9. (51); Cerci basal wenig erweitert (52). Die Cerci des ♀ überragen den Abdomenapex (53) «» ♂: Middle and hind femora denticulate ventrally near the apex; mesonotum as long as metanotum and median segment together, the 10th tergite shorter than the ninth (51); cerci gently widened basally (52). ♀ cerci overtopping the apex of the abdomen (53): (Subgen. *Leptyniella* BOLIVAR 1926, Bol. Real. Soc. Esp. Hist. Nat. 26:4-5) . . . .
L. attenuata PANT., p. 30

1. *L. hispanica* (BOLIVAR) 1878 (Phthoa h., Ann. Soc. Esp. 7:423, Taf. 4, Fig. 2, 2a; Typ: Inst. Españ. Ent. Madrid; terra typica: Spanien, Logroño, Madrid, Escorial, Alcarria; *Clonopsis gallica* BOL. 1876 part.) Fig. 49, 50, 54-60.
Die Antennen des ♂ sind 15-17, oft 16 gliederig (54), beim ♀ (55) 11 gliederig. Kopf und Pronotum des ♂ wie in Fig. 56; Meso- und Metanotum mit deutlichem Mittelkiel, beim ♂ ± glatt, beim ♀ ziemlich dicht mit – vielfach Borsten tragenden – Tuberkeln besetzt, daneben einfache Borsten, das Metanotum ist beim ♂ etwa 11 mal, beim ♀ 5,5 mal so lang wie das 1. Tergum; Terga

TAFEL 4

48. *Ramulus bituberculatus* REDTENB., ♀, Abdomenapex von unten; aus G. JA. BEY-BIENKO 1964
49. *Leptynia hispanica* BOL., ♂, linker Cercus im Profil; Madrid, I. BOLIVAR leg., Nat. Hist. Mus. Wien
50. *Leptynia hispanica* BOL., Abdomenapex ♀ von unten gesehen, C = Cercus, Sgpl = Subgenitalplatte, 8., 9., 10. T = 8., 9. 10. Tergum; Spanien, Montarco, C. BOLIVAR leg., Nat. Hist. Mus. Wien
51. *Leptynia attenuata* PANT., ♂, 9. und 10. Tergum von oben; Spanien, Alicante, Umgeb. von Calpe, Sierra de Bernia, 1129 m, 28.VIII.-7.IX.1974, DORIS REISSINGER leg., coll. m.
52. Wie zuvor, ♂ linker Cercus im Profil; wie zuvor
53. Wie zuvor, ♀, Abdomenapex von oben, Epi = Epiproct, C = Cercus, 9., 10. T = 9., 10. Tergum; S-Portugal, Monchique, ca. 500 m, 29.VII.1938, R. EBNER leg., Nat. Hist. Mus. Wien

54-60. *Leptynia hispanica* (BOL.), alle im Nat. Hist. Mus. Wien

54. ♂, linke Antenne von oben; Madrid, I. BOLIVAR leg
55. ♀, linke Antenne von oben; Montarco, C. BOLIVAR leg
56. ♂, Kopf und Pronotum von oben, Madrid, I. BOLIVAR leg
57. ♀, linker Cercus, wie in Fig. 55
58. ♀, Abdomenapex von links, C = Cerci, Sgpl = Subgenitalplatte, wie in Fig. 55
59. ♂, Abdomenapex von unten-links, C = Cercus, Sgpl = Subgenitalplatte, 10. T = 10. Tergum, die als Falten bezeichnete Unebenheiten der Subgenitalplatte gehen offenbar auf den Trocknungsvorgang zurück; Madrid, I. BOLIVAR leg
60. Ei; Uclès, BRUNNER VON WATTENWYL leg
61. *Leptynia attenuata* PANT., ♀, Abdomenapex von unten, C = Cerci, Sgpl = Subgenitalplatte, 8., 9., 10. T = Ventralränder des 8., 9. und 10. Tergums; wie in Fig. 53
62. Wie zuvor; Ei; Sierra Guadarrama, bei Cercedilla, 16.24.VII.1924, R. EBNER leg., Nat. Hist. Mus. Wien

48

49

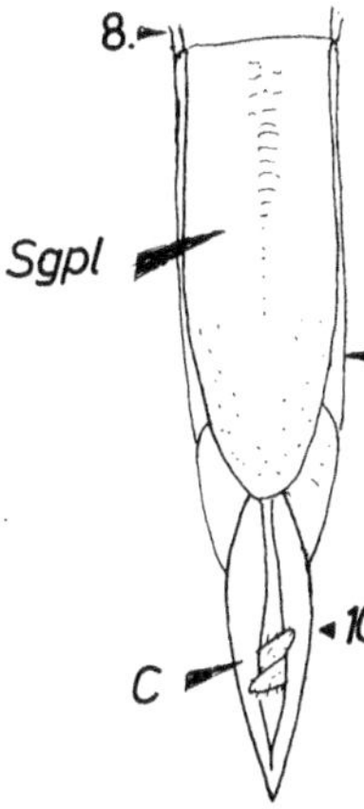

50

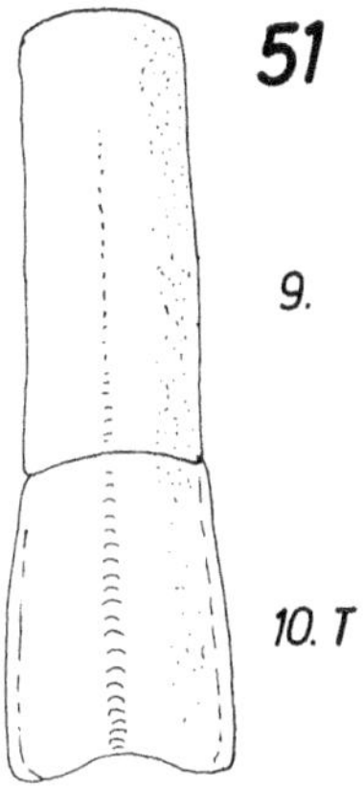

51

52

53

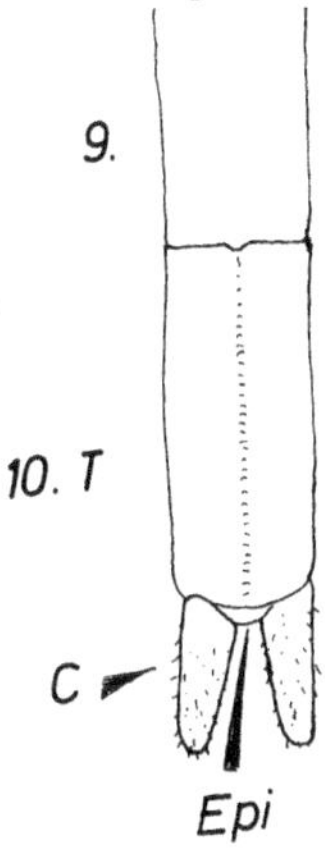

54

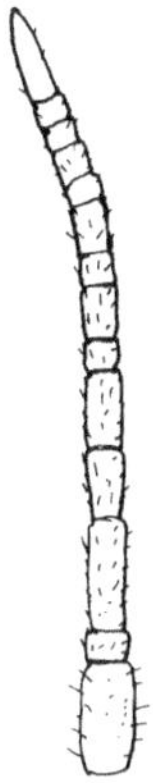

55

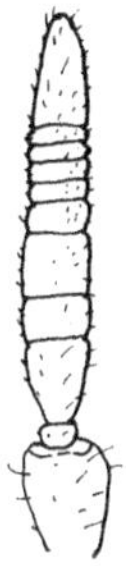

56

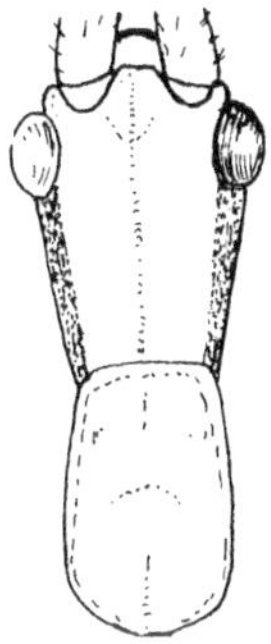

57

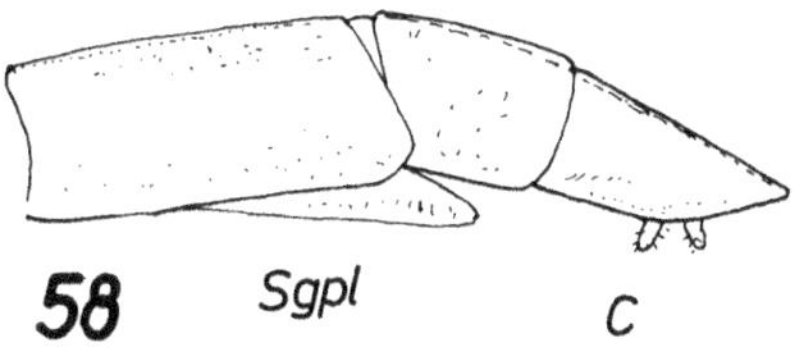

58

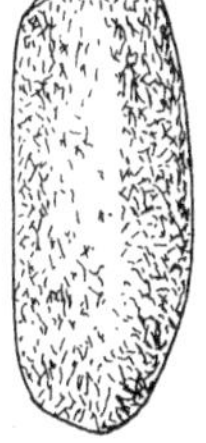

60

61

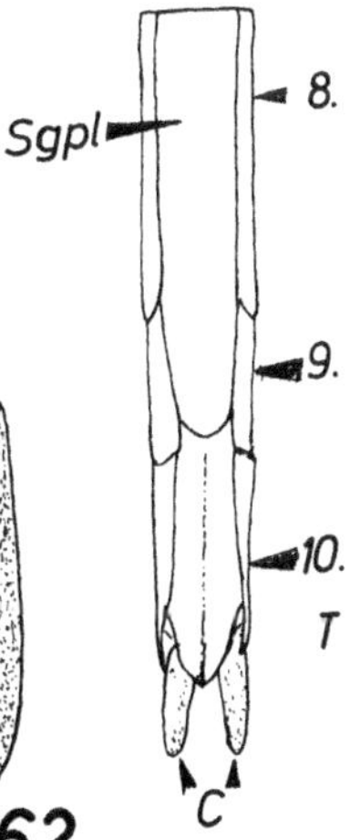

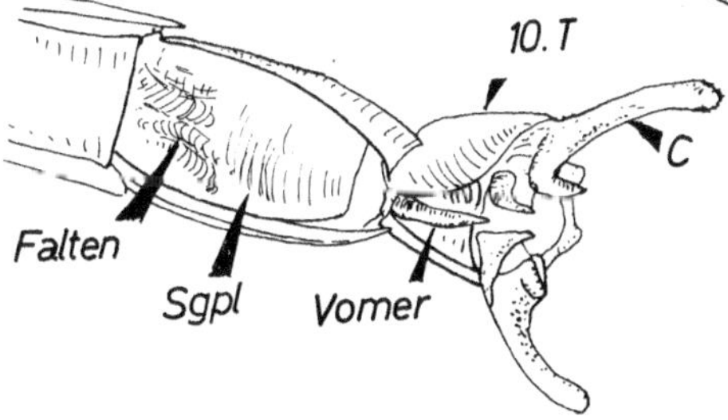

59

62

glatt, das 10. Tergum beim ♂ mit Mittelkiel, hinten breit rundlich ausgerandet, beim ♀ tragen das 8.-10. Tergum einen Längskiel in der Mitte, das 10. mit spitzem Apex (50, 58); die Cerci des ♂ wie in Fig. 49, beim ♀ sind sie kurz (50, 57, 58). Vomer wie in Fig. 59. Mittel- und Postfemora innen-apikal an der Ventralkante mit 3 Dörnchen, die beim ♂ sehr schwach ausgebildet sind oder fehlen. Fast einfarbig lichtgrün oder hell geblichbraun, dann meist mit einer dunkelbraunen Mittelbinde über den ganzen Körper und ebensolchen Lateralstreifen, die Seiten sind ventral gelblich wie die Unterseite. Maße: Körper ♂ 35-46, ♀ 47-58, Pronotum ♂ etwa 1,5, ♀ 2,2-2,6, Metanotum ♂ 5-7,2, ♀ 7-9, Vorderfemur ♂ 16-19, ♀ 11,4-16,5. V-IX. In Spanien weit verbreitet, bis 1020 m bei Lérida, bei Bronchales (Teruel) Sierra Alta bis 1700 m, überschreitet nordwärts die Pyrenäen (Pyrenées orientales) und kommt in den Küstengebieten Südfrankreichs vor (Herault, Gard, Bouches-du-Rhône, Drôme, Vaucluse, Var, Basses Alpes). ♂ sind sehr selten (1 ♂: 1000♀♀); Ei wie in Fig. 60. Soll sich bevorzugt auf *Dorycnium suffruticosum* VILL. aufhalten.

2. *L. attenuata* PANTEL 1890 (Ann. Soc. Esp. Hist. Nat. 19:402, Taf. 4, Fig. 20, 21, 23-27; Typ: ♂♀ coll. PANTEL, Nat. Mus. Paris; terra typica: Portugal, bei Castello Branco, San Fiel, außerdem ist Zentral-Spanien angeführt (Talavera, Cepeda südl. von Salamanca, Urda, Berge von Toledo; Syn.: *L. attenuata var. barreti* AIR. et MENANO 1916). Fig. 51-53, 61, 62
Die Antennen sind beim ♂ 16-17 gliederig, beim ♀ 12-17 gliederig. Der Mittelkiel von Meso- und Metanotum ist schwach, besonders auf letzterem, beide sind glatt, nur zuweilen treten an ihrem Ventralrändern Reihen kleiner Tuberkel in großen Abständen auf; das Metanotum ist beim ♂ 7-8,5 mal, beim ♀ 9-11 mal so lang wie das 1. Tergum; das 10. Tergum ist beim ♂ apikal breit ausgerandet (51), beim ♀ verrundet, mit Mittelkiel (53). Die Cerci des ♂ sind schlanker als bei *hispanica* (52), beim ♀ überragen sie gut den Abdomenapex (53, 61). Die Mittel- und Hinterfemora tragen apikal auf den Ventralkanten 1-5 Zähnchen, selten ohne solche. Grün, gelbbraun, auch braun marmoriert, die ♂ sind oft weißlichgrau oder oliv, Binden wie bei *hispanica*. Maße: Körper ♂ 36-40(-50), ♀ 48-61, Pronotum ♂ 1,6-1,7, ♀ 2-2,2, Metanotum ♂ 6,2-7,3, ♀ 7,5-10, Vorderfemora ♂ 14,2-18,5, ♀ 15-19,6. IV-IX. Seither nur auf der Iberischen Halbinsel (Portugal, besonders N- und Zentralspanien, aber südlich bis Jaén und Granada, auf der Sierra de Benia (Alicante) in 1129 m Höhe (DORIS REISSINGER 1974 leg.). Das Geschlechtsverhältnis war seiter etwa 65♀♀:35♂♂. Das Ei ist schlanker als bei *hispanica*, mehr als 4mal so lang wie breit, der Deckel ist rundum erhöht, konvex und warzig (62).

Gattung/Genus: Ramulus SAUSSURE 1870

(Mém. Soc. Genève, 20:291; typus generis: *R. carinatus* (SAUSSURE) 1868).

Die Antennen sind 15 bis 21 gliederig, auf der Stirn zwischen den Augen ein Paar länglicher Knötchen oder Kiele. Das vorletzte Sternum des ♀ hinten mit einem länglichen Mittelvorsprung (48); letztes Sternum ♀ mit deutlichem Mittelkiel. Mit vielen Arten in den Tropen und Subtropen vertreten – Antennae with 15 to 21 segments; a pair of longitudinal tubercles or carinulae on the frons between the eyes. The last but one sternite in ♀ with a longitudinal projection on the hind margin (48); last sternite ♀ with a distinct median carina. Many species spread over the tropics and sub-tropics.

3. *R. bituberculata* (REDTENBACHER) 1889 (*Gratidia b.*, Wien. Ent. Z. 8:26; Typ: ♀ Nat. Hist. Mus. Wien; terra typica: Turkmenien). Fig. 48.
Wie in der Gattungsbeschreibung. Schwarz bis schwarzbraun, fast glatt. Maße (nach G. JA. BEY-BIENKO 1964): Körper ♂ 52-65, ♀ 62-80. VI-VIII(-IX?). Indien, Zentralasien, in den Wüsten Kasachstans, im Gebiet von Uralsk und im südwestlichen Küstengebiet des Kaspischen Meeres.

Auf den Britischen Inseln treten im Süden zwei aus Neuseeland eingeschleppte Arten in Gärten auf «» In Great Britain are two species introduced from New Zealand, established in gardens in the south only:
Acanthóxaly prasina (WESTWOOD): ♀ Grundfarbe grün oder braun, oft mit weißlichen Binden auf den Beinen; am Kopf und Thorax und oft auch an der Abdomenbasis mit schwarzen Dornen, Basis der Vorderfemora innen rot «» ♀ general colour green or brown, often with whitish bands on the legs; on the head and thorax, and usually on the basal part of the abdomen with black spines; the inner side of the base of the fore femora is pink; Körper/body: 76-85, Postfemur 13,6-17,5. New Zealand; on Tresco, Scilly Isles, Paignton, South Devon.
Clitarchus hookeri (WHITE) (Syn.: *C. laeviusculus* STAL): ♀ Grundfarbe grün oder braun, mit einer unterbrochenen schwarzen Längslinie in der Mitte von Pro-, und Meso- und Metanotum, Innenseite der Vorderfemorabasis rot «» General colour green or brown, with an interrupted black longitudinal line along the middle of the dorsal surface of the thorax, inner side of the base of the fore femora pink; Körper: body: 86-87, Postfemur 19,5-20,4. New Zealand; on Tresco, Scilly Isles, the island of Rossdohan in the Bay of Kenmare, South Kerry.

ORDNUNG/ORDER: DERMAPTERA

Kleine (*Cosmogerax formica* BURR 4,5 mm lang) bis mittelgroße (*Titanolabis colossea* DOHRN 50 mm lang) Landinsekten mit leicht depressem Körper und glattem bis schwach granuliertem Integument. Der Kopf ist prognath, gut depress und durch die schmale elastische Verbindung mit dem Prothorax gut beweglich, von oben gesehen im Umriß fast dreieckig-verrundet (63); die Augen sind relativ klein, Ocelli fehlen, drei kleine helle Fleckchen in der Stirnmitte oder nur ein helles Fleckchen deuten die Ansatzstellen von Kopfmuskeln an; die Antennen sind seitlich, nahe den vorderen Mandibelgelenken inseriert, sie sind fadenförmig, zuweilen schwach abgeflacht, der Scapus ist länger und dicker als die anderen Glieder, der Pedicellus in der Regel kurz, breiter als lang, die Geissel zählt 10-24, selten mehr (-50) Glieder, zurückgeschlagen überragt das Apikalglied öfters die Körpermitte, aber nie den Abdomenapex; die Mundwerkzeuge (64) sind beißen-kauend, die Zähne der Mandibeln nach vorn-innen gerichtet, die Maxillarpalpen sind 5 gliederig, am Apikalglied eine sehr kleine Papille (Apikalpapille), die Labialpalpen sind dreigliederig, am Apex des Apikalgliedes eine membranöse Sinnespapille. Der Prothorax ist gut beweglich, das Pronotum schildförmig (65), vier- bis rechteckig mit ± verrundeten Ecken, der Discus ist oft dunkler als der Randsaum, die Prozona ist vorn durch eine schwache Naht begrenzt (Antecostalnaht), eine seichte, etwa in der Mitte verlaufende Querdepression fehlt selten; die Seitenränder überlappen die Pleuren ein wenig, proximalwärts überlagert das Pronotum weitgehend das Mesonotum, Episternum und Epimeron sind durch eine Pleuralleiste getrennt, vor dem Episternum ein Prae-Episternum, das Epimeron bedeckt caudalwärts das 1. Stigma, das Prosternum gliedert sich in das Prae-, Basisternum und Furcasternit sowie einige Sklerite; das Mesonotum ist bei geflügelten Arten ungegliedert, an das breite Scutum-Mittelstück schließ sich vorn das schmale, spangenförmige Praescutum an, hinten ist es mit dem Scutellum verwachsen, das etwas über den Hinterrand vor springt; bei apteren Formen ist das Mesonotum ein einfaches Tergum, Pleuren wie zuvor, doch fehlt das Praeepisternum; das Mesosternum ist eine einfache Platte, die caudalwärts das Metasternum überlappt; das Metanotum ist bei geflügelten Arten wesentlich größer als das Mesonotum, stimmt aber sonst gut mit ihm überein, das Scutellum mit der Scutellarfurche erstreckt sich über das Scutum, beiderseits davon eine Leiste mit zur Mitte gekrümmten Dörnchen die zum Einrasten der Elytra im Ruhezustand dienen (66, 67); mit dem Metapostnotum ist das Abdominaltergum eng verbunden; bei apteren Arten ist das Metanotum einförmig und durch den konkaven Hinterrand gut vom 1. Abdominaltergum abgegrenzt; die Pleuren sind wie beim Mesonotum gegliedert, doch ist das Epimeron lang und schmal; das Metasternum hat ein großes, seitwärts rundlich vorspringendes Basisternum und dahinter ein konvergierendes Furcasternit. Auf Feinheiten der Sterna wurde hier ebensowenig eingegangen wie später auf solche der Flügelgelenke, Coxae usw. weil sie für die Bestimmung bedeutungslos sind und darüber leicht in Fachwerken (etwa K. GÜNTHER und K. HERTER 1974) nachgelesen werden kann, einfache Darstellung der Thorakalsterna in Fig. 68. Das Abdomen hat 11 Segmente, aber weil das 1. mit dem Metathorax ± verschmolzen und das 11. stark zurückgebildet ist, sind äußerlich beim ♂ in der Regel nur 9(-10) und beim ♀ (69), bei dem auch Tergum 8 und 9 verdeckt sind (70), nur 7 (-8) erkennbar, sie sind seitlich nach unten gebogen und – von der Seite betrachtet – hier schräg verrundet und umgreifen die Sterna, so daß die

Pleuralmembranen mit den Stigmen verdeckt sind; Terga und Sterna bilden so zusammen eine Zickzacklinie; das 1. Tergum ist durch eine Naht vom Metanotum getrennt, das 1. Sternum ist nicht erkennbar; das 9. Segment enthält beim ♂ die Genitalkammer, das Tergum gleicht (abgesehen von den Drüsenschwielen am 3. und 4. Tergum) den vorhergehenden Terga, das Sternum ist hingegen als Subgenitalplatte verlängert, reicht bis zu den Cercusbasen und ist hinten ± abgerundet; an ihrem Vorderrand liegt eine Spange, das Manubrium; Fig. 71 erläutert das Genitale des ♂, die Genitalanhänge sind unter allen pterygoten Insekten einmalig, weil ihr Basalteil einheitlich, ihr apikaler aber paarig ist; Abweichungen von abgebildeten Kopulationsapparat werden im systematischen Teil jeweils angeführt, erwähnt sei hier nur, daß beide membranöse Mesomeren in Ruhelage nach innen eingeschlagen sein können, oft jedoch nur eines und dieses ist dann offenbar meist funktionslos (bei außereuropäischen Arten auch verkümmert), zuweilen ist auch bloß ein Mesomer erkennbar, das immer caudalwärts gerichtet ist, die Spur eines 2. Ductus ejaculatorius ist aber dann noch vorhanden, im Normalfall verlaufen die Ductus ejaculatorii in den paarigen Mesomeren (Penisloben) in eine oft lange Virga aus, die von einer innen durch spiralig umlaufende Verdickung gekennzeichnete Intima ausgekleidet ist (K. GÜNTHER und K. HERTER 1974); in jedem Mesomer liegt ein ausstülpbarer Endophallus. Beim ♀ sind die Terga nur bis zum 7. einheitlich (wieder abgesehen von den Drüsenschwielen am 3. und 4. soweit vorhanden), unter diesem liegt das 8. und 9. Tergum (70) und der Vorderrand des 10. verborgen, ventral schließt das 7. Sternum als Subgenitalplatte das Abdomen ab, das 8. und 9. Sternum sind stark bis völlig rückgebildet, äußerlich immer unsichtbar. Das 10. Tergum ist derber als die anderen sklerotisiert, in ihm sind die eingliederigen, kräftigen Cerci inseriert (die jedoch zum 11. Segment gehören), die von Art zu Art und auch innerhalb der Arten recht variabel sein können; diese Variabilität beruht auf schwacher bis starker Ausformung der Cerci bei der Imaginalhäutung; kurze, stärker gebogene Cerci, die einen rundlichen Raum umschließen (5), gehören der *f. brachylabia* (*cyclolabia*), längere, weniger gebogene Cerci (4), die einen etwa ovalen Raum umschließen, der *f. macrolabia* an, dazwischen gibt es Übergänge, die Cerci des ♀ sind immer einfacher (70), die Unterschiede zwischen *f. macrolabia* und *brachylabia* sind meist gering; die Cerci öffnen sich beim Emporbiegen des Abdomens automatisch, können aber auch sonst gespreizt werden. Das Epiproct (seither fast immer als Pygidium bezeichnet) kann zweiteilig sein (Pygidium, Metapygidium, Fig. 72–74), als Paraproctes sind die sich ventral an die Seiterränder des ventral umgeschlagenen 10. Tergums anschließenden Sclerite anzusehen (74). Außer *apter, parapter, squamipter* und *micropter* sind hier keine der üblichen Bezeichnungen anzuwenden, letztere auch nur bedingt, denn die Flugorgane sind völlig anders ausgebildet wie bei den anderen Orthopteren s.lat, ja anders als bei allen pauro/hemimetabolen Insekten. Die Elytra sind – falls vorhanden – immer stark verkürzt, schuppenförmig, oft etwa rechteckig und reichen proximalwärts bis ungefähr zum Abdomenbeginn (66), normal liegen sie links auf rechts, bei Larven nehmen sie bereits die imaginale Lage ein; ihr vorderrand und der Proximalteil des Hinter (Innen-)randes sind ventralwärts gebogen, höchstens über dem Seitenrand ist eine schwache Längsader (vielleicht C oder Sc) und dabei eine vielleicht als Radius zu deutende Linie erkennbar, ventral wird eine schwache Falte längs des Innenrandes als Analis gedeutet, sie ist in der Mitte verdickt und trägt eine Reihe Dörnchen (75, 76), welche in die Dörnchen des Metanotums/Metascutums (66, 67) eingreifen und so die Elytra in Ruhelage festhalten. Die Alae – falls vorhanden – sind stark rückgebildet und erreichen dann im besten Fall gerade den Hinterrand der Elytra (in situ) oder sind voll entwickelt, in Ruhelage aber auf komplizierte Weise gefaltet und überragen dann die Elytra als kleine Schuppen (66), ihren komplizierten Bau zeigt Fig. 77; mit so ausgebildeten Alae können die Tiere fliegen, bei manchen, z. B. *Forficula auricularia* ist aber die Flugneigung nur individuell entwickelt. Zum Entfalten der Alae sind die Cerci erforderlich. Die Beine sind gleicherweise gut zum Gehen, Laufen oder Klettern geeignet und von gleichartigem Bau (78), sie nehmen an Länge von vorn nach hinten zu, die Vorderfemora sind aber immer dicker als die der anderen Beine; Femora und Tibiae sind dornenlos, die Tibiae distal meist gut bis bürstenartig behaart; die Tarsen sind immer dreigliederig, das 1. Tarsenglied ist länger oder so lang wie das Klauenglied, das Mittelglied ist kurz, ± zylindrisch (79) oder herzförmig verbreitert (80), alle Glieder sind – zumal ventral – ± beborstet, das Basalglied ventral auch dicht bürstenartig; Pulvilli sind nicht entwickelt, bei europäischen Arten fehlt auch das Arolium. Die Ordnung umfaßt etwa 1300 Arten mit meist nächtlicher Lebensweise; sie zeichnen sich (wohl alle oder doch zum Großteil) durch eine ausgesprochene Brutpflege aus; fünf Larvenstadien sind die Regel, bei den *Forficulidae* ist aber das 1. sehr kurz (bald nach dem Schlüpfen aus dem Ei wird die Haut abgestreift), bei der ovoviparen *Marawa arachides* nur vier Larvenstände. Die Lebensdauer beträgt insgesamt etwa ein Jahr. Diese Insekten sind omnivor, ± hygrophyl; Thigmotaxis ist bei ihnen weit verbreitet «» Small (*Cosmogerax formica* BURR: 4,5 mm) to mediumsized (*Titanolabis colossea* DOHRN: 50 mm) insects. Body slightly depressed, integument smooth to weakly granulated. Head prognathous, well depressed and by means of the narrow elastic connection with the prothorax well movable, seen from above almost triangularly rounded (63); eyes relatively small, ocelli absent, three (sometimes one only) small light spots in the middle of the frons are the points on which muscles of the head are fastened; antennae inserted laterally near the anterior joints of the mandibles, they are filiform, sometimes slightly flattened, scape longer and thicker than the other segments, pedicel as a rule short, wider than long, flagellum with 10-24, seldom more (up to 50) segments, if bent backwards they often reach beyond the middle of the body but never reach the apex of the abdomen; the mouth parts are biting-masticating, the teeth of the mandibles are directed forwards to the inside, maxillary palps five-segmented, with a minute papilla (apical papilla), labial palps three-segmented, apex of the apical segment with a membranous sensory papilla. Prothorax well movable, pronotum shield-like (65), quadrangular to rectangular with ± rounded angles, disc often darker than the margins, prozona by a weak suture (antecostal-suture) limited, a shallow transverse depression in the middle is seldom absent, the side-margins overlap somewhat the pleura, the hind margin covers the mesonotum for the most part, episternum and epimeron separated by a ridge, in front of the episternum a prae-episternum, the epimeron covers backwards the 1st spiracle, the prosternum consists of the prae-, basisternum and furcasternite and a few other sclerites; the mesonotum is segmented in winged species into a narrow, clasp-shaped prae-scutum and a broad median scutum which is fused posteriorly with the scutellum, which somewhat projects beyond the hind margin; in apterous forms the mesonotum is a simple tergite; pleurae as above, but the prae-episternum absent; the mesosternum is a single plate and overlaps a part of the metasternum the metanotum is in winged species similar to the mesosternum but essentially bigger, the scutellum with the scutellar-furrow bearing spinules at each side, which are curved towards the middle enabling the tegmina to click into resting-position (66, 67); the metapostnotum is closely united with the 1st abdominal tergite; in apterous forms the metanotum is simple and well limited from the 1st abdominal tergite by the concave hind margin, pleurae as in the mesonotum, but the epimeron is narrow and long; metasternum with a big, sidewards roundly projecting basisternite and behind it with a converging furcasternite. Here is not dealt with details of the sternites (as subsequent on such one of the articulation of wings, alae, coxae etc.) because they are insignificant for determination, one can easily find out about them in spezialized books (e.g. K. GÜNTHER and K. HERTER 1974); a simple picture of the thoracic sternites in fig. 68. Abdomen with 11 segments, but because the 1st of them is ± fused with the metathorax and the 11th strongly reduced, as a rule in ♂ are visible only 9(-10) and in ♀ (69), in which are covered tergum 8 and 9 too (70) only 7, they are downcurved laterally and – seen from the side – obliquely rounded, covering the membranes and spiracles lying between themselves and the sternites and forming with the latter ones a zigzag-line; 1st tergite separated by a suture from the metanotum, 1st sternite not visible; in the 9th segment lie the ♂ genitalia, the tergite is like the preceding ones (apart from the glandular callosities of the 3rd and 4th tergite), the sternite however is elongated, reaches the bases of the cerci, is ± rounded posteriorly and forms the subgenital plate; a narrow, transverse clasp-like sclerite forms the manubrium at its foremargin. ♂ genitalia as in fig. 71; the appendages are unique among all pterygotous insects; their basal part is single, their apical part paired; divergences of the figured ♂ organ of copulation are refered to in the systematic part, it remains to be mentioned, that both the membranous mesomers in normal position could be turned up inwards, but often one of them only and then it is obviously without function (in species outside Europe atrophied too); sometimes there is one mesomer visible only which is always directed caudalwards, then a trace of a 2nd ductus ejaculatorius is present, normally the ductus ejaculatorii run in the paired mesomer (penislobe) into one often long virga, which is characterized by a spirally thickened intima (K. GÜNTHER and K. HERTER 1974); in each mesomer lies an evertable endophallus. In ♀ the terga are homogenous (apart from the glandular callosities of the 3rd and 4th tergite) up to 7th, hidden beneath this the 8th and 9th tergite (69) and the fore margin of the 10th tergite, the 7th sternite forms the subgenital plate, the 8th and 9th sternum are strongly to entirely reduced, ouwardly always invisible. The 10th tergite more sturdly sclerotisised than the other ones, in it the 1-segmented, strong cerci are inserted (however they belong to the 11th segment), they often vary within the genus and the species too; this variability is due to weak or strong forming during the last moult; short, more strongly curved cerci (5) which enclose a round space, belong to the *f. brachylabia* (*cyclolabia*), longer, less curved cerci (4) surrounding about an oval space, belong to *f. macrolabia*, between these two forms various changes; if the abdomen is curved upwards the cerci open automaticly, but they can be spread in other positions too. Epiproct (up to now mostly termed pygidium) consists of one or two (pygidium, metapygidium, fig. 72-74) parts, the sclerites fused or closely affixed to the ventrally turned side-margins of the 10th tergum are considered to be the paraproctes (74). Apterous, squamipterous, micropterous and parapterous can be used of the other usual terms for the development of wings, the latter ones limited only, because the tegmina and alae are different from these of the other *Ortoptera* s. lat., even different from all pauro/hemimetabolous insects. Tegmina – if present – always strongly shortened, squamiform, often somewhat rectangular and reaching about up to the beginning of abdomen (76), in normal position the left one covering the inner margin of the right one; larvae show already the wing position of imagines. Foremargin and the proximal part of the inner margin of tegmen are curved downwards, at most near the outer side margin a weak longitudinal vein (perhaps C or Sc), next to it a line (perhaps the Radius), a weak fold along the inner margin ventrally is interpreted as the Analis, it is thickened in the middle and bears a row of spinules (75, 76) which gear with the spinules of the metanotum (66, 67) so fastening the tegmen in normal position. Alae - if present - strongly reduced and reaching then at most the hind margin of tegmina or they are fully developed, in normal position complicately folded and in form of a small squama surpassing the tegmen (66), their complicated construction shown in fig. 77. With such spread alae they can fly, in some species, e.g. *Forficula auricularia*, the trend to fly is individually developed only. The cerci are needed to spread the alae. The legs are equally good for walking, running, and climbing, and similar to each other, they increase in length from the 1st to the 3rd pair, in the fore legs the femora are thicker than in the other ones; femora and tibia without spines, tibiae covered well to brush-like with hairs distally, tarsi always 3-segmented, the 1st segment longer or as long as the distal segment, the median segment short, ± cylindrical (79) or cordiform (80), all joints are ± bristly, particularly on the ventral side, the basal joint thickly brush-like ventrally too; without pulvilli, in European species without arolium too. The order enclosed about 1300 species with mostly nocturnal mode of life; most of them - probably all - having a distinct brood care; as a rule there are 5 larval instars, in *Forficulidae* the 1st one is very short (soon after hatching they moult), in the ovoviparous *Marava arachides* 4 instars only. All told they live about a year. These insects are omnivorous, ± hygrophylous, tigmataxis is frequent.

UNTERORDNUNG/SUBORDER: FORFICULINA

Körper depress, aber Abdomen dorsal leicht gewölbt, höchstens leicht behaart oder beborstet. Augen gut entwickelt. Cerci kräftig und gut sklerotisiert. Micropter, parapter bis apter. Das Basalglied der Tarsen ist länger als das 2, das 3. nicht länger als die beiden anderen zusammen. Ovipar, selten ovovivipar. In Europa kommt nur diese über die ganze Erde verbreitete Unterordnung vor «» Body depressed, but abdomen slightly arched dorsally, at most slightly pubescent or bristly. Eyes well developed. Cerci strong, well sclerotised. Micropterous, parapterous to apterous. Basal joint of the tarsi longer than the 2nd, the 3rd not longer than the two other ones together. Oviparous, seldom ovoviviparous. In Europe this suborder only which is spread over the whole world.

TAFEL 5

63-70. *Forficula auricularia* L. aus K. HARZ 1960
63. Kopf von oben
64. Mundwerkzeuge von oben, zergliedert
65. Pronotum von oben
66. Meso-, Metathorax und 1. Abdominaltergum von oben; Meso = Mesonotum, Meta = Metanotum, 1. Terg. = 1. Tergum, Al = Ala, El = Elytron, Sc = Scutellarfurche
67. Scutellarfurche stärker vergrößert
68. Thorakalsterna, Pro = Prosternum, Meso = Mesosternum, Meta = Metasternum, 3. Epim = 3. Epimerum, 3. Epis = 3. Episternum
69. Abdomen ♀; 2., 3., 4., 5., 6., 7. = 2.-7. Tergum, die Pfeile links zeigen auf die Drüsenschwielen
70. Das 10. Tergum des ♀ mit dem sonst verdeckten 8. und 9. Tergum
71. *Labidura riparia* (PALL.), Genitale des ♂, Ms = Mesomer, Pm = Paramer, V = Virga, Vr = vesiculum reniforme; das rechte Mesomer ist proximalwärts eingeschlagen; Spanien, am Rio Gas südl. Jaca, K. HARZ leg

72-77. *Forficula auricularia* L. aus K. HARZ 1960
72. Epiproct des ♀ von oben
73. Epiproct des ♀ von links
74. Abdomenapex des ♀ von unten, die Subgenitalplatte ist entfernt; Epi = Epiproct, links darunter (Pfeil) herausgetrennter Basalteil, Para = Praproct
75. Rechtes Elytron von unten
76. Die gezähnelte Randleiste davon stärker vergrößert
77. Rechte Ala entfaltet; Ap = Apicalfeld, An = Analis, Cu 1 + 2 = Cubitus 1 und 2, M = Media, Mf Marginalfeld, R = Radius

63

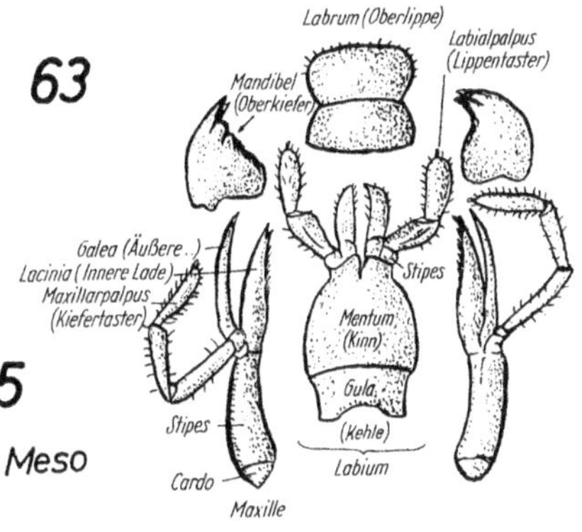

64

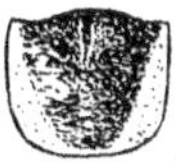
65

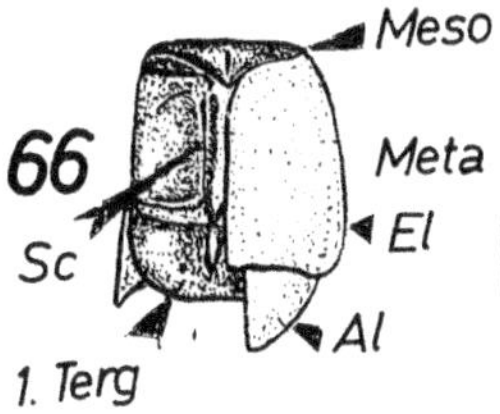

66

67

72

73

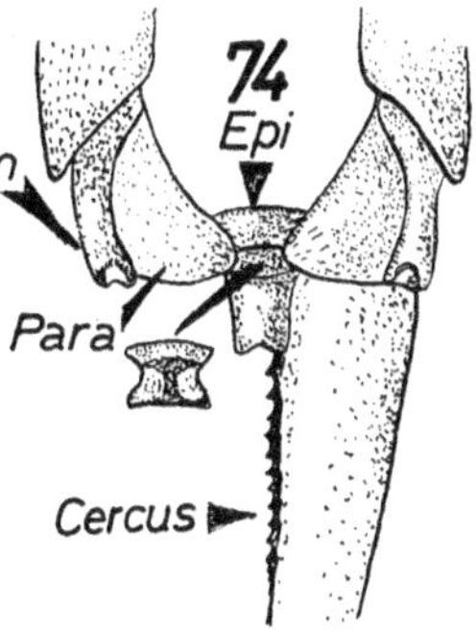

74

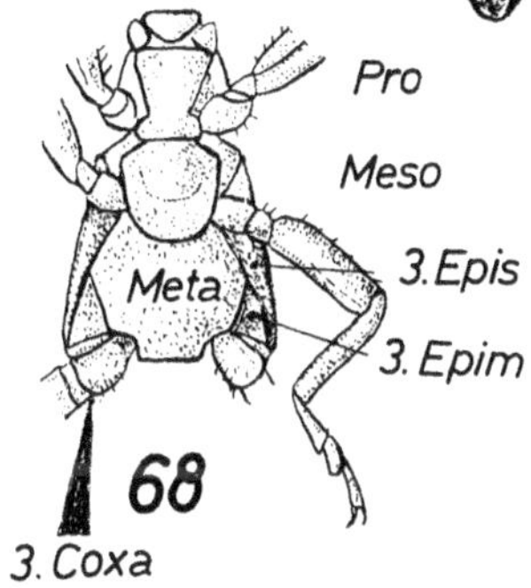

68

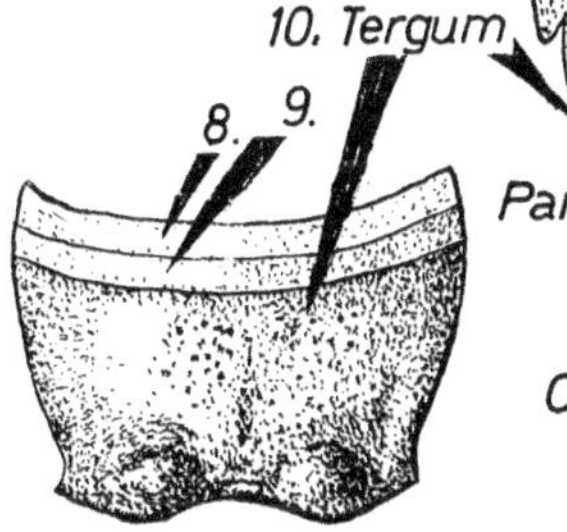

70

75

76

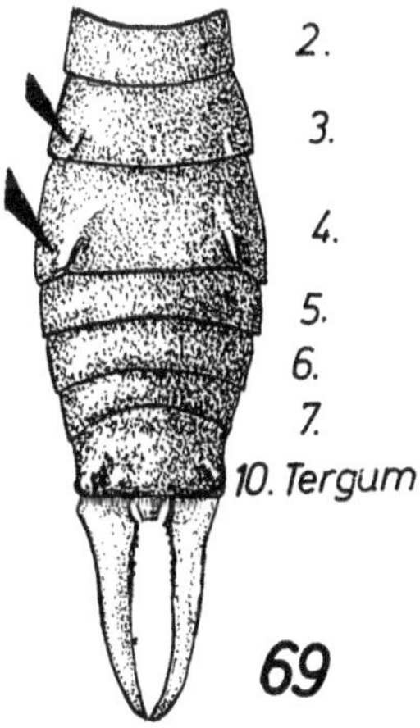

69

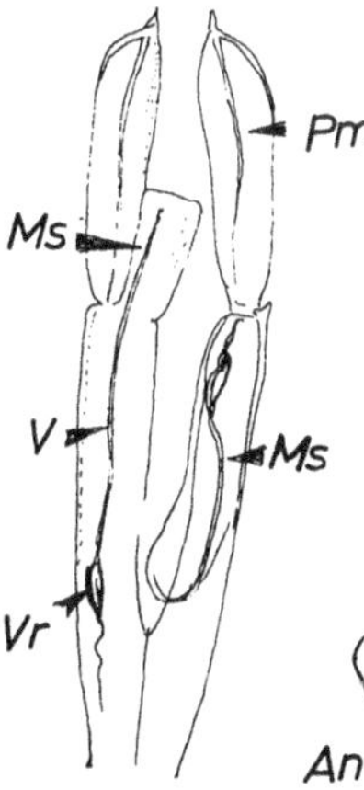

71

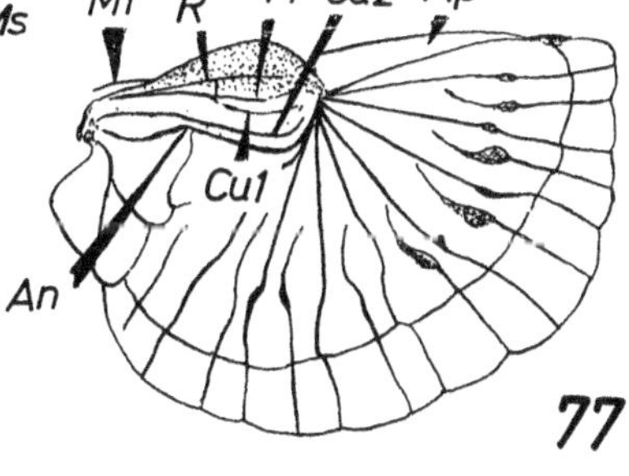

77

Schlüssel zu den Überfamilien, Familien und Unterfamilien «» Key to the superfamilies, families, and subfamilies

1. Das 2. Tarsenglied ist herzförmig verbreitert (80) und springt am distalen Ende unter das Krallenglied vor, falls nicht herzförmig, dann haben die Antennen mehr als 20 Glieder «» The 2nd tarsal joint heart-shaped, with its distal end projecting under the last joint bearing the claws, if not heart-shaped, then antennae with more than 20 segments (*Forficuloidea*) 3
- Das 2. Tarsenglied ist nicht verbreitert, es springt mit dem distalen Ende nicht oder geringfügig unter das Krallenglied vor; falls die Antennen mehr als 15 Glieder haben, apter oder squamipter «» The 2nd tarsal joint not widened, not or weakly projecting under the last joint bearing the claws; if antennae with more than 15 segments than apterous or squamipterous 2
2. Apter oder Elytra höchstens als schmale seitliche Schuppen angedeutet; Epiproct zwischen den – beim ♂ oft asymmetrischen – Cerci von oben nicht sichtbar; Mesomeren der Genitale paarig, einer davon in Ruhelage proximalwärts eingeschlagen, zuweilen zurückgebildet «» Apterous or tegmina at most narrowly squamiform and lateral; epiproct viewed from above not visible between the – in ♂ often asymmetric – cerci; mesomeres of the genitala paired, in normal position one of them bent backwards, sometimes slightly reduced . . . .
Carcinophoridae – Anisolabinae, p. 41
- Wenigstens die Elytra sind gut entwickelt; Epiproct von oben zwischen den Cercusbasen sichtbar; nur ein unpares Mesomer in der Mitte entwickelt «» With at least well developed tegmina; epiproct – seen from above – visible between the bases of the cerci; one not paired mesomer developed, in the middle . . . .
Labiidae/Labiinae, p. 51
3. Antennen mit weniger als 16 Gliedern, meist 11-14 gliedrig; 2. Tarsenglied herzförmig erweitert, ventral weit unter das Krallenglied vorspringend «» Antennae with less than 16 segments, mostly 11-14-segmented; 2nd segment of the tarsus heart-like widened, projecting well under the apical join . . . .
Forficulidae, p. 61
- Antennen mit mehr als 20 Gliedern; 2. Tarsenglied nicht herzförmig erweitert, mit dem distalen Ende ventral wenig unter das Krallenglied vorspringend «» Antennae with more than 20 joints; 2nd segment of the tarsus not heart-like widened, with the distal end weakly projecting under the distal segment . . . .
Labiduridae/Labidurinae, p. 56

FAMILIE/FAMILY: CARCINOPHORIDAE

Integument leicht glänzend, braun bis dunkelbraun. Mittelsegmente des Abdomens am breitesten; Cerci des ♂ öfters asymmetrisch (81); Genitale des ♂ mit paarigen Mesomeren (82), von denen eines in Ruhelage distal, das andere proximal gerichtet ist, letzteres zuweilen verkümmert, an der Basis der Virga ohne, selten mit vesiculum reniforme, bei einigen Gattungen fehlt auch die Virga. Das Manubrium ist lang, meist mehr als zweimal so lang wie breit. Apter oder es fehlen doch die Alae. Überwiegend zirkumtropisch, einige Kosmopoliten und endemische Arten «» Integument slightly lustrous, brown to dark-brown. Middle segments of the abdomen wider than the other ones. ♂ cerci often asymmetric (81). ♂ genitalia with paired mesomeres (82), one of which in normal position directed distally, the other one proximally and this one is sometimes reduced; at the base of the virga without (seldom with) vesiculum reniforme, in some genera the virga is absent too. Manubrium long, mostly more than twice as long as wide. Apterous or the alae absent. Circumtropic, some cosmopolitan and some endemic species.

Schlüssel zu den Unterfamilien «» Key to the subfamilies

1. Mesosternum mit abgerundetem Hinterrand; Cerci des ♂ ± asymmetrisch; Genitale ohne Virga «» Hind margin of the mesosternite rounded; ♂ cerci ± asymmetric; ♂ genitalia without virga
Carcinophorinae, (*Psalinae, Anisolabinae*), p. 41
– Mesosternum mit quer abgestumpftem Hinterrand; Cerci des ♂ symmetrisch; Genitale mit spiraliger Virga «» Hind margin of the mesosternite transversely truncated; ♂ cerci symmetric; ♂ genitalia with spiral virga ....
Parisolabinae, p. 47

UNTERFAMILIE/SUBFAMILY: CARCINOPHORINAE

Körper breit, oft robust. Nähte des Kopfes deutlich; Antennen mit 16-25 Gliedern, 4.-6. Glied kurz, fast so lang wie breit; Anteclypeus länger als der Postclypeus. Thorakalsterna breit und flach, Mesosternum länger als die beiden anderen, hinten abgerundet, Metasternum abgestumpft, Hinterecken verrundet. Epiproct zweiteilig. Apter bis squamipter. Bereits die Larven haben dreikantige Cerci «» Body broad, often stout. Head with distinct sutures; antennae 16-25-segmented, 4th to 6th segment short, almost as long as wide; anteclypeus longer than the postclypeus. Thoracic sternites broad and flate, mesosternite longer than both the other ones, metasternite truncated with rounded hind-corners. The epiproct consists of two parts. Apterous to squamipterous. The larvae having trigonal cerci already.

Schlüssel zu den Gattungen «» Key to the genera

1. Apter «» Apterous 2
– Squamipter – Squamipterous (83): *Euborellia moesta* (SERV.), p. 46 (Falls geflügelt und Antennen mit 16-18 Gliedern vergl. «» if winged and antennae 16-18-segmented compare with . . . . *E. annulipes* (LUC.), p. 46
2. Antennen 16-18 gliederig, 13. und 14. Glied, aber auch andere Apikalglieder hell. Beine wenigstens z.T. dunkel geringelt (84). Abdomen fast glatt, 10. Tergum seitlich mit einer Längskante (85) «» Antennae 16-18-segmented, 13th and 14th segment often light, but sometimes other apical segments light too. Legs with at least partly dark annulared. Abdomen almost smooth, 10th tergite with an edge laterally (85) . . . . *Euborellia annulipes* (LUC.), p. 46
– Antennen (19-)22-25 gliederig. Beine einfarbig gelblich. Abdomen fein und dicht bis runzlig punktiert, 10. Tergum ohne seitliche Längskante (86) «» Antennae)19-)22-25-segmented. Legs unicoloured yellowish. Abdomen finely and thickly to wrinkly punctuated, 10th tergite without a longitudinal edge (86) laterally *Anisolabis maritima* (GÉNÉ), p. 43

Gattung/Genus: Anisolabis FIEBER 1853

(Lotos 3:257; typus generis: *A. maritima* GÉNÉ 1832; *Forcinella* DOHRN 1862, *Brachylabis* DOHRN 1864, *Homoeolabis* BORELLI 1911).
Kopf wie der ganze Körper ± heller bis dunkler braunrötlich, hinter den Augen am breitesten; die Antennen überragen das 3. Tergum, sie sind (19-) 22-25 gliederig, ab dem 3. Glied dichter abstehend behaart, das Endglied ist etwa ½ so breit wie die mittleren Glieder, gelblich; die Mundteile sind heller als der übrige Kopf. Das Pronotum (87) ist wenig länger als breit bis etwas breiter als lang, das Meso- und Metanotum sind wie das Pronotum zerstreut punktiert und in der Mitte mit einer feinen Längslinie versehen (offenbar ein larvales Merkmal). Beim ♂ sind die Terga 5-9 auf den Seiten grobrunzlig und haben hier oft einen feinen Längskiel, manchmal ist dieser auch nur angedeutet oder fehlt am 5. und 9. Tergum; die Drüsenschwielen sind sehr schwach ausgeprägt, oft kaum bemerkbar, beim ♀ nur am Ende der Terga schwach erkennbar; die Hinterränder der Terga sind dicht kurz behaart, sonst nur zerstreut, das 9. Tergum ist seitlich etwas gerunzelt,

aber ohne Längskiel (86), mit oder ohne eingesenkte Mittellinie; über den Cercusbasen schwach erhöht und hier springt auch der Hinterrand kurz vor (81). Sterna gut abstehend gelblich behaart, die Hinterränder wie bei den Terga. Die Cerci sind rötlich, der rechte ist beim ♂ stärker einwärts gekrümmt (81) beide – wie auch beim ♀ – dorsal wenigstens teilweise mit deutlicher Leiste (88). Epiproct wie in Fig. 89 und 90. Die Subgenitalplatte des ♂ ist dreieckig, am Hinterrand in der Mitte abgestutzt, beim ♀ verrundet. Apter. Die Gattung umfaßt 72 weltweit verbreitete Arten, davon nur eine, fast kosmopolitische Art in Europa «» Head as the whole body ± lighter to darker brownish-red, widest behind the eyes; antennae surpassing the 3rd tergite, they are (19-)22-25-segmented, from the 3rd joint more thickly covered with sticking out hairs, the apical joint about half as wide as the median segments; yellowish. The mouthparts lighter than the other head-parts. Pronotum (87) less longer than wide to somewhat wider than long; meso- and metanotum as the pronotum dispersely punctuated and in the middle with a fine longitudinal line (obviously a larval characteristic). In ♂ the 5th to 9th tergites are coarsely wrinkled laterally, often having here a fine longitudinal carinula, but sometimes there is a trace of it visible only or it is absent on the 5th and 9th tergite; the glandular callosities are very weak, often hardly visible, in ♀ a trace of them on the hind margins only; tergites with dispersed hairs, their hind margins thickly covered with short hairs; 9th tergite somewhat wrinkled laterally, but without longitudinal carinula (86), with or without impressed median line; 10th tergum slightly risen over the bases of the cerci and the hind margin projects shortly there (81). Sternites well provided with sticking out yellowish hairs, hind margins as in the tergites. Cerci reddish, the right one in ♂ more incurved than the left one (81), both – and so they are in ♀♀ – with at least a distinct ridge (88) dorsally on the base. Epiproct as in fig. 89 and 90. The ♂ subgenital plate triangular, truncated in the middle of the hind margin, in ♀ rounded. Apterous. The genus encloses 72 global spread species, the following almost cosmopolitan species in Europe only.

1. *A. maritima* (GÉNÉ) 1832 (*Forficula m.*, Ann. Sci. Nat. Regn. Lomb. venet., 2:224; Typ: verschollen; terra typica: Genua, Nizza, Toscana; Neotypi: ♂♀ Dalmatien, Dubrovnik, 5.-14. V.1955, STÖCKLEIN leg., coll. m.). Fig. 81, 82, 86-90. Wie in der Gattungsbeschreibung. Beine gelblich. Genitale des ♂ wie in Fig. 81. Maße: Körper ♂ 15-20, ♀ 12-20, Pronotum ♂ 2:2,1-2,7:2,9, ♀ 1,8:2,2-2,6:2,8, Cerci ♂ 2,4-3,5, ♀ 3-4,7. III-IX (wohl ganzjährig). In und auf feuchten Böden, fast nur an den Ufern von Gewässern, besonders am Meeresstrand. S-Europa.

TAFEL 6

78. *Forficula auricularia* L., rechtes Hinterbein von außen
79. *Labia minor* (L.), rechter Vordertarsus von oben (aus K. HARZ 1960)
80. *Forficula auricularia* L., rechter Vordertarsus von oben, wie Fig. 78 aus K. HARZ 1960
81. *Anisolabis maritima* (GENE), ♂, Abdomenapex von oben; Fiume, III 1877, KRAUSS leg., Nat. Hist. Mus. Wien
82. Desgl., ♂, Genitale von unten, Dalmatien, Dubrovnik, 5.-14.V.1955, STÖKLEIN leg., coll. m.
83. *Euborellia moesta* (SERV.), ♂, Thorax und 1. Tergum; Sardinien, F. SIKORA leg., Nat. Hist. Mus. Wien
84. *Euborellia annulipes* (LUC.), ♀, rechter Vorderfemur von außen; Spanien, Granada, STAUDINGER leg., Nat. Hist. Mus. Wien
85. Desgl., ♀ Abdomenapex von links; wie zuvor

86-90. *Anisolabis maritima* (GENE), soweit nicht anders vermerkt alle im Nat. Hist. Mus. Wien

86. ♂, Abdomenapex von links; wie in Fig. 81
87. ♂, Thorax, Dalmatien, wie in Fig. 81
88. ♀, Abdomenapex von oben, der Pfeil zeigt auf die dicht hell behaarte Stelle des Cercus; wie in Fig. 82
89. ♂, Epiproct von hinten, wie in Fig. 81
90. ♀, Epiproct von hinten (zweimal so stark vergrößert wie Fig. 89); Griechenland, Insel Levkás, 25.V.-3.VII.1932, M. BEIER leg., Nat. Hist. Mus. Wien
91. *Euborellia annulipes* (LUC.), ♀, Thorax und 1. Tergum von oben; Toscana, Pionbino, A. KNITŽ leg., Nat. Hist. Mus. Wien

92-95. *Euborellia moesta* (SERV.), alle Nat. Hist. Mus. Wien

92. ♂, Epiproct von hinten, Sardinien, F. SIKORA leg.
93. ♀, Epiproct von hinten; Elba, Mt. Campanne, N-Hänge, 30.III.-13.IV.1927, SCHEERPELZ leg.
94. ♂, Abdomenapex von oben; wie in Fig. 92
95. ♂, Abdomenapex von links; wie in Fig. 92

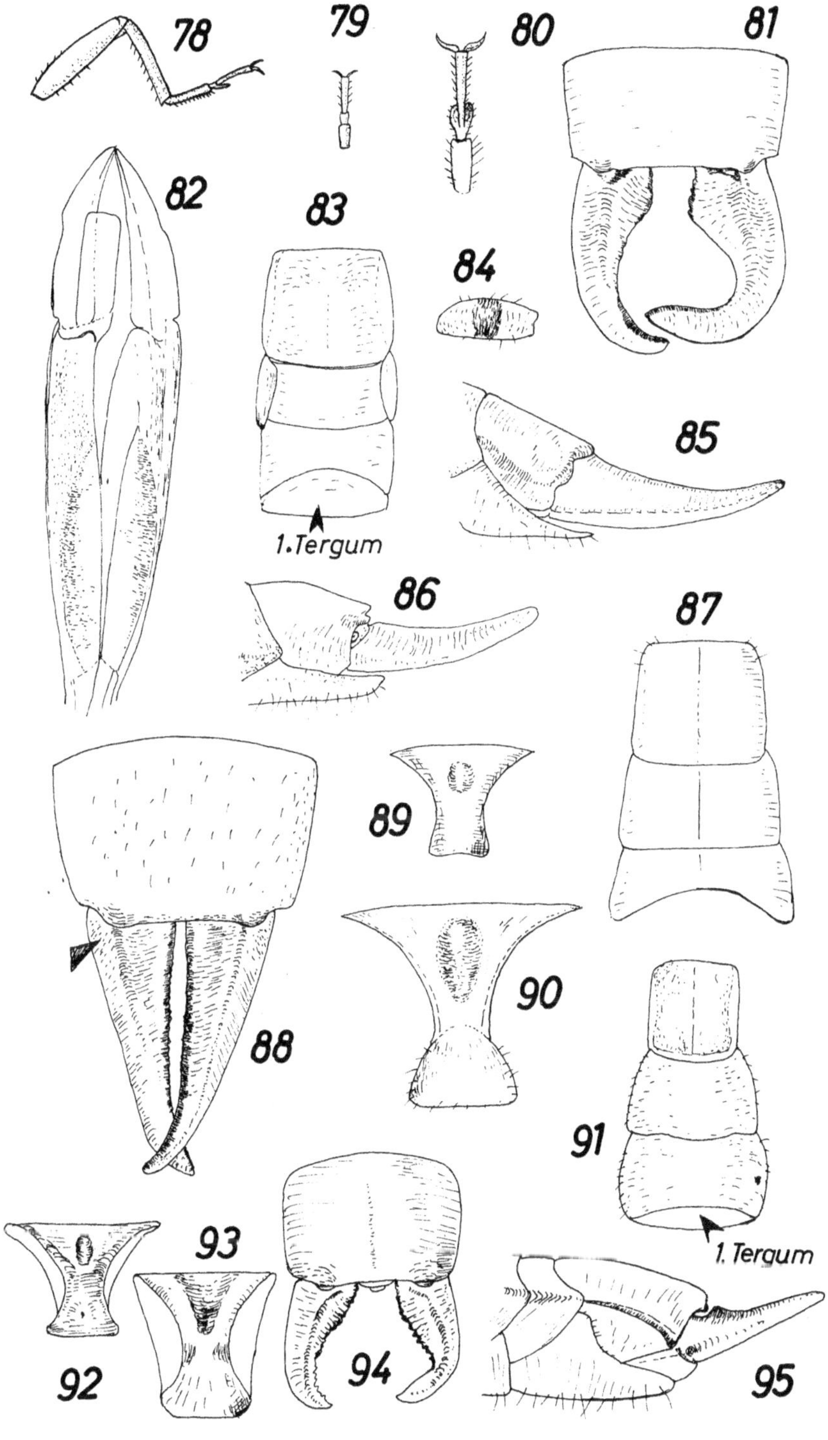
78
79
80
81
82
83
84
85
1.Tergum
86
87
88
89
90
91
1. Tergum
92
93
94
95

Gattung/Genus: Euborellia BURR 1910

(Proc. U.S. Nat. Mus. 38:448; typus generis: *E. moesta* (SERVILLE) 1839; zuvor von M. BURR von *Anisolabis* zu *Borellia* BURR (nec REHN 1896) 1909 gestellt).

Kopf in Augenhöhe am breitesten; die Antennen sind 16-18 gliederig, ab dem 3. Glied dicht abstehend behaart. Das Pronotum (85, 91) ist fast quadratisch, Die Terga des ♂ sind z.T. seitlich gekantet, das 10. Tergum hat seitlich bei ♂ und ♀ eine Längskante (85). Das Epiproct ist seitlich gut ausgerandet (92, 93). Apter bis squamipter. Mit etwa 47 Arten über alle Erdteile verbreitet, 3 davon ubiquistisch-circumtropisch bis kosmopolitisch «» Head widest at the level of the eyes antennae 16-18-segmented from the 3rd segment to the apex thickly covered with sticking out hairs. Pronotum (85, 91) almost square. ♂ tergites edged laterally, 10th tergum in ♂ and ♀ with a longitudinal edge on each side. Epiproct well emarginated laterally (92, 93). Apterous to squamipterous. With about 47 species spread over all continents, 3 of them ubiquitous circumtropic to cosmopolitan.

2. *E. moesta* (SERVILLE) 1839 (*Forficula m.*, Ins. Orth., p. 28; Typ: ♂♀ verschollen; terra typica: Sardinien; Neotypi: ♂♀ S-Frankreich, La Couronne, 10.-19.VI.1969, EITSCHBERGER et MAGER leg.; coll. m.
G. GÉNÉ hat die Art bereits 1837 (Ann. Sci. Regno Lomb.-Veneto 7:83 beschrieben und *maritima* gegenübergestellt, terra typica gleichfalls Sardinien, aber weil der erste Name bereits über 50 Jahre im Gebrauch ist, bleibt er gültig; Syn.: *Forficula hispanica* H.S. 1840, *F. maritima* (nec GÉNÉ) RAMBUR) 1839, *Forficula taurica* F.W. 1846). Fig. 92-97.
Kopf bis auf die Ventralhälfte des Clypeus und die Mundteile ± braun; die Antennen sind 17-18 gliederig, bräunlich. Das Pronotum (83) hat gelbliche Seitenränder. Die Terga 6 mit 9 tragen beim ♂ Längskiele an den Seiten, die in den dreieckigen Hinterrand auslaufen (95), dieser ist hier grobrunzlig wie das 10. Tergum mit dem seitlichen Längskiel, das über der Cercusbasen in kleinen Loben vorspringt und in der Mitte einen schwachen Längseindruck hat. Die Cerci sind ähnlich wie bei *maritima*, innen gezähnelt rötlich, seitlich-basal, besonders beim ♀, mit gelblichem Fleck; die Subgenitalplatte des ♂ (96) ist am Hinterrand in der Mitte abgestutzt bis ganz schwach ausgerandet, beim ♀ verrundet. Das Epiproct (92, 93) ist ähnlich wie bei *maritima*. Genitale des ♂ wie in Fig. 97. Elytra seitlich (83), sehr klein, schuppenförmig. Die Beine sind braun bis gelbbraun. Maße: Körper ♂, 10-14,7, ♀ 10,5-15, Pronotum ♂ 1,6:1,8-2:2,1, ♀ 1,5:2-1,9:2,1, Elytra ♂ 1-1,6, ♀ 1,3-1,6, Cerci ♂ 1,8-2,3, ♀ 2,3-2,7. III-IX, wohl ganzjährig. S-Europa, N- und E-Afrika.

3. *E. annulipes* (LUCAS) 1847 (*Forficula a.*, Soc. Ent. France, (2)5:84; Typ: ♀ verschollen; terra typica: Frankreich, Paris, Botanischer Garten; Neotypus: ♀, Gran Canaria, Mai 1969, R. VON BUDBERG leg., coll. m.; Syn.: *Forficula equestris*

GÉNÉ 1837, *Forcinella hottentota* DOHRN 1867, *Anisolabis fallax* SHIRAK 1893, *A. bormansi* SCUDD. 1900, *A. antennata* KIRBY 1910, *Anisolabis annulicornis* BLANCHAND 1903, *A. eteronoma* BORELLI 1910, *A. aporonoma* BORELLI 1910, *A. annulicornis* BURR 1951). Fig. 84, 85, 91, 98-103.
Der Kopf ist gelblichbraun oder rotbraun wie der ganze Körper. Die Antennen sind 16-17 gliederig, Scapus und Pedicellus sind heller, die folgenden Glieder braun, 13. und 14. weiß bis gelblichweiß oder nur zur Hälfte, auch das 12. apikal so oder das 14. basal, zuweilen ist auch bloß das 15. weißlich oder schon das 11. apikal, selten sind die Antennen ganz ohne helle Glieder oder sonstige Aufhellungen, zuweilen auch nur auf einer Antenne, ebenso selten sind das 8. und 9 oder das 10. Glied hell, meist das 13. und 14., aber auch das 11. und 12, 13. und 14. oder 14. und 15. Das Pronotum (91) ist seitlich hell gerandet. Das 4. bis 9. Tergum seitlich nach hinten dreieckig vorspringend und am Apex mit langer Borste, vom 6. bis 9. mit vorspringender runzliger Längskante (98) bei ♂ und ♀, über der Cercusbasis am Hinterrand wenig verdickt, in der Mitte mit leichtem Längseindruck, am Hinterrand runzlig (99, 100); am Hinterrand des 4. Tergums mit kaum merklicher Drüsenschwiele; Epiproct wie in Fig. 101 (♂) und 102 (♀), senkrecht abfallend. Genitale des ♂ wie in Fig. 103. Apter. J. PANTEL (1917, Mem. R. Ac. Ci. Barcelona, 14:77) spricht von einer geflügelten Form, was aber wohl auf einer Verwechslung mit *moesta* beruht. Die Cerci sind hell bis dunkelrotbraun, innen gezähnelt. Die Beine sind weißlichgelb, die Femora in der Mitte (84), Tibiae basal ganz oder unvollständig dunkel geringelt. Maße: Körper ♂ 8,5-11,5, ♀ 10,5-12,5, Pronotum ♂ 1:1,2-1,5:1,6, ♀ 1,4:1,6-2,1:2, Cerci ♂ 1,5-2,6, ♀ 2,1-2,6. I-X, gewiß ganzjährig. Kosmopolitisch; im ganzen Mittelmeerraum verbreitet, auf den Kanaren bis 2300 m. Tagsüber unter Steinen; besonders an Gewässern.

UNTERFAMILIE/SUBFAMILY: PARISOLABINAE

Die Kopfnähte sind sehr schwach ausgeprägt (oft nur bei seitlicher Beleuchtung sichtbar) bis kaum erkennbar, nur die Mittelnaht ist öfters deutlich (104). Terga 3 und 4 ohne sichtbare Drüsenschwielen, das 10. Tergum ist am Hinterrand quer abgestumpft. Virga spiralig (110). Die Cerci (107) sind beim ♂ gleichmäßig gebogen, Apter. Das 2. Tarsenglied ist apikal schwach erweitert (111, 112) «» Sutures of the head very weakly (often visible only by lighting from one side) to hardly visible, the median suture is distinct sometimes (104). 3rd and 4th tergites without visible glandular callosities; 10th tergite transversely truncated. Virga spiral (110). ♂ cerci regularly incurved (107). The 3rd tarsal joint weakly widened apically (111, 112).

Gattung/Genus: Isolabella VERHOEFF 1902

(Verh. SB. Ges. Naturforsch. Freunde, Berlin, p. 15-16; typus generis: *I. graeca* VERHOEFF 1902; *Pseudisolabis* BURR 1908 part., *Isolaboides* HINCKS 1966). Am Dorsalende der Augen je ein helles Fleckchen; Clypeus

TAFEL 7

96. *Anisolabis maritima* (GÉNÉ), ♂ Abdomenapex ♂ von unten, Epi = Epiproct; Toscana, M. Argentario, HOLDHAUS leg., Nat. Hist. Mus. Wien
97. Desgl., ♂, Genitale, Toscana, Piombino, A. KNIŽ leg., Nat. hist. Mus. Wien
98-103. *Euborellia annulipes* (LUC.), alle im Nat. Hist. Mus. Wien
98. ♂, Abdomenapex ♂ von links; Italien, Genova, DUBRONY leg.
99. ♂, Abdomenapex ♂ von oben; wie zuvor
100. ♀, Abdomenapex von oben; Spanien, Granada, STAUDINGER leg.
101. ♂, Epiproct von hinten; wie in Fig. 98
102. ♀, Epiproct von hinten; Jugoslawien, Lesina, BUCCHICH leg., Nr. 13717 BR.
103. ♂, Genitale; wie in Fig. 100
104-112. *Isolabella graeca* VERH., soweit nicht anders vermerkt Türkei, Söke, Davutlar, 4.II.1971, TOPRAK/N. LODOS, coll. m.
104. ♂, Kopf von oben; Holotypes, Griechenland, Humboldt-Mus. Berlin
105. ♂, Thorax von oben
106. ♂, Thorax von unten, wie in Fig. 104
107. ♂, 10. Tergum mit Cerci
108. ♂, Abdomenapex von rechts, Epi = Epiproct
109. ♂, Epiproct, von hinten
110. ♂, Genitale
111. ♂, linker Mitteltarsus von innen
112. ♂, linker Vordertarsus von oben
113. *Labia minor* (L), ♂, Abdomenapex von oben; Bayern, Gröbenzell, 19.VIII.1973, coll. m.

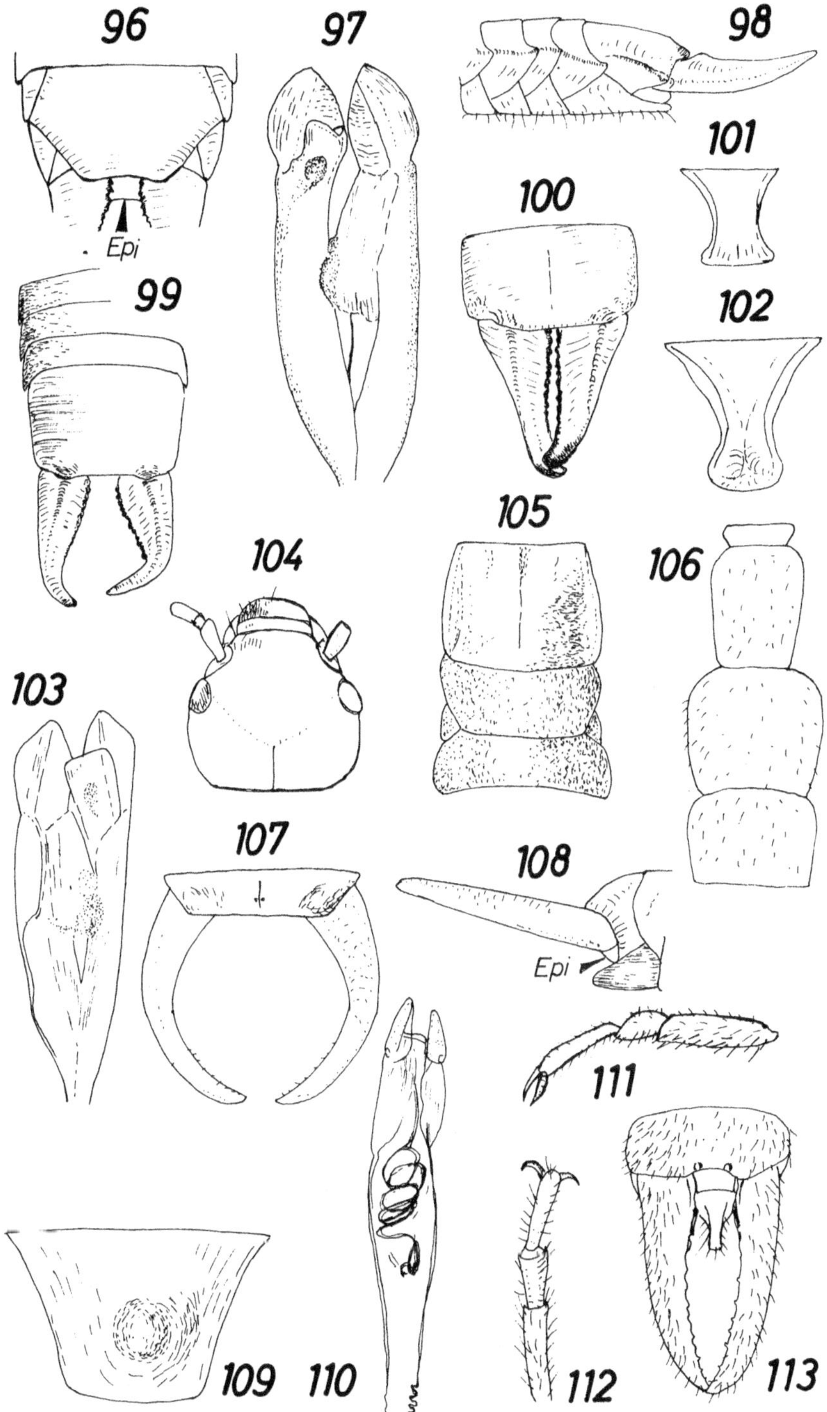
96
97
98
Epi
99
100
101
102
103
104
105
106
107
108
Epi
109
110
111
112
113

ventral etwas heller; die Antennen sind 18 gliederig, vom 5. Glied an gelblichbraun und ziemlich dicht kurzhaarig. Das Pronotum (104, 105) ist fast quadratisch bis schwach quer und divergiert leicht nach hinten, in der Mitte eine leichte Längsfurche, seitlich mit zwei schwachen Längseindrücken. Meso- und Metanotum fallen seitlich etwas ab und sind fein anliegend beborstet (105); Pro-, Meso- und Metasternum wie in Fig. 106. Das 10. Tergum ist schmal quer (107), in der Mitte mit einem kleinen Eindruck, über den Cercusbasen schwach gewölbt, hinten quer abgestumpft. Das Epiproct des ♂ ist trapezförmig und trägt in der Mitte ein kleines Knötchen (109). Die Gattung umfaßt drei Arten, in Indien, am Libanon und in der Türkei «» With a small light spot at the dorsal end of each eye; clypeus somewhat lighter ventrally; antennae with 18 segments, from the 5th joint to the apex yellowish brown and rather thickly haired. Pronotum (104, 105) almost square and diverging slightly backwards, with a fine longitudinal furrow in the middle and two weak impressions on each side. Meso- and metanotum sloping somewhat sidewards, with cumbent bristles. Pro-, meso-, and metasternites as in fig. 106. 10th tergum narrowly transverse, slightly arched, over the bases of the cerci, with a small impression in the middle, hind margin transversely truncated. ♂ epiproct trapezoidal, with a small tubercle in the middle (109). Three species in India, Libanon, and Turkey.

4. *I. graeca* VERHOEFF 1902 (Verh. Sb. Ges. naturforsch. Freunde, Berlin, p. 16; Typ: ♂, Humboldt-Museum, Berlin; terra typica: Griechenland (ohne nähere Angabe); Syn.; *Pseudisolabis kosswigi* BURR 1947). Fig. 104-112.
Wie zuvor. Einfarbig rötlichbraun bis dunkelbraunrot oder schwarzbraun. Die Genitale des ♂ mit der typisch spiraligen Virga (110). Die Cerci des ♂ sind gleichmäßig gebogen (107), rundlich, innen und ventral etwas abgeflacht, beim ♀ zum leicht nach innen gebogenem Apex allmählich verschmälert. Die Subgenitalplatte ist hinten breit verrundet. Maße: Körper ♂ 15, ♀ 9, Pronotum ♂ 1,7:2-2,6, ♀?, Cerci ♂ 3-3,5, ♀ 1,5; diese Maße bedürfen der Ergänzung. II-? (überwintert gewiß als Imago. Griechenland (keine nähere Ortsangabe), Türkei (Denizli, Homosdagh, 600 m, Söke-Davutlar).

ÜBERFAMILIE/SUPERFAMILY: LABIDOIDEA

Das 2. Tarsenglied ist ± zylindrisch, apikal selten erweitert (79), das Krallenglied ist nahe dem apikalen Ventralrand desselben eingelenkt. Genitale ohne nierenförmiges Bläschen (vesiculum reniforme) an der Basis der Virga, Mesomeren paarig bis unpaarig. Mit zahlreichen Arten weltweit verbreitet «» The 2nd joint of the tarsi ± cylindrical (79), seldom widened apically, the apical joint inserted near the apically ventral margin. Genitalia without kidney-shaped blister (vesiculum reniforme) at the base of the virga, mesomers paired or not. With a lot of species spread all over the world.

FAMILIE/FAMILY: LABIIDAE

Die Cerci sind auch beim ♂ symmetrisch; das Epiproct ist zwischen ihren Basen gut sichtbar (113), bei ♂ meist artspezifisch geformt. Mesomer des Genitale unpaar und in der Mitte liegend (114). Überwiegend kleine, flugfähige Arten, die zirkumtropisch, überwiegend altweltlich verbreitet sind und mit enigen Arten in die Palaearktis vordringen «» ♂ cerci symmetrical; epiproct clearly visible between their bases (113), in ♂ often a specific character. Mesomer of the genitalia lying in the middle, not paired (114). Predominately small, airworthy species, spread circum-tropic, mostly old-world, with some species entering the Palearctic.

UNTERFAMILIE/SUBFAMILY: LABIINAE

Kopf mit undeutlichen Nähten; die Augen sind klein, nicht so lang wie das 1. Antennenglied. Die Cerci – zumal beim ♂ sind länger als das 10. Tergum breit ist. Allein diese Unterfamilie umfaßt 172 Arten «» Head with indistinct sutures; eyes relatively small, not as long as the 1st antennal segment. Cerci – especially in ♂ – longer than the width of the 10th tergum. This subfamily encloses 172 species.

Schlüssel zu den Gattungen «» Key to the genera

1. Zweites Tarsenglied zylindrisch; die Alae überragen in situ die Elytra (115) «» The 2nd joint of the tarsi cylindrical; the alae in situ surpassing the tegmina (115) . . . .
Labia LEACH, p. 51
– Das zweite Tarsenglied ist zylindrisch, keulenförmig oder fast konisch; die Alae sind in situ etwa 1/5 kürzer als die Elytra «» The 2nd joint of the tarsi cylindrical, club-like or almost conical; alae in situ 1/5 shorter than the tegmina . . . .
Marava BURR., p. 52

Gattung/Genus: Labia LEACH 1813

(Edinb. Encycl. 9:118; typus generis: *L. minor* (L.) 1758: *Copiscelis* FIEBER 1853).

Die Gattung umfaßt etwa 65 Arten von denen nur die kosmopolitische, bei uns leicht synantrope folgende Art bis nach Europa vordringt «»

The genus encloses about 65 species, one of which, is represented in Europe by the cosmopolitan, slightly synantropic *minor*.

1. *L. minor* (L.) 1758 (*Forficula m.*, Syst. nat. (ed. x) 1:423, nr. 2; Typ: offenbar verschollen; terra typica: Europe; Neotypi: ♂♀ Bayern, Wülfershausen/Saale, I.V. und 13.VIII.1952, K. HARZ leg., coll.m.; Syn.: *Forficula livida* GMELIN 1788, *F. media* MARSHALL 1802, *Labia minuta* SCUDDER 1862). Fig. 79, 113-119. Der Körper ist ziemlich dicht anliegend bis leicht abstehend behaart (116), vereinzelt mit langen Tastborsten. Der Kopf ist braun bis schwarz, der Basalteil des Clypeus, das Labrum u.a. Mundteile gelblich; die Antennen sind 12 gliederig, braun, das 1.-3. Apikalglied und zuweilen auch basale Glieder sind hell gelblich. Das Pronotum (115) ist hell bis dunkelbraun, im Vorderteil und etwa ½ des Hinterteiles schwach konvex, vorn mit einer Mittelfurche. Meso und Metasternum mit verrundeten Seiten, das Metasternum ist etwa ⅓ länger als das Mesosternum. Das Abdomen ist braun, gegen das distale Ende oder doch das 10. Tergum hell orangebräunlich oder rötlichbraun, mit deutlichen Drüsenschwielen am 3. und 4. Tergum, das 10. beim ♂ seitlich der Mitte am Hinterrand mit je einem kleinen Tuberkel, über den Cercusbasen leicht gewölbt, in der Mitte öfters gefurcht; das Epiproct ist beim ♂ verkehrt trapezförmig (118), beim ♀ schmal, distalwärts leicht konvergierend; die Cerci des ♂ (113) sind nur schwach gebogen, im Basalteil dorsal etwas abgeflacht und erweitert, die innere Ventralkante basal mit zahnartig erweiterter Leiste, dann mit 6-10 Zähnchen, beim ♀ (117) sind sie relativ robust, nur apikal etwas gebogen, die Innenkanten berühren sich bei geschlossenen Cerci bis fast zum gekreuzten Apex, bei ♂ und ♀ sind sie orange bis rötlichbraun; die Subgenitalplatte des ♂ ist am Apex stielförmig verengt (119) und z.T. lanbgeborstet, beim ♀ breit verrundet. Genitale des ♂ mit zweilappigen Parameren und robuster Virga (114). Die Elytra (115) sind hell bis dunkelbraun, dicht und ± anliegend behaart, desgleichen die Alae, deren gefaltete überstehende Teile etwa ½ so lang wie die Elytra sind. Maße: Körper ♂ 4-8, ♀ 4,3-6, Pronotum ♂ 0,6:0,9-1:1,1, ♀ 0,7:0,7-0,8:0,9, Elytra ♂ 1,3-1,7, ♀ 1,4-1,5, vorstehender Teil der Alae ♂ 0,6-0,8, ♀ 0,6-0,8, Cerci ♂ 1-2,5, ♀ 1-1,3. Ganzjährig, zwei, vielleicht drei Generationen dürften sich überschneiden. In Europa nördlich bis S- und Mittelfinnland, ein alter Fund bei Kuusamo, also nahe dem Polarkreis. Auch auf Sizilien u.a. Mittelmeer-Inseln. Kommt ans Licht (in Berlin bis in eine 5. Stock-Wohnung; H. WEIDNER 1974) und unternimmt Wanderungen (A. F. NORDMANN 1963). Biologie (Zusammenfassung) bei K. HARZ 1960.

Gattung/Genus: Marava BURR 1911

(Deutsch. Ent. Nat. Bibl. 2:60; typus generis: *M. arachides* YERSIN 1860; *Prolabia* BURR 1911).

Die Gattung umfaßt etwa 20 Arten, von denen nur der folgende Kosmopolit gelegentlich nach Europa eingeschleppt wird und sich in warmen Lagerhäusern, Bäckereien usw. einige Zeit halten kann «» The genus encloses about 20 species; only the following cosmopolitan one is sometimes introduced and can maintain itself for some time in warm storehouses, bakehouses etc.

2. *M. arachides* YERSIN 1860 (*Forficula a.,* Ann. Soc. Ent. France, (3)8:509-511, Taf. 10., Fig. 33-35; Typ: Nat. Mus. Paris; terra typica: Frankreich, Marseille; in einem Spinnennetz gefunden: Syn.: *Forfiscella nigripennis* MOTSCHULSKY 1863, *Labia wallacei* DOHRN 1864, *Apterygida gravidula* GERSTÄCKER 1873, *Labia grandis* DUBRONY 1900, *Spongovostox australica* MJÖBERG 1915). Fig. 120-129.
Gelblichbraun bis braun. Die Antennen sind 11 gliederig, hellbraun, ab etwa dem 5. Glied schräg abstehend behaart, schwach dorsoventral abgeflacht; die Mundteile sind heller, bei dunklen Tieren auch das 1. mit 3. Antennenglied. Das Pronotum ist fast quadratisch (120), gelblich bis durchsichtig gerandet. Abdomen mit deutlichen Drüsenschwielen am 3. und 4. Tergum, bis auf das 10-besonders seitlich-runzlig punktiert, das 10. Tergum glatt, über den Cercusbasen kaum erhöht; Sterna am Hinterrand mit einzelnen langen Tasthaaren; die Cerci sind hell bis rötlichbraun, beim ♂ (121) ventral abgeflacht, innen-ventral an der Basis mit kurzer, zuweilen gezähnter Leiste (122), innen zwischen dem 6. und 7. Zehntel der Cercilänge mit kurzem Zahn, beim ♀ (123) relativ kurz und derb, ventral flach, innen mit gezähnter Kante, die Apizes überkreuzen sich in Ruhelage; das Epiproct des ♂ (124) fällt schräg nach hinten ab, am Hinterrand mit 4 Zähnchen oder Ecken, beim ♀ (125-127) apikal etwas aufgebogen, am Apex auf jeder Seitenkante mit einem Zähnchen; die Subgenitalplatte des ♂ ist hinten in der Mitte schwach rundlich ausgerandet. Genitale des ♂ wie in Fig. 128 und 129. Die Elytra sind an den Seitenkanten verrundet, ohne Ader, geblichbraun bis braun (120), die Alae in situ etwa ⅕ kürzer. Die Beine sind geblich. Maße: Körper ♂ 7,5-9(-12 K. HERTER 1965), ♀ 6-9(-12, K. HERTER 1965), Pronotum ♂ 1,1:1,1-1,2-1,5, ♀ 0,9:1-1,2:1,7, Elytra ♂ 1,7-2,1, ♀ 1,4-1,9, Cerci ♂ 2-3,7, ♀ 1,7-2,2. Ganzjährig. Besonders in England öfters eingeschleppt, aber auch am Kontinent und hier besonders im Süden. Biologie bei K. HERTER 1965.

ÜBERFAMILIE/SUPERFAMILY: FORFICULOIDEA

Die Antennen sind 12-15 oder 20-36 gliederig. Drüsenschwielen am 3. und 4. Tergum sind meist vorhanden, das. 10. Tergum ist kräftig entwickelt, ± quer-rechteckig; die Genitale des ♂ mit paarigen oder einfachen Mesomeren, Virga an der Basis mit nierenförmigen Bläschen (vesiculum reniforme); die Cerci sind-zumal bei ♂♂-recht variabel. Flugorgane mit entwickelten Alae oder diese sind unterschiedlich rückgebildet bzw. fehlen ganz, auch die Elytra können bis auf Spangenförmige Schuppen rückgebildet sein. Das 2. Tarsenglied ist ± herzförmig erweitert, wenn nicht, so schiebt es sich doch mit einer schmalen Verlängerung unter das Krallenglied oder deutet dies an, das Apikalglied ist nicht unmittelbar ventral am Apex des 2. Gliedes eingelenkt «» Antennae 12-15-segmented or 20-36-segmented. The 3rd and 4th tergite of the abdomen mostly with glandular-callosities, 10th

TAFEL 8

114-119. *Labia minor* (L.), alle coll. m.

114. ♂, Genitale von unten; Bayern, Gröbenzell, 19.VIII.1973
115. Pronotum mit Flugorganen, ♂, N. Bayern, Wülfershausen/Saale, 1.V.1952, K. HARZ leg.
116. ♂, Habitusbild aus K. HARZ 1960
117. ♀, Abdomenapex; Bayern, Endsee, 12.I.1959, K. HARZ leg.
118. ♂, Epiproct von hinten, darüber der Hinterrand des 10. Tergums; Bayern, Gröbenzell, 19.VIII.1973, K. HARZ leg.
119. ♂, Subgenitalplatte von unten, wie zuvor

120-130. *Marava arachides* (YERS.), alle im Nat. Hist. Mus. Wien

120. ♂, Pronotum und Elytra ♂; Novara im See, FRAUENFELD leg., Nr. 5737 coll. BR.
121. ♂, Abdomenapex von oben; wie zuvor
122. ♂, linker Cercus von oben; N-Celebes, Toli-Toli, Nov./Dez. 1895, H. FRUHSTORFFER leg.
123. ♀, Abdomenapex von oben, die gestrichelte Linie deutet die Variationsbreite des 10. Tergums an; Java, Occid., Pengalengan, 1200 m, 1893, H. FRUHSTORFFER
124. ♂, Epiproct von oben; wie in Fig. 120
125. ♀, Epiproct von oben; Borneo, det. M. BURR
126. ♀, Epiproct von hinten-unten; wie zuvor
127. ♀, Epiproct von rechts-oben; wie zuvor
128. ♂, Genitale; E-Afrika, Waboni-Land, HÄSSLER leg., det. M. BURR; das Mesomer bis zum Apex der Paramere vorgeschoben
129. Desgl., Mesomer ausgestülpt
130. Desgl., Apex des Mesomer zweimal so stark vergrößert
131. *Labidura riparia* (PALL.), ♂, Thorax von unten; am Rio Gas, südl. von Jaca, Spanien, 7.IX.1972, K. HARZ et al. leg., coll. m.
132. Desgl., ♀, linker Posttarsus von außen; Spanien, Coto Doñaña, 8.IV.1958, RATHMAYER leg., coll. m.
133. *Nala lividipes* (DUF.), ♂, Genitale, Spanien, Sevilla, Nat. Hist. Mus. Wien
134. *Labidura riparia* (PALL.), ♀, Pronotum und Flugorgange von oben; Sardinien, 25.V.-20.VI.1965, R. VON BUDBERG leg., coll. m.

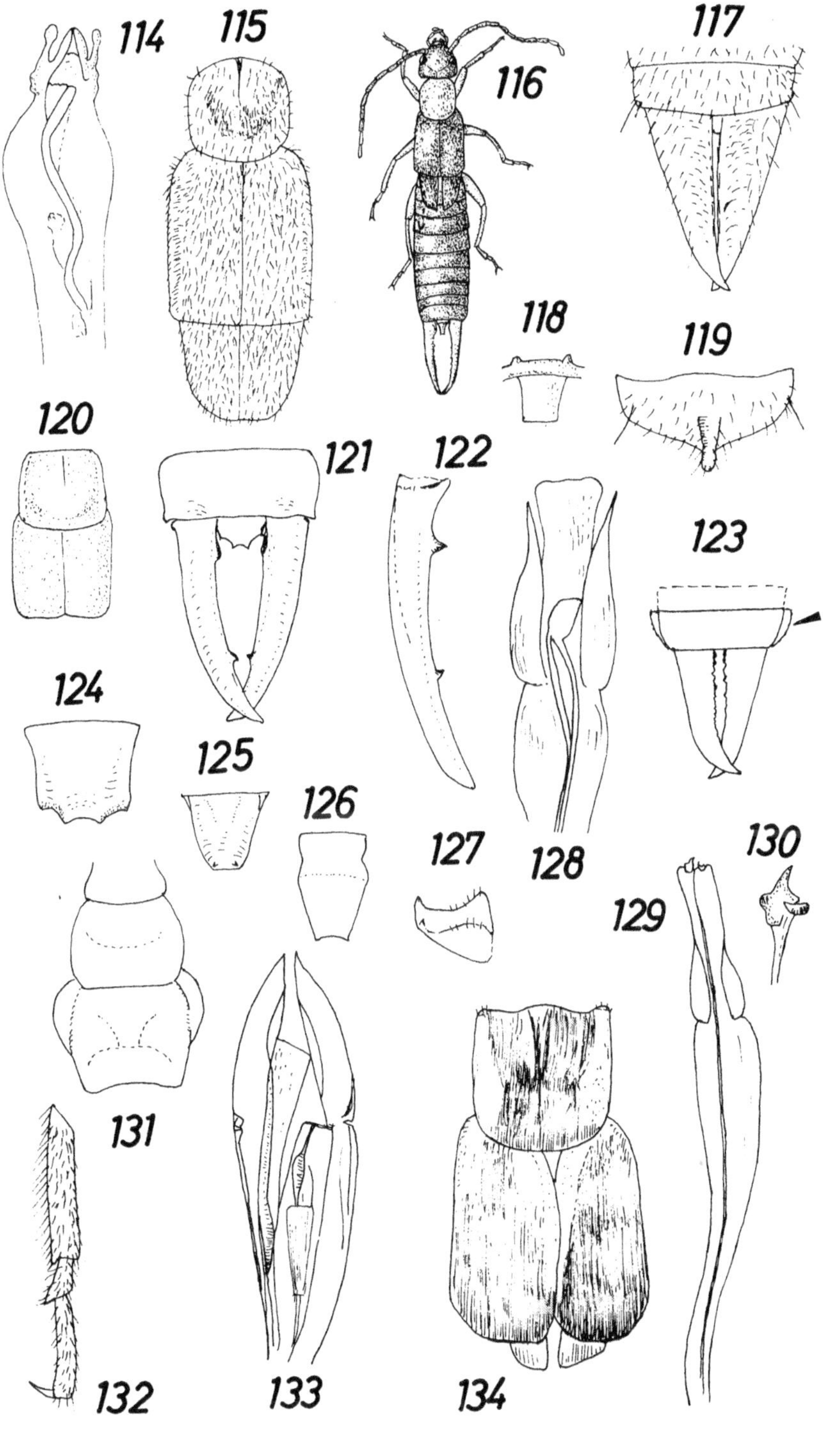
114
115
116
117
118
119
120
121
122
123
124
125
126
127
128
129
130
131
132
133
134

tergite strongly developed, ± transversely rectangular; the genitalia of ♂ with paired or not paired mesomers, virga with a kidney-shaped blister (vesiculum reniforme); cerci – especially in ♂ – rather variable. Tegmina developed or reduced to narrow clasp-like squamae, alae well developed or variously reduced to entirely absent. The 2nd tarsal joint ± heart-like widened, if not so, then it extends with a narrow elongation under the apical joint or indicates this at least, the apical segment is not directly inserted at the apex of the 2nd joint ventrally.

FAMILIE/FAMILY: LABIDURIDAE

Körper strohfarben bis dunkelbraun. Die Antennen haben immer mehr als 20, meist mehr als 25 Glieder. Das 10. Tergum ist breiter als die anderen; das Epiproct ist von oben gesehen meist nicht oder kaum sichtbar; Genitale des ♂ mit paarigen Mesomeren, eines davon ist proximal umgeschlagen, an der Basis der Virga ein vesiculum reniforme. Die Flugorgane sind in der Regel gut entwickelt. Das 2. Tarsenglied ist zuweilen schmal unter das Krallenglied verlängert. Mit etwa 58 Arten in der orientalisch-äthiopischen Region verbreitet, einige davon in der Neogaea, wenige sind Kosmopoliten «» Body straw-coloured to dark brown. Antennae with more than 20, mostly with more than 25 segments. The 10th tergite wider than the other ones; the epiproct – seen from above – is mostly not or hardly visible; ♂ genitals with paired mesomers, one of which bend proximally, a vesiculum reniforme at the base of the virga. Flying organs as a rule well developed. 2nd segment of the tarsus sometimes narrowly elongated under the apical joint. With about 58 species spread over the oriental – Ethiopian regions, some of them in the Neogaea, a few ones are cosmopolitan.

UNTERFAMILIE/SUBFAMILY: LABIDURINAE

Die Antennen sind 20-36 gliederig. Mesosternum und Metasternum sind hinten abgestumpft bis leicht konkav, die Seiten konvergieren kaum nach hinten (131). Die Cerci sind symmetrisch; die beiden Gonapophysenpaare des ♀ sind stark zurückgebildet «» Antennae with 20-36 segments. Meso- and metasternum truncated to slightly concave posteriorly, side margins hardly converging backwards (131). Cerci symmetrical; both pairs of gonopophyses of the ♀ strongly reduced.

Schlüssel zu den Gattungen «» Key to the genera

1. Der Postfemur ist länger als das Pronotum, das Basalglied der Posttarsi ist länger als das Krallenglied (132); Parameren am Apex

zugespitzt (71) «» Postfemur longer than the pronotum, basal segment of the tarsus longer than the apical one (132), paramers of the ♂ genitalia pointed apically (71) ....
Labidura LEACH, p. 57

– Postfemur nicht länger als das Pronotum, das Basalglied der Posttarsi ist nicht länger als das Krallenglied; die Parameren der Genitale sind nicht zugespitzt (133) «» Postfemur not longer than the pronotum, the basal joint of the hind tarsi not longer than the apical one; the parameres of the ♂ genitalia not pointed (133) ....
Nala ZACHER, p. 60

Gattung/Genus: Labidura LEACH 1815

(Edinb. Encycl. 9:48; typus generis: *L. riparia* (PALLAS) 1773; *Forficesila* SERVILLE 1831, *Demogorgon* KIRBY 1891).

Kopf mit fein behaartem Occiput, die Suturen sind deutlich; die Antennen sind 27-30 gliederig, hell, der Scapus ist apikal fast zweimal so breit wie die folgenden Glieder, das 2. Glied ist zylindrisch, etwa 1/5 bis 1/6 so lang wie der Scapus, das 3. etwa 3 mal so lang wie das 2., das 4. fast konisch, etwas kürzer als das 3., die folgenden sind apikalwärts ± verdickt; die Augen sind länger als der Occiput dahinter. Das Pronotum ist fast quadratisch (134) in der Mitte mit schwachem Quereindruck und einem schwachen Längseindruck, an den Seiten fein gerandet; das Prosternum ist länger als breit, Meso- und Metasternum sind deutlich breiter als lang (131). Abdomen am 3. und 4. Tergum ohne Drüsenschwielen, Terga bis auf das 10. Tergum runzlig, dieses glatt, beim ♂ am Hinterrand mit oder ohne zwei Dornen oder Tuberkel (135), beim ♀ über den Dorsalkanten der Cerci etwas vorspringend (136) und gebräunt; die Cerci sind beim ♂ nur schwach gebogen (137), ventral abgeflacht, in der Mitte oder etwas distal dahinter am Innenrand schwach gezähnt, dorsal an der Basis mit einer kurzen, von Tuberkeln gebildeten Leiste, ebenso innen vor und hinter dem Zahn, beim ♀ nur mit der dorsalen Basalleiste (136), innen mit über die Mitte hinaus gezähnelter Leiste, wie beim ♂ schwach aufwärtsgebogen (138); die Subgenitalplatte des ♂ ist apikal abgestutzt bis schwach ausgerandet, beim ♀ verrundet; das Epiproct des ♂ (139) konvergiert leicht zum verrundeten Apex, beim ♀ (140) ab der breiten Basis fast mit parallelen Seiten, bei ♂ und ♀ liegt es senkrecht, distal etwas zum Körper geneigt. Genitale des ♂ wie in Fig. 71. Die Elytra sind länger als das Pronotum (134, 141), von den Schultern läuft eine gut ausgeprägte Ader zum Apex, den sie aber oft nicht erreicht, am Hinterrand sind sie quer abgeschnitten, die Alae übertragen sie in unterschiedlicher Länge und sind apikal quer bis leicht schräg abgestutzt. Das

Basalglied der Hintertarsen ist so lang wie die beiden anderen zusammen (132), das 2. Glied ist zylindrisch und springt ventral wenig über die Basis des Krallengliedes vor. Von den drei bekannten Arten tritt nur die kosmopolitische folgende bei uns auf «» Head with finely haired occiput, sutures distinct; antennae 27-30-segmented, light, scape almost twice as broad as the following joints, 2nd joint cylindrical, about 1/5 to 1/6 as long as the scape, 3rd joint about 3 times as long as the 2nd one, 4th almost conical, somewhat shorter than the 3rd one, the following joints ± thickened apicalwards; eyes longer than the occiput behind them. Pronotum almost square (134), with a weakly transverse and a weakly longitudinal impression in the middle, finely marginated laterally; prosternum longer than wide, meso- and metasternum distinctly wider than long (131). Abdomen without glandular callosities on the 3rd and 4th tergite; tergites – except the 10th one – wrinkled, the 10th tergite smooth, in ♂ with or without two spines or tubercles on the hind margin (135), in ♀ somewhat projecting and tanned over the dorsal edges of the cerci (136); cerci in ♂ weakly curved upwards (137), flattened ventrally, slightly toothed in the middle or somewhat distal of it, with a ridge formed by tubercles on the base dorsally, with denticles on an internal ridge before and behind the tooth; in ♀ only with the basal ridge (136), on the inside with a denticulated ridge up to beyond the middle, as in ♂ weakly curved upwards (138); subgenital plate in ♂ truncated to slightly emarginated apically, in ♀ with rounded hind margin; ♂ epiproct (139) slightly converging to the rounded apex, in ♀ with almost parallel sides from the broad base to the rounded apex (140); in ♂ and ♀ the epiproct is almost vertical, somewhat sloping to the body apically. ♂ genitalia as in fig. 71. The tegmina are longer than the pronotum (134, 141), a well developed vein from the shoulder to the apex, but often it does not reach it; hind margin transversally truncated; the alae reaching to various length beyond them, they are transversely to obliquele truncated apically. The basal joint of the post tarsus as long as the two other ones together (132), the 2nd joint cylindrical, it projects weakly beyond the base of the apical joint ventrally. Of the three known species only the cosmopolitan *riparia* in Europe.

1. *L. riparia* (PALLAS) 1773 (*Forficula r.*, Reise Russ. Reiches, 2, Anhang p. 727, nr. 75; Typ: Unbekannt; terra typica: SSSR, bei Irlin; Neotypi ♂ Albanien, Umgeb. Durres, 11.IX.1959, B. KLAUSNITZER leg., ♀ Spanien, Calanda, 11.-17.IX.1972, K. HARZ et al. leg., beide coll. m.; Syn.: *Forficula pallidipes* F. 1775, *F. dentata* F. 1775, *F. maxima* VILLERS 1780, F. bilineata HERBST 1786, F. gigantea F. 1787, *F. bidens* OLIV. 1791, *F. crenata* OLIV. 1791, *F. erytrocephala* F. 1793, *F. flavipes* F. 1793, *F. herculeana* F. 1798, *F. rufescens* BEAUV. 1805, *F. rufescens* PAL. et BEAUV. 1805, *Psalis morbida* SERVILLE 1831, *Forfiscesila affinis* GUERIN et MENEVILLE 1836, *Forficula bivittata* KLUG (in BURMEISTER) 1838, *Forficesila surutalis* BURMEISTER

1838, *Forficula marginella* COSTA 1839, *Forfiscela terminalis* SERVILLE 1839, *F. icterica* SERVILLE, *F. terminalis* SERVILLE 1839, *Forficula gigantea japonica* HAAN 1842, *F. fischeri* MOTSCHULSKY (in F.W.) 1846, *F. biscolor* MOTSCHULSKY (in F.W.) 1846, *F. amurensis* MOTSCHULSKY 1858, *Labidura servillei* DOHRN 1863, *L. bengalis* DOHRN 1863, *L. auditor* SCUDDER 1878, *L. riparia var. inermis* BR. 1882, *L. truncata* KIRBY 1891, *Demogorgon batesi* KIRBY 1891, *Labidura clarki* KIRBY 1891, *L. pluvialis* KIRBY 1891, *L. granulosa* KIRBY 1891, *L. riparia var. mixta* BOLIVAR 1897, *L. distincta* RODZ. 1897, *L. xanthopus* BURR 1900, *Apterygida huseinae* REHN 1901, *Tomopygia sinensis* BURR 1904, *Labidura dubroni* BORG. 1904, *L. riparia var. damonti* AZAM 1906, *L. confusa* CAPRA 1921, *L. brasiliensis* MOREIRA 1930). Fig. 71, 131, 132, 134, 135-141.

Schon die zahlreichen Synonyme deuten die große Variabilität der Art in Größe, Farbe usw. an. Der Kopf ist licht orange bis orange und rotbraun bis dunkelbraun, der Clypeus, Labrum und andere Mundteile sind oft heller. Das Pronotum ist dunkelbraun bis fast schwarz, hell gerandet, aber zuweilen auch in der Mitte mit einem hellen Längsstreif oder auch nur vorn oder hinten aufgehellt. Das Abdomen ist gelblich bis orangegelblich, dorsal braun bis schwarz, auch die Sterna samt Subgenitalplatte sind gebräunt, der Körper kann aber bis auf eine geringe Bräunung in der Mitte von Terga und Sterna auch ganz gelblich sein, letztere sind im Gegensatz zu den ± kahlen Terga dicht anliegend kurzhaarig; das Epiproct ist bei ♂ und ♀ hell (139, 140); die Cerci (135-138) sind gelblich bis gelbbraun, apikal ± gebräunt, Zahnleisten und Zähnchen dunkel. Die Elytra sind bis auf die immer ganz oder nur ventral hellen herabgebogenen, ventral fein gerandeten Seiten einfarbig braun bis fast schwarz, in der Mitte mit hell rötlichbrauner, proximalwärts konvergierender Längsbinde (134) oder hell gelblich mit je einer schräg zur Mitte des Hinterrandes (in situ) verlaufender braunen Längsbinde (141), von der Schulter verläuft eine gut ausgeprägte Ader zum Apex, den sie aber oft nicht erreicht. Die Alae sind licht oder tragen innen einen braunen Längsstreif oder sie sind bis auf den hellen Außenrand ganz braun, sie überragen die Elytra in Ruhelage in recht unterschiedlicher Länge (etwa um $\frac{1}{2}$ bis $\frac{1}{10}$ der Elytralänge). Die dicht anliegend behaarten Beine sind gelblich, die Tarsen ventral dicht abstehend beborstet. Die *f. pallidipes* F. 1775 hat eine trübgrünliche Grundfarbe, der Kopf ist dunkel, die Femora sind hell oder dunkel gringelt; bei der *f. erythrocephala* F. 1793 sind die Dornen des 10. Tergums und die größeren Zähne der Cerci sehr kurz und stumpf, erstere können auch fehlen (*var. inermis* BR. 1882, *var. affinis* GUER., *var. mixta* BOL. 1897); der Körper kann auch ganz kastanienbraun oder dunkel mit schwarzem Kopf sein (var. 1 undvar. 2 BR. 1882). Maße: Körper ♂ 13-24, ♀15-28, Pronotum ♂ 2,1:2,2-2,9:2,9, ♀ 2,2:2,3-3:3. Elytra ♂ 3,3-5, ♀ 3,4-5, Cerci ♂ 5,6-11,2, ♀ 4-6. I-XII. Fast kosmopolitisch; auf Sandböden, besonders an Flußufern, Teichen, auch in Schlammzonen, am Meeresstrand, Abraumhalden von Braunkohlentagebau (B. MESSNER 1963); in Europa nördlich bis zur Nordsee, aber nördlich der Alpen sehr lokal, im Süden weit verbreitet, auch auf den Inseln des Mittelmeers (z.B. Vulcano, Lipari, Salina, Stromboli), in der Türkei bis 1720 m. Biologie (Zusammenfassung) bei K. HARZ 1957, 1960.

Gattung/Genus: Nala ZACHER 1910

(ent. Rundschau, 27:29; typus generis *N. lividipes* (DOUF.) 1828; *Paralabidura* BURR 1910).

Der vorhergehenden Gattung recht
ahnlich, aber die Postfemora sind nicht länger als das Pronotum und das Basalglied der Posttarsi ist nicht länger als das Krallenglied. Die Parameren sind einfach spitz (133). Die Gattung ist mit 7 Arten über S-Europa, Afrika, Asien und Malaysia verbreitet, in Europa nur die folgende Art «» This genus is rather similar to the last one, but the postfemora are not longer than the pronotum, the basal segment of the hind tarsus is not longer than the apical one. The paramers are simply acute with the apex (133). With 7 species spread over S. Europe, Africa, Asia, and Malaysia; in Europe the following species only.

2. *N. lividipes* (DUFOUR) 1828 (*Labidura l.*, Ann. Sci. Nat. 13:340; Typ: verschollen; terra typica: Spanien, "galliaeque australis quercú"; Syn.: *Forficula pallipes* DUFOUR (nec F.) 1820, *F. castanea* SERVILLE 1839, LUCAS 1846, *F. meridionalis* SERVILLE 1839, *Labidura dufouri* SCUDDER 1876, *Forfiscela vicina* LUCAS 1846, *Labidura inconspicua* KIRBY 1900, *L. obscurum* KIRBY 1900, *L. australica* MJÖBERG 1913). Fig. 133, 142-150.

Kopf rötlich bis dunkelbraun, sehr fein und kurz, meist dicht anliegend behaart, die Haare sind nach vorn gerichtet, mit einzelnen abstehenden Borsten, die Kopfnähte am Vertex und Occiput fehlen oder sind undeutlich; die Antennen sind 21-23 gliederig, braun bis hellbraun, sie erreichen beim ♂ etwa den Apex der Alae, beim ♀ den Hinterrand der Elytra, alle Glieder sind ± gleichmäßig behaart bis beborstet. Das Pronotum ist oval, vorn quer abgestumpft (142) bis fast quadratisch mit verrundeten Seiten und Hinterrand (143, 150), in der Mitte (besonders vorn ausgeprägt) mit deutlicher Längsnaht, der Discus ist braun, seitlich helle Längsbinden, im proximalem Teil auch fein querrunzlig. Die thorakalen Sterna sind fein und dicht behaart, das Prosternum ist kürzer als das Metasternum. Abdomen ohne Drüsenschwielen am 3. und 4. Tergum, die Terga sind sehr dicht und anliegend, rückwärtsgerichtet behaart, seitlich nur locker abstehend, das 10. Tergum trägt jederseits am Hinterrand über der Innenseite der Cercusbasen eine kleine Beule; die Sterna sind am Hinterrand dicht bis zerstreut behaart, beim ♀ auch über die ganze Fläche; infolge der dichten Behaarung erscheint das Abdomen matt bis seidig hellbraun, sonst dunkelbraun; das Epiproct ist beim ♂ länglich-trapezförmig (144), beim ♀ (145) seitlich ausgerandet; die Cerci sind hell-bis hellrötlichbraun, beim ♂ (146) leicht einwärtsgebogen, innen in der Basalhälfte dorsoventral abgeflacht, an der Ventralkante innen mit 1-3 kleinen Zähnchen, im 6. Zehntel mit Innenzahn, der wenig vorspringt und bis auf eine sehr schwache Erhebung reduziert sein kann, dicht anliegend behaart, beim ♀ (147) ebenso und dazu noch locker abstehend beborstet, mit dunkel gezähnelter Innenkante, apikal leicht nach innen gebogen. Die Subgenitalplatte des ♂ ist am Hinterrand abgestumpft und ganz seicht ausgerandet, beim ♀ breit verrundet.

Genitale des ♂ wie in Fig. 133. Die Elytra sind rechteckig, gelblichbraun, innen am Apex gelblich, schwach runzlig, seitlich des Discus gerandet, locker bis zerstreut kurzhaarig (148, 150), der vorstehende Teil der Alae (148, 149) ist wie die Elytra gefärbt, etwa ½ so lang wie diese, leicht runzlig, zerstreut beborstet, hinten quer abgeschnitten. Die Beine sind ocker bis gelblich, dicht anliegend behaart und zerstreut abstehend beborstet, ventral am Apex des Postfemur zwei winzige Dörnchen. Maße: Körper ♂ 8-10, ♀ 8-10, Pronotum ♂ 1,3-1,6, ♀ 1,4-1,5, Elytra ♂ 1,8-2,6, ♀ 2-2,6, Cerci ♂ 2,2-3, ♀ 2-2,3. I-XII, in S-Europa wenigstens VI-IX. Von S-Spanien bis Catalonien, Portugal (Sour, Castro Marim-Algarve, am Rio Guad), S-Frankreich. Afrika (u.a. Algerien), Madagasker, Indien, Ceylon, China, Japan, Hawai, Australien.

FAMILIE/FAMILY: FORFICULIDAE

Die Antennen haben weniger als 20, meist 12-15 Glieder, das 4. Glied ist meist kürzer als das 3. Das Abdomen ist in der Mitte am breitesten, Drüsenschwielen am 3. und 4. Tergum vorhanden; das 10. Tergum ist ± quer-rechteckig; die Cerci sind symmetrisch, aber auch innerhalb der Arten recht variabel. Genitale des ♂ mit unpaarem Mesomer in der Mitte, Virga immer mit basal davon gelegenen vesiculum reniforme; ♀ ohne Gonapophysen. Meist mit Flugorganen versehen, sind sie rückgebildet, so doch die Elytra als schmale, quere Schuppen erhalten. Das 2. Tarsenglied ist immer herzförmig erweitert (80). Die Familie ist mit 6 Unterfamilien, 63 Gattungen, 364 Arten und 35 Unterarten zirkumtropisch, überwiegend altweltlich verbreitet und in der Palaearktis mit artenreichen Gattungen vertreten «» Antennae with less than 20 segments, mostly with 12-15 , 4th joint mostly shorter than the 3rd one. Abdomen widest in the middle, with glandular callosities on the 3rd and 4th tergite, 10th tergite transversely rectangular; cerci symmetrical, but also in a species rather variable. ♂ genitalia with a single mesomer in the middle, virga always with a vesiculum reniforme on its base; ♀ without gonapophyses. Mostly winged, if the flying organs are reduced, then with at least narrow, squamae-like tegmina. 2nd tarsal joint always heart-shaped (80). The family with 6 subfamilies, 364 species and 35 subspecies is circumtropic, mostly old-world and in the palaearctic region represented by some genera with many species.

UNTERFAMILIE/SUBFAMILY: FORFICULINAE

Weitgehend mit der Familienbeschreibung übereinstimmend. Eine Unterteilung in *Forficulinae* und *Anechurinae* habe ich unterlassen, weil die seither verwendeten Merkmale unzureichend oder unzutreffend waren, zumal bei ♀♀ «» Generally as in the description of the fami-

TAFEL 9

135-141. *Labidura riparia* (PALL.), alle coll. m.

135. Abdomenapex ♂ von oben; Spanien, am Rio Gas 8 km südl. Jaca, 7.IX.1972. K. HARZ et al. leg.
136. ♀, Abdomenapex von oben; Spanien, Calanda, 11.-17.IX.1972, K. HARZ leg.
137. ♂, Abdomenapex von links; Spanien, Coto Doñaña, 8.IV.1958, RATHMAYER leg.
138. ♀, Abdomenapex von links; wie in Fig. 136
139. ♂, Epiproct von hinten-unten, 10. T. = 10. Tergum; Carthagena, ex coll. ZWECKER
140. ♀, Epiproct von hinten; wie in Fig. 136
141. ♀, Pronotum und Elytra von oben; wie in Fig. 136

142-150. *Nala lividipes* (DUF.), alle im Brit. Mus. (Nat. Hist.), London

142. ♂, Kopf und Pronotum von oben; Spanien, Sevilla, San Lucar, 31.VIII.1924, R. EBNER leg., coll. ZEUNER, B. Mus. 1964-149
143. ♂, Pronotum von oben; Madagaskar, Ambania, 26.-30.XI.1952, E. S. BROWN leg., B. Mus. 1954-368
144. ♂, Epiproct von hinten; wie zuvor
145. ♀, Epiproct von hinten-oben; wie zuvor
146. ♂, Abdomenapex, Behaarung des linken Cercus nicht gezeichnet; wie in Fig. 142
147. ♀, Abdomenapex von oben; wie in Fig. 143
148. ♂, Pronotum und Flugorgane von oben; wie in Fig. 142
149. ♂, rechter Ala-Apex (freistehender Teil) von oben; wie in Fig. 143
150. ♀, Pronotum und Elytra von oben; wie in Fig. 143

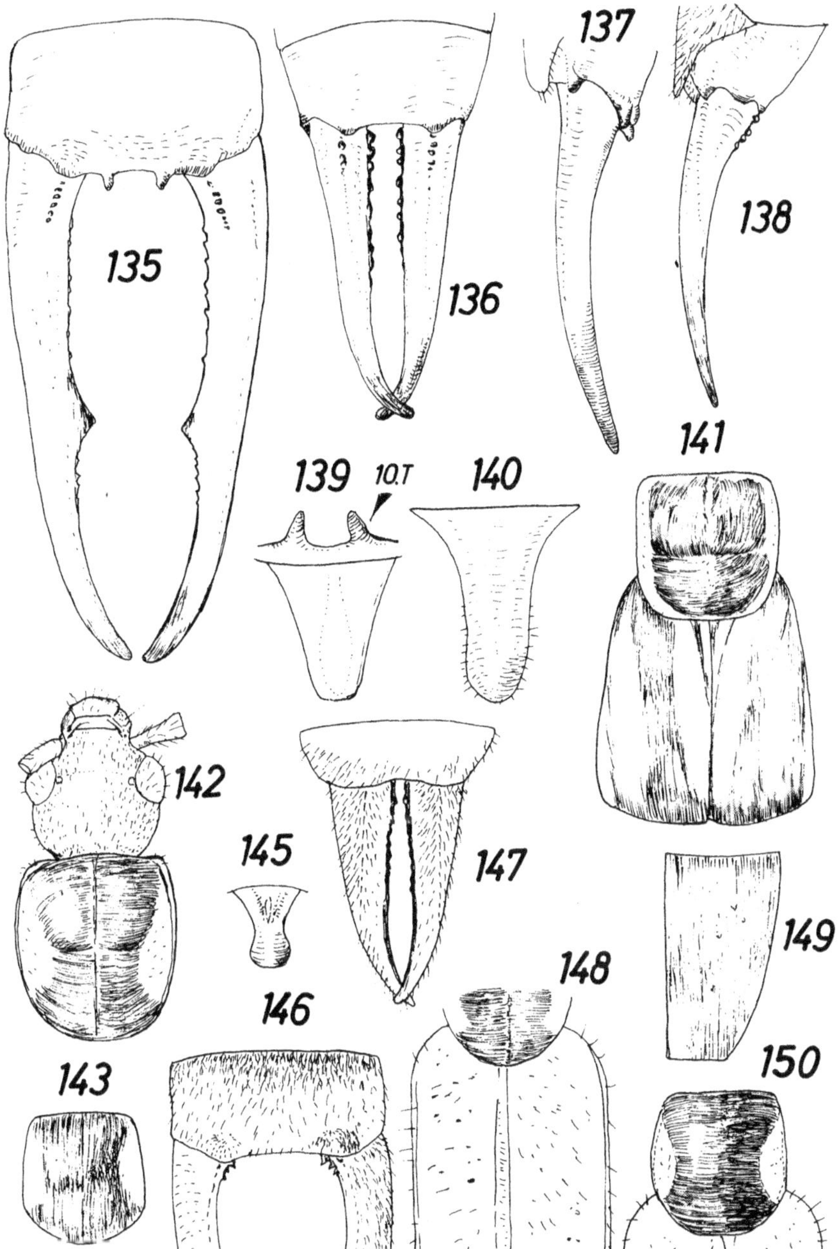
135
136
137
138
139
10.T
140
141
142
143
144
145
146
147
148
149
150

ly. I have not classified *Forficulinae* and *Anechurinae* because the characters used up to now are insuffient or incorrect, especially in ♀♀ Hier eine kurze Beschreibung «» Here a short characterization: Kopf mit einzelnen abstehenden Tasthaaren; die Nähte sind fast immer deutlich; die Augen schwarz oder doch dunkel (bei getrockneten Tieren auch hell); die Antennen haben 11-13 Glieder, ihr 2. Glied ist oft kurz, oft nur so lang wie breit oder breiter. Das Pronotum ist ± quer bis fast quadratisch, die Seiten divergieren meist leicht nach hinten. Das Metanortum ist bei Arten mit rückgebildeten Flugorganen hinten breit rundlich ausgerandet. Das 10. Tergum ist beim ♂ quer, über den Cercusbasen oft erhöht, beim ♀ mit nach hinten kovergierenden Seiten. Die Cerci der ♂♂ sind recht variabel und innen meist gezähnt, beim ♀ schlank bis robust, innen-basal oft gezähnelt. Das Epiproct ist bei den ♂♂ ziemlich variabel und oft charakteristisch für die Art, beim ♀ meist schmal. Die Elytra sind länger als breit bis breiter als lang oder bis auf schmale, quere Schuppen reduziert, die sich in der Mitte berühren oder decken können. Die Alae überragend die Elytra als schuppenförmige Gebilde, sind kürzer als sie oder fehlen «» Head with a few sticking out sensory hairs; sutures generally present; eyes black or just dark (in dried specimens sometimes light); antennae with 11 to 13 segments, 2nd joint often short, often as long as wide or wider than long. Pronotum ± transverse to almost square, often weakly diverging backwards. Metanotum in specimens with reduced flying organs with widely and roundly emarginated hind-margin. The 10th tergite in ♂ transverse, often raised over the bases of the cerci, in ♀ the side margins slightly converging backwards. ♂ cerci rather variable and mostly with toothed inside, in ♀ slender to stout, often denticulated on the inside basally. ♂ epiproct rather variable, often a species-character, in ♀ often narrow. Tegmina longer than wide to wider than long, or reduced to narrowly, transverse squamae, which can touch or cover over the back. Alae reaching with their squamae-form apices beyond the tegmina, shorter than these ones or absent.

Schlüssel zu den Gattungen «» Key to the genera

1. Elytra nicht kürzer als das Pronotum, falls gleichlang oder etwas kürzer, dann sind – wenn auch rückgebildet – Alae vorhanden «» Tegmina not shorter than the pronotum, if of equal length or somewhat shorter, then alae – though reduced – present 7
– Die Elytra sind kürzer als das Pronotum, die Alae sind völlig rückgebildet und mit dem Metanotum verschmolzen (151) «» Tegmina shorter than the pronotum, alae entirely absent, fused with the metanotum (151, El-tegmen) 2
2. Die Elytra sind nicht auf quere, spangenartige Schuppen zurück-

gebildet – Tegmina not reduced to transversely, claps-like squamae: Vergl. – Compare . . . .
Mařaniola n. gen., p. 86

– Die Elytra sind auf quere, schmale, spangenartige Schuppen zurückgebildet, das Metanotum ist hinten breit rundlich ausgerandet (151) «» Tegmina reduced to transversely, narrow squamae, hind margin of the metanotum broadly roundly emarginated (151) . . 3

3. Die Cerci des ♂ sind innen-basal ohne Zahn, beim ♀ oft mehr eingebogen und über 2 mm lang «» ♂ cerci without tooth on the inside basally, in ♀ often more incurved and more than 2 mm long 4

– Die Cerci des ♂ innen an der Basis mit deutlichem Zahn (152, 153), beim ♀ auch apikal wenig gebogen (154), nicht über 2 mm lang «» ♂ cerci with a distinct tooth on the inside basally (152, 153), in ♀ weakly bent at the apex only (154) not longer than 2 mm . . . . .
Mesochelidura VERH., p. 80

4. Die Cerci des ♂ haben keine aufgebogene Innenleiste, jene des ♀ sind meist mehr als 2,5 mm, so lang wie breit «» ♂ cerci without upcurved internal ridge, those of the ♀ mostly more than 2:5 mm in length 5

– Die Cerci des ♂ mit aufgebogener Innenleiste (155, 156) oder sie sind lang schlank, zylindrisch, verschmälern sich allmählich zum Apex und haben eine kielartige Leiste auf der Innenseite des 2. Drittels der Cercuslänge, jene des ♀ höchstens 2,5 mal so lang wie breit (immer?) «» ♂ cerci with upcurved internal ridge (155, 156) or slender, long, cylindrical, gradually tapering to the apex, with a keel-like ridge on the inside of the 2nd third of the cercus-length, those in ♀ at most 2.5 as long as wide (always?) . . . .
Borelliola SEM., p. 83

5. Die Cerci des ♂ sind in der *f. macrolabia* lang, fast gerade (157), in der *f. brachylabia* kurz, dick und stark gebogen (158), höchstens innen-dorsal an der Basis mit einem Höcker, oder schlank, innen ungezähnt, höchstens dorsal an der Basis mit einem Zahn, beim ♀ weniger abgeflacht «» ♂ cerci in the *f. macrolabia* long, almost straight (157), in the *f. brachylabia* short, thick and strongly incurved (158), at most with a tubercle on the inside dorsally at the base, or slender, without internal tooth, at most with a tooth on the base dorsally, in ♀ less flattened dorso-ventrally 6

– Die Cerci des ♂ sind in der *f. macrolabia* nach innen und abwärts gebogen (159, 160), in der *f. brachylabia* innen im 1. Drittel oder knapp dahinter oder knapp vor der Mitte mit einem Zahn (161), jene des ♀ stark abgeflacht, im Profil sehr schlank (162) «» ♂ cerci in the *f. macrolabia* curved inwards and downwards (159-160), in the *f. brachylabia* with a tooth in the 1st third, a little behind it or just before the middle (161), those of the ♀ strongly flattened dorso-

TAFEL 10

151. *Chelidurella acanthopygia* (GÊNÉ), ♂, Thorax mit Elytra (= El) von oben; Wülfershausen/Saale, Bayern, 1952, coll. m.
152. *Mesochelidura bolivari* (DUBR.), ♂, Abdomenapex *f. macrolabia,* S = verdickte Seitenränder der Sterna, Sgpl. = Subgenitalplatte; Spanien, Escorial, I.II.1879, I. BOLIVAR leg., Nat. Hist. Mus. Wien
153. Desgl., ♂ *f.* brachylabia, St. verdickter Seitenrand des Sternums; wie zuvor
154. Desgl., ♀, linker Cercus von oben; Spanien, Sierra de Guadarrama, 1800-2300 m; H. FRANZ leg., Nat. Hist. Mus. Wien
155. *Borelliola euxina* SEM., ♂, Abdomenapex *f. brachylabia* von oben; SSSR, Psebaj bei Schiti Majk. Otd., 31.V.1911, WOLNUCHIN leg., Nat. Hist. Mus. Wien
156. Desgl., ♂, Abdomenapex von links; wie zuvor
157. *Chelidura aptera* (CHARP.), ♂, Cerci der *f. macrolabia* von oben, Sgpl = Subgenitalplatte; Schweiz, St. Bernhard, leg. FREY-GESSNER, Nat. Hist. Mus. Wien
158. Desgl. *f. brachylabia;* Piemont, Mat. Hist. Mqs. Wien

159-162. *Mařaniola chelmosensis* (MAŘ.), alle Chelmos, Peloponnes, V.1936, MAR. et TAB. leg., Nat. Hist. Mus. Wien

159. ♂, Abdomenapex *f. macrolabia*
160. ♂, rechter Cercus von innen, der Pfeil zeigt auf die Leiste
161. ♂, *f. brachlabia,* Abdomenapex von oben
162. ♀, linker Cercus von außen
163. *Chelidura pyrenaica* (GÉNÉ), ♂, Abdomenapex von oben; Pyrenäen, AZAM leg., Nat. Hist. Mus. Wien
164. Desgl., ♀, linker Cercus von außen; Pyrenäen IX 1887, KRAUSS leg., Zool. Sammlung des Bayerischen Staates München
165. Desgl., rechter Cercus von oben

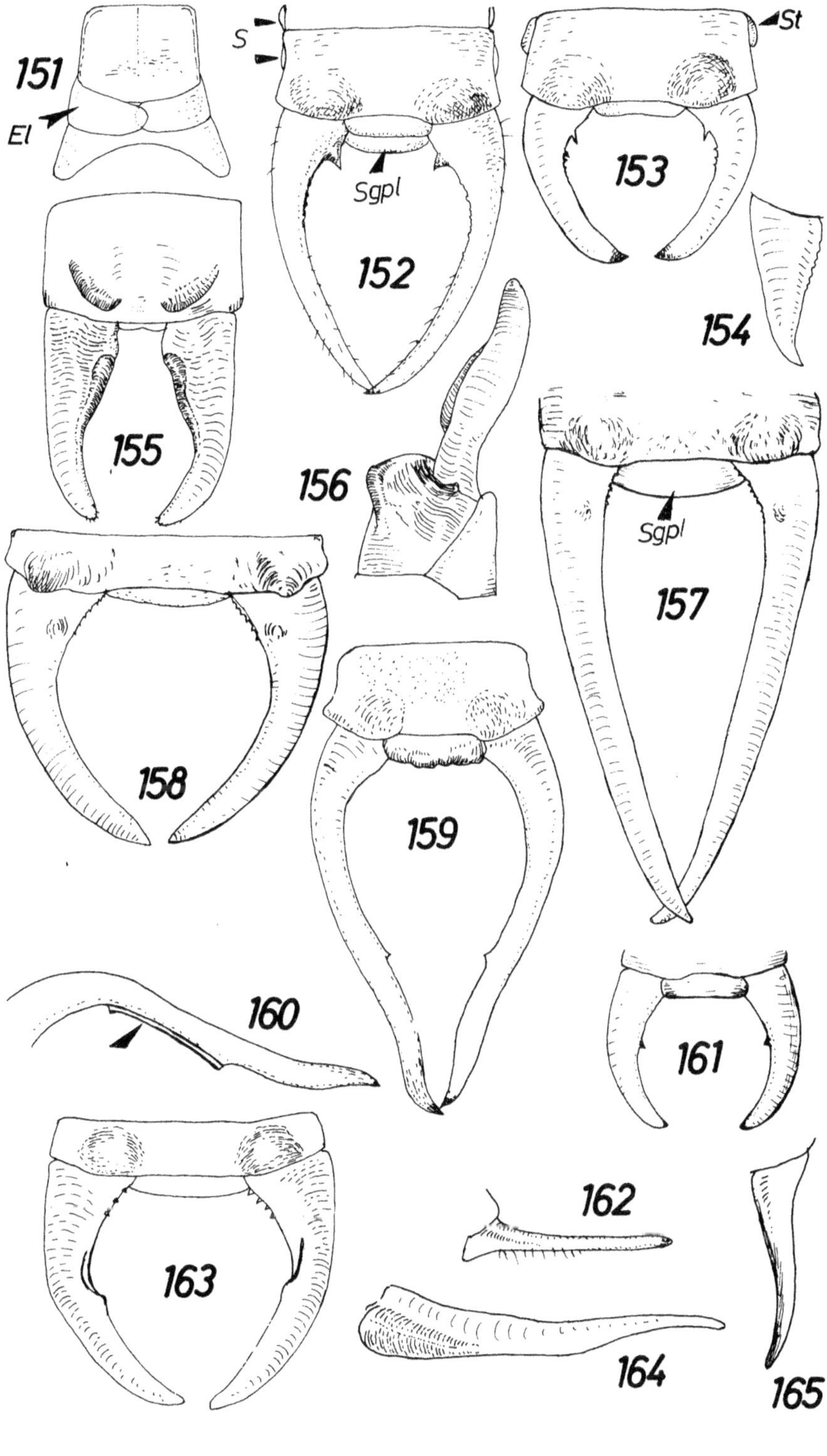
151
El
S
Sgpl
152
St
153
154
155
156
Sgpl
157
158
159
160
161
162
163
164
165

ventrally (162) . . . .
Mařaniola n. gen., p. 86

6. Cerci des ♂ lang, fast gerade (157) oder kurz und dick und stark gebogen (158), dorsal an der Basis mit kleiner Tuberkel oder einem kleinen Höcker innen (163), beim ♀ außen-basal fast auf der Höhe der Ventralseite mit einer Kante (164), etwas mehr nach innen gebogen (165); Epiproct des ♂ nicht zahnartig aufwärtsgebogen, ohne Tuberkel in der Mitte «» ♂ cerci long, almost straight (157) or short and thick and strongly incurved (158), with a small tubercle on the base dorsally or a small hump on the inside (163), in ♀ with an edge on the outside almost on a level with the ventral side basally (164), somewhat more curved inwardly (165): ♂ epiproct not toothlike curved upwards, without tubercle in the middle . . . .
Chelidura SERV., p. 72

– Cerci des ♂ schlank bis sehr schlank, leicht gebogen (166), ohne Tuberkel oder Höcker, zuweilen dorsal auf der Basis mit Zahn (167), beim ♀ außen ohne Kante, schwächer gebogen (168), falls außen mit einer Kante, so liegt diese fast in der Mitte und innen mit einer Leiste; Epiproct des ♂ zahnartig aufwärtsgebogen oder mit Tuberkel in der Mitte «» ♂ cerci slender to very slender, slightly incurved (166), without tubercle or hump, sometimes with a tooth on the base dorsally (167), in ♀ without ridge on the outside basally, less incurved (168), if there is an edge, then it runs almost along the middle and there is a ridge on the inside; ♂ epiproct tooth-like upcurved or with a tubercle in the middle . . . . . .
Chelidurella VERH., p. 73

7. Elytra deutlich länger als das Pronotum «» Tegmina distinctly longer than the pronotum 9

– Elytra etwas kürzer als das Pronotum oder gleichlang «» Tegmina somewhat shorter than the pronotum or of equal length 8

8. Elytra nur an den Schultern mit verrundeten Kanten; Alae wenig kürzer als sie; Epiproct des ♂ am Hinterrand stumpf verrundet bis schwach ausgerandet, dorsal eben oder mit schwachem Höcker (169, 170); beim ♀ sind die Cerci etwas schlanker (171, 172) «» Tegmina with rounded edges on the shoulders only, alae only a little shorter than they; ♂ epiproct truncately rounded to weakly emarginate with the hind margin of the epiproct, smooth or with a slight hump dorsally (169, 170); cerci in ♀ more slender (171, 172) . . . .
Pseudochelidura VERH., p. 96

– Elytra seitlich vor dem abfallenden Rand mit Längsader (173), Alae etwa ½ so lang wie sie; das Epiproct des ♂ ist hinten gut verrundet bis vorspringend (174), dorsal in der Mitte eingesenkt

(175), falls hinten abgestumpft, dann springt der Innenzahn der Cerci sehr wenig vor; Cerci beim ♀ robuster (176) «» Tegmen with a longitudinal vein laterally before the sloping part (173), alae about half the length of it; ♂ epiproct well rounded to projecting posteriorly (174), impressed in the middle dorsally (175), if truncated posteriorly, then the inner tooth of the cerci less projecting; ♀ cerci more stout (176) . . . .
Eulithinus HINCKS, p. 81

9\. Die Alae überragen die Elytra, wenn nicht, dann sind die Cerci beim ♂ basal erweitert und dorso-ventral ± abgeflacht, beim ♀ flach «» Alae surpassing the tegmina, if not then the ♂ cerci are widened und dorso-ventrally flattened basally, in ♀ ± flat ventrally 11

– Die Alae werden von den Elytra verdeckt; die Cerci des ♂ sind basal nicht erweitert und abgeflacht oder mit sehr starkem Innenzahn (*sinuta*) oder in zwei Ebenen gebogen, beim ♀ ventral leicht verrundet «» The alae are covered by the tegmina; the ♂ cerci not widened and dorso-ventrally flattened basally or with a strong internal tooth or curved in two planes, in ♀ slightly convex ventrally 10

10\. Elytra am Hinterrand schräg abgestutzt (177) «» Tegmina with obliquely truncated hind margin (177) . . . .
Pseudochelidura VERH., p. 96

– Elytra am Hinterrand quer abgestutzt (178) «» Tegmina with transversely truncated hind margin (178) . . . .
Apterygida WESTW., p. 100

11\. Die Cerci des ♂ sind basal nicht abgeflacht, in zwei Ebenen gebogen (waagrecht und senkrecht); Pronotum beim ♀ deutlich breiter als lang, Elytra immer mit hellen Flecken «» ♂ cerci not flattened basally, curved in two planes (horizontally and vertically); ♀ pronotum distinctly broader than long, tegmina always each with a light spot . . . .
Anechura SCUDD., p. 89

– Die Cerci des ♂ sind basal erweitert und ± dorso-ventral abgeflacht, sie sind nur in einer Ebene gebogen (waagrecht); falls die Elytra des ♀ je einen hellen Fleck haben, dann springen die Alae nur wenig unter dem Hinterrand derselben vor oder das Pronotum ist quadratisch oder die Cerci sind robust oder sie sind wie die Sterna gut behaart «» ♂ cerci widened and ± flattened dorsoventrally at the base, curved in one plane (horizontally) only; if the ♀ tegmen with a light spot, then the ala projects a bit only under its hind margin or the pronotum is square or the cerci are robust or they are as well hairy as the sternites . . . .
Forficula L., p. 102

TAFEL 11

166. *Chelidurella acanthopygia* (GÉNÉ), ♂, Abdomenapex von oben; Bayern, Wülfershausen/Saale, Löhlein, 18.IV.1952, K. HARZ leg., coll. m.
167. Desgl., im Profil von links, Epi = Epiproct
168. Desgl., ♀, linker Cercus von oben, der Pfeil zeigt auf die Leiste; wie zuvor
169. *Pseudochelidura orsini* (GÉNÉ), ♂, Epiproct von hinten; Abruzzen, La Meta, 18.VII.1912, R. EBNER leg., Nat. Hist. Mus. Wien
170. *Pseudochelidura sinuata* (GERM.), ♂, Epiproct von hinten; Spanien, Picos de Europa, Peña Vieja, ca. 2000 m, 1.IX.1935, R. EBNER leg., Nat. Hist. Mus. Wien
171. *Pseudochelidura orsini* (GÉNÉ), ♀, Abdomenapex von oben; Ascoli, 22.VI.1914, BORMANS leg., B. Mus. London, 1900-226
172. *Pseudochelidura sinuata* (GERM.), ♀, linker Cercus von außen, wie in Fig. 170

173-176. *Eulithinus analis* (RAMB.), alle im Nat. Hist. Mus. Wien

173. Prognotum und Elytra ♀; Sierra Nevada, Picacho de Veleta, Laguna de la Yeguas, 2800 m, 14.IX.1935, R. EBNER leg.
174. ♂, Epiproct von oben; wie zuvor
175. Desgl., von hinten
176. ♀, Cerci von oben; Hospitalet, Ariese, Col de Puymorens, Anf. X.1948, W. KÜHNELT leg.
177. *Pseudochelidura sinuata* (GERM.); ♀, Pronotum und Elytra von oben; AZAM leg., Nat. Hist. Mus. Wien; --- = ♀ E-Pyrenäen 1560 m, -.-.-. = Paß Candanchu, Pyrenäen
178. *Apterygida media* (HGB.), ♀, Pronotum und Elytra von oben, die Alae scheinen durch; Bayern, Gröbenzell, 20.VIII.1971, K. HARZ leg., coll. m.
179. *Chelidura aptera* (CHARP.), ♂, *f. brachylabia,* Abdomenapex von oben; St. Bernhard, FREY-GESSNER leg., Nat. Hist. Mus. Wien
180. *Chelidura pyrenaica* (GÉNÉ), ♂, *f. brachylabia,* Abdomenapex; ex coll. FIEBER, coll. BR. Nr. 9300, Nat. Hist. Mus. Wien

181-184. *Chelidura aptera* (CHARP.), alle Nat. Hist. Mus. Wien

181. ♂, Pronotum und Elytra von oben, wie in Fig. 179
182. ♂, Epiproct von hinten, Mont Cenis, DURIEU leg.
183. ♀, Epiproct, wie zuvor
184. ♂, Abdomenapex ♂ *f. brachylabia,* wie in Fig. 182, Sgpl = Subgenitalplatte

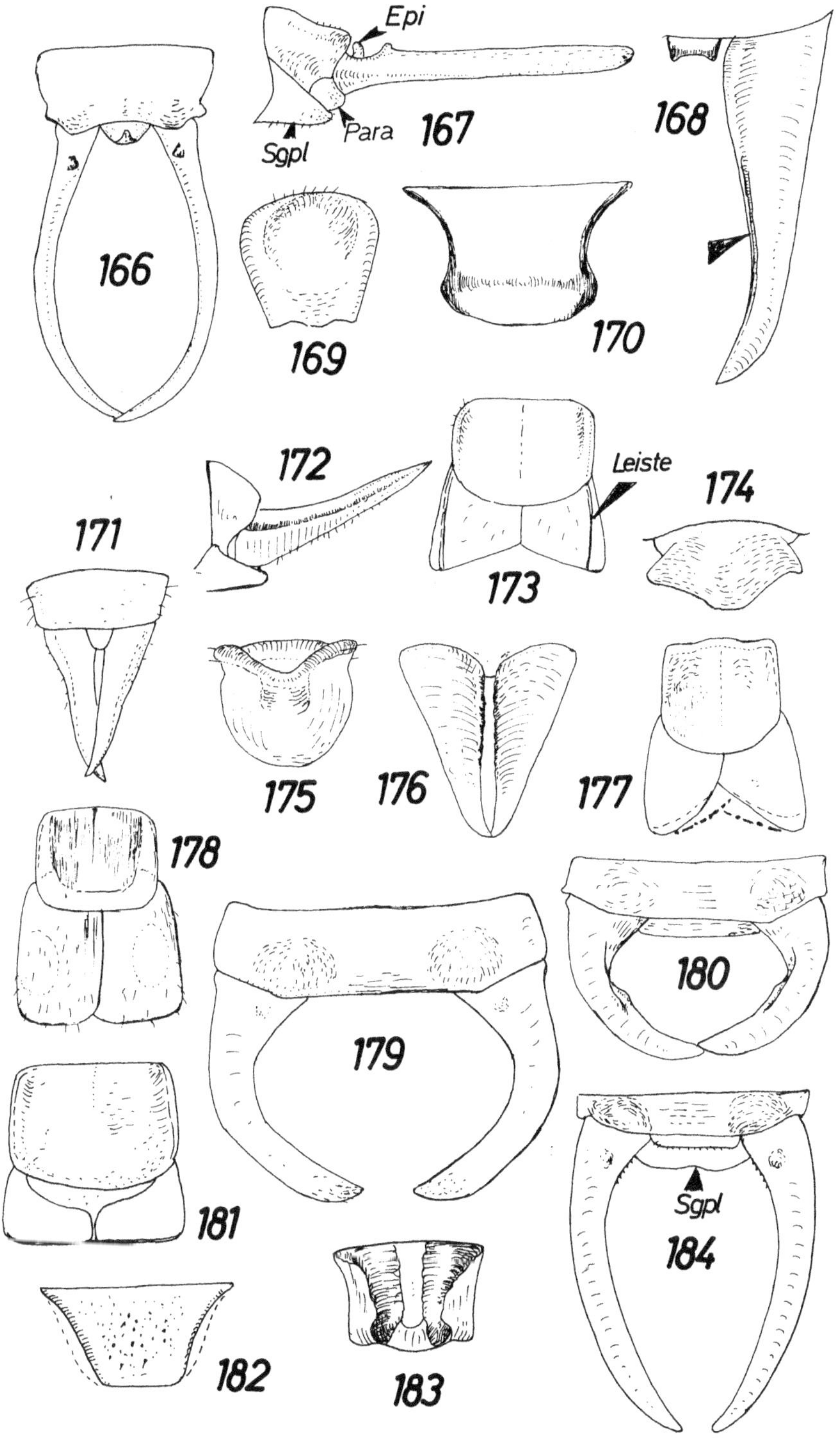
Epi
Para
Sgpl
166
167
168
169
170
171
172
173
Leiste
174
175
176
177
178
179
180
181
182
183
Sgpl
184

Gattung/Genus: Chelidura BERTHOLD 1825

(in LATREILLE: Natürliche Familien des Thierreichs, p. 406; typus generis: *Ch. aptera* CHARPENTIER 1825; *Chelidura* SERVILLE 1831, *Quelidura* BLANCHARD in GAY 1878).

Die Cerci sind bei den ♂ recht kräftig und beim ♀ leicht gebogen; die Elytra sind in beiden Geschlechtern auf spangenartige, quere Schuppen zurückgebildet. Die Gattung enthält nur zwei in Hochgebirgen lebende Arten «» ♂ with strong cerci, in ♀ they are slightly incurved; tegmina reduced to transversely clasp-like squamae. This genus encloses two species only, living in high mountains.

Schlüssel zu den Arten «» Key to the species

1. Cerci des ♂ dorsal hinter der Basis höchstens mit leichtem Höcker (157, 158, 179), innen ohne jede Erhebung; ♀ meist heller, im Gebiet der Alpen «» ♂ cerci at most with a weak hump or tubercle behind the base dorsally (157, 158, 179), without any elevation on the inside; ♀ mostly more light coloured, in the Alps . . . .
Ch. aptera (CHARP.), p. 72
– Cerci des ♂ dorsal hinter der Basis ohne Höcker, innen knapp distal der Mitte mit deutlichem Höcker (163, 180); das ♀ ist meist dunkler, im Bereich der Pyrenäen «» ♂ cerci without tubercle or hump behind the base dorsally, with a distinct hump on the inside just distally of the middle (163, 180); ♀ mostly darker coloured, in the Pyrenees . . . .
Ch. pyrenaica (GÉNÉ), p. 73

1. *Ch. aptera* (CHARPENTIER) 1825 (*Forficula a.*, Hor. Ent., p. 69; Typ: Unbekannt; terra typica: Europa; Syn.: *Forficula alpina* GÉNÉ, *F. montana* GÉNÉ 1832, *Chelidura paupercula* GÉNÉ 1832' *Forficula simplex* GERMAR (1828) 1824-1837 LA FRESNAYE). Fig. 157, 158, 179, 181-189.
Der Kopf ist orange bis orangebraun; die Antennen sind 13 gliederig, von gleicher Farbe; das Pronotum (181) ist hellbraun, mit weißlichgelben oder gelblichen Rändern, quer. Die Drüsenschwielen am 3. und 4. Tergum sind schwach, das 10. Tergum ist beim ♂ über den Cercusbasen gut erhöht und runzlig, beim ♀ kaum merklich erhöht; das Epiproct des ♂ (182) ist sehr fein granuliert oder gezähnelt, quer, distalwärts konvergierend, am Hinterrand abgestutzt, senkrecht abfallend, beim ♀ (183) dorsal vor dem Apex etwas verengt; die Cerci sind gelbbraun, beim ♂ innen dorsal ohne oder mit einem angedeuteten Höcker oder Tuberkel (157, 158, 179, 184, 185, 186, innen-basal auf der Kante sehr fein gezähnelt, die *f. macrolabia* ist die *montana* GÉNÉ, die beiden Extreme (157:179) sind gut durch Übergänge (184, 158) verbunden, beim ♀ (187) sind die Cerci ventral abgeflacht, außen tragen sie nur basal eine

Längsleiste (188), distal davon sind sie rundlich, punktiert, innen mit einer basal gezähnelten Leiste, die vor dem Apex erlischt, etwa ab der Mitte bis etwa zum Apikaldrittel etwas abgeflacht. Genitale des ♂ wie in Fig. 189. Die Elytra berühren sich am Rücken oder nicht. Der Körper ist ± hellbraun, die Beine desgleichen. Maße: Körper ♂ 8,5-14(-15), ♀ 11-14, Pronotum ♂ 1,8:2,8-2,8:3, ♀ 1,7:2,8-2:3,2, Elytra ♂ 1,1-1,5, ♀ 1,3-1,5, Cerci ♂ 3,7-8,7, ♀ 2,9-3,8. VII-X. Süd-Alpen, vom Simplon bis zum St. Bernhard, Piemontesische Alpen 1200-2200 m, Mt. Cenis, Pic du Midi de Big 2000-2800 m, S-Tirol, Hautes et Basses Alpes, Puy-de-Dôme, Alpes Maritimes, Cottische Alpen, Cantal, Lozere, Ardèche.

2. *Ch. pyrenaica* (GÉNE) 1832 (*Forficula* p., (in BONELLI (apud GÉNÉ) Saggio. Monogr. Forf. p. 15, 1830) Ann. Sci. Nat. Regn. Lomb. Venet., 2:230; Typ: verschollen; terra typica: Pyrenäen, Neotypi: ♂♀ Spanien, Pyrenäen, Riba Freser, Mai 1969, R. VON BUDBERG leg., coll. m.; Syn.: *Forficula dilatata* LA FRESNAYE/BURMEISTER 1838). Fig. 163-165, 180, 190-195.
Im ganzen hell rötlichbraun bis braun. Sehr ähnlich *aptera*; Pronotum in der Grundfarbe, schmal gelblich gerandet (190). Beim ♀ sind die Seitenwülste auf dem Epiproct flacher als bei *aptera* (immer?); die Cerci (163, 180, 192, 193) sind beim ♂ besonders der *f. brachylabia* ähnlich, aber durch den fehlenden dorsalen Basalhöcker und die höcker- bis zahnartige Erhebung auf der Innenseite deutlich unterschieden; beim ♀ relativ schlank (164, 165). Genitale des ♂ wie in Fig. 194 und 195. Maße: Körper ♂ 12-15, ♀ 11,8-13,8, Pronotum ♂ 1,8:3-2,5:3,8, ♀ 2:3-2,1:3,4, Elytra ♂ 1,5-1,8, ♀ 1,5, Cerci ♂ 5-6,2, ♀ 3,3-3,5. IV-X. Hoch- und E-Pyrenäen, 1200-2400 m.

Gattung/Genus: Chelidurella VERHOEFF 1902

(Verh. Zool. Anz. 25:187; typus generis: *Ch. acanthopygia* GÉNÉ 1832).

Pronotum leicht bis betont quer, seitlich die Basen der spangenartigen Elytra überdeckend (151), die Alae sind völlig rückgebildet, das Mesonotum ist basal frei bis bedeckt. Das Epiproct des ♂ mit Vorsprüngen oder zahnartig aufgebogen; die Cerci des ♂ sind ± schlank, allmählich zum Apex verschmälert. Genitale des ♂ mit schmalen bis breiten Parameren. Drei Arten in Europa «» Pronotum slightly to accentuatedly transverse, covering the bases of the clasp-like tegmina (151), alae entirely reduced, mesonotum covered or not covered in the middle basally. ♂ epiproct with projections or tooth-like upcurved; ♂ cerci slender, gradually tapering to the apex. Genitalia of the ♂ with narrow to wide paramers. Three species in Europe.

Schlüssel zu den Arten «» Key to the species

1. Epiproct des ♂ nicht zahnartig aufgebogen; die Cerci des ♀ innendorsal ohne vorspringende Leiste «» ♂ epiproct not tooth-like up-

TAFEL 12

185-189. *Chelidura aptera* (CHARP.), alle im Nat. Hist. Mus. Wien
185. ♂, *f. macrolabia,* linker Cercus von außen; Mont Cenis, DURIEU leg.
186. ♂, *f. brachylabia,* Abdomenapex von links, wie zuvor
187. ♀, Abdomenapex von oben; ST. BERNHARD, BRUNNER VON WATTENWYL leg.
188. Desgl. von links; wie zuvor
189. ♂, Genitale von unten; wie zuvor
190-195. *Chelidura pyrenaica* (GÉNÉ), alle im Nat. Hist. Mus. Wien
190. ♀, Thorax von oben; Mt. Canigou, H. FRANZ leg.
191. ♀, Epiproct von hinten-oben; wie zuvor
192. ♂, rechter Cercus von innen-oben; Pyrenäen, ex coll. AZAM
193. ♂, linker Cercus von außen; wie zuvor
194. ♂, Genitale von unten; Mt. Canigou, Hoch-Pyrenäen, SAULCY leg.
195. ♂, Genitale von unten, Mesomer über die Parameren vorgeschoben; Pradognan, La Vanoise, 1908, Dr. JORDAN leg.
196-198. *Chelidura acanthopygia* (GÉNÉ), alle coll. m.
196. ♂, Epiproct von hinten; Bayern, Wülfershausen/Saale, Löhlein, 18.IV.1952, K. HARZ leg.
197. Desgl. von rechts; Bayern, Gröbenzell, 16.IV.1971, leg. K. HARZ
198. ♀, rechter Cercus von oben, der Pfeil zeigt auf die Leiste; Bayern, Veitshöchheim, ex coll. ZWECKER
199-204. *Chelidurella mutica* (KRAUSS), alle im Nat. Hist. Mus. Wien
199. ♂, Abdomenapex von oben; Adamellogebiet, Lombardei, 28.VI.-6.VII.1952, Dr. MANDL leg.
200. ♂, Epiproct von hinten; Italien, Rovereto, KRAUSS leg., coll. BR. Nr. 17165
201. Desgl. von rechts oben
202. ♂, *f. acuta,* Epiproct von hinten; Tirol, Gschnitztal, Kaisersteig-Schlag, unter Rinde, 3.VI.1945 WETTSTEIN leg.
203. Desgl. von rechts-hinten-oben
204. ♀, Epiproct von hinten-oben; wie in Fig. 199

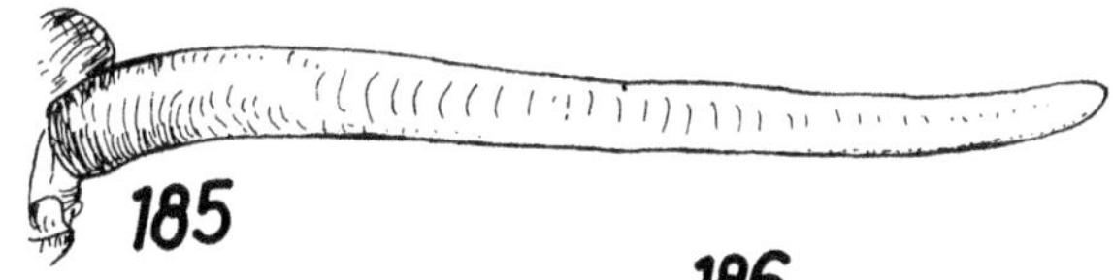
185

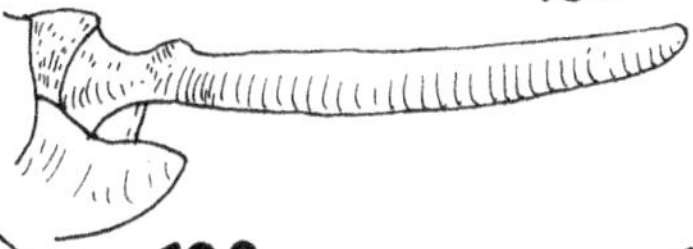
186

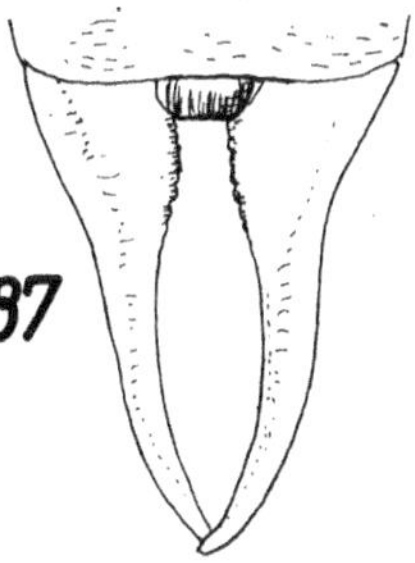
187

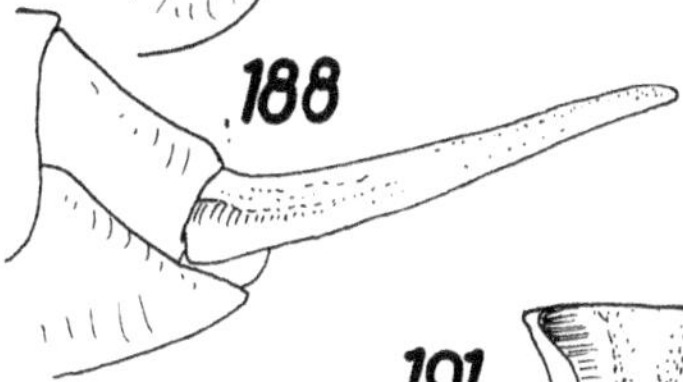
188

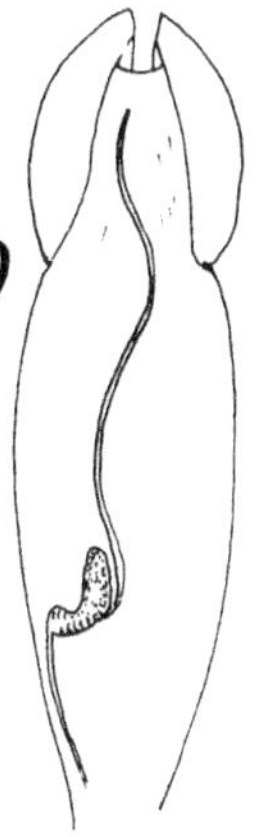
189

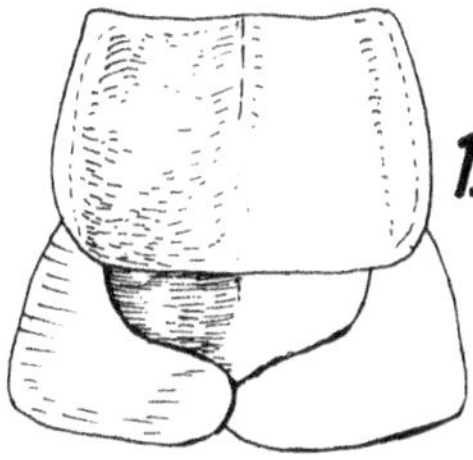
190

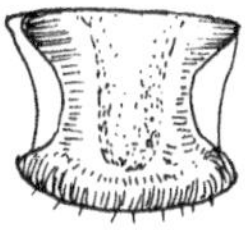
191

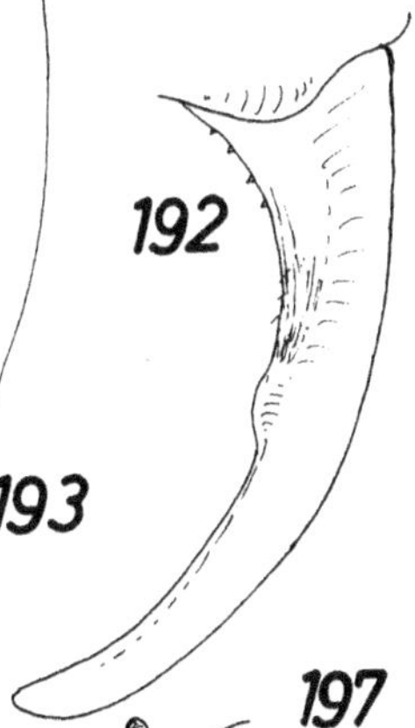
192

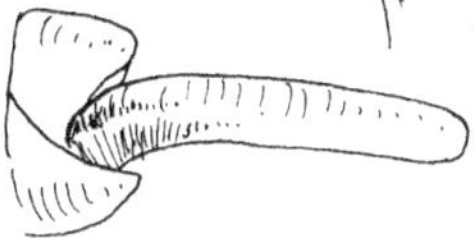
193

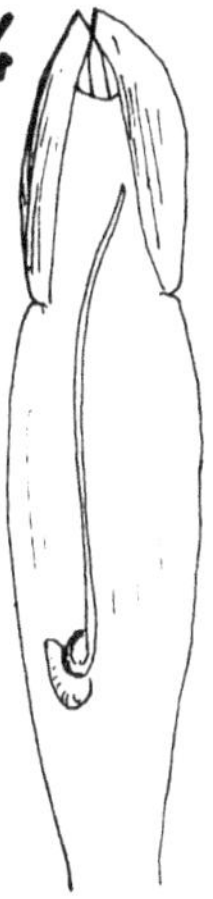
194

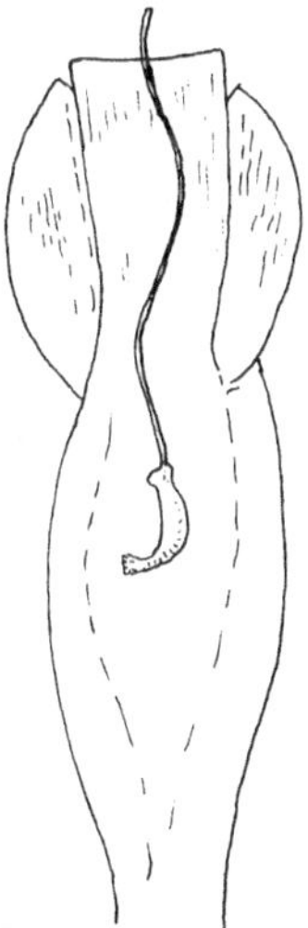
195

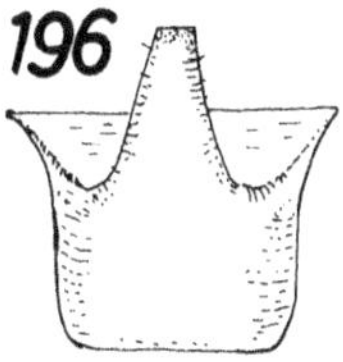
196

197

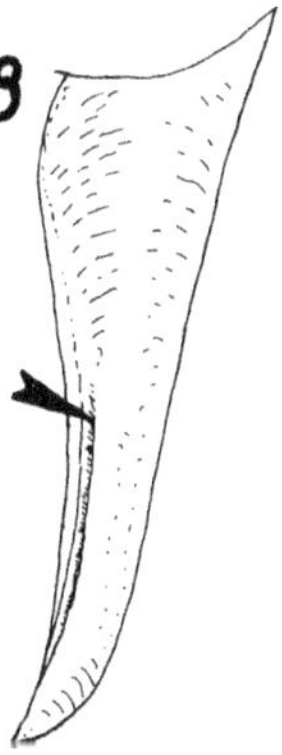
198

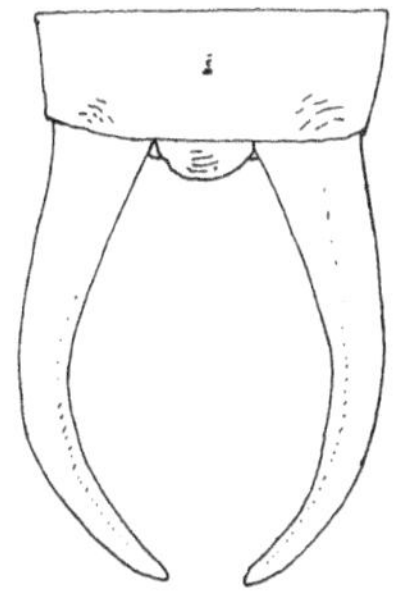
199

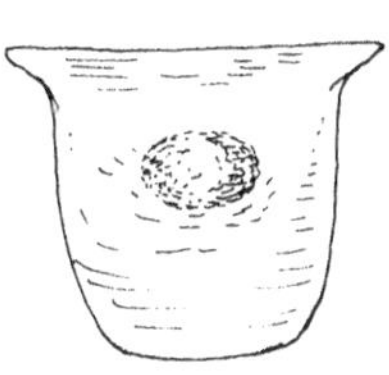
200

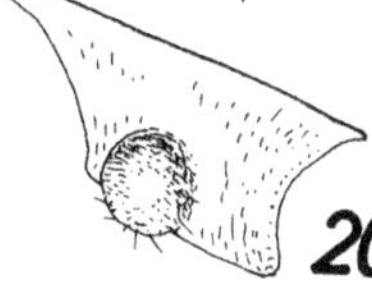
201

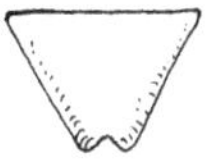
202

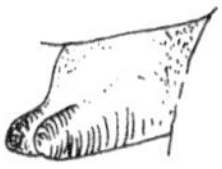
203

204

curved, ♀ cerci without projecting ridge on the inside dorsally . 2

– Das Epiproct des ♂ ist zahnartig aufwärtsgebogen (196, 197); die Cerci des ♀ tragen innen-dorsal eine vorspringende Längsleiste (168, 198) «» The ♂ epiproct is tooth-like upcurved (196, 197); ♀ cerci bearing a longitudinal ridge on the inside dorsally (168, 198) .
Ch. acanthopygia (GÉNÉ), p. 76

2. Die Cerci des ♂ sind gleichmäßig gebogen (199); das Epiproct des ♂ in der Mitte mit deutlich vorspringendem Höcker (200, 201), falls wie in Fig. 202, 203 vergl. *f. acuta*; Epiproct des ♀ mit stark ausgeschweiften Seiten (204) «» ♂ cerci regularly incurved (199); ♂ epiproct with a distinctly projecting hump in the middle (200, 201), if as in fig. 202, 203, compare *f. acuta*; ♀ epiproct with strongly curved sides (204) . . . .
Ch. mutica (KRAUSS), p. 77

– Die Cerci des ♂ sind etwas winklig gebogen (205); das Epiproct des ♂ trägt in der Mitte nur eine schwache Erhebung (206), beim ♀ mit fast parallelen Seitenrändern (207) «» ♂ cerci somewhat angularly incurved (205); ♂ epiproct with a weak tubercle (206), in ♀ with almost parallel side-margins (207) . . . .
Ch. transsylvanica EBNER, p. 77

3. *Ch. acanthopygia* (GÉNÉ) 1832 (*Forficula a.*, Ann. Sci. Regn. Lomb. Venet., 2:228; Typ: Museum Turin, Italien, 1968 nicht mehr vorhanden; terra typica: Italien, Umgebung von Torino; Neotypi: ♂♀ Ungarn, Budapest, Harshogy, 19.IV.1963, Budapest Müvisvölgy, 31.III.1957, beide G. HANGAY leg.; Syn.: *Forficula xanthopygia* SCHMIDT 1866). Fig. 151, 166-168, 196-198, 208-214.
Der Körper (215) ist ± einfarbig gelblich bis orangebräunlich, als Trockenpräparat auch hellbräunlich. Die Antennen sind 13 gliederig, leicht abstehend behaart. Der Discus des Pronotums ist höchstens etwas dunkler, in der Mitte mit Längsfurche oder einem feinen Längskiel (151, 208, 209), Mesosternum so lang wie breit, Metasternum breiter als lang (etwa 3:5). Terga und Sterna dicht und fein bis runzlig punktiert, 5.-7., besonderes letzteres seitlich mit einer leistenartigen Längskante, Drüsenschwielen deutlich, das 10. Tergum ist in der Mitte der Basalhälfte fast glatt, über den Cercusbasen beim ♂ erhöht, beim ♀ schwächer, in der Mitte mit Längseindruck; das Epiproct des ♂ (196, 197) ist zahnförmig aufwärtsgebogen, beim ♀ (210, 211) mit betonten Hinterecken; die Cerci des ♂ sind schlank, in Ruhelage umschließen sie einen etwa breit elliptischen Raum (166, 212, zuweilen tragen sie dorsal an der Basis einen Zahn (166, 167; *f. spinigera* AZAM 1901), beim ♀ (168, 198) innen mit heller Kante, die zuweilen auch dunkler und gezähnelt sein kann, darüber eine vorspringende Leiste, die etwa vom 2. Basalviertel an bis zum Apex läuft, manchmal auch erst von der Mitte an, und auch beim Betrachten von oben sichtbar ist. Genitale des ♂ wie in Fig. 213. Die spangenförmigen Elytra (151, 208, 209) bedecken oft die Mitte der Basis des Mesonotums nicht. Die Beine sind gelblich. Maße: Körper ♂ 6,8-10. ♀ 8-10,5, Pronotum ♂ 1,2:2-1,7:2,1, ♀ 1,4:1,9-1,7:2,1, Elytra ♂ 1-1,2, ♀ 0,9-1,4, Cerci ♂ 3,1-5,2, ♀ 1,8-2,4.

I-XII, die Generationen überschneiden sich offenbar im Frühsommer. Südschweden und Norwegen, südwärts bis in die Pyrenäen und den Apennin, westwärts bis N-Frankreich und England, ostwärts bis Rumänien und die Ukraine, nach SE bis Bosnien. Bis etwa 1000 m, überwiegend in Laubwäldern oder Laubmischwäldern. Biologie (Zusammenfassung) bei K. HARZ 1960.

4. *Ch. mutica* (KRAUSS) 1886 (*Chelidura m.*, Verh. zool.-bot. Ges. Wien, 36:140, Taf. 5, Fig. 2, 2a-c; Typ: coll. KRAUSS, Brit. Mus. (Nat. Hist.) London; terra typica: Italien, Monte Baldo). Fig. 199-204, 215-218.
Sehr ähnlich voriger Art, aber hell-bis dunkelbraun. Die Antennen sind 12-13 gliederig. Das Epiproct des ♂ in der Mitte mit einem vorspringenden rundlichen Höcker (200, 201), beim ♀ wie in Fig. 204, 217; selten ist das Epiproct des ♂ wie in Fig. 202 und 203 geformt, ich nannte diese Ausbildung (Ber. Naturwiss. Ges. Bayreuth 15:51-52, Fig. 6,7; 1975) *f. acuta*, möglicherweise handelt es sich dabei auch um eine neue Art. Die Cerci des ♂ sind gleichmäßig zum Apex gebogen (199), beim ♀ (215) ist die Innenkante bis über die Mitte gezähnelt (216), höchstens apikal darüber mit einer zum Apex laufenden Leiste. Genitale des ♂ wie in Fig. 218. Maße: Körper ♂ 9,8-13,5, ♀ 9-13, Pronotum ♂ 1,3:1,8-1,7:2,3, ♀ 1,5:2,1-1,7:2,4, Elytra ♂ 1,1-1,3, ♀ 1,3-1,4, Cerci ♂ 2,5-4,7, ♀ 2,2-2,4. Wohl ganzjährig mit sich im Sommer überschneidenden Generationen. Eine Gebirgsart; in Österreich (in Kärnten häufiger als *acanthopygia*, in den Karawanken bisher nur unter Latschen (*Pinus mugo* TURRA) gefunden worden, sonst in Flach- und Hochmooren, auch nördlich der Drau, aber da nur im Bereich des Massivs de refuge (E. HÖLZEL 8.III.1960 in lit.). Italien (Mte. Baldo bis 2050 m, Valle Lagarina, Rovereto, Trentino/Mte. Altissimo 1650 m, Adamello-Gebiet/Lombardei, Piemonte), Jugoslawien (Treskavica-Gebirge, Turovo, Kozia Luka/1000-1700 m, coll. m.).

5. *Ch. transsylvanica* EBNER 1932 (Wien. Ent. Zeitschr. 49:16-17, 2 Fig.; Typ: ♂♀ Nat. Hist. Mus. Wien; terra typica: Rumänien, Götzenberg bei Hermannstadt/Sibiu). Fig. 205-207, 219-224.
Sehr ähnlich den beiden vorhergehenden Arten, aber die Ränder des Kopfes, des Pronotums, ebenso die Beine und Cerci sind noch heller; das Pronotum wie in Fig. 219 und 220, auch hier kann das Mesonotum von den Elytra bedeckt bis basal frei sein. Das Epiproct des ♂ ist breit trapezförmig (206), schräg bis senkrecht abfallend und trägt in der Mitte nur eine kleine, sehr schwach konvexe Erhebung, beim ♀ (221) sind die Seiten wenig ausgeschweift, am Hinterrand abgestutzt bis an den Seitenecken schwach vorspringend; die Cerci des ♂ (205, 222) sind etwas winklig, nicht gleichmäßig verrundet gebogen, beim ♀ (223) nur bis etwa zur Mitte oder bis zum Apikaldrittel mit einer gezähnelten dunklen Innenkante versehen, darüber ohne Spur einer Leiste, ventral abgeflacht. Genitale des ♂ wie in Fig. 224. Maße: Körper ♂ 9,6-12,8, ♀ 10,5-15,4, Pronotum ♂ 1,7:2,4-2:2,6, ♀ 1,5:2,1-2:3, Elytra ♂ 1,1-1,6, ♀ 1,1-1,7, Cerci ♂ 4,2-4,7, ♀ 3,4-4,5. IX-X, wohl I-XII mit Überschneidung der zwei Generationen im Sommer. Transsylvanische Alpen in Rumänien und der Ukraine (Kamenec-Podolsk).

TAFEL 13

205-207. *Chelidura transsylvanica* EBNER, alle im Nat. Hist. Mus. Wien
105. ♂, Abdomenapex von oben, Sgpl = Subgenitalplatte, Holotypus; Rumänien, Götzenberg bei Hermannstadt/Sibiu
206. ♂, Epiproct von hinten; wie zuvor
207. ♀, Epiproct von hinten; Siebenbürgen, 27.III.1891, Allotypus
208-214. *Chelidurella acanthopygia* (GÉNÉ), alle in coll. m.
208. ♂, Thorax von oben; Bayern, Wülfershausen/Saale, 9.IV.1952, K. HARZ leg.
209. Desgl.; ♂ Budapest, Harshegy, 19.IV.1963, G. HANGAY leg.
210. ♀, Epiproct von oben; Bayern, Wülfershausen/Saale, 18.IV.1952, K. HARZ leg.
211. ♀, Epiproct von hinten; wie zuvor
212. ♂, Abdomenapex ♂ von oben, Sgpl = Subgenitalplatte; Bayern, Isarstausee bei München, 15.X.1957, CH. WALTHER leg.
213. ♂, Genitale, Virga ausgetreten; Bayern, Gröbenzell, 6.IV.1971
214. ♀, aus K. HARZ 1960
215-218. *Chelidurella mutica* KRAUSS), alle im Nat. Hist. Mus. Wien
215. ♀, Cerci von oben; Italien, Monte Baldo 1893, GANGELBAUER leg.
216. ♀, rechter Cercus von innen; wie zuvor
217. ♀, Epiproct von hinten; Adamello-Gebiet, Lombardei, 28.VI.-6.VII.1952, Dr. MANDL leg.
218. ♂, Genitale von oben; wie zuvor
219-224. *Chelidurella transsylvanica* EBNER, alle im Nat. Hist. Mus. Wien
219. ♂, Thorax von oben; Holotypus, --- = Topotypus
220. ♀, Thorax, Allotypus, 1/3 geringer vergrößert als in Fig. 219
221. ♀, Epiproct von oben, Götzenberg bei Hermannstadt/Sibiu, Rumänien, 19.X.1931, A. MÜLLER leg.
222. ♂, linker Cercus von oben; Paratypus
223. ♀, linker Cercus von oben, Allotypus
224. ♂, Genitale, Topotypus wie 221
225. *Mesochelidura bolivari* (DUBR.), Thorax von oben; Spanien, Escorial, 1.II.1879, I. BOLIVAR leg., Nat. Hist. Mus. Wien

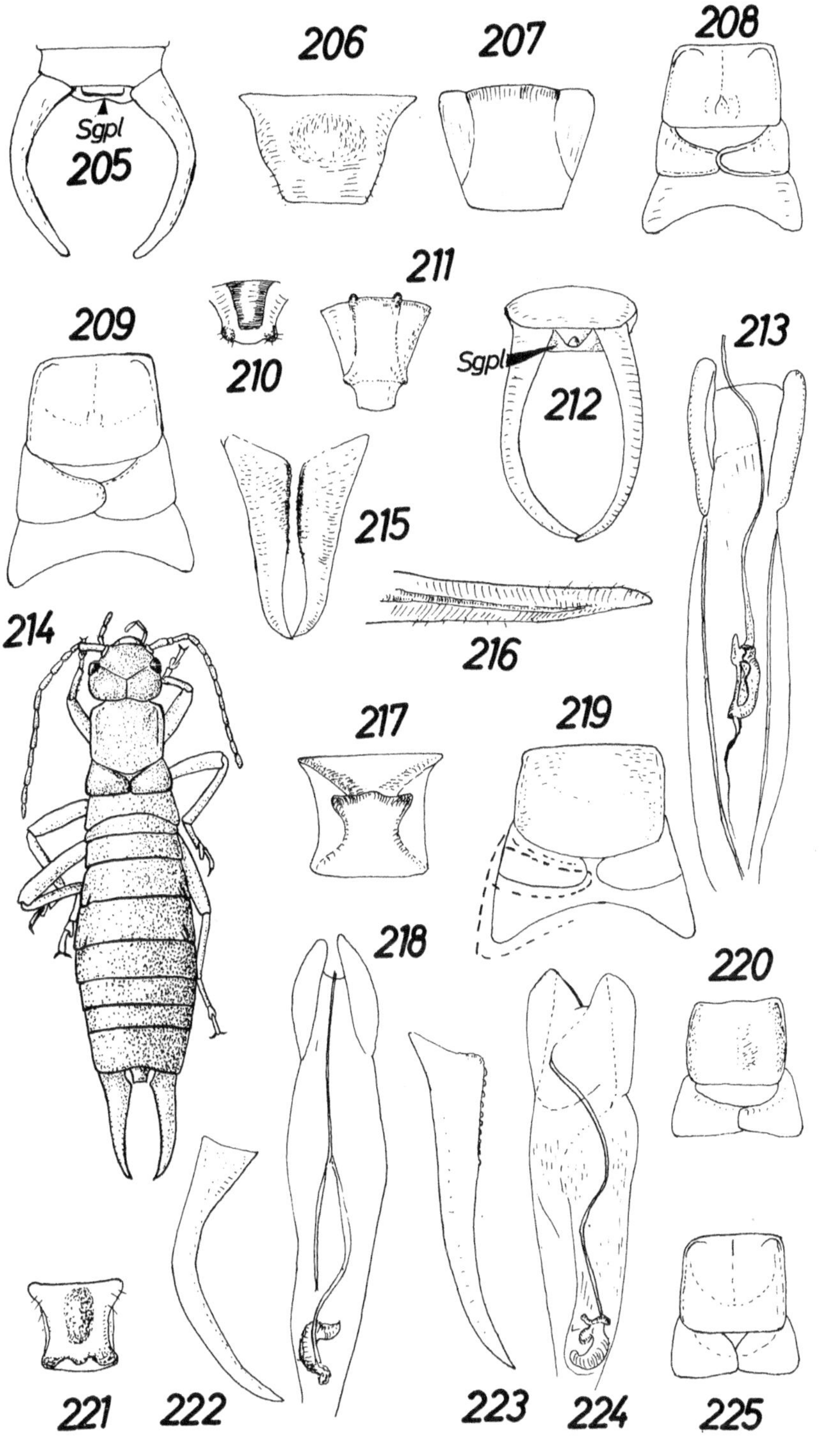
206
207
208
Sgpl
205
211
209
210
Sgpl
212
213
215
214
216
217
219
218
220
221
222
223
224
225

Gattung/Genus: Mesochelidura VERHOEFF 1902

(Verh. Zool.-Anz. 25:187; typus generis: *M. bolivari* DUBRONY 1878).

Die Antennen sind 12-13 gliederig. Das Pronotum ist fast quadratisch (225) bis schwach rechtwinklig. Abdomen mit wenig vortretenden Drüsenschwielen am 3. und 4. Tergum; das 10. Tergum ist beim ♂ über den Cercusbasen gut erhöht (152, 153), mit kräftigen Längsrunzeln, zwischen den Höckern glatt, beim ♀ über den Cercusbasen schwach erhöht, schwächer runzlig, in der Mitte mit einem länglichen Eindruck. Die Cerci des ♂ tragen innen an der Basis einen Zahn (152, 153), beim ♀ sind sie kurz und derb (154), dorsoventral abgeflacht; das Epiproct des ♂ ist verkehrt trapezoidal (226), beim ♀ am Hinterrand mit vorspringenden Ecken (227). Nur zwei Arten in Europa «» Antennae 12-13-segmented. Pronotum almost square (225) to weakly transverse. Abdomen with less projecting glandular callosities on the 3rd and 4th tergite; ♂ 10th tergite well raised above the bases of the cerci (152, 153), with strongly longitudinal wrinkles, smooth between the humps, in ♀ weakly elevated above the bases of the cerci, more weakly wrinkled, with a longitudinal impression in the middle. ♂ cerci with an internal tooth on the base (152, 153), in ♀ short and stout (154), flattened dorso-ventrally. ♂ epiproct reversed trapezoidal (226), in ♀ with projecting side corners on the hind margin (227). Two species in Europe only.

Schlüssel zu den Arten «» Key to the species

1. Pronotum fast quadratisch (225); das Epiproct des ♂ von oben gesehen kurz, quer (228); Cerci des ♂ in Ruhelage weniger gespreizt, mit kurzem Innenzahn (152, 153) «» Pronotum almost square (225); ♂ epiproct seen from above short, transverse (228); ♂ cerci less spread out in normal position (152, 153), with a short internal tooth (152, 153) .... *M. bolivari* (DUBR.), p. 80
- Das Pronotum ist mehr rechteckig; das Epiproct des ♂ springt von oben gesehen mehr vor (229); die Cerci des ♂ sind in Ruhelage mehr gespreizt, der Zahn an ihrer Basis ist größer (230) «» The pronotum more transversely rectangular; ♂ epiproct seen from above more projecting (229); ♂ cerci in normal position more spread out (229, 230), the internal tooth on the base bigger .... *M. occidentalis* FERN., p. 81

6. *M. bolivari* (DUBRONY) 1878 (*Chelidura b.*, Ann. Mus. Genova 12:444, 446, 3 Fig.; Typ: Brit. Mus. (Nat. Hist.), London; terra typica: Spanien, Sierra de Guadarrama). Fig. 152-154, 225-228, 231-233.

Wie in der Gattungsbeschreibung. Körper gelblichbraun; der Kopf ist orangerötlich; die Antennen sind 13 gliederig, dicht und fein anliegend behaart, wie bei den anderen mit einzelnen längeren, abstehenden Tasthaaren. Das Pronotum ist fast quadratisch (225), schmal gelblich bis durchscheinend gerandet. Die Subgenitalplatte und das davorliegende Sternum des ♂ haben – außer bei ganz kleinen ♂♂ – wulstig verdickte Seitenränder; das Epiproct des ♂ ist nach innen-cranial wärts geneigt (226), von oben gesehen quer-verrundet (228), beim ♀ springen die Hinterecken vor (227); die Cerci des ♂ sind an der Basis innen mit einem kurzen Zahn versehen (152, 153), innen von der Basis bis etwa zur Mitte auch mit einer stumpfen oder gezähnelten Leiste und mit einzelnen Zähnchen bis zum schwarzspitzigen Apex (231), beim ♀ wie in Fig. 154 und 232. Genitale des ♂ wie in Fig. 233. Die Elytra decken sich meist etwas am Rücken (225). Die Beine sind gelblich. Maße: Körper ♂ 7,8-11, ♀ 8-10, Pronotum ♂ 1,2:1,7-1,5:2, ♀ 1,1:1,7-1,5:1,9, Elytra ♂ 1-1,3, ♀ 1-1,5, Cerci ♂ 2,4-2,8, ♀ 1,6-1,9. I-XII. Spanien; seither nur in der Sierra de Guadarrama, 1780-2300 m, Escorial um 1000 m und in der Sierra de Peñalara. Tagsüber unter Steinen auf relativ trockenen, vegetationsarmen Hängen.

7. *M. occidentalis* FERNANDES 1973 (Arquivos Mus. Bocage (2aSer.) 4:189-193, Fig. 1a-d, 2a-b; Typ: ♂♀ coll. J. DE A. FERNANDES, Lissabon; terra typica: Portugal, S. Pedro de Sintra). Fig. 234-238.

Sehr ähnlich voriger Art. Der Körper samt Kopf ist rötlich- bis dunkelbraun. Die Antennen sind 12-13 gliederig, hell gelblichbraun. Das Pronotum ist etwas breiter als lang, die Vorderhälfte heller als die hintere, mit gelblichbraunen Rändern. Das Epiproct ist beim ♂ (nach der Abbildung offenbar) schräg nach hinten geneigt; die Cerci sind in Ruhelage mehr gespreizt (234, 235), dunkelbräunlich, mit bis zum Apex gezähnelte Innenkante, zumal bei der *f. brachylabia*, bei der *f. macrolabia* ist die Zähnelung fast kaum erkennbar und reicht nicht bis zum Apex, die Apizes berühren sich nie. Die Cerci des ♀ sind jenen von *bolivari* ähnlich (236, 237). Genitale des ♂ wie in Fig. 238. Die Beine sind gelblichbraun. Maße: Körper ♂♀ 6-8,5, Elytra ♂♀ 0,8-1,2, Cerci ♂ 2-4,5, ♀ 1,5. II-V, aber wohl sicher ganzjährig in zwei Generationen. Portugal; am locus typicus, Serra de Carnaxide und Malveira (von hier zuerst als *bolivari* gemeldet), alle diese Fundorte liegen um Lissabon. Auf vegetationsarmen Gelände und in den Gallen von Eichen. (Alles – auch die Abbildungen – nach dem Autor.

Gattung/Genus: Eulithinus HINCKS 1935

(Ent. Month. Mag. (3. Ser. 21), 71:275, *nom. nov.* für *Lithinus* BURR 1909, der durch *Lithinus* KLUG 1833 für eine *Curculionidae*-Gattung präokupiert ist; typus generis: *E. analis* (RAMBUR) 1838).

Die Antennen sind 9-12 gliederig, ab dem 5, Glied fein kurzhaarig. Das Pronotum ist quer (173, 245). Die Drüsenschwielen des 3. und 4. Tergums springen wenig vor, das 10. Tergum ist über den Cercusbasen stark gebuckelt und geschwärzt (239), die Höcker können aber auch hell rötlichbraun sein, in der Mitte ist das Tergum breit, aber nur schwach eingesenkt; das Epiproct des ♂ ist dorsal zur Mitte eingesenkt (174, 175), seltener am Hinterrand quer abestumpft (240, 241), beim ♀ ist es seitlich ausgeschweift (242), die Cerci des ♂ (239) sind in der *f. macrolabia* meist dorsal an der Basis und innen mit einem Zahn versehen, doch kann der basale auf einen schwachen Höcker reduziert sein (240), bei der *f. brachylabia* ist öfters der Innenzahn schwach ausgebildet (243); die Cerci des ♀ sind kurz und kräftig (176), ventral abgeflacht, außen und innen mit je einer Kante, die bis oder fast bis zum Apex reicht. Genitale des ♂ wie in Fig. 244. Die Elytra sind caudalwärts leicht erweitert (173, 245), vor der abfallenden Seite mit deutlicher Längsader oder Leiste, die Alae sind in situ etwa ½ so lang wie die Elytra. Nur eine Art in der Sierra Nevada «» Antennae 9-12-segmented, from the 5th joint to the apex with fine short hairs. The pronotum is transverse (173, 245). The glandular callosities on the 3rd and 4th tergite weak, 10th tergite in ♂ strongly humpbacked above the bases of the cerci, humps blackened or light reddish-brown (239), wide but weakly impressed only between the humps; ♀ epiproct impressed towards the middle dorsally (174, 175), more seldom with truncated hind margin (240, 241), in ♀ excurved laterally (242); ♂ cerci (239) in *f. macrolabia* mostly with a tooth on the base dorsally and on the inside, but the basal one sometimes reduced to a weak tubercle (240), in *f. brachylabia* often the inner tooth is weakly developed (243); ♀ cerci short and strong (176), flattened ventrally; with an edge on the inside and outside, which reaches to the apex or almost to the apex. ♂ genitalia as in fig. 244. Tegmina slightly widened backwards (173, 245), with a distinct longitudinal vein or ridge before the sloping side-part; alae – in situ – about half the length of the tegmina. One species in the Sierra Nevada only.

8. *E. analis* (RAMBUR) 1838 (*Forficula a.*, Faune Ent. Andal. 2:10; Typ: ♂ Brit. Mus. (Nat. Hist.), London; terra typica: Spanien, Sierra Nevada). Fig. 173-176, 239-248.

Wie in der Gattungsbeschreibung. Hell gelblichbraun bis braunrot, Kopf, Pronotum und Elytra meist etwas heller, Abdomen basal und am 10. Tergum meist etwas dunkler, Cerci orangebraun, im Profil nur schwach gebogen (246-248). Die Beine sind gelblichbraun bis rötlichbraun. Maße: Körper ♂ 6-8,7, ♀ 6-9, Pronotum ♂ 1,1:1,5-1,2:1,7, ♀ 1,1:1,6-1,3:1,8, Elytra ♂ 1,2-1,3, ♀ 1,1-1,4, Cerci ♂ 1,8-3,7, ♀ 1,3-1,5. VI-X (wohl auch als Imago überwinternd). Spanien, Sierra Nevada bis 3000 m, im Gebiet der Veleta von 2440-2800 m. Unter Steinen, besonders in feuchten Biotopen.

Gattung/Genus: Borelliola SEMENOV-TIAN-SHANSKIJ 1908

(Rev. Russe d'Ent. 8:160; typus generis: *B. euxina* (SEM.) 1907).

Pronotum leicht quer (249). Das 10. Tergum ist beim ♂ recht variabel, bei der *f. macrolabia* ist es von der Basis zum Hinterrand deutlich erweitert, die Hinterecken werden von stumpfen, nach außen vorspringenden Höckern gebildet, dorsal ohne Vorsprünge, bei der *f. brachylabia* sind die Seiten parallel, ohne Höcker, dafür zwischen Mitte und Seite je ein stark vorspringender schräger Loben (155, 156), beim ♀ ist das 10. Tergum einfach, fast eben, mit kurzem Längsstrich oder einer kleinen, rundlichen Einsenkung in der Mitte; das Epiproct des ♂ ist bei der *f. macrolabia* breiter (250), bei der *f. brachylabia* schmaler, leicht trapezförmig, am Hinterrand schwach ausgerandet und fällt ± senkrecht ab, beim ♀ breit konisch, am Apex quer abgestumpft; die Cerci des ♂ sind in der *f. macrolabia* lang, schlank, zylindrisch, apikalwärts allmählich verschmälert und im Profil nur schwach wellig gebogen, dorsal an der Basis mit schwachem Höcker, innen im 2. Drittel mit kielförmiger Leiste, bei der *f. brachyptera* wie in Fig. 155, 156, beim ♀ an der Basis verbreitert und schwach abgeflacht, nur etwa 2,5 mal so lang wie breit, bis auf den eingebogenen Apex gerade, bei der *f. macrolabia* wohl schlanker. Genitale des ♂ wie in Fig. 251. Elytra quer, spangenförmig (249). Nur folgende Art «» Pronotum slightly transverse (249). The 10th tergite in ♂ rather variable; in *f. macrolabia* distinctly widened from the base to the hind margin, hind corners formed by a blunt, outwardly projecting hump, without projections dorsally, in *f. brachylabia* with parallel sides, without humps, but with strongly projecting oblique lobes between the middle and the sides (155, 156), in ♀ the 10th tergite simple, almost flat, with a short longitudinal line or a small roundish impression in the middle; ♂ epiproct in *f. macrolabia* wider than in *f. brachylabia*, slightly trapezoidal, with weakly emarginated hind margin, sloping ± vertically, in ♀ broad-conical, bluntly truncated with the hind margin; ♂ cerci in *f. macrolabia* long, slender, cylindrical, gradually tapering apicalwards and – seen in profile – weakly wavy, with a weak hump on the base dorsally, and with a longitudinal ridge on the inside in the 2nd third of the total cercus-length; in the *f. brachyptera* as in fig. 155 and 156, in ♀ weakly flattened and widened with the base, about 2.5 times as long as wide, apart from the incurved apex straight, in *f. macrolabia* perhaps more slender. Genitalia of the ♂ as in fig. 251. Tegmina transverse, clasp-like (249). Represented by the following species only.

9. *B. euxina* (SEMENOV) 1907 (*Chelidurella e.* SEMENOV-TIAN-SHANSKIJ in ADELUNG, Jescheg. Zool. Mus. Ak. Sci. 12:122; Typ. ♂ Zool. Inst. Ac. Sci. SSSR Lenin-

TAFEL 14

226-228. *Mesochelidura bolivari* (DUBR.), Spanien, Escorial, 1.II.1879, I. BOLIVAR leg., Nat. Hist. Mus. Wien
226. ♂, Epiproct von hinten, C = Cercusbasis, Epi = Epiproct, Para = Paraproct, T = Hinterrand des 10. Tergums
227. ♀, Epiproct von hinten-oben
228. ♂, Epiproct von oben
229. *Mesochelidura occidentalis* FERN., ♂ *f. macroptera,* Cerci und Epiproct von oben (aus J. DE A. FERNANDES 1973)
230. Desgl., ♂ *f. brachylabia* von oben; wie zuvor
231. *Mesochelidura bolivari* (DUBR.) ♂ *f. macrolabia,* rechter Cercus von oben-links, wie in Fig. 226
232. Desgl., ♀, linker Cercus von oben; Sierra de Guadarrama, 1800-2300 m, H. FRANZ leg., Nat. Hist. Mus. Wien
233. Desgl., ♂, Genitale, von unten; Cercedilla 1500 m, Estacion Alpina, X 1934, PELAEZ-HERNANDEZ, Nat. Hist. Mus. Wien
234-238. *Mesochelidura occidentalis* FERN., alle nach J. DE A. FERNANDES 1973
234. ♂, linker Cercus und Epiproct von oben, *f. brachyptera*
235. ♂, desgl., *f. macroptera*
236. ♀, Abdomenapex *f. brachylabia* von oben
237. ♀, desgl. *f. macrolabia*
238. ♂, Genitale von unten
239-248. *Eulithinus analis* (RAMB.), alle Sierra Nevada, Picacho de Veleta, Yeguas, 2800 m, 14.IX.1935, E. EBNER leg., Nat. Hist. Mus. Wien
239. ♂, Abdomenapex von oben, *f. macroptera*
240. ♂, desgleichen
241. ♂, Epiproct von oben
242. ♀, Epiproct von oben
243. ♂, Abdomenapex *f. brachylabia*
244. ♂, Genitale von unten
245. ♂, Pronotum mit Elytra, Al = Hinterrand der Alae
246. ♂, Abdomenapex *f. macrolabia* von links, Sgpl = Subgenitalplatte
247. ♂, Abdomenapex von links *f. brachylabia*
248. ♀, linker Cercus von außen
249. *Borelliola euxina* SEM.), ♂, Thorax von oben; Psebaj bei Schiti, Majkop, 31.V.1911, NW-Kaukasus, WOLNUCHIN leg., Nat. Hist. Mus. Wien
250. Desgl., ♂, Epiproct von hinten, wie zuvor
251. Desgl., ♂, Genitale; wie zuvor

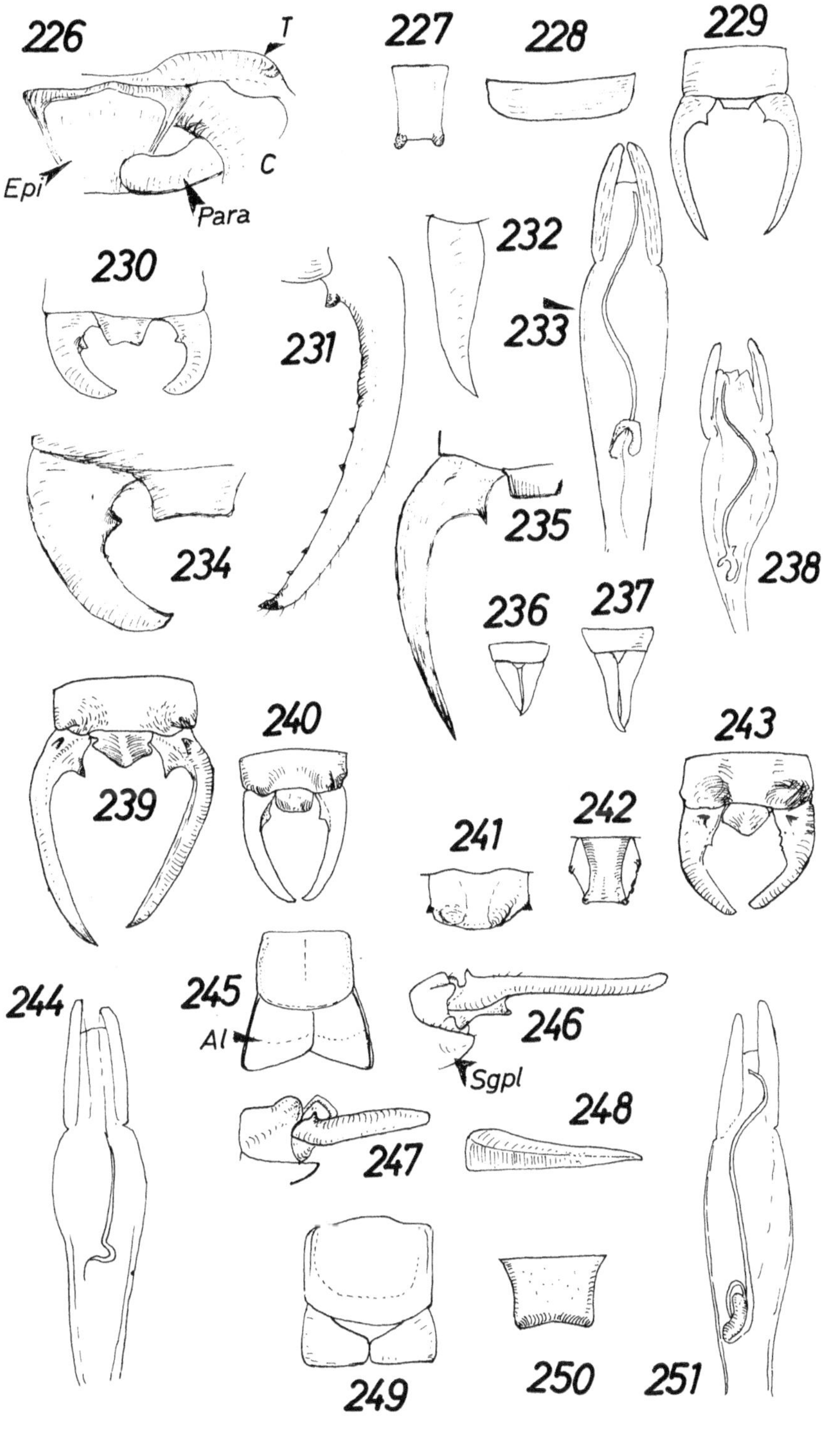

226
T
Epi
C
Para
227
228
229
230
231
232
233
234
235
236
237
238
239
240
241
242
243
244
245
Al
246
Sgpl
247
248
249
250
251

grad; terra typica: SSSR, Abchasija am Fluß Azgara). Fig. 155, 156, 249-251. Wie zuvor. Körper rötlichbraun bis braun, auch mit dunklen Längsbinden beiderseits der Mitte am Ventralrand der Terga, Kopf rötlichgelb bis rötlich. Die Antennen sind 13 gliederig, gelblich. Das Pronotum hat, zumal bei dunklen Exemplaren, helle Seitenränder. Das Abdomen ist sehr fein und dicht bis undeutlich punktiert. Die Beine sind gelblichbraun. Maße (zum Großteil nach G. JA. BEY-BIENKO 1936 und J. MAŘAN 1965): Körper ♂ 9-11,7, ♀ 8,7-10,3, Pronotum ♂ 1,6-1,8:2,1, ♀ 1,5:2,2, Elytra ♂ 1,3-1.7, ♀ 1,8, Cerci ♂ 3,2-6, ♀ 1,8-2,2. IX-IX (wohl ganzjährig in zwei Generationen). SSSR (Stavropol Plateau, im nordwestlichen Kaukasus über die nörlichen Abhänge bis zur Schwarzmeerküste).

Gattung/Genus: Mařaniola n. gen.

Die Art Nr. 11 wurde von F. WERNER 1907 als *Chelidoura* beschrieben, J. MAŘAN (1965) reihte sie wie folgende Art bei *Borelliola* als Untergattung von *Anechura* ein; weil sie aber doch in wesentlichen Merkmalen von dieser und ebenso von der Gattung *Burriola* abweicht, die in Gebirgen Asiens verbreitet ist, schaffe ich für sie eine neue Gattung, die ich dem verdienten tschechischen Orthopterologen, meinem werten Kollegen Prof. Dr. J. MAŘAN, Prag, widme. Typus generis: *M. chelmosensis* (MAŘAN) 1965. Die Kopfnähte sind deutlich oder es ist nur die Längsnaht schwach ausgebildet. Die Antennen sind 13 gliederig, ab dem 4. Glied dichter behaart. Das Pronotum ist leicht quer, beim ♀ etwas betonter als beim ♂; das Mesosternum ist leicht rundlich, wenig länger als breit, das Metasternum breiter als lang. Das Abdomen ist dorsal dicht und fein, ventral etwas stärker punktiert; die Drüsenschwielen des 3. und 4. Tergums sind nur leicht ausgebildet, oft nur am Hinterrand deutlich, das 10. Tergum des ♂ ist nach hinten gut (159, *f. macrolabia*), bis leicht erweitert (161, *f. brachylabia*) und über den Cercusbasen gut bis schwach erhöht, beim ♀ zum Hinterrand leicht verschmälert, mit angedeuteter Mittelfurche und oft auch in der Mitte des Hinterrandes etwas eingesenkt; das Epiproct des ♂ ist – von oben gesehen breit keilförmig (255), beim ♀ zum abgestumpften Hinterrand schwach konvergierend (256); die Cerci des ♂ sind innen gezähnt, bei der *f. macrolabia* in der Apikal-bei der *f. brachylabia* in der Basalhälfte, außerdem sind sie bei der ersteren nach innen und abwärts gebogen (160), beide Extreme sind durch Übergänge verbunden; beim ♀ sind die Cerci stark dorsoventral abgeflacht. Die Elytra sind schuppenförmig, quer und berühren oder decken sich etwas am Rücken, sie sind ¼ bis ⅓ kürzer als das Pronotum, das Mesonotum ist meist völlig verdeckt. Zwei auf dem Balkan endemische Arten «» The species number 11 was described by F. WERNER 1907 as a member of *Chelidoura*, J. MAŘAN (1965) put it and the following species into *Borelliola* as a subgenus of *Anechura*; because of their differences from *Anechura* and the Asiatic genus *Burriola* in some essential characters I make this a new genus and dedicate it to my dear colleague, the deserving Czechoslovakian orthopterist Prof. Dr. J. MAŘAN, Prague. Typus generis *M. chelmosensis* (MAŘAN) 1965. The sutures of the head distinct or the longitudinal suture weakly developed only. The antennae 13-segmented, more thickly haired from the 4th joint towards the apex. Pronotum slightly transverse, in ♀ somewhat more than in ♂; mesosternite slightly rounded, a little longer than wide, metasternite wider than long. Abdomen thickly and finely punctuated dorsally, somewhat more strongly punctuated ventrally; the glandular callosities on the 3rd and 4th tergite weakly developed, often distinct on the hind margins only, ♂ 10th tergite well (159, *f. macrolabia*) to slightly (161, *f. brachylabia*) widened backwards and well to slightly raised above the bases of the cerci, in ♀ slightly narrowed towards the hind margin, with a trace of a longitudinal furrow in the middle and often somewhat impressed in the middle of the hind margin; the ♂ epiproct – seen from above – transverse, seen from behind broadly conical (255), in ♀ weakly converging to the truncated hind margin (256); ♂ cerci toothed on the inside, in *f. macrolabia* in the apical part, in *f. brachylabia* in the basal part, in the former one they are curved inwards and downwards (160) too, between both the extremes transition stages; in ♀ the cerci are strongly flattened dorso-ventrally. Tegmina squamiform, transversal, touching or somewhat covering each other on the back, about 1/4 to 1/3 shorter than the pronotum, mesonotum mostly entirely covered by them. Two species in the Balkans.

Schlüssel zu den Arten «» Key to the species:

1. Der Cercus des ♂ der *f. macrolabia* ist schlanker (160, 255), innen, etwa vom Ende des Basaldrittels bis zum Ende des 6. Zehntels der Cercuslänge, mit einer dunkleren, wenigstens apikal gezähnten Leiste (160), bei der *f. brachyptera* sitzt der Innenzahn knapp vor der Mitte (161); die Cerci des ♀ sind schlanker (162, 258) «» ♂ cerci in *f. macrolabia* more slender (160, 255), on the inside, about from the end of the basal third to the end of the 6th tenth of the cercus-length, with a darker, at least apically denticulate ridge (160), in *f. brachylabia* the internal tooth just before the middle (161); ♀ cerci more slender (162, 258) . . . .
M. chelmosensis (MAR.), p. 88
– Der Cercus des ♂ der *f. macrolabia* ist derber, innen an der Erweiterung mit einem Zahn versehen (260, 261), bei der *f. brachylabia* wenig gebogen, innen im ersten Drittel oder knapp dahinter mit einem kleinen Zahn (262), Cerci des ♀ etwas robuster (263, 264) «» ♂ cercus in *f. macrolabia* more stout, on the internal widening

with a tooth (260, 261), in *f. brachylabia* less incurved, with a small tooth on the inside in the first third or just behind it (262), ♀ cerci somewhat more stout (263, 264) ....
M. apfelbecki (WERNER), p. 88

10. *M. chelmosensis* (MAŘAN) 1965 (*Anechura/Borelliola ch.*, Acta ent. Mus. Nat. Pragae, 36:677-680, Fig. 3; Typ: ♂♀ Nat. Mus. Prag; terra typica: Griechenland, Peloponnes, Chelmos-Gebirge). Fig. 159-161, 252-259.
Der Kopf ist orangegelb bis rötlich, der Körper rotgelb bis gelbbraun, das Abdomen ist dorsal oft dunkler, um die Drüsenschwielen meist dunkel. Beim ♂ ist nur (immer?) die Längsnaht am Kopf schwach erkennbar, die Quernähte sind undeutlich. Das Pronotum ist oft gelbbraun, die Mittelfurche ist in der Regel schwach ausgeprägt, beim ♂ fehlt sie im Basalteil oft völlig (252, 253). Das 10. Tergum ist wenig variabel, bei beiden Formen divergiert es nach hinten (159, 161), bei der *f. macrolabia* ist es über den Cercusbasen buckelförmig erhöht, bei der *f. brachylabia* weniger eröht und auch weniger divergierend; das Epiproct ist beim ♂ wie in Fig. 255, hinten gerade abgestutzt bis leicht ausgerandet, ohne Seitentuberkeln, beim ♀ von hinten gesehen wie in Fig. 256, doch können die Seiten auch gerade sein und schwach nach hinten divergieren. Die Cerci des ♂ sind in der *f. macrolabia* wie in Fig. 159 und 160, in der *f. brachylabia* wie in Fig. 161 und 257, beim ♀ (258), zumal im Profil betrachtet, recht schlank (162), die Innenkante ist bis fast zum Apex fein gekörnt. Genitale des ♂ (259) mit kurzer Virga, sie ist deutlich kürzer als die Metameren und kaum 1,5 mal so lang wie der Vesiculum reniformis. Die Elytra sind in Länge und Form variabel (252-254). Die Beine sind rotgelb bis gelblich. Maße: Körper ♂ 11-13,5, ♀ 11-13, Pronotum ♂ 1,9:2,1-2:3, ♀ 2:2,1, Elytra ♂ 1,3, ♀ 1, Cerci ♂ 2,6-6, ♀ 2-2,5, die Maße bedürfen der Ergänzung. IV-VII, wohl ganzjährig. Griechenland, Peloponnes, Chelmosgebirge 1400-2200 m; unter Baumrinde und Steinen.

11. *M. apfelbecki* (WERNER) 1907 (*Chelidoura a.*, Wiss. Mitt. Bosn.-Herzegow., 10:647-648; Typ: ♂ Mus. Sarajevo, terra typica: Jugoslawien, Trescavica planina, Vucija Luka; Syn.: *Chelidura reiseri* WERNER 1907). Fig. 260-268.
Körper gelbbraun bis rotbraun, Abdomen dorsal meist dunkler. Die Kopfnähte sind bei ♂ und ♀ deutlich. Die Antennen sind ab dem 3. Glied distalwärts dichter anliegend behaart, das 5. Glied ist mindestens 2,5 mal länger als breit. Das Pronotum ist leicht quer, seine Hinterecken sind breit verrundet, in der Mitte eine schwache Längsfurche, rotbraun bis dunkelrotbraun, bei dunklen Tieren heller gerandet. Das 10. Tergum des ♂ wie in Fig. 260 und 262, über den Cercusbasen ist es gut erhöht; die Drüsenschwielen am 3. und 4. Tergums sind klein, ihre Umgebung ist oft schwärzlich verfärbt; das Epiproct ist beim ♂ von oben gesehen quer, seitlich an den Ecken mit je einem kleinen Tuberkel oder stumpfem Zähnchen, von hinten wie in Fig. 265; beim ♀ wie in Fig. 266; die Cerci des ♂ der *f. macrolabia* wie in Fig. 260 und 261, bei der *f. brachylabia* sind sie schwächer eingebogen (262) und im Profil gesehen fast gerade (267), beim ♀ (263) im Profil recht schlank (264), außen-basal mir einer verrundeten Längsleiste, innen mit dunklen Zähnchen auf der Ventralkante;

Genitale des ♂ wie in Fig. 268, die Parameren konvergieren nur leicht zum Apex, die Virga ist kaum 1,5 mal so lang wie der Vesiculum reniformis. Die Elytra berühren oder decken sich leicht am Rücken, das Metanotum ist unbedeckt. Maße: Körper ♂ 8-12,5, ♀ 9-12, Pronotum ♂ 1,6:2,1-2:2,5, ♀ 1,7:2,2-2:2,4, Elytra ♂ 1,1-1,5, ♀ 1,2-1,4, Cerci ♂ 2,9-5, ♀ 2,2-2,7. Das Auftreten der Imagines ist wohl wie beiden anderen Arten, d.h. im Sommer dürften noch einige wenige überwinterte Tiere mit diesjährigen Imagines zusammen auftreten. Jugoslawien/Bosnien, Treskavica Planina und Jahorina-Gebirge. Die *Ch. reiseri* WERNER ist die *f. brachylabia.* Hierher gehören auch einige Exemplare von Trebevic, die von K. W. VERHOEFF als *Chelidura bosniensis* bezettelt, aber offenbar nie beschirieben wurden; sie befinden sich im Humboldt-Museum zu Berlin.

Gattung/Genus: Anechura SCUDDER 1876

(Proc. Boston Soc. Nat. Hist., 18:289; typus generis: *A. bipunctata* (F.) 1781).

Die Kopfnähte sind ± deutlich; die Antennen sind 12-13 gliederig. Das Pronotum ist leicht quer bis fast quadratisch, in der Mitte mit feiner Längsfurche oder Schwiele, um die Mitte meist querrunzlig. Meso- und Metasternum sind breiter als lang. Am 3. und 4. Tergum ausgeprägte Drüsenschwielen, das 10. Tergum ist beim ♂ über den Cercusbasen gewölbt, seitlich davon oft mit einem Höcker oder einer zahnartigen Schrägleiste, beim ♀ wie üblich; die Cerci des ♂ sind nach innen und unten gebogen (269-272), an der Basis oder etwas distal davon mit einem Höcker, innen etwas distal der Mitte gezähnt; die Cerci des ♀ sind schlank und leicht gebogen; das Epiproct hat beim ♂ seitlich vorspringende Zähnchen, beim ♀ springen die Seitenecken am Hinterrand vor. Die Elytra sind länger als das Pronotum, hinter dem Vorderrand mit deutlicher, bis zum Apex reichender Ader, die Alae überragen in situ die Elytra. Mit 17 Arten über Europa, Asien, Madeira und W-Afrika verbreitet, falls man die hier als Gattungen angeführten Untergattungen, wie etwa *Borelliola* einbezieht, sind es 28 Arten, von denen 18 in der östlichen Paläarktis leben und andere außer in den zuvor angeführten Regionen auch in Mittelamerika vorkommen «» Sutures of the head distinct; antennae 12-13-segmented. Pronotum slightly transverse to almost square, with a finely longitudinal furrow or a fine callosity in the middle, about the middle slightly transversely wrinkled. Mesosternite and metasternite wider than long. With distinct glandular callosities on the 3rd and 4th tergite, ♂ 10th tergite arched over the bases of the cerci, often with a hump or with a tooth-like oblique ridge laterally of it, in ♀ normal; ♂ cerci bent inwards and downwards (269-272), with a hump on the base or somewhat distally of it, with a tooth somewhat distally of the middle; ♀ cerci

TAFEL 15

252–259. *Mařaniola chelmosensis* MAŘ., soweit nicht anders vermerkt Mt. Chelmos, Peloponnes, IV.1936, MAŘ. et TAB., bis auf Fig. 253 alle im Nat. Hist. Mus. Wien
252. ♂, Pronotum und Elytra von oben, *f. macrolabia,* -- = *brachylabia* und ♀
253. ♂, Pronotum und Elytra *f. brachylabia* von oben, --- = Variationsbreite, Mt. Chelmos, Neroidorhachi, 2200 m, 7.VII.1967, W. KÜHNELT leg., coll. W. KÜHNELT, Wien
254. ♀, Pronotumhinterrand und Elytra von oben
255. ♂, Epiproct von hinten
256. ♀, Epiproct von oben
257. ♂, Abdomenapex *f. brachylabia* von links
258. ♀, Linker Cercus von oben
259. Genitale ♂ von unten, *f. macrolabia,* Paratypus
260–268. *Mařaniola apfelbecki* (WERN.), alle im Nat. Hist. Mus. Wien, soweit nicht anders vermerkt Bosnien, Trebević APFELBECK leg.
260. ♂, Abdomenapex *f. macrolabia* von oben
261. Desgl. von links
262. ♂, Abdomenapex *f. brachylabia* von oben
263. ♀, linker Cercus von oben
264. ♀, linker Cercus von außen, G. Jahorin, APFELBECK leg.
265. ♂, Epiproct von hinten-unten
266. ♀, Epiproct von hinten-oben, Bosnien, Vućjaluka
267. ♂, linker Cercus *f. brachylabia* von außen
268. ♂, Genitale von unten
269. Anechura bipunctata (F.), ♂, *f. macrolabia,* 10. Tergum und linker Cercus von oben, der Pfeil zeigt auf das Dörnchen; Spanien, Villanua bei Jaca, 1065 m, 8.IX.1972, . HARZ leg., coll. m.
270. Desgl. im Profil von links
271. Desgl. ♂ *f. brachylabia* von oben, Schweiz, Guggisee, 14.VII.1919, H. FRUHSTORFFER leg., coll. m.
272. Desgl. im Profil von links

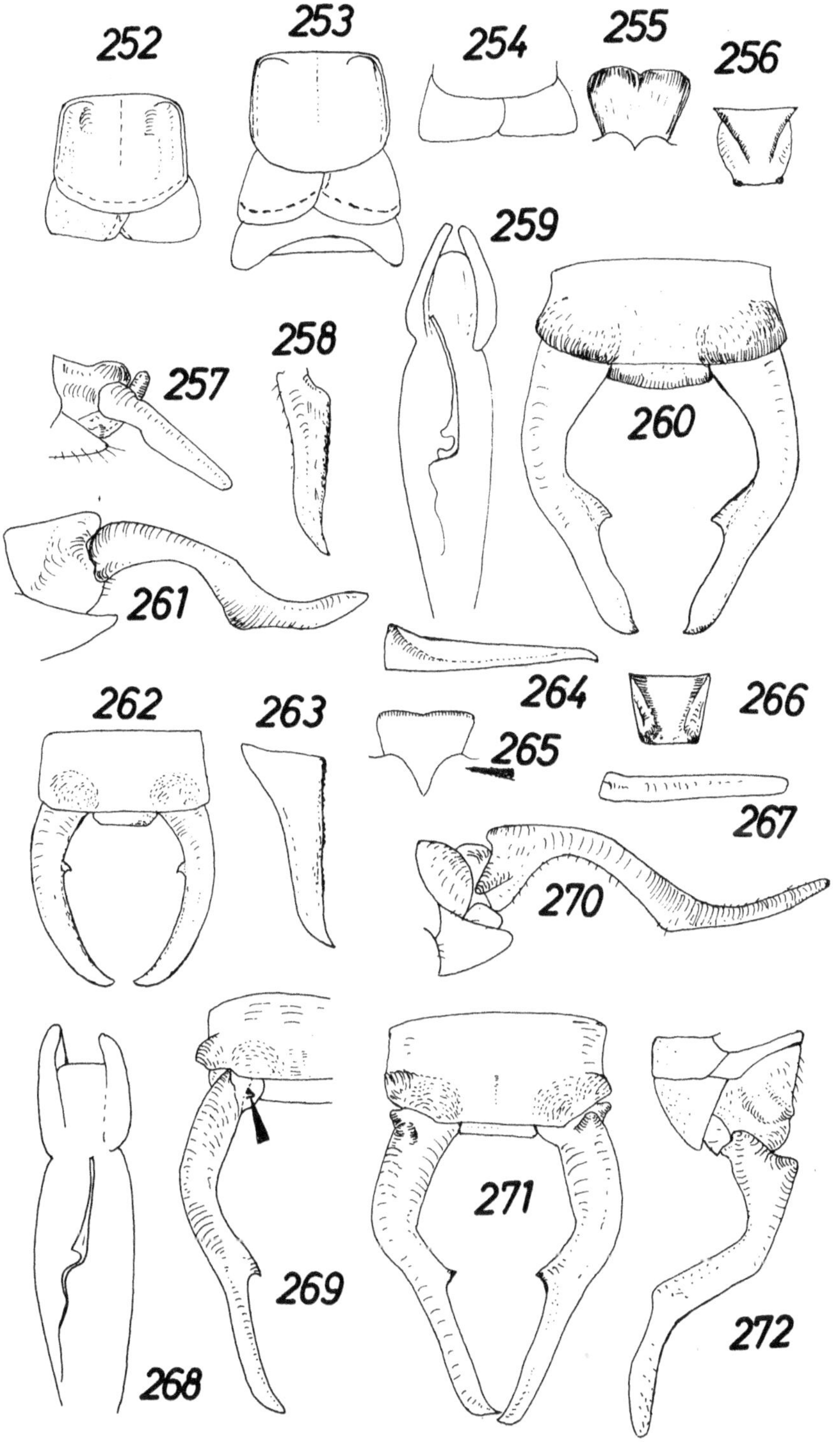
252
253
254
255
256
257
258
259
260
261
262
263
264
265
266
267
268
269
270
271
272

slender and slightly incurved apically; ♂ epiproct with a denticle on each side, in ♀ the side corners project on the hind margin. Tegmina longer than the pronotum, with a distinct vein behind the fore margin alae surpassing in situ the tegmina. With 17 species spread over Europe, Asia, Madeira and W. Africa; if we enclose the species of the subgenera – for instance *Borelliola* – regarded here as genera, there are 28 species, 18 of which live in the eastern Palaearctic and the other ones – apart from the regions mentioned – in Central America too.

Schlüssel zu den Arten «» Key to the species

1. Kopf wenigstens mit rötlichem Occiput; der helle Elytra-Fleck ist nicht halb so lang wie das Elytron; der vorspringende Teil der Alae ist nicht halb so lang wie das Elytron; Femora hell, höchstens am Apex gebräunt «» Head with at least reddish occiput; the light spot on the tegmina not half as long as the tegmen; the part of the alae which surpasses the tegmina not half as long as the tegmina; femora light, at most with tanned apex ....
A. bipunctata (F.), p. 92
– Der Kopf ist völlig schwarz oder schwarzbraun; der helle Elytrafleck ist halb so lang wie das Elytron; der vorstehende Teil der Alae ist halb so lang wie die Elytra; Femora meist dunkelbraun bis schwarz, seltener nur in der Basalhälfte gebräunt (selten einfarbig rötlichgelb) «» Head entirely black or blackish-brown; the light spot on the tegmen half as long as the tegmen; the projecting part of the alae half the length of the tegmina; femora mostly dark brown to black, more seldom tanned in the basal part only (very seldom unicoloured reddish-yellow) ....
A. asiatica SEM. p. 93

12. *A bipunctata* (FABRICIUS) 1781 (*Forficula b.*, Spec. Ins. 1:340, n. 2; Typ: verschollen; terra typica: Italien, Moncenisio, Alpi Cocie; Syn.: *Forficula biguttata* FABRICIUS 1793, desgl. FISCHER-WALDHEIM 1848, *Chelidura anthracina* KOLENATI 1846, *Forficula fabricii* FIEBER 1853, *Anechura bipunctata var. orientalis* KRAUSS 1900). Fig. 269-282.

Der Kopf ist orangerötlich, besonders am Occiput, vor den Quernähten oft bräunlich bis braun; die 12 gliederigen Antennen sind bräunlich und dicht und fein, leicht abstehend behaart; die Palpi sind bräunlich. Das Pronotum (273, 274) hat in der Mitte eine feine Längsfurche oder Schwiele, der Discus ist braun bis bräunlichrot, auch z. T. aufgehellt und um die Mitte oft etwas eingeschnürt, an den Seiten meist gelblich. Das Abdomen ist braun bis rötlichbraun, Terga und Sterna sind sehr fein gerunzelt, das 10. Tergum ist über den Cercusbasen gewölbt, in der Mitte der Distalhälfte ein Längseindruck, beim ♂ seitlich davon mit einem stumpf verrundeten bis kantigen Höcker (269, 271), diese Erhebungen sind meist orangebräunlich; das Epiproct ist beim ♂

von oben gesehen breit-quer, in Aufsicht (275, 276) mit je einem kleinen Zahn oder Tuberkel etwa am Ende des Basaldrittels auf den Seiten, beim ♀ wie in Fig. 277 und 278; die Cerci sind rötlich bis orangebräunlich, apikal oft dunkler, beim ♂ sind sie in der für die Gattung typischen Weise gebogen (269-272), an der Außenseite der Basis ein zahnartiger Höcker, knapp distal der Basis dorsal ein Zahnhöcker oder Zahn, zuweilen innen an der Basis ein Dörnchen (269, der Pfeil zeigt darauf); die Cerci des ♀ sind schlank, distal der Mitte leicht eingebogen (279), so daß sich die Apites in Ruhelage kreuzen, außen nur mit einer stumpfen Kante (280), innen bis über die Mitte gezähnelt (281); Genitale des ♂ wie in Fig. 282, die Virga ist mehr als dreimal so lang wie der vesiculum reniformis. Die Elytra sind sehr fein gerunzelt und hinten rundlich ausgerandet (273, 274), braun mit einem gelblichen Fleck, der seitlich abfallende Teil ist gelblich; die Alae sind gelblich, am Innen- und Hinterrand außer innen am Apex gebräunt. Die Beine sind gelblich bis gelblichbraun. Maße: Körper ♂ 10-12(-16), ♀ 10-14, Pronotum ♂ 1,6:2,2-2,1:2,7, ♀ 1,6:2,1-2:2,7, Elytra ♂ 2,8-3,6, ♀ 2,7-3,3, Cerci ♂ 3,8-5,7, ♀ 3,3-4,7(-5). I-XII. Cordillera Cantabrica (1500-3000 m), Hochpyrenäen, Westalpen bis Ostalpen (1500-2400 m), Vogesen, Jura, Piemont, Sardinien, Sizilien (1700-2000 m), Nieder-Österreich, Sudeten, Leipziger Bucht, Ungarn/Ofener Berge, Rumänien, Jugoslawien, Albanien (sicher auch in Gebirgen Griechenlands), Türkei (2000-3500 m), NE-Europäische SSSR, Ural, südlicher Teil W-Sibiriens im Norden bis etwa zur Linie Omsk, Tatarsk und Nowosibirks und Irkutsk im Osten, nach Süden bis ins nördliche Kasachstan vom Koktsschetawsky Gebiet bis in den SW-Teil des Altai-Massivs, den unteren Irtisch, den Kolbinsky- und Saursky-Gebirgsrücken und SW-Mongolei. M. BURR (1952) meinte, daß die Tiere von der S-Krim größer seien und blaßere Elytraflecken hätten und eine Unterart, nämlich die *orientalis* KRAUSS/BORMANS 1900 darstellten, weil aber solche Tiere überall mit normalen *bipunctata* auftreten können, sind sie wohl nur als Forma bewerten. Biologie (Zusammenfassung) bei K. HARZ 1960.

13. *A. asiatica* SEMENOW 1903 (Rev. Russe d'Ent./Russk.Ent. Obosr. 3:197; Typ: Zool. Inst. Ac. Sci. SSSR, Leningrad; terra typica: SSSR, Sarepta?; Syn.: *A. orientalis* (nec KRAUSS/BORMANS 1900) SEMENOV 1901). Fig. 283-290.
Ähnlich voriger Art, aber der Kopf ist schwarz bis schwarzbraun, die Antennen sind 12 gliederig, in der Basalheälfte schwarz bis schwarzbraun, fein aber dicht anliegend behaart. Das Pronotum ist schwarz bis dunkelbraun, außen ziemlich breit hell gerandet (283). Das Abdomen ist schwarz bis braun, apikal in der Farbe der Cerci aufgehellt; die Drüsenschwielen springen am 3. und 4. Tergum besonders hinten gut vor; das 10. Tergum ist beim ♂ über den Cercusbasen wulstig erhöht und seitlich-dorsal davon mit einer zahnartigen Schrägleiste versehen (288); das Epiproct des ♂ wie in Fig. 284 und 285, beim ♀ wie in Fig. 286 und 287; die Cerci des ♂ sind rötlichgelb, basal-außen und dorsal mit je einem kurzen Zahn oder Zahnhöcker (288, 289) dann erst wieder innen distal der Mitte gezähnt, zu diesem Zahn läuft zuweilen von der Basis her eine dunkle Leiste; beim ♀ sind die Cerci schlank (290), hell rötlichbraun, die Innenkante ist dunkel gezähnelt, außen basal eine kurze Leiste, ventral abgeflacht. Genitale des ♂ wie in Fig. 282. Der abfallende Außenteil der Elytra und ein länglich-runder Fleck an ihrer Basis sind gelb-

TAFEL 16

273-282. *Anechura bipunctata* (F.), soweit nicht anders vermerkt in coll. m., Wallis, H. FRUHSTORFFER leg.

273. ♂, Pronotum und Flugorgane von oben, Schweiz, Guggisee, 14.VII.1919, H. FRUHSTORFFER leg., coll. m.

274. ♀, desgl., rechtes Elytron ohne Andeutung der Farbe

275. ♂, Epiproct von hinten-unten, wie in Fig. 273

276. ♂, Epiproct von hinten-oben, wie zuvor

277. ♀, Epiproct von oben

278. ♀, Epiproct von hinten-unten

279. ♀, linker Cercus von oben

280. ♀, linker Cercus von außen

281. ♀, linker Cercus ♀ von innen

282. ♂, Genitale von unten, Herzegowina, Plasa, PENTHER leg., Nat. Hist. Mus. Wien

283-291. *Anechura asiatica* SEM., alle im Nat. Hist. Mus. Wien

283. Pronotum und Flugorgane von oben, Persien, Chorasan, ADELUNG don.

284. ♂, Epiproct von oben; wie zuvor

285. ♂, Epiproct von hinten; wie zuvor

286. ♀, Epiproct von oben-hinten, Afghanistan, Mazar-cherif, 4.IX.1957, LINDBERG leg.

287. ♀, Epiproct von hinten-unten; wie zuvor

288. ♂, Abdomenapex von oben; wie in Fig. 283

289. ♂, wie zuvor, aber von links

290. ♀, linker Cercus von oben; Transkaspien, Kisil-Arwat 1898, F. HAUSER leg.

291. ♂, Genitale von unten; Iran, Gossasan, ADELUNG leg.

292. *Pseudochelidura sinuata* (GERM.), ♂ *f. macrolabia,* Abdomenapex von oben; Pyrenäen, AZAM leg., Nat. Hist. Mus. Wien

293. Desgl., ♂, Abdomenapex *f. brachylabia;* Spanien, Picos de Europa, Asturias, H. FRANZ leg., Nat. Hist. Mus. Wien

294. Desgl., ♀, Epiproct von oben; Spanien, Picos de Europa, Peña Vieja, 1.IX.1935, ca. 2000 m, R. EBNER leg., Nat. Hist. Mus. Wien

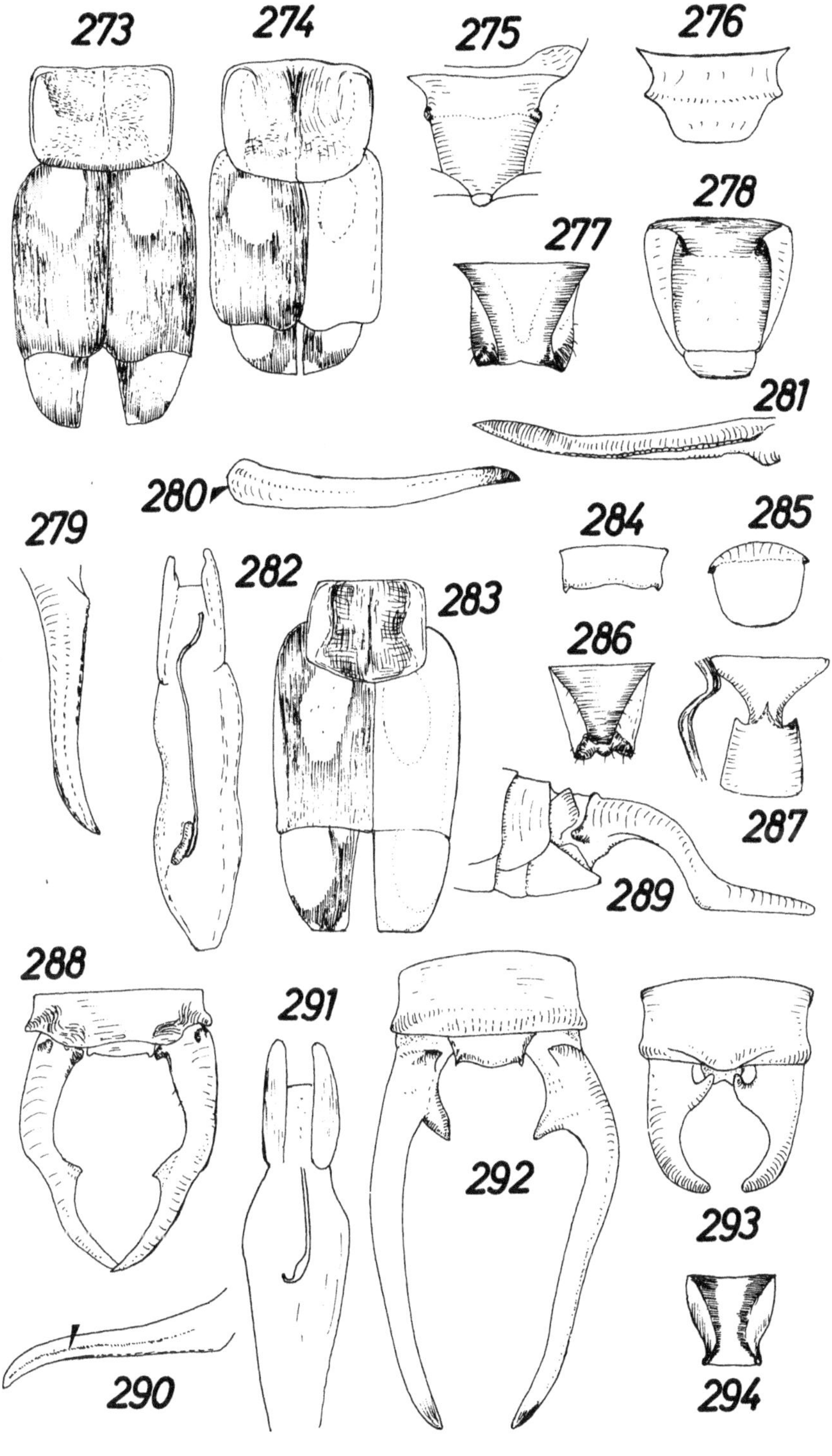
273
274
275
276
277
278
281
280
279
282
283
284
285
286
287
289
288
291
292
293
290
294

lichweiß, sonst sind sie braun, hinten fast quer abgestutzt (283), die vorstehenden Teile der Alae sind in situ etwa ½ so lang wie die Elytra, am Innenrand und apikal sind sie braun, sonst gelblichweiß, auch am Apikalrand. Die Femora sind braun bis schwarz, zuweilen nur in der Basalhälfte braun, sonst gelblichbraun. Maße: Körper ♂ 9-12,8, ♀ 11-12,7(-14), Pronotum ♂ 1,5:1,8-1,8:2,4, ♀ 1,6:2-1,7:2,2, Elytra ♂ 2,7-3,8, ♀ 2,9-3,5, Cerci ♂ 3,8-6,5, ♀ 3,3-4,2. I-XII. SSSR, SE des europäischen Teils, im unteren Wolgagebiet, Kasachstan; Zentral-Asien, Iran, in Afghanistan im Sarakanda-Gebirge (4000-4190 m), in Usbekistan an Weiden (*Salix*), Kulturen von *Kochia prostrata* und Kautschukpflanzen schädlich geworden, W-China, Mongolei.

Gattung/Genus: Pseudochelidura VERHOEFF 1902

(Zool. Anz. 25:187, 196; typus generis: *P. sinuata* GERMAR 1824).

Ähnlich voriger Gattung, aber die Antennen sind 11-12 gliederig, die Cerci des ♂ sind in der Mitte oder dem Basaldrittel gezähnt, jene des ♀ sind weniger schlank und abgeflacht; das Epiproct des ♂ mit vorspringenden Seitenzähnchen oder Mittelvorsprung; die Elytra – von oben gesehen – nach hinten erweitert (291) und werden von den Alae nicht überragt. Nur zwei Arten in SW- und S-Europa •▸ Similar to the last genus, but the antennae are 11-12-segmented; the ♂ cerci are toothed in the middle or in the basal third, in ♀ less slender and less flattened; ♂ epiproct with projecting side-denticles or a median projection; the M tegmina are – seen from above – widened backwards, the alae do not surpass them. Two species in SW. and S. Europe only.

Schlüssel zu den Arten «» Key to the species

1. Epiproct des ♂ von oben und hinten wie in Fig. 170 und 292; die Cerci des ♂ sind basal gezähnt (292); das Epiproct des ♀ wie in Fig. 294, die Alae sind fast so lang wie die Elytra «» ♂ epiproct – seen from above and from behind as in fig. 170 and 292; ♂ cerci toothed basally (292); ♀ epiproct as in fig. 294; alae almost as long as the tegmina . . . . *P. sinuata* GERM., p. 97
– Epiproct des ♂ von oben und hinten wie in Fig. 169 und 295; die Cerci des ♂ sind in der Mitte gezähnt (296); das Epiproct des ♀ wie in Fig. 297; die Alae sind knapp halb so lang wie die Elytra «» ♂ epiproct – seen from above and behind as in fig. 169 and 295; ♂ cerci toothed in the middle (296); ♀ epiproct as in fig. 294; alae about half the length of the tegmina . . . . *P. orsini* (GÉNÉ), p. 97

14. *P. sinuata* (LA FRESNAYE in GERMAR) 1828 (Fauna Ins. Eur. 11, Taf. 16, Fig. a, b; Typ: Brit. Mus. (Nat. Hist.) London; terra typica: Pyrenäen; Syn.: *Forficula dufourii* SERVILLE 1839, *Chelidura vittigera* F. W. 1846, *Chelidura sinuata var. opithogona* BORELLI 1905). Fig. 170, 172, 177, 292-294, 298-306.
Bräunlich bis dunkel braunrot. Der Kopf ist hell rötlichbraun, die Mundteile gelblich; die Antennen sind 11-12 gliederig, gelblichbraun, dicht, aber sehr kurz behaart. Das Pronotum (177, 298) ist hell, auch weißlichgelb gerandet, in der Mitte mit einer schwachen Längsnaht. Die Drüsenschwielen des 3. und 4. Tergums sind nur leicht erhöht, das 10. Tergum ist beim ♂ über den Cercusbasen nur leicht erhöht, hinten fällt es steil ab (299, 304, 305), zuweilen (bei der *f. brachylabia* (die oben bei den Synonyma angeführte *Forficula dufourii* SERVILLE) springt es in der Mitte des Hinterrandes vor (300, 301, 303-305) und kann dann in der Mitte auch ausgerandet sein (300, 301), beim ♀ ist es über den Cercusbasen kaum erhöht, in der Mitte aber merklich eingesenkt; das Epiproct springt in der Mitte und an den Ecken etwas vor (170 ♂) oder ist hinten leicht ausgerandet, beim ♀ wie in Fig. 294; die Cerci des ♂ sind in der *f. macrolabia* lang und schlank (292, 299), die Innenzähne sind caudalwärts gerichtet, basal auf der Basis mit Zahnhöcker, bei der *f. brachylabia* sind die Cerci dick und kurz (293, 300-302), die Basalzähne sind cranialwärts, gegeneinander oder caudalwärts gerichtet, der basale Zahnhöcker oder Zahn ist gut oder schwach entwickelt und kann auch ganz fehlen; die Cerci des ♀ (172, 306) sind ventral abgeflacht, mit dunkler Innenkante bis zum Apex versehen und im Basaldrittel außen mit einer Kante, die sich abgeschwächt bis zum Apex fortsetzen kann. Genitale des ♂ wie in Fig. 306. Die Elytra (177, 298) sind gelblich bis braun, nur an der Schulter mit einer vorn verrundetetn Kante versehen und hinten schräg abgestutzt mit verrundeten Apizes; die Alae sind in situ wenig kürzer als die Elytra. Die Beine sind gelblich bis bräunlich. Maße: Körper ♂ 9,5-10,5, ♀ 8-10,5, Pronotum ♂ 1,5:2-1,8:2,2, ♀ 1,5:2-1,7:2,1, Elytra ♂ 1,5-2, ♀ 1,6-1,9, Cerci ♂ 3,4-5(-6), ♀ 2-2,5. In den Pyrenäen von etwa 1400-2800 m (Port de Gavarnie, Cirque de Gavarnie, Cauterets, Port de Vénasque, Hospitalet, Paß Candanchu, Maladetta, Massiv de l'Astajou, Coll de Bastibé/Huesca, Valbierne-Tal bei Benasque, Baños de Benasque, Tal der Esera zwischen El Run und Benasque, Hospitalet de Benasque, Picos de Europa, Peña Vieja, Asturias, Puy-de-Dome, Lozère.

15. *P. paupercula* (GNÉ) 1832 (Ann. Sci. Nat. Regn. Lomb.-Venet. 2:229; Typ: verschollen; terra typica: Savoyer Alpen. Eine ungeklärte Art; mein werter Kollege F. CAPRA teilte mir mit, daß es gewiß keine *Pseudochelidura* sei; der Typ war schon verloren als A. BORMANS die Revision der *Chelidura* (Ann. Mus. Civ. St. Nat. Genova) schrieb, im Museum von Torino so bezeichnete Exemplare entsprechen nicht der Beschreibung.

16. *P. ursini* (GÉNÉ) 1833 (*Forficula o.*, Ann. Sci. Nat. Regn. Lombard-Venet., 2:229; Typ: ♂♀ verschollen; terra typica: Italien, Romagna, Calabria). Fig. 169, 171, 295-297, 307-311.
Der Kopf ist orangerötlich oder orangebräunlich, locker abstehend kurz behaart, die Antennen sind 11 gliederig (immer?), ab dem 4. Glied dichter anliegend behaart, innen am Auge zuweilen ein schmaler, dunklerer Querein-

TAFEL 17

295. *Pseudochelidura orsini* (GÉNÉ), ♂, Epiproct von oben; Abruzzen, La Meta, 18.VIII.1912, R. EBNER leg., Nat. Hist. Mus. Wien
296. Desgl., ♂, Abdomenapex von oben; wie zuvor
297. Desgl., ♀, Epiproct von oben; Ascoli, 22.VII.1914 DE BORMANS leg., coll. BR. 1900-226, Nat. Hist. Mus. Wien
298-306. *Pseudochelidura sinuata* (GERM.), alle in Nat. Hist. Mus. Wien
298. ♀, Pronotum und Elytra, von oben; Spanien, Picos de Europa, Peña Vieja, 1.IX.1935, ca. 2000 m, R. EBNER leg.
299. ♂, Abdomenapex *f. macrolabia* von links; Pyrenäen, AZAM leg.
300. ♂ *f. brachyptera,* Abdomenapex von oben; Pyrenäen, Pic du Midi de Big, 2380-2800 m, 28.VII.1932, A. MÜLLER leg.
301. Desgl., selbe Daten
302. ♂, rechter Cercus *f. brachyptera,* Pyrenäen, ex coll. FIEBER
303. ♂, Abdomenapex von links; Spanien, Picos des Europa, Asturias, H. FRANZ leg.
304. ♂, Abdomenapex von links; wie in Fig. 300
305. ♂ Abdomenapex von links; wie in Fig. 301
306. ♂, Genitale von unten; wie in Fig. 303
307-311. *Pseudochelidura orsini* (GÉNÉ), soweit nicht anders vermerkt im Nat. Hist. Mus. Wien
307. ♂, linker Cercus von außen; Abruzzen, Gran Sasso, VIII.1984, A. FIORI leg., Brit. Mus. (Nat. Hist.), London
308. ♂, Abdomenapex *f. brachylabia,* von oben; Abruzzen, Gran Sasso, 9.VIII.1912, R. EBNER leg.
309. ♂, rechter Cercus *f. brachylabia* von unten; wie zuvor
310. ♂, Genitale von unten; Abruzzen, ex coll. TARGIONE TOZ., coll. BR. Nr. 13487
311. ♂, Pronotum und Elytra; wie in Fig. 307
312-319. *Apterygida media* HGB., alle coll. m.
312. ♂, Epiproct von oben, C = Cercus; Callonge-Bellerife, Genf, 19.VIII.1967, B. P. BABIY leg.
313. Desgl. von hinten; Isarstausee bei München, 15.VIII.1957 CH. WALTHER leg.
314. ♀, Epiproct von oben; Münnerstadt, 25.I.1960, K. HARZ leg.
315. ♂, Abdomenapex von oben, *f. macrolabia;* wie in Fig. 313
316. ♂, Abdomenapsx *f. brachylabia;* Würzburg, ex coll. ZWECKER
317. ♂, desgleichen, Bayern, Gröbenzell, 3.XI.1973, K. HARZ leg.
318. ♂, Abdomenapex ♂ von links; wie in Fig. 313
319. ♀, Abdomenapex von oben, Münnerstadt, 6.VIII.1958, K. HARZ leg.

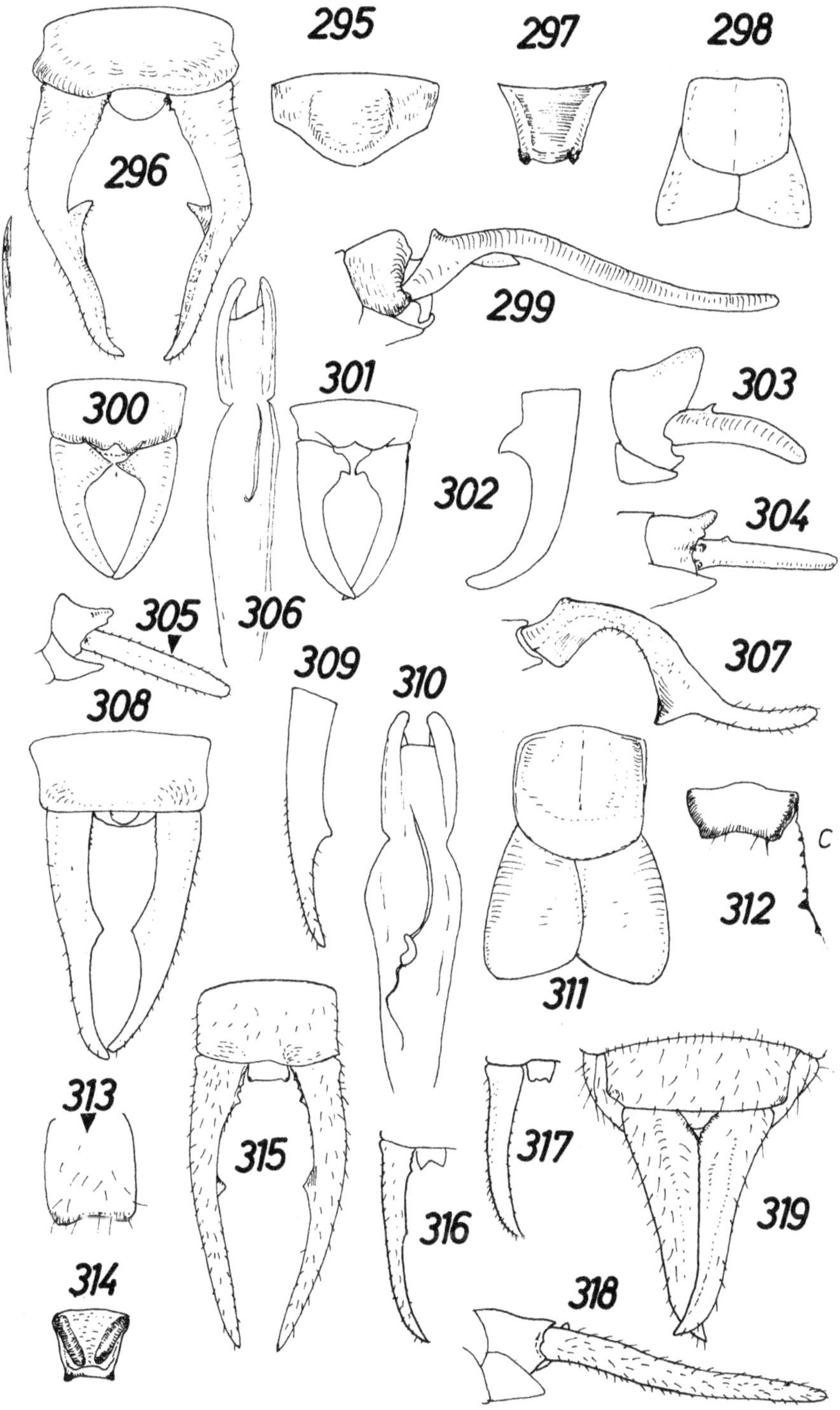
295
297
298
296
299
301
300
303
302
304
305
306
307
309
310
308
C
312
311
313
315
317
319
316
314
318

druck. Das Pronotum ist fast quadratisch (311), hinten breit verrundet, mit einem Längseindruck in der Mitte, gelblich bis orangebräunlich, mit oft lichtem bis durchscheinendem Rand. Das Abdomen ist rötlichbraun, kahl bis kurz abstehend beborstet und fein lederig genarbt, die Drüsenschwielen sind deutlich, das 10. Tergum ist beim ♂ über den Cercusbasen gewölbt, in der Mitte schwach ausgerandet und eingesenkt (296), zuweilen auch gerade, beim ♀ ganz leicht gewölbt, seitlich hinter der Mitte gerade; der die Cerci seitlich umfassende Ventralrand außen mit einem Zahn oder zahnartigen Vorsprung; die Cerci des ♂ wie in Fig. 296, basal an den Innenkanten fein gezähnelt und mit kräftigem, schräg abwärtsgebogenem Innenzahn (296), ein Zwerg-♂ vom Gran Sasso mit fast geraden Cerci (308, 309), sonst sind sie wie in Fig. 307 gebogen, beim ♀ wie in Fig. 171, mit scharfer, basal fein gezähnelter Innenkante, ventral abgeflacht, außen-seitlich mit schwacher Längskante; das Epiproct des ♂ ist von oben gesehen rundlich (295), von hinten betrachtet tritt ein rundlicher Vorsprung besser hervor (169), beim ♀ wie in Fig. 297. Die Genitale des ♂ wie in Fig. 310. Die Elytra divergieren gut nach hinten (311), vor der Länsader mit breitem Saum, gelbbräunlich-ocker, kurz und leicht abstehend beborstet; die Alae sind in situ nicht ganz halb so lang wie die Elytra. Die Beine sind gelblichbraun bis gelblich. Maße: Körper ♂ 8,5-13,4, ♀ 8-11,3. Pronotum ♂ 1,5:2-2,3:2,5, Elytra ♂ 1,6-2,5, ♀ 1,7-2,6, Cerci ♂ 3,3-6,3, ♀ 2,1-2,6. I-XII. Gebirge Italiens von etwa 900-2100 m (Alpi Maritime, ligurische Alpen, Mte. Morello/Firenze, Emilia, Toscana, Marche, Abruzzen, Matese (1000-1550 m), von Calabrien ist nur 1 ♀ angeführt).

Gattung/Genus: Apterygida WESTWOOD 1840

(Mod. Classif. Ins. 2, Gen. Synopsis, p. 44; typus generis; *A. media* HAGENBACH 1822).

Der Körper ist kurz bis lang abstehend behaart, auch die Cerci, z.T. aber auch anliegend behaart, z.B. die Sterna. Die Antennen sind 11-12 gliederig, kurz abstehend behaart. Das Pronotum ist fast quadratisch. Das Mesosternum ist etwa ⅓ breiter als lang, das Metasternum ¼ breiter als lang. Das Abdomen ist fein bis fein-runzlig punktiert, die Drüsenschwielen am 3. und 4. Tergum sind deutlich, das 10. Tergum zeigt ein Punktmuster, das Epiproct des ♂ ist – von oben gesehen – quer (312), von unten wie in Fig. 313, am Hinterrand ± ausgerandet, beim ♀ (314) zum Apex leicht verschmälert, mit dunklen Seitenstreifen; die Cerci des ♂ sind schlank, schwach einwärts gebogen (315-317), sie umschließen bei großen und kleinen Cerci (die Abbildungen sind alle bei gleicher Vergrößerung gezeichnet) einen länglich-elliptischen Raum, innen sind sie mit einer Kante versehen, die etwas distal der Mitte meist einen unterschiedlich entwickelten Zahn trägt, auch die Leiste kann ebenda etwas vorspringen, öfters auch mit einem weiteren Zahn oder Zähnchen innen-basal, manchmal fehlt der Innenzahn distal der Mitte oder ist nur angedeutet (*f. edentula* AZAM 1901), zuweilen fehlen beide Zähne oder sind nur angedeutet (*f. waltheri* HARZ 1959); solche kleine Cerci entsprechen der sonstigen *f. brachyptera*; beim ♀ konvergieren die Cerci gleichmäßig zum Apex wo sie leicht einwärtsgebogen sind (319), innen tragen sie eine feine, dunkle, fein gezähnelte Leiste (320), außen eine schwache Kante (321). Genitale des ♂ wie in Fig. 322. Flugunfähig; die Elytra sind länger als breit (178, 324), hinten quer abgestutzt; die Alae erreichen in Ruhelage etwas das Apikalviertel der Elytra. Nur eine Art in Europa, zwei weitere werden für Formosa angegeben «» Body short to long covered with sticking out hairs, the cerci too, but partly also cumbent, e.g. the sternites. Antennae 11-12-segmented, covered with short sticking-out hairs. Pronotum almost square. Mesosternum about $\frac{1}{3}$, metasternum about $\frac{1}{4}$ wider than long. Abdomen finely to finely-wrinkled punctuate, glandular callosities distinct on the 3rd and 4th tergite; 10th tergite with a pattern of ± regular punctuations; ♂ epiproct transverse (seen from above, 312), seen from below as in fig. 313, hind margin ± emarginated, in ♀ (314) slightly narrowed towards the apex, with dark lateral stripes; ♂ cerci slender, weakly incurved (315-317), enclosing a longitudinal-eliptical space in big and small ♂♂, with an edge on the inside, bearing one mostly variously developed tooth, the edge can project about the tooth too, often with another tooth or denticle on the inside basally, sometimes the tooth distally of the middle is absent or only a trace of it visible (*f. edentula* AZAM 1901), sometimes both the teeth are absent or hardly visible (*f. waltheri* HARZ 1959); such small cerci (the figs. 315-317 made with the same magnification) are equivalent to the *f. brachylabia* in other species; in ♀ the cercus converging gradually to the apex which is slightly incurved (319), with a fine, dark, finely denticulated edge on the inside (320), with a weak edge laterally on the outside (321). ♂ genitalia as in fig. 322. Not able to fly; tegmina longer than wide (178, 324), transversely truncated with the hind margin; alae in normal position reaching about the apical fourth of the tegmina. One species in Europe, there are mentioned two other ones for Formosa.

17. *A. media* (HAGENBACH) 1822 (*Forficula m.,* Symb. Faunae Ins. Helvet., 1:16, Taf. 4, Fig. 6, 7; Typ: verschollen, wahrscheinlich auch nicht bezeichnet, terra typica: Schweiz, Basel; Neotypi: ♂♀ Schweiz, Collonge-Bellerive, Genf, 19.VIII.1967, P. P. Babiy leg., coll. m.; Syn.: *Forficula albipennis* MEGERLE-CHARPENTIER 1825, *Forficula pedestris* BONELLI-GÉNÉ 1832, *Chelidura curta* F.W. 1846, *Forficula freyi* DOHRN 1859). Fig. 178, 312-324.
Im ganzen hellbräunlich, zierlich (323); Kopf orange bis orangebräunlich, die Antennen sind gelblichbraun, ihre Glieder sind apikal oft leicht verdunkelt, auch ringförmig. Das Pronotum (178, 324) ist orangebräunlich, seltener bräunlich, die Ränder sind durchscheinend gelblich oder lichtorange, der Rand weißlich. Das Abdomen ist orange-lichtbräunlich, seitlich, zumal um

die rundlich vorspringenden Drüsenschwielen schwärzlich. Die Cerci sind gelblich. Die Elytra sind weißlichgelb bis durchsichtig gelblich-glasig, die Alae gelblich. Die Beine sind gleichfalls gelblich. Maße: Körper ♂ 6-10, ♀ 8-9,5, Pronotum ♂ 1:1,5-1,5:1,7, ♀ 1,3:1,6-1,5:1,7, Elytra ♂ 1,5-2,2, ♀ 1,8-2,2, Cerci ♂ 3,2-5, ♀ 2,1-2,6. I-XII. Europa. Von Schweden und Dänemark südwärts bis S-Spanien, Portugal (Prov. Algarve), S-Frankreich, Italien (Apennino Emiliano, Charchigiano und Abruzzese), Griechenland und Kreta. Von V bis IX auf Gebüsch, Gemüse, Obst, aber auch in Müllgruben, an Aas (im Münchner Botanischen Garten, w. SCHACHT 1966) und Rinderkot. An den abstehend behaarten Cerci können die Larven u.a. gut von jenen von *F. auricularia* unterschieden werden.

Gattung/Genus: Forficula LINNÉ 1758

(Systema Natura (ed. X), 1:423; typus generis: *F. auricularia* L. 1758).

Kopf mit deutlichen Nähten; die Antennen sind (11-)13-14 gliederig, ab dem 4. Glied ± dicht anliegend bis leicht abstehend behaart. Das Pronotum ist etwas breiter als lang bis fast quadratisch, vorn höher als hinten, in der Vorderhälfte meist glatt, in der Hinterhälfte oft runzelig. Meso- und Metasternum breiter als lang. Die Drüsenfalten am. 3. Tergum sind zuweilen nur am Hinterrand erkennbar, am 4. Tergum öfters kurz, aber immer deutlich; Terga bis auf das 10. fein runzelig punktiert, am 10. meist mit einem symmetrischen Punktmuster, über den Cercusbasen gewölbt, zuweilen weitere Erhöhungen; das Epiproct nur zuweilen mit besonderen Merkmalen; die Cerci sind beim ♂ recht variabel geformt, basal aber immer ± abgeflacht und erweitert; die Genitale des ♂ sind wenig variabel. Die Elytra sind länger als breit und länger als das Pronotum, am Vorderrand mit einer bis zum Apex deutlichen Ader, das Feld davor ist recht schmal; die Alae überragen in Ruhelage die Elytra oder sind kürzer als sie. Die Beine sind meist gelblich. Etwa 60 Arten, 30 davon in der Palaearctis, die anderen in N-Indien, SW- und S-China bis Formosa, 6 in den Tropen, 3 in Südafrika, auf Sokotra, Ceylon/Srilanka, Neuguinea und in Australien «» Head with distinct sutures; antennae (11-)13-14segmented, ± thickly and decumbently haired from the 4th joint towards the apex, partly with sticking out hairs. Pronotum somewhat wider than long to almost square, higher anteriorly than posteriorly, mostly smooth in the anterior part, often wrinkled in the posterior part. Meso- and metanotum wider than long. The glandular callosities sometimes visible on the hind margin of the 3rd tergite only, always distinct but sometimes short; tergites apart from the 10th finely and wrinkly punctuated, the 10th one mostly with a symmetric pattern of punctuations, raised above the bases of the cerci, sometimes with further elevations; epiproct sometimes with special characters; ♂ cerci rather various, but always flattened and widened basally; ♂ genitalia little variable. Tegmina longer than wide and longer than the pronotum, with a distinct vein at the fore-margin up to the apex, the area before it rather narrow; alae surpassing the tegmina in normal position, sometimes shorter. Legs mostly yellowish. About 60 species, 30 of them in the Palaearctic, the other ones in N. India, S.W. and S. China up to Formosa, 6 in the tropics, 3 in S. Africa, Socotra, Ceylon/ Srilanka, New Guinea and Australia.

Schlüssel zu den Arten «» Key to the species

1. Die Alae überragen in situ nicht die Elytra «» Alae not surpassing the tegmina in situ 7
- Die Alae überragen in situ die Elytra «» The alae surpassing the tegmina in situ 2
2. Elytra ohne helle Flecken, auch nicht hell mit braunem Rand; vorstehender Teil der Alae weniger als halb so lang wie sie «» Tegmina without light spots, also not light or transparent with a brown margin; the projecting part of the alae less than half the length of the tegmina 4
- Elytra mit hellen Flecken oder hell und durchsichtig und schwach braun gerandet; der vorstehende Teil der Alae mehr als halb so lang wie sie oder wenigstens halb so lang «» Tegmina with light spots or light and transparent with a weakly brown margin; the projecting part of the alae more than half the length or at least half the length of the tegmina 3
3. Der vorstehende Teil der Alae ist ± halb so lang wie die Elytra; Cerci des ♂ an der Basis nur kurz erweitert (325), beim ♀ immer schlank (326), innen gut gezähnelt; Epiproct des ♀ seitlich gut ausgerandet (327) «» The projecting part of the alae ± half the length of the tegmina; ♂ cerci shortly widened at the base only (325), in ♀ always slender, well denticulated on the inside (326); ♀ epiproct well emarginated laterally (327) . . . . *F. smyrnensis* SERV., p. 125
- Der vorstehende Teil der Alae ist länger als die Hälfte der Elytra; Cerci des ♂ von der Basis bis fast zur Mitte oder über diese hinaus erweitert (328), beim ♀ weniger schlank, innen fein gezähnelt (329); das Epiproct des ♀ an den Seiten weniger ausgerandet (330) «» The projecting part of the alae longer than half the length of the tegmina; ♂ cerci widened from the base to almost the middle or beyond it (328), in ♀ less slender (329), finely denticulate on the inside; ♀ epiproct less emarginated laterally (330) . . . . *F. lucasi* DOHRN, p. 128
4. Der vorstehende Teil der Alae ist nicht ganz halb so lang wie die

TAFEL 18

320-324. *Apterygida media* (HEB), alle in coll. m.
320. ♀, rechter Cercus von unten; Münnerstadt, 25.I.1960, K. HARZ leg.
321. ♀, linker Cercus von außen; Bayern, Gröbenzell, 20.VIII.1971, K. HARZ leg.
322. ♂, Genitale von unten; Isarstausee bei München, 15.VIII.1957, CH. WALTHER leg.
323. ♀, aus K. HARZ 1960
324. Pronotum und Elytra ♂, die Alae (Al) scheinen durch; wie in Fig. 322
325. *Forficula smyrnensis* SERV., ♂, Abdomenapex der *f. brachylabia;* Beirut, ex coll. LEDERER, Nat. Hist. Mus. Wien
326. Desgl. ♀, rechter Cercus von oben; Thessalien, Ossa 1884 STUSSINGER leg., Nat. Hist. Mus. Wien
327. Desgl., ♀, Epiproct von oben; wie zuvor
328. *Forficula lucasi* DOHRN, ♂, Cerci von oben; Marokko, Saharien Tissuist, 19.X.1941, CH. RUNGS leg. Nat. Mus. Paris
329. Desgl., ♀ Abdomenapex von oben; Arabien, 2715 N 4343 E, IV.1946, S. G. GIBBONS, Brit. Mus. (Nat. Hist.) London
330. Desgl., ♀, Epiproct von oben; Arabien, Djedda, BOTTA leg., Nat. Mus. Paris
331. *Forficula ruficollis* F., Pronotum und Flugorgane ♂, Al = Alae; Spanien, Chiclana, STAUDINGER leg., Nat. Hist. Mus. Wien
332. *Forficula auricularia* L., ♂, *f. macrolabia,* Abdomenapex von oben; Bayern, Wülfershausen/Saale, X 1949, K. HARZ leg., coll. m.
333. *Forficula abrutiana* BORELLI. ♂, Abdomenapex von oben; (nach T. MACCAGNO 1933)
334. *Forficula auricularia* L., ♂ *f. brachylabia,* Abdomenapex von oben; Bayern, Wülfershausen/Saale, 23.XI.1956, K. HARZ leg., coll. m.
335. Desgl., ♂ *f. macrolabia,* Abdomenapex von oben; Tirol, Pfössental, 6.VII.1971, H. TUCHERT leg., coll. m.

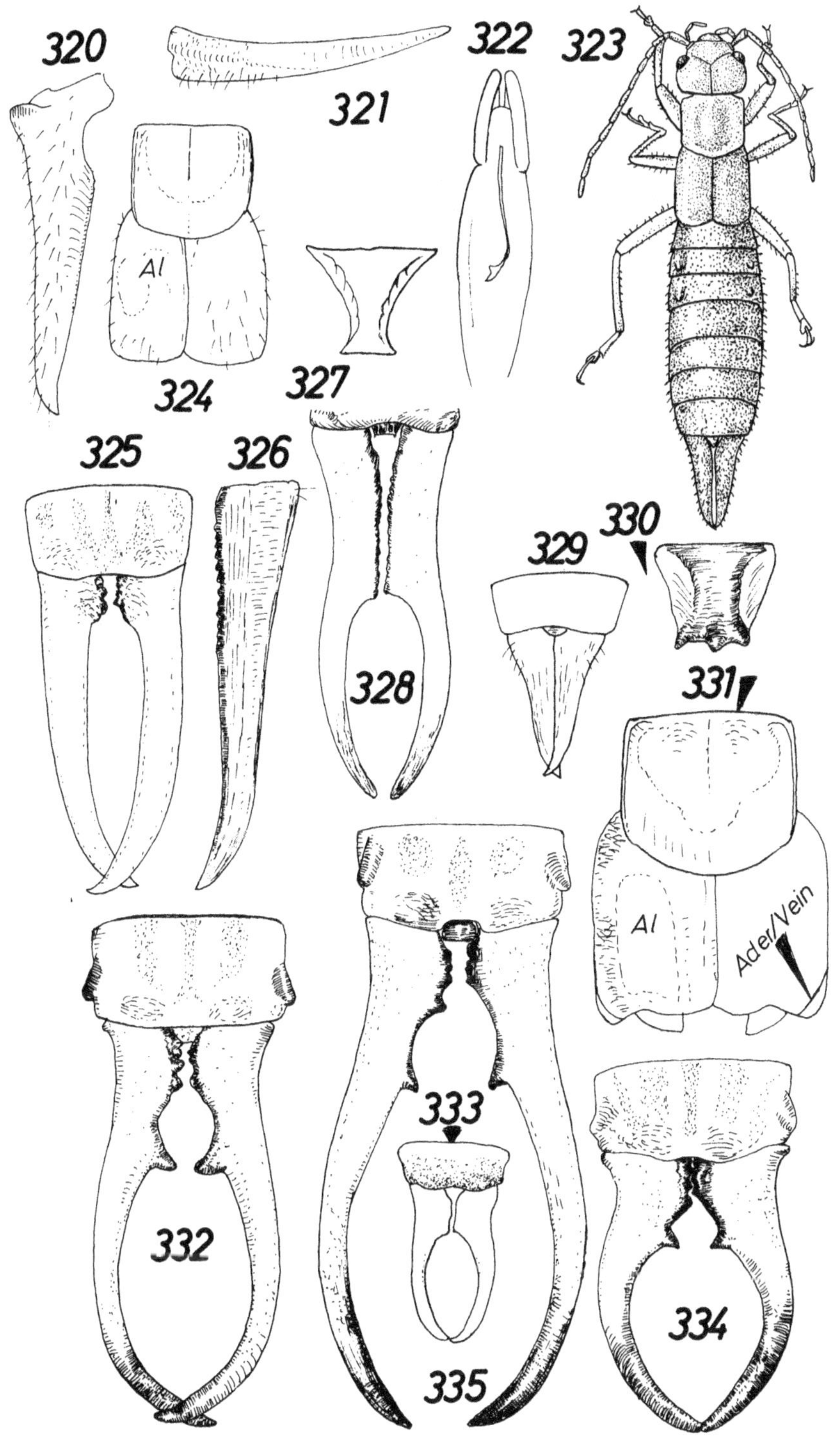
320
321
322
323
324
Al
325
326
327
328
329
330
331
Al
Ader/Vein
332
333
334
335

Elytra «» The projecting part of the alae a bit less than half the length of the tegmina 5

– Der vorstehende Teil der Alae ist höchstens $1/_{10}$ so lang wie die Elytra (331), vergl. falls erforderlich *decipiens caprai* HARZ, p. 116 «» The projecting part of the alae at most a tenth as long as the tegmina (331), if necessary compare with *decipiens caprai* HARZ, p. 116 . .
F. ruficollis F., p. 125

5. Die Cerci des ♂ sind am Innenrand der basalen Erweiterung gezähnelt (332); falls die Antennen beim ♀ 14 gliederig sind, dann ist der Kopf orangerötlich «» ♂ cerci denticulated on the inside of the basal widening (332); if the antennae of the ♀ 14-segmented, then the head is orange-reddish 6

– Cerci des ♂ am Innenrand der basalen Erweiterung nicht gezähnelt (333); die Antennen sind 14 gliederig, (2. Glied länger als die Hälfte des 3., 4. Glied länger als das 2, kugelförmig, 5. so lang wie das 3) Kopf des ♀ ist kastanienbraun «» ♂ cerci not denticulated on the inside of the basal widening (333); antennae 14-segmented, (2nd joint longer than half the 3rd, 4th joint longer than the 2nd one and ball-shaped, 5th as long as the 3rd one) the head of the ♀ maroon . . . .
F. abrutiana BOR., p. 128

6. Die Antennen sind 14 gliederig (-13); das 10. Tergum des ♂ mit deutlicher, fast leistenartiger Seitenerhebung (334, 335), Cerci innen mit betontem distalen Endzahn (334, 335), beim ♀ seitlich ± gerundet, außen-dorsal ohne oder mit schwach verrundeter Kante (336) «» Antennae 14-segmented (-13); ♂ 10th tergite with distinct, almost ridge-like elevations laterally (334, 335), Cerci with a markedly terminal tooth distally (334, 335), in ♀ ± rounded laterally, with a weakly rounded edge (336) or without it . . . . .
F. auricularia L., p. 111

– Die Antennen sind 12-13 gliederig; das 10. Tergum des ♂ ist seitlich nur einfach gekantet (337); die Cerci des ♂ innen ohne betonten distalen Endzahn (337), bei der *f. brachylabia* sind die Cerci innen vor dem Apex oft etwas verdickt (338), die Cerci des ♀ außen im Basalteil mit einer deutlichen Kante (339), zwischen dieser und der Ventralkante flach bis leicht eingesenkt «» Antennae 12-13-segmented; ♂ 10th tergite with a simple edge laterally (337); ♂ cerci without a markedly terminal tooth on the inside (337), in the *f. brachylabia* often somewhat thickened subapically (338), ♀ cerci with a distinct edge on the outside basally (339), between this and the ventral edge flat to slightly impressed . . . . . .
F. lurida FISCH., p. 112

7. Alae kürzer als die Elytra «» Alae shorter than the tegmina 8

– Alae so lang wie die Elytra, aber nicht vorspringend «» Alae as

long as the tegmina but not projecting . . . .
F. silanoides KARNY, p. 112

8. ♀♀ 16
- ♂♂ 9

9. Der erweiterte Basalteil ist wenigstens ½ so lang wie die Cerci oder nur unbedeutend kürzer (340) «» The widened basalpart at least half the length (or a bit shorter) than the cerci (340) 13
- Der erweiterte Basalteil ist kürzer als die halbe Länge der Cerci «» The widened basal part is shorter than half the length of the cerci 10

10. Der erweiterte Basalteil ist etwa ⅛ bis ⅕ so lang wie die Cerci «» The widened basal part about ⅛ to ⅕ as long as the cerci . . . 12
- Der erweitertje Basalteil ist etwa ⅓ so lang wie die Cerci (341) «» The widened basal part about ⅓ as long as the cerci (341) . . . 11

11. Epiproct zum Apex wenig oder nicht verschmälert (342, 343), zwischen den Cercusbasen nicht auffällig vorspringend; Innenkante der basalen Erweiterung der Cerci gezähnt (341) «» Epiproct a little or not narrowed towards the apex (342, 343), not conspicuously projecting between the bases of the cerci; inner edge of the basal widening of the cerci toothed (341) . . . .
F. decipiens (GÉNÉ), p. 116
- Das Epiproct ist zum Apex stark verschmälert (344) und springt auffällig zwischen den Cercusbasen vor (345), Innenkanten der basalen Erweiterung nur leicht gezähnelt (344) «» The epiproct strongly narrowed to the apex (344) and conspicuously projecting between the bases of the cerci (345), the inner edges of the basal widening slightly denticulated only (344) . . . .
F. aetolica BR., p. 120

12. Die Cerci sind etwa in der Mitte gezähnt (346), Epiproct zum Apex leicht konvergierend (347) «» Cerci toothed about the middle (346), epiproct slightly converging to the apex (347) . . . .
F. apennina COSTA, p. 124
- Die Cerci sind vor der Mitte gezähnt (348), das Epiproct ist fast beilförmig (349) «» Cerci toothed proximally of the middle (348), epiproct almost axe-like (349) . . . .
F. silana COSTA, p. 113

13. Der erweiterte Basalteil der Cerci ist länger als die halbe Länge desselben «» The widened basal part of the cercus is longer than half the length of it 15
- Der erweiterte Basalteil der Cerci ist etwa so lang wie der halbe Cercus «» The widened basal part of the cercus is about as long as half the cercus 14

14. Cerci fast kahl «» Cerci almost bald . . . .
F. tomis KOL., p. 121

TAFEL 19

336. *Forficula auricularia* L., ♀, linker Cercus von außen; Bayern, Wülfershausen/Saale, 23.VIII.1955, K. HARZ leg., coll. m.
337. *Forficula lurida* FISCH., ♂ *f. brachylabia,* Abdomenapex von oben; Corfu, 3,-4.IV.1929, M. BEIER leg., Nat. Hist. Mus. Wien
338. Desgl., *f. brachylabia,* rechter Cercus von oben; Jerusalem, REITTER leg., Nat. Hist. Mus. Wien
339. Desgl., ♀, linker Cercus von außen; bei Athen, 19.IX.1911, R. EBNER leg., Nat. Hist. Mus. Wien
340. *Forficula tomis* KOL.), ♂ *f. macrolabia,* Abdomenapex von oben, S-Russland, Walouki, VELUTCHKOVSKY leg., Nat. Hist. Mus. Wien
341. *Forficula decipiens* GÉNÉ, ♂, Abdomenapex von oben; Umgebung von Wien (eingeschleppt), L. MADER leg., Nat. Hist. Mus. Wien
342. Desgl., ♂, Epiproct von oben; Frankreich, Hyères, 29.V.1883, coll. FINOT im Nat. Mus. Paris
343. Desgl., ♂, Epiproct von hinten-oben; Lesina, Nat. Hist. Mus. Wien
344. *Forficula aetolica* BR., ♂, Epiproct von oben; S-Russland, Limeneis, südl. Ufer des Krim, 22.VI.1902, KUZNEZOV leg., Nat. Hist. Mus. Wien
345. Desgl., ♂, Abdomenapex von oben; wie zuvor
346. *Forficula apennina* COSTA, ♂ *f. macroptera,* Abdomenapex von oben, Gran Sasso, 10.VIII.1912, R. EBNER leg., Nat. Hist. Mus. Wien
347. Desgl., ♂, Epiproct von oben; wie zuvor
348. *Forficula silana* COSTA, ♂ *f. macrolabia,* Abdomenapex von oben; Italien, Portici, 28.VIII.-21.IX.1954, leg. NOVICKY, Nat. Hist. Mus. Wien
349. Desgl., ♂, Epiproct von oben; wie zuvor
350. *Forficula lesnei* FINOT, ♂, Cerci von oben; Basses Pyrenées, Hendayes, P. LESNE leg. 1909, Nat. Mus. Paris
351. *Forficula pubescens* SERV., ♂, Abdomenapex von oben; Spanien, Chiclana, STAUDINGER leg., coll. BR. Nr. 2570, Nat. Hist. Mus. Wien
352. *Forficula obtusangula* KRAUSS, ♂, Cerci von oben; Lazio, Colli Albani, Roca di Papa, 22.IV.1965, A. VIGNA leg., (nach A. VIGNA ZAGLIANI 1968)
353. *Forficula auricularia* L., ♂, *f. brachyptera,* Pronotum und Flugorgana von oben; Wülfershausen/Saale, Bayern, 23.IX.1956, K. HARZ leg., coll. m.

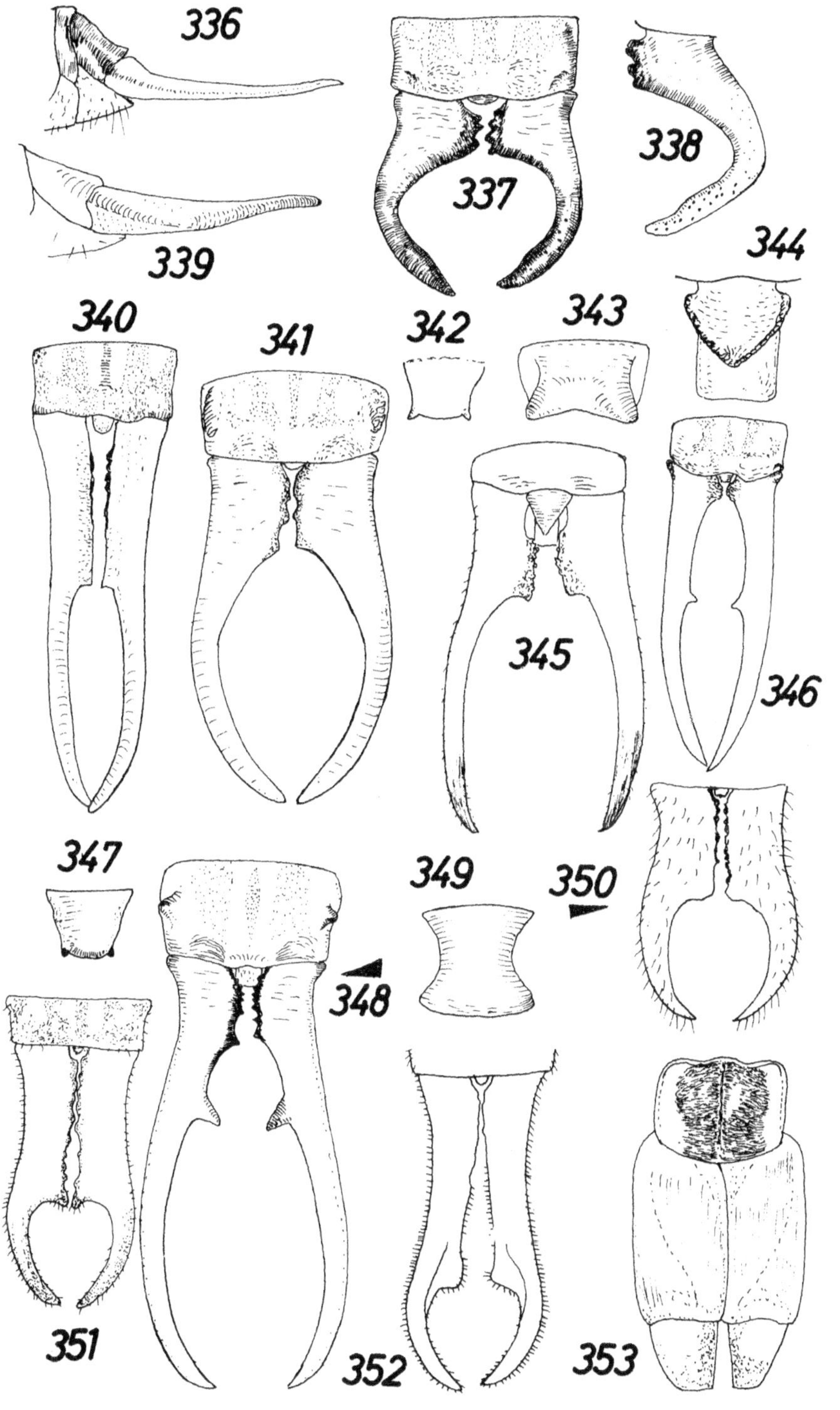
336
337
338
339
340
341
342
343
344
345
346
347
348
349
350
351
352
353

– Cerci gut behaart (350) «» Cerci well hairy (350) . . . .
F. lesnei FIN., p. 117

15. Die Cerci sind an der Innenkante des erweiterten Basalteils z.T. abgeflacht und deutlich gezähnelt, mehr konvergent (351), der Innenzahn springt deutlich vor und ist apikal gerichtet «» Cerci partly flattened and distinctly denticulated on the inner edge of the widened basal part, more converging (351), the inner tooth distinctly projecting, directed apical-wards . . . .
F. pubescens SERV., p. 117

– Die Cerci sind an der Innenkante des erweiterten Basalteils mehr zylindrisch, mehr divergent (352), an der Innenkante höchstens fein gezähnelt, der Innenzahn ist abgerundet bis stumpfwinklig«» Cerci more cylindrical with the inner edge of the widened basal part, more diverging (352), at most slightly denticulate on the internal edge . . . .
F. obtusangula KRAUSS, p. 120

16. Cerci unter 3 mm lang «» Cerci not reaching 3 mm in length . . . 19
– Cerci 3-4 mm lang «» Cerci 3-4 mm in length 17

17. Cerci kahl, höchstens mit einigen Borsten – Cerci bald, at most with some bristles 18

– Cerci (und Sterna) besonders an den Außenkanten gut beborstet «» Cerci (and the sternites too) especially on the outer edges well bristly . . . .
F. apennina COSTA, p. 124

18. Elytra so lang wie das Pronotum; Antennen 13-14 gliederig «» Tegmina as long as the pronotum; antennae 13-14-segmented . . . .
F. silana COSTA, p. 113

– Elytra fast zweimal so lang wie das Pronotum; die Antennen sind 12 gliederig «» Tegmina almost twice as long as the pronotum; antennae 12-segmented . . . .
F. tomis (KOL.), p. 121

19. Körper und Cerci gut beborstet «» Body and cerci well bristly . 21
– Körper und Cerci schwach beborstet bis fast kahl «» Body and cerci weakly setaceus to almost bald 20

20. Das Pronotum ist ± so lang wie breit; die Antennen sind 11-12 gliederig «» Pronotum ± as long as wide; antennae 11-12-segmented . . . .
F. aetolica BR., p. 120

– Das Pronotum ist deutlich breiter als lang; die Antennen 13 gliederig «» Pronotum distinctly wider than long; antennae 13-segmented . . . .
F. decipiens GÉNÉ, p. 116

21. Das Pronotum ist fast so lang wie breit; die Elytra sind hinten leicht ausgerandet «» Pronotum almost as long as wide; tegmina

with slightly emarginated hind-margin ....
F. pubescens SERV., p. 117

– Das Pronotum ist etwa ¼ breiter als lang; die Elytra am Hinterrand nach außen abgeschrägt «» Pronotum about ¼ wider than long; tegmina with the hind margin obliquely truncated outwards ....
F. obtusangula KRAUSS, p. 120

18. *F. auricularia* L. 1758 (Syt. Nat. (ed. x), 1:423; Typ: verschollen; terra typica: Europa; Neotypi: Bayern, Wülfershausen/Saale, ♂ 26.VII.1955, ♀ 23. VIII.1954, beide leg. K. HARZ, coll. m.; Syn.: *Forficula major* DE GEER 1773, *F. dentata* F. 1775, *F. parallela* F. 1775, *F. neglecta* MARSHAM 1802, *F. media* MARSHAM 1802, *F. infumata* MEGERLE/CHARPENTIER 1825, *F. borealis* STEPHENS 1835, *F. forcipata* STEPHENS 1835, *Chelidura thoracica* F.W. 1846). Fig. 4-7, 63-70, 72-78, 80, 332, 334-336, 353-362.

Der Kopf ist orange bis braunrot, selten vor den Nähten geschwärzt; die Antennen sind 13-14 gliederig, Scapus und oft auch die 2 folgenden Glieder gelblich und wenig behaart, die restlichen braun bis braungrau und ± dicht-anliegend bis leicht abstehend behaart, das Apikalglied ist schlank, zumal bei Individuen mit 14 Gliedern fast spindelförmig, der Pedizellus ist etwa ¼ kürzer als das 4. Glied, selten bis halb so lang. In SE-Europa und dem Vorderen Orient ist der Kopf zuweilen dunkel bis so dunkel wie bei *lurida*. Der Discus des Pronotums (353) ist braun bis schwarz, seitlich zuweilen etwas aufgehellt, hell gerandet, vorn in der Mitte mit einer Längsfurche, die sich bis zum Hinterrand erstrecken kann; bei Leptis magna/Homs in Lybien kommen helle Exemplare mit 13 Antennengliedern vor, deren Pronotums-Discus gelblich, fast gleichfarben mit dem hellen Seitenrand ist oder vorn einen runden dunklen Fleck trägt, am Hinterrand in der Mitte eine dunklere Querbinde; die Cerci der ♀♀ sind sehr schlank (362), auch ein ♀ mit normal dunklem Discus vom gleichen Fundort hat so schmale Cerci, Tiere mit so hellem Discus sah ich seither nur noch vom Amposta, Prov. Castellon, Spanien, ich nenne diese Ausbildung *f. pallida*. Das Abdomen ist orange- bis rotbraun oder dunkelrotbraun, die basalen Terga und das 10. Tergum meist dunkler; letzteres ist beim ♂ seitlich in der Apikalhälfte mit unterschiedlich hohen Kanten bis Loben versehen (332, 334, 335, 354-357), beim ♀ nur gekantet (358), ventral umfaßt es die Cercusbasen jederseits mit einem Zahn; die Drüsenschwielen des 3. Tergums sind recht schwach ausgebildet, oft nur am Hinterrand erkennbar, am 4. Tergum deutlich; das Epiproct des ♂ (360, 361) ist dorsal ± glatt, apikal an den Seiten mit vorspringenden Knötchen, beim ♀ (72, 73) beiderseits des Mittelteils mit zwei gekerbten Längswülsten, seitlich am Apex mit vorspringender Tuberkel; die Cerci des ♂ sind basal gut abgeflacht, an der Innenkante gezähnt, im 4. proximalen Zehntel der Cercuslänge mit einem Zahn, der leicht bis stark (bei der *f. macrolabia*) distalwärts gerichtet ist, sehr selten fehlt dieser Zahn, die Cercusform ist recht variabel (332, 334, 335, 354, 356, alle Zeichnungen im gleichen Vergrößerungsmaßstab), auch Mißbildungen, besonders einseitig (357) kommen vor, ob es sich dabei um Zwitter handelt, muß durch Genitaluntersuchungen geklärt werden; beim ♀ sind sie recht schlank (358, 362), innen mit fast bis zum Apex reichender gezähnelter Kante, basal etwas abgeflacht, dann dorsal leicht konvex, ventral angedeutet konvex, außen bis etwa zur Mitte leicht gekantet; bei Trockenpräparaten sind die Apizes meist gekreuzt, bei ♂ und ♀ gelblich-rötlich und apikal oft dunkel; die Subgenitalplatte ist bei ♂ und ♀ breit verrundet; Genitale des ♂ wie in Fig. 359. Die Flugorgane sind ausgebildet (353, 77), werden aber nur selten individuell zum Flug benutzt; die Elytra sind fein gerunzelt, gelblichbraun bis leicht durchsichtig, die Ader hinter dem schmalen Vorfeld läuft bis zum Apex, an der Schulter sind sie deutlich gekanten, hinten leicht ausgerandet; die vorstehenden Teile der Alae sind gelblichweiß bis weißlichgelb, am Innenrand und apikal bis auf den Apex oft dunkel. Die Beine sind leicht abstehend beborstet, gelblich. Maße: Körper ♂ 10-16, ♀ 9,5-17, Pronotum ♂ 1,5:1,6-2:2,2, ♀ 1,6:2-1,8:2,3, Elytra ♂ 2,3-3,1, ♀ 2,5-3,7, überstehender Teil der Alae ♂ 0,9-1,4, ♀ 1-1,7, Cerci ♂ 4,3-9, ♀ 3,4-4,5. I-XII. Kosmopolit, vielfach Kulturfolger. In Europa nördlich bis Schweden und Norwegen, S- und Mittelfinnland (bis Ruopsis/Savonia borealis, auch in den Schären SW-Finnlands und auf Aaland), sonst überall weit verbreitet, im Gebirge bis etwa 2000 m, meidet aber offenbar größere geschloßene Nadelwälder. Biologie (Zusammenfassung) bei K. HARZ 1960, K. HERTER 1965.

19. *F. silanoides* KARNY 1911 (Ent. Rundschau, 28:159-160; Typ: Nat. Hist. Mus. Wien; terra typica: Serbien, Sarajewo). Fig. 363.
Sehr ähnlich *auricularia*, auch in der Form von Epiproct und Cerci, aber die Alae sind in situ nur so lang wie die Elytra und springen nicht über deren Hinterrand vor (363). Maße des einzigen Exemplares, eines ♀: Körper: 10,5, Pronotum 1,6:2, Elytra 2,8, Cerci 3,7. H. KARNY meinte, daß sie zwischen *auricularia* und *silana* stehe; als Unterart ersterer kann sie nicht betrachtet werden, weil sie mit dieser im gleichen Gebiet auftritt, von letzterer ist sie durch die Adria getrennt, aber nach einem einzigen ♀ von einem Ort, an dem viel gesammelt wurde, eine Subspecies aufzustellen erscheint nicht ratsam erst recht nicht eine Art. Wenn sie hier als solche angeführt wird, so nur deshalb, daß auf sie geachtet und mit der Zeit eine Klärung ihres Status herbei geführt wird.

20. *F. lurida* FISCHER 1853 (Orth. Eur., p. 75, Taf. 6; Typ. ♂♀ coll. FISCHER, offenbar nicht bezeichnet und verschollen; terra typica: Türkei Istanbul/Konstantinopel; Neotypi: Balcova, Türkei, 11.V.1971, N. LODOS leg., coll. m.; Syn.: *Forficula infumata* CHARPENTIER 1825, *F. orientalis* BURR 1900). Fig. 337-339, 364-371.
Kopf orangerötlich-braun, meist aber braun bis schwarz; die Antennen sind 12-13 gliederig, Scapus und die 2 folgenden Glieder meist hell, ab dem 4. dicht anliegend bis abstehend behaart, gelblichbraun. Discus des Pronotums (364, 365) braun, die proximale Hälfte auch schwarz, mit gelblichen Seitenrändern. Terga und Sterna dicht punktiert und auch runzlig, besonders Terga 7 bis 10 grob punktiert und runzlig, das 10. Tergum des ♂ ist über den Cercusbasen blasenförmig erhöht, beim ♀ schwächer, beim ♂ seitlich wenigstens distal leistenartig gekantet, auch beim ♀ gekantet, die apikalen Sterna sind kahl bis leicht abstehend behaart; das Epiproct des ♂ (369) fällt senkrecht bis

fast senkrecht ab, beim ♀ wie in Fig. 370; die Cercis sind licht gelblichbraun, basal oft weißlichgelb, dann gebräunt bis schwarz, vor dem Apizes beim ♂ der *f. brachylabia* meist schwach erweitert (337, 338), bei der *f. macrolabia* (die viel kleinere Cerci als *brachylabia* hat, nicht bemerkbar), basal abgeflacht, bei der *f. brachylabia*, die auch fast winklig gebogene Cerci haben kann (338) innen an der Basis mit oft 4, sonst 2-5 Zähnen, der größere distale Innenzahn fehlt im Gegensatz zu *auricularia*; beim ♀ wie bei voriger abgeflacht, in der Basalhälfte mit leistenartiger Außenkante (339), von ihr geht oft eine nach oben laufende Kante ab, die wenigstens bis zur Mitte deutlich ist, zwischen den beiden Kanten meist deutlich eingesenkt oder auch flach, innen mit gezähnelter Kante, basal bis auf die Seiten lichtgelblich, dann dunkel bis schwarz. Genitale des ♂ wie in Fig. 371. Die Elytra sind sehr fein und locker punktiert, ± durchsichtig-gelblich, das Feld vor der Ader, die bis zum Apex läuft, ist schmal, hinten schwach ausgerandet (364, 365), der vorspringende Teil der Alae ist gelblich, etwa ½ bis ⅓ so lang wie die Elytra, am Innenrand bis auf das Eckchen des Apex breit dunkel gesäumt, basal springt die dunkle Färbung auch nach außen vor. Die Beine sind gelblich. Maße: Körper ♂ 10,5-14,5, ♀ 8-11,5, Pronotum ♂ 1,8:2,1-1,9:2,4, ♀ 1,6:2,1-2:2,2, Elytra ♂ 2,2-3,6, ♀ 2,8-3, Cerci ♂ 3,2-3,5, ♀ 2,9-3,6. I-XII. Im östlichen Mittelmeergebiet weit verbreitet, Sizilien, Griechenland (Peloponnes, Attika, bei Athen, Arolagendros, Thracien, südl. von Xanthi, Scarpanthos, Korfu, Assitaces, Sciathos, Kykladen, Dodekanes mit Kos und Rhodos (700-1000 m), Zypern, Kreta, Türkei, SW-Iran, Arabien, Syrien, Jordanien, Libanon, Israel (hier kommen ähnlich dunkle Exemplare von *auricularia* vor, doch weichen diese dann zumindest beim ♂ durch die Cerci ab). Kommt mit *auricularia* zusammen vor, aber nie vergesellschaftet (M. BURR 1952).

21. *F. silana* COSTA 1881 (Atti Ac. Sci. fis. math. Napoli, 9:37-38, Fig. 8, 8a; Typ: Mus. Zool. Neapel, verloren; terra typica: Italien, Calabrien, Sila; Syn.: *Forficula targioni* BR. 1882). Fig. 348, 349, 372-379.
Der Kopf ist rotorange oder orange; die Antennen sind 13-14 gliederig, gelblichbraun, ähnlich *auricularia*. Das Pronotum (372) ist rötlichbraun bis braun, gelblichbraun bis gelblich-durchsichtig gerandet. Das Abdomen ist braun bis pechbraun, die Terga (beim ♂ auch die Sterna) dicht bis runzlig punktiert; die Drüsenschwielen des 3. und 4. Tergums, zumal des letzteren springen gut vor und sind wie ihre Umgebung oft geschwärzt; das 10. Tergum bei ♂ und ♀ mit Punktmuster (348), beim ♂ über den Cercusbasen leicht erhöht, seitlich mit zahnartig aufgebogenem Loben (348, 373), beim ♀ am Seitenrand leicht verdickt und glatt; das Epiproct des ♂ wie in Fig. 349 und 374, beim ♀ wie in Fig. 375; Genitale des ♂ wie in Fig. 379; die Cerci sind gelb bis gelblich, beim ♂ bis zum Innenzahn dorsoventral abgeflacht, innen basal mit Zahnleisten, deren Endzahn meist etwas größer als die übrigen ist (348, 376), beim ♀ sind sie schlank (377, 378), ventral abgeflacht, innen mit Zahnleiste, außen im Basaldrittel mit einer apikal erlöschenden Längsleiste. Flugunfähig. Die Elytra sind gelblich-durchsichtig (372), am Hinterrand rundlich-abgestumpft, außen in der Basalhälfte fast kantig, aber nach innen verrundet, Feld vor der bis zum Apex laufenden Ader schmal; die Alae erreichen in situ etwa das Apikalfünftel der Elytra, nach M. LA GRECA (1948) sind sie so lang wie die-

TAFEL 20

354-362. *Forficula auricularia* L., alle coll. m. falls nicht anders vermerkt
354. Abdomenapex von oben; ♂ *f. macrolabia,* Prov. Valencia, Alfahuir, 8 km westl. Gandia, 4.V.1922, H. FREUDE leg., Zool. Sammlung des Bayer. Staates, München
355. ♂ *f. brachyptera,* Bayern, Münnerstadt, 2.X.1958, K. HARZ leg.
356. ♂ *f. brachyptera,* Abdomenapex von oben, rechter Cercus mißbildet; Bayern, Gröbenzell, 15.X.1973, K. HARZ leg.
357. ♂ *f. macrolabia,* Abdomenapex von links; Tirol, Pfössental, 6.VII.1971, H. TUCHERT leg.
358. ♀, Abdomenapex von oben; Bayern, Wülfershausen/Saale, 23.VIII.1954, K. HARZ leg.
359. ♂, Genitale von unten; Bayern, Gröbenzell, IX.1974, K. HARZ leg.
360. ♂, Epiproct von hinten-oben; wie zuvor
361. ♂, Epiproct von hinten-unten; wie zuvor, C = Cercus
362. ♀ *f. pallida,* Abdomenapex von oben; Lybien, Leptis Magna/Homs, 6.V.1963, H. ECKERLEIN leg.
363. *Forficula silanoides* KARNY, ♀, Pronotum und Elytron links, Ala scheint durch; Holotypus, Nat. Hist. Mus. Wien
364-371. *Forficula lurida* FISCH., soweit nicht anders vermerkt alle im Nat. Hist. Mus. Wien
364. Pronotum und Flugorgane, Syrien, 20 km nördl. Tarsus, 15.V.1960, H. ECKERLEIN leg., coll. m.
365. ♂, Pronotum und linke Flugorgane; Thracien, bei Xanthi, 14.V.1954, LINDBERG leg.
366. ♂, *f. macrolabia,* Abdomenapex von oben; Griechenland, Aroleandros, 11.V.1934, F. WERNER leg.
367. ♂, *f. macrolabia,* Cerci von oben, wie in Fig. 364
368. ♀, rechter Cercus von oben; Griechenland, Sciathos
369. ♂, Epiproct von hinten; Corfu, 3./4.IV.1929, M. BEIER leg.
370. ♀, Epiproct von oben; Cos, 10.IV.1927
371. ♂, Genitale; Türkei, Balçova, 11.V.1971, N. LODOS leg., coll. m.
372. *Forficula silana* COSTA, ♂, Pronotum und Elytra von oben; Italien, Portici, 28.VIII.-21.IX.1954, NOVICKY, Nat. Hist. Mus. Wien
373. Desgl., ♂, Abdomenapex von links, C = Cercus, Epi = Epiproct; wie zuvor
374. Desgl., ♂, Epiproct von hinten; wie zuvor
375. Desgl., ♀, Epiproct von oben; wie zuvor

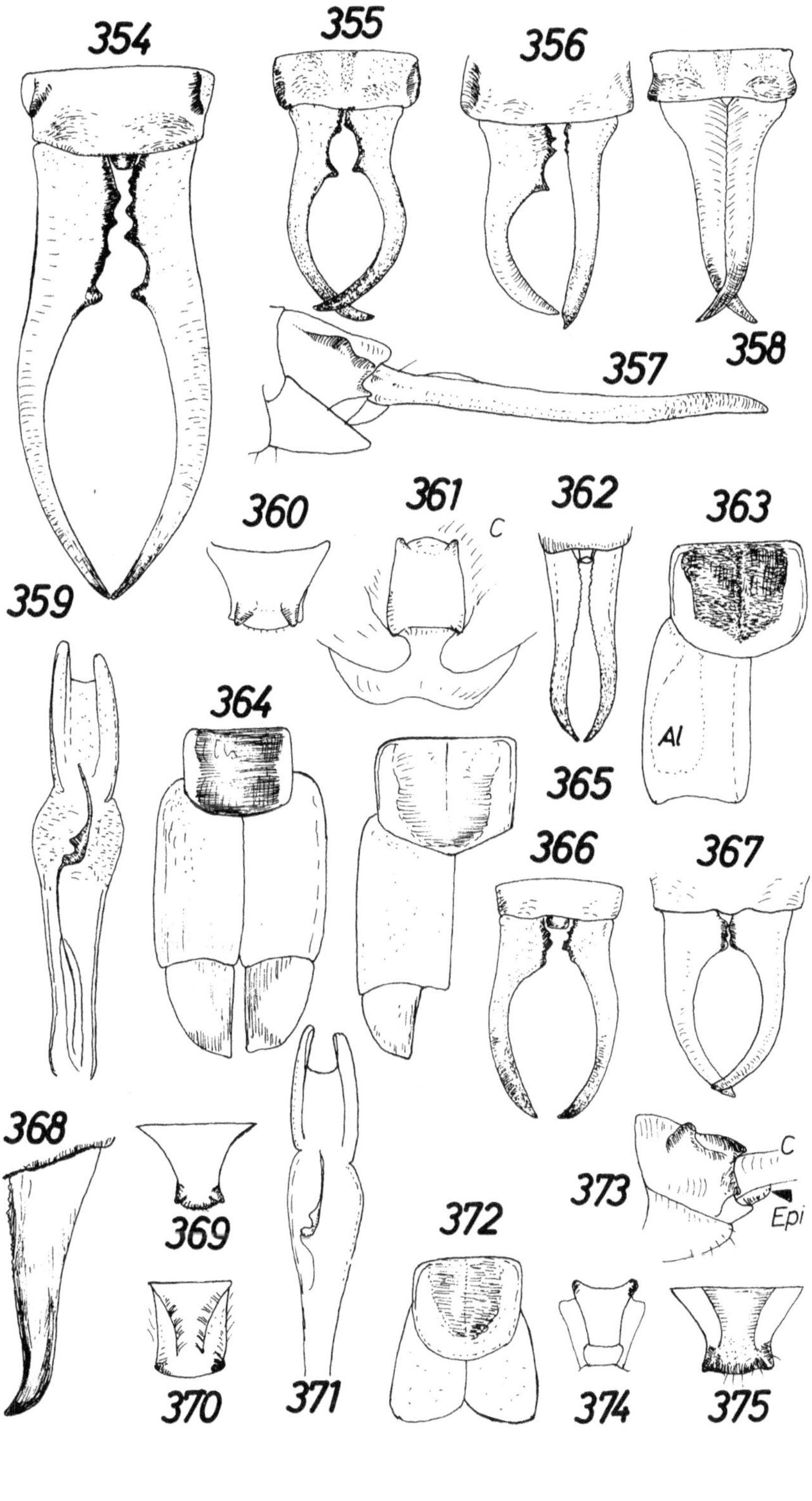
354
355
356
357
358
359
360
361
C
362
363
Al
364
365
366
367
368
369
370
371
372
373
C
Epi
374
375

selben. Die Beine sind gelblich bis gelblichbraun. Maße: Körper ♂ 10-15, ♀ 11-?, Pronotum ♂ 1,6:1,9-1,8:2, ♀ 1,7:1,9, Elytra ♂ 2-2,6, ♀ 2,3, Cerci ♂ 4,4-7,5(-8,5), ♀ 3,5-4. Die Maße bedürfen der Ergänzung. I-XII. Italien (Calabrien, Avellino/Monte Partenio 1300 m, Sila, Potenza, wohl in ganz S-Italien auf den Bergen (M. LA GRECA 1948).

22. *F. decipiens* GÉNÉ 1832 (Ann. Sci. Regn. Lomb.-Venet., 2:228; Typ: Mus. Nat. Torino; terra typica: Italien, Ligurischer Apennin; der Autor nennt weiter ganz Italien, S-Frankreich, Sardinien, Griechenland; Syn.: *Forficula pallidicornis* BRULLE 1832, *F. brevis* RAMBURE 1838, *F. laminigera* COSTA 1881). Fig. 341-343, 380-388.
Kopf gelblichbraun bis orangerot; die Antennen sind 12-13 gliederig, schwach dorsoventral abgeflacht, sonst wie üblich. Das Pronotum ist quer, proximal verrundet, gelblich bis hellbraun, licht-gelblich gerandet (380). Terga und Sterna sind dicht punktiert bis genarbt, am Hinterrand ganz fein, aber dicht gewimpert, die Drüsenschwielen des 3. Tergums sind nur angedeutet, am 4. Tergum springen sie, besonders am Hinterrand, rundlich vor, ihre Umgebung ist oft dunkel gefärbt; das 10. Tergum zeigt das typische Punktmuster (341), beim ♂ folgt dem erhöhten Seitenrand, der längsleistenartig ausgebildet sein und dorsal auch eine Spitze tragen kann (385) eine Einsenkung, dazwischen am Hinterrand zwei leicht konvexe Erhebungen (beim ♀ ist die dorsale Seitenleiste weniger ausgeprägt (387), seitlich-ventral umfaßt es die Cercusbasis und ist dort dornförmig vorgezogen; das Epiproct des ♂ ist charakteristisch geformt (342, 343, 381), beim ♀ wie in Fig. 382, 383, die dorsalen Seitenleisten können schon in der Mitte erlöschen; Genitale des ♂ wie in Fig. 388; die Cerci sind gelb bis gelblichbraun, apikal öfters gebräunt, beim ♂ innen an der breiten flachen Basis mit einer Zahnleiste versehen, ein Innenzahn distal davon ist nicht vorhanden (341, 384), beim ♀ (386) innen mit bis vor dem Apex gerader, fein gezähnelter Leiste, außen mit schwacher Leiste (387). Die Elytra sind hell gelblichbraun länger als das Pronotum, durchscheinend, dicht und fein punktiert, am Hinterrand schräg abgestutzt (380); die Alae sind etwas mehr als halb so lang wie sie und erreichen fast den Hinterrand derselben in situ oder doch das Apikalfünftel (bei *decipiens caprai* HARZ 1975 von Marokko sind die Elytra hinten ausgerandet (389) und die Alae überragen sie kurz aber deutlich). Die Beine sind gelblich. Maße: Körper ♂ 8-12,5, ♀ 8-12, Pronotum ♂ 1,3:1,7-1,9:2,2, ♀ 1,5:2-1,9:2,2, Elytra ♂ 1,8-2,6, ♀ 2-2,5, Cerci ♂ 2,7-5,9, ♀ 2,2-2,5. I-XII. In den europäischen Mittelmeerländern weit verbreitet, ebenso auf den Inseln des Mittelmeers, im Westen nördlich bis S-England, Fontainebleau, im Osten nördlich bis in die Abruzzen, Toscana, Piemont, F. REDTENBACHER 1900 führt auch die S-Schweiz an, in der coll. BRUNNER VON WATTENWYL im Nat. Hist. Mus. Wien ein ♂ vom Mont Cenis, Dalmatien, Griechenland, Türkei, SW-Asien, in Marokko durch die Unterart *caprai* vertreten; die wiederholten Angaben für N-Afrika für die Stammart bedürfen der Überprüfung, denn L. CHOPARD (1943) führt sie für N-Afrika überhaupt nicht an; zu überprüfen sind auch die Angaben für Rumänien (Brasov/Kronstadt, Egeralya und Tatrang/M. BURR 1912). Zuweilen in nördlichere Gebiete verschleppt.

23. *F. pubescens* SERVILLE 1839 (Ins. Orth. p. 46; von G. GÉNÉ 1837 (Ann. Sci. Regno Lomb.-Venet. 7:85 von Pisa) beschrieben; Typ: verschollen; terra typica: wohl Sardinien, nach GÉNÉ aber auch die Umgebung von Torino und der ligurische Apennin; Syn.: *Forficula setulosa* FIEBER 1853, *F. yersini* YERSIN 1856, *F. pubescens var. yersini* BORMANN 1881, *var. mitis* NAVAS 1910). Fig. 351, 389-395.

Kopf orangerötlich bis rotbraun; die Antennen sind 11 gliederig. Das Pronotum ist gelblich bis gelblichbraun, außen mit lichtgelblichen bis durchsichtigen Rändern. Das Abdomen ist gelblich bis rötlichbraun, Terga und Sterna dicht bis runzlig punktiert, gut abstehend behaart; die Drüsenschwielen, zumal jene des 4. Tergums springen deutlich vor, sie und zuweilen auch ihre Umgebung sind geschwärzt; das 10. Tergum ist beim ♂ mit einem Punkmuster (351) versehen, zuweilen ist dieses aber undeutlich und beim ♀ nicht erkennbar; über den Cercusbasen ist es beim ♂ innen nur leicht erhöht, beim ♀ noch schwächer, ventral umgreift es apikel die Cercusbasen und springt am Ende zahnartig vor; das in situ weitgehend von den Cerci bedeckte Epiproct beim ♂ wie in Fig. 390, beim ♀ wie in Fig. 391; die Cerci sind gelb bis gelblichbraun, apikal auch braun, beim ♂ sind sie bis zum Innenzahn dorso-ventral ± abgeflacht, innen mit einer langen Zahnleiste, gut bis abstehend behaart (351), bei der *f. yersini* ist der Innenzahn kräftiger als normal ausgebildet, beim ♀ (393) sind sie gut abgeflacht (394), innen meist mit einer dunklen Zahnleiste, locker abstehend behaart. Die Elytra (389) sind durchsichtig-gelbbraun, am Hinterrand leicht nach außen abgeschrägt bis ausgerandet, die Randader ist bis zum Apex deutlich, ihr Vorfeld schmal; die zurückgebildeten Alae reichen in Ruhelage bis etwa zum Apikalfünftel. Die Beine sind gelblich. Maße: Körper ♂ 6,5-8,8 (12), ♀ 6-7,5 (-12), Pronotum ♂ 1,2:1,3-1,5:1,7, ♀ 1,2:1,5-1,8:2,1, Elytra ♂ 1,6-2,2, ♀ 1,6-2,1, Cerci ♂ 3-4,3, ♀ 2-3,3 (in Klammer Maße auct.). I-XII. Auf mäßig bewachsenem feuchten Gelände in S-Europa, überwiegend im Westen (Portugal, Spanien (auch in den Pyrenäen), S-Frankreich, Balearen, Korsika), aber auch auf Sardinien, Sizilien und einigen kleineren Inseln im thyrrhenischen Meer, Piemonte, Ligurien, auf der Apenninen-Halbinsel bis Calabrien hinab. N-Afrika (Algerien, Marokko). Die Angaben für die Türkei, Syrien und Palästina beziehen sich wohl auf *F. brignolii* TAGLIANTI 1968. Biologie: K. HERTER 1965.

24. *F. lesnei* FINOT 1887 (Bull. Soc. Ent. France (6)7:189; Typ: Nat. Mus. Paris; terra typica: Frankreich, Saint Arnoult et Blonville (Calvados); Syn. *Forficula pubescens* (nec. SERVILLE) BORMANS 1881). Fig. 350, 396-405.

Der Kopf ist hell rötlichbraun bis orange; die Antennen sind 11-12 gliederig, ab dem 4. Glied dicht punktiert, matt, ziemlich beborstet, gelblich. Das Pronotum ist fast quadratisch, mit verrundeten Hinterecken (396), gelblich, die Säume durchscheinend, auch gelblichbraun mit gelblichem Rand, vorn in der Mitte mit Längsfurche. Abdomen gelblichbraun, die Drüsenhöcker sind deutlich, ihre Umgebung zuweilen geschwärzt; das 10. Tergum bei ♂ und ♀ mit Punktmuster, ventral unter der Cercusmitte mit Dorn, beim ♂ über den Cercusbasen nur leicht gewölbt; Epiproct des ♂ wie in Fig. 397 und 398, beim ♀ wie in Fig. 399 und 400; die Cerci sind gelb, der erweiterte Basalteil des ♂ reicht bis etwa zur Mitte (350, 401 = gleiche Vergrößerung wie 350), be-

TAFEL 21

376-379. *Forficula silana* COSTA, alle Italien, Portici, 28.VIII.-21.IX.1954, NOVICKY leg., Nat. Hist. Mus. Wien
376. ♂ *f. brachylabia*, Cerci von oben
377. ♀, rechter Cercus von oben
378. ♀, linker Cercus von außen
379. ♂, Genitale, Mesomer und Virga vorgeschoben
380-388. *Forficula decipiens* GÉNÉ, soweit nicht anders vermerkt im Nat. Hist. Mus. Wien
380. ♂, Pronotum und Elytra, der Pfeil zeigt auf die durchscheinenden Alae; Frankreich, Hyères, 29.V.1887 ex coll. FINOT, Nat. Mus. Paris
381. ♂, Epiproct von hinten-unten; Lesina, BUCCHICH leg.
382. ♀, Epiproct von oben, der Pfeil zeigt auf die Stelle, an der die Seitenkiele bereits aufhören können; Lussin piccolo, 17.V1912, MAJERSKI leg.
383. ♀, Epiproct von unten-hinten, wie zuvor
384. ♂ Abdomenapex von oben, wie in Fig. 380
385. ♂, Abdomenapex von links, C = Cercus, Sgpl = Subgenitalplatte; Umgevung Wien (eingeschleppt), L. MADER leg.
386. ♀, rechter Cercus von oben; wie in Fig. 382
387. ♀, linker Cercus von außen; wie zuvor
388. ♂, Genitale; S-Dalmatien, Dubrovnik, 5.-14.V.1955, STÖCKLEIN leg., Zool. Samml. Bayer. Staates, München
389-395. *Forficula pubescens* SERV., alle im Nat. Hist. Mus. Wien
389. ♂ Pronotum und Elytra ♂, Italien, Portici, 23.VIII.-21.IX.1954, NOVICKY leg.
390. ♂, Epiproct von hinten; Sardinien
391. ♀, Epiproct von oben; wie in Fig. 389
392. ♂, Abdomenapex von links; Spanien, Chiclana, STAUDINGER leg., coll. BRUNNER VON WATTENWYL Nr. 2570
393. ♀, rechter Cercus von oben; wie in 389
394. ♀, linker Cercus von außen; wie zuvor
395. ♂, Genitale; Toscana, Mt. Argentario, HOLDHAUS leg.
396-402. *Forficula lesnei* FIN., soweit nicht anders vermerkt im Nat. Mus. Paris
396. Pronotum und linke Flugorgane; London, SW, 25, 27.VIII.1970, Cranley Gardens, K. HARZ leg. coll. m.; – – – = Blonville, Calvados, 1909, P. LESNE leg., . . . = Mesonotum + Alae
397. ♂, Epiproct von oben; Calvados, Blonville, P. LESNE leg. 1901
398. ♂, Epiproct von hinten; wie zuvor
399. ♀, Epiproct oben, wie in Fig. 396
400. ♀, Epiproct, von oben; Coruña, Spanien, C. BOLIVAR leg.
401. ♂, Cerci von oben, gleiche Vergößerung wie in Fig. 350, Entre Villers et Dives, Calvados, 3.IX.1901 P. LESNE leg.
402. ♀, Abdomenapex von oben; Coruña, C. BOLIVAR leg.

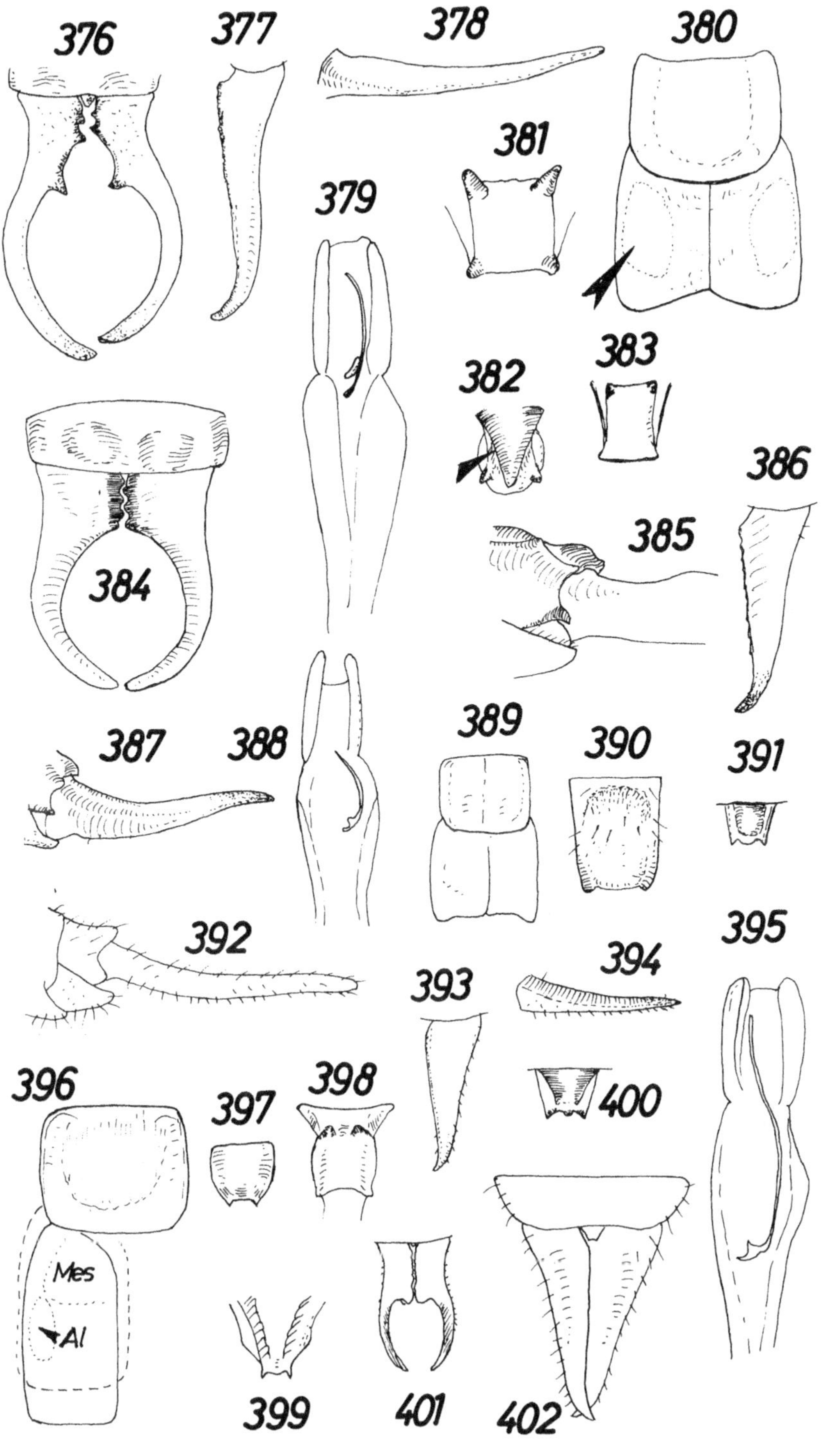
376
377
378
379
380
381
382
383
384
385
386
387
388
389
390
391
392
393
394
395
396
397
398
399
400
401
402
Mes
Al

haart, Apizes meist gebräunt, beim ♀ (402-404) innen mit fein gezähnelter Kante, besonders ventral gut abgeflacht und ziemlich abstehend beborstet. Genitale des ♂ wie in Fig. 405. Die Elytra sind etwa 2 mal so lang wie breit, durchscheinend gelblich, hinten abgestutzt bis ganz leicht abgerundet, Ader und deren Vorfeld wie vorher; die Alae sind beim ♂ etwa $1/3$, beim ♀ etwa $1/4$ so lang wie die Elytra, zuweilen erreichen sie aber fast deren Apex. Die Beine sind gelblich. Maße: Körper ♂ 8-9, ♀ 8-9, Pronotum ♂ 1,3:1,4-1,4:1,5, ♀ 1,4:1,5-1,6, Elytra ♂ 1,3-2, ♀ 1,8, Cerci ♂ 3-3,4, ♀ 2-2,2, die Maße bedürfen der Ergänzung. VII-XI (wohl auch ganzjährig). Frankreich, S-England (auch in der Innenstadt von London), Spanien, Portugal (Caminha, Prov. Minho und Prov. Paulina),

25. *F. obtusangula* KRAUSS 1904 (Sitzb. kgl. Böhm. Ges. Wiss. Prag, 1904:5, Fig. 1-4; Typ: ♂♀ coll. O. KRAUSS, Staatl. Mus. Ludwigsburg?; terra typica: Dalmatien, Kniny, Zeng; Syn.: *F. laminigera* COSTA 1881? (in diesem Fall wäre dieser Name gültig), *F. pubescens var. obstangula* KRAUSS bei M. BURR 1911, *F. obtusangolo* KRAUSS bei A. VIGNA TAGLIANTI 1968). Fig. 352, 406-411.
Sehr ähnlich *pubescens*, Der Kopf ist rostrot; die Antennen sind 12 gliederig. Das Pronotum ist quer, trübgelb, mit durchscheinenden Rändern. Das Abdomen ist rotbraun leicht punktiert, die Drüsenschwielen sind klein, tuberkelartig, das 10. Tergum ist etwa 2 mal so breit wie lang, mit einem Mitteleindruck, hinten mit zwei fast tuberkelförmigen Erhebungen, beim ♀ trapezoidal, in der Mitte eingesenkt mit zwei leichten Tuberkeln (damit sind offenbar wie beim ♂ die Erhebungen über den Cercusbasen gemeint); das Epiproct des ♂ ist klein, beim ♀ fast trapezoid, hinten ausgerandet; Genitale des ♂ wie in Fig. 411, die Virga ist so lang wie die Parameren, einfach gebogen, wogegen sie bei *pubescens* 1,5 mal so lang und s-förmig gebogen ist (: A. VIGNA TAGLIANTI 1968); die Cerci des ♂ wie in Fig. 352, 407-410, beim ♀ sind sie fast gerade, an der Basis breit, am Innenrand nahe der Basis undeutlich gezähnelt, am Apex zugespitzt und etwas eingebogen. Im Gegensatz zu *pubescens* sind die Cerci des ♂ innen nur fein gekerbt, nicht gezähnt und anstelle des ziemlich großen und scharfen, etwas abwärtsgebogenen Innenzahns nur mit einem stumpf verrundeten Vorsprung versehen, die Variationsbreite zeigen die Abbildungen. Elytra wie in Fig. 406, mattgelblich, punktiert, hinten nach innen abgeschrägt, Randader vorhanden; die Alae sind zurückgebildet und sehr klein (T. MACCAGNO 1933). Die Beine sind blaßgelblich. Maße: Körper ♂ 8-10, ♀ 9-11, Elytra ♂ 2, ♀ 2, Cerci ♂ 3,5-4, ♀ 2-2,5. Soweit nicht anders angeführt, alles nach dem Autot. I-XII. Jugoslawien (Dalmatien, Kroatien, Montenegro, wohl noch weiter verbreitet), Apulien, Calabrien, Sizilien, bis 1500 m, Insel Alicudi/Eolie (F. CAPRA 1973)). Die Angaben in der Litertur für Palästina und Syrien beziehen sich wohl auf *Forficula brignolii* TAGLIANTI 1968.

26. *F. aetolica* BRUNNER VON WATTENWYL 1882 (Prodr. eur. Orth., p. 18; Typ: ♂ Nat. Hist. Mus. Wien; terra typica: Aetolien (= europäische Türkei). Fig. 344, 345, 412-418.
Der Kopf ist orange bis gelblichbraun, die Antennen sind 12 gliederig, basal und apikal oft heller als in der Mitte. Das Pronotum (412, 413) ist braun bis gelbbräunlich, am Rand gelblich bis durchsichtig, Abdomen rötlichbraun.

Die Drüsenschwielen des 3. und 4. Tergums sind nur mäßig entwickelt, aber immer deutlich, oft geschwärzt; das 10. Tergum des ♂ ist über den Cercusbasen leicht erweitert und umfaßt diese ventral; das Epiproct des ♂ liegt mit seiner Dorsalfläche waagrecht und tritt zumindest mit seinem dreieckigen Basalteil zwischen den Cercusbasen vor (344, 345, 414), beim ♀ ähnlich wie bei den anderen Arten; Genitale des ♂ wie in Fig. 418; die Cerci des ♂ sind gelblich, apikal dunkel, im Basalteil innen mit langer Zahnleiste (345, 414), die apikal einen bentonten Zahn oder Zahnhöcker trägt, am Apex mit einem nach innen gebogenen Zähnchen, beim ♀ gelblich bis gelbbraun, ventral abgeflacht, innen mit gezähnelter Ventralkante, die äußere Kante ist stumpf (314, 317). Die Elytra sind gelblich, ± durchsichtig, die Randader läuft bis zum Apex, das Feld davor ist wie üblich schmal, hinten sind sie schräg abgestutzt (412) bis fast gerade (413), ich sah zuwenig Tiere aus der Türkei, um daraus auf eine Rasse schließen zu können; die Alae erreichen in situ die Mitte oder das Apikalfünftel der Elytra. Die Beine sind gelb bis gelbbraun. Maße: Körper ♂ 6-9, ♀ 6,5-9, Pronotum ♂ 1:1,5-1,4:1,5, ♀ 1,6:1,7, Elytra ♂ 2,5-2,6, ♀ 2,5-2,9, Cerci ♂ 3,1-4,6, ♀ 2-2,2. I-XII. S-Griechenland (Delphi, coll. m.), mit Kreta, Zypern und Rhodos sowie auf kleineren Inseln der Ägäis; Türkei, Kaukasus, S-Krim.
Sehr nahe steht dieser Art *F. hincksi* BURR 1947 (Proc. R. Ent. Soc. London (B) 16:64, Fig. 1, 2, 5), vielleicht ist sie auch mit ihr identisch. Ich selbst habe diese aus der Türkei beschriebene Art nicht untersucht. A. BRINDLE (1976 in litt. an H. G. REICHARDT, der in seiner schriftlichen Hausarbeit für das Lehramt an Gymnasien "Die Dermaptera Griechenlands und der angrenzenden Gebiete", vorgelegt bei Prof. Dr. R. KINZELBACH, Universität Mainz, die Dermaptera-Fauna Griechenlands ausführlich behandelt) gibt als einziges feststellbares Unterscheidungsmerkmal an, daß die Cerci bei *F. aetolica* meist länger sind, bei kurzen Cerci jedoch schmaler und mehr eingebogen als bei *hincksi* im ♂ Geschlecht. Nach dem zitierten Manuskript kommt *hincksi* in Griechenland bei Jerakini im SE von Thessaloniki (Toron Kolp, N. Chalkidikis) vor und an einem weiteren Ort, doch sind auf dem Fundortzettel keine nähere Angaben gemacht.

27. *F. tomis* KOLENATI) 1845 (*Chelidura t.*, Melet. Ent. 5:74, Taf. 17, Fig. 6a, b; Typ: unbekannt; terra typica: Iberia et Armenia Rossica; erstere Angabe beruht gewiß auf einer Verwechslung mit *ruficollis F./baetica* RAMB., denn in Spanien kommt *tomis* nicht vor; Syn.: *Chelidura tomis var. scindens* KOLENATI 1845, *Forficula hellmanni* KITTARY 1849, *F. elongata* EVERSMANN 1859, *F. scudderi* BORMANS 1900, *F. mesmini* AZAM 1906, *F. pomerantzevi* SEMENOV 1903). Fig. 340, 419-425.
Der Kopf ist orange, gelblichbraun bis hell rotbraun, die Antennen sind 12 gliederig. Das Pronotum (419) ist rötlichbraun bis braunrot, die Ränder sind gelblich bis durchscheinend. Das Abdomen ist braun bis rötlichbraun, Terga und Sterna sind dicht punktiert, an den Seiten auch runzlig, das 10. Tergum mit Punktmuster (340), bei ♀ seltener bis zum Ventralrand durchgehend gerunzelt, über den Cercusbasen innen beim ♂ leicht, beim ♀ schwach erhöht; das Epiproct des ♂ fällt leicht nach hinten ab und ist am Apex stumpf verrundet bzw. mit zwei vorspringenden Eckchen versehen (bei Ansicht von oben-

TAFEL 22

403. *Forficula lesnei* FIN., ♀, rechter Cercus von oben; Seine inferieur, AZAM leg., Brit. Mus. (Nat. Hist.)
404. Desgl., linker Cercus von außen; wie zuvor
405. Desgl., ♂, Genitale; Spanien, Coruna, C. BOLIVAR leg., Nat. Mus. Paris, --- = ♂ det. AZAM
406-411. *Forficula obtusangula* KRAUSS, soweit nicht anders vermerkt nach A. V. TAGLIANTI 1968
406. Pronotum und Elytra; Lazio, Roma, Montesacro, 15.II.1967, V. VOMÉRO leg.
407. ♂, Cerci, *f. brachyptera*; wie zuvor
408. ♂, Cerci; aus A. GALVAGNI 1973
409. ♂, Cerci; aus A. GALVAGNI 1973
410. ♂, Cerci; aus A. GALVAGNI 1973
411. ♂, Genitale; wie in Fig. 406
412-418. *Forficula aetolica* BR., soweit nicht anders vermerkt im Nat. Hist. Mus. Wien
412. ♂, Pronotum und Elytra, Ad = Ader/vein; S-Russland, Limeneis, südl. Ufer des Krim-Flußes, 22.VI.1902, KUZNEZOV leg.
413. Desgl., ♂, linkes Elytron freigestellt; Türkei, Selsuk, 29.VI.1971, ZEYTIAN. LODOS leg. coll. m.
414. ♂, Cerci von oben, *f. brachyptera*; Europ. Türkei, Kütchük-Tschekmedje, FAHRINGER leg.
415. ♂, Cerci *f. macrolabia* von links, der Pfeil zeigt auf das Epiproct; wie in Fig. 413
416. ♀, rechter Cercus von oben; 24.VI.1902, sonst wie in 412
417. ♀, linker Cercus von außen; wie zuvor
418. ♂, Genitale; wie in Fig. 412
419-425. *Forficula tomis* (KOL.), alle S-Russland, Walouki, VELETCHOVSKY, Nat. Hist. Mus. Wien
419. ♂, Pronotum und Elytra, die Alae scheinen durch
420. ♂, Epiproct von oben-hinten
421. ♀, Epiproct von oben
422. ♀, Epiproct von hinten-unten
423. ♂, Cerci *f. brachylabia* von oben
424. ♀, rechter Cercus von oben
425. ♂, Genitale von unten
426. *Forficula apennina* COSTA, ♂, Pronotum und Elytra, Gran Sasso, 10.VIII.1912, R. EBNER leg., Nat. Hist. Mus. Wien, Al = Ala
427. Desgl., ♀, Epiproct von oben; wie zuvor

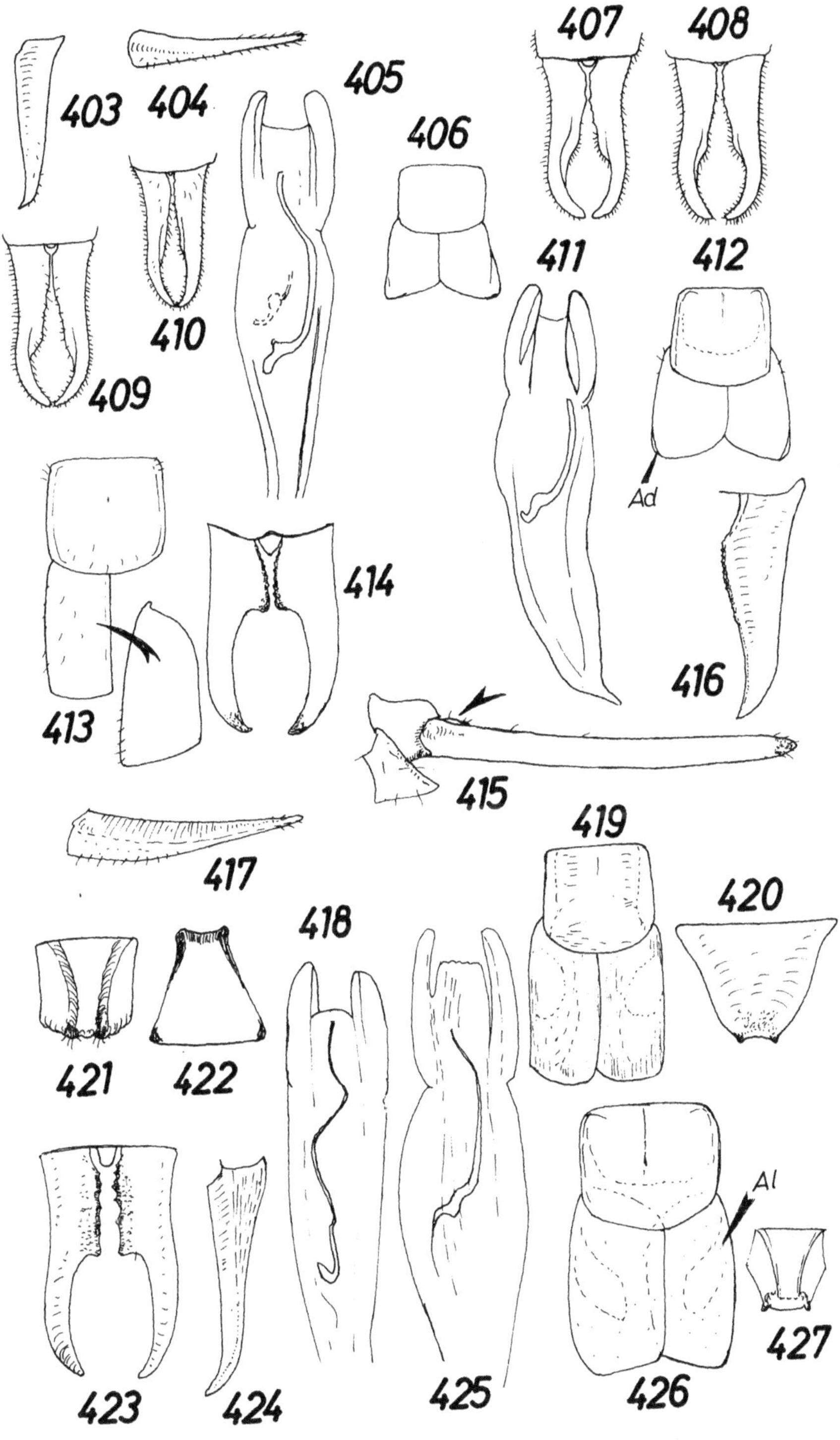
403
404
405
406
407
408
409
410
411
412
Ad
413
414
415
416
417
418
419
420
421
422
423
424
425
426
Al
427

hinten: 420), beim ♀ wie in Fig. 421 und 422; Genitale des ♂ wie in Fig. 425. Die Cerci des ♂ sind orangerötlich, innen bis zum Ende der Zahnleiste gut dorsoventral abgeflacht, die Zähnchen sind dunkel, am Ende der Leiste ein etwas stärkerer Zahn oder Vorsprung (340, 423), bräunlich bis dunkelbraun, längsgefurcht (immer?). Die Elytra sind ± gelblich-durchsichtig (419), längs des Innenrandes und außen bis etwa zur Mitte auch rötlichbraun getönt, fein punktiert, Ader vor dem schmalem Vorfeld deutlich, hinten leicht abgeschrägt; die Alae erreichen in situ das Apikaldrittel bis Apikalfünftel. Die Beine sind gelblich bis gelblichbraun. Maße: Körper ♂ 12-17, ♀ 10,5-14(-18), Pronotum ♂ 2:2,3-2,3:2,6, ♀ 1,9-2,3-2,2:2,6, Elytra ♂ 3,3-3,5, ♀ 2,3-3,3, Cerci ♂ 5,6-10,8, ♀ 3,3-3,7. In der europäischen SSSR bis zum 58-59° n.Br., SW-Sibirien, Kasachstan, Berge Zentralasiens, Transkaukasien, E-Türkei, W-China, Japan. Nach M. BURR (1952) der häufigste Ohrwurm in Russland, der westlich nicht über die Sowjetunion hinausgeht. Bei Massenvermehrung verursacht er zuweielen Schaden an Pflanzenkulturen, Blumen und Früchten.

28. *F. apennina* COSTA 1881 (Atti Ass. Sci. Fis. Mat. Napoli, 9:36, Fig. 7, 7a; Typ: verschollen, zuvor im Mus. Zool. Napoli; terra typica: Italien, Calabria, Tirivolo, Sila piccola; *Forficula apenninica* in BURR 1912). Fig. 346, 347, 426-432. Der Kopf ist orange bis rostrot, die Antennen sind 12 gliederig. Das Pronotum (426) ist orange bis rötlichbraun, gelblich bis durchsichtig gerandet, Das Abdomen ist braun bis rotbraun, der Hinterrand der Terga aber oft rötlich, Terga und Sterna sind dicht punktiert, erstere seitlich runzlig, die Sterna sind gut abstehend behaart, die Drüsenschwielen des 3. und 4. Tergums sind relativ klein; das 10. Tergum mit Punktmuster (346), bei ♀♀ von Calabrien manchmal aber ganz mit Punkten bedeckt, über den Cercusbasen nur mit flachen Erhebungen, ventral umfassen sie diese; das Epiproct des ♂ wie in 347, beim ♀ wie in Fig. 427; Genitale des ♂ wie in Fig. 432; die Cerci sind hellbräunlich, beim ♂ ähnlich *silana*, aber die basale Zahnleiste ist nur kurz (346, 428, 429), der Innenzahn ist ± abwärtsgerichtet, auch ♂ mit nur halb so langen Cerci wie große Tiere zeigen keine Andeutung von *brachylabia*, sind aber wohl als solche zu werten; beim ♀ sind die Cerci schlank (430), außen dicht behaart, innen mit Zahnleiste, ventral abgeflacht, außen mit kurzer Basalleiste (431). Die Elytra sind gelblich-durchsichtig, spärlich punktiert, Ader und Vorfeld wie bei den vorigen, die Alae erreichen in situ fast den Elytraapex. Die Beine sind gelblich. Maße: Körper ♂ 11-15, ♀ 8,8-12,3(-14), Pronotum ♂ 1,7:1,8-2,2:2,4, ♀ 1,9:2-2:2,2, Elytra ♂ 1,9-2,6, ♀ 2-2,4, Cerci ♂ 5,1-10, ♀ 3,3-3,8. I-XII. Italien (Abruzzen, meist über der Waldgrenze, am Gran Sasso Südabhang etwa 2350 m, am N-Hang bis zum Gipfel von 2912 bis etwa 1760 m herabgehend, Kalabrien.

29. *F. laminigera* COSTA 1881 (Atti Acc. fis. mat. Napoli, 9:38, Fig. 9; Typ: ♀ Mus. Zool. Napoli, verschollen; terra typica: Kalabrien, am Fuß der kleinen Sila).
Eine zweifelhafte Art, von der nur ein einziges ♀ bekannt wurde. Der Körper ist braun, die Pronotumseiten, Elytra und Beine sind hell, die Antennen bräunlich mit heller Basis, die Cerci rostrot mit schwarzer Innenkante. Das Pronotum ist wenig breiter als lang; die Elytra länger als das Pronotum, hin-

ten schräg abgeschnitten, am äußeren Hintereck verrundet. Das Abdomen ist ziemlich dicht punktiert, die Drüsenschwielen des 3. Tergums sind noch angedeutet, am 4. Tergum treten sie gut vor; dat 10. Tergum ist stärker punktiert, in der Mitte eingesenkt, mit wenig erhöhten Seitenfalten, am Hinterrand abgestumpft und verdickt; die Cerci sind robust, halb so lang wie der getrocknete Hinterleib, fast dreikantig, gerade, nur apikal nach innen gebogen; das Epiproct ist groß, fast viereckig, am Hinterrand leicht abgestumpft-ausgerandet mit vorspringenden Ecken und punktierter, runzeliger Oberfläche, schräg nach hinten abfallend. Maße: Körper 10, Cerci 2,5 mm. Vielfach mit *decipiens* synonymisiert, aber nach der Form der Elytra könnte es eher ein ♀ von *pubescens* oder *obtusangula* sein. Meinem verehrten Kollegen F. CAPRA danke ich sehr für seine freundlichen Hinweise.

30. *F. smyrnensis* SERVILLE 1839 (Ins. Orth., p. 38, n. 2; Typ: ♂ coll. SERVILLE, unbekannt wo; terra typica: Türkei, Izmir/Smyrna; Syn.: *Forficula orientalis* GÉNÉ 1837, *F. biguttata* F.W. 1846 (♀)). Fig. 325-327, 433-449.
Der Kopf ist orange, die Antennen sind 11-(wohl meist) 12 gliederig, leicht dorsoventral abgeflacht, Das Pronotum (433) ist gelblich bis orangefarben, mit gelblichen bis durchsichtigen Rändern. Das Abdomen ist braunrot, Terga und Sterna sind runzlig punktiert, die Drüsenschwielen am 3. Tergum recht schmal, am 4. Tergum groß (434), das 10. Tergum trägt ein Punktmuster (325), das beim ♂ stärker ausgeprägt ist und hier über den Cercusbasen auch leicht gewölbt und quergerunzelt, z. T. auch glatt ist, ventral umfaßt das 10. Tergum die Cercusbasen; das Epiproct des ♂ (435) fällt fast senkrecht ab oder ist sogar ventral proximalwärts geneigt dorsal mit einer dreieckigen, ± glatten Stelle, dann in zwei vorspringende Seitenzähnchen auslaufend, beim ♀ (327) dreieckig, apikal abgestumpft, mit vorspringenden Seitenwülsten; Genitale des ♂ wie in Fig. 439; die Cerci sind rot bis braunrot, beim ♂ an der Basis kurz erweitert (325, 436, 437) und abgeflacht, die Zahnleisten liegen waagrecht, seitlich davon eine blasenförmig Erhöhung, beim ♀ sind sie schlank (326, 438), gut dorsoventral abgeflacht, mit bis zum Apex deutlicher Außenkante, dorsal mit Mittelkante, von der die Seiten schräg abfallen, die Innenkante ist ± regelmäßig gezähnelt; Innen- und Außenkante wie auch die Apizes sind geschwärzt. Die Elytra sind rötlichbraun, im Basalteil mit hellgelblichen (tatsächlich sind sie hier farblos, die Alae scheinen durch!) länglichrunden Flechen, lateral hell gelblich-durchsichtig (Ader bis zum Apex deutlich, das Feld davor schmal), apikal quer abgestumpft und leicht ausgerandet (433), selten fast ganz duchsichtig und schwach braun gerandet; der vorspringende Teil der Alae ist gelblichweiß, innen und apikal gebräunt. Die Beine sind gelb bis gelblich. Maße: Körper ♂ 14-17, ♀ 12-16, Pronotum ♂ 1,8:2-2,3:2,5, ♀ 1,9:2,1-2,1:2,4; Elytra ♂ 3,1-4,1, ♀ 3,6-3,8, Cerci ♂ 5,2-7,9, ♀ 3,5-5. I-XII. Westlichster Fundort im Süden ist Korsika; S-Dalmatien, Albanien, Griechenland (Athen, Thessalien/Ossia, Olympia), Bulgarien (Ropotamündung, Ropotano-Tal), europäische Türkei, Türkei (wenigstens bis 1100 m), E-Transkaukasien, Schwarzmeerküste des Kaukasus von Batum nordwärts bis Noworossisjk, S-Krim.

31. *F. ruficollis* FABRICIUS 1798 (Ent. Syst. Suppl., p. 185; Typ: Mus. Lund; terra

TAFEL 23

428-432. *Forficula apennina* COSTA, alle Gran Sasso, 10.VIII.1912, R. EBNER leg., Nat. Hist. Mus. Wien
428. ♂, linker Cercus von oben
429. Desgleichen, gleicher Fundort, gleiche Vergrößerung
430. ♀, rechter Cercus von oben
431. ♀, Abdomenapex von link
432. ♂, Genitale von unten
433-439. *Forficula smyrnensis* SERV., alle im Nat. Hist. Mus. Wien
433. ♂, Pronotum und linke Flugorgane; Griechenland 1845
434. ♂, Terga 3 und 4 rechts mit Drüsenschwielen; Istanbul, ex coll. FISCHER
435. ♂, Epiproct; wie zuvor
436. ♂, linker Cercus von oben, *f. macrolabia*; Türkei, Poln. Tschiflik, 13.VIII.1914, ROGGENHOFER leg.
437. ♂, linker Cercus von außen *f. macrolabia*, wie in Fig. 434.
438. ♀, linker Cercus von außen; Thessalia, Ossa, 1884, STUSSINER leg.
439. ♂, Genitale von unten; Kreta, Antr. Jovis, Mt. Ida, 900 m. BIRO leg.; --- = vesiculum reniforme ♂ Ladakia, Dr. LEUTHNER leg., Nr. 15.658 coll. BR.
440. *Forficula ruficollis* F., ♂, Epiproct von oben; Andalusien 1863, BRUNNER VON WATTENWYL leg., Nat. Hist. Mus. Wien
441. Desgleichen, Epiproct von hinten; wie zuvor
442. Desgl., ♀, Epiproct von oben; wie zuvor
443. Desgl., ♀, Epiproct von hinten-unten; wie zuvor

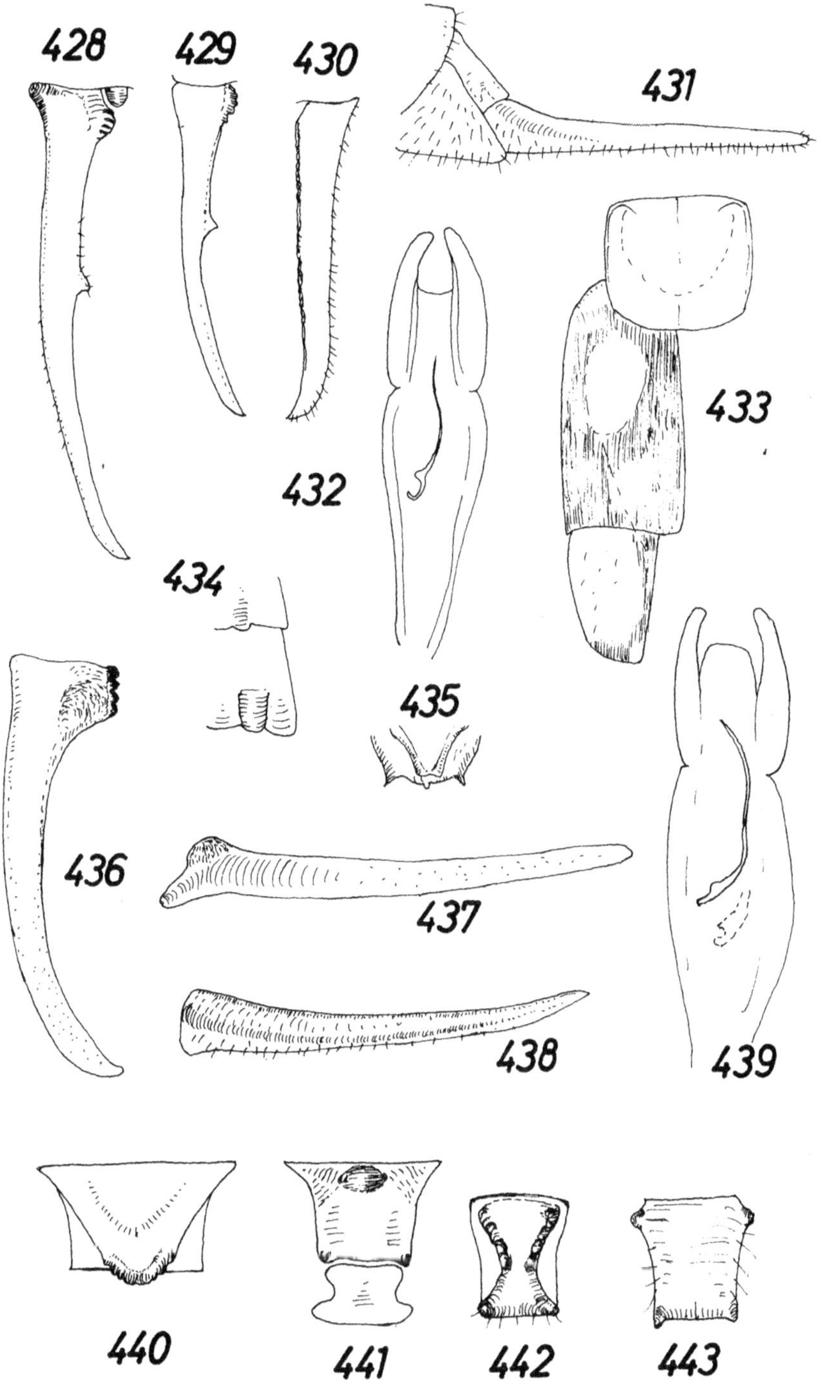
428
429
430
431
432
433
434
435
436
437
438
439
440
441
442
443

typica: Tanger, Dom. Schousboe; Syn.: *Forficula baetica* RAMBUR 1838). Fig. 331, 440-449.
Der Kopf ist dunkel rotbraun bis dunkelbraun, die Mundteile sind heller, die gelblichbraunen Antennen sind 12 gliederig. Das Pronotum (431, 448) ist orange, proximal auch bräunlich, sehr fein querrunzlig. Das Abdomen ist dunkelbraun, die Hinterränder der Terga und Sterna sind aber oft rot, runzlig bis grobrunzlig, die Terga 5-9 sind seitlich grob längsrunzlig; die Drüsenschwielen am 3. und 4. Tergum sind schmal aber deutlich; das 10. Tergum des ♂ ist über den Cercusbasen schwach erhöht und grob querrunzlig, hinten in der Mitte ist es oft schwach ausgerandet, beim ♀ in abgeschwächter Form ebenso; das Epiproct des ♂ ist von oben gesehen eben, dreieckig zulaufend mit verrundetem Apex (440), hinten ist es leicht eingebogen und fällt steil ab (441), beim ♀ (442) von oben gesehen mit gut eingebogenen Seiten und am Apex etwas vorspringenden Seitenecken, von hinten wie in Fig. 443; die Genitale des ♂ wie in Fig. 449; die Cerci des ♂ sind orange bis orangerot, dorsoventral abgeflacht, zumal ventral und basal, innen basal mit etwas wulstigen schwarzen Zähnen (444, 445), apikal dunkel, basal-außen mit verrundeter Kante; beim ♀ sind sie orangerot mit dunklen, meist schwarzen Seiten, auch die Apikalhälfte ist meist dunkel, dorso-ventral abgeflacht, robust (446), innen mit schwarzer gezähnelter Kante, außen mit verrundeter dunkler Kante (447). Die Elytra (331, 448) sind gelblichbraun mit braunen Rändern, ± querrunzlig, hinten leicht ausgerandet, beim ♀ nicht oder nur sehr schwach; die nur geringfügig vorstehenden Apizes der Alae sind gelblich. Die Beine sind gelb bis orangegelb. Maße: Körper ♂ 12,4-16, ♀ 12-14, Pronotum ♂ 2,3:2,8-2,6:3,1, ♀ 2,4:2,5-2,4:2,9, Elytra ♂ 3,5-3,8, ♀ 3,1-3,5, Cerci ♂ 5-9,5, ♀ 3-3,3. I-XII. Im Süden der Iberischen Halbinsel, in Portugal offenbar sehr lokalisiert (seither nur Lissabon); Marokko, Algerien.

32. *F. abrutiana* BORELLI 1916 (Boll. Mus. Zool. Anat. comp., Univ. Torino, 31(711):1; Typ: unbekannt; terra typica: Abruzzen). Fig. 333, 450.
Der Kopf ist kanstanienbraun; die Antennen sind 14 gliederig, das 2. Glied ist mehr als halb so groß wie das 3, das 4. länger als das 2. und rundlich, das 5. so lang wie das 3. Das Pronotum hat parallele Seiten und ist fast 1⅕ so breit wie lang, in der Mitte braun. Das Abdomen ist kastanienbraun, das 1. Tergum braun, die Drüsenschwielen des 3. und 4. Tergums sind ziemlich deutlich; das 10. Tergum fällt schräg zu den Cerci ab, Seitenfalten sind kaum angedeutet; das Epiproct des ♂ ist ziemlich breit, am Rand gefurcht, mit scharfen, leicht divergierenden Rändern; Genitale des ♂ wie in Fig. 450; die Cerci sind kurz, wenig gebogen, dünn, ohne Zähne (333), im Basalteil erweitert und depress, sie nehmen ⅓ der Gesamtlänge ein. Italien (Abruzzen: Valle Fondillo, Viletta Barrea; Piemonte: Casteldelfino). Alles nach T. MACCAGNO 1933.

33. *F. lucasi* DOHRN 1865 (Stettin. Ent. Z. 26:98; Typ: Nat. Hist. Mus. Wien und Nat. Mus. Paris; terra typica: Syrien (Nat. Mus. Paris), Ägypten (Nat. Hist. Mus. Wien); Syn.: *Forficula barroisi* BOLIVAR?). Fig. 328-330, 451-457.
Kopf licht rötlichbraun bis gelbbraun oder gelblich, die Antennen sind 11-12 gliederig, kaum merklich abgeflacht, lichtbraun bis braun, ab dem 4. Glied

fein behaart. Das Pronotum (451) ist hinten breit verrundet, gelblich mit weißlichgelben oder glasig-gelblichen Seitenrändern, auch licht rötlich mit gelblichen Seitenrändern. Das Abdomen ist rotbraun bis gelbbraun, lateral auch dunkler braun gefleckt, Tergum 3. mit schwachen, Tergum 4 mit gut ausgeprägten Drüsenschwielen; das 10. Tergum kann schwarzbraun sein, beim ♂ ist es jederseits der Mitte etwas vorgezogem und erhöht, beim ♀ schwach über den Cercusbasen erhöht, in der Mitte des Hinterrandes glatt, sonst wie das ganze Abdomen ± dicht punktiert; Epiproct des ♂ wie in Fig. 452 und 453, beim ♀ wie in Fig. 330, 454; die Cerci sind gelb bis hellrot, beim ♂ im erweiterten Teil gut abgeflacht (329, 455, 456), innen fein schwarz gezähnelt, dann in die Apizes verschmälert, ventral an der Basis des Innenrandes sehr fein gekörnt bis gezähnelt, beim ♀ wie in Fig. 329; Genitale des ♂ wie in Fig. 457. Elytra dunkelrotbraun mit langem hellem Basalfleck, der sich bis über die Mitte erstreckt, zuweilen aber bloß angedeutet ist, seitlich dann auch heller braun; der vorstehende Teil der Alae ist gelblichweiß, innen apikal auch bräunlich. Die Beine sind gelblich bis gelblichbraun. Maße: Körper ♂ 10,5-19, ♀ 12-16, Pronotum ♂ 1,5:1,7-2,2:4, ♀ 1,4:1,7-2,1:2,5, Elytra ♂ 3-5, ♀ 3,3-4,6, Cerci ♂ 4,5-11, ♀ 2,9-3,5. II-IV, wahrscheinlich aber ganzjährig in zwei Generationen. Die Art wurde in Europa noch nicht gefunden und ist höchstens in S-Spanien zu erwarten, sonst ist sie über S- und W-Asien, Arabien, N-Afrika (Algerien, Marokko), Ägypten, besonders im Gebiet des Roten Meeres verbreitet.

ORDNUNG/ORDER MANTODEA

von

A. KALTENBACH

Kleine bis sehr große *Blattopteroidea* von meist schlanker Körpergestalt; gedrungene Arten sind weniger häufig. Kopf frei beweglich, mit großen, kugelförmigen oder konischen Komplexaugen und fast immer fadenförmigen Antennen. Prothorax schlank und langgestreckt, weniger häufig kurz und breit oder durch seitliche Lappen erweitert. Die Pronotumscheibe bedeckt nicht, wie bei den *Blattodea*, den Kopf. Elytren beim ♂ meist transparent, beim ♀ opak, Alae hyalin, häufig angeraucht, manchmal mit schwarzen, roten oder gelben Flecken. Die Flugorgane sind häufig verkürzt. Die Tendenz zur Rückbildung der Flugorgane ist bei den ♀♀ deutlicher ausgeprägt. Sehr kennzeichnend ist die Umbildung der Vorderbeine zu Raubbeinen mit stark verlängerten Koxen. Die Mittel- und Hinterbeine sind Schreitbeine mit fast immer fünfgliedrigen Tarsen. Das Abdomen besteht aus 10 Segmenten, die Cerci sind gegliedert und meist fadenförmig. Ungegliederte Styli sind nur beim ♂ ausgebildet. Die männlichen Genitalorgane

TAFEL 24

444-449. *Forficula ruficollis* F., alle von Spanien, Chiclana, STAUDINGER leg., Nat. Hist. Mus. Wien
444. ♂, *f. macrolabia*, Abdomenapex von oben, Nr. 2566 coll. BR.
445. ♂, Cerci *f. brachylabia* von oben
446. ♀, Abdomenapex von oben
447. ♀, rechter Cercus von oben, der Pfeil zeigt auf die abgeschrägte Innenkannte
448. ♀, Pronotum und Flugorgane, die Alae scheinen durch, rechtes Elytron ohne Schattierung, welche die Färbung andeutet
449. ♂, Genitale von unten
450. *Forficula abrutiana* BOR., ♂, Genitale nach T. MACCAGNO 1933
451-457. *Forficula lucasi* DOHRN, soweit nicht anders vermerkt im Nat. Mus. Paris
451. Pronotum und Flugorgane, ♀, Anti-Atlas, Trufraout, III 1951
452. ♂, Epiproct von oben; Marocco Saharien, Tissuist, 19.X.1941 CH. RUNGS leg.
453. ♂, Epiproct von hinten; wie zuvor
454. ♀, Epiproct von hinten; Arabia, Djedda, BOTTA leg.
455. ♂ *f. macrolabia*, Abdomenapex von oben; Arabia, 2715 N 4355 E, IV 1946, S. G. GIBBONS, Brit. Mus. (Nat. Hist.) London
456. ♂ *f. brachylabia*, Abdomenapex von oben; wie zuvor
457. ♂, Genitale von unten; wie zuvor

444

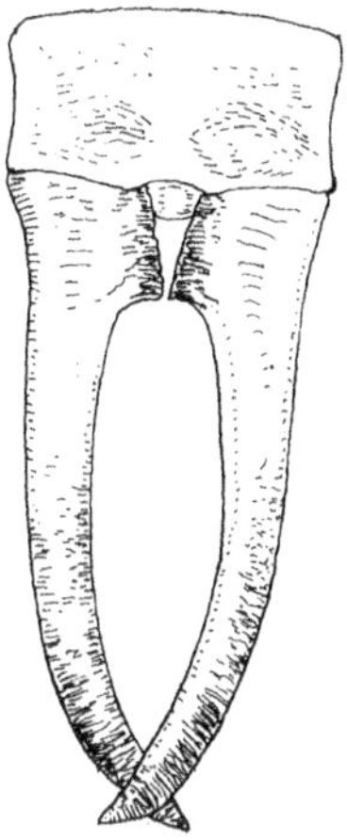

445

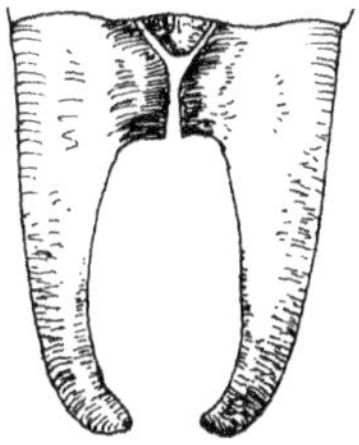

446

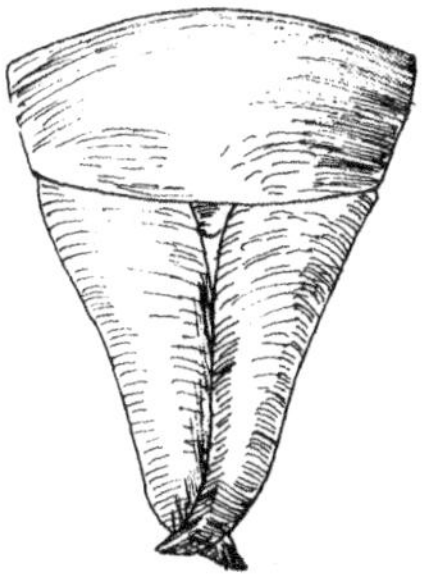

447

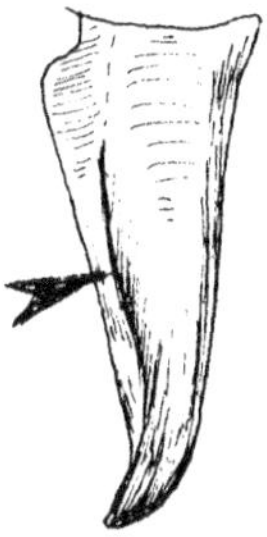

448

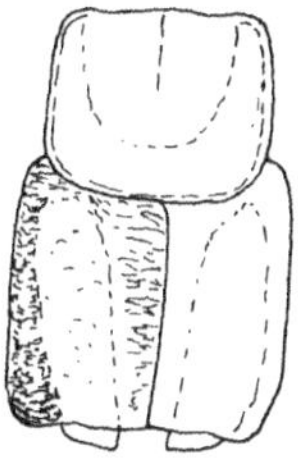

449

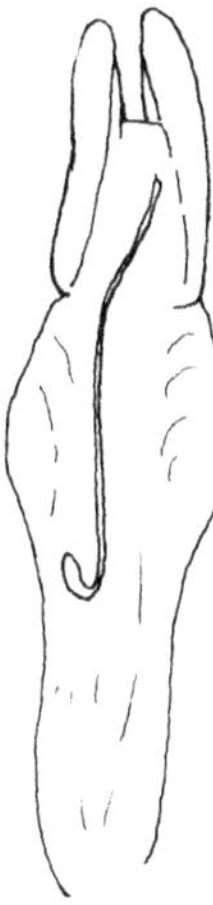

450

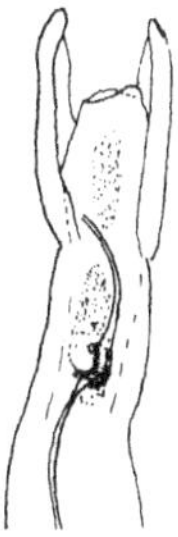

451

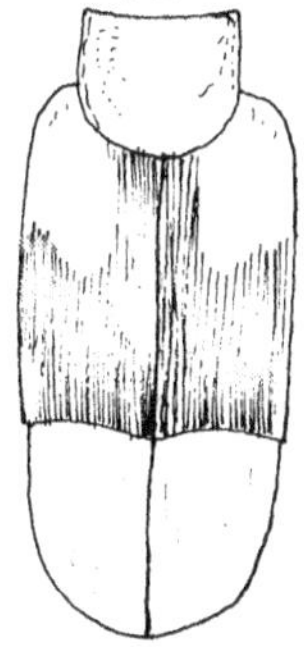

452

453

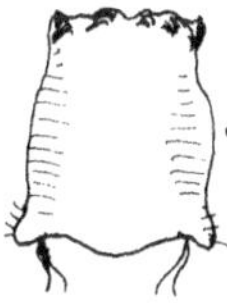

454

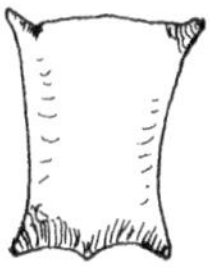

455

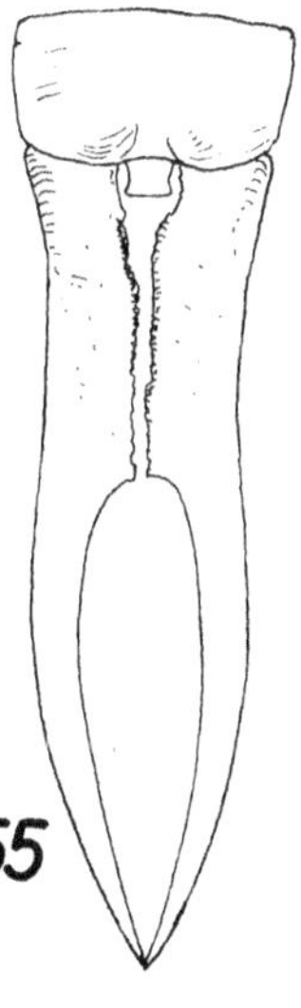

456

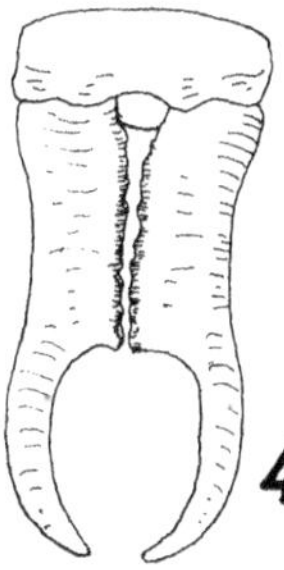

457

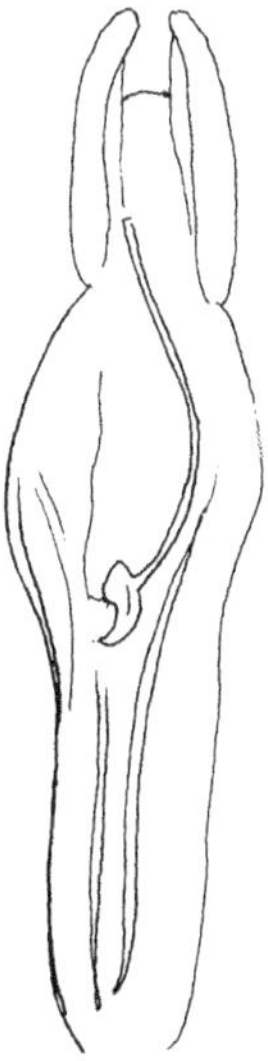

zeigen oft kennzeichnende Merkmale für die Unterscheidung der Gattungen und Arten. Bisher wurden ungefähr 1700 Arten aus der tropischen, subtropischen und gemäßigten Zone der Erde beschrieben. Aus Europa sind 13 Gattungen mit 23 Arten bekannt geworden «» Small to very large *Blattopteroidea*, mostly of a slender body shape; stout species are less frequent. Head freely movable, with large globose or conical compound eyes and nearly always filiform antennae. Prothorax slender and elongated, less frequently short and broad or enlarged by lateral lobes. The pronotum disc does not cover the head as in the *Blattodea*. Tegmina mostly transparent in the ♂, opaque in the ♀, alae hyaline, frequently darkened, sometimes with black, red or yellow spots. The wings are abbreviated frequently. This trend of reducing the wings is more distinctly marked in the ♀♀. The modification of front legs into raptorial legs is very significant. The mid and hind legs are walking legs with nearly always 5-segmented tarsi. The abdomen consists of 10 segments, the cerci are segmented and mostly filiform. Unsegmented styli are developed only in the ♂. The ♂-genitalia are showing frequently significant characters for discriminating genera and species. Up to now about 1700 species were described from the tropical, subtropical and temperate zones of the world. 13 genera with 23 species are known from Europe.

Ökologie (Ecology): Thermophil; euryhygr; manche Arten xerophil; tagaktiv, im Süden des Gebiets auch dämmerungsaktiv; graminicol oder arbusticol; carnivor.

Schlüssel zu den Familien «» Key to the families

1. Vorderfemora mit nur einem Diskoidaldorn, Vordertibien ohne Außenranddornen (458). Pronotum kurz, kaum länger als breit (461, 462). Körperlänge unter 30 mm «» Fore femora with a single discoidal spine, fore tibiae without external spines (458). Pronotum short, hardly longer than broad (461, 462). Body size less than 30 mm . . . . *Amorphoscelididae*, p. 133
– Vorderfemora mit 3-5 Diskoidaldornen, Vordertibien mit Außenrand- und Innenranddornen (459, 460). Pronotum deutlich länger als breit (463-465). Viele Arten über 30 mm groß «» Fore femora with 3-5 discoidal spines, fore tibiae with external and internal spines (459, 460). Pronotum distinctly longer than broad (463-465). Many species more than 30 mm in body length 2
2. Innenrand der Vorderfemora mit einer Dornenreihe, in der ein längerer und ein kürzerer Dorn alternieren (459). Vertex ohne Fortsatz (466). Antennen des ♂ nie doppelt kammförmig gefiedert «» Internal border of the fore femora with a row of spines ar-

ranged so that one longer one alternates with one shorter one (459). Vertex without a protuberance (466). Antennae of the ♂ never bipectinate ....

Mantidae, p. 134

- Innenrand der Vorderfemora mit einer Dornenreihe, in der ein längerer und 3-4 kürzere Dornen alternieren (460). Vertex mit einem mehr oder weniger kegelförmigen Fortsatz (467). Antennen des ♂ doppelt kammförmig gefiedert (528) «» Internal border of the fore femora with a row of spines arranged so that one longer one alternates with 3 or 4 shorter ones (460). Vertex extended into a more or less conical protuberance (467). Antennae of ♂ bipectinate (528) ....

Empusidae, p. 161

FAMILIE/FAMILY: AMORPHOSCELIDIDAE

Kleine Gottesanbeterinnen, Scheitel meist mit einem Höcker jederseits hinter den Augen (470). Pronotum kurz, oft quadratisch (461, 462). Vordertibien unbedornt (458), höchstens ventromedial gezähnelt. Cerci lang, vielgliedrig. Etwa ein Dutzend Gattungen in der Paläotropis und in subtropischen Gebieten «» Small sized praying mantises, vertex usually with a tubercle behind of each eye (470). Pronotum short, frequently quadratic (461, 462). Fore tibiae unarmed (458), at most ventromedial dentate. Cerci long, composed of many segments. About a dozen genera in the Palaeotropis and in subtropical areas.

UNTERFAMILIE/SUBFAMILY: AMORPHOSCELIDINAE

♂♂ und ♀♀ lang geflügelt. Vordertibien kurz und, abgesehen vom Endsporn, gänzlich unbedornt (458). Das letzte Glied der männlichen Cerci oft mehr oder weniger stark vergrößert. Zwei Gattungen in der Äthiopis und Orientalis und nur eine Gattung in der Mediterraneis «» ♂♂ and ♀♀ long winged. Fore tibiae short and entirely unarmed besides of the terminal spur (458). The last segment of the male cerci frequently more or less enlarged. Two genera in the Ethiopis and in the Orientalis and only one genus in the Mediterraneis.

Gattung/Genus: Perlamantis GUÉR.-MÉN. 1843

(Rev. Mag. Zool. 6:42. Typus generis: *P. alliberti* G.-M., *Discothera* BONNET & FINOT 1884).

Kopf breiter als das Pronotum. Augen groß, rund, vorspringend. Frontalschild schmal, quer. Ein rundlicher, vorspringender Scheitelhöcker hinter jedem Auge (470). Pronotum kaum länger als breit, ohne deutliche Suprakoxalerweiterung. Metazona kaum länger als Prozona. Elytren und Alae vollständig entwickelt, hyalin. Vorderkoxen bei beiden Geschlechtern unbewaffnet. Vorderfemora mit nur einem, sehr kleinen Diskoidaldorn und 4 Innenranddornen. Außenrand ohne Dornen. Vordertibien kurz und unbewaffnet (458). Zwei Arten in der westlichen Mediterraneis, davon eine auch in Südeuropa «» Head broader than the pronotum. Eyes large, rounded, prominent. Frontal sclerite narrow, transverse. A rounded prominent tubercle on the vertex behind of each eye (470). Pronotum hardly longer than broad, without a distinct supracoxal extension. Metazona hardly longer than prozona. Tegmina and wings completely developed, hyaline. Fore coxae unarmed in both sexes. Fore femora with one very small discoidal spine only and 4 internal spines. External margin without spines. Fore tibiae short and unarmed (458). Two species in the Western Mediterraneis, one of them occurring in South Europe.

1. *P. alliberti* GUÉRIN-MÉNEVILLE 1843 (Rev. Mag. Zool. 6:42, Fig. 17; Typ: ♂, verschollen; terra typica: Puimoissons, Basses-Alpes/Südfrankreich; Syn.: *Discothera tunetana* BONNET & FINOT 1884, *Ameles Alliberti* WESTWOOD 1889). Fig. 458, 461, 462, 470-472.
Kopf breiter als das Pronotum, mit hellen Linien, Komplexaugen stark vorgewölbt; Ozellen beim ♂ deutlich vortretend. Antennen braun, bei beiden Geschlechtern lang bewimpert. Frontalschild schmal, quer, Oberrand rundlich ausgebuchtet. Scheitelhöcker jederseits hinter den Augen gut entwickelt (470). Pronotum annähernd trapezförmig. Flugorgane erreichen bei beiden Geschlechtern die Enden der Cerci. Elytren und Alae durchscheinend, mit braunen Längsadern. Metatarsus der Fangbeine basal gekrümmt, ebenso lang wie die übrigen Fußglieder zusammen. Supraanalplatte breiter als lang, verrundet. Cerci behaart, letztes Glied scheibenförmig abgeplatted (471). Styli fehlen anscheinend auch dem ♂. Maße (♂♀): Körper 14-16,5, Pronotum 1,7-2,5, Elytron 14-15. Färbung graugelblich, braungefleckt. VI-IX. In trockenen Biotopen lebende Dämmerungstiere. Süd- und Zentralspanien, Südfrankreich, Nordwestafrika.

FAMILIE/FAMILY: MANTIDAE

Größe und Körpergestalt sehr verschieden. Kopf meist breiter als lang, Augen gewöhnlich sehr groß. Ozellen langflügeliger Formen, besonders beim ♂, gut entwickelt. Antennen fadenförmig, nie doppelt kammförmig gefiedert. Flugorgane beim ♂ selten, beim ♀ häufig mehr oder weniger verkürzt, selten gänzlich rückgebildet. Gut entwickelte Alae zeigen ein breites Analfeld und nur eine einfache Längsader zwischen diesem und dem Diskoidalfeld. Vorderbeine mit Dornen bewaffnet. Subgenitalplatte des ♂ fast immer mit Styli. Zahlreiche Gattungen in den tropischen und gemäßigten Zonen der Erde «» Very variable in size and body shape. Head mostly broader than long, eyes usually very large. Ocelli of long winged forms well developed, especially in the ♂. Antennae filiform, never bipectinate. Wings in ♂♂ rarely, in ♀♀ often occuring more or less abbreviated, seldom completely reduced. Well developed alae show a broad anal area and a single longitudinal vein between it and the discoidal area. Fore legs armed with spines. Subgenital plate of ♂ nearly always with styles. Numerous genera in the tropical and temperate zones of the globe.

Schlüssel zu den Unterfamilien «» Key to the subfamilies

1. Größte Pronotumbreite nahe der Mitte (463, 464); Antennen des ♂ bewimpert «» Greatest width of the pronotum about half-way along its length (463, 464); antennae of the ♂ ciliate . . . . *Amelinae*, p. 135
– Größte Pronotumbreite im vorderen Drittel (465); Antennen des ♂ nicht bewimpert «» Greatest width of the pronotum about a third of its length from the front (465); antennae of the ♂ not ciliate . . . . *Mantinae*, p. 150

UNTERFAMILIE/SUBFAMILY: AMELINAE

Kleine, selten mittelgroße Arten. Frontalschild mehr oder weniger quer. Augen rundlich oder konisch mit oder ohne Dorn. Antennen des ♂ bewimpert. Pronotum meist ziemlich kurz. Flügel selten in beiden Geschlechtern gut entwickelt, gewöhnlich wenigstens beim ♀ verkürzt (488, 491) oder ♂ und ♀ apter. Vorderfemora mit 4 Diskoidal- und 4 Außenranddornen; Krallenfurche in der proximalen Hälfte des Vorderfemur. Supraanalplatte groß. Etwa 40 Gattungen in der Äthiopis, der Orientalis und in den südlichen Teilen der Holarktis «» Small species, rarely medium sized. Frontalsclerite more or less transverse. Eyes rounded or conical with or without a spine. Antennae ciliate in the ♂. Pronotum mostly rather short. Wings in both sexes rarely well developed, usually but at least in the ♀ abbreviated or ♂ and ♀ apterous. Fore femora with 4 discoidal spines and 4 external ones, claw-groove in the proximal half of the fore femur. Supra-anal plate large. About 40 genera in the Ethiopis, the Orientalis and in the southern parts of the Holarctis.

Schlüssel zu den Gattungen «» Key to the genera

1. Metatarsus der Hinterbeine kaum kürzer als die übrigen Fußglieder

zusammengenommen «» Metatarsus of the hind legs hardly shorter than the remaining part of tarsus ....

Armene STAL, p. 136

– Metatarsus der Hinterbeine etwas kürzer, ebenso lang oder etwas länger als das zweite Fußglied (468) «» Metatarsus of the hind lets somewhat shorter, as long as, or somewhat longer than the second tarsal segment (468) 2

2. Elytren und Alae beim ♂ voll entwickelt (487, 489, 490), beim ♀ annähernd so lang wie das Pronotum (488, 491) «» Tegmina and hind wings well developed in the ♂ (487, 489, 490), about as long as the pronotum in the ♀ (488, 491) ....

Ameles BURM., p. 137

– Elytren und Alae bei beiden Geschlechtern verkürzt oder fehlend «» Tegmina and hind wings in both sexes abbreviated or lacking . 3

3. ♂ und ♀ mit stark verkürzten Flugorganen (500) «» ♂ and ♀ with very reduced wings (500) ....

Pseudoyersinia KIRBY, p. 146

– ♂ und ♀ apter «» ♂ and ♀ apterous ....

Apteromantis WERN., p. 147

Gattung/Genus: Armene STAL 1877

(Bih. Svenska Akad. 4, nr. 10:25; typus generis: *Mantis pusilla* EVERSMANN 1859).

Kopf groß. Frontalschild quer. Pronotum depress, kaum länger als breit und mit deutlich ausgeprägter Erweiterung (463). Beide Geschlechter mit gut entwickelten Flugorganen. Vorderrand der Elytren nicht bewimpert. Diskoidalader der Alae einfach oder gegabelt. Vorderfemora stark verbreitert. Krallenfurche nahe der Basis des Vorderfemur. Vordertibien mit 11 Außenranddornen. Metatarsus der Hinterbeine kaum kürzer als die übrigen Fußglieder zusammengenommen. Zwei Arten in Mittelasien, davon eine westwärts bis zum Uralfluß verbreitet «» Head large. Frontalsclerite transverse. Pronotum depressed, hardly longer than broad and with a well marked dilatation (463). Both sexes with well developed wings. Fore margin of the tegmina not ciliate. Discoidal vein of the alae simple or biforked. Fore femora very enlarged. Claw-groove near the base of the fore femur. Fore tibiae with 11 external spines. Metatarsus of the hind legs hardly shorter than the remaining part of the tarsus. Two species occuring in Central Asia, one of them westward reaching the Ural River.

1. *A. pusilla* (EVERSMANN) 1859 (*Mantis p.*: Bull. Soc. Moscou 32:124, Abb. 25; Typ: ?; terra typica: die südlichen Kirgisensteppen jenseits des Uralflusses;

Syn.: *Gonypeta* <?> *p.* SAUSS. 1871, *Ameles alata* SAUSS. 1872, *Armene alata* STAL 1877) Fig. 463, 473, 474.
Kopf einschließlich der runden, stark vorgewölbten Komplexaugen breiter als das Pronotum an seiner breitesten Stelle. Frontalschild viel breiter als hoch, Oberrand rundlich ausgebuchtet. Pronotum vor der Mitte stark erweitert (463). Die Flugorgane überragen beim ♂ die Abdomenspitze und sind beim ♀ etwa so lang wie das Abdomen. Elytren transparent mit dunkelbraun gestrichelten Längsadern. Das weißliche Pterostigma ist beim ♀ deutlicher als beim ♂. Alae subhyalin mit leicht angerauchter Spitze. Supraanalplatte breiter als lang, dreieckig, mit verrundeter Spitze. Maße: Körper ♂ 13-14, ♀ 13,5-16, Pronotum ♂ 2,5-3, ♀ 3-4, Elytron ♂ 13,5-14, ♀ 10,5-11,5. Körper graugelblich, fein dunkelbraun gesprenkelt. Imagines am Uralfluß wahrscheinlich vom Frühsommer bis zum Herbst. In Steppengebieten und auf Hutweiden. Mittelasien und äußersten Osten der europäischen USSR (Uralfluß).

Gattung/Genus: Ameles BURMEISTER 1838

(Handb. Ent. 2:531; typus generis: *Mantis nana* CHARP. 1825; *Parameles* SAUSS. 1869).

Körper des ♂ schlank, des ♀ mehr oder weniger gedrungen. Augen rundlich oder kegelförmig, Ozellen beim ♂ groß und vorragend, beim ♀ klein. Pronotum kurz, die Erweiterung über den Vorderkoxen mehr oder weniger deutlich. Metazona nur wenig länger als Prozona (464). Elytren beim ♂ lang und transparent, beim ♀ kurz und opak. Alae beim ♂ hyalin, beim ♀ blauschwarz und rot (gelb) gefärbt. Vordertibien mit 8-9 Außenranddornen. Hinterbeine beim ♂ lang behaart, beim ♀ fast nackt. Metatarsus der Hinterbeine höchstens ein wenig länger als das zweite Tarsalglied (468). Supraanalplatte groß und rundlich. Mit 17 Arten hauptsächlich in der Mediterraneis, aber auch in Westasien und Transkaspien weit verbreitet «» Body slender in the ♂, more or less stout in the ♀. Eyes rounded or conical, ocelli large and prominent in the ♂, small in the ♀. Pronotum short, its dilatation above the fore coxae more or less well marked. Metazona only a little longer than the prozona (464). Tegmina long and transparent in the ♂, short and opaque in the ♀. Alae hyaline in the ♂, bluish black and red (yellow) coloured in the ♀. Fore tibiae with 8-9 external spines. Hind legs pilose in the ♂, nearly bare in the ♀. Metatarsus of the hind legs at most a little longer than the second segment of the tarsus (468). Supra-anal plate large and rounded. The 17 species are widely distributed, mainly in the Mediterraneis but also in Western Asia and in Transcaspia.

TAFEL 25

458. *Perlamantis alliberti* GUÉR.-MÉN., linkes Vorderbein, medial
459. *Mantis religiosa* L., linkes Vorderbein, medial (KF = Krallenfurche, DD = Diskoidaldornen [punktiert])
460. *Empusa fasciata* BRULLÉ, linkes Vorderbein, medial
461-462. *Perlamantis alliberti* GUÉR.-MÉN.
461. Pronotum ♂, dorsal
462. Pronotum ♀, dorsal
463. *Armene pusilla* (EVERSM.), Pronotum ♂, dorsal
464. *Ameles decolor* (CHARP.), Pronotum ♀, dorsal
465-466. *Mantis religiosa* L.
465. Pronotum ♀, dorsal (PZ = Prozona, MZ = Metazona)
466. Kopf ♀, frontal (FS = Frontalschild)
467. *Empusa fasciata* BRULLÉ, Kopf ♀, frontal (FS = Frontalschild, SF = Scheitelfortsatz)
468. *Ameles decolor* (CHARP.), Ende der Tibia + Tarsus (MT = Metatarsus)
469. *Mantis religiosa* L., Ende der Tibia + Tarsus (MT = Metatarsus)
470-472. *Perlamantis alliberti* GUÉR.-MÉN.
470. Kopf ♂, dorsal (SH = Scheitelhöcker)
471. Abdomende ♂ mit Subgenitalplatte und Cerci, ventral
472. Habitus ♂ (3x vergr.)
473-474. *Armene pusilla* (EVERSM.)
473. Habitus ♂ (3x vergr.)
474. Habitus ♀ (3x vergr.)

458

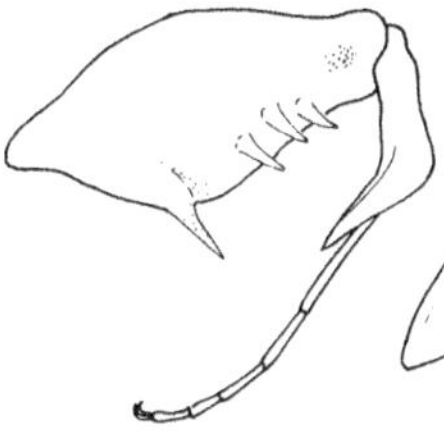

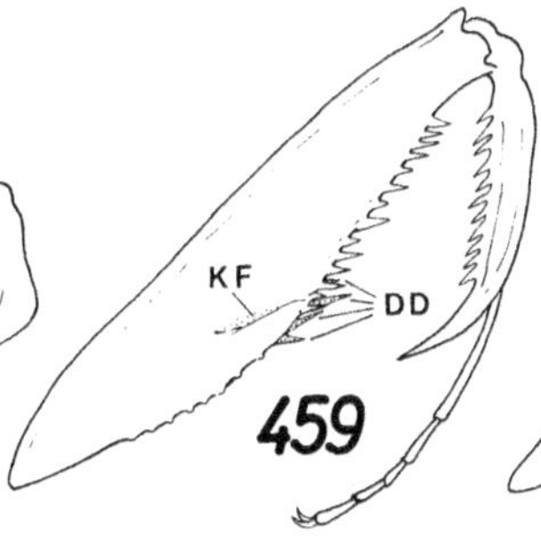

459

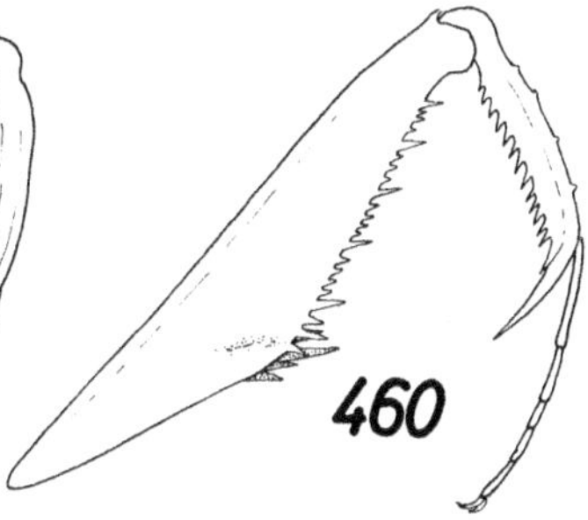

460

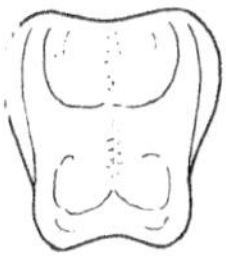

461

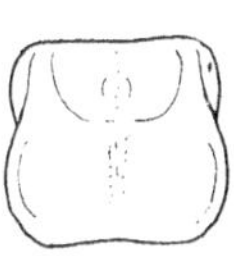

462

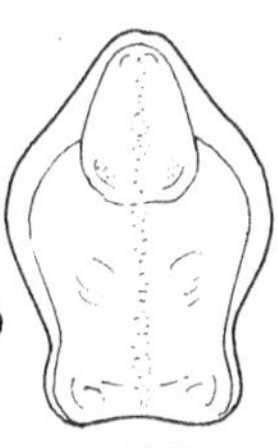

463

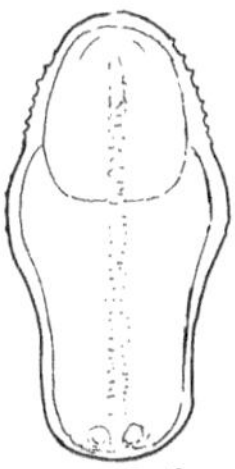

464

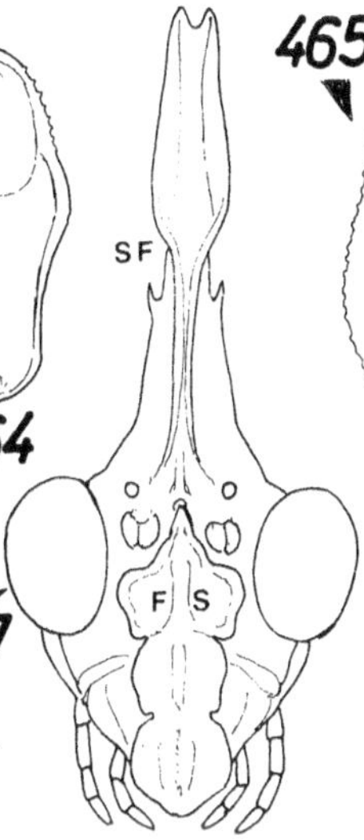

467

465

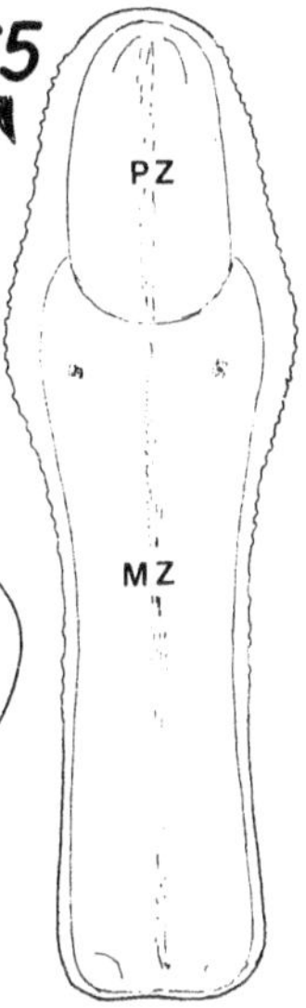

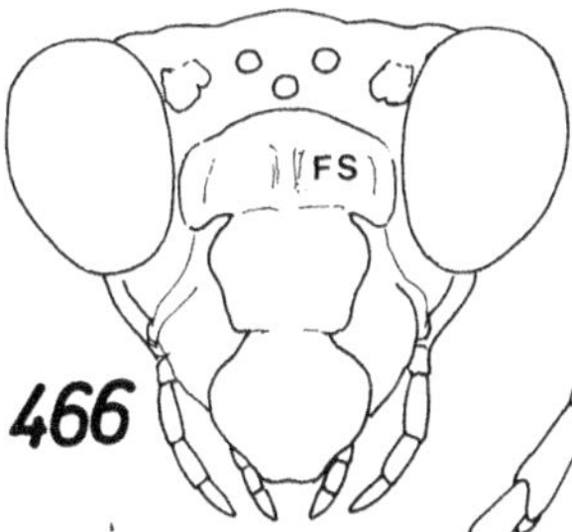

466

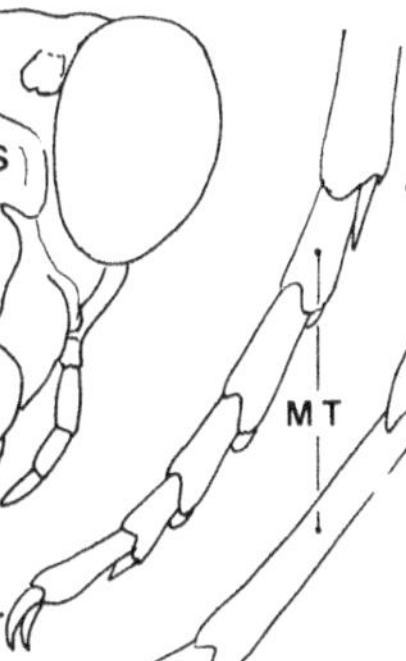

468

469

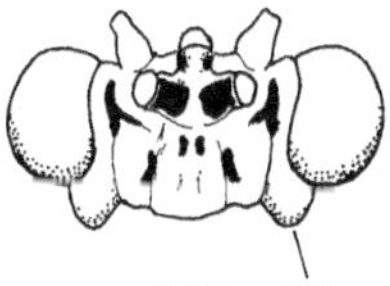

470

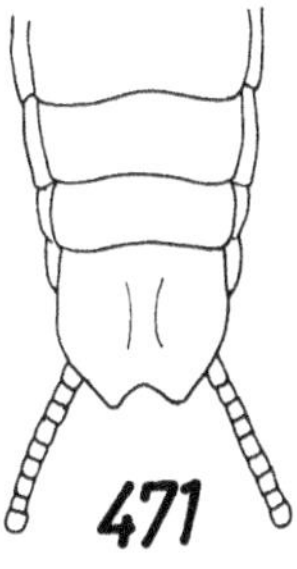

471

472

473

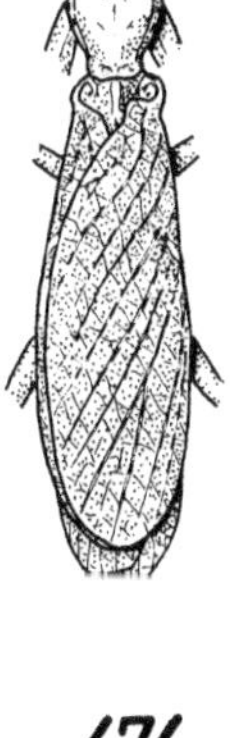

474

Schlüssel zu den Arten «» Key to the species

1. Pronotum weniger als zweimal so lang wie breit; hinter der Erweiterung plötzlich verengt (475) «» Pronotum less than twice as long as broad; constricted just behind of its dilatation (475) 2
- Pronotum mindestens zweimal so lang wie breit; hinter der Erweiterung allmählich verschmälert (476-478) «» Pronotum at least twice as long as broad; gradually narrowed beyond of its dilatation (476-478) 4
2. Vorderfemora höchstens 3,2 mal so lang wie breit. Abdomen des ♀ nach hinten stark erweitert (488). ♂: Pseudophallus höchstens mit einem anliegenden subapikalen Zähnchen (493, 497) «» Fore femora at most 3.2 times longer than broad. Abdomen of ♀ backwards very enlarged (488). ♂: Pseudophallus at most with a adjacent subapical denticle (493, 494) 3
- Vorderfemora mindestens 4 mal so lang wie breit. ♂: Pseudophallus mit langem Subapikalstachel (496) (♀ unbekannt) «» Fore femora at least 4 times longer than broad. ♂: Pseudophallus with a long subapical spike (496) (♀ unknown) . . . .
A. fasciipennis KALT., p. 144
3. Augen meist deutlich konisch, wenigstens beim ♀ gewöhnlich mit einem kleinen Scheitelkorn (475). Elytren des ♂ ca 5 mal so lang wie das Pronotum. ♂: Pseudophallus mit Borstenkamm im basalen Abschnitt (493) «» Eyes mostly distinctly conical, usually with a small apical tubercle, at least in the ♀ (475). Tegmina of the ♂ about 5 times longer than the pronotum. ♂: Pseudophallus with a brush of long bristles in the basal part (493) . . . .
A. africana BOL., p. 141
- Augen nur schwach konisch, höchstens mit flachem Scheitelbuckel (487, 488). Elytren des ♂ 4-4,5 mal so lang wie das Pronotum. ♂: Pseudophallus mit feinen, unregelmäßig über die ganze Fläche verteilten Haaren (494) «» Eyes only moderately conical, at most with a small apical knob (487, 488). Tegmina of the ♂ 4-4.5 times longer than the pronotum. ♂: Pseudophallus with fine irregularly arranged hairs (494) . . . .
A. spallanzania (ROSSI), p. 144
4. Vorderfemora sehr schlank (♂: mindestens 4,8 mal so lang wie breit (483) bis schlank (♀: mindestens 4 mal so lang wie breit). Seitenrand des Pronotum und Oberrand der Vorderfemora nie mit dunklen Punkten. Augen kegelförmig mit Scheitelhöcker oder Scheitelkorn (476) «» Fore femora very slender (♂: at least 4.8 times longer than broad (483) or slender (♀: at least 4 times longer than broad). Lateral margin of the pronotum and dorsal margin of the fore femora never with dark spots. Eyes conical ending in a

tubercle or in a point (476) 5

– Vorderfemora mäßig breit (♂: höchstens 4,2 mal so lang wie breit (484, 485); ♀: höchstens 3,3 mal so lang wie breit (486)). Seitenrand des Pronotum (477, 478) und Oberrand der Vorderfemora (484-486) meist mit mehr oder weniger deutlichen dunklen Punkten. Augen kegelförmig oder abgerundet (477, 478) «» Fore femora moderately broad (♂: at most 4.2 times longer than broad (484, 485); ♀: at most 3.3 times longer than broad (486)). Lateral margin of the pronotum (477, 478) and dorsal margin of the fore femora (484-486) mostly with more or less distinct dark spots. Eyes conical or rounded (477, 478) 6

5. ♂: Größte Pronotum-Erweiterung vor der Mitte (476); ♀: Scheiteloberrand gerade (Frontalansicht) «» ♂: Largest dilatation of the pronotum before the middle of its length (476); ♀: Dorsal margin of the vertex even (frontal view) . . . .
A. picteti (SAUSS.), p. 144

– ♂: Größte Pronotum-Erweiterung in der Mitte; ♀: Scheiteloberrand konkav «» ♂: Largest dilatation in the middle of its length; ♀: Dorsal margin of the vertex concave . . . .
A. assoi BOL., p. 145

6. Augen stets konisch verschmälert, mit Scheitelkorn (477) «» Eyes always conical, ending in a point (477) . . . .
A. heldreichi BR.v.W., p. 145

– Augen mehr oder weniger gerundet, ohne Scheitelkorn (478) «» Eyes more or less rounded, without a point (478) . . . .
A. decolor (CHARP.), p. 146

2. *A. africana* I. BOLÍVAR 1914 (*A. abjecta a.*, Mem. R. Soc. Esp. Hist. Nat. 8:178; Typ: ♀ Museum Madrid; terra typica: Msuda à Amizmiz/Marokko; Syn.:? *Mantis nana* CHARP. 1825). Fig. 475, 480, 481, 492, 493.

Durchschnittlich größere Art mit besonders beim ♀ stärker konischen Komplexaugen, die fast immer einen kleinen Scheitelhöcker tragen (475). Beim ♂ kann stattdessen nur ein flacher Buckel ausgebildet sein. Oberrand des Frontalschildes beim ♂ meist stumpfwinkelig ausgebuchtet (480). Seitenränder des Pronotum stärker vorgezogen und hinter der Suprakoxalerweiterung stärker eingebuchtet als bei der folgenden Art. Elytren beim ♂ etwa 5 mal so lang wie das Pronotum, beim ♀ ebenso lang wie dieses oder etwas kürzer. Alae des ♂ hyalin, die Elytren etwas überragend, beim ♀ mit rötlichem Diskoidalfeld und schwarzviolettem Analfeld. Vorderfemora gedrungen (481), Femora der Mittel- und Hinterbeine distal mit hellem Ring und kurz behaart. Länger behaart sind die schlanken Tibien. Abdomen beim ♂ schlank, beim ♀ wird das stark verbreiterte Abdomen wie bei den Larven aufwärts gekrümmt getragen. Die Supraanalplatte ist kürzer und gleichmäßiger abgerundet als bei *A. spallanzania*. Kopulationsorgan des ♂ (492): Pseudophallus mit kammartig angeordneten, dunklen Borsten (493). Maße:

TAFEL 26

475. *Ameles africana* BOL., ♀, Kopf und Pronotum, dorsal
476. *Ameles picteti* (SAUSS.) ♂, Kopf und Pronotum, dorsal
477. *Ameles heldreichi* BR.V.W., ♂, Kopf und Pronotum, dorsal
478. *Ameles decolor* (CHARP.) ♂, Kopf und Pronotum, dorsal
479. *Ameles spallanzania* (ROSSI) ♂, Frontalschild
480. *Ameles africana* BOL., ♂, Frontalschild
481. *Ameles africana* BOL., ♂, Vorderfemur, lateral
482. *Ameles fasciipennis* KALT., ♂, Vorderfemur, lateral
483. *Ameles picteti* (SAUSS.), ♂, Vorderfemur, lateral
484. *Ameles heldreichi* BR.V.W., ♂, Vorderfemur, lateral
485. *Ameles decolor* (CHARP.), ♂, Vorderfemur, lateral
486. *Ameles heldreichi* BR.V.W., ♀, Vorderfemur, lateral
487. *Ameles spallanzania* (ROSSI)
487. Habitus ♂ (3x vergr.)
488. Habitus ♀ (3x vergr.)
489. *Ameles picteti* (SAUSS.), Habitus ♂ (3x vergr.)
490-491. *Ameles decolor* (CHARP.)
490. Habitus ♂ (3x vergr.)
491. Habitus ♀ (3x vergr.)

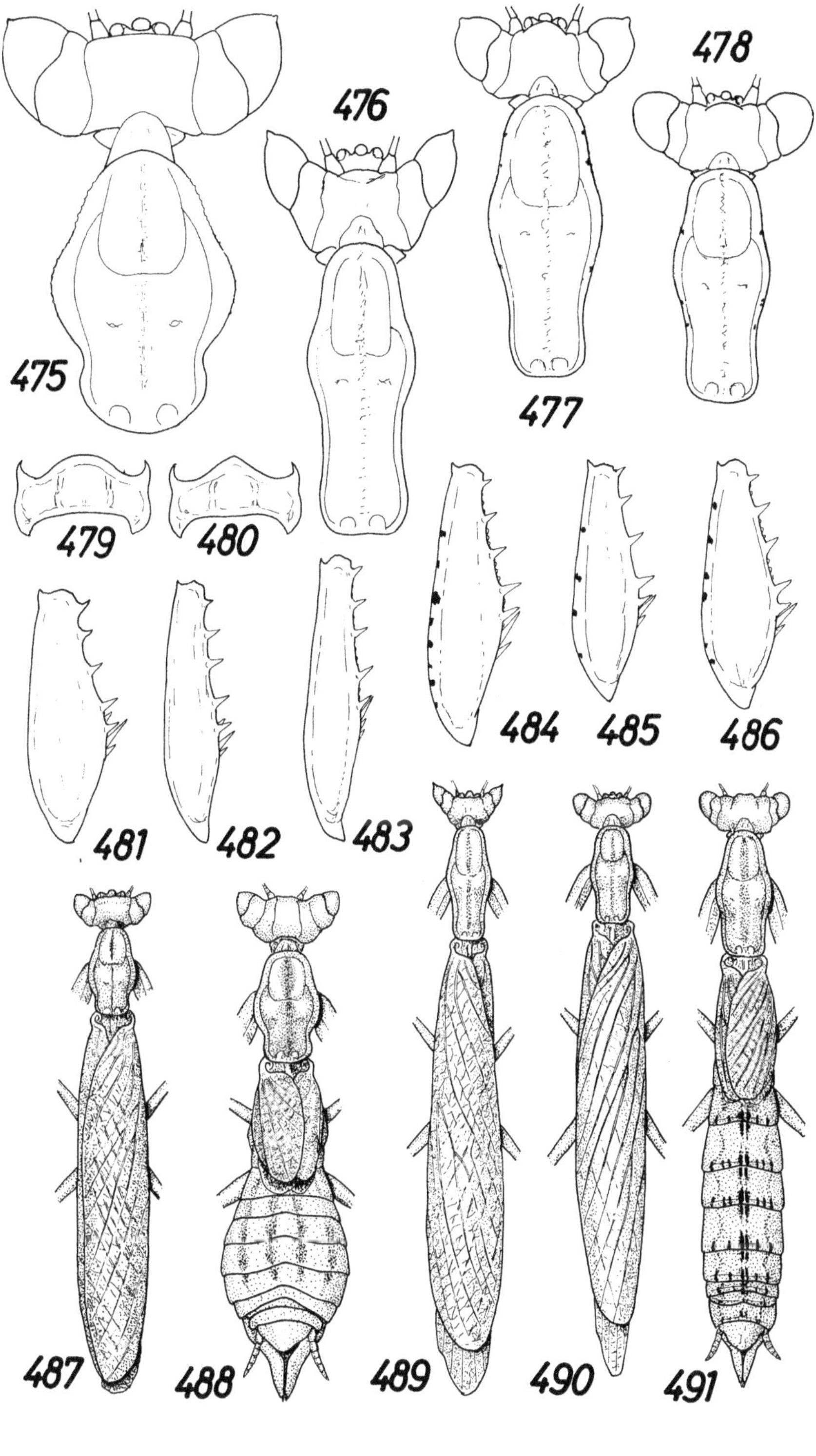
475
476
477
478
479
480
481
482
483
484
485
486
487
488
489
490
491

Körper ♂ 21-26, ♀ 25-29, Pronotum ♂ 4,5-6, ♀ 6-8, Elytron ♂ 18-26, ♀ 6-7. Grün, scherbengelb, grau oder (seltener) braun. Ab VI adult. In Afrika vielleicht ganzjährig als Imago. Biotop wie bei der folgenden Art. Südportugal, Spanien (?), Korsika, Sardinien, Sizilien, Kerkyra, Dalmatien (Split; eingeschleppt?); Nordwestafrika. Biologie: KORSAKOFF 1942.

3. *A. spallanzania* (ROSSI) 1792 (*Mantis s.*, Mant. insect., *1*:102, t.5, Fig. G, H; Typ: ♀, verschollen; terra typica: Etrurien; Syn.: *Mantis brevis* RAMBUR 1838, *M. soror* SERV. 1839,? *M. nana* CHARP. 1825, *A. abjecta* BOL. 1897 <nec *Mantis abjecta* CYRILLO 1787>). Fig. 479, 487, 488, 494.
Größe sehr verschieden. Komplexaugen schwach konisch, gelegentlich mit flachem Scheitelbuckel. Oberrand des Frontalschildes beim ♂ rundlich ausgebuchtet (479). Pronotum beim ♂ wenigstens halb so breit wie lang, beim ♀ stets breiter. Querfurche zwischen Pro- und Metazona tief eingedrückt. Seitenrand beim ♂ glatt, beim ♀ fein gezähnelt. Elytren des ♂ je nach der Lokalität von verschiedener Länge, aber mindestens 4 mal so lang wie das Pronotum (487). Elytren des ♀ lappenförmig, opak, etwa so lang wie das Pronotum oder etwas kürzer. (488). Alae beim ♂ hyalin, beim ♀ mit blaßrotem bis leuchtend rotem Diskoidalfeld und schwarzviolettem, schillernden Analfeld. Beine und unterschiedliche Abdomenform bei beiden Geschlechtern (487, 488) wie bei der vorigen Art. Kopulationsorgan des ♂: Pseudophallus mit einem Feld unregelmäßig verteilter Haare (494). Maße: Körper ♂ 18-23, ♀ 17-25, Pronotum ♂ 4,3-5, ♀ 5-7, Elytron ♂ 17-23, ♀ 4,5-7. Grün, scherbengelb, grau, braun oder olivefarben. Pronotum auch bei grünen ♀♀ fast immer rotbraun bis graubraun. Abdomenrücken des ♀ einfärbig oder mit verwaschenen Längsbinden (488). Elytren des ♂ von Körperfarbe mit blaßem Kostalrand. VI-X. Im Süden des europäischen Mittelmeergebietes schon ab IV (überwinternde Larven!). Triften, Hänge und Wegränder meist trockener, mit Stauden und Gebüsch bestandener Landschaften, Portugal, Spanien, Südfrankreich, Italien, Dalmatien, Herzegovina, Albanien, Kerkyra, Kythira und Kreta; Nordwestafrika. Biologie: GIARDINA 1902, BUGNION 1922, BERNARD 1936, MORALES AGACINO 1947, KALTENBACH 1963.

4. *A. fasciipennis* KALTENBACH 1963 (Zool. Jb. Syst. 90:558-559, Fig. 19 a-d; Typ: ♂ Naturhist. Mus. Wien; terra typica: Tolentino in den Marken/Italien). Fig. 482, 495, 496.
♂ (♀ unbekannt): Komplexaugen schwach konisch, mit flachem, ommatidienfreien Buckel. Frontalschild mit stumpfwinkeligem Oberrand. Pronotum kurz und breit, mit stark geschwungenem Seitenrand (ähnlich *A. africana*, aber im Verhältnis zur Körpergröße zarter). Elytren ungefähr 7 mal so lang wie das Pronotum, transparent, mit opakem Kostalrand. Die hyalinen Alae überragen etwas die Elytrenspitzen. Längsadern der Alae terminal braun gerandet. Vorderfemora schlank (4 mal so lang wie breit; <482>). Mittel- und Hinterbeine stark pubescent. Kopulationsorgan (495): Pseudophallus mit sehr langem Subapikalstachel (496). Maße: Körper 25, Pronotum 3,7, Elytron 25,7. Körper bräunlich gefärbt. Nur von Typusort bekannt.

5. *A. picteti* (SAUSSURE) 1869 (*Parameles p.*; Mitt. Schweiz. ent. Ges. 3, H.2:72;

Typen: ♂♀ Mus. Hist. Nat. Genève; terra typica: Spanien; Syn.: *Mantis nana*, RAMBUR 1838 <nec *M. nana* CHARP. 1825>, *Harpax nana*, LUCAS 1849). Fig. 476, 483, 489, 497, 498.

Schlanke Art. Komplexaugen beim ♂ stark, beim ♀ schwächer konisch zugespitzt, mit deutlich abgesetztem Scheitelzäpfchen (476). Vertex zwischen den Augen beim ♂ konkav eingesenkt, beim ♀ flach bis schwach konkav (Frontalansicht). Pronotum beim ♂ etwa 2¼ mal so lang wie breit, deutlich vor der Mitte am breitesten (476); Seitenrand glatt und fein bewimpert. Die Elytren des ♂ überragen die Abdomenspitze (489) BEIM ♀ sind sie meist kürzer als das Pronotum und im Kostalfeld durch ein Relief vorspringender Adern ausgezeichnet. Alae beim ♂ hyalin, beim ♀ mit gelblichem Diskoidalfeld und schwarzblauem Analfeld. Vorderfemora schlank (483). Mittel- und Hinterbeine beim ♂ lang behaart, beim ♀ mit kürzeren Haaren. Abdomen des ♀ nur schwach erweitert. Die Cerci des ♂ überragen die Subgenitalplatte. Kopulationsorgan des ♂ (497): Pseudophallus im distalen Abschnitt rechtwinkelig nach ventral verdreht, mit kleinem, abstehenden Zahn (498). Maße: Körper ♂ 24-27, ♀ 25-31, Pronotum ♂ 5-5,5, ♀ 6-7, Elytron ♂ 19-22, ♀ 6-8. Grün, seltener braungelb. Elytren des ♂ mit bräunlichem Kostalfeld. ♀ mit heller, braungesäumter, sehr charakteristischer Medianlinie auf dem Abdomenrücken. IV-VIII. Auf Gräsern oder Stauden heißer, trockener Landschaften. Südspanien, Sizilien; Algerien.

6. *A. assoi* (I. BOLÍVAR) 1873 (*Mantis A.*, An. Soc. Esp., 2:216; Typ: ♀ Mus. Madrid; terra typica: Madrid/Spanien; Syn.: *A. nana*, BR.V.W. 1882 part. <nec *Mantis nana* CHARP. 1825>).

Sehr ähnlich der vorigen Art. Komplexaugen schwächer konisch, mit einem kleinen Scheitelhöcker. Pronotum des ♂ kürzer, in der Mitte erweitert. Scheitel beim ♀ deutlich konkav eingesenkt. Kopulationsorgan des ♂ stimmt mit *picteti* überein. Maße: Körper ♂ 22-26, ♀ 23-26, Pronotum ♂ 5-6, ♀ 5-6,5, Elytron ♂ 17-18,5, ♀ 5-5,5. Ab V adult. Zentralspanien; Marokko, Tunis. – Die Unterart *melillensis* I. BOLÍVAR 1914 (Mem. Soc. espan. 8: 179) von Melilla/Marokko ist durch einen braunen Streifen zwischen den Augen und feine, braune Punktierung auf der Pronotumscheibe ausgezeichnet.

7. *A. heldreichi* BRUNNER V. WATTENWYL 1882 (Prodr. eur. Orthopt.: 67, t.3, Fig. 18a,b; Typ: ♂ Naturhist. Mus. Wien; terra typica restricta: Rhodos/Südl. Sporaden; Syn.: *Parameles h.*, JACOBSON & BIANCHI 1905, *P. taurica*, JAKOVLEV 1903, P. picteti, GIGLIO-TOS 1914 <nec *P. picteti* SAUSS. 1869>, *Apterameles rammei* BEIER 1950 <larva>). Fig. 477, 484, 486.

Durchschnittlich größere Art. Komplexaugen schwach konisch mit stumpfem Scheitelhöcker (477). Oberrand des Frontalschildes rundlich ausgebuchtet. Pronotum-Erweiterung knapp vor der Mitte gelegen, wenig ausgeprägt (477). Seitenrand beim ♀ fein gezähnelt und bewimpert, mit (manchmal undeutlichen) dunklen Punkten. Die Elytren des ♂ überragen die Abdomenspitze, beim ♀ sind sie oft etwas länger als das Pronotum. Alae des ♀ rotgelb mit blauviolettem Analfeld. Beine, besonders der Dorsalrand der Vorderfemora, fast immer braun punktiert (484, 486). Abdomen des ♀ wie bei der folgenden Art nur schwach erweitert. Kopulationsorgan des ♂ ähnlich dem der folgenden Art (vgl. Fig. 499). Maße: Körper ♂ 24-27, ♀ 25-30, Pronotum ♂ 6-7, ♀ 6,5-8, Elytron ♂ 21-25, ♀ 6-7. Scherbengelb oder graubraun, Elytren des ♂ mit hell gesäumten Vorderrand und dunkelbraun gestrichelten Längsadern. Im nördlichen Teil des Verbreitungsgebietes: VIII-X; im südlichen Teil schon ab IV adult (Larven überwintern). Im hohen Gras und auf Stauden oder niedrigem Gebüsch in der Phrygana; an trockenen und feuchten Standorten. Küstengebiet des Schwarzen Meeres, Bulgarien, Griechenland einschließlich der ägäischen Inseln und Kreta, Europ. Türkei, Kleinasien, Syrien, Palästina. – Biologie: BURR, CAMPBELL & UVAROV 1923, KALTENBACH 1963.

A. cypria UVAROV 1936 (Ann. Mag. Nat. Hist., Ser. 10, 18:507-508, Fig.) von Zypern unterscheidet sich im wesentlichen nur durch die stärker abgerundeten Augen von *A. heldreichi*. Bei einer Gesamtrevision der Gattung wird sich ihr Status auch als Subspezies kaum aufrecht halten lassen.

8. *A. decolor* (CHARPENTIER) 1825 (*Mantis d.*, Horae ent.: 90; Typ: ♂ Zool. Mus. Berlin; terra typica: Südfrankreich; Syn.: *Harpax d.*, LUCAS 1849). Fig. 478, 485, 490, 491, 499.

Komplexaugen kugelig bis ellipsoid vorgewölbt, seltener der konischen Form angenähert, ohne Scheitelkorn. Pronotum weniger als halb so breit wie lang, mit schwach eingedrückter Querfurche. Pronotum-Scheibe mit mehr oder weniger deutlichem, dunklen Medianstreifen. Seitenrand meist dunkel punktiert. Flugorgane, Beine und Abdomen entsprechen der vorigen Art. Kopulationsorgan des ♂: Fig. 499. Maße: Körper ♂ 20-25, ♀ 20-27, Pronotum ♂♀ 4,5-5,5, Elytron ♂ 16-23, ♀ 5-6. Grau, braun in allen Schattierungen bis braunschwarz oder scherbengelb. Abdomen-Rücken einfärbig, bei ♀♀ oft mit Zeichnungsmuster (491). VIII-X; in Spanien ab IV adult (Larven überwintern!). Auf spärlich bewachsenen Triften, auch auf bebauten oder brachliegenden Feldern, im Gras von Hutweiden, seltener auf Stauden oder Gebüsch. Griechenland und Ionische Inseln, Mazedonien, Adriaküste, Italien, Südfrankreich, Spanien, Mittelmeerinseln. Nordwestafrika. – Biologie: GIARDINA 1902, MORALES AGACINO 1947, KALTENBACH 1963.

Gattung/Genus: Pseudoyersinia KIRBY 1904

(Syn. Cat. Orhopt. 1:231; typus generis: *Mantis brevipennis* YERSIN).

Sehr ähnlich der Gattung *Ameles*. Signifikant ist nur die Verkürzung der Flugorgane des Pseudoyersinia-♂ (501). Bisher wurden 8 Arten von Südeuropa, den Kanarischen Inseln und Nordwestafrika beschrieben «» Very similar to the genus *Ameles*. Significant is only the abbreviation of wings of the ♂ of *Pseudoyersinia* (44). Up to now 8 species were described from South Europe, the Canary Islands and Northwest Africa.

Schlüssel zu den Arten «» Key to the species

(Die ♀♀ der europäischen Arten sind nicht mit Sicherheit bekannt «» ♀♀ of the European species are now known with certainty).

1. Augen konisch verschmälert, mit Scheitelkorn (500). Alae hyalin «» Eyes conical, ending in a point (500). Hind wings hyaline ......
P. brevipennis (YERS.), p. 147
- Augen gerundet (501). Alae hyalin mit schwarzviolettem Analfeld «» Eyes rounded (501). Hind wings hyaline with a dark violet anal area ....
P. paui (I. BOL.), p. 147*

9. *P. brevipennis* (YERSIN) 1860 (*Mantis b.*, Ann. Soc. ent. France, ser. 3, 8:511, t.10, Fig. 36-40; Typ: ♂ Mus. Genf; terra typica: Hyères/Südfrankreich). Fig. 500.
♂: Komplexaugen konisch verjüngt, mit stumpfem Scheitelkorn. Ozellen klein und nur schwach vorgewölbt. Pronotum schlank. Elytren etwas kürzer als das Pronotum. Alae hyalin. Beine stark pubeszent. Maße: Körper 21-25, Pronotum 4,8-5,5, Elytron 4-4,7. Körper (Typ) scherbengelb. Hyères, Dep. Var/Südfrankreich, Sizilien.

10. *P. paui* (I. BOLÍVAR) 1898 (*Ameles P.*, Act. soc. Esp. 26:146; Typ: ♂ Inst. Esp. Ent. Madrid; terra typica: Morella, Spanien). Fig. 501.
♂: Komplexaugen verrundet. Oberrand des Frontalschildes stumpfwinkelig. Pronotum schlank, mit schwach ausgeprägter Suprakoxalerweiterung und dunkler Medianlinie. Elytren etwas länger als das Pronotum. Alae hyalin mit großem, schwarzvioletten Fleck im Analfeld. Vorderfemora schlank. Supraanalplatte dreieckig, ebenso lang wie breit. Cerci überragen kaum die Subgenitalplatte. Maße: Körper 21-23, Pronotum 5-5,2, Elytron 5,5-6,5. Grün oder braun. Elytren wie der Körper gefärbt, transparent, nur das Costalfeld braunrötlich und opak. Costalrand breit elfenbeinfarben. Südostspanien.

Gattung/Genus: Apteromantis WERNER 1932

(SB. Akad. Wiss. Wien [I], 141:127; typus generis: *Pseudoyersinia bolivari* WERNER 1929; *Pseudoyersinia* KIRBY 1904 part.).

♂ und ♀ ungeflügelt. Subgenitalplatte dreieckig, beim ♀ tief ausgeschnitten. Die Cerci überragen weit die Abdomenspitze. Zwei Arten im westlichen Mittelmeergebiet, eine davon in Südeuropa «» ♂ and ♀ apterous. Subgenital plate triangular, deeply excised in the ♀. Cerci greatly extending beyond the tip of the abdomen. Two species in the Western Mediterraneis, one of them in Southern Europe.

11. *A. aptera* (FUENTE) 1894 (*Ameles a.*; Act. Soc. Esp. 22:137; Typen: ♂♀ Inst. Esp. Ent. Madrid; terra typica: Pozuelo de Calatrava/Spanien). Fig. 502.
Kopf ungefähr so breit wie das Pronotum lang ist. Vertex zwischen den Augen eingesenkt. Komplexaugen konisch verschmälert, mit konischem, beim ♂ stärker zugespitzten Scheitelzapfen (502). Der Oberrand des Frontalschildes ist stumpfwinkelig ausgebuchtet. Metazona des Pronotum verhält-

* A. GALVAGNI hat 1976 (Atti Acc. Roveretana Ag. Atti anni acc. 224-225 (1974-1975), ser. 6, 14-15: 147-156, 8 Fig. *Pseudoyersinia andreae* von Sardinien beschrieben, die paui nahesteht.

TAFEL 27

492. *Ameles africana* BOL., ♂, Kopulationsorgan, ventral (RE = rechter Epiphallus, LE = Linker Epiphallus, HP = Hypophallus, P = Pseudophallus)
493. *Ameles africana* BOL., ♂, Pseudophallus
494. *Ameles spallanzania* (ROSSI), ♂, Pseudophallus
495. *Ameles fasciipennis* KALT., ♂ (Holotypus), Kopulationsorgan, ventral
496. *Ameles fasciipennis* KALT., ♂ (Holotypus), Pseudophallus
497. *Ameles picteti* (SAUSS.) ♂, Kopulationsorgan, ventral
498. *Ameles picteti* (*SAUSS.*) ♂, Pseudophallus
499. *Ameles decolor* (CHARP.) ♂, Kopulationsorgan, ventral
500. *Pseudoyersinia brevipennis* (YERS.) ♂, Kopf und Pronotum, dorsal (nach YERSIN 1860)
501. *Pseudoyersinia paui* (BOL.), Habitus ♂ (3x vergr.)
502. *Apteromantis aptera* (FUENTE) ♂, Kopf, frontal

35-42, 44 und 45 nach KALTENBACH 1963

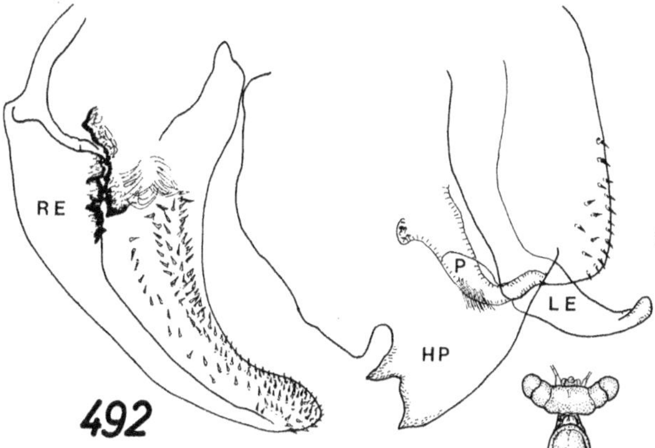

492

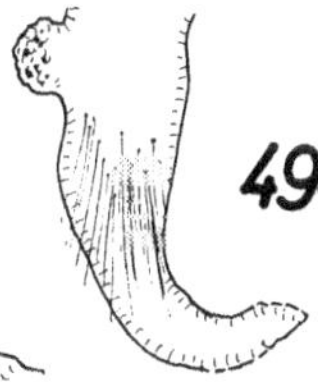

494

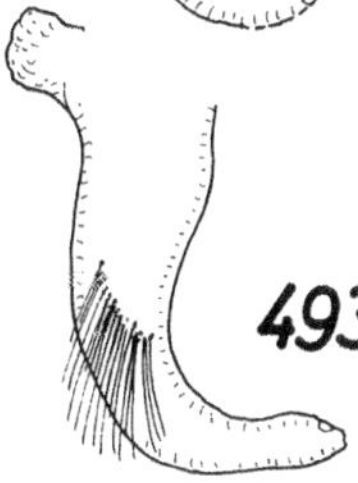

493

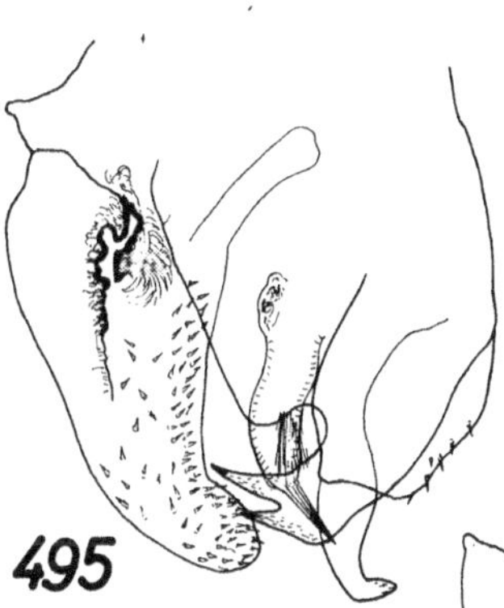

495

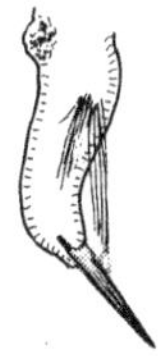

496

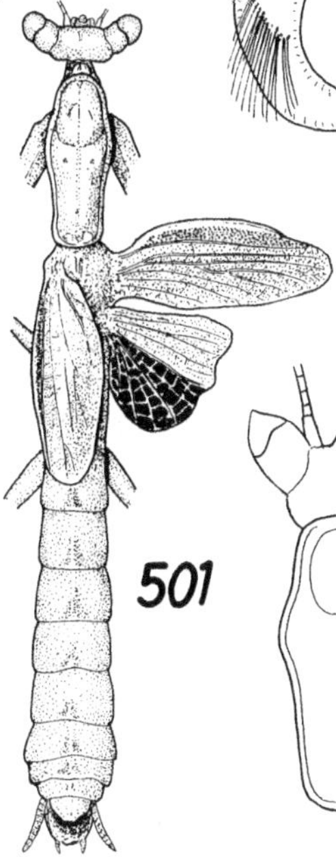

501

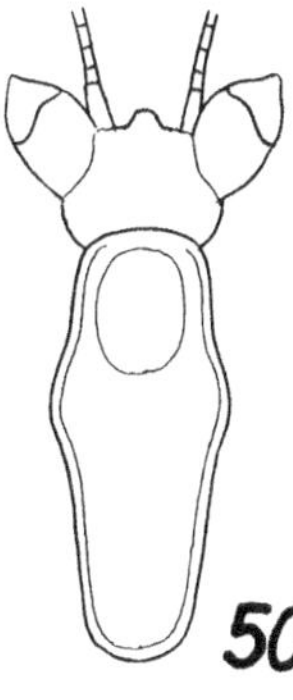

500

502

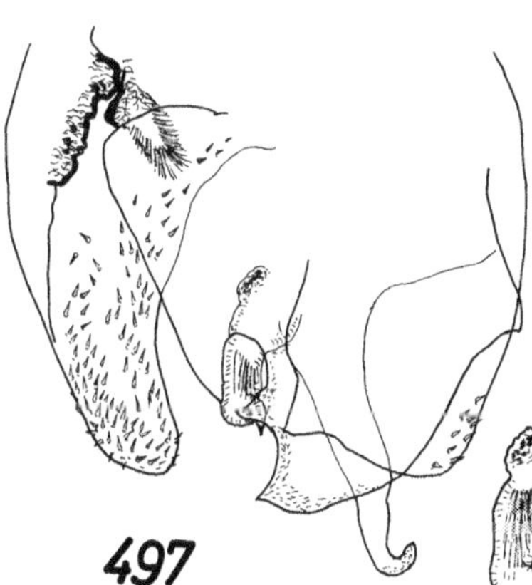

497

498

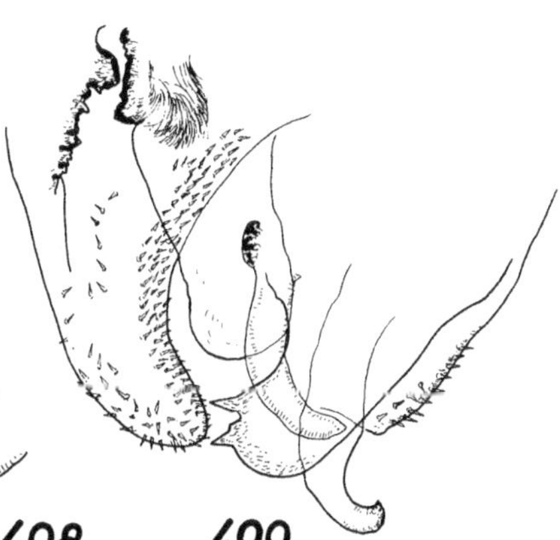

499

nismäßig breit. Flugorgane in beiden Geschlechtern völlig rückgebildet. Mittel- und Hinterbeine besonders beim ♂ lang behaart. Abdomen des ♂ fast parallelrandig, des ♀ im letzten Drittel etwas verbreitert. Cerci des ♂ abgeplattet. Subgenitalplatte des ♀ dreieckig ausgeschnitten. Maße: Körper ♂ 27-28, ♀ 28,5-36, Pronotum ♂ 5,5-6, ♀ 6,5-8,5. Grün, seltener gelblich. VI-VII. Vielleicht schon Ende V adult und wahrscheinlich noch VIII anzutreffen. Auf xerothermen Hängen. Süd- und Zentralspanien.

UNTERFAMILIE/SUBFAMILY: MANTINAE

Gewöhnlich mittelgroße bis sehr große Arten. Kopf ohne Scheitelfortsatz. Ein Scheitelhöcker hinter den Augen ist selten entwickelt. Komplexaugen fast immer rund. Antennen des ♂ nicht bewimpert. Pronotum schlank, größte Breite im vorderen Drittel (465). Flugorgane besonders beim ♀ oft verkürzt. Ausnahmsweise bei beiden Geschlechtern völlig rückgebildet (in Europa nur *Geomantis larvoides*, eine kleine Art von höchstens 30 mm Körperlänge). Vorderfemora meist mit 5, selten mit 4 Außendornen und 4, ausnahmsweise 3, Diskoidaldornen. Mittel- und Hinterbeine ohne Lappen. Supraanalplatte meist quer, seltener verlängert. Etwa 60 Gattungen in den heißen und gemäßigten Regionen, davon 7 Gattungen in Europa «» Usually medium sized to very large species. Head without a protuberance of the vertex. A prominent tubercle behind the eyes is rarely developed. Compound eyes nearly always rounded. Antennae of the ♂ not ciliate. Pronotum slender, its greatest width a third of its length from the front (465). Wings frequently abbreviated, especially in the ♀. Exceptionally are they reduced in both sexes (in Europe only in *Geomantis larvoides*, a small species of utmost 30 mm body size). Fore femora mostly with 5 rarely with 4 external spines and with 4 exceptionally with 3 discoidal spines. Mid and hind legs without lobes. Supraanal plate mostly transverse, rarely elongated. About 60 genera in the torrid and temperate regions, 7 of them in Europe.

Schlüssel zu den Gattungen «» Key to the genera

1. Ventralseite der Mittel- und Hinterfemora sowie der Mittel- und Hintertibien mit Dörnchenreihen versehen (503) «» Ventral side of the mid and hind femora as well as the mid and hind tibiae provided with spinulae arranged in rows (503) 5
– Ventralseite der Mittel- und Hinterbeine ohne Dörnchenreihen, oft aber fein behaart (504) «» Ventral side of mid and hind legs without spinulae arranged in rows, but frequently pilose (504) . . 2
2. Vorderfemora mit 4 Außenranddornen. Frontalschild ohne runde Warzen (466) «» Fore femora with 4 external spines. Frontal sclerite without round tubercles (466) 3
– Vorderfemora mit 5 Außenranddornen. Frontalschild mit zwei

kleinen, runden Warzen (513) «» Fore femora with 5 external spines. Frontal sclerite with two small rounded tubercles (513) . . . . . .
Iris SAUSS., p. 155

3. Frontalschild viel breiter als hoch; Knie der Mittel- und Hinterfemora ohne Dorn (504) «» Frontal sclerite much broader than high; knee of mid and hind femora without a spine (504) . . . .
Mantis L., p. 152

– Frontalschild fast ebenso hoch wie breit; Knie der Mittel- und Hinterfemora mit einem kleinen Dorn (wie bei *Rivetina*: 503) «» Frontal sclerite nearly as high as broad; knee of mid and hind femora with a short spine (as in *Rivetina*: 503) 4

4. Pronotum hinter der Erweiterung jäh verengt; Metazona schlank (506). Ein spitzer, kegelförmiger Höcker zwischen Antennenbasis und Augeninnenrand «» Pronotum constricted abrupt behind its dilatation; metazona slender (504). A pointed conical tubercle between the base of the antenna and the inner margin of the eyes . . .
Sphodromantis STAL, p. 153

– Pronotum hinter der Erweiterung allmählich verschmälert; Metazona breit (507). Nur eine kleine, knopfförmige Warze zwischen Antennenbasis und Augeninnenrand «» Pronotum gradually narrowed behind its dilatation; metazona broad (507). Only a small knob shaped nipple between the base of the antennae and the inner margin of the eyes . . . .
Hierodula BURM., p. 154

5. Flugorgane bei ♂ und ♀ ausgebildet (oft verkürzt); Metatarsus der Hinterbeine etwas länger als die übrigen Fußglieder zusammengenommen «» Wings developed in ♂ and ♀ (frequently abbreviated); metatarsus of hind legs somewhat longer than the remaining joints of the tarsus taken together 6

– Flugorgane bei ♂ und ♀ vollständig rückgebildet; Metatarsus der Hinterbeine ungefähr 1½ mal so lang wie die übrige n Fußglieder zusammengenommen «» Wings entirely reduced in ♂ and ♀; metatarsus of hind legs about 1½ as long as the remaining joints of the tarsus taken together . . . .
Geomantis PANTEL, p. 160

6. Flugorgane des ♂ mindestens zweimal so lang wie das Pronotum[1], Apex der Elytren verrundet (518); Flugorgane des ♀ etwa so lang wie das Pronotum oder etwas länger, Apex der Elytren abgestutzt (519). Supraanalplatte bei beiden Geschlechtern lang (520). Subgenitalplatte des ♀ mit zwei ventralen Stacheln (522) «» Wings of the ♂ at least twice as long as the pronotum[1], apex of the tegmi-

[1] In letzter Zeit habe ich zwei microptere ♂♂ von *Rivetina baetica* aus Marokko gesehen «» Recently I have seen two micropterous ♂♂ of *Rivetina baetica* from Marocco.

na truncate (519). Supra-anal plate in both sexes elongate (520); subgenital plate of the ♀ with two ventrale spikes (522) ....
Rivetina BERL. & CHOP., p. 158

– Flugorgane bei ♂ und ♀ annähernd so lang wie das Pronotum oder nur wenig länger; Apex der Elytren mehr oder weniger zugespitzt (524, 525). Supraanalplatte kurz (521), Subgenitalplatte des ♀ ohne Stacheln «» Wings in ♂ and ♀ approximately as long as the pronotum or only a little longer; apex of the tegmina more or less pointed (524, 525). Supra-anal plate short (521), subgenital plate of the ♀ without spikes ....
Bolivaria STAL, p. 159

Gattung/Genus: Mantis LINNÉ 1758

(*Gryllus* [*M.*]; Syst. Nat., ed. 10, 1:425; typus generis: *Gryllus* [*M.*] *religiosus* LINNÉ 1758).

Große Arten mit gerundeten Komplexaugen und schlankem Pronotum. Frontalschild viel breiter als hoch (466), mit zwei Kielen oder glatt, Oberrand konkav oder schwach stumpfwinkelig. Pronotumerweiterung schwach ausgeprägt (865, 508, 509). Innenseite der Vorderkoxen mit dunklen Flecken (505) oder kallös. Vorderfemora mit 4 Diskoidaldornen und 4 Außenranddornen. Krallenfurche in der Femurmitte (459). Femora der Mittel- und Hinterbeine ohne Kniedorn (504). Supraanalplatte dreieckig, quer. Cerci kegelförmig, schlank. Ungefähr ein Dutzend Arten, größtenteils in Afrika, die einzige europäische Art auch in allen übrigen Erdteilen «» Large species with rounded eyes and a slender pronotum. Frontal sclerite much broader than high (466), with two keels or plain, dorsal margin concave or slightly obtuse-angled. Dilatation of the pronotum slightly marked (465, 508, 509). Medial face of the fore coxae with dark spots (505) or callous. Fore femora with 4 discoidal spines and 4 external spines. Claw-groove in the middle of the fore femur (459). Femora of mid and hind legs without a knee-spine (504). Supra-anal plate triangular, transverse. Cerci conical, slender. About a dozen species, mostly in Africa, the only European species also in the remaining continents.

12. *M. religiosa* LINNÉ 1758 (*Gryllus* [Mantis] *religiosus*; Syst. Nat., ed. 10, 1:426; Typ: ?; terra typica: Afrika; Syn.: *M. sancta* F. 1787, *M. striata* F. 1793, *M. pia* KIRBY 1899). Fig. 459, 465, 466, 469, 504, 505, 508, 509.
Komplexaugen rundlich vorgewölbt, Ozellen (besonders beim ♂) stärker vorspringend. Frontalschild quer, Oberrand rundlich oder stumpfwinkelig ausgebuchtet (466). Pronotum über den Vorderkoxen nur schwach erweitert, Metazona mit fast parallelen Rändern, gegen die Basis zu kaum verbreitert (465). Flugorgane erreichen oder überragen bei beiden Geschlechtern die

Abdomenspitze. Vorderrand der Elytren manchmal mit dunklem Längsstreifen. Alae transparent. Innenfläche der Vorderkoxen im basalen Viertel mit einem schwarzen, oft weißgekernten Fleck (505). Vorderfemora mit 4 Diskoidal- und 4 Außenranddornen. Mittel- und Hinterbeine ohne Kniedorn (504). Supraanalplatte breiter als lang. Cerci schlank, behaart. Maße: Körper ♂ 41-63, ♀ 43-77, Pronotum ♂ 11-18, ♀ 13,5-23, Elytron ♂ 28-40, ♀ 31-49. Grün oder hellbraun, gelblich, grau, selten dunkelbraun. Europa: VIII-XI (XII). In Südspanien, Nordafrika und Südwestasien vielleicht ganzjährig adult. Weitgehend euryözisch, in den gemäßigten Zonen an klimatisch begünstigte Plätze gebunden. In Südeuropa an geeigneten Plätzen fast überall; außerdem in Frankreich (bis 50°n.Br.), Belgien, Schweiz, Südtirol, Österreich, Tschechoslowakei, Ungarn, Balkanländer, Polen, USSR (bis zum 52°n.Br.). In Deutschland am Kaiserstuhl in Baden, bei Perl im Saargebiet und bei Weil am Rhein; vielleicht doch noch weiter verbreitet, als in den letzten Jahrzehnten angenommen wurde. Afrika, Asien; in Nordamerika und wahrscheinlich auch in Australien eingeschleppt. Sehr variable Spezies. Die beschriebenen Unterarten werden sich kaum aufrecht halten lassen. Biologie: PRZIBRAM 1907, CHOPARD 1920, 1936, 1938, BINET 1931, MORALES AGACINO 1947, HARZ 1956, NADIG 1957/58, KALTENBACH 1963.

Gattung/Genus: Sphodromantis STAL 1877

(*Hierodula* [S.]; Öfv. Ak. Förh., *28*:339; typus generis: *Mantis bioculata* CHARP. 1841 [*M. bioculata* BURM. 1839 part.]).

Große, robuste Arten mit rundlichen Komplexaugen. Frontalschild ungefähr ebenso hoch wie breit, mit zwei Kielen. Kleiner, kegelförmiger Höcker zwischen Augeninnenrand und Antennenbasis. Pronotum robust, länger als die Vorderkoxen, Metazona beim ♀ mit Mittelkiel. Flugorgane bei beiden Geschlechtern gut entwickelt. Kostalfeld der Elytren unregelmäßig netzförmig geadert. Alae hyalin, Cubitus 2-4 ästig. Vorderfemora mit 4 Diskoidaldornen und 4 Außenranddornen. Krallenfurche in der proximalen Femurhälfte. Knie der Mittel- und Hinterfemora mit einem kurzen Dorn (wie bei *Rivetina*: 503). Ungefähr 30 Arten in Afrika, eine davon auch in Westasien und in Südeuropa «» Large robust species with rounded eyes. Frontal sclerite about as high as broad, with two keels. A small conical tubercle between the inner margin of the eye and the base of the antennae. Pronotum robust, longer than the fore coxae, metazona with a median keel in the ♀. Wings well developed in both sexes. Costal area of the tegmina reticulated by a network of unregular veins. Alae hyaline, Cubitus 2-4 ramose. Fore femora with 4 discoidal spines and 4 external spines. Claw-groove in the proximal half of the femur. Knee of the mid and hind femora with a short spine (as in *Rivetina*: 503). About 30 species in Africa, one of them also in Western Asia and in South Europe.

13. *S. viridis* (FORSKAL) 1775 (*Gryllus v.*, Descr. An.:81; Typ: verschollen; terra typica: Alexandria/Ägypten; Syn.: *Mantis guttata* THUNBERG 1815, *M.* [*Stagmatoptera*] *bioculata* BURM. 1839, *M. simulacrum* SERV. 1839). Fig. 506, 510. Kleiner, kegelförmiger Höcker zwischen Antennenbasis und Augen. Frontalschild kaum breiter als hoch, mit zwei deutlichen Kielen und stumpfwinkelig ausgeschnittenem Oberrand. Pronotum mit stark ausgeprägter Erweiterung über den Vorderkoxen, Metazona mit fast parallelen Rändern (506). Flugorgane überragen die Abdomenspitze beim ♂ immer, beim ♀ in der Regel. Elytren mit weißem oder gelblichem, scharf begrenzten Pterostigma. Knie der Mittel- und Hinterbeine mit Dorn, Endlappen der Femora zugespitzt. Abdomen beim ♂ schlank, beim ♀ stärker verbreitert. Maße: Körper ♂ 53-65, ♀ 57-77, Pronotum ♂ 16-21, ♀ 21-30, Elytron ♂ 45-60, ♀ 40-55. Grün, in Europa selten braun oder grau. IX-XI. In Nordafrika vielleicht ganzjährig adult. Südspanien; Nordafrika, Vorderasien bis Yemen, Iran. Biologie: PRZIBRAM 1906, 1909, MORALES AGACINO 1947, KALTENBACH 1963.

Gattung/Genus: Hierodula BURMEISTER 1839

(Handb. Ent. 2:536; typus generis: *Mantis* (*H.*) *membranacea* BURM. 1838).

Stimmt in fast allen wesentlichen Merkmalen mit *Sphodromantis* überein. Anstelle des kegelförmigen Höckers zwischen Augeninnenrand und Antennenbasis ist nur eine kleine, knopfformige Warze entwickelt. Über 130 Arten, hautpsächlich in Asien, eine Art in Afrika und eine andere im europäischen Teil der USSR «» Agrees in nearly all essential characters with *Sphodromantis*. Instead of the conical tubercle between the inner margin of the eye and the base of the antenna only a small knob-shaped nipple is developed. More than 130 species mostly in Asia, one species in Africa and another one in the European part of the USSR.

14. *H. transcaucasica* BRUNNER VON WATTENWYL 1878 (Naturwiss. Beitr., herausgeg. v. O. SCHNEIDER, p. 88; Typ: Lectotypus ♀, Mus. Wien; terra typica: Gouv. Baku). Fig. 507.
Kleine, knopfförmige Warze zwischen Augeninnenrand und Antennenbasis. Frontalschild fast ebenso hoch wie breit; Kiele undeutlich, wenn überhaupt, nur im dorsalen Teil des Frontalschilds erkennbar. Pronotumerweiterung über den Vorderkoxen nur schwach ausgeprägt. Metazona wenig verschmälert. Flugorgane überragen bei beiden Geschlechtern das Abdomenende. Alae hyalin. Mittel- und Hinterbeine mit Kniedorn, Endlappen der Femora verrundet. Maße: Körper ♂ 45-53, ♀ 55-61, Pronotum 15-16,5, ♀ 19-21, Elytron ♂ 36-40, ♀ 43-50. Grün oder graubraun. Krim, Kaukasus; West- und Zentralasien.

Gattung/Genus: *Iris* SAUSSURE 1869

(Mitt. Schweiz. ent. Ges. 3:56; typus generis: *Mantis oratoria* LINNÉ 1758).

Mittelgroße Arten mit großen, wenig vorspringenden Komplexaugen. Frontalschild quer, mit zwei kleinen, runden Warzen (513). Pronotum schlank, Erweiterung deutlich ausgeprägt, Metazona beim ♂ sehr schlank. Elytren des ♂ voll entwickelt, des ♀ verkürzt. Alae bei ♂ und ♀ gefärbt (514, 515), Cubitus einfach. Vorderfemora schlank, Krallenfurche in der proximalen Hälfte. 4 Diskoidaldornen, 5 Außenranddornen. Supraanalplatte dreieckig verrundet. Cerci schlank, konisch. 11 Arten in Nordafrika, West- und Zentralasien; zwei Arten davon in Süd- und Südosteuropa «» Medium sized species with large slightly prominent compound eyes. Frontal sclerite transverse, with two small rounded tubercles (513). Pronotum slender, its dilatation well marked, metazona very slender in the ♂. Tegmina completely developed in the ♂, abbreviated in the ♀. Alae coloured in ♂ and ♀ (514, 515). Cubitus simple. Fore femora slender, claw-groove in its proximal half. 4 discoidal spines, 5 external spines. Supra-anal plate triangular rounded. Cerci slender, conical. 11 species in North Africa, West- and Central Asia; two species of them in South- and Southeastern Europe.

Schlüssel zu den Arten «» Key to the species

1\. Diskoidalfeld der Alae mit hyalinen Fenstern (514). Kopulationsorgan ♂: Pseudophallus ohne Seitenstachel (516) «» Discoidal area of hind wings with hyaline windows (514). Genitalia ♂: pseudophallus without a lateral spike (516) . . . .
I. oratoria (L.), p. 155

– Diskoidalfeld der Alae opak, ohne hyaline Fenster (515). Kopulationsorgan ♂: Pseudophallus mit Seitenstachel (517) «» Discoidal area of hind wings opaque, without hyaline windows (515). Genitalia ♂: pseudophallus with a lateral spike (517) . . . .
I. polystictica (FISCH.-WALDH.), p. 158

15\. *I. oratoria* (LINNÉ) 1758 (*Gryllus [Mantis] oratorius*, Syst. Nat., ed. 10,1: 426; Typ: ? terra typica: Algerien; Syn.: Mantis dentata GOEZE 1778, *M. bella* GERMAR 1817, *M. fenestrata* BRULLÉ 1832, *Ameles minima* KIRBY 1904). Fig. 511-514, 516.
Frontalschild mit zwei knopfförmigen Warzen (513). Pronotum schlank, Seitenrand beim ♀ fein gezähnelt. Flugorgane des ♂ überragen das Abdomenende (511), beim ♀ sind sie etwas kürzer (512). Alae im Diskoidalfeld mit hellen Fenstern zwischen den Längsreihen dunkler Flecken; Analfeld im proximalen Teil mit einem großen, runden, schwarzvioletten Fleck und um

TAFEL 28

503. *Rivetina baetica* (RAMB.), Femur-Ende (Hinterbein) mit Kniedorn und Tibia mit ventraler Dörnchenreihe
504. *Mantis religiosa* L., Femur-Ende (Hinterbein) ohne Kniedorn und Tibia mit ventralen Borsten
505. *Mantis religiosa* L., Vorderkoxa, medial, mit schwarzem, manchmal weißgekernten Basalfleck
506. *Sphodromantis viridis* (FORSK.) ♀, Pronotum, dorsal
507. *Hierodula transcaucasica* BR.V.W. ♀, Pronotum, dorsal

508-509. *Mantis religiosa* L.

508. Habitus ♂ (nat. Gr.)
509. Habitus ♀ (nat. Gr.)
510. *Sphodromantis viridis* (FORSK.), Habitus ♀ (nat. Gr.)

511-514. *Iris oratoria* (L.)

511. Habitus ♂ (nat. Gr.)
512. Habitus ♀ (nat. Gr.)
513. Kopf ♂, frontal (Frontalschild mit zwei knopfartigen Warzen, der Pfeil zeigt auf die eine)
514. Rechte Ala ♀, mit hyalinen Fenstern im Didkoidalfeld (Pfeil)
515. *Iris polystictica* (F.-W.), rechte Ala ♀, ohne hyaline Fenster im Diskoidalfeld
516. *Iris oratoria* (L.) ♂, Kopulationsorgan (Pseudophallus ohne Seitenstachel)
517. *Iris polystictica* (F.-W.) ♂, Kopulationsorgan (Pseudophallus mit Seitenstachel)

510 und 517 aus KALTENBACH 1963

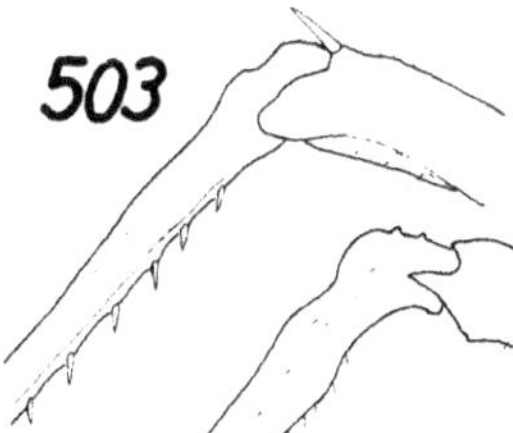
503

504

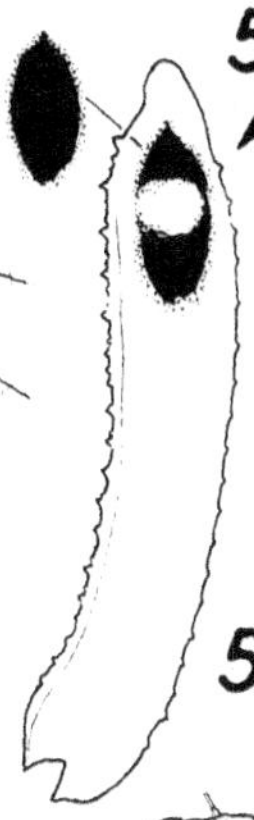
505

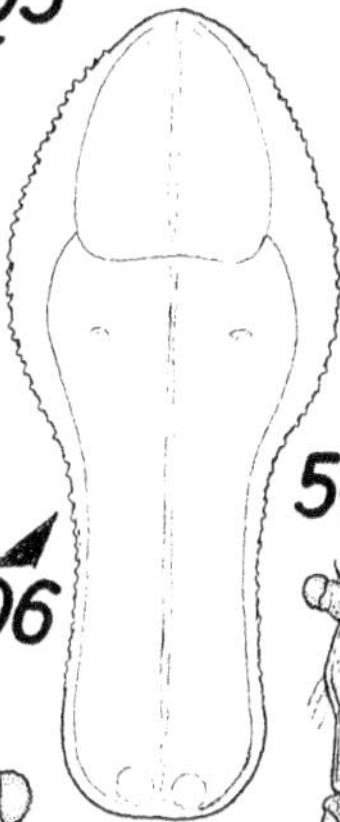
506

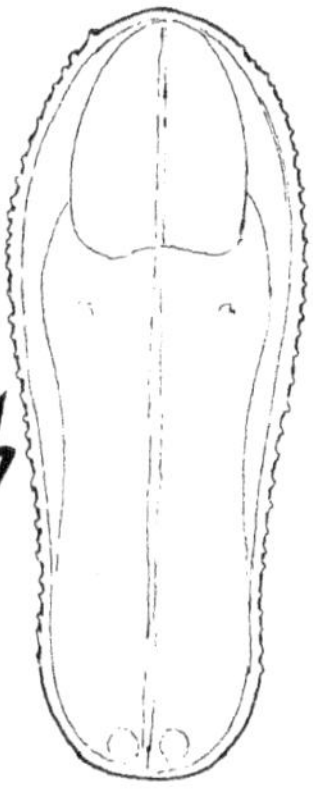
507

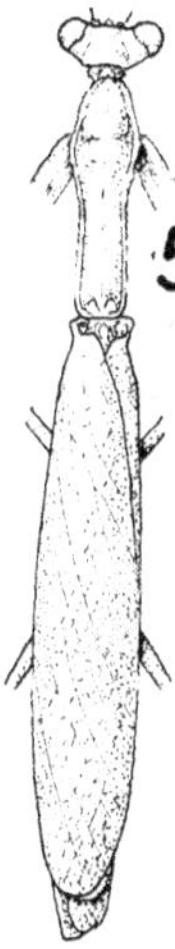
508

509

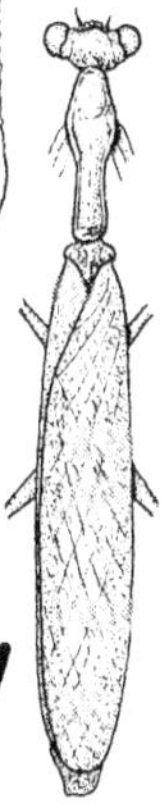
511

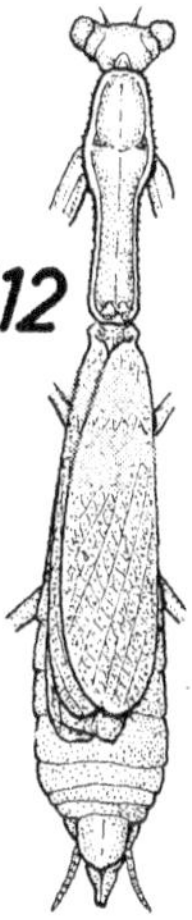
512

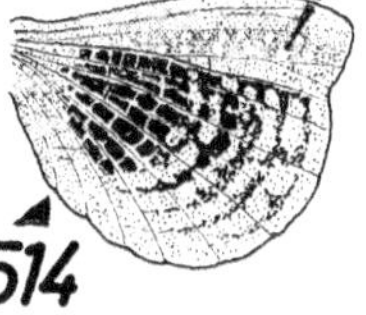
514

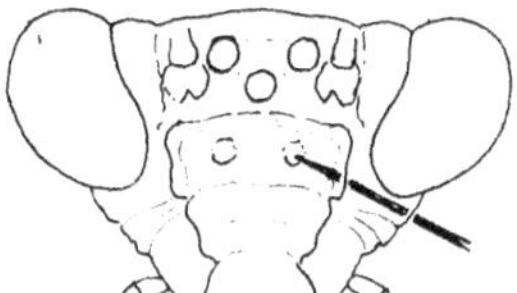
513

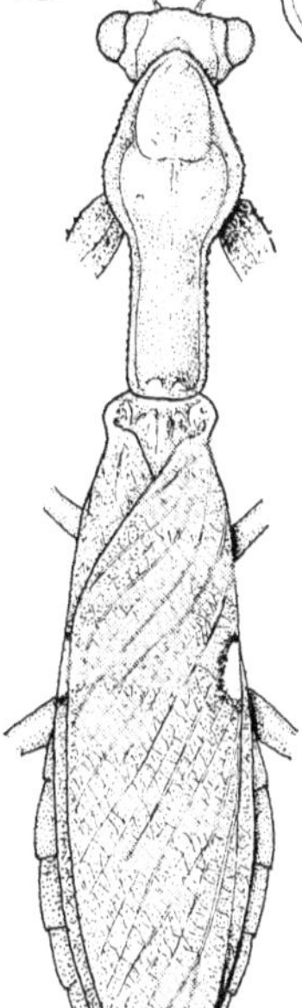
510

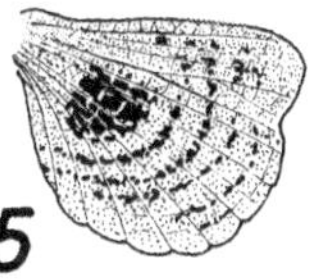
515

516

517

diesen konzentrisch angeordnete Streifen von gleicher Farbe im distalen Flügelteil (514). Vorderfemora mit 5 schwarzspitzigen Außenranddornen. Mittel- und Hinterbeine mit Kniedorn. Abdomen beim ♀ nach hinten etwas verbreitert. Supraanalplatte fast halbkreisförmig gerundet. Kopulationsorgan des ♂: Pseudophallus ohne Seitenstachel (516). Maße: Körper ♂ 28-41, ♀ 34-47, Pronotum ♂ 8-12,5, ♀ 11-16, Elytron ♂ 22-32, ♀ 15-22. Grün, seltener braun, manchmal rosa überhaucht. VIII-X. In Spanien schon ab VI adult. An vegetationsreichen Standorten. Pyrenäenhalbinsel, Südfrankreich, Italien, südliche Balkanländer (in Jugoslawien nur von Mazedonien bekannt). Nordafrika, Westasien. In Kalifornien eingeschleppt. Biologie: CHOPARD 1938, MORALES AGACINO 1947, KALTENBACH 1963.

16. *I. polystictica* (FISCHER DE WALDHEIM) 1846 (*Mantis p.*, Nouv. Mém. Soc. Moscou 8:102, t.2, Fig. 4; Typ: ?; terra typica: Daurien/Trans-Baikalgebiet; Syn.: *Mantis oratoria,* THUNBERG 1815 nec *M. oratoria* L. 1758, *M. oratoria,* EVERSMANN 1859 [nec *M. o.* L. 1758]). Fig. 515, 517.
In Erscheinungsbild und Größe der vorigen Art sehr ähnlich und mit ihr nahe verwandt. Diskoidalfeld der Alae ohne hyaline Fenster (515). Kopulationsorgan ♂: Pseudophallus schlank, konisch, mit starkem Seitenstachel (517). VIII-IX (X). Im Süden der europäischen USSR, Kaukasus; Turkestan, Aserbeidschan, Iran, Afghanistan.

Gattung/Genus: Rivetina BERLAND & CHOPARD 1922

(Bull. Mus. Paris 28:167 [*Rivetina*, n. nom. pro *Fischeria* SAUSS. 1869]; typus generis: *Mantis baetica* RAMBUR 1838; Iris Fischeria SAUSS. 1869, *Fischeria* SAUSS. 1871 [nec *Fischeria* ROB.-DESV. 1830], *Eufischeriella* GIGLIO-TOS 1927)

Mittelgroße bis große Arten. Komplexaugen rund, beim ♂ deutlich vorspringend. Frontalschild mediobasal mit mehr oder weniger deutlicher, runder Warze. Pronotum robust, mit gut ausgeprägter Erweiterung, Seitenrand gezähnelt (beim ♀ auffälliger). Flugorgane beim ♂ gut entwickelt (518), beim ♀ verkürzt und apikal abgestutzt (519). Vorderfemora mit 4 Diskoidal- und 4 Außenranddornen. Mittel- und Hinterbeine lang, Femora und Tibien mit ventralen Dörnchenreihen, Knie mit kurzem Dorn (503). Supraanalplatte lang (520), Subgenitalplatte des ♀ mit zwei Stacheln auf der Ventralfläche (522). Die Gattung umfaßt 13 Arten, die in Nordafrika, West- und Zentralasien verbreitet sind. Eine Art kommt auch in Europa vor «» Medium sized to large species. Compound eyes rounded, distinctly prominent in the ♂. Frontal sclerite medio-basal with a more or less conspicuous round tubercle. Pronotum robust, its dilatation well marked, lateral margin dentate (more conspicuous in the ♀). Wings well developed in the ♂ (518), abbreviated and truncate on the apex in the ♀ (519). Fore femora with 4 discoidal spines and 4 external spines. Mid and hind legs elongated, femora and tibiae with ventral spinulae arranged in lines. Knee with a short spine (503). Supra-anal plate elongated (520), subgenital plate of the ♀ with two spikes on the ventral face (522). 13 species are included in the genus, which are distributed in North Africa, West- and Central Asia. One species occurs also in Europe.

17. *R. baetica* (RAMBUR) 1838 (*Mantis b.*, Faune ent. Andal. 2:19-20, t.1, Fig. 1 u. 2; Typ: ♀ Brit. Mus. London; terra typica: Umgeb. Malaga/Spanien; Syn.: ? *Mantis fasciata* THUNBERG 1815). Fig. 503, 518-520, 522, 523.
Frontalschild mit manchmal undeutlichem, runden Buckel nahe der Unterrandmitte. Pronotum meist mit dunklem Medianstreifen; Seitenrand beim ♂ fein, beim ♀ grob gezähnelt (518, 519). Die Elytren erreichen bzw. überragen beim ♂ der iberischen Form das Abdomen (518); beim ♂ der balkanischen Form sind sie etwas kürzer als dieses. Bei den ♀♀ beider Formen sind die Elytren etwas länger als das Pronotum (519). Ein dunkler Basalfleck und drei dunkle Querbänder auf den Elytren heben sich beim ♀ schärfer ab als beim ♂. Alae angeraucht, mit hyalinen Queradern; im Diskoidalfeld ein großer, apikaler Augenfleck (523). Abdomen beim ♀ nur wenig verbreitert. Supraanalplatte bei beiden Geschlechtern schwertförmig (520). Subgenitalplatte des ♀ auf der Ventralflache mit zwei Stacheln (522). Maße: Körper ♂ 50-59, ♀ 54-67, Pronotum ♂ 13,5-16, ♀ 15-19,5, Elytron ♂ 33-42, ♀ 18-24,5. Grau in verschiedenen Abstufen oder bräunlich. Tergithinterrand beim ♀ oft mit schwarzen Flecken oder Punkten (519). Larven meist mit braunem, medianen Rückenstreifen. VI-IX. An trockenen, heissen Standorten. Südspanien, Sizilien, Liparische Inseln, Kreta, Inseln in der Ägäis, Griechenland, Nordafrika, West- und Zentralasien. Biologie: BURR, CAMPBELL & UVAROV 1923, KALTENBACH 1963.

Gattung/Genus: Bolivaria STAL 1877

(Bih. Svenska Ak., 4, nr. 10: 34; typus generis: *Mantis brachyptera* PALLAS 1773).

Mittelgroße bis große, robuste Arten. Kopf etwas breiter als das Pronotum (524, 525). Augen vorspringend. Ozellen des ♂ mittelgroß, des ♀ sehr klein. Frontalschild quer, Pronotum gedrungen, mit deutlich ausgeprägter Erweiterung, Seitenrand gezähnelt. Metazona mit gut erkennbarem Mittelkiel. Elytren bei ♂ und ♀ verkürzt, mit zugespitzten Enden (524, 525). Dorsal- und Ventralrand der Vorderkoxen gezähnelt. Vorderfemora mit 4 Diskoidal- und 4 Außenranddornen. Krallenfurche in der proximalen Femurhälfte. Mittel- und Hinterbeine lang, Unterseite der Tibien mit Dörnchen. Abdomen des ♀ wenig erweitert. Supraanalplatte breiter als lang (521). Subgenitalplatte des ♀ ventral ohne Stacheln. Cerci schlank, konisch. Drei Arten in West- und Zentralasien, eine davon auch in Europa «» Medium sized to large and robust species. Head somewhat broader than the pronotum (524, 525). Eyes prominent. Ocelli of the ♂ of medium size, of the ♀ very small. Frontal sclerite transverse. Pronotum robust, its dilatation well marked, lateral margin dentate. Metazona with a conspicuous median keel. Tegmina abbreviated and their apex pointed in ♂ and ♀ (524, 525). Dorsal and ventral margin of the fore coxae dentate. Fore Femora with 4 discoidal and 4 external spines. Claw-groove in the proximal half of the femur. Mid and hind legs elongated, ventral side of the tibiae with spinulae. Abdomen of the ♀ only somewhat broadened. Supra-anal plate broader than long (521). Subgenital plate of the ♀ ventral without spikes. Cerci slender, conical. Three species in West- and Central Asia, one of them also in Europe.

18. *B. brachyptera* (PALLAS) 1773 (*Mantis b.*, Reise Prov. Russ. Reich. 2:728; Typ: ?; terra typica: Salzsteppen am Irtisch; Syn.: *Iris Pallasii* SAUSS. 1869). Fig. 521, 524, 525.
Komplexaugen stärker vorspringend. Pronotum mit stark ausgeprägter Suprakoxalerweiterung. Seitenrand mit spitzen Zähnchen. Elytren bei beiden Geschlechtern etwa so lang wie das Pronotum, Enden beim ♂ rundlich-spitz (524), beim ♀ stärker zugespitzt (525). Alae scherbengelb, mit dunkler Randbinde im Analfeld. Vorderkoxen gezähnelt, Vorderfemora mit fast geradem Oberrand. Mittel- und Hinterbeine mit Kniedornen. Maße: Körper ♂ 34-45, ♀ 40-53, Pronotum ♂ 9-13,5, ♀ 11-14,5, Elytren ♂ 7,3-9, ♀ 10-15. Dunkelgrau, seltener braun oder scherbengelb. Kostalfeld der Elytren weiß. VII-IX. Trockenere, spärlich bewachsene Grashalden, Brachäcker oder Felshügel. Europäische USSR, Kaukasus, Südliche Sporaden, Kreta(?); Westasien, Transkaspien.

Gattung/Genus: Geomantis PANTEL 1896

(An. Soc. Espan. *25*:66; typus generis: *G. larvoides* PANTEL 1896).

Kleine, schlanke Arten (526). Kopf etwas breiter als das Pronotum, Augen rund, wenig vorspringend. Frontalschild quer. Vertex mit einem konischen Höcker hinter jedem Auge (527). Pronotum mit deutlich ausgeprägter Erweiterung, Scheibe unregelmäßig granuliert, Seitenrand gezähnelt. ♂ und ♀ flügellos. Vorderfemora mit geradem Oberrand, 4 Diskoidal- und 4 Außenranddornen; Krallenfurche in der proximalen Femurhälfte. Tibien und Metatarsus der Mittel- und Hinterbeine mit feinen Dörnchen an der Unterseite. Metatarsus der Hinterbeine länger als die übrigen Fußglieder zusammengenommen. Abdomen schlank, 7. bis 9. Segment sehr kurz. Supraanalplatte breider als lang. Cerci kurz, schlank. Nur zwei Arten im Mittelmeergebiet, eine davon in Südeuropa «» Small sized slender species (526). Head somewhat broader than the pronotum, eyes round, slightly prominent.

Frontal sclerite transverse. Vertex with a conical tubercle behind of each eye (527). Pronotum with a well marked dilatation, its disk irregularly granulated, its lateral border dentate. ♂ and ♀ apterous. Fore femora with a straight dorsal margin, 4 discoidal and 4 external spines; claw-groove in the proximal half of the femur. Tibiae and metatarsus of the mid and hind legs with fine spinulae on the underside. Metatarsus of the hind legs longer than the remaining joints of the tarsus taken together. Abdomen slender, segments 7 to 9 very short. Supra-anal plate broader than long. Cerci short, slender. Only two species in the Mediterraneis, one of them in South Europe.

19. *G. larvoides* PANTEL 1896 (An. Soc. Esp. Hist. Nat. 25:109, t.1, Fig. 3A-H; Typ: ♂ Mus. Paris; terra typica: Uclés/Spanien; Syn.: *Fischeria baetica* [larva], PANTEL 1886 [nec *Mantis b.* RAMBUR 1838]). Fig. 526, 527.
Komplexaugen verrundet, etwas nach vorn vorragend. Ozellen bei beiden Geschlechtern klein, wenig vorspringend. Antennen kurz. Frontalschild viel breiter als hoch, Dorsalrand in der Mitte ausgebuchtet. Vertex mit kegelförmigen Höckern hinter den Augen (527). Pronotum verhältnismäßig gedrungen, mit gut ausgeprägter, rundlicher Erweiterung über den Vorderkoxen. Pronotumscheibe flach gewölbt, mit einer unterschiedlichen Zahl kleiner, runder, unregelmäßig verteilter Körnchen besetzt. Seitenrand des Pronotum beim ♂ fein, beim ♀ gröber gezähnelt. Beide Geschlechter apter. Hinterrand des Mesonotum in schmale, nur beim ♂ etwas breitere, rundliche Lappen ausgezogen; Hinterrand des Metanotum beim ♂ lateral schwach ausgebuchtet. Vorderfemora mäßig breit, Mittel- und Hinterbeine mit Kniedorn. Metatarsus der Hinterbeine etwa 1½ mal so lang wie die übrigen Fußglieder zusammengenommen. Abdomen beim ♂ schlank, beim ♀ wenig verbreitet. Tergite mit mehr oder weniger deutlichen Längskielen (526). Subgenitalplatte des ♀ ohne Stacheln. Maße: Körper ♂ 18-21, ♀ 20-28, Pronotum ♂ 4-4,3, ♀ 5-8. Scherbengelb, bräunlich oder grau; fein braun gesprenkelt. VI-IX. An stark besonnten, trockenen Standorten. Sehr zerstreut (vielleicht vielfach übersehen oder mit Ameles-Larven verwechselt) in Portugal, Spanien, Südfrankreich, Italien und im Süden der Balkanhalbinsel sowie auf einigen Mittelmeerinseln. Außerhalb Europas in Nordwestafrika (Marokko; in Algerien die Subsp. *algerica* GIGLIO-TOS 1916) und Kleinasien.

FAMILIE/FAMILY: EMPUSIDAE

Mittelgroße bis sehr große, meist schlanke, bizarr aussehende Arten. Clypeus und Frontalschild mit medianem Kiel. Kopf immer mit Scheitelfortsatz (467). Komplexaugen verrundet. Antennen des ♂ doppelt gekämmt (528). Pronotum stark verlängert und sehr schlank oder von normaler Länge und durch seitliche Lappen verbreitert. Flugorgane beim ♀ selten wesentlich kürzer als beim ♂. Vorderfemora mit 4-5 Diskoidaldornen und 5 Außenranddornen; Innenranddornen so angeordnet, daß ein großer Dorn mit drei bis 4 kleinen abwechselt.

Femora der Mittel- und Hinterbeine meist mit kleinen Lappen vor dem Apex. Abdomen oft mit seitlichen und ventralen Lappenreihen. Supraanalplatte breiter als lang. Cerci schlank. 8 Gattungen in der paläarktischen, der äthiopischen und der orientalischen Region «» Medium sized to very large, mostly slender, bizarre looking species. Clypeus and frontal sclerite with a median keel. Head always with a protuberance on the vertex (467). Compound eyes rounded. Antennae bipectinate in the ♂ (528). Pronotum strongly elongated and very slender or of normal size and widened by lateral lobes. Wings rarely significantly shorter in the ♀ than in the ♂. Fore femora with 4-5 discoidal spines and 5 external spines; internal spines arranged so that a larger one alternates with three or 4 smaller ones. Femora of mid and hind legs mostly with small lobes near the apex. Abdomen frequently with lateral and ventral lobes arranged in rows. Supra-anal plate broader than long. Cerci slender. 8 genera in the Palearctic, the Ethiopean and the Oriental Region.

UNTERFAMILIE/SUBFAMILY: EMPUSINAE

Metazona des Pronotum lang und dünn (528-530), viel länger als die Vorderkoxen. Medialer Apikallobus der Vorderkoxen verlängert. 5 Gattungen im tropischen Afrika, auf den Kanarischen Inseln, im Mittelmeergebiet sowie in Asien «» Metazona of the pronotum long and slender (528-530), much longer than the fore coxae. Medial apical lobe of the fore coxae elongated. 5 genera in tropical Africa, on the Canarian Islands, in the Mediterraneis as well as in Asia.

Gattung/Genus: Empusa ILLIGER 1798

(Verz. Käf. Preuss., p. 499; typus generis: *Mantis pauperata* FABRICIUS 1781: *Ampusa* RAMBUR 1838).

Vertex in einen konischen, im Distalteil jederseits mehr oder weniger gelappten Fortsatz ausgezogen (467). Pronotum lang und schlank, mit rundlicher Erweiterung. Seitenrand fein gezähnelt. Flugorgane beim ♂ stets länger als das Abdomen (528), beim ♀ zumindest die Abdomenspitze erreichend (529). Vorderfemora mäßig verbreitert, Krallenfurche in der proximalen Hälfte des Femur (460). Mittel- und Hinterfemora mit Kniedornen und kleinen, runden Lappen an der Medialseite vor dem Apex. Abdomen mit lateralen Tergitlappen und medianen Sternitlappen (530). 14 Arten in Afrika und Asien; drei davon auch in Europa «» Vertex extended into a conical protuberance, more or less distinctly lobed on each side of the distal part (467). Pronotum long and slender, its dilatation rounded. Lateral margin finely dentate.

Wings in the ♂ always longer than the abdomen (528), in the ♀ at least reaching the tip of the abdomen (529). Fore femora moderately widened, claw-groove in the proximal half of the femur (460). Mid and hind femora with knee-spines and small rounded lobes near the apex. Abdomen with lateral lobes on the tergites and median lobes on the sternites (530). 14 species in Africa and Asia; three of them also in Europe.

Schlüssel zu den Arten «» Key to the species

1. Lappen am Dorsalrand der Mittelkoxen beim ♂ mäßig breit (532 CxII), beim ♀ sehr breit (533 CxII), Lappen am Dorsalrand der Hinterkoxen beim ♂ schmal (532 CxIII), beim ♀ mäßig breit (533 CxIII) «» Lobes on the dorsal margin of the mid coxae fairly broad in the ♂ (532 CxII), very broad in the ♀ (533 CxII), the lobes on the dorsal margin of the hind coxae narrow in the ♂ (532 CxIII), fairly broad in the ♀ (533 CxIII) . . . .
E. fasciata (BRULLE), p. 163
– Lappen am Dorsalrand der Mittelkoxen beim ♂ schmal (534 CxII, 536 CxII), beim ♀ schmal bis mäßig breit (534 CxII), Lappen am Dorsalrand der Hinterkoxen bei ♂ und ♀ nur als schmale Leiste ausgebildet (534 CxIII, 535 CxIII) «» Lobes on the dorsal margin of the mid coxae narrow in the ♂ (534 CxII, 536 CxII), narrow to fairly broad in the ♀ (535 CxII), the lobes of the dorsal margin of the hind coxae in ♂ and ♀ developed as a narrow border only (534 CxIII, 535 CxIII) 2
2. Längsadern im distalen Abschnitt der Alae mit einem braunen Saum; Scheitelfortsatz lang (♂ 4-6, ♀ 6,7-8 mm) «» Longitudinal veins of the alae with a brown border in the distal part; protuberance of the vertex elongate (♂ 4-6, ♀ 6.7-8 mm) . . . .
E. pennata (THUNB.), p. 166
– Längsadern im distalen Abschnitt der Alae ohne braunen Saum; Scheitelfortsatz kurz (♂ 3-4, ♀ 5-6 mm) «» Longitudinal veins of the alae without a brown border in the distal part; protuberance of the vertex short (♂ 3-4, ♀ 5-6 mm) . . . .
E. pennicornis (PALL.), p. 166

1. *E. fasciata* BRULLÉ 1836 (Exped. de Morée. Ins.: 83, t.26, f.4; Typ: verschollen; terra typica: Argolis/Griechenland; Syn.: ? *E. egena* KRAUSS 1878 [nec *E. e.* CHARP. 1841], E. e. BERLAND & CHOPARD 1922 [nec *E. e.* CHARP. 1841]). Fig. 460, 467, 528-533.
Scheitelfortsatz fast gerade, mit deutlich gekerbter Spitze; Basalteil häufig länger als Apikalteil, Übergang beim ♂ verrundet oder mit Höcker, beim ♀ verrundet, mit Höcker oder Dorn auf jeder Seite (467). Oberrand des Frontalschildes spitzwinkelig ausgezogen. Antennen des ♂ biserial gekämmt, etwa

TAFEL 29

518-520. *Rivetina baetica* (RAMB.)
518. Habitus ♂ (iberische Form) (nat. Gr.)
519. Habitus ♀ (balkanische Form) (nat. Gr.)
520. ♀, Supraanalplatte
521. *Bolivaria brachyptera* (PALL.) ♀, Supraanalplatte
522-523. *Rivetina baetica* (RAMB.)
522. Subgenitalplatte ♀, ventral
523. Rechte Ala ♀
524-525. *Bolivaria brachyptera* (PALL.)
524. Habitus ♂ (nat. Gr.)
525. Habitus ♀ (nat. Gr.)
526-527. *Geomantis larvoides* PANTEL
526. Habitus ♀ (nat. Gr.)
527. Kopf und Pronotum ♀ (vergr.)
528-533. *Empusa fasciata* BRULLÉ
528. Habitus ♂ (nat. Gr.)
529. Habitus ♀ (nat. Gr.)
530. Weibliche Larve, Habitus (1½x vergr.)
531. Männliche Larve, Kopf (2x vergr.)
532. Mittelkoxen ♂ (CxII) und Hinterkoxen ♂ (CxIII)
533. Mittelkoxen ♀ (CxII) und Hinterkoxen ♀ (CxIII)
534-536. *Empusa pennata* (THUNBERG)
534. Mittelkoxen ♂ (CxII) und Hinterkoxen ♂ (CxIII)
535. Mittelkoxen ♀ (CxII) und Hinterkoxen ♀ (CxIII)
536. *Empusa pennicornis* (PALL.), Mittelkoxen ♂ (CxII) und Hinterkoxen ♂ (CxIII)

532-536 aus KALTENBACH 1963

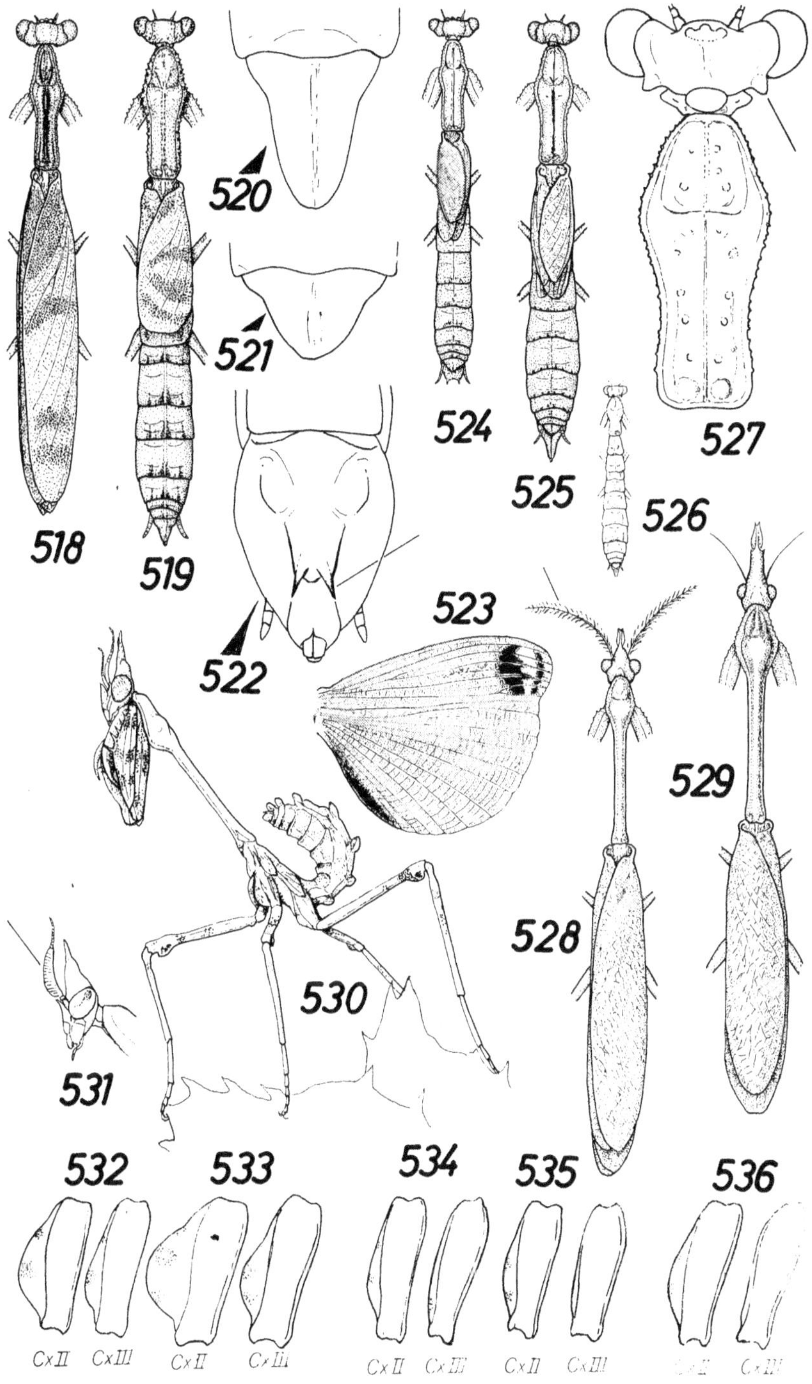
518
519
520
521
522
523
524
525
526
527
528
529
530
531
532
533
534
535
536
CxII
CxIII
CxII
CxIII
CxII
CxIII
CxII
CxIII
CxIII

halb so lang wie das Pronotum (528). Seitenlappen der Tergite 4-6 ziemlich breit und apikal abgestumpft. Maße: Körper ♂ 44,5-60,5, ♀ 51-68, Pronotum ♂ 18,5-24, ♀ 23-29, Elytron ♂ 36-43, ♀ 33-41. Hellgrün (Larven braun, gelblich, grau oder hellolivefarben, selten gelbgrün und fliederfarben gezeichnet), Vorderfemora mit drei braunen Querbändern. IV-VII. Im Süden des Verbreitungsgebietes schon in den Wintermonaten adult. An stark besonnten, trockenen Standorten. Kreta, Ägäische Inseln, Balkanländer bis zur Krim; im Westen bis Nordostitalien. Westasien. Biologie: KALTENBACH 1963.

2. *E. pennata* (THUNBERG) 1815 (*Gongylus pennatus*, Mém. Acad. Petersburg 5: 194; Typ: ?; terra typica: unbekannt; Syn.: *E. egena* CHARP. 1841, ? *Phantoma variabile* RISSO 1826). Fig. 534, 535.
Der vorigen Art sehr ähnlich. Scheitelfortsatz lang; Basalteil oft (nicht immer!) kürzer als der Apikalteil. Die wesentlichen Unterschiede gegenüber den beiden anderen europäischen Arten sind im Bestimmungsschlüssel angegeben. Seitenlappen der Tergite 4-6 mehr zugespitzt. Maße: Körper ♂ 47-61, ♀ 54-67, Pronotum ♂ 20-24,5, ♀ 23-26,5, Elytron ♂ 35-44, ♀ 34-39. V-VII (in Südfrankreich bis VIII, in Spanien bis IX). Bewohnt die gleichen Biotope wie die vorige Art. Pyrenäenhalbinsel, Frankreich (bis 48° n. Br.), Korsika, Italien einschließlich Sardinien und Sizilien, Istrien; Kanarische Inseln (?); Nordafrika. Biologie: ADAIR 1914, BUGNION 1919, 1920, 1923, MORALES AGACINO 1948, KALTENBACH 1963.

3. *E. pennicornis* (PALLAS) 1773 (*Mantis p.*, Reise d. versch. Prov. Russ. Reich. 2:728; Typ: ♂ Zool. Mus. Berlin; terra typica: Transkaspien; Syn.: *Mantis pectinicornis* LICHTENSTEIN 1802; *E. orientalis* BURM. 1839 [♂, nec ♀]). Fig. 536.
Den beiden vorigen Arten ähnlich und nur durch die im Schlüssel angegebenen Merkmale zu unterscheiden. Scheitelfortsatz kürzer, gedrungener und stärker nach vorn gekrümmt, mit mehr oder weniger deutlich gekerbter Spitze. Basalteil ebenso lang oder etwas länger als der Apikalteil. Alae anscheinend nie mit im distalen Teil braun gesäumten Längsadern. Maße: Körper ♂ 44,5-55, ♀ 44,5-60, Pronotum ♂ 20-21, ♀ 21,5-24, Elytron ♂ 36,5-38, ♀ 31-36. VII-IX. Europ. Teil der USSR: Am Unterlauf der Wolga, Bez. Astrachan, Südukraine; Kaukasus, Transkaspien, Westasien, Iran, Tadschikistan.

ANHANG – APPENDIX:

Schlüssel zum Bestimmen der Larven «» Key for identifying the nymphs

1. Pronotum annähernd trapezförmig, ohne ausgeprägte Suprakoxalerweiterung (461, 462). Vordertibien ventral nicht gezähnelt (458) «» Pronotum approximately shaped like a trapezium, without a well marked dilatation (461, 462). Fore tibiae not dentate on the ventral side (458) . . . .
Perlamantis alliberti GUER.-MEN., p. 133
– Pronotum meist deutlich länger als breit, immer mit gut ausge-

prägter Erweiterung (463-465). Vordertibien ventral gezähnelt (459, 460) «» Pronotum mostly distinctly longer than broad, always with a well marked dilatation (463-465). Fore tibiae dentate on the ventral side (459, 460) 2

2. Vertex in einen mehr oder weniger langen, konischen Fortsatz ausgezogen (531). Abdomen mit rundlichen oder lanzettförmigen Lappen (530) «» Vertex extended in a more or less elongate conical protuberance (531). Abdomen with rounded or lanceolate lobes (530) 12
- Vertex nicht verlängert, Abdomen ohne Lappen «» Vertex not extended, Abdomen without lobes 3

3. Erweiterung nahe der Mitte des Pronotum (463, 464) «» Dilatation near the middle of the pronotum (463, 464) 4
- Erweiterung nahe dem vorderen Drittel oder im vorderen Drittel des Pronotum (465, 527) «» Dilatation near the anterior third or within the anterior third of the pronotum (465, 527) 6

4. Metatarsus der Hinterbeine ungefähr so lang wie die übrigen Fußglieder zusammengenommen (nur eine europäische Art in der USSR) «» Metatarsus of the hind legs approximately as long as the remaining joints of the tarsus taken together (only one European species in the USSR) . . . .
Armene pusilla (EVERSM.), p. 136
- Metatarsus der Hinterbeine ungefähr so lang wie das 2. Fußglied (468) «» Metatarsus of the hind legs about as long as the 2nd joint of the tarsus (468) 5

5. Mesonotum (meist auch Metanotum) der letzten Larvenstadien mit Flügelscheiden (kleine, seitliche Lappen mit Längsadern) «» Mesonotum (mostly also the metanotum) of the last instar nymphs with sheaths of the wings (small lateral lobes with longitudinal veins) . . . .
Ameles sp., p. 137 oder/or *Pseudoyersinia* sp., p. 146
- Mesonotum und Metanotum aller Larvenstadien ohne Flügelscheiden. Imago apter «» Mesonotum and metanotum of all larval stages without sheaths of wings. Imago apterous . . . .
Apteromantis aptera (FUENTE), p. 147

6. Frontalschild viel breiter als hoch (466) «» Frontal sclerite much broader than high (466) 7
- Frontalschild fast ebenso hoch wie breit «» Frontal sclerite nearly as high as broad 8

7. Femora der Mittel- und Hinterbeine ohne Apikaldorn. Innenfläche der Vorderkoxen (ausgenommen das erste Larvenstadium) mit schwarzem, manchmal weiß gekernten, elliptischen Fleck nahe der Basis (505). «» Femora of the mid and hind legs without an apical spine. Inner face of the fore coxae with a black elliptical

spot (sometimes only a black ringed spot near the base [505]) . . . .
Mantis religiosa L., p. 152

– Femora der Mittel- und Hinterbeine mit einem kleinen, spitzen Apikaldorn. Innenfläche der Vorderkoxen ohne schwarzen Fleck nahe der Basis «» Femora of the mid and hind legs with a small pointed apical spine. Inner face of the fore coxae without a black spot near the base 9

8. Femora der Mittel- und Hinterbeine jederseits des Apex in ein zugespitztes Läppchen ausgezogen. Metazona des Pronotum schlank (506) «» Femora of the mid and hind legs extended in a small pointed lobe on each side of the apex. Metazona of the pronotum slender (506) . . . .
Sphodromantis viridis (FORSK.), p. 154

– Femora der Mittel- und Hinterbeine jederseits des Apex in ein rundes Läppchen ausgezogen. Metazona des Pronotum breit (507) «» Femora of the mid and hind legs extended in a small rounded lobe on each side of the apex. Metazona of the pronotum broad (507) . . . .
Hierodula transcaucasica BR.V.W., p. 154

9. Frontalschild mit zwei kleinen, runden Warzen (513). Vorderfemora mit 5 Außenranddornen «» Frontal sclerite with two small rounded tubercles (513). Fore femora with 5 external spines . . . . .
Mediterraneis: *Iris oratoria* (L.), p. 155
Europ. USSR: *Iris polystictica* (F.-W.), p. 158

– Frontalschild höchstens mit einem runden, medianen Buckel. Vorderfemora mit 4 Außenranddornen «» Frontal sclerite at most with a round median knob. Fore femora with 4 external spines . 10

10. Supraanalplatte viel länger als breit. Meist mit dunklem, medianen Rückenstreifen «» Supra-anal plate much longer than broad. Mostly with a dark, median fascia on the dorsum . . . .
Rivetina baetica (RAMB.), p. 159

– Supraanalplatte breiter als lang «» Supra-anal plate broader than long 11

11. Die letzten Larvenstadien mit Flügelanlagen. Vertex ohne Höcker hinter den Augen «» The last-instar nymphs with sheaths of wings. Vertex without a tubercle behind of each eye . . . .
Bolivaria brachyptera (PALL.) (Europ. USSR), p. 160

– Larven ohne Flügelanlagen. Imago apter. Vertex mit einem vorspringenden, kegelförmigen Höcker hinter jedem Auge (527) «» Nymphs without sheaths of wings. Imago apterous. Vertex with a prominent conical tubercle behind of each eye (527) . . . .
Geomantis larvoides (PANTEL) (Mediterraneis), p. 161

12. Dorsalrand der Hinterkoxen mit einem breiteren Lappen (532 CxIII, 533 CxIII) «» Dorsal margin of the hind coxae with a

broader lobe (532 CxIII, 533 CcIII) ....
Empusa fasciata BRULLÉ (530, 531), p. 163

– Dorsalrand der Hinterkoxen nur mit einem schmalen Saum (534 CxIII, 535 CxIII, 536 CxIII) «» Dorsal margin of the hind coxae only with a narrow border (534 CxIII, 535 CxIII, 536 CxIII) .....
Mediterraneis: *Empusa pennata* (THUNB.), p. 166
Europ. USSR: *Empusa pennicornis* (PALLAS), p. 166

ORDNUNG/ORDER: BLATTOPTERA

Kleine bis mittelgroße Insekten (etwas 5-40 mm lange) Körper depress. Der Kopf ist ortho- bis hypognath, gut beweglich, in Ruhelage unter dem scheibenförmigen Pronotum verborgen; die Augen sind relativ lang und flach, vorn ausgerandet; von den Ocelli sind oft nur die beiden seitlichen deutlich erkennbar; die Antennen sind etwa ½ bis 2 mal so lang wie der Körper; die Mundwerkzeuge beißend, kauend, mit kräftigen Mandibeln, die Maxillartaster sind 5 gliederig mit meist beilförmigem Apikalglied, die Labialtaster 3 gliederig. Das Pronotum ist schwach konvex, immer breiter als lang, oft mit lichtem oder durchsichtigem Rand, ohne Paranota. Das Abdomen besteht aus 10 Segmenten, von denen jedoch das 8. und 9. Tergum und das 1. Sternum ± zurückgebildet, erstere aber wenigstens beim Verschieben des 7. Tergums noch erkennbar sind; beim ♂ sind äußerlich 9, beim ♀ 7 Sterna sichtbar, von denen das letzte jeweils die Subgenitalplatte bildet, die bei dieser Ordnung oft als Hypandrium bezeichnet wird und beim ♂ 1-2 Styli trägt; die Cerci sind mehrgliederig; der Kopulationsapparat der ♂♂ ist asymmetrisch, der aus 3 Valven bestehende Ovipositor ist verkürzt und in einer Einstülpung des Abdomens verborgen, in der auch die Oothek gebildet wird. Die Flugorgane überragen oder bedecken das Abdomen oder sind bis auf seitliche Schuppen rückgebildet, selten fehlen sie ganz, die Elytra sind gut sklerotisiert und liegen links auf rechts, die Costa verläuft unmittelbar am Vorderrand, die Analis ist meist gut ausgeprägt und bogenförmig; die Alae sind den Elytra entsprechend ausgebildet oder verkürzt, zuweilen sind sie völlig mit dem Metanotum verschmolzen, voll ausgebildet sind sie häutig und ihr großes Analfeld ist – oft mehrfach-gefaltet. Die einander recht ähnlichen Laufbeine haben große, einander genäherte Coxen und immer 5 Tarsenglieder. Die Entwicklung ist paurometabol; Larven in den ersten Ständen sind vorerst oft noch schwer voneinander zu unterscheiden. Die Flügelscheiden haben bereits die Lage der imaginalen Flügelstellung. Viele Arten sind nachaktiv, die meisten von ihnen sind omnivor. Von den etwa 3500 bekannten heutigen Arten leben die meisten in den Tropen und Subtropen. Arten aus den Gattungen *Blaberus, Panchlora* u.a.m., die immer wieder einmal

eingeschleppt werden ohne bodenständig zu werden, wurden hier nicht berücksichtig «» Small to medium sized (about 5-40 mm in length), with depressed body. Head ortho- to hypognathous, easily moved, hidden in resting position below the disc-like prontum; eyes relatively long and flat, anterior margin indented; lateral ocelli only are usually distinct; antennae about half to twice as long as the body; mouthparts biting, masticating, with strong mandibles; maxillary palps 5-segmented with mostly hatchet-shaped apical joints; labial palps 3-semented. Pronotum weakly convex, always wider than long, often with light or transparent margins; paranota absent. Abdomen consists of 10 segments; 1st sternite, and 8th and 9th tergites, ± reduced; tergites 8 and 9 only being seen when 7th tergite is moved. In ♂ 9 sternites, in ♀ 7, are visible externally. Last sternite forms subgenital plate (often named the hypandrium in this Order), which in the ♂ bears 1-2 styles; cerci of several segments; copulatory organ in ♂ assymmetrical; ovipositor of 3 shortened valves turned into the abdomen; within this invagination the ♀ forms the ootheca. Both wings surpass or just cover the abdomen, but sometimes they are reduced to small lateral squamae; occasionally wings entirely absent. Tegmina well-sclerotized; left tegmen lies over right one; Costa forms the fore margin; analis mostly well-developed and arched. Alae same length as tegmina, although sometimes shorter; occasionally entirely fused with metanotum; where fully developed they have a large, often multiple-folded, anal-fan. Legs well developed for running, similar to each other; coxae situated close together; tarsi 5-segmented.
Development paurometabolous. Early instars difficult to determine. Larval wing-sheaths already in the position later shown by adult wings. Many species active at night; most are omnivorous. About 3500 extant species; mostly in Tropics and Sub-tropics. Species from the genera *Blaberus* and *Panchlora*, as well as some others, often accidentally introduced by man into Europe. I have not described these immigrants here.

Schlüssel zu den Familien, Unterfamilien und Gattungen «» Key to the families, subfamilies and genera

1. Ventralkanten der Mittel- und Postfemora bedornt (537); zwischen der Stirn und dem flachen, einfachem Clypeus ohne Quernaht oder sonstige deutliche Begrenzung «» Ventral edges of the mid and hind femora with spines (537); without a transverse suture or another border between the frons and the flat, single clypeus 5
– Ventralränder der Mittel- und Postfemora unbedornt nur kurz und zuweilen dicht beborstet (selten sind die Borsten in ganz kurze

Dörnchen verwandelt) höchstens außen mit Apikaldornen; zwischen der Stirn und dem zweiteiligen, vorspringendem Clypeus eine deutliche Querfurche (538, 539) «» Ventral edges of the mid and hind femora without spines, short and sometimes thickly covered with bristles (occasionally bristles are transformed in minute spinules), at most with apical spines on the outside; with a distinct transverse suture between the frons and the projecting, bipartite clypeus (538, 539) 2

2. Der Postclypeus erreicht mit seinem Dorsalrand nicht die Antennenbasen (*Polyphagidae, Polyphaginae*) «» Dorsal-margin post-clypeus does not reach of the bases of antennae (*Polyphagida, Polyphaginae*) 3

– Der Postclypeus überragt mit seinem Dorsalrand die Antennenbasen «» The post-clypeus surpasses with the dorsal margin the bases of the antennae: *Euthyrrhaphidae, Tiviinae*; hierher nur *Zetha simonyi* (KRAUSS) auf dem Kanaren, Azoren und auf Madeira «» *Zetha simonii* (KRAUSS) occurs only on the Canaries, Azores, and Madeira Islands.

3. Der 1. Femur ist ventral ohne Apikaldorn «» 1st femur without apical spine ventrally 4

– Der 1. Femur mit einem deutlichen Dorn apikal am Ventralrand, falls dieser abgebrochen, ist die Ansatzstelle doch zu sehen «» 1st femur with a distinct spine on the ventral-margin apically, if it is broken off, then the point of attachment is visible: . . . . *Polyphaga* BRULLE, p. 175

4. ♂ macropter, ♀ apter. Posttibia ventral mit 4-5 (selten 3) Dornen, die nicht in schräger Linie stehen, die Dornen der Oberseite sind gleichmäßig auf der ganzen Länge der Tibia verteilt oder fehlen nur im Apikaldrittel «» ♂ macropterous, ♀ apterous. Post-tibia with 4-5 (rarely 3) spines not inserted in an oblique line ventrally, the spines of the dorsal side regularly spread over the tibia or only absent in the apical third . . . . *Arenivaga* REHN, p. 177

– ♂ parapter (540), ♀ unbekannt, sonst ähnlich voriger Gattung «» ♂ parapterous (540), ♀ unknown; in other respects similar to the last genus . . . . *Hemylytroblatta* CHOP., p. 186

5. Subgenitalplatte des ♂ symmetrisch, ohne Styli oder asymetrisch mit 1 Stylus (541), ♀ ohne Valven «» Subgenital plate in ♂ symmetrical, without styles or asymetrical with 1 style (541), ♀ without valves 7

– Subgenitalplatte des ♂ immer symmetrisch und mit 2 Styli versehen (542), ♀ mit Valven (543) «» ♂ subgenital plate always symmetrical with 2 styles (542), ♀ with valves (543) (*Blattidae*) 6

TAFEL 30

537. *Blatta orientalis* L., ♂, linker Postfemur von innen, die dunklen Dornen sitzen auf der Außenkante; Budapest, 3.I.1962 G. HANGAY leg., coll. m.
538. *Arenivaga livida* (BR.), ♀, Kopf (ohne Mundwerkzeuge) von vorn, H = Haarlinie, anstelle der abgebrochenen Haare punktiert, Clyp = Clypeus, Oc = Ocellus; Armenien, Charung, 1914, TÖLG leg., Nat. Hist. Mus. Wien
539. Desgleichen; ♂, Armenien, Dschuga. Arakse, 8.IX.1932, RIABOV leg., Nat. Hist. Mus, Wien; Kopf von links, A = Auge, Anb = Antennenbasis, Clyp = Clypeus, Oc = Ocellus.
540. *Hemelytroblatta cypria* CHOP., ♂, von oben; Zypern, Famagusta 1928, H. M. MORRIS leg., Nat. Mus. Paris.
541. *Ectobius sylvestris* (PODA) *f. lucidus*, ♂; Abdomenapex von oben, der Pfeil zeigt auf den darunter stärker vergrößerten Stylus; Südtirol, Doss dei Morti, 8.VI.1921, 1500 m, RAMME-SPANEY SG., Nat. Hist. Mus. Wien
542. *Periplaneta americana* (L.), ♂, Subgenitalplatte von unten; Algerien, Hoggar, Terhenanet, 9.V.1973, H. ECKERLEIN leg., coll. m.
543. Desgleichen; ♀, Abdomenapex von unten, C = Cercus, Ep = Epiproct, Par = Paraproct, V = Valven; aus K. HARZ 1960
544. Desgleichen, Posttarsus von oben und von links, A = Arolium, P = Pulvillus; aus K. HARZ 1960
545. Desgleichen; ♂, Habitus; aus K. HARZ 1960
546. *Blatta orientalis* L., ♂, Habitus, aus K. HARZ 1960
547. Krallenglied des rechten Hintertarsus a) *Ectobius lapponicus* (L.), Arbisco Schweden, 15.22.IX. 1975, K. MÜLLER et al. leg., coll. m., b) *Phyllodromica maculata* (SCHREB.). bei Erlangen, CH. WALTHER leg., coll. m.
548. Krallenglied des rechten Hintertarsus von *Loboptera decipiens* (GERM.), Italien, Riviera, Cavoi di Laragna, 1955, K. MANDL leg., Nat. Hist. Mus. Wien

537

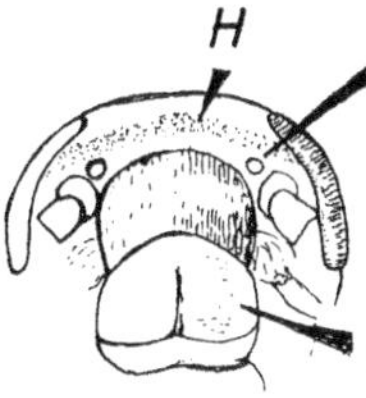

538

539

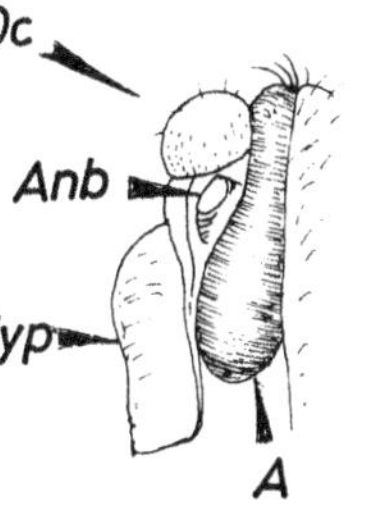

540

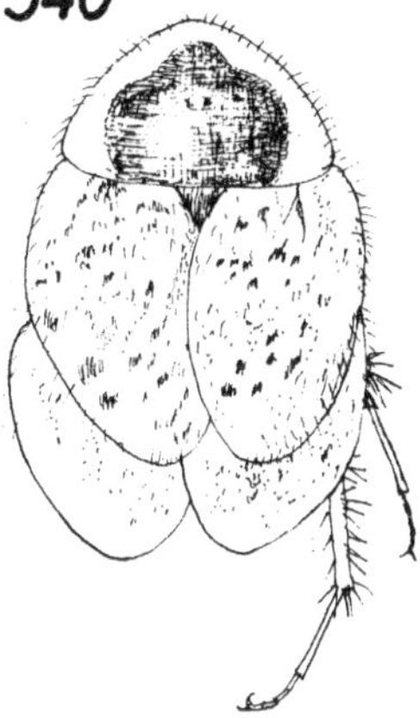

541

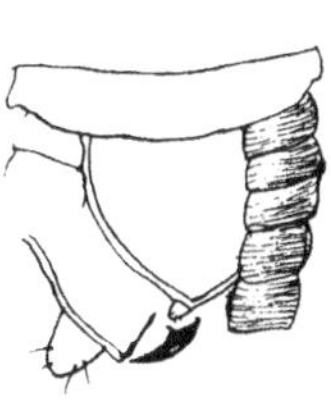

542

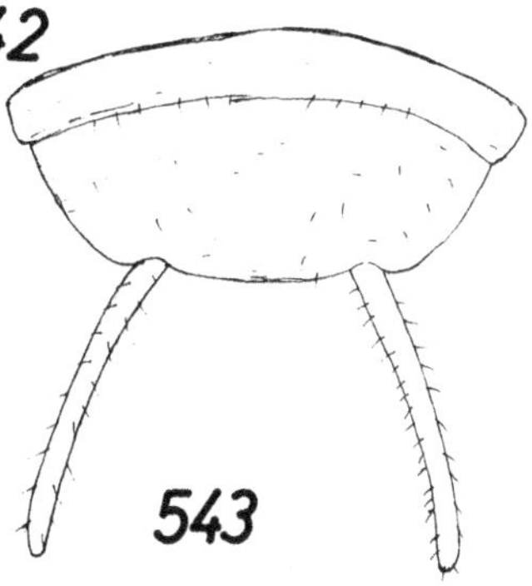

543

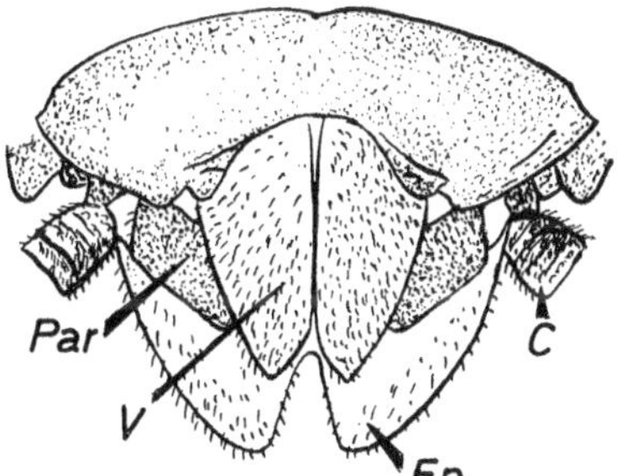

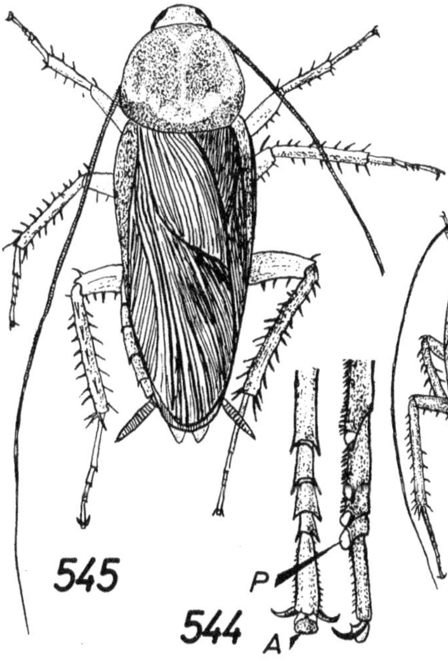

545

544

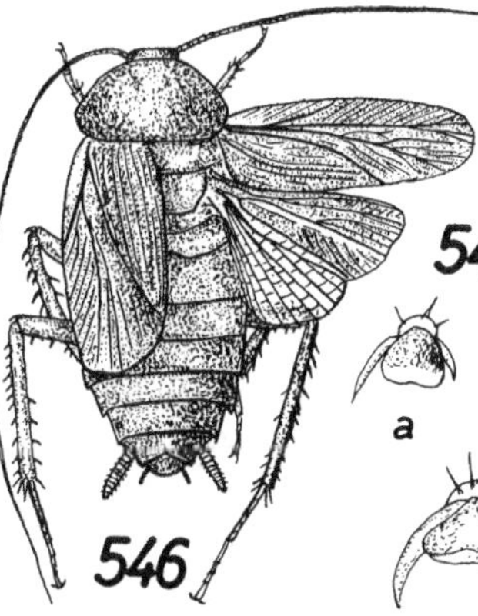

546

547

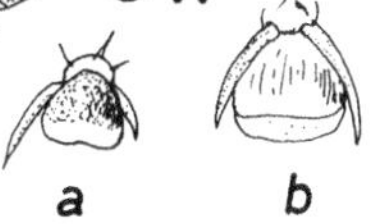

a b

548

6. Arolium gut entwickelt, deutlich (544); ♂ und ♀ macropter, die Elytra überragen deutlich den Abdomenapex (545) «» Arolium well developed, distinct (544); ♂ and ♀ macropterous (545) . . . . .
Periplaneta BURM., p. 192
– Arolium stark reduziert; ♂ micropter bis subbrachypter (546), die Elytra bedecken nie völlig das Abdomen, ♀ squamipter «» Arolium strongly reduced; ♂ micropterous to sub-brachypterous (546), tegmina never entirely covering the abdomen, ♀ squamipterous . . . .
Blatta L., p. 188
7. Krallen der Tarsi asymmetrisch (547); Subgenitalplatte des ♂ asymmetrisch mit 1 Stylus (541) «» Claws of the tarsi asymmetrical (547); ♂ subgenital plate asymmetrical with 1 style (541): (*Ectobiidae*) 10
– Krallen der Tarsi symmetrisch (548); falls die Subgenitalplatte des ♂ asymmetrisch ist, dann nicht wie in Fig. 541 oder mit 2 ungleichen Styli «» Claws of the tarsi symmetrical (548); if the subgenital plate in ♂ asymmetrical, then not as in fig. 541 or with two unequal styles (*Blatellidae*) 8
8. Macropter bis (♀♀) brachypter «» Macropterous to (♀♀) brachypterous 9
– Squamipter «» Squamipterous . . . .
Loboptera BR., p. 204
9. ♂ und ♀ macropter (549), Cubitus mit 6 Zweigen; Vorderfemur am distalen Ende seitlich-ventral mit 3 längeren Dornen; Subgenitalplatte beim ♂ seitlich mit großem Stylus (550) «» ♂ and ♀ macropterous (549), Cubitus with 6 branches; fore femur with 3 longer spines on the distal end laterally towards the ventral side; subgenital plate in ♂ with a large style laterally (550) . . . .
Blattella L., p. 198
– Macropter bis brachypter (♀, 551; die Tegmina bedecken meist das Abdomen), Cubitus mit 9-11 Zweigen; Vorderfemur innen am distalen Ende mit 2 längeren Dornen; Subgenitalplatte des ♂ mit 2 ungleichen Styli am Apex (522) «» Macropterous to brachypterous (♀, 551; tegmina covering mostly the abdomen), Cubitus with 9-11 branches; fore femur with 2 longer spines on the inside of the distal end; ♂ subgenital plate with 2 unequal styles on the apex (552) . . . .
Supella SHELF., p. 200
10. Elytra deutlich geadert, Analis gut ausgeprägt, vertieft (553, 554), falls beim ♀ stark verkürzt, dann doch mit eingesenkter Analis; «» Tegmina with distinct veins, Analis well developed, impressed (553, 554), if in ♀ tegmina strongly shortened it is however well impressed . . . .
Ectobius STEPH., p. 207

- Elytra weniger deutlich geadert, Analis nicht eingesenkt, oft wenig deutlich «» Tegmina less distinct veined, analis not impressed, often weakly developed or indistinct . . . . *Phyllodromica* FIEB., p. 258

FAMILIE/FAMILY: POLYPHAGIDAE

Körper etwa 12-15 mm lang. Die ♂ sind meist macropter (555), die ♀ apter, entfernt asselähnlich (556); Sc der Elytra mit Queradern zur C: Alae etwa so lang wie die Elytra, ihr Analfeld ist einfach umgeschlagen, nicht fächerförmig gefaltet. Der Clypeus ist in Ante- und Postclypeus geteilt (538, 539), der letztere reicht mit seinem Dorsalrand bei den behandelten Arten nicht bis zur Antennenbasis. Die Subgenitalplatte des ♂ ist schwach asymmetrisch und trägt meist Styli. Die Vorderfemora sind distalwärts erweitert, ihr vorderer Ventralrand ist gut bedornt, mit oder ohne Apikaldorn, die Ventralränder der Mittel- und Postfemora sind ventral unbedornt; Vordertibiae apikalwärts erweitert und kräftig bedornt (557); 1. Glied der Tarsi immer länger als die übrigen zusammen, Krallen des Apikalglieds symmetrisch, beim ♂ mit oder ohne Arolium, bei ♀ immer ohne ein solches. Die Arten leben vielfach in halbwüsten- bis wüstenartigen Gebieten «» Body about 12-35 mm in length. ♂♂ mostly macropterous (555), ♀♀ apterous, with a vague similarity to an Isopod (wood louse; 556). Sc of the tegmen with transverse veins to the C; alae about as long as the tegmina, their anal-area has one fold, not like a fan. Clypeus separated into an ante- and post-clypeus (538, 539), the latter does not reach the bases of antennae in the species dealt with here. The subgenital plate in ♂ is weakly asymmetrical and often bears two styles. Fore femur widened distally, the anteriorly ventral margin very spiny, with or without the apical spine, ventral margins of mid and postfemora without spines; fore tibiae widened towards the apex and strongly covered with spines (557); 1st joint of the tarsi always longer than all the others together, apical joint with symmetrical claws, in ♂ with or without arolium, in ♀ always without one. The species often live in semi-deserts or deserts.

Gattung/Genus: Polyphaga BRULLÉ 1835

(Hist. Nat. Ins., 9:57; typus generis: *P. aegyptiaca* (L.).

Die Augen sind einander dorsal genähert, beim ♀ sind sie schmäler; beim ♂ springen die Seitenocelli etwas vor (558), beim ♀ sind sie als helle Fleckchen angedeutet; Stirn und Clypeus sind braun oder orange, Scaphus groß, das 2. und 3. Glied der Antennen sind ± zylindrisch, die folgenden perlenähnlich und verschmälern sich gegen den Apex; beim ♂ überragen die Antennen kaum den Körper, beim ♀ erreichen sie oft nicht einmal die halbe Körperlänge. Das Pronotum ist an den Rändern beborstet, dunkelbraun bis braunrot, vorn weißlich gerandet, beim ♂ sehr fein gerunzelt, beim ♀ fein gekörnt mit glatten oder eingedrückten unauffälligen Zeichnungen. Die Terga sind beim ♀ gekörnt, basal mit glatten Querstreifen, seitlich mit glatten Fleckchen. Das Epiproct des ♂ ist distal der Mitte leicht ausgeschnitten, seitlich etwas verdickt und hier dicht beborstet, beim ♀ ist es in der Mitte kurz ausgeschnitten (559). Die Subgenitalplatte des ♂ hat einen verdickten, beborstetenHinterrand mit zwei gleichartigen Styli (560), beim ♀ ist sie in der Mitte leicht gewölbt, hinten schmal gerandet und in der Mitte und seitlich schwach ausgerandet (559), die Paraproctes sind ebenso hell gerandet wie der Hinterrand im Mittelabschnitt. Die Cerci sind elfgliederig, beim ♀ dorsal ± vom Epiproct verdeckt. Elytra graubraun bis gelbbraun, die C ist kurz und lang beborstet, die An auffallend hell, gut gebogen und eingesenkt; die Alae sind graubraun bis gelbbraun, ihr C-Feld ist bis vor den Apex gelblich, ihr Analffeld heller. Die Beine sind braun bis gelbbraun, die Tibiae apikal gut bedornt, das Krallenglied beim ♂ mit Arolium. Die Gattung ist mit etwa 5 Arten über S-Europa, N-Afrika, W- und E. Asien weit verbreitet «» The eyes approach each other dorsally, their distance between the ocelli a little more than the diameter of one ocellus, in ♀ they are narrower; in ♂ the side-ocelli project somewhat (558), in ♀ they are light-coloured, small spots that are weakly developed; frons and clypeus brown or orange; antennae hardly surpass the abdomen apex in ♂, in ♀ often do not reach the middle of the body, scaphe large, 2nd and 3rd joint ± cylindrical, the other ones spherical, tapering towards the apex. Pronotum with bristles on the margins, dark brown to red-brown, anterior border whitish, in ♂ finely wrinkled, in ♀ finely granulated, with weak patterns. Tergites in ♀ granulated, with smooth transverse stripes basally and with smooth spots laterally. The ♂ epiproct is slightly excised in the middle of the hind margin, somewhat thickened and covered with bristles laterally, in ♀ shortly excised in the middle (559). Subgenital plate in ♂ with a thickened, bristly hind margin, with two equal styles (560), in ♀ slightly arched medially, narrowly bordered posteriorly and slightly emarginated in the middle and laterally (559); paraproct has a light border. Cerci 11-segmented, in ♀ ± covered by the epiproct dorsally. Tegmina greyish-brown to yellowish-brown. C with short and long bristles. An conspicuously light, well curved and impressed; alae greyish-brown to yellowish-brown, their C-area yellowish almost to the apex, anal area lighter. Legs brown to yellowish-brown, tibiae fairly spiny apically, apical joint of the tarsi in ♂ with an arolium. The genus is widely spread with about 5 species over S. Europe, N. Africa, W. and E. Asia.

1. *P. aegyptiaca* (L.) 1758 (*Blatta ae.*, Syst. Nat. (ed x) 1:424, n. 2; Typ: ♂ Uppsala; terra typica: Ägypten; Syn.: *Steleopygia trichoprocta* F. W. 1833, *Blatta omega* COSTA 1839, *Heterogamia spinipes* F. W. 1846, *H. punctata* F. W. (larva) 1846, *Blatta sphaenia* GISTEL 1856 (♀), *B. lata* (nec HERBST 1786) GISTEL 1856 (♂), *B. spinifer* KIRBY 1910). Fig. 555, 556, 558-561.
Wie in der Gattungsbeschreibung. Die Grundfärbung ist schwarzbraun bis fast schwarz, seltener braunrot bis rotbraun. Maße: Körper 18-27,5, ♀ 24-34, Pronotum ♂ 4,3:8,6-6,4:11, ♀ 7-9:17,5, größte Abdomenbreite beim ♀ 15,8-21,8, Elytra ♂ 22-26 (z. T. nach G. JA. BEY-BIENKO 1950). Die Oothek ist länglich, mit kielförmigen Längslinien (561) und am Dorsalrand mit 12-17 Zähnchen, etwa 11-11,5 mm lang; die Larven sind in den ersten Ständen gelblich gefleckt, ältere einfarbig dunkelbraun bis schwarz. Im ganzen östlichen Mittelmeergebiet (Türkei; Griechenland, u. a. Attika, Saloniki, Volo, Thess., Larissa, Lambet, Delphi, Morea, Santorin, Mythilene, Korfu, Rhodos, Zypern, Kreta, Albanien, Jugoslawien, u.a. Dalmatien, Spalato), Sizilien, süditalienisches Festland, (Calabrien, Apulien), Bulgarien (Sandanski 1966, B. MESSNER leg.), Transkaukasien, W-Küste des Kaspisees nördlich bis Kislar, E-Küste des Schwarzen Meers nördlich bis Kuban. W-Asien auch Syrien und Israel; Nordafrika: Von Ägypten bis Tunesien und Algerien.

Gattung/Genus: Arenivaga REHN 1903

(Pr. Ac. nat. Sci., Philadelphia, 55:185; typus generis: *A. bolliana* (SAUSS.) 1893. *Heterogamodes* CHOPARD 1929 part., *Heterogamia* BURMEISTER 1838 part.

Hellbraune, rötlichbraune bis ockerfarbige Arten mit höchstens 18 mm Körperlänge, im ganzen etwas flaumig. Die Augen sind schmal und lang (538, 539), die Ocelli sind klein, aber deutlich, bei ♂ auch vorspringend; Stirn mit einer Querreihe von Haaren, die – falls die Haare abgebrochen sind – durch Punktreihen angedeutet werden. Das Pronotum ist fein behaart und am Rand gewimpert, mit hieroglyphenähnlichen dunkleren Zeichnungen. ♂ macropter, C beborstet, Analis fast rechtwinklig gebogen, leicht eingesenkt; ♀ apter. Vorderrand der Vorderfemora ohne Apikaldorn (nur bei einigen afrikanischen Arten mit kurzem Distaldorn), Mittel- und Postfemora mit oder ohne Kniedorn, falls der Kniedorn fehlt, sind beim ♂ immer Arolien vorhanden, bei ♀♀ fehlen letztere immer; Posttibia mit 9-11 gleichmäßig auf der Dorsalseite verteilten Dornen (zuweilen ist das Distaldrittel ohne Dornen) und 3-5 Dornen ventral. Subgenitalplatte beim ♂ mit oder ohne Styli. Mit etwa 41 Arten in den wärmeren und ariden Gebieten besonders im Mittelmeerraum, in N-Afrika und Asien verbreitet «» Light-brown, reddish-brown to ochre species, generally some-

TAFEL 31

549. *Blattella germanica* (L.), ♀; Habitus, aus K. HARZ 1960
550. Desgleichen; ♂, Subgenitalplatte von unten; Spanien, Tarragona, 29.VIII.-7.IX.1971, P. HARZ leg., coll. m.
551. *Supella longipalpa* (F.), ♀, Habitus aus K. HARZ 1960
552. Desgleichen, ♂, Apex der Subgenitalplatte von unten; Türkei, Izmir, 12.VII.1974, N. LODOS leg., coll. m.
553. *Ectobius sylvestris* (PODA), ♂, Habitus aus K. HARZ 1960
554. *Ectobius lapponicus* (L.), ♀, Habitus, aus K. HARZ 1960
555. *Polyphaga aegyptiaca* (L.), ♂, Habitus, Türkei, Bornova, Izmir, 25.II.1972, N. LODOS leg., coll. m.
556. Desgleichen, ♀, Habitus, Izmir, 2.III.1962, N. LODOS leg., coll. m.
557. *Psammoblatta ebneri* CHOP., ♀, linke Vordertibia von links-vorn, Topotyp, Türkei, Makri, Lyc. Taurus, daneben ein Dorn stärker vergrößert im Profil; Nat. Hist. Mus. Wien
558. *Polyphaga aegyptiaca* (L.), ♂, Auge und Ocellus (O) von links (unter dem Ocellus die Antennenbasis/Scaphus), Jugoslawien, Spalato 1860, TÜRK leg., Nat. Hist. Mus. Wien
559. Desgleichen, ♂, Abdomenapex von unten, Bornova bei Izmir, 25.V.1972, N. LODOS leg. et coll.
560. Desgleichen; Oothek, Rhodos, ERBEN leg., Nat. Hist. Mus. Wien
562. *Arenivaga/Psammoblatta livida* (BR.), ♂, Dorsalseite des Kopfes, A = Auge, O = Ocellus; Dschuga, Arakse, Armenien, 8./9.X.1932, RIJABOW leg.; Nat. Hist. Mus. Wien

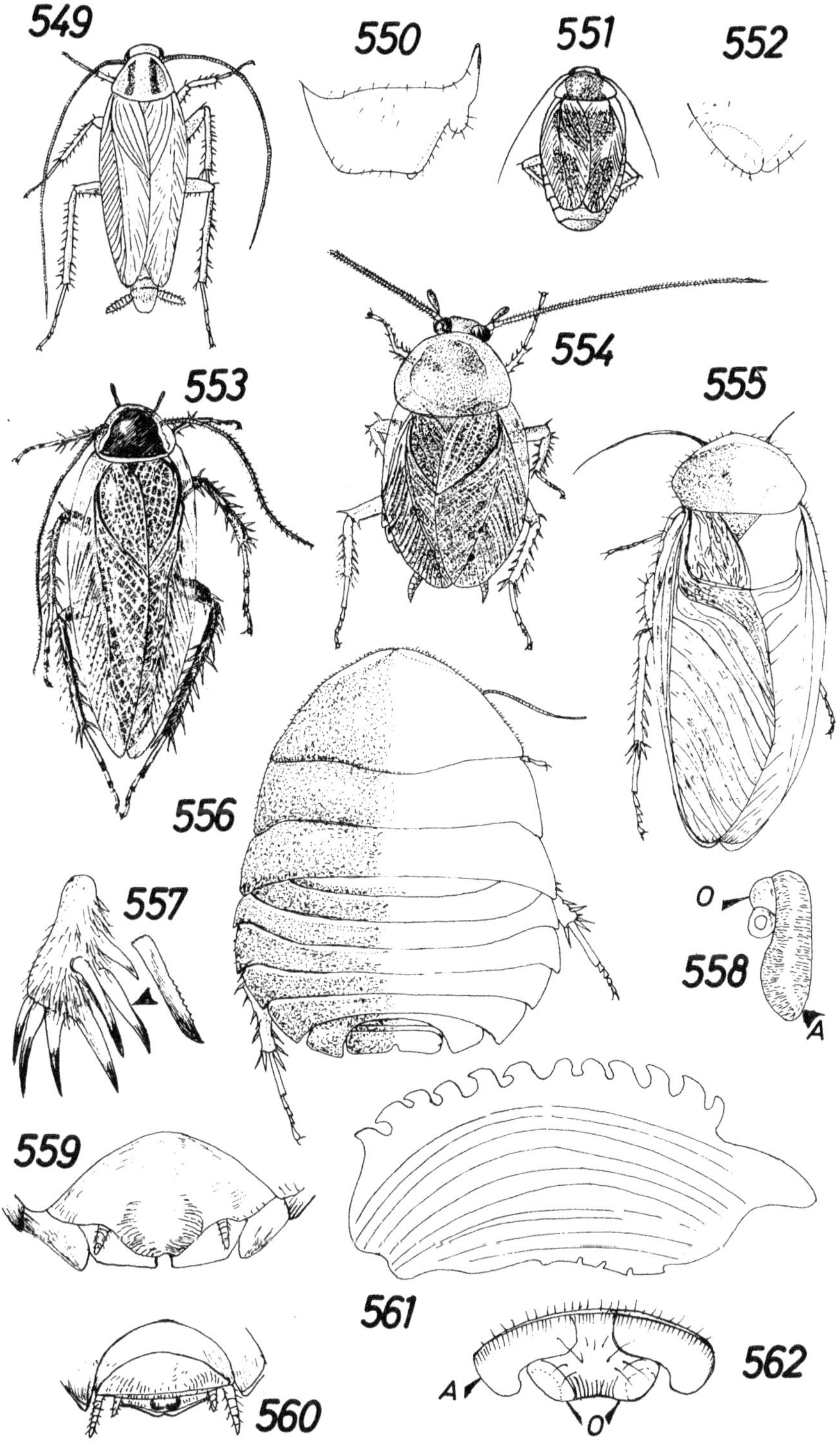
549
550
551
552
553
554
555
556
557
558
O
A
559
561
560
562
A
O

what pubescent, body at most 18 mm in length, eyes narrow and long (538, 539), ocelli small but distinct, in ♂ also projecting; frons with a transverse row of hairs, if these are broken off, then there is a transverse punctation. Pronotum finely pubescent, with ciliate margins with darker hieroglyph-like pattern. ♂ macropterous; C with bristles, An bent in an almost right angle, slightly impressed; ♀ apterous. Fore margin of the fore femur without apical spine (in a few African species with a short distal-spine only), mid and postfemur with or without an apical spine, if this spine is absent, then in ♂ with arolium between the claws (in ♀ arolium always absent); post-tibia with 9-11 regularly distributed spines dorsally (sometimes without spines in the distal third) and 3-5 spines ventrally. ♂ subgenital plate with or without styles. With about 41 species mostly spread in the warmer arid regions of the Mediterranean, N. Africa and Asia.

Schlüssel zu den Untergattungen und Arten «» Key to the subgenera and species (Untergattungen nach «» Subgenera according to G. JA. BEY-BIENKO 1950):

1. Epiproct stark quer, gut verdickt, undurchsichtig, dorsal auf beiden Seiten und am Hinterrand oft dicht behaart; Subgenitalplatte kurz, nicht vergrößert, hinten mit einer Borte aus borstenähnlichen Haaren, in der Apikalhälfte ventral oft zerstreut behaart «» Epiproct strongly widened, well thickened, opaque, often thickly covered with hairs on the hind margin and laterally; subgenital plate short, not enlarged, with a border of bristle-like hairs, with scattered hairs in the apical half ventrally 2
– Epiproct verlängert, schwach verdickt, häutig, im Apikalteil durchsichtig; Subgenitalplatte vergrößert, am Hinterrand leicht behaart; Mittel- und Postfemur mit Apikaldorn «» Epiproct lengthened, weakly thickened, membranous, transparent in the apical part; subgenital plate enlarged, sparsely covered with hairs on the hind margin. Mid- and postfemur with apical spine ....
Arenivaga REHN, nicht im Gebiet «» Not in Europe
2. Mittel- und Postfemora am Apex mit Kniedorn; falls dieser fehlt, dann mit Arolium zwischen den Fußkrallen (Hintertibia bei Arten ohne Kniedorn gerade, mit auf der Dorsalseite gleichmäßig verteilten Dornen; zuweilen sind alle diese Merkmale gleichzeitig vorhanden) «» Mid- and postfemora with an apical spine, if without it, then in ♂ with an arolium between the claws of the tarsi (post tibia straight species without apical spine on the femur have spines regularly scattered dorsally; sometimes these characters are all present together): Subgenus *Psammoblatta* BEY-BIENKO 3

- Mittel- und Hinterfemora ohne Kniedorn; Tarsi ohne Arolium zwischen den Krallen, Posttibia meist gebogen «» Mid- and post-femora without apical spine, post-tibia mostly curved, tarsi without arolium between the claws . . . .
Subgenus *Heterogamisca* (BEY-BIENKO) *bifoliata* BOLIVAR, p. 186
3. ♀♀ 6
- ♂♂ 4
4. Mittel- und Postfemur am Apex ohne Dorn; Subgenitalplatte des ♂ mit Styli «» Mid- and Postfemur without apical spine; ♂ subgenital plate with styles 5
- Mittel- und Postfemur am Apex mit Dorn; Subgenitalplatte des ♂ ohne Styli «» Mid- and postfemur with an apical spine; ♂ subgenital plate without styles . . . .
P. livida (BR.), p. 182
5. Die Elytra überragen in Ruhelage das Abdomen um 6-12 mm «» Tegmina in normal position surpassing the apex of the abdomen by 6-12 mm . . . .
P. ebneri CHOP., p. 183
- Die Elytra überragen in Ruhelage das Abdomen höchstens um 3 mm «» Tegmina in normal position surpassing the apex of the abdomen by no more than 3 mm . . . .
P. curtipennis CHOP., p. 182
6. Mittel- und Postfemur mit Apikaldorn «» Mid- and postfemur with an apical spine . . . .
P. livida (BR.), p. 182
- Mittel- und Postfemur ohne Apikaldorn «» Mid- and postfemur without an apical spine . . . .
P. ebneri CHOP., p. 183

Untergattung/Subgenus: Psammoblatta BEY-BIENKO 1950

(Fauna SSSR, Nasekomye Tarakanowie, Moskwa-Leningrad, Nowa Seria 40:307-308; typus subgeneris: *P. livida* (BR.) 1865; *Heterogamodes* CHOPARD 1929 part.

Im Habitus weitgehend der Gattung entsprechend. Mittel- und Postfemora mit oder ohne Kniedorn, in letzterem Fall beim ♂ zwischen den Tarsi immer mit Arolium. Posttibia mit 9-11 regelmäßig auf der Dorsalseite verteilten Dornen, zuweilen fehlen diese aber im Distaldrittel, ventral mit 3-5 Dornen. Mit etwa 25 Arten über W-Asien, die Türkei, Griechenland und in Nordafrika (von Eritrea bis Tunesien und Algerien) sowie in Äquatorial-Afrika verbreitet «» To a large extent similar to the genus. Mid-femora and postfemora with or without apical spines, in the latter ♂ always with a arolium between the claws of the tarsi. Post-tibia with 9-11 regularly spread spines dorsally, sometimes without spines in the distal third, with 3-5 spines ventrally. With about 25 species spread over W. Asia, Turkey, Greece and N. Africa (from Eritrea to Tunisia and Algeria) and Equatorial Africa.

2. *P. livida* (BR.) 1865 (*Polyphaga l.*, Syst. Blatt., p. 359; Typ: ♂ Naturhist. Mus. Wien; terra typica: Zypern). Fig. 538, 539, 562-564.
Der Kopf ist gelblich, die quere Haarbinde auf der Stirn ist gut ausgeprägt, die Augen sind tiefschwarz, Vertex, Stirn und Clypeus (dieser bis auf einen schmalen Basalstreif) sind braun bis schwarz; die Ocelli springen beim ♂ fast brillenartig vor (562). Das Pronotum ist wie die ganze Oberseite beim ♂ gelblich bis gelborange, öfters mit einigen dunkleren Fleckchen am Discus, leicht abstehend behaart, beim ♀ wie die ganze Oberseite braunrötlich bis rostbraun, die Haare des Pronotums sind kurz und nach hinten gerichtet. Ventral ist das ♂ gelblich, das ♀ rötlich. Das Epiproct des ♂ ist dreieckig verrundet und am Apex leicht ausgerandet, beim ♀ quer und in der Mitte schwach ausgerandet (564); die Subgenitalplatte des ♂ ist am Hinterrand verdickt, schwach aber breit ausgerandet und ziemlich kräftig beborstet (563), Styli fehlen, beim ♀ ist sie in der Mitte und seitlich davon etwas ausgerandet (564), die Cerci erreichen knapp den Hinterrand des Epiprocts. Genitale des ♂ wie in Fig. 565. Die Elytra sind durchscheinend gelblich, mit kleinen rötlichen oder bräunlichen Pünktchen oder auch einfarbig. Die Vordertibia mit 1 Dorsal- und 8 Apikaldornen; Mitteltibia mit 7 Dorsal-, 2 Ventral- und 7 Apikaldornen, Posttibia mit 11 Dorsal-, 5 Ventral- und 2 Apikaldornen, Arolium beim ♂ klein, aber deutlich. Maße: Körper ♂ 11-13,5, ♀ 14-15, Pronotum ♂ 2,8:5,3-3,6:6,8, ♀ 4,1-? Elytra ♂ 15,6-18 (-20). (?-) IX-X. Transkaukasien, Arnien, Iran, Irak, Syrien, Türkei, Zypern, Griechisches Festland (Parnass) und auf den südlichen Sporaden (Nikaria).

3. *P. curtipennis* (CHOPARD) 1929 (*Polyphaga-Heterogamodes c.*, Eos, 5:306-307, Taf. 9, Fig. 20; Typ: ♂ Humboldt-Museum, Berlin; terra typica: Griechenland, Arkania). Fig. 566-570.
Kopf wie die ganze Unterseite ockergelblich, Stirn zwischen den Augen schwarz, innen an den Antennenbasen je eine braune Schwiele; Seitenocelli auch hier auffallend groß (566); der Clypeus springt gut vor; Endglieder der Palpi wenig beilförmig; Antennen hellbraun. Das Pronotum (567) ist gelblich mit wenigen braunen Fleckchen am Vorderrand und auf den Seitenrändern, abstehend, fast orangefarbig behaart, sonst kürzer und mit nach hinten gerichteten Borsten; Meso- und Metanotum rötlichbraun. Das Abdomen ist dorsal verwaschen lichtbraun, die Vorderränder der Terga sind heller; Sterna am Seitenrand ziemlich beborstet; Epiproct am Hinterrand in der Mitte kurz dreieckig ausgeschnitten (568), an den Seiten über den Cerci leicht gewölbt und abstehend beborstet; Subgenitalplatte mit Styli (569), am Hinterrand verdickt und dicht beborstet. Elytra mit kräftiger Costa, die in der Basalhälfte lang, in der Apikalhälfte kurz beborstet ist, das C-Feld ist gelblich genetzt, Sc mit dem R verschmolzen, An deutlich, aber schwach, hinter der C zerstreut lichtbraun gefleckt; die Elytra überragen den Abdomenapex nur

geringfügig; die Alae sind in Ruhelage etwa 1 mm kürzer als die Elytra, am Apex nicht umgebogen. Vordertibia mit 8 Apikaldornen und 1 Dorsaldorn, Mittelbia mit 7 Apikal- und 7-8 Dorsaldornen, Posttibia mit 7 Apikal-, 10 Dorsal- und 5 Ventraldornen; Arolium klein. Genitale wie in Fig. 570. Maße: Körper 12, Pronotum 4,5:7, Elytra 13,6. Das ♀ ist unbekannt, vom ♂ nur der Typ; weitere Funde und das Erfassen der Variationsbreite wären sehr erwünscht.

4. *P. ebneri* (CHOPARD) 1929 (*Heterogamodes e.*, Eos, 5:305-306, Taf. 9, Fig. 19: Typ: ♂♀ Nat. Hist. Mus. Wien; terra typica: Türkei, Makri, Lyc. Taurus; *Heterogamia livida* (BR.) 1865 part.). Fig. 557, 571-579.
Vertex zwischen den Augen abgeflacht, etwas (2,5:2) breiter als ein Ocellus beim ♂ und zwischen den Ocelli eingesenkt (571), beim ♀ ist der Vertex zwischen den Augen etwa so breit wie der Clypeus, die Ocelli sind nur als helle Fleckchen angedeutet (572), Stirn beim ♀ zwischen den Antennenbasen beiderseits mit leichtem Quereindruck, zwischen den Augen bei ♂ und ♀ dunkelbraun, der vorspringende Clypeus ist gelblich bis braun, das Labrum gebräunt. Das Pronotum ist (außer am Vorderrand) mit nach hinten gerichteten Borsten besetzt, der Discus ist dunkel oder dunkel gezeichnet (573, 574); Meso- und Metanotum beim ♀ dicht mit rückwärts gerichteten Haaren besetzt, dunklere Längszeichnungen sind kahl. Die Sterna des Thorax sind licht gelblichbraun. Abdomen beim ♂ dorsal gelblichbraun, seitlich behaart, beim ♀ fast orangefarben behaart, ventral bei ♂ und ♀ hell rötlich-kupferfarben, das 10. Tergum ist beim ♀ in der Mitte beborstet, sonst bis auf die Seitenränder spärlich behaart; Epiproct des ♂ in der Mitte leicht ausgeschnitten bis ausgerandet (575), beim ♀ tiefer eingeschnitten (576); die Subgenitalplatte des ♂ (577) ist am Hinterrand verdickt und dicht beborstet, die Styli sind ± gleichlang, beim ♀ ist die Subgenitalplatte am Hinterrand in der Mitte schmal, an den Seiten breiter ausgerandet (578); die Cerci des ♂ stehen vor, beim ♀ sind sie ± verdeckt. Genitale des ♂ wie in Fig. 579. Die Elytra überragen das Abdomen um 6-12 mm, die Costa ist außen beborstet, die Analis tief eingedrückt, im ganzen sind sie gelblich-durchsichtig, ganz leicht bräunlich gefleckt; die Alae sind glasig-bräunlich bis gelbbraun. Die 1. Tibia trägt 10 kräftige Dornen, die ventral mit einer gezähnelten Längsleiste versehen sind (557); das Arolium ist etwa ½ so lang wie die Krallen. Der Körper wirkt braun, an den dicht behaarten Stellen glänzt er seidig ähnlich wie bei einer Maulwurfsgrille (*Gryllotalpa*). Maße: Körper ♂ 12,3-14, ♀ 15-17,5, Pronotum ♂ 3,5:7-3,7: 7,2, ♀ 4,5:8-10:12,5, Elytra ♂ 16-17,5, Abdomenbreite ♀ 10,7-12,5. VIII-X. Griechenland, Karpathos (R. KINZELBACH 1963 leg., coll. m.), Rhodos, Türkei (Makri, Toros, Cilic. Taurus, Gülek, Göksun, Ladakia, Amanusgebirge: Haruniye). Syrien (Djebel Marzart, 1400 m).

Untergattung/Subgenus: Heterogamisca BEY-BIENKO 1950

(Fauna SSSR, N.S. No. 40:320; typus subgeneris: *H. bolivari* ADELUNG 1914).

Sehr ähnlich den anderen Subgenera, aber Mittel- und Postfemur

TAFEL 32

563-565. *Arenivaga/Psammoblatta livida* (BR.), alle im Nat. Hist. Mus. Wien
563. ♂, Subgenitalplatte von unten; Armenien, Dschuga, Arakse, 8./9.X.1932, RIJABOV leg., Nat. Hist. Mus. Wien
564. Abdomenapex ♀ von unten, C = Cercus, Epi = Epiproct, Par = Paraproct, Sgpl = Subgenitalplatte; Südl. Sporaden, Nikaria, VON OERTZEN leg.
565. Kopulationsapparat ♂ von unten, Griechenland, Parnaß, KRUEPER leg.
566-570. *Psammoblatta curtipennis* CHOP., ♂, Arkania, Dr. KRÜPER leg., Nat. Hist. Mus. Wien
566. Kopf von vorn
567. Pronotum von oben
568. Epiproct mit Cerci von oben
569. Subgenitalplatte von unten
570. Genitale von unten
571-579. *Psammoblatta ebneri* (CHOP.), Typen, Türkei, Makri, Lyc. Taurus, Nat. Hist. Mus. Wien
571. ♂, Kopf (ohne Mundwerkzeuge) von vorn rechts
572. ♀, Kopf von vorn rechts
573. ♂, Pronotum von oben, linke Hälfte
574. ♀, Pronotum von oben, linke Hälfte
575. ♂, Epiproct mit Cerci von oben
576. ♀, Epiproct von oben
577. ♂, Subgenitalplatte, von unten, am Hinterrand springt der Apikalhaken des linken Epiphallus vor
578. ♀, Subgenitalplatte von unten
579. Genitale des ♂ von unten
580. *Heterogamisca bifoveolata* (BOL.), ♀ Subgenitalplatte von unten, Marokko, Agadir, R. EBNER leg., Nat. Hist. Mus. Wien
581. Desgleichen, Mitte des Hinterrandes der Subgenitalplatte, stärker vergrößert, von hinten

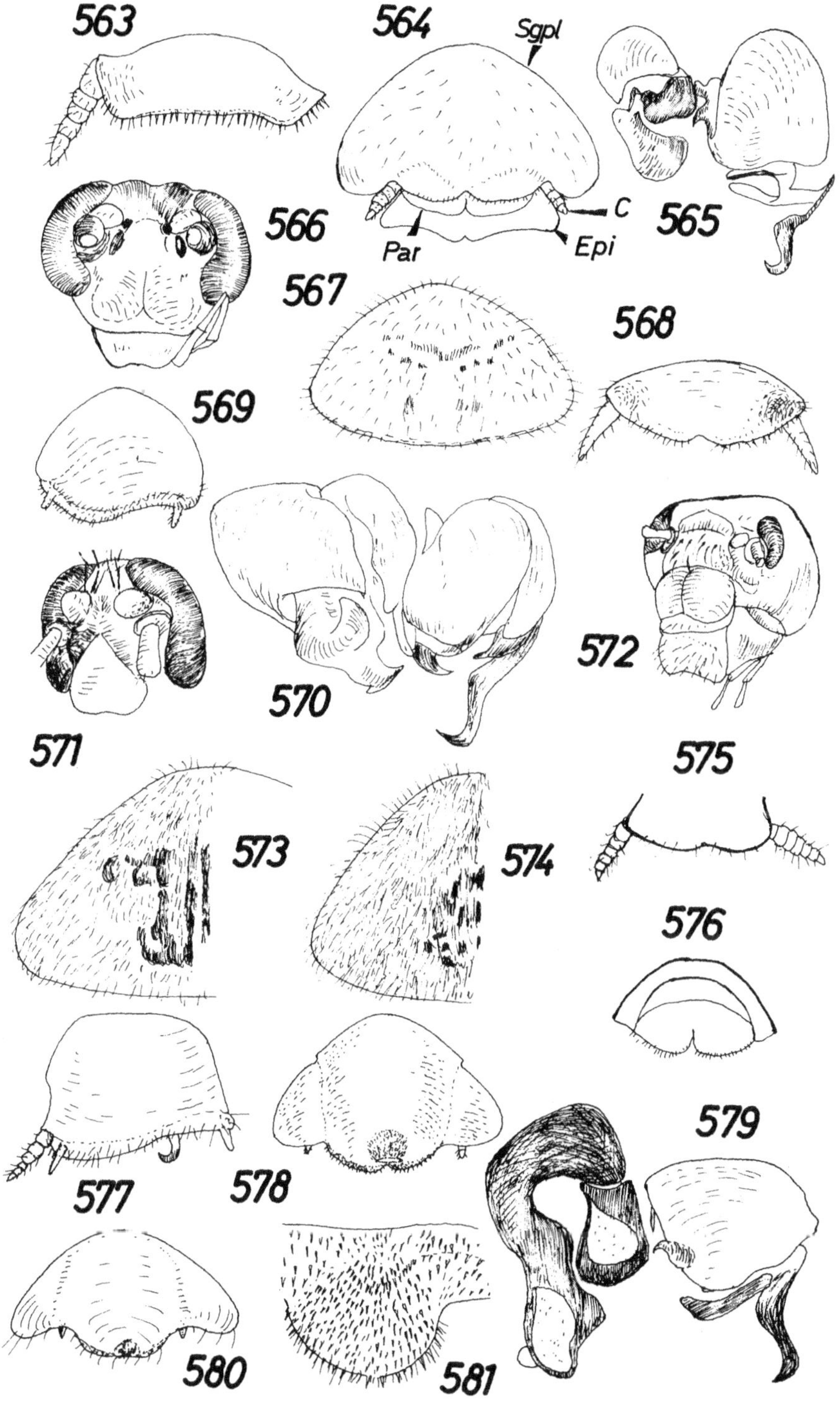
563
564
Sgpl
C
Par
Epi
565
566
567
568
569
570
571
572
573
574
575
576
577
578
579
580
581

ohne Apikaldorn, Tarsi auch beim ♂ ohne Arolium zwischen den Krallen «» Very similar to the other subgenera, but mid- and postfemur without apical spine, tarsi also in ♂ without arolium between the claws.

5. *H. bifoveolata* (BOLIVAR) 1914 (*Polyphaga b.*, Mem. R. Soc. Esp. Hist. nat. 8:174-175; Typ: ♂♀ Inst. Españ. Ent. Madrid; terra typica: Spanien: Cabo de Aqua/Mellila). Fig. 580, 581.
Kopf hell gelblich- bis gelblichbraun, Stirn beim ♂ braun, beim ♀ gebräunt; zwischen den Ocelli stehen bei ♂ und ♀ zwei kleine Grübchen, darunter ist das Gesicht regelmäßig konvex (ohne Vorsprünge wie bei *bolivari*)). Das Pronotum ist bis auf den lang abstehend behaarten Vorderrand ziemlich dicht und kurz anliegend behaart, gelblich bis braun oder gelblich-orange mit einem braunen Fleck in der Mitte des Discus, die haarlosen Muster auch fast orange; Meso- und Metanotum seitlich lang, außerdem kurz und dicht wie die Hinterränder, sonst kurz und locker anliegend behaart, die Haare sind nach hinten gerichtet. Das Abdomen ist ventral gelblichbraun, seitlich lang beborstet und dicht anliegend, sonst recht kurz und leicht und anliegend behaart; das Epiproct des ♂ ist kurz, länglich-rund, beim ♀ quer, schwach konvex; die Subgenitalplatte des ♀ ist in der Mitte des Hinterrandes verrundet und hier schmal ausgerandet (580) und ebenda sehr kurz und dicht beborstet (581). Die Elytra sind breit und kurz, am Vorderrand regelmäßig konvex, bis auf das lichte, durchsichtige Costalfeld sind sie ziemlich einförmig braun; die Alae sind gebräunt. Die Beine des ♀ sind hell orange bis gelblichbraun, beim ♂ gelblich, die Tibialdornen rötlich, ventral abgeflacht und seitlich sehr fein gezähnelt. Die Grundfarbe ist beim ♂ ± bräunlich, beim ♀ bräunlichrötlich. Maße: Körper ♂ 11,8-13,5, ♀ 12-16, Pronotum ♂ 4,5:7,8, ♀ 5,5:8, Elytra ♂ 14-15. (?-)XI. S-Spanien: Cartagena, Isla Major del Mar Menor; Totana (Murcia), Adra (Almeria). Marokko, Algerien, Tunis.

Gattung/Genus: Hemelytroblatta CHOPARD 1929

(Eos, 5:344; typus generis: *H. cypria* CHOPARD 1929).

Die Gattung stimmt weitgehend mit den anderen überein, doch die ♂ sind parapter «» Very similar to the other genera, but ♂ is parapterous.

6. *H. cypria* CHOPARD 1929 (Eos, 5:344-345, Fig. 85, 91; Typ: ♂ Nat. Mus. Paris; terra typica: Zypern/Cyprus, Famagusta). Fig. 540, 582-586.
Beschreibung des einzigen bekannten ♂: Körper bräunlich, rötlich-flaumig behaart. Der Kopf ist hellbraun zwischen den Augen eine dunkelbraune Querbinde, der gut vorspringende Clypeus ist gelblichweiß (582); die Antennen sind körperlang oder länger, der kräftige Scaphus und die 9 folgenden Glieder glatt, glänzend, die anderen matt, dicht beborstet. Der Discus des Pronotums ist ganz fein gekörnelt bis fein querrunzlig, bis auf kleine glänzende Fleckchen und die Mitte des Vorderrandes (Querschwiele) matt, rötlich, mit dunkelbraunem Rand, die Seiten sind vorn breit weißlich gerandet (540);

ziemlich dicht anliegend, gegen den Rand leichter und nach hinten mit abstehenden gelben Borsten besetzt, am Rand lang beborstet. Die Sterna sind gelblich, die Coxae gebräunt, ihre Ränder beborstet. Abdomen braun bis rötlichbraun, Vorderränder der Terga oft heller, gelblich; das Epiproct ist querverrundet (583), in der Mitte leicht ausgerandet; die Subgenitalplatte ist gewölbt, am Hinterrand schwach verrundet und hier gut beborstet, der linke Stylus ist nur wenig länger und schwächer als der rechte (584); die Cerci sind kräftig, 5 gliederig. Genitale wie in Fig. 585. Die Elytra sind oval, derb, unregelmäßig geadert, die Hauptadern sind nicht erkennbar bzw. nur die Basen von C, Sc und R; sie sind in situ kürzer als die Alae (540), lichtocker, das C-Feld ist fast ganz hell, sonst unregelmäßig bräunlich gefleckt, die Ränder sind außen etwa 1 mm lang beborstet; die Alae sind gleichfals derb, pergamentartig, wie die Elytra gefärbt, die sie um etwa 3 mm überragen. Ihre Ränder sind außen bis etwa zur Mitte lang gelblich beborstet. Die 1. Tibia ist etwa ½ so lang wie der Femur, mit 9 rotbraunen, etwa halb tibialangen Dornen im Apikalteil (586), wovon 5 apikal fächerartig nebeneinanderstehen; 2. Tibia etwa ¼ kürzer als der Femur, dorsal mit 10, ventral mit 5 (4 davon apikal) langen Dornen; Posttibia ⅙ länger als der Femur, dorsal mit 14, ventral mit 7 Dornen, 3 davon apikal; Tarsibasalglied aller Beine länger als die anderen Glieder zusammen; 1. Tarsus ¼ kürzer als Femur und Tibia zusammen, 3. Tarsus so lang wie die Tibia; Arolium etwa $\frac{1}{10}$ so lang wie die Krallen des Apikalgliedes, rundlich, Maße: Körper 12, Pronotum 5:7,5, Elytra 8,5, Alae 10. (?-) III (-?). Zypern, Famagusta, Limassol, gewiß weiter verbreitet.

FAMILIE/FAMILY: BLATTIDAE

Körper etwa 18-36 mm lang, robust. Überwiegend braun bis dunkelbraun, auch schwarz. Der Kopf wird vom Pronotum bedeckt oder steht wenig vor; die Antennen sind schlank, zum Apex verschmälert und überragen den Körper um dessen halbe oder ganze Länge; die Augen sind dorsal viel weiter als einen Ocellendurchmesser voneinander entfernt; der Clypeus ist ungegliedert. Das 1. Tergum des ♂ mit oder ohne Mitteldrüse; das Epiproct ist bei ♂ und ♀ am Hinterrand ± ausgerandet; die Cerci sind gut entwickelt und überragen auch beim ♀ das Epiproct weit; die Subgenitalplatte des ♂ ist symmetrisch (542) und trägt gleichartige Styli, beim ♀ immer Valven (543). Das ♂ ist brachypter bis macropter, ♀ squamipter (in diesem Fall sind die Alae mit dem Metanotum ± verschmolzen) bis macropter, Alae (falls entwickelt) mit fächerförmig gefaltetem Analfeld. Vorderfemur ventral mit einer Reihe distalwärts kleiner werdenden Dörnchen, apikal mit wenigen größeren Dornen und am Apex mit einem längeren Kniedorn (588); die Ventralränder von Mittel- und Postfemora sind gut bedornt; die 1. Tibia ist distalwärts nicht erweitert; Krallenglied mit Arolium, aber zuweilen ist dieses recht klein; Pulvilli sind vorhanden, aber manchmal recht schwach «» Body about 18-36 mm in length, stout. Mostly brown to dark brown, sometimes also black. Head covered by the pronotum or only projecting a little; antennae slender, tapering to the apex, surpassing the body by half its length or its whole length; eyes separated dorsally from each other by more than the diameter of one ocellus; clypeus single, not segmented. 1st tergite in ♂ with or without a median gland; ♂ and ♀ epiproct with ± emarginated hind margin; cerci well developed and in ♂ as in ♀ markedly surpassing the epiproct; ♂ subgenital plate symmetrical (542), with equal styles, in ♀ always with valves (543). ♂ brachypterous to macropterous, ♀ squamipterous (in this case the alae are fused with the metanotum) to macropterous; alae (if developed) with anal-fan. Fore femur with a row of spines which become smaller and smaller towards the apex, with a few larger spines apically and a longer spine on the apex (knee) (588); mid- and postfemora fairly spiny on the ventral margins; 1st tibia not widened towards the distal end; apical joint of the tarsi with arolium between the claws, but sometimes it is rather small, pulvilli present, but sometimes weakly developed.

UNTERFAMILIE/SUBFAMILY: BLATTINAE

Wie zuvor. Krallen der Tarsi symmetrisch «» As above. Claws of the tarsi symmetrical.

Schlüssel zu den Arten «» Key to the species

1. Die Elytra überragen beim ♂ weit das Abdomenende, ♀ squamipter, mit distal stark konvexer Cubitusfurch, Analfeld eiförmig «» Tegmina in ♂ clearly surpassing the apex of abdomen. ♀ micropterous, Cubital-furrow strongly convex distally, anal-area oviform: Subgenus *Shelfordella* ADELUNG mit der Art «» With the species: *S. lateralis* (WALKER) 1868; Bei «» Near Baku in the Aserbaitshanischen SSSR (K. PRINCIS 1965).
– ♂ subbrachypter bis brachypter, ♀ squamipter, Cubitalfurche distal schwach konvex, An-Feld lanzettförmig «» ♂ subbrachypterous to brachypterous, ♀ squamipterous, cubitalfurrow weakly convex distally, anal-area laceolate .... *Blatta* L. (*orientalis*) L., p. 188

Gattung/Genus: Blatta L. 1758

(Syst. Nat. (ed. X), 1:424; typus generis: *B. orientalis* L. 1758; *Kakerlac* LATREILLE 1825, *Stylopygia* F.W. 1846, *Periplaneta* BR. 1882 part.).

Stirn und Vertex verrundet, zwischen den Augen so breit wie ein Auge lang ist oder 1/5 kürzer (♂), beim ♀ 1/6 breiter; Ocelli deutlich, hell; Antennen basal dunkel, sie überragen der Körper um etwa dessen halbe Länge. Das Pronotum ist ringsum gerandet, der Discus ist höchstens durch eine schwache Depression am Außenrand oder (bei helleren Tieren) dunklere Linien angedeutet. Das Metanotum ist beim ♀ hinten gerade oder am inneren Ende des Hinterrandes der damit verwachsenen Alae ausgerandet (589-594). Abdomen in der Grundfarbe oder etwas heller, Sterna zuweilen mehr rötlich, zwischen dem 1. sichtbarem Tergum und dem Metanotum seitlich eine Grube beim ♂; das Epiproct des ♂ ist quer, hinten breit dreieckig oder breit rundlich ausgerandet (595), beim ♀ dreieckig, apikal dreieckig bis rundlich ausgerandet (596); die Subgenitalplatte des ♂ ist quer und springt in der Mitte des Hinterrandes leicht rundlich vor (597), beim ♀ ist sie halb kahnförmig (598, 599); die Cerci sind 13-14 gliederig, relativ schlank und überragen Epiproct und Subgenitalplatte. Elytra des ♀ wie in Fig. 600 und 601, beim ♂ wie in Fig. 546. 1. Femur außen mit 3, innen mit zahlreichen Dornen (588), Apex mit drei längeren Dornen auf der Innenseite, außen mit einem, 2. Femur innen mit 6 und 1, außen mit 5-6 und 1 Dornen, Postfemur innen mit 3-5 Dornen und einem Apikaldorn, außen desgleichen sowie einem Dorsaldorn am Apex; 1. Tibia dorsal mit 3, ventral 5, apikal mit 5 Dornen, 2. Tibia dorsal mit 7-8, ventral 5-8 und apikal mit 5 Dornen, 3. Tibia dorsal mit 13, ventral 9-11 Dornen, Tarsi kompress mit deutlichen Pulvilli, die beim ♀ schwächer ausgeprägt sind, das Arolium ist beim ♂ etwa $\frac{1}{3}$, beim ♀ $\frac{1}{6}$ so lang wie die Krallen, das Basalglied des 1. Tarsus ist $\frac{1}{3}$ so lang wie die übrigen zusammen, beim 2. Tarsus wenig (etwa $\frac{1}{6}$) kürzer, beim 3. ± so lang wie die anderen zusammen «» Frons and vertex rounded, distance between the eyes as wide as the length of one eye or $\frac{1}{5}$ shorter (♂), in ♀ $\frac{1}{6}$ wider; ocelli distinct, light; antennae dark basally, surpassing the body by about its length. Pronotum with a fine furrow around the edge, at most a trace is visible of the outer margin of the disc in the form of a weak depression; sometimes in light specimens the disc margin is marked by a dark line. Metanotum of ♀ with straight hind margin or variously emarginated with the inner end of the hind margin of the alae, which are fused with it (589-594). Abdomen coloured as the other parts of the body or somewhat lighter, sternites sometimes more reddish; in ♂ a small impression between the 1st visible tergite and the metanotum laterally; ♂ epiproct wide, with broadly triangular or roundly emarginated hind margin (595), ♀ triangular, triangularly or roundly emarginated posteriorly (596); ♂ subgenital plate transverse, slightly projecting in the middle of the hind-margin (597), in ♀ almost shaped as a half-boat (598, 599); cerci 13-14-segmented, relatively slender, surpassing epiproct and subgenital plate. Tegmina in ♀ as in fig. 600 and 601, in ♂ as in fig. 546. 1st femur on the outside with 3, on the inside with

TAFEL 33

582-587. *Hemelytroblatta cypria* CHOP., Typus, Zypern, Famagusta, Nat. Mus. Paris
582. Kopf von links vorn
583. Epiproct von oben
584. Abdomenapex von unten, Eph. = Apex des linken Epiphallus
585. Kopulationsapparat von unten, der Teil mit dem linken Epiphallus (586) ist basal abgebrochen, die hier gezeigte Stellung ist deshalb problematisch
587. Linke Vordertibia von innen
588-601. *Blatta orientalis* (L.), soweit nicht anders vermerkt in coll. m.
588. Rechter Vorderfemur ♀ von innen, München, Innenstadt, 6.IV.1974, L. HARZ leg.
589. Metanotum (Mt) – wie nachstehend jeweils nur die linke Seite – ♀ mit Elytronapex (E) und dem damit verwachsenen Ala (A); wie zuvor
590. Desgleichen, Ala mit dem Metanotum restlos verwachsen; Coburg, 6.IX.1963, H. ECKERLEIN leg.
591. ♀, Mesonotum (Ms) und Metanotum (Mt) mit deutlich erkennbarer Ala (A); Bayern, Traunstein, 17.V.1969, L. HARZ leg.
592. ♀, Metanotum (Mt) mit Elytronapex (E) und Ala (A); Bayern, Penzing, 5.XII.1969, U. EITSCHBERGER leg.
593. Desgleichen; Jugoslawien, Sinj, VIII.1966, U. EITSCHBERGER leg.
594. Desgleichen; Marokko, Mas-mer (Mogodar), 26.VII.1959, H. ECKERLEIN leg., --- = Bayern, Münnerstadt, 20.V.1961, K. HARZ leg.
595. ♂, Abdomenapex, Schweinfurt, 7.VII.1958, K. HARZ leg., die gestrichelte Linie deutet die Variationsbreite des Epiproct-Hinterrandes an
596. ♀, Abdomenapex von oben; wie in Fig. 588
597. Subgebitalplatte ♂ von unten; Würzburg 1962, U. EITSCHBERGER leg.
598. Valven des ♀ von unten, wie in Fig. 588
599. Desgleichen von links
600. Linkes Elytron ♀; wie in Fig. 591

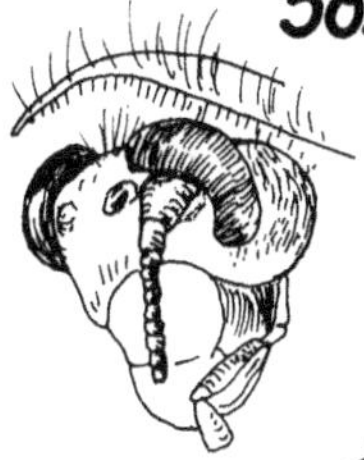
582

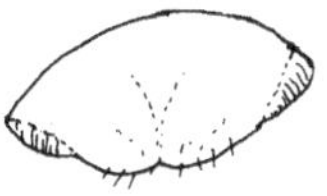
583

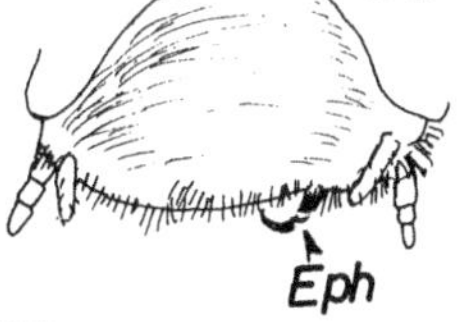

584

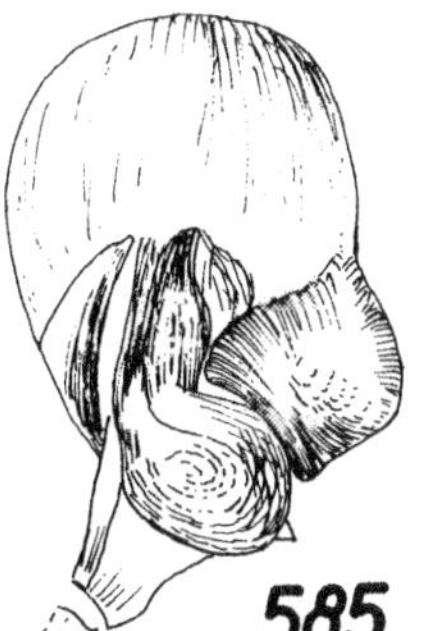
585

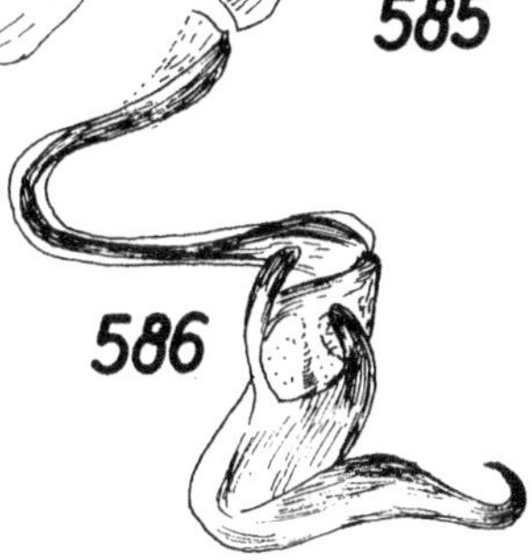
586

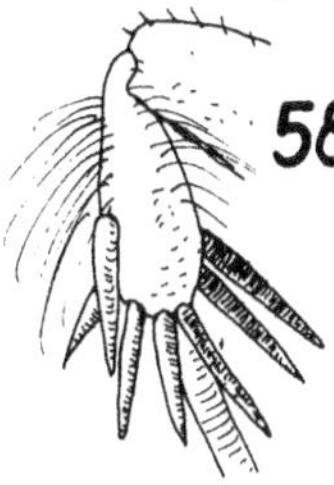
587

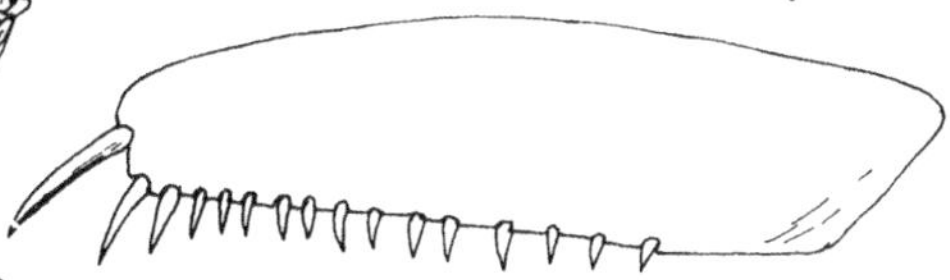
588

589

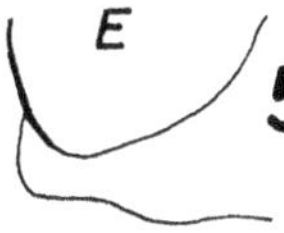

590

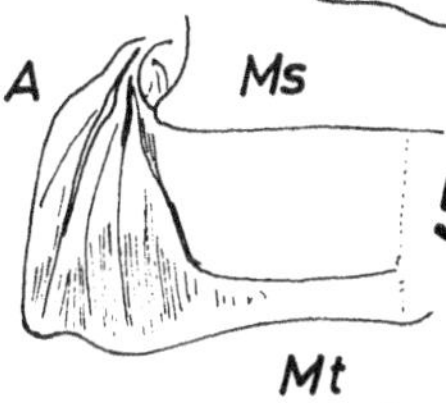

591

592

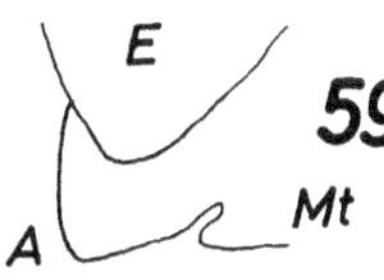

593

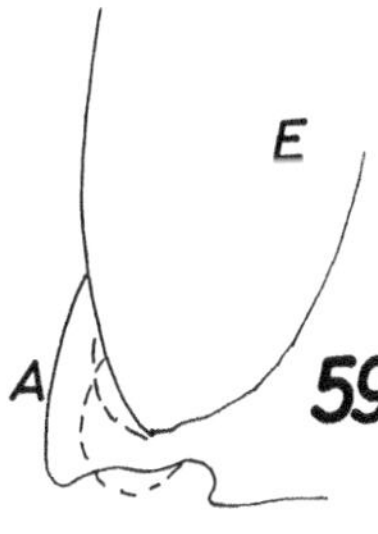

594

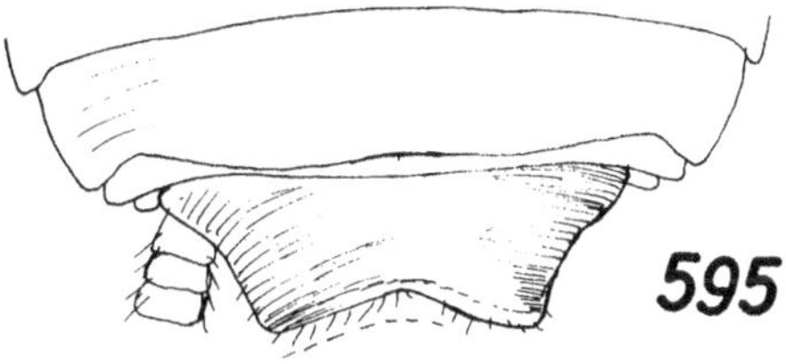
595

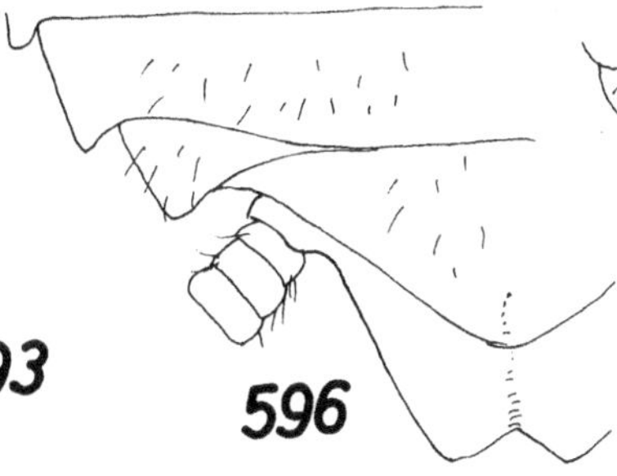
596

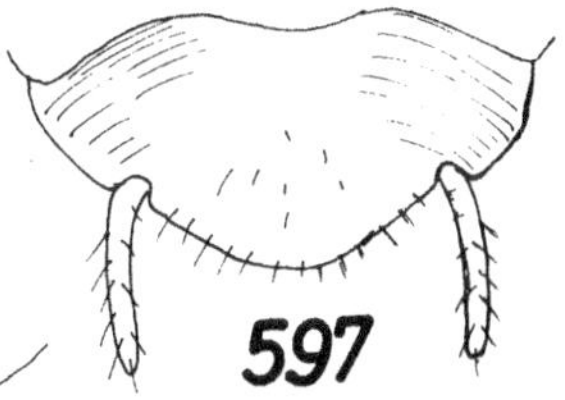
597

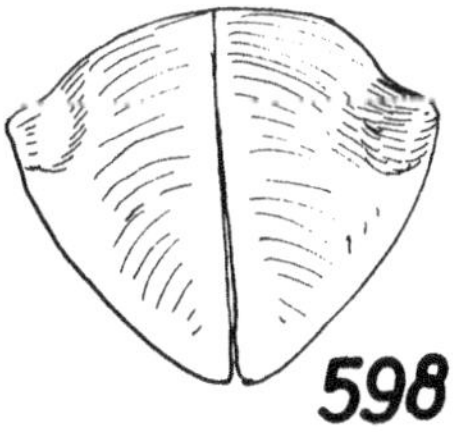
598

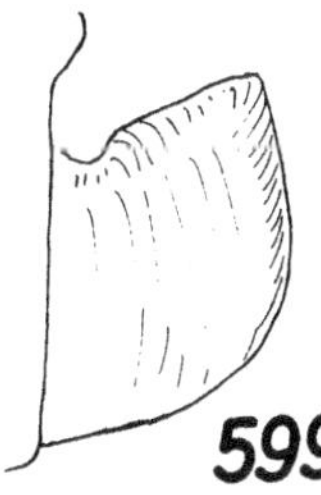
599

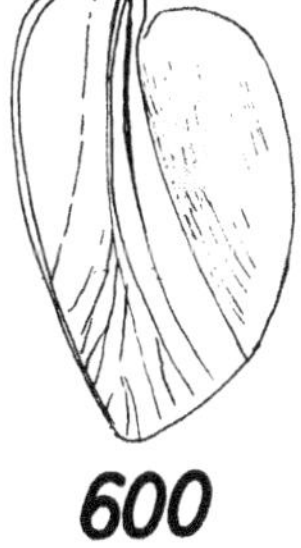
600

many spines (588), apex with three longer spines on the inside and one spine on the outside, 2nd femur with 6 and 1 on the inside, 5-6 and 1 on the outside, postfemur with 3-5 spines on the inside and one apical spine dorsally; 1st tibia with 3 spines dorsally, 5 ventrally, and 5 apically; 2nd tibia with 7-8 dorsally, 5-8 ventrally, and 5 apically; 3rd tibia with 13 spines dorsally, 9-11 ventrally; tarsi compressed, with distinct pulvilli, in ♀ they are more weakly developed; arolium in ♂ about ⅓ as long as the claws, in ♀ ⅙ as long; basal joint of the 1st tarsus ⅓ as long as the others together, in the 2nd tarsus a little (about ⅙) shorter than the other ones together and in the 3rd tarsus as long as the others together. Cosmopolitan.

1. *B. orientalis* L. 1758 (Syst. Nat. (ed x) 1:424, n. 7; Typ: offenbar verloren; terra typica: "Habitat in America, Oriente"; Neotypi: ♂♀ Jugoslawien, Sinj, 30./31. VII. 1966, U. EITSCHBERGER leg., coll. m.; Syn.: *Blatta culinaris* DE GEER 1773, *B. ferrugineofusca* GRONOVIUS 1774, *B. badia* SAUSSURE 1863, *B. spontanea* SEMENOW 1908, *var. gracilis* ADELUNG 1910). Fig. 9, 546, 588-601.
Dunkelbraunrot bis schwarz, selten orangefarben oder licht gelblichbraun. Maße: Körper ♂ 21-26, ♀ 18-28, Pronotum ♂ 4,9:6,5-6,1:8, ♀ 6:8-7:10,5, Elytra ♂ 10,5-16,2, ♀ 4,3-6, Abdomenbreite ♀ 10-13. I-XII. In Europa nördlich der Alpen, aber auch oft im Süden synanthrop, in den Sommermonaten auch im Freien, sonst nur auf der Krim und in Kaukasien das ganze Jahr über im Freiland. Kosmopolit. Die Oothek ist dunkelbraun, mit Querfurchen, die Zähnchenleiste ist hell; sie wird im Lebensraum fallen gelassen. Schaben in Bauten übertragen Erreger (Salmonellen, Bakterien, besonders Darm- und Eiterbakterien, Wurmeier, Protozoenzysten). Untersuchungen von E. DÖHRING (1972, 1973) ergaben, daß die Art in der BDR in Bayern, in der Rhein-Main Ebene bis hinab nach Karlsruhe und in Nordrhein-Westfalen nördlich bis Köln am häufigsten ist und zwar verstreut in ländlichen Gebieten und kleinen Orten. Natürlich kommt sie auch in Großstädten vor und hier kommt es auch lokal zu stärkerem Befall; in vor 1945 errichteten Gebäuden war sie im angeführten Zeitraum häufiger als *Blatella germanica*. Füher überwiegend in Küchen und Bäckereien, heute dank vieler Zentral- und Fernheizungen auch vielfach in Krankenhäusern, Kasernen, Geschäftshäusern usw. Biologie (Zusammenfassung) bei K. HARZ 1957, 1960.

Gattung/Genus: Periplaneta BURMEISTER 1838

(Handb. Ent. 2:502; typus generis: *P. americana* (L.) 1758; *Cacerlaca* SAUSSURE 1864).

Die Antennen sind lang und schlank und überragen etwa 1,5 mal die Körperlänge; die Seitenocelli sind deutlich, springen aber nicht vor; die Maxillarpalpen sind etwa so lang wie der Kopf. 1. Tergum beim ♂ nicht spezialisiert oder (bei den Arten im Gebiet) mit einem Büschel von Drüsenhaaren. Die Cerci sind schlank, bis 20 gliederig. Macropter, die Elytra überragen bei ♂ und ♀ das Abdomen, oft um 4-6 mm; Alae mit Analfächer. Die Bedornung der Femora entspricht der Familie, ebenso weitgehend andere Merkmale. Mit etwa 50 Arten hauptsächlich im indomalaischen and afrikanischen Gebiet. In der Palaearktis 11 Arten, von denen nur 2 in Europa auftreten; nördlich der Alpen gelegentlich als Synanthropen, im äußersten Süden gelegentlich auch im Freien «» Antennae long and slender, surpassing by about 1.5 times the body-length; side ocelli distinct but not projecting; maxillar-palps about as long as the head. 1st tergite not specialized or (as in the species appearing in Europe) with a tuft of glandular-hairs; cerci slender with up to 20 segments. Macropterous, the tegmina often surpass the apex of abdomen by 4-6 mm; alae with anal-fan. Spines of the femora as for the family, often other characters as well. About 50 species, most commonly found in the Indomalayan and African regions. 11 species in the Palaearctic region, only 2 of them in Europe; north of the Alps sometimes synanthropic, in the extreme south sometimes in natural vegetation.

Schlüssel zu den Arten «» Key to the species

1. Pronotumdiscus mit 1-2 im Umriß veränderlichen Flecken in der Grundfarbe, in der Mitte meist aufgehellt, sonst bis auf den hinten etwas breiteren rötlichbraunen Rand gelblichweiß, alle Farben sind unscharf begrenzt (545, 602); Costalfeld der Elytra nicht heller als deren Apizes; Epiproct des ♂ tief ausgeschnitten (603); Subgenitalplatte des ♂ mit schwach verrundetem Hinterrand (542); linker Epiphallus wie in Fig. 604 und 605; Subgenitalplatte des ♀ mit breiteren Valven (543) «» Disc of the pronotum with 1-2 spots which have a variable outline, and which are body-coloured, often lightened medially; all colours with blurred outlines (545, 602); costal-area of the tegmen not lighther than the apex; ♂ epiproct deeply excised (603); subgenital-plate in ♂ with weakly rounded hind margin (542); left epiphallus as in fig. 604 and 605; subgenital plate in ♀ with wider valves (543) .... *P. americana* (L.), p. 196
– Pronotum mit deutlichem, gut von den dunkler gefärbten Teilen abgesetzten hellem Band um den Discus bzw. vor und hinter diesem (606-608; Costalfeld des Elytrons gelblichweiß, heller als dessen Apex; Epiproct des ♂ am Hinterrand nur schwach ausgerandet (609); Subgenitalplatte des ♂ schwach ausgerandet (610), linker Epiphallus wie in Fig. 611; Subgenitalplatte des ♀ mit relativ schmalen Valven (612a) «» Pronotum with distinct, sharply outlined light band around the dark disc, sometimes light band only present anteriorly and posteriorly (606-608); costal-area of tegmen

TAFEL 34

601. *Blatta orientalis* (L.), ♀, Linkes Elytron (E), Ala (A) und Metanotum (Mt) von oben; aus eigener Zucht. Coll. m.
602-605. *Periplanta americana* (L.), alle coll. m.
602. ♂, Pronotum von oben; Algerien, Hoggar, Terkenanet, 9.V.1973, H. ECKERLEIN leg.
603. ♂, Epiproct von oben; wie zuvor
604. Linker Epiphallus von oben; Karpathos, IX.1963 R. KINZELBACH leg.
605. Desgleichen, Hoggar, wie in Fig. 602
606-612. *Periplaneta australasiae* (F.); alle coll. m.
606. ♂, Habitus, aus K. HARZ 1960
607. ♀, Pronotum von oben; Würzburg, Botanischer Garten, 25.IX.1962, U. EITSCHBERGER leg.
608. ♂, Kopf und Pronotum von oben; wie zuvor
609. ♂, Epiproct von oben; wie zuvor
610. Subgenitalplate eines ♂ von unten; wie zuvor
611. Apikalhaken des linken Epiphallus von oben; wie zuvor
612a. Subgenitalplatte eines ♀ von unten; wie zuvor

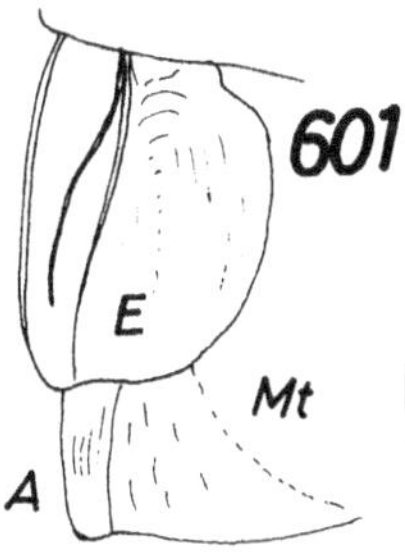

601

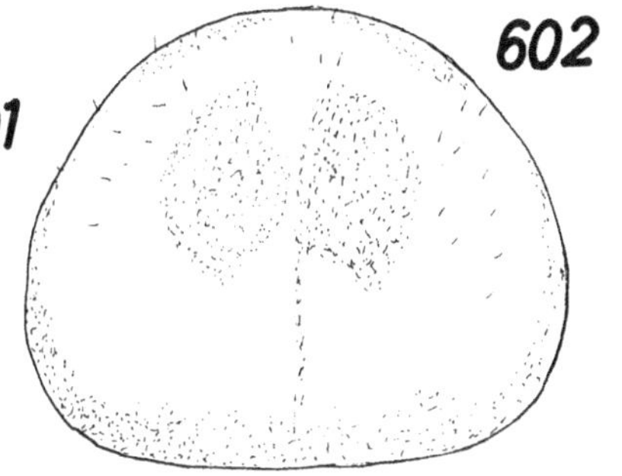

602

604

605

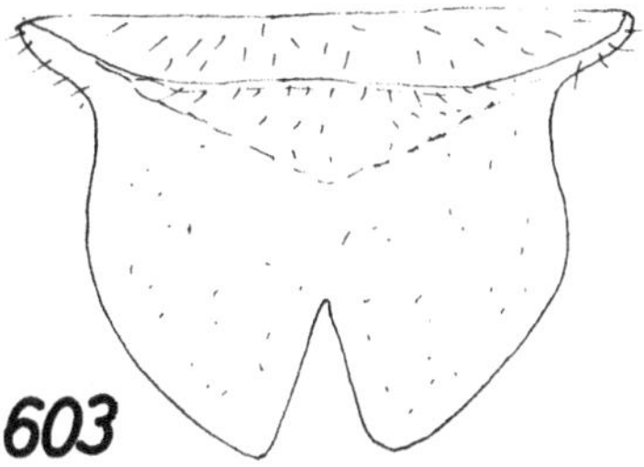

603

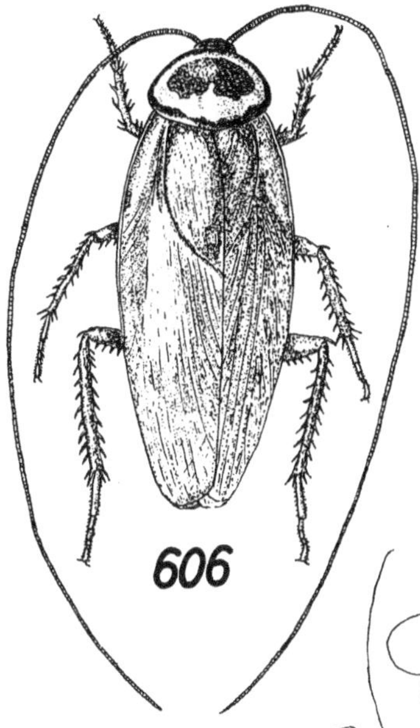

606

607

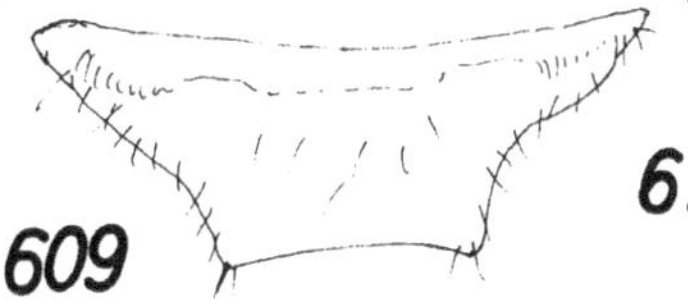

609

611

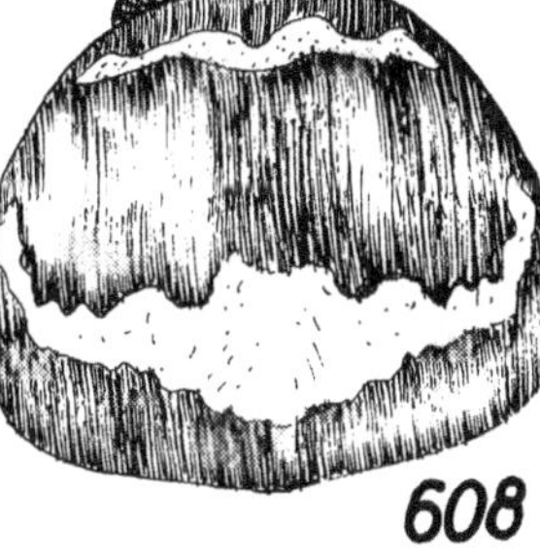

608

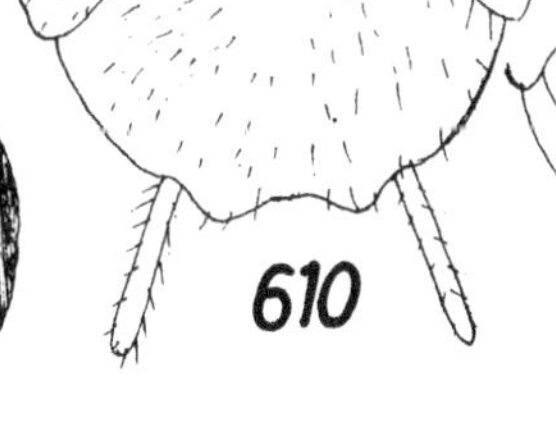

610

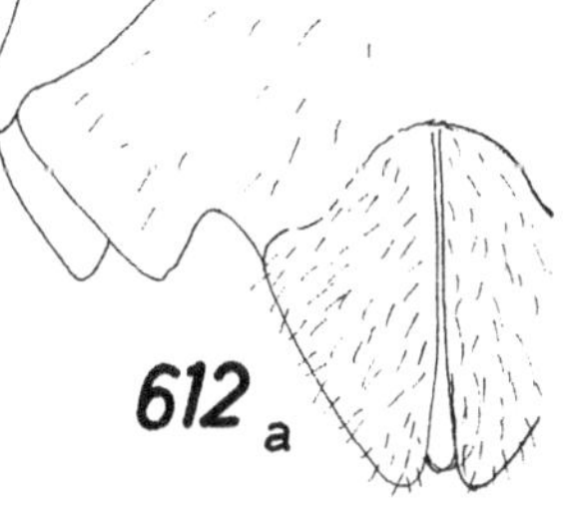

612 a

yellowish-white, lighter than apex; ♂ epiproct weakly emarginated posteriorly (609); ♂ subgenital plate weakly emarginated (610); left epiphallus as in fig. 611; ♀ subgenital plate with relatively narrow valves (612a) ....
P. australasiae (F.), p. 196

2. *P. americana* (L.) 1758 (Blatta a., Syst. nat. (ed. X), 1:424, n. 4; Typ: verschollen terra typica: Amerika; Neotypi: Griechenland, Karpathos, IX 1964, R. KINZELBACH leg.; Syn. *Blatta kakkerlac* DE GEER 1773, *B. aurekianensis* FOURCROY 1785, *B. siccifolia* STOLL 1813, *B. aurantiaca* STOLL. 1813 (larva), *Periplaneta stolida* WALKER 1868). Fig. 542-545, 602-605, 612-614
Die Grundfarbe rötlichbraun bis gelblichbraun. Die Stirn ist z. T. leicht querrunzlig; der Index Stirnbreite zwischen den Augen: Augenlänge ist beim ♂ 1:3,5-4,5, beim ♀ 1:2,5-3, die gerunzelten Teile der Stirne und oft auch das Labrum u.a. Teile sind dunkler; der Scaphus und die 2 folgenden Glieder sind glatt, die anderen fein behaart, breiter als lang, zum Apex gut verschmälert und dort etwa zweimal so lang wie breit. Der Discus des Pronotums (545, 602) mit 1-2 im Umriss veränderlichen, unscharf begrenzten Flecken in der Grundfarbe, in der Mitte und proximal meist aufgehellt, auch die gelblichweiße Zeichnung ist unscharf begrenzt. Thorakalsterna in der Grundfarbe oder etwas heller, ebenso das Abdomen; das Epiproct springt beim ♂ weit vor und ist fast membranös, seitlich verrundet und hinten in der Mitte tief dreieckig ausgeschnitten (603), beim ♀ ist der Ausschnitt breiter (612b); die Subgenitalplatte des ♂ ist quer, am Hinterrand leicht verrundet (542), die Styli sind über 1,5 mal so lang wie sie und reichen bis über die Mitte der schlanken, bis 20 gliederigen Cerci (614) hinaus, die den Elytraapex erreichen; die Subgenitalplatte des ♀ wie in Fig. 543; die Cerci wie beim ♂; der linke Epiphallus ist in der Form des Apikalhakens etwas variabel (604, 605). Die Elytra überragen das Epiproct meist um 4-6 mm; die Alae sind glasiggelblich, in Ruhelage so lang wie die Elytra. Das Verhältnis Länge des basalen Tarsenglieds zu den restlichen Gliedern ist beim 1. Beinpaar wie 2:3,5, beim 2. wie 3:3,5, beim 3. wie 4:3,5, die Pulvilli sind schwach, das Arolium etwa ⅓ so lang wie die Krallen (544). Maße: Körper ♂ 27-36, ♀ 28-36, Pronotum ♂ 7:9,2-9:11, ♀ 7,2:9,3-9,7:11,8, Elytra ♂ 25-33, ♀ 21-28. Die Oothek (613) ist dunkelbraun; die Larven sind fast einfarbig hellbräunlich, dunklere Teile sind recht schwach ausgebildet. I-XII. Kosmopolit. Von Skandinavien und Finnland bis zum Mittelmeerraum, Afrika, Asien, Amerika, im Süden (z. B. auf Karpathos (R. KINZELBACH 1964 leg.) und Vulcano, in Algerien, Tunis und Jordanien) auch im Freien, vielfach aber auch in Gebäuden, wie etwa im Türkischen Bad von Saloniki (M. BURR 1923). Biologie (Zusammenfassung) bei K. HARZ 1957, 1960.

3. *P. australasiae* (FABRICIUS) 1775 (*Blatta a.*, Syst. Ent. p. 271, n. 5; Typ: verschollen; terra typica: Keine Angaben; Neotypi; ♂♀ Bayern, Würzburg, Botanischer Garten, 25.IX.1962, U. EITSCHBERGER leg.; coll. m.; *Blatta domingensis* BEAUV. 1805, *Periplaneta zonata* HAAN 1842, *P. repanda* WALKER 1868, *P. subcincta* WALKER 1871, *Polyzosteria subornata* WALKER 1871 (larva)). Fig. 606-612, 615-617.

Grundfarbe rötlichbraun, ventral ockerbräunlich. Zwischen den Augen eine gelbliche Querbinde, darüber braun mit zwei Reihen von Haaren bzw. (wenn diese abgebrochen) Punkten, darunter zwei braune Fleckchen, sonst ist das Gesicht hell; die Augen sind etwa 2 mal so lang als die Stirn zwischen ihnen breit ist, der verschmälerte Ventralteil der Augen ist relativ kürzer als bei *americana*; Antennen wie bei dieser. Das Pronotum ist schwarzbraun bis schwarz gerandet, vorn und seitlich bis zum Basaldrittel ist diese Umrandung schmal, mit ebenso dunklem bis rötlichbraunem, im Umriß etwas variablem Querfleck in der Mitte der gelblichweißen Umrandung, die mit dem Hinterrand verbunden sein kann und scharf von der dunklen Färbung abgesetzt ist, der dunkle Mittelfleck kann in der Mitte durch eine helle Längslinie geteilt sein (606-608). Die Thorakalsterna und Coxae sind gelblich bis ockerbräunlich. Das Epiproct des ♂ ist quer, hinten ist es schwach ausgerandet (609), beim ♀ wie in Fig. 615; die Subgenitalplatte des ♂ ist gleichfalls quer, hinten etwas verengt und leicht ausgerandet (610), die Styli sind kürzer als sie, beim ♀ mit relativ schmalen Valven (612); die Cerci sind 14-16 gliederig und überragen nur selten die Elytra, erreichen aber oft deren Apizes. Apikalhaken des linken Epiphallus wie in Fig. 611. Die Elytra bedecken das Abdomen oder überragen es um 4-5 mm; das Sc-Feld ist bis auf den rötlichbraunen Vorderrand gelblich wie die hellen Pronotumpartien, sonst rötlich, apikal mehr gelblichbraun; Alae wie bei *americana*, desgleichen die Beine. Maße: Körper ♂ 23-30, ♀ 25-35, Pronotum ♂ 6,3:8-7,2:9,5, ♀ 7:9,5-9:11,8, Elytra ♂ 24-27,5, ♀ 20-27. I-XII. Kosmopolit. Nördlich der Alpen weniger häufig als vorige Art; in Botanischen Gärten, Gemüsehallen; im Süden gelegentlich auch im Freien, sonst in tropischen und subtropischen Gebieten weit verbreitet, auch in N-Amerika und Japan. Die Oothek ist rechteckig-oval, eta 10,5:5 mm, oberflächlich mikroskopisch fein genarbt, zwischen den Eikammern mit schwach vertikalen Erhöhungen, der Zähnchenkamm ist deutlich niedriger als bei *americana*. Die Larven haben lebhafte Pronotumzeichnungen, die Flügelscheiden sind hell gefleckt. Biologie (Zusammenfassung) bei K. HARZ 1960.

FAMILIE/FAMILY: BLATTELLIDAE

Unterschiedlich gefärbte, kleine Formen (bis 15 mm Körperlänge). Der Clypeus ist einfach, ohne Quernaht; die Seitenocelli sind deutlich. Abdomen mit oder ohne Rückendrüse beim ♂; die Subgenitalplatte des ♂ ist wie das Epiproct variabel, mit oder ohne Styli, beim ♀ ohne Valven. Macropter bis squamipter. Alae meist ohne Apikaldreieck, falls vorhanden, dann ist es nicht eingerollt, nur gefaltet, Analfeld, falls vorhanden, gefächert; die Alae können auch völlig mit dem Metanotum verschmolzen sein. Die Krallen der Tarsi sind symmetrisch (548), Arolium bei den in Europa lebenden Arten vorhanden, Pulvilli recht klein. Eine recht heterogene Familie, die mit etwa 1270 Arten weltweit verbreitet ist und überwiegend in tropischen und subtropischen Gebieten auftritt, vor allem in S- Amerika und S-Asien «» Various coloured, small specimens (up to 15 mm body-length). Clypeus simple, without transversal suture; side ocelli distinct. Abdomen with or without dorsal-gland in ♂; ♂ epiproct and subgenital plate variable, the latter with or without styles, in ♀ without valves. Macropterous to squamipterous, alae mostly without apical triangle, if present, then not rolled up but only folded, anal-area – if present – fan-like; alae sometimes entirely fused with the metanotum. Tarsi with symmetrical claws and arolium (in the species living in Europe), pulvilli weakly developed. A rather heterogenous family, spread with about 1270 species all over the world, especially in the tropics and subtropics and there mainly in S. America and S. Asia.

Gattung/Genus: Blattella CAUDEL 1903

(Proc. Ent. Soc. Wash., 5:232; typus generis: *B. germanica* (L.) 1767 *Phyllodromica* BR. 1865 et auct.).
Stirn und Vertex zusammen rundlich; beim ♂ sind die Augen nicht ganz zweimal so lang wie der Raum zwischen ihnen auf der Stirn breit ist, beim ♀ sind sie etwa ⅓ länger; die Antennen überragen den Körper um etwa dessen halbe Länge; die hellen Ocelli stehen innen über den Antennenbasen; die Maxillartaster sind etwas kürzer als der Kopf. Abdomen des ♂ im 7. Tergum mit Drüsengrube (618); das Epiproct des ♂ (619) ist ± membranös, am Apex quer abgestutzt bis verrundet, beim ♀ gleichfalls ± häutig mit dreieckigem bis stumpfwinkligem Hinterrand (620), der am Apex schwach ausgerandet sein kann; die Subgenitalplatte des ♂ (550) ist asymmetrisch, am Hinterrand abgestutzt, mit zwei ungleichen Styli, beim ♀ mit ganz schwach verrundetem Hinterrand, fast abgestutzt (621); die Cerci sind schlank, 11 gliederig und überragen die Subgenitalplatte weit (549). Macropter, die Elytra sind glasig-gelblich, R und M ab dem Basaldrittel fast parallel, beim ♂ bedecken sie das Abdomen bis auf die Cerci (seltener bleibt auch das Epiproct unbedeckt), beim ♀ überragen sie diese um deren zweifache Länge, 1. Femur mit 5-6 Dornen innen und mit 2-3 längeren Dornen außen, Knie innen mit 3 längeren Apikaldornen, 2. Femur innen meist mit 5, außen 4 Dornen, Postfemora innen mit 4-5, außen mit 3-4 Dornen, dorsal 1, ventral beiderseits je 1 Kniedorn; 1. Tibia nicht distalwärts erweitert, dorsal mit 3, ventral mit 2, apikal mit 5 Dornen, 2. Tibia dorsal mit 8, ventral mit 5 und 5 Apikaldornen, Posttibia dorsal mit 12-13, ventral mit 9, apikal mit 5 Dornen; Pulvilli sehr klein, Arolium etwa halb so lang wie die Krallen; Basalglied des 1. Tarsus ½ kürzer als die anderen zusammen, beim 2. Basalglied etwa ¼ kürzer, bei den Posttarsi um ⅕ länger als die anderen zusammen. In Europa nur die folgende, kosmopolitische Art. «» Frons and vertex together rounded; ♂ eyes a little shorter than twice the length as the width between the eyes; in ♀ about ⅓ longer; antennae surpas-

sing the body by about half the length of it; the light ocelli above and on the inside of the bases of the antennae; maxillary palp somewhat shorter than the head. Abdomen with or without gland in the 7th tergite (618); ♂ epiproct (619) ± membranous, transversely truncated to rounded, in ♀ also membranous, with triangular to obtuse angulated hind margin (620), apex sometimes weakly emarginated; ♂ subgenital plate (550) asymmetrical, hind margin truncated, with two unequal styles, in ♀ with slightly rounded to almost truncated hind margin (621); cerci slender, 11-segmented, clearly surpassing the subgenital plate (549). Macropterous, tegmina glassy, yellowish, R and M almost parallel to each other from the basal third towards the apex, in ♂ covering the abdomen apart from the cerci (more seldom, the epiproct is not covered), in ♀ surpassing these by twice their length. 1st femur with 5-6 spines on the inside ventrally and 2-3 longer spines on the outside, knee with 3 longer apical spines, 2nd femur mostly with 5 spines inside, 4 outside, postfemora with 4-5 spines on the inside ventrally, 3-4 on the outside, one dorsal spine and one spine on each side of the knee; 1st tibia not widened distally, with 3 dorsal-spines 2 ventral and 5 apical ones, 2nd tibia with 8 spines dorsally, 5 ventrally and 5 apically, posttibia with 12-13 spines dorsally, 9 ventrally, and 5 apically; pulvilli very small, arolium about half the length of the claws; basal joint of the 1st tarsus ½ shorter than the other ones together, 2nd basal joint about ¼ shorter, in the posttarsi ⅕ longer than the other ones together. In Europe the following species only, a cosmopolitan one.

1. *B. germanica* (L.) 1767 (Blatta g., Syst. nat. XII, 1(2):668, n. 7; Typ: verschollen; terra typica: Dänemark; Neotypi: ♂♀ Bayern, Wülfershausen/Saale, 16. + 13. VII.1952, K. HARZ leg., coll.m.; Syn.: *Blatta transfuga* BRÜNNICH 1761, *B. daurica* LAXMAN 1769, *B. asiatica* PALLAS 1773, *Phylodromia bivittata* SAUSSURE 1864). Fig. 549, 550, 618-623.

Wie zuvor. Im ganzen gelblichbraun bis lichtocker. Augen schwarz, zwischen ihnen auf der Stirn eine braune bis rotbraune Binde, auch sonst ist das Gesicht oft dunkel gefleckt oder überhaupt dunkel; die Antennen sind lichtbraun. Das Pronotum ist gegen die Außenränder manchmal durchsichtig, der Discus trägt seitlich je eine braune bis rotbraune Längsbinde, die sich nach hinten verbreitern (549, 622, 623). Die Terga sind öfters gebräunt, bei ♀♀ auch die Sterna, aber mehr seitlich. Die Elytra sind zum apex wenig verschmälert; Alae so lang wie die Elytra (in situ), glasiggelblich. Maße: Körper ♂ 9,8-13, ♀ 9-13,2, Pronotum ♂ 2,4:3,3-2,6:3,6, ♀ 2,8:4-3,3:4,5, Elytra ♂ 9-11,5, ♀ 10,8-12.. I-XII. In Europa von Fennoskandien bis zum Mittelmeerraum synanthrop; in der BRD in Bayern und Nordrheinwestfalen seltener als *orientalis*, sonst vielfach häufig, eine künftige Zunahme wird vermutet (E. DÖHRING 1973). Verschleppt Infektionskrankheiten und Wurmeier. Die gelblichbraune Oothek (621) ist etwa 6,5-8 mm lang und 3,1-3,3 mm hoch (breit),

15-23 Eikammern, der Kamm ist schwach; sie wird bis zum Schlüpfen der Larven umhergetragen. Biologie (Zusammenfassung) bei K. HARZ 1957, 1960.

Gattung/Genus: Supella SHELFORD 1911

(Ent. Monthly Mag. 22:155; typus generis: *S. longipalpa* F. 1798; *Phyllodromica* auct. part.).

Der Kopf springt unter dem Pronotum etwas vor oder ist von diesem verdeckt (551, 624); der flache Vertex bildet mit der Stirn einen stumpfen Winkel; die Augen sind schwarz, die Stirn zwischen ihnen ist beim ♂ kaum 1/4 so breit wie die Augen lang sind, beim ♀ etwa 1/2 so breit; Ocelli deutlich; die Maxillarpalpi sind etwas länger als der Kopf (625); die Antennen überragen den Körper um etwa dessen Länge. Das Epiproct ist bei ♂ und ♀ quer, kurz, beim ♂ recht schmal (626), beim ♀ etwas breiter ausgerandet (627); die Subgenitalplatte des ♂ ist leicht asymmetrisch (628) mit apikal anliegenden Styli (552), beim ♀ am Hinterrand in der Mitte breit verrundet (629); die schlanken 13 gliederigen Cerci überragen die Subgenitalplatte weit, ventral sind sie lang behaart; Drüsengrube mit zweiteiligem Zäpfchen (630); der linke Epiphallus der Genitale des ♂ hat einen stumpfen Apex (631, 632). ♂ macropter, mit lanzettförmigen, am Apex verrundeten Elytra, ♀ brachypter bis subbrachypter, oft nur bis zum 6. Tergum reichend; Alae in Ruhelage so lang wie die Elytra, außen kurz eingeschlagen. Die ventralen Innenkanten der Vorderfemora sind dicht beborstet, außen mit 1 Dörnchen, am Knie außen 1, innen 2 längere Dornen, Mittel- und Postfemora mit meist 2-6 Dornen auf beiden Ventralkanten; Vordertibia dorsal mit 2, außen mit 1, apikal mit 5 Dornen, Mitteltibia dorsal mit 8, ventral und apikal mit je 5 Dornen, Posttibia dorsal mit 11-13, ventral mit 9, apikal mit 5 Dornen, Basalglied des 1. Tarsus so lang wie die anderen zusammen, ebenso am Mitteltarsus, beim Posttarsus etwa 1/5 länger als die übrigen zusammen; Pulvilli klein, Arolium etwa halb so lang wie die Krallen «» Head somewhat projecting from below the pronotum (551, 624) or covered entirely by it; the flat vertex forms an obtuse angle with the frons; eyes black, in ♂ the distance between the eyes almost 1/4 of the length of them, in ♀ about half as wide; ocelli distinct; maxillary palp somewhat longer than the head (625); antennae surpassing the body by about its length. ♂ and ♀ epiproct widened, short, in ♂ rather narrowly emarginated (626), in ♀ somewhat wider (627); ♂ subgenital plate slightly asymmetrical (628) with decumbent styles apically (552), in ♀ the hind margin is broadly rounded in the middle (629); the slender 13-segmented cerci clearly surpass the subgenital plate, they are covered with long hairs ventrally; glandular pit with a bipartite tubercle (630); the left epiphallus of the ♂ genitalia with a blunt apex (631, 632). ♂ macropterous, tegmen lanceolate apex rounded; ♀ brachypterous to subbrachypterous, tegmen often reaching the 6th tergum only; alae in normal position as long as the tegmina, and tucked in on the outside. The ventral inner edges of the 1st femur thickly covered with bristles, with 1 spine on the outside of the knee, 2 longer ones on the inside, mid- and postfemora mostly with 2-6 spines on each ventral edge; fore tibiae with 2 spines dorsally, 1 on the outside, 5 apically, mid-tibia with 8 spines dorsally, 5 ventrally and 5 apically, posttibia with 11-13 dorsally, 9 ventrally, and 5 spines apically; basal-joint of the 1st and 2nd tarsus as long as the others together; the posttarsus is about 1/5 longer than the other joints together; pulvilli small, arolium about half the length of the claws.

2. *S. longipalpa* (FABRICIUS) 1798 (*Blatta l.*, suppl. Ent. Syst. Hafmae, p. 185-186; Typ: ♂ verschollen; terra typica: E-Indien (habitat in India orientale); Neotypi: ♂♀ Türkei, Izmir, 30.XII.1975, A-IHSAN ÖCAR leg., coll. m.; Syn.: *Phyllodromia supellectilium* SERVILLE 1839 (terra typica: Insel Mauritius, Typ: verschollen), *Ph. cubensis* SAUSSURE 1862, *Blatta capensis* SAUSSURE 1864, *B. incisa e extenuata* WALKER 1868, *Ischnoptera vacilans et quadriplaga* WALKER 1868, *Blatta figurata, transversalis et subfasciata* WALKER 1871). Fig. 551, 624-634, 1067c.
Wie zuvor. Gesicht gelblich, meist teilweise gebräunt; die Antennen sind gelblichbraun. Der Discus des Pronotums (551, 624, 633) ist braun bis dunkelbraun. beim ♂, beim ♀ meist gelblich- bis rötlichbraun, beim ♂ sind in der Regel die Hinterecken betont (633), zuweilen auch beim ♀, wenn das Mesonotum durscheint; Sterna des Thorax meist weißlichgelb, bis leicht gebräunt. Das Abdomen ist gelblich bis rötlichbraun, die Beine sind gelblichweiß. Die Elytra und Alae gelblich-glasig, erstere basal und in der Mitte meist mit breiten braunen oder rötlichbraunen Querbinden, die aber auch unvollständig sein oder z. T. fehlen können, zumal die zweite, beim ♀ liegt diese – falls ausgeprägt – mehr apikal als in der Mitte, bei ihm sind sie oft schwach ausgeprägt, sind zuweilen nur angedeutet, können aber in der Mitte auch zusammenhängen und die distale Binde kann auch die ganze Apikalhälfte einnehmen. Maße: Körper ♂ 10-13,6, ♀ 10-13, Pronotum ♂ 2,8:3,7-3,2:4, ♀ 3:3,6-3,5:4,3, Elytra ♂ 11-15,5, ♀ 7-8. Kosmopolit. Erst in diesem Jahrhundert in Europa eingeschleppt (1910 S-Frankreich), 1954 erstmals in Deutschland (Heilbronn), Untersuchungen von H. PETERS in 68000 Gebäuden der BRD ergaben damals 103 Befallstellen; auch heute ist die Art hier noch selten (E. DÖHRING 1972, 1973), sie wird auch vereinzelt für die Schweiz und Spanien angeführt, W. BAZYLUK gibt sie 1961 für Bukarest/Rumänien an. Sonst besonders in den Tropen und Subtropen, sie wurde bereits in allen Erdteilen gefunden. Ganzjährig. Die Oothek wird senkrecht aus der Genitalkammer geschoben, 4,5-5,2 mm lang, bis 3,6 mm breit, dorsal gebogen (1067c) und enthält im Durchschnitt 13,2 Eier; sie wird in Ritze von Möbeln eingeklebt. Larven mit scharf gegeneinander abgesetzten Zeichnungen in schwarzbraun, braun und gelb, weißlichgelb. Biologie (Zusammenfassung) bei K. HARZ 1960.

TAFEL 35

612b. *Periplantea americana* (L.), ♀, Epiproct von oben, Jordanien, Aquala, 3.VI.1962, H. ECKERLEIN leg., coll. m.
613. Desgleichen, Oothek, aus K. HARZ 1960
614. Desgleichen, linker Cercus von oben, wie in Fig. 612b
615. *Periplantea australasiae* (F.), ♀, Epiproct von oben, wie in Fig. 612a
616. Desgleichen, ♂, 1. Tergum mit Drüsenhaaren; Würzburg, Botanischer Garten, 25.IX.1962, U. EITSCHBERGER leg., coll. m.
617. Desgleichen, Drüsenhaare stärker vergrößert; wie zuvor
618-623. *Blattella germanica* (L.), alle coll. m.
618. Drüsengrube des ♂ von oben, die Pfeile zeigen auf die Gruben rechts; Spanien, Tarragona, 29.VIII.-7.IX.1971, P. HARZ leg.
619. ♂, Epiproct von oben; wie zuvor
620. ♀, Epiproct von oben; BDR, Tettnang, 7.IX.1954, CH. WALTHER leg.
621. Abdomenapex ♀ mit Oothek, von unten, Sgpl = Subgenitalplatte; aus K. HARZ 1960
622. ♂, Pronotum von oben; wie in Fig. 618
623. ♀, Pronotum von oben; wie in Fig. 620
624-630. *Supella longipalpa* (F.); alle Türkei, Izmir, 12.VII.1974, N. LODOS leg.; coll. m.
624. ♀ Kopf und Pronotum von oben
625. ♂, Kopf von links-vorn, der Pfeil zeigt auf die Antennenbasis
626. ♂, Epiproct und das vorhergehende Tergum von oben
627. ♀, desgleichen
628. ♂, Subgenitalplatte von unten
629. ♀, desgleichen
630. Drüsengrube mit Zäpfchen von oben

b

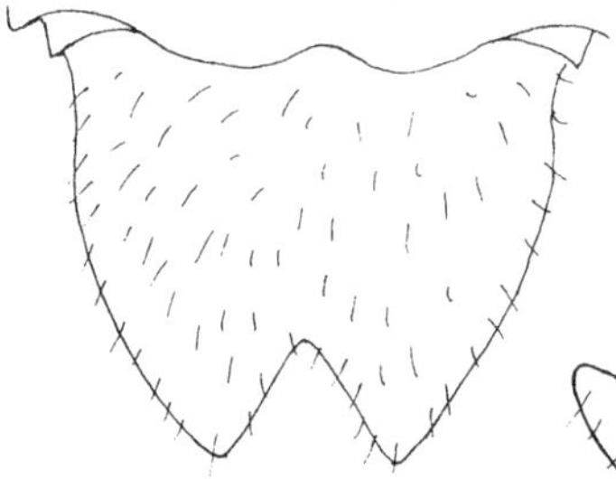

613

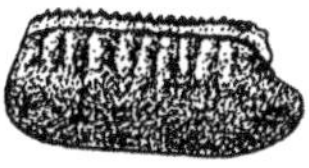

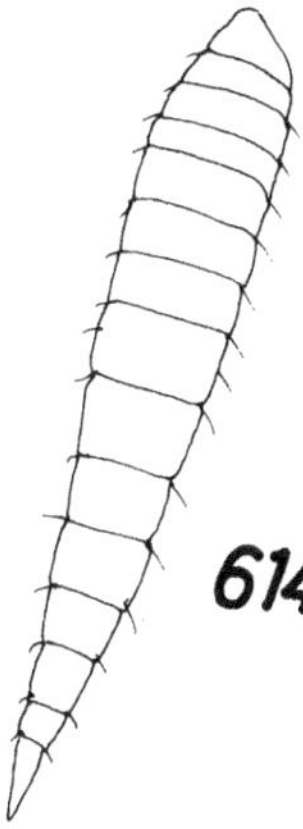

614

615

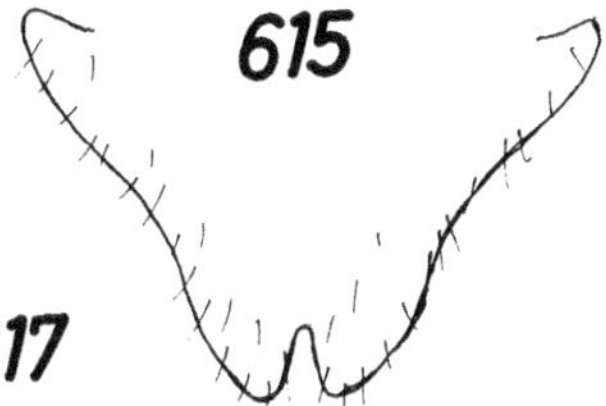

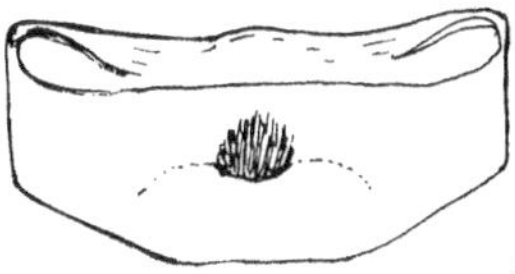

616

617

619

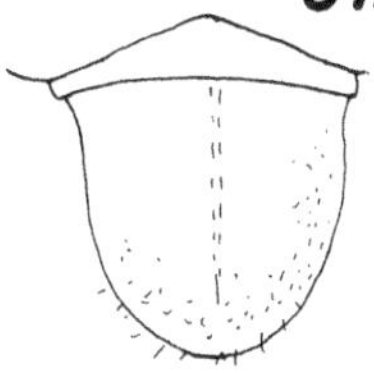

620

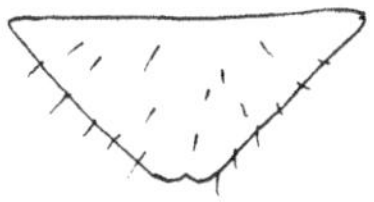

618

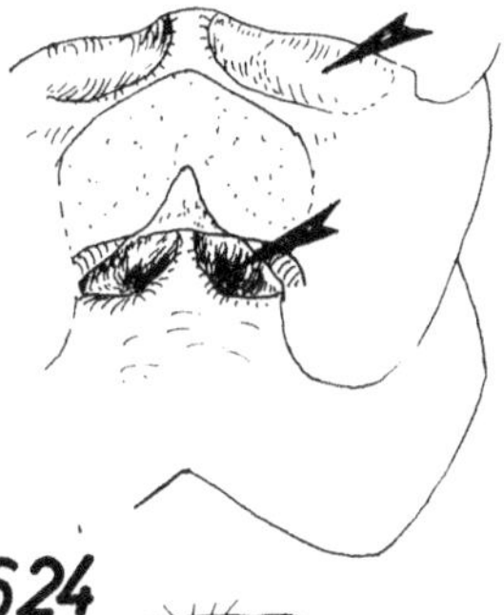

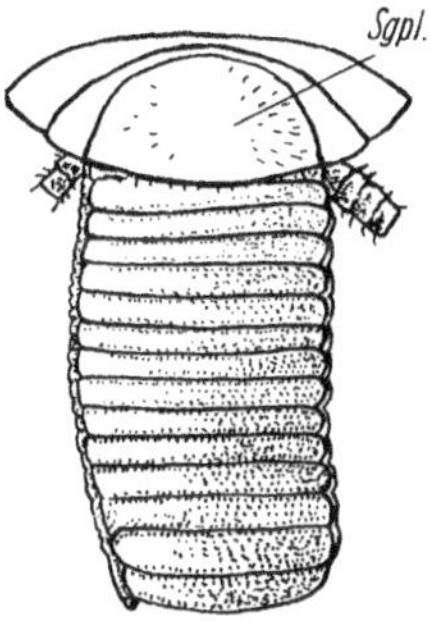

621

622

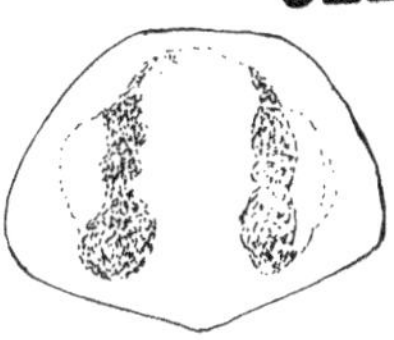

623

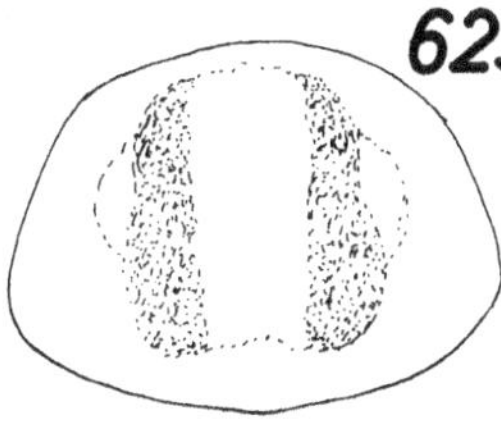

624

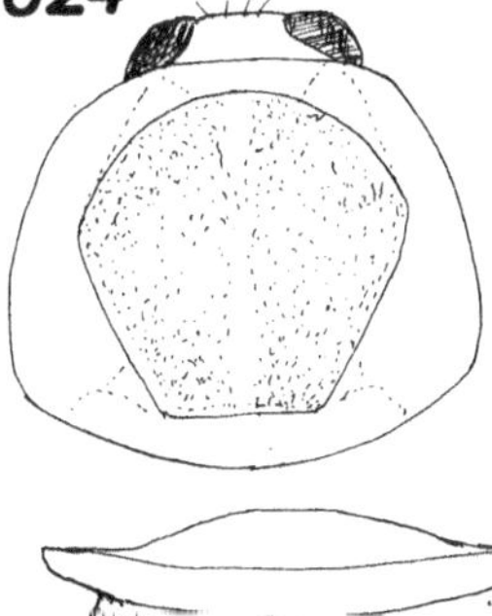

625

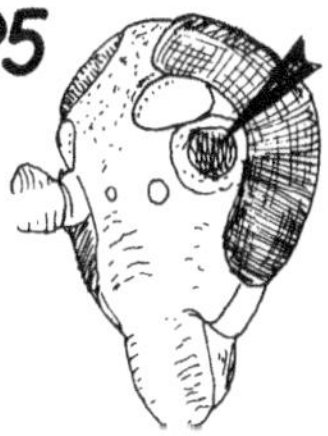

626

627

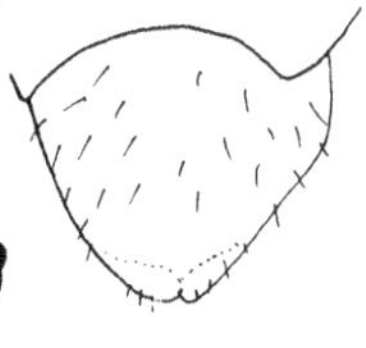

628

629

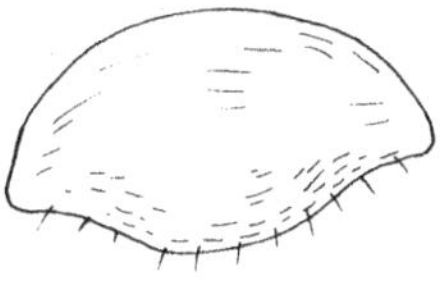

630

Gattung/Genus: Loboptera BRUNNER VON WATTENWYL 1865

(Syst. Blatt., p. 79; typus generis: *L. decipiens* GERMAR 1817).

Der Kopf ist ± unter dem Pronotum verborgen, die Antennen sind etwa körperlang, leicht abstehend beborstet, desgleichen die Stirn, der Clypeus ist nahtlos mit ihr verwachsen. Das Pronotum ist zerstreut bis leicht punktiert, ebenso das Meso- und Metanotum. Das Epiproct ist beim ♂ quer, beim ♀ dreieckig verrundet; Subgenitalplatte des ♂ ohne Styli, jene des ♀ leicht verrundet; Apikalhaken des linken Epiphallus mit stumpfem Apex (634). Squamipter (635), die Elytra erreichen meist nur den Hinterrand des Mesonotums, die Alae sind völlig mit dem Metanotum verwachsen. Die Cerci sind zehngliederig, ihre Ventralseite ist dichter und länger beborstet. Die Vorderfemora innen mit wenigstens 4 distalwärts kleiner werdenden Dornen, apikal mit 3 längeren Dornen, die anderen Femora sind ähnlich bedornt; die Tarsen mit kurzen Pulvilli und zwischen den ± symmetrischen Krallen mit breitem Arolium (548). Die Gattung umfasst etwa 10 Arten im Mittelmeerraum, auf den Kanaren, Azoren und Madeira; in S-Europa, Kaukasien und der Türkei verbreitet «» Head ± covered by the pronotum; antennae about as long as the body, slightly covered with erect hairs, in the same way as the frons; frons fused with the clypeus without suture. Pronotum scattered to slightly punctated, the same is the case with the meso- and metanotum. Epiproct in ♂ wide, in ♀ triangularly rounded; ♂ subgenital plate without styles, in ♀ with slightly rounded hind margin; apical hook of the left epiphallus with a blunt apex (634). Squamipterous (635); tegmina mostly reaching the hind margin of the mesonotum only; alae entirely fused with the metanotum. Cerci 10-segmented, with thicker and longer bristles ventrally. Fore femur with at least 4 spines ventrally which become shorter apically, with 3 longer spines at the apex, the other femora are similar; tarsi with short pulvilli and between the ± symmetrical claws a wide arolium (548). Genus of about 10 species in the Mediterranean, Canary Islands, Azores, and Madeira; spread over S-Europe, Caucasia and Turkey.

Schlüssel zu den Arten «» Key to the species

1. Stirn zwischen den Augen schwarz, höchstens leicht aufgehellt; das Epiproct des ♂ springt in der Mitte des Hinterrandes fast rechtwinklig vor (636, 637) und ist hier hellgelblichweiß oder doch so gerandet, beim ♀ wie in Fig. 638, 639, hell gerandet und oft mit hellem Mittelfleck, am Apex oft ganz leicht ausgerandet; Pronotumseiten, Elytra, Metanotum und Terga außen gelbweiß gerandet

«» Frons black between the eyes, at most slightly lightened; ♂ epiproct almost rectangularly projecting in the middle of the yellowish-white hind margin (636, 637), in ♀ as in fig. 638, 639, bright margin and often with a light middle-spot, apex often very weakly emarginated; sides of the pronotum, the tegmina and tergites with yellowish-white margins . . . .
L. decipiens (GERMAR), p. 205

– Stirn zwischen den Augen rotorange; das Epiproct des ♂ ist seitlich schräg und hinten quer abgestumpft (640); beim ♀ wie in Fig. 641, mit schwach bräunlichem Rand oder ganz dunkel, apikal nicht gerandet; Elytra seitlich bräunlich aufgehellt, Seiten und Hinterrand des Metanotums und der Terga schmal bräunlich oder nur die Außenränder so «» ♂ epiproct obliquely truncate laterally, and transversely truncate posteriorly (640); in ♀ as in fig. 641, with weakly brownish margin or entirely dark, not emarginated apically; tegmina brownish, lightened laterally, sides and hind margins of the metanotum and the tergites narrowly brownish or the outer margins only so . . . .
L. hispanica HARZ, p. 206

3. *L. decipiens* (GERMAR) 1817 (*Blatta d.*, Reise Dalmatien, p. 249, n. 314; Typ: verschollen; terra typica: Dalmatien; Neotypi: ♂ Griechenland, Neu Fokia, Kassandra, 16.VIII.1971, R. KINZELBACH leg., ♀ S-Dalmatien, Dubrovnik, 5.-14.V.1955 STÖCKLEIN leg., beide coll.m.; Syn.: *Blatta limbata* CHARP. 1825, *B. kusnezovi* ADELUNG 1916). Fig. 548, 634-639, 642-647.
Der Körper ist glänzend braunschwarz bis schwarz, bei guter Beleuchtung kann er zuweilen dunkel-braunrot erscheinen. Die Antennen sind gelblich bis braun, leicht abstehend beborstet; das Gesicht ist dunkel, nur die Seitenocelli und Mundteile sind heller. Das Pronotum ist fast halbkreisförmig (635), seitlich gelb gerandet, ebenso das Meso- und Metanotum. Die Thorakalsterna sind dunkel, die Hüften außen meist hell gerandet. Die Terga sind hinten recht schmal aufgehellt, licht beborstet, außen gelblich gerandet, besonders am Hinterrand des 4. und 5. Tergums mit feinen Längskielen; Sterna dunkel- bis rötlichbraun; die Subgenitalplatte des ♂ (636, 637) am Hinterrand verrundet-abgestumpft und hell, beim ♀ am Hinterrand verrundet und schmal gelblich gerandet, oft aber auch mit lichtem Fleck in der Mitte und am Apex schwach ausgerandet (638, 639). Die Cerci (642) sind dunkel mit hellem Apex. Die Elytra sind schmal, außer der C und Sc ohne erkennbare Aderung, außen mit breiter, gelblichweißer Binde, die wenigstens so breit wie der dunkle Teil ist, aber auch viel breiter sein kann, im Extremfall ist die dunkle Färbung auf einen kleinen Fleck innen an der Basis beschränkt (646). Beine gelblichbraun bis braun. Maße: Körper ♂ 7,2-10, ♀ 7,5-11,3, Pronotum ♂ 2,2:3,7-2,7:4,3, ♀ 2,3:3,8-2,8:4,4, Elytra ♂ 1,3-2,6, ♀ 1,2-1,6, größte Abdomenbreite ♂ 4,4-5,4, ♀ 5-5,6. IV-VIII. S-Europa, nördlich bis Bulgarien, Rumänien, Krim und Kaukasien. Türkei, Tunis, Marokko, Algerien. Am Epirus bis 800 m; auf vielen Mittelmeerinseln (u.a. Kreta, Rhodos, Sizilien, Korsika, Sardi-

nien, Balearen, Korfu, Meganisi), Madeira. Oothek (647) mit feinen Furchen vom Kamm zur Ventralseite; Larven auch braunrot.

4. *L. hispanica* HARZ 1975 (Articulata 1:4, Fig. 1,2; Typ: ♂♀ coll. m.; terra typica: Spanien, Totana). Fig. 640, 641.
Schwarz. Zwischen den Augen rotorange; Vorderrand der Elytra bräunlich aufgehellt oder bis auf einen lichten Saum dunkel; Seiten- und Hinterränder des Metanotums und der Terga meist bräunlich aufgehellt. Bis auf die im Schlüssel angeführten Merkmale voriger Art recht ähnlich. Maße: Körper ♂ 6,5, ♀ 8,5-9, Pronotum 2:3, ♀ 2:3-2,5:4,3, Elytra ♂ 1,2, ♀ 1,3-1,7. (?-) VIII (-?). Die Art steht *fortunata* KRAUSS 1892, die auf den Kanaren, Azoren und Madeira vorkommt, am nächsten, aber der Augenzwischenraum ist hier nur so breit wie die Augenlänge, bei *fortunata* hingegenen fast zweimal so groß, sie ist 14 mm lang und ihr Pronotum ist rötlichbraun. Seither nur in Spanien am locus typicus und Murcia, Sierra Espuna, Collado Bermejo.

FAMILIE/FAMILY: ECTOBIIDAE

Die Körperlänge europäischer Arten übersteigt nicht 12 mm. Die Färbung ist unterschiedlich, doch trägt der Kopf zwischen den Augen oft eine hellere Binde. Die Antennen überragen den Körper meist nur um dessen halbe Länge; Clypeus ohne Querfurche. Discus des Pronotums gelblich bis schwarz, die Ränder sind heller, oft weißlichgelb oder glasig-durchsichtig; oft mit eingedrückten gleichfarbigen Punkten bzw. haartragenden Punkten. Die Cerci sind meist 10 gliederig, ventral stärker behaart. Macropter bis squamipter; Elytra meist ± lanzettförmig; falls Alae voll entwickelt immer mit in Ruhelage eingerolltem Apikaldreieck und gefächertem Analfeld. Ventralrand der Vorderschenkel mit 3 stärkeren Dornen und 2 (-3) Distaldornen, Ventralränder der Mittel- und Postfemora immer mit einigen Dornen. Abdomen des ♂ im 7. Tergum meist mit Drüsengrube. Krallen der Tarsi asymmetrisch, Arolium stets vorhanden, Pulvilli klein. Die Subgenitalplatte des ♂ ist asymmetrisch mit einem apikal rechts liegenden unterschiedlich geformten Stylus, beim ♀ am Hinterrand breit verrundet oder schwach ausgerandet, ohne Valven. In Europa nur die Unterfamilie *Ectobiinae* «» Body in European species not over 12 mm in length. Colorration various, but often with a light transverse band between the eyes. Antennae surpassing the body mostly by half its length; clypeus without transverse suture. Disc of the pronotum yellowish to black, margins light, often yellowish-white to glassy-translucent, often with impressed or hair-bearing points. Cerci mostly 10-segmented, more strongly covered with hairs ventrally. ♂ abdomen mostly with a glandular pit in the middle of the 7th tergite; ♂ subgenital plate asymmetrical with one style on the right hand apically, in

♀ broadly rounded or weakly emarginated, without valves. Macropterous to squamipterous; tegmen mostly ± lanceolate, if alae fully developed then in normal position with curled-up apical triangle and anal-fan. Ventral margin of the fore femur with 3 more stronger spines and 2 (-3) apical spines, ventral margins of the mid and hind femora always with some spines. Claws of the tarsi asymmetric, arolium present, pulvilli small. In Europe the subfamily *Ectobiinae* only.

UNTERFAMILIE – SUBFAMILY: ECTOBIINAE

Wie zuvor. Auf der Stirn mit Querreihen haartragender Punkte (Haare oft abgebrochen), die meist einem dunklen Punkt aufsitzen. Vorderfemur mit 3 Ventraldornen und 2 Apikaldornen, auch bei dunklen Beinen sind die Dornen gelblich; Tarsi asymmetrisch. Mit etwa 51 Arten über Europa, N-Afrika und ostwärts bis Zentralasien verbreitet «» As above. Frons with transverse rows of hair-bearing points (hairs often broken off), which mostly sit on a dark spot. Fore femur with 3 ventral spines and 2 apical ones, dark legs also bear yellowish spines; tarsi asymmetrical. With about 51 species spread over Europe, N. Africa and eastwards to Central Asia.

Gattung/Genus: Ectobius STEPHENS 1835

(Ill. Brit. Ent. Mand. 6:45; typus generis: *E. lapponicus* L. 1758).

Wie zuvor in der Familien- und Unterfamilienbeschreibung; die Drüsengrube mit oder ohne Zäpfchen, linker Epiphallus immer mit seitwärts gebogenem Apikalhaken; Flugorgane bei ♀ oft kürzer als bei ♂; die Bestimmung von ♀♀ kann ohne dazugehörige ♂♂ Schwierigkeiten bereiten. Die kofferartige Oothek wird wohl immer umhergetragen bis das ♀ eine zur Ablage günstige Stelle gefunden hat «» As above in the description of the family and subfamily. Glandular pit with or without tubercle (peg). Left epiphallus always with apical hook bent sideways. Wings in ♀ often shorter than in ♂. The determination of some ♀♀ without their ♂♂ may be difficult. The ♀ bears the suitcase-like ootheca presumable until it has found a suitable ground in which to dig.

Schlüssel zu den Arten «» Key to the species

1. ♀♀ 27
- ♂♂ 2
2. Pronotum zuweilen mit aufgehelltem Discus, aber ohne dunkle, hufeisenförmige Zeichnung «» Disc of the pronotum sometimes

TAFEL 36

631. *Supella longipalpa* (F.), linker Epiphallus von oben; Türkei, Izmir, 12.VII.1974, N. LODOS leg.; coll. m.
632. Desgleichen, Apex des Epiphallus im Profil; wie zuvor
633. Desgleichen, ♂, Pronotum von oben; wie zuvor.
634-639. *Loboptera decipiens* (GERM.), soweit nicht anders vermerkt im Mus. Nat. Hist. Genf
634. Apex des linken Epiphallus von unten; Frankreich, Hyères
635. ♀, Thorax und Elytra von oben; Griechenland, M. H. SAUSSURE leg.
636. ♂ Epiproct von oben, Italien, Riviera, Cavoi di Lavagna, K. MANDL don. 1955, Nat. Hist. Mus. Wien
637. Desgleichen; Hyères, S-Frankreich; ex coll. YERSIN
638. ♀, Epiproct von oben, Griechenland; M. H. SAUSSURE leg.
639. Desgleichen; Sizilien
640. *Loboptera hispanica* HARZ, ♂, Epiproct von oben, Holotypus
641. Desgleichen; ♀, Epiproct von oben, Allotypus
642-647. *Loboptera decipiens* (GERM.), soweit nicht anders vermerkt im Mus. Nat. Hist. Genf
642. ♂, linker Cercus von oben, BORST leg.
643. ♂. linkes Elytron, wie in Fig. 636
644. Desgleichen; S-Europa
645. ♀, linkes Elytron, Grelle
646. ♂, linkes Elytron, Granada
647. Oothek im Abdomenapex von links, Lesina, Nat. Hist. Mus. Wien
648. *Ectobius/Ectobiola duskei* ADEL., ♂, Pronotum von oben; S-Russland, Walonia, VELITSCHKOVSKI leg., Nat. Hist. Mus. Wien
649. *Ectobius lapponicus* (L.), Drüsengrube, darüber das Zäpfchen stärker vergrößert. Aus. K. HARZ 1960
650. *Ectobius sylvestris* (PODA); Drüsengrube von oben. Aus K. HARZ 1960
651. *Ectobius sylvestris f. lucidus*; S-Tirol, Doss dei Morti, 8.VI.1921, 1500 m, SG RAMME-SPANEY. Nat. Hist. Mus. Wien
652. Desgleichen, Stylus von oben, Frankreich, bei Arcine, Mus. Nat. Hist. Genf
653. *Ectobius pallidus* (OLIV.), 7. Sternum mit Drüsengrube; Spanien, 11,5 km nördl. von Jaca, 2.IX.1972, K. HARZ et al. leg.; coll. m.
654-659. *Ectobius pallidus* (OLIV.), alle im Nat. Hist. Mus. Wien
654. ♂, Stylus von oben; Frankreich, Pyrenées orientales, Valle de la Massane près de Argoles, H. FRANZ leg.
655. Desgleichen von rechts
656. Drüsengrube von oben; Montpellier (als Neotypus von *lividus*)
657. Desgleichen; Spanien, Arragonien, Albarracin, 1.-8.VII.1924, ZERNY leg.
658. Desgleichen; Monte cimone, Apennin, H. FRANZ leg.
659. Desgleichen; Valle Manasa, Italien.

631

632
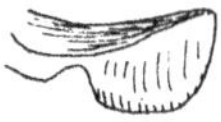

633
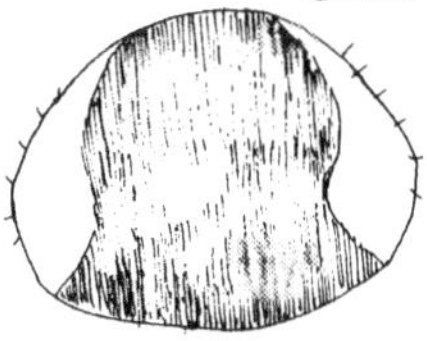

635
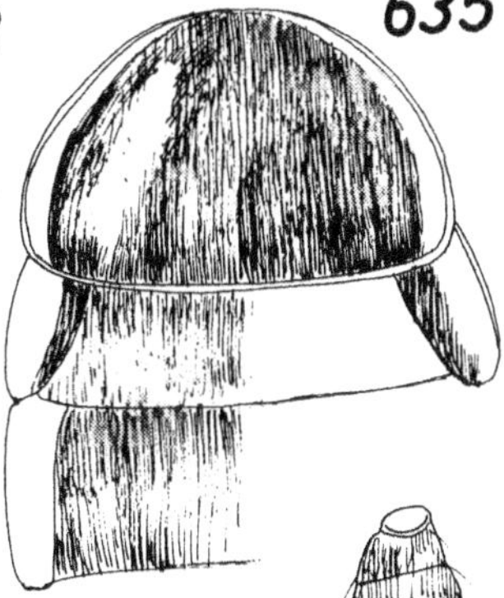

634
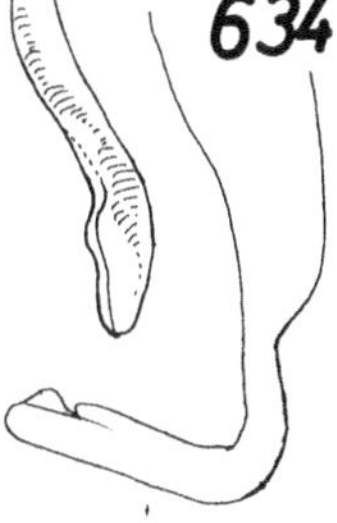

636
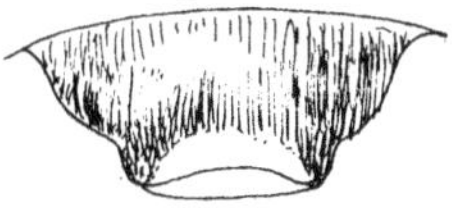

637

638

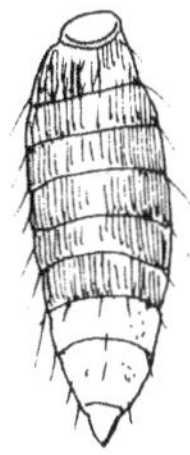
642

639
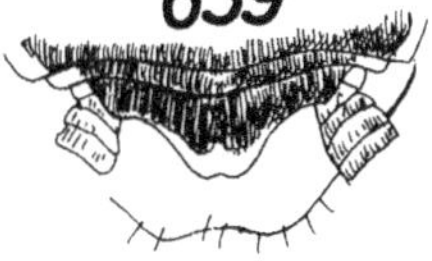

640
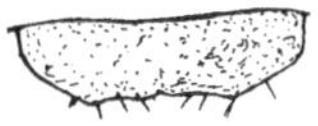

641

647
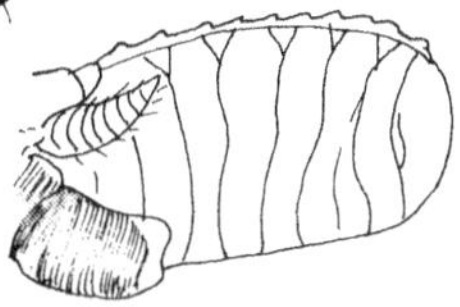

643
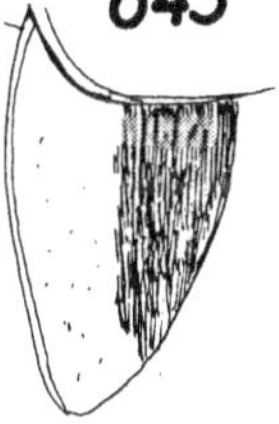

644
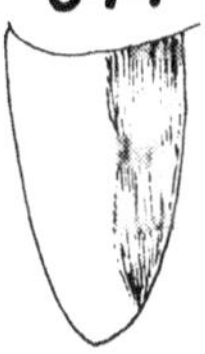

645
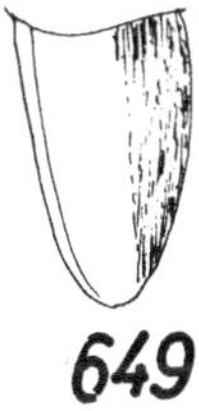

646

650

648
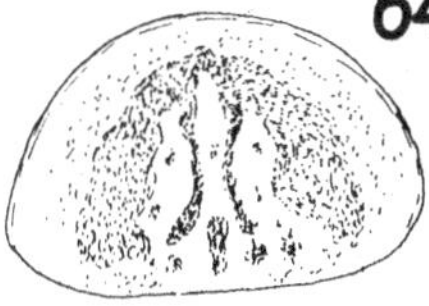

649
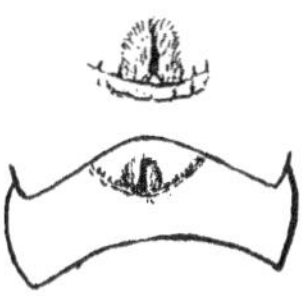

652

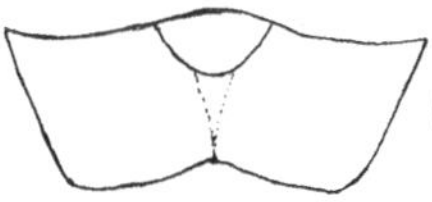
653

654

655

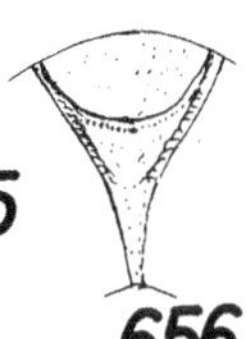
656

651

657

658

659

lightened but without dark horseshoe-like pattern 3

– Pronotum mit hufeisenförmiger dunkler Zeichnung, die den Hinterrand nicht erreicht (648) «» Pronotum with a horseshoe-like dark pattern which does not reach the hind margin (648) . . . . *E. (Ectobiola)* duskei ADEL., p. 255*

3. Drüsengrube mit deutlichem Zäpfchen (649) oder einer anderen Erhöhung «» Glandular pit with distinct tubercle (649) or another elevation 14

– Drüsengrube ohne Zäpfchen (650) oder sonstige Erhöhung «» Glandular pit without tubercle (650) or other elevation (nur bei *corsorum* mit der Andeutung eines Zäpfchens «» in *corsorum* often a trace of a tubercle) 4

4. Die Drüsengrube ist im Umriß rundlich und groß, sie erreicht mit dem Hinterrand meist die Mitte des 7. Tergums oder überragt diese (651), Stylus mit wenigen Borsten (652) «» Glandular pit is round and large with its hind margin reaching mostly the middle of the 7th tergite or surpassing it (651), style with a few bristles (652) 9

– Drüsengrube im Umriß mehr oval oder quer, sie erreicht mit ihrem Hinterrand nicht die Mitte des 7. Tergums (653); Stylus wenigstens apikal dicht mit feinen Haaren besetzt (654, 655) «» Glandular pit more oval or wide, with its hind margin not reaching the middle of the 7th tergite (653); style at least apical part of style covered with fine hairs (654, 655) 5

5. Beine schwarz bis braun mit gelben Dornen «» Legs black to brown with yellow spines 8

– Beine samt den Dornen gelblich «» Legs and spines yellowish . . . 6

6. Drüsengrube distalwärts (wenigstens bei trockenen Präparaten) mit zwei konvergierenden Leisten, die sich vereinen oder eine Längsleiste bilden können oder Falten, die von der Mitte des Hinterrands ausgehen (656-659) «» Glandular pit (at least in dry preparation) with two converging ridges which may fuse to form a longitudinal ridge or wrinkles beginning in the middle of the hind margin (656-659) 7

– Die Drüsengrube (auch bei trockenen Tieren) distal ohne konvergierende Leisten (660), öfters mit Spuren eines Zäpfchens (661); Discus des Pronotums oft mit betonten Hinterecken (662) «» Glandular pit (also in dry specimens) without converging ridges distally (660), often with a trace of a tubercle (661); disc of the pronotum often with accentuated hind-corners (662) . . . . *E. corsorum* RME., p. 228

7. Kopf mit kastanienbrauner Querbinde zwischen den Augen; S-England, Belgien, Frankreich, südliches Rheintal, Schweiz, Italien «» Head with a transverse chestnut band between the eyes; S. Eng-

* Vergl. *Phyllodromica nadigi* HARZ, Fußnote p. 271

land, Belgium, France, southern Rhine-valley, Switzerland, Italy
E. p. pallidus (OLIV.), p. 225

– Kopf mit kastanienbraunen Punkten oder lichtbraunen Flecken zwischen den Augen; Frankreich, Spanien, Portugal «» Head with chestnut points or light brownish spots between the eyes; France, Spain, Portugal . . . .
E. pallidus punctulatus FIEB., p. 226

– Falls mit markanten dunklen Punkten auf Pronotum und Elytra und je einer dunkelbraunen Binde jederseits der Mittellinie auf den Sterna (S-Tirol, N-Italien, Frankreich «» If with conspicuously dark punctation on the pronotum and a dark brown band on each side of the median line of the sternites (S. Tyrol, N. Italy, France) . . . .
E. pallidus f. chopardi ADEL., p. 226

8. Die Drüsengrube ist fast halb so breit wie der Hinterrand des 6. Tergums (663) (selten schmaler); Pronotum wie in Fig. 664, meist stärker punktiert «» Glandular pit almost half as wide as the hind margin of the 6th tergite (663); pronotum as in fig. 664, mostly more strongly punctated . . . .
E. caprai GALV., p. 226

– Die Drüsengrube ist höchstens ⅓ so breit wie der Hinterrand des 6. Tergums (665); Pronotum wie in Fig. 666, meist weniger oder nicht punktiert «» Glandular pit at most ⅓ as wide as the hind margin of the 6th tergite (665); pronotum as in fig. 666, mostly less or not punctuated . . . .
E. siculus RME., p.227

9. Drüsengrube ohne Spur einer Erhöhung am distalen Ende «» Glandular pit without a trace of an elevation at the distal end 10

– Drüsengrube am distalen Ende mit leichter Erhöhung (667) «» Glandular pit with a slight elevation at the distal end (667) . . . .
E. montanus COSTA, p. 233

10. Pronotum mit rundlichem bis 6-8 eckig verrundetem Discus (668), immer ohne betonte Hinterecken; Kopf ± einfarbig hell, zuweilen mit einer blaß braunen Binde zwischen den Augen «» The disc of pronotum is rounded or has 6-8 angularly-rounded corners, always without accentuated hind corners; head ± unicoloured, light; sometimes with a pale-brown band between the eyes . . . 13

– Pronotum mit etwa trapezförmigem Discus mit betonten Hinterecken (669); Kopf mit dunklen Zeichnungen oder ganz dunkel «» Pronotum about trapezoidal with accentuated hind corners (669), head with dark pattern or entirely black 11

11. Pronotum mit deutlichen Aufhellungen «» Pronotum with distinct lightenings 12

– Pronotum schwarz, ohne Aufhellungen (669) «» Pronotum black

without lightenings (669) . . . .
E. sylvestris (PODA), p. 229

12. Discus des Pronotums rötlichbraun, auch leicht aufgehellt (670, 671) «» Disc of the pronotum reddish-brown, also with weak lightenings (670, 671) . . . .
E. sylvestris f. discrepans (ADEL.), p. 229

– Discus des Pronotums bräunlichgelb bis orange, mit dunklen Hinterecken, in der Mitte oft aufgehellt (672) «» Disc of the pronotum yellowish-brown to orange, with dark hind corners, often lightened in the middle (672) . . . .
E. sylvestris f. lucidus (HGB.), p. 229

13. Stylus klein, mit wenigen Borsten (673); Pronotum und Körper hell, kaum punktiert; Elytra 10,2-10,3 mm lang «» Style small, with a few bristles (673); pronotum and body light, hardly punctuated; tegmina 10.2 to 10.3 mm in length: . . . .
E. fernandesi HARZ, p. 232

[Falls ockerbräunlich, Discus gelblich und wie das Pronotum und die 8,3-9 mm langen Elytra bräunlich punktiert vergl. «» If ochre-brownisch, disc yellowish and punctuations, brownish; tegmina same colour and also with punctuations, 8.3-9 mm long compare with
E. brunneri SEAONE, p. 232

– Stylus größer, dorsal fein und dicht behaart (674) «» Style larger, thickly covered with fine hars (674) . . . .
E. vittiventris COSTA, p. 233

14. Drüsengrube mit deutlichem Zäpfchen «» Glandular pit with distinct tubercle 17

– Drüsengrube mit deutlicher Längserhebung oder von Haaren gebildeter y-förmiger Zeichnung «» Glandular pit with a distinct longitudinal elevation or a y-like mark formed by hairs 15

15. Drüsengrube mit ± behaarter Längserhebung, die in der Färbung nicht mit dem umgebenden Integument kontrastiert oder einer von Haaren gebildeten Y-Zeichnung «» Glandular pit with a distinct longitudinal elevation, colour not contrasting with the surrounding integument, or with a Y-like mark formed by hairs 16

– Die Längserhebung der Drüsengrube ist kahl und erstreckt sich durch ihre ganze Mitte oder ist doch im Distalteil deutlich (675, 667); sie kontrastiert gut mit dem umgebenden dunklen Integument «» Glandular pit with a bare longitudinal elevation in the middle or at least with an elevation in its apical part, pit contrasts with the surrounding dark integument (667, 676) . . . .
E. montanus COSTA, p. 233

16. Drüsengrube mit einer einfachen, fein behaarten Längserhebung (676); falls distal mit Ansatz eines Zäpfchens vergl. *E. corsorum*

RME., p. 228 «» Glandular pit with a single, finely hairy longitudinal elevation (676), if with a trace of a distal tubercle compare with *E. corsorum* RME., p. 228 . . . .
E. frieseanus PRINCIS, p. 234

– Drüsengrube mit einer y-förmigen von Borsten gebildeten Zeichnung (677) «» Glandular pit with a Y-shaped mark formed by bristles (677) . . . .
E. thyrrhenicus FAILA, p. 240

17. Drüsengrube mit einfachem Zäpfchen «» Glandular pit with a single tubercle (falls nur distal ein Ansatz dazu vorhanden ist vergl. «» if there is only a trace of a tubercle distally compare with *E. corsorum* RME., p. 228 20

– Drüsengrube mit zweiteiligem oder zweizipfeligem Zäpfchen (678) «» Glandular pit with a bipartite or two-pointed tubercle (678); vergl. auch mit *panzeri* und *haeckeli*, die zuweilen zweisipfelige Zäpfchen haben «» compare also with *panzeri* and *haeckeli* which sometimes have two-pointed tubercles 18

18. Drüsengrube queroval; Stylus kleiner, nicht wie in Fig. 679 «» «» Glandular pit transversely oval; style smaller, not as in fig. 679 19

– Drüsengrube halb-rundlich (678), falls queroval dann mit zweiteiligem großem Zäpfchen und großem Stylus (679), bei hellen Tieren mit kleinem Stylus vergl. *haeckeli* BOL., p. 253 «» Glandular pit semicircularly rounded (678), if transversely oval, then with a large bipartite tubercle and a large style (679), light coloured specimens with a small style compare with *haeckeli* BOL., p. 253 . . . .
E. lapponicus (L.), p. 344

19. Das Zäpfchen füllt die Drüsengrube in Längsrichtung fast aus (681, in trockenen Tieren kann sie aber auch geschrumpft sein, 682), Stylus kleiner (683, 684) «» The tubercle occupies the length but never fill up entirely the glandular pit (681, in dry specimens it sometimes shrinks, 682); style smaller (683, 684) . . . .
E. albicinctus (BR.), p. 241

– Das Zäpfchen in der Drüsengrube erreicht nicht den Hinterrand des 6. Tergums, ± senkrecht (685, 686); Stylus größer (687) «» The tubercle in the glandular pit does not reach the hind margin of the 6th tergite, ± vertical (685, 686); style larger (687) . . . .
E. punctatissima RME., p. 248

[Bei kleinen dunklen Tieren vergl. *balcani* RME., bei dem das Zäpfchen zuweilen am Apex schwach zweizipfelig erscheinen kann (688)] «» [Compare small and dark specimens with *balcani* RME. the tubercle of which sometimes seems weakly two-pointed apically (688)]

TAFEL 37

660. *Ectobius corsorum* RAMME, ♂, Drüsengrube; Korsika, MANN leg. 1855, ex coll. BRUNNER VON WATTENWYL; Humboldt Mus. Berlin
661. Desgleichen; Korsika, W. RAMME det.; wie zuvor
662. Desgleichen; ♂, Pronotum, Korsika, Vizzavona, 15.IX. P. SCHULZ leg.; wie zuvor
663. *Ectobius caprai* GALV., ♂, Drüsengrube, Italien, Mti. Sibillini, Valle Bolognata, 26.VI.1955; A. GALVAGNI leg., Nat. Hist. Mus. Wien
664. Desgleichen, ♂, Pronotum von oben; wie zuvor
665. *Ectobius siculus* RAMME, Drüsengrube; Paratypus von San Cataldo, VI–VII 1936, J. G. HANSEN leg., Humboldt-Museum, Berlin
666. Desgleichen; Pronotum ♂ von oben; wie zuvor
667. *Ectobius montanus* COSTA; Drüsengrube von oben; Abruzzen, Terminillo, 6.VIII.1912, R. EBNER leg., Nat. Hist. Mus. Wien
668. *Ectobius fernandesi* HARZ; Pronotum ♂, Holotypus, N-Spanien, Bosque de Cernados, Umgebung von Santiago, H. FRANZ leg., Nat. Hist. Mus. Wien
669. *Ectobius sylvestris* (PODA), ♂, Pronotum von oben; Bayern, Münnerstadt, 17.VI.1957, K. HARZ leg.; coll. m.
670. *Ectobius sylvestris f. discrepans* (ADEL.), aus K. HARZ 1960
671. Desgleichen; wie zuvor
672. *Ectobius sylvestris f. lucidus* (HGB.), ♀, Wien, Nat. Hist. Mus. Wien
673. *Ectobius fernandesi* HARZ; ♂, Stylus von oben; W-Spanien, coll. BR. Nr. 3063, SCHAUFUSS leg., Nat. Hist. Mus. Wien
674. *Ectobius vittiventris* COSTA; Stylus von oben; Kroatien, Plivice, 12.IX.1934, R. EBNER leg., Nat. Hist. Mus. Wien
675. *Ectobius montanus* COSTA; Drüsengrube; nach K. PRINCIS 1965
676. *Ectobius frieseanus* PRINCIS; Drüsengrube; wie zuvor
677. *Ectobius thyrrhenicus* FAILLA; Drüsengrube, nach M. C. FAILLA 1973
678. *Ectobius lapponicus* (L.); Drüsengrube, Münnerstadt, 30.V.1958, K. HARZ leg., coll. m.
679. Desgleichen; Stylus von rechts; wie zuvor
680. Desgleichen; Stylus nach K. PRINCIS 1965
681. *Ectobius albicinctus* (BR.); Drüsengrube von oben-hinten; Fiume, Nat. Hist. Mus. Wien
682. Desgleichen, Zäpfchen geschrumpft; Dalmatien, Zara, Cosino, 6.VI.1911, SPANEY-SCHUMACHER S.V., Humboldt Mus. Berlin
683. Desgleichen, Stylus von oben; wie in Fig. 681

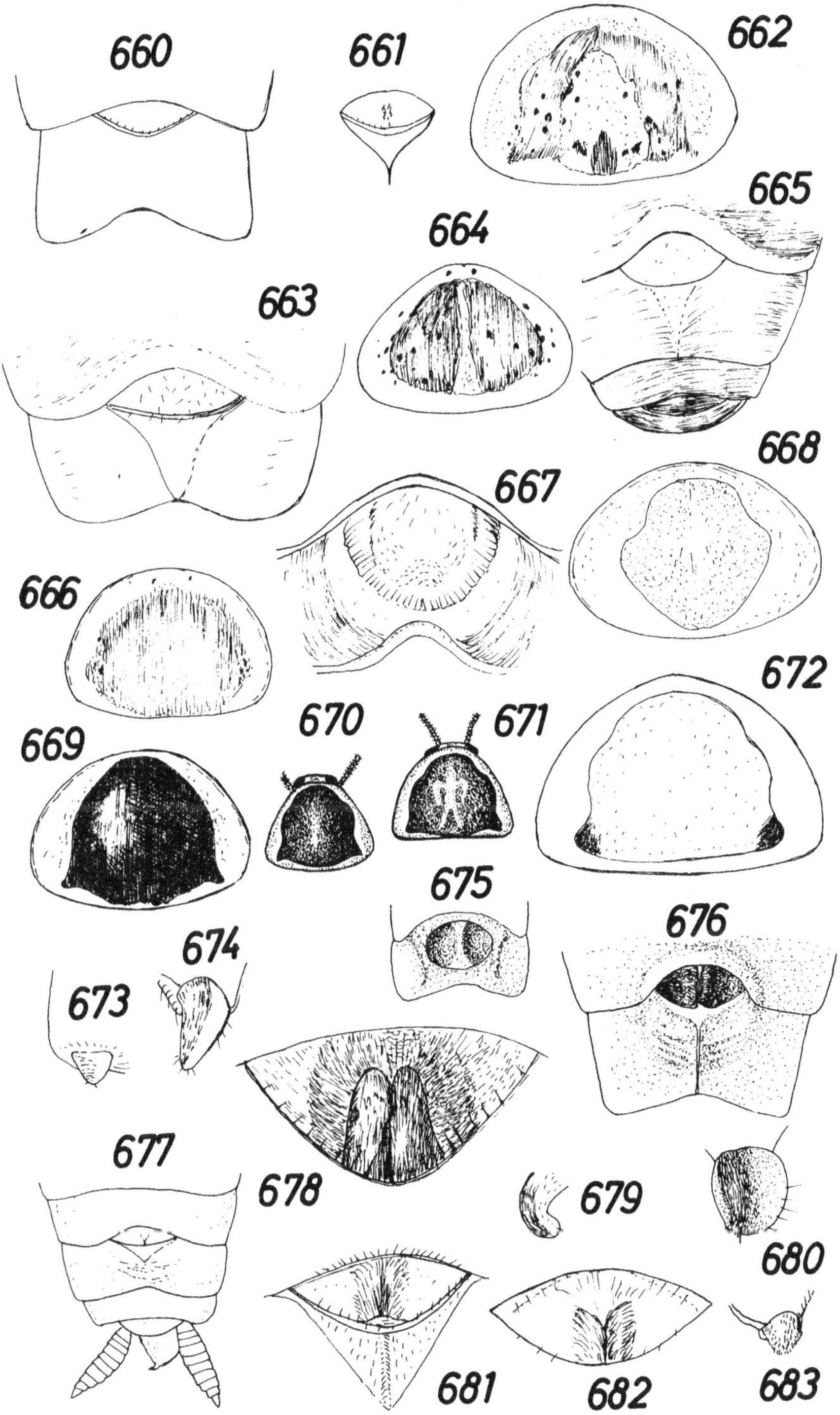
660
661
662
663
664
665
666
667
668
669
670
671
672
673
674
675
676
677
678
679
680
681
682
683

20. Discus des Pronotums mit symmetrischen Zeichnungen (689) «» Disc of the pronotum with symmetrical pattern (689), Subgen. *Capraiellus* part. 24
– Discus des Pronotums zuweilen wohl aufgehellt oder dunkel punktiert, aber ohne symmetrische Zeichnungen, falls der Saum breit und kräftig punktiert ist, vergl. *nicaensis* (BRIS.) «» Disc of the pronotum sometimes lightened or darkly punctated, but without symmetrical pattern; if the margin is wide and strongly punctated compare with *nicaensis* (BRIS.) 21
21. Distal der Drüsengrube ohne quere Runzeln «» 7th tergite without transverse wrinkles distal to the glandular pit 22
– Distal der Drüsengrube mit ± deutlichen Querrunzeln und konvergierenden Leisten die sich zu einer vereinen oder auch nur letzterer (690, 691) «» 7th tergite with distinct transverse wrinkles and converging ridges which then fuse into one; sometimes only one ridge medially (690, 691) . . . .
E. kraussianus RME., p. 235
[Vergleiche mit «» Compare with *aeoliensis, parvosacculatus, filicensis,* and *usticaensis* FAILA et MESSINA, p. 235, 240 . . . .
22. Falls der Discus des Pronotums ± einfarbig oder nur in der Mitte aufgehellt ist, dann sind Drüsengrube, Zäpfchen und Stylus anders als bei den folgenden drei Arten «» If the disc of the pronotum ± unicoloured or lightened in the middle only, then glandular pit, tubercle, and style not so as in the following 3 species . . 24
Beine bräunlich bis schwarz mit gelben Dornen, seltener Tibia und Tarsus hell «» Legs brownish to black with yellow spines, more rarely tibia and tarsus light 23
– Beine gelblich, Discus hell rotbraun, in der Mitte mit gelblichweißer Längslinie (692); die Drüsengrube erreicht mit ihrem Hinterrand nicht die Mitte des 7. Tergums (693) «» Legs yellowish, disc light reddish-brown, with a yellowish-white longitudinal line (692); the hind margin of the glandular pit does not reach the middle of the 7th sternite (693) . . . .
E. aetneus RME., p. 249
23. Der Discus des Pronotums ist unscharf begrenzt (694); Drüsengrube wie in Fig. 695; Stylus wie in Fig. 696, 697 und 698 «» Disc of the pronotum with blurred margins (694); glandular pit as in fig. 965; style as in fig. 696, 697, and 698: . . . .
E. balcani RME., p. 245
[vergleiche notfalls «» Compare if necessary with *E. albicintus*, p. 241] . . . .
– Der Discus ist in der Farbe ± scharf begrenzt und oft jenem vom *lapponicus* ♀ ähnlich, aber auch rotorange oder rötlichbraun mit Aufhellungen (699); die Drüsengrube (700) erreicht mit ihrem

Hinterrand etwa die Mitte des 7. Tergums; Styli wie in Fig. 701-703 «» Disc of the pronotum sharply bordered, often similar to that of the ♀ of *lapponicus*, but also reddish-orange or reddish brown with lighter areas (699); glandular pit (700) reaching about the middle of the 7th tergite; style as in fig. 701-703 . . . .
E. erythronotus BURR, p. 246

24. Drüsengrube nicht wie in Fig. 704 «» Glandular pit not as in fig. 704 (Subgenus *Capraiellus*) 25
- Drüsengrube wie in Fig. 704 «» Glandular pit as in fig. 704 . . . .
E. nicaensis (BRIS.), p. 249

25. Zäpfchen in der Drüsengrube auch nicht angedeutet zweizipfelig «» Tubercle in the glandular pit without a trace of a two-pointed apex 26
- Zäpfchen in der Drüsengrube am Apex leicht zweizipfelig (705, 706) oder doch struwelig «» Tubercle in the glandular pit slightly two-pointed (705, 706), or tubercle hairs dishevelled . . . .
E. panzeri STEPH., p. 252
[Falls das Zäpfchen länger ist (707) vergleiche «» If the tubercle is longer (707) compare with *E. haeckeli* (BOL.), p. 253] . . . .

26. Stylus mit längeren und stärkeren Haaren (708) auf der Ventralseite; Drüsengrube mit längeren, geraden und dünneren Haaren am Basalteil des Zäpfchens (709) «» Style covered with longer and more robust hairs ventrally (708); basal part of the glandular tubercle with longer, straighter, thinner hairs (709): . . . .
E. panzeri STEPH., p. 252
[Vergleiche «» Compare: *E. haeckeli* (BOL.), p.]
- Stylus ventral mit wenigen kurzen Haaren (710); Drüsengrube mit kürzeren, stärkeren und in verschiedene Richtungen gekrümmten Haaren am Basalteil des Zäpfchens (711) «» Style with a few short hairs (710); tubercle in the glandular pit with shorter, more robust basalhairs bent in various directions (711) . . . .
E. tamanini GALVAGNI, p. 254

27. Macropter bis micropter, Elytra apikal nicht quer abgestutzt «» Macropterous to micropterous, tegmina not transversely truncate 30
- Squamipter oder micropter mit apikal quer abgestutzten Elytra (712) «» Squamipterous or micropterous, tegmina transversely truncate (712) 28

28. Nicht squamipter «» Not squamipterous (Subgenus *Capraiellus*) . . 29
- Squamipter (713) «» Squamipterous (713) . . . .
E. duskei (ADEL.), p. 255

29. Elytra apikal ± gerade abgestutzt (714) bis kaum merklich ausgerandet «» Tegmina ± straight truncate (714) (but sometimes with a very slight indentation apically: . . . .
E. panzeri STEPH., p. 252

TAFEL 38

684. *Ectobius albicinctus* (BR.); ♂, Stylus von oben, Dalmatien, Gata/Omis, Anf. VI.1972, H. ECKERLEIN, coll. m.
865. *Ectobius punctatissima* RAMME; Drüsengrube von oben, Montenegro, Nikšic, 20.VI.1914 MUCHE leg., Humboldt-Museum, Berlin
666. Desgleichen; Dalmatien; wie zuvor
667. Desgleichen; Stylus in Aufsicht, wie in Fig. 685
688. *Ectobius balcani* RAMME; Drüsengrube; Epirus, Paraskevi, Cummerka, 1300-1400 m, M. BEIER leg., Nat. Hist. Mus. Wien
689. *Ectobius panzeri* STEPH.; Pronotum ♂; Ardèche, Annonay; Mus. Nat. Hist., Genf
690. *Ectobius kraussianus* RAMME; ♂, 7. Tergum; Sizilien, Messina, FREY-GESSNER Leg., Nat. Hist. Mus. Wien
691. Desgleichen; Messina, Colle S. RIZZO, 27.VII.1927, SG RAMME-RICHTER, Humboldt-Museum, Berlin
692. *Ectobius aetneus* RAMME; ♂, Pronotum von oben, Nat. Hist. Mus. Wien
693. Desgleichen; Abdomenapex ♂ nach W. RAMME 1927
694. *Ectobius balcani* RAMME; ♂, Pronotum von oben; Rumänien, Klausenburg/ Cluj, HERMANN leg., Nr. 7986 coll. BR., Nat. Hist. Mus. Wien
695. Desgleichen; Drüsengrube; S-Dalmatien, HUMMLER leg., wie zuvor
696. Desgleichen; Stylus von oben; Albanien Exped., Korab, 28.-31.VII.1918; Nat. Hist. Mus. Wien
697. Desgleichen; Stylus von hinten; S-Dalmatien; wie zuvor
698. Desgleichen; Stylus von links; wie zuvor

699-703. *Ectobius erythronotus* BURR, soweit nichts anders vermerkt im Nat. Hist. Mus. Wien

699. ♂, Pronotum, Nieder-Österreich, Burgstall, BR. leg.
700. Drüsengrube; Kärnten, Oberdrauburg, VIII.1929, W. RAMME leg.
701. Stylus von oben; Kärnten, Eisenkappel, 25.VII.1959, SCHEERPELZ leg.
702. Stylus von rechts; Nessebar/Bulg., VI.1963, W. H. MUCHE leg., coll. m.
703. Stylus von hinten-links, wie in Fig. 700
704. *Ectobius nicaensis* (BRIS.); Drüsengrube; Nizza 18.VI.1893, DE BORMANS leg.; Mus. Nat. Hist. Genf
705. *Ectobius panzeri* STEPH.; Drüsengrube; Spanien, Sierra de Peñalara, bei Cercedilla, 17.VII.1927, R. EBNER leg., Nat. Hist. Mus. Wien
706. Desgleichen; Sylt, K. ZIMMERMANN leg., Humboldt-Museum, Berlin
707. *Ectobius haeckeli* (BOL.); Drüsengrube von oben; Spanien, bei Arenas de San Pedro, 13.VII.1972, U. EITSCHBERGER leg., coll. m.
708. *Ectobius panzeri* STEPH.; Stylus von unten; aus A. GALVAGNI 1972
709. Desgleichen; Drüsengrube von unten, die punktierte Linie deutet den Oberrand an; wie zuvor
710. *Ectobius tamanini* GALV., Stylus ventral; wie zuvor

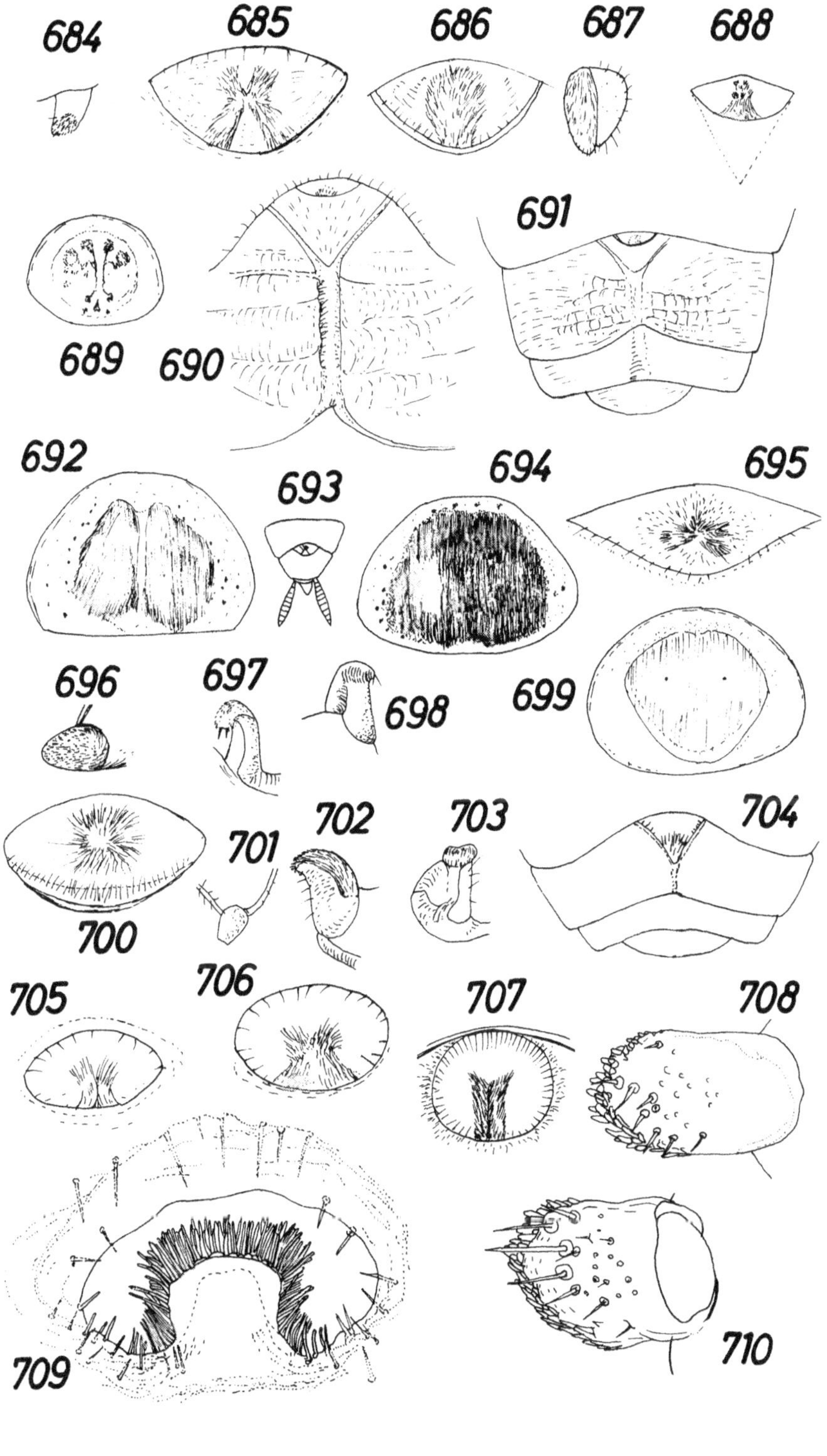
684
685
686
687
688
689
690
691
692
693
694
695
696
697
698
699
700
701
702
703
704
705
706
707
708
709
710

[Vergleiche «» Compare with *E. haeckeli* (BOL.), p. 253]
- Elytra apikal leicht ausgerandet (715) «» Tegmina slightly indented apically (715) . . . .
E. tamanini GALVAGNI, p. 254
30. Pronotum mit rundlichem oder 6-8 eckig verrundetem Discus «» Disc of the pronotum rounded or with 6-8 rounded corners . . . 33
- Discus des Pronotums meist wie in Fig. 716, Hinterecken betont «» Disc of the pronotum mostly as in fig. 716, hind corners accentuated 31
31. Discus des Pronotums ± hell oder aufgehellt «» Disc of the pronotum light or ± lightened 32
- Discus des Pronotums tiefschwarz bis schwarzrot (717) «» Disc of the pronotum jet black to blackishred (717) . . . .
E. sylvestris (PODA), p. 229
32. Discus des Pronotums hell rötlich mit dunklen Hinterecken (718) oder stark aufgehellt «» Disc of the pronotum light reddish with dark hind corners (718) or strongly lightened . . . .
E. sylvestris f. lucidus (HGB.), p. 229
Vergleiche ev. auch *corsorum* RME., bei dem der Discus betonte Hinterecken haben kann «» Compare with *corsorum* RME., in which the disc sometimes has accentuated hind-corners.
- Discus des Pronotums rötlichbraun bis leicht aufgehellt «» Disc of the pronotum reddish-brown to slightly lightened . . . .
E. sylvestris f. discrepans ADEL., p. 229
33. Macropter (die Elytra decken zumindest das Abdomen, Alae in situ so lang wie sie, apikal meist eingerollt oder wenig kürzer als sie und dann apikal nicht eingerollt) «» Macropterous (tegmina at least covering the abdomen, alae in normal position as long as them, mostly curled-up apically or a little shorter but then not curled-up apically) 37
- Brachypter bis mikropter «» Brachypterous to micropterous . . 34
34. Nicht micropter, falls die Alae fast so lang wie die Elytra, dann sind sie apikal nicht eingrollt «» Not micropterous, if alae almost as long as the tegmina, then they are not curled-up apically . . . 35
- Micropter, Pronotum aufgehellt mit ± symmetrischer Zeichnung (719) «» Micropterous, discus of the pronotum lightened with ± symmetrical pattern (719) . . . .
E. nicaensis (BRIS.), p. 249
35. Elytra oval, am Apex schmal verrundet «» Tegmina oval, narrowly rounded apically 36
- Elytra kürzer, apikal stumpf verrundet (720) «» Tegmina shorter, bluntly rounded apically (720) . . . .
E. brunneri SEOANE, p. 232
36. Beine gelblichbraun, selten gelblich; Elytra apikal etwas breiter

verrundet (721); Alae 1,8-3 mm lang «» Legs yellowish-brown, seldom yellowish; tegmina somewhat broadly rounded apically (721); alae 1.8-3 mm in length ....
E. albicinctus (BR.), p. 241

– Beine gelblich; Elytra apikal schmaler verrundet; Alae 4,3-5,6 mm lang «» Legs yellowish; tegmina more narrowly rounded apically, alae 4.3-5.6 mm in length ....
E. fernandesi HARZ, p. 232

37. Discus des Pronotums einfarbig gelblich, orange, bräunlich bis fast schwarz oder höchstens vorn etwas aufgehellt «» Disc of the pronotum unicoloured yellowish, orange, brownish to almost black, at most somewhat lightened anteriorly (: *lapponicus, erythronotus, balcani*, ohne die dazugehörigen ♂♂ oder ohne Oothek oft schwer zu bestimmen «» without ♂♂ belonging to them and without oothecae often difficult to determine) 38 oder-or-40

– Discus des Pronotums braun, oft dunkler gezeichnet und der helle Saum kräftig dunkel punktiert oder ebenso, aber Diskus mit symmetrischer Zeichnung «» Disc of the pronotum brown, often with darker marks; light border of the disc with markedly dark punctations, or when the disc is brown, it has a symmetrical pattern ....
E. nicaensis (BRIS.)., p. 249

38. Alae so lang bis fast so lang wie die Elytra, falls bis 1 mm kürzer, dann ist die Oothek ohne Längsrillen «» Alae as long as or almost as long as the tegmina, if up to 1 mm shorter, then ootheca without longitudinal grooves 39

– Alae etwa ½-1 mm kürzer als die Elytra; Oothek mit Längsrillen (722) «» Alae about ½-1 mm shorter than the tegmina; ootheca with longitudinal grooves (722) ....
E. balcani RME., p. 245

39. Oothek ohne Längsrillen (723) «» Ootheca without longitudinal grooves (723) ....
E. lapponicus (L.), p. 245

– Oothek mit Längsrillen (724) «» Ootheca with longitudinal grooves (724) ....
E. erythronotus (BURR), p. 246

40. Kopf mit einer dunklen Querbinde zwischen den Augen oder doch mit Querreihen dunkler Punkte (725), falls ohne beide, dann sind die Elytra über 8 mm lang und die Zellen hellbräunlich (*punctatissima* RME.) «» Head with a dark transverse band between the eyes or alternatively with transverse rows of small dark spots (725), if not with either of them, then the tegmina are more than 8 mm in length and their cells light brownish (*punctatissima* RME.) . 43

– Kopf ohne dunklere Zeichnungen oder ganz braun «» Head without dark marks or entirely brown 41

TAFEL 39

711. *Ectobius tamanini* GALV.; Drüsengrube von unten; die punktierte Linie deutet den Oberrand an; aus A. GALVAGNI 1972
712. *Ectobius panzeri* STEPH.; ♀, Pronotum und linkes Elytron; Holland, Scheveningen, 16.VIII.1923, R. EBNER leg.
713. *Ectobius duskei* (ADEL.); ♀, Thorax und Elytra von oben; SSSR, Worpnege, Walouki, VELITSHOVSKY leg., Nat. Hist. Mus. Wien
714. *Ectobius panzeri* STEPH.; ♀; Pronotum und Elytra; Ardèche, Mus. Nat. Hist. Genf.
715. *Ectobius tamanini* GALV.; Pronotum und Elytra; aus A. GALVAGNI 1972
716. *Ectobius sylvestris* (PODA); ♀; Pronotum; bei Tettnang, BRD, 1.VIII.1957, CH. WALTHER leg.; coll. m.
717. Desgleichen; ♀ Habitus; aus K. HARZ 1960
718. *Evtobius sylvestris f. lucidus* (HGB.), ♀, Pronotum (rechte Hälfte); BDR, St. Goarshausen oberhalb Burgkatz, 2.VII.1922, SG RAMME leg., Nat. Hist. Mus. Wien
719. *Ectobius nicaensis* (BRIS.); ♀, Pronotum; Digne, Frankreich, III 1892, AZAM leg., Mus. Nat. Hist. Genf
720. *Ectobius brunneri* (SEOANE); ♀ Pronotum und Elytra; Portugal, Malhadouro, Geréz, 23.VIII.1966, J. DE A. FERNANDES leg., Mus. Bocage, Lissabon
721. *Ectobius albicinctus* (BR.); linkes Elytron ♀; S. Philippo bei Zaravechia, Dalmatien, Nat. Hist. Mus. Wien
722. *Ectobius balcani* RAMME; Oothek; Mazedonien, Karadzica-Planina, Elova, 1400 m, 4.-5.IX.1934 ZWICK leg., Humboldt-Mus. Berlin
723. *Ectobius lapponicus* (L.); Oothek; aus K. HARZ 1960 etwa ⅔ weniger vergrößert als in Fig. 722
724. *Ectobius erythronotus* BURR; Oothek; S. Tirol, Mende Penagal, 16.VIII.1927, RAMME-SPANEY SG, Humboldt-Museum, Berlin

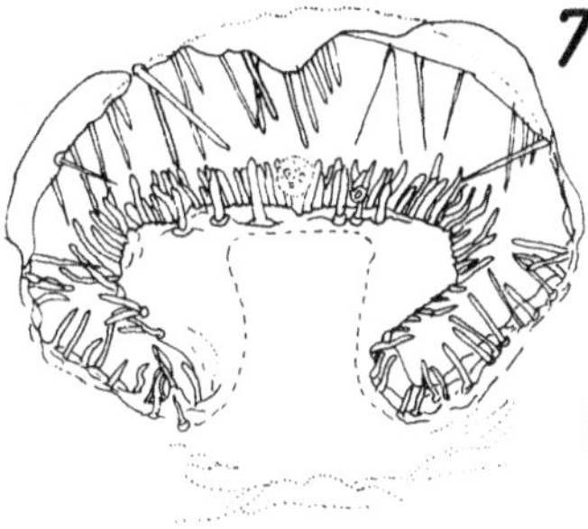

711

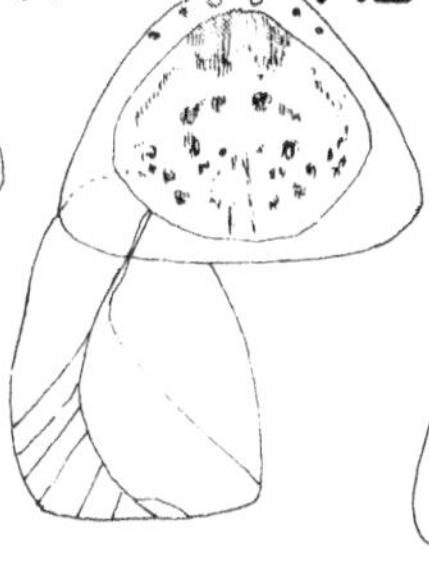

712

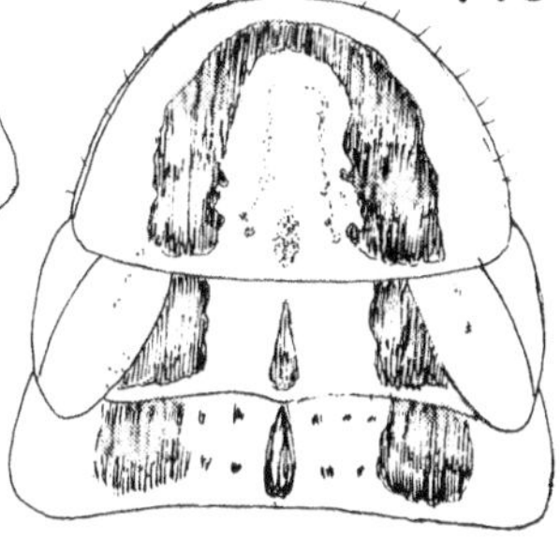

713

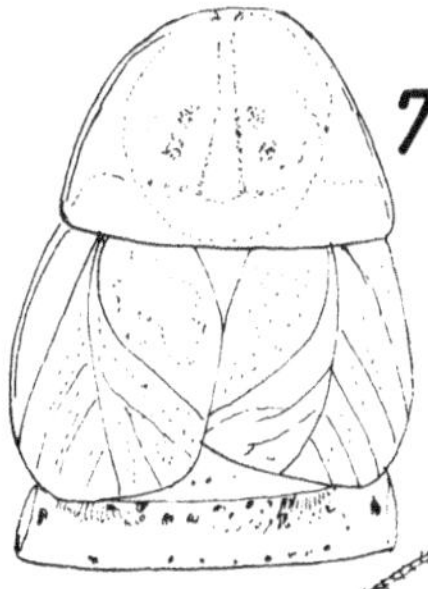

714

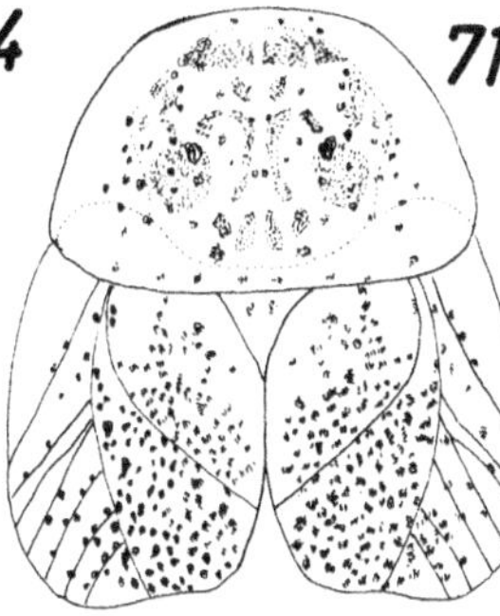

715

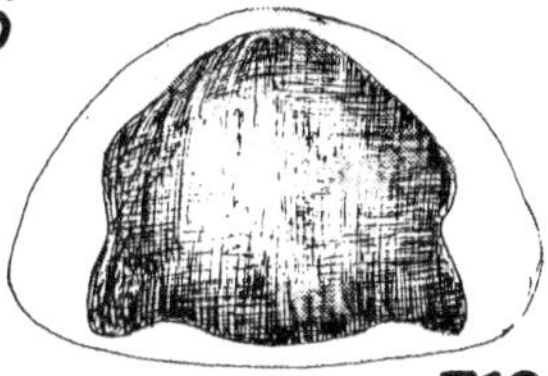

716.

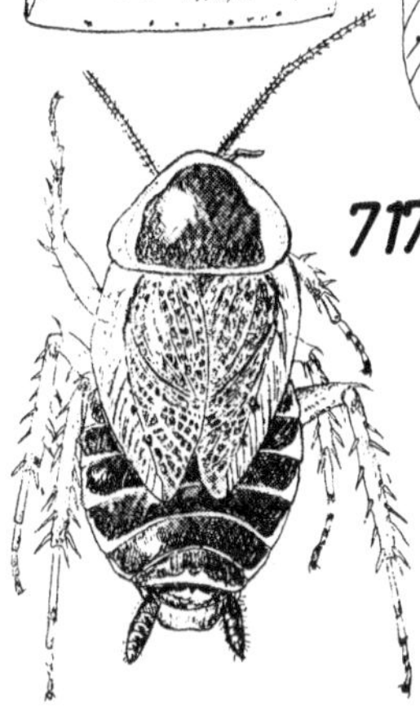

717

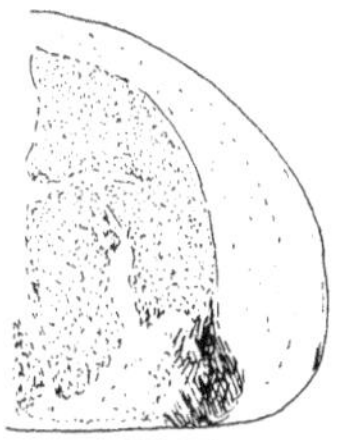

718

719

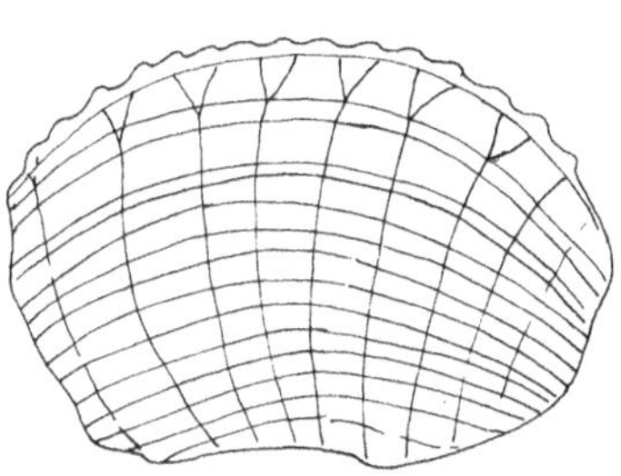

720

721

722

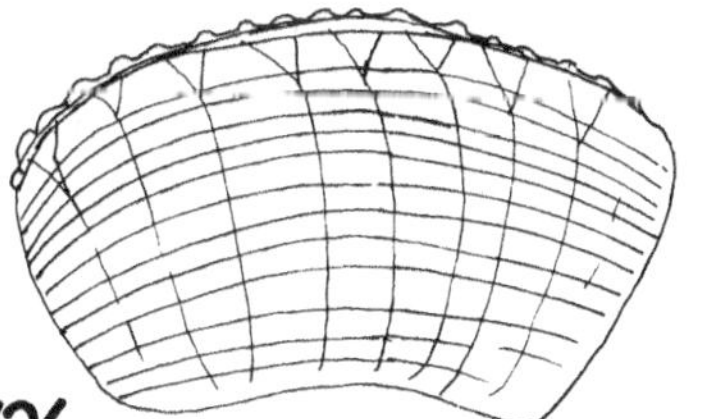

723

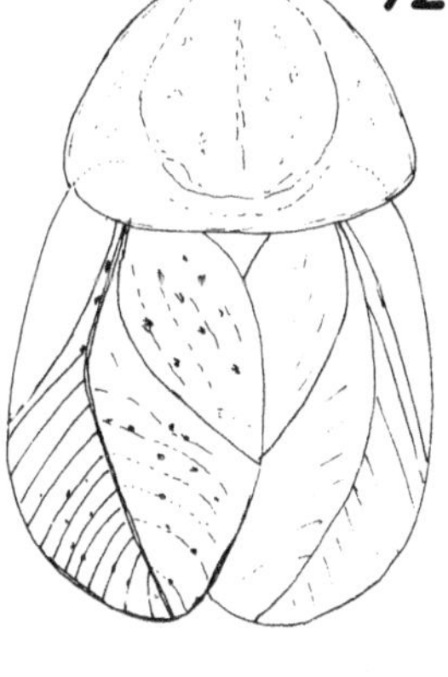

724

41. Kopf hell; Elytra gelbocker, höchstens mit hellbräunlichen Punkten und Fleckchen in den Zellen «» Head light: tegmina yellowish-ochre, at most with light brownish spots and small tan spots in the cells 42

– Kopf einfarbig braun; Elytra mit braunen Fleckchen, die Analis mündet fast rechteckig in den Hinterrand «» Head unicoloured brown; tegmina with brown spots, the analis runs into and forms almost a right angle with the hind margin . . . .
E. montanus COSTA, p. 233

42. Die Elytra sind einfarbig hell, 7,5-10 mm lang «» Tegmina unicoloured, light, 7.5-10 mm in length . . . .
E. vittiventris COSTA, p. 233

[Falls die Elytra schwach hellbräunlich punktiert und in den Zellen ebenso gefleckt und 7,5-8 mm lang: *E. kraussianus* RME., vergleiche auch *E. aeoliensis, parvosacculatus, filcensis* und *usticaensis* FAILLA et MESSINA, p. 235-240, falls die Elytra fein rötlichbraun punktiert sind oder die Zellen zart bräunlich gefleckt vergleiche *E. pallidus punctulatus* FIEB.] «» [If the tegmina have very small light brownish spots and are 7.5-8 mm in length: *E. kraussianus* RME., compare also with *E. aeoliensis, parvosacculatus, filicensis,* and *usticaensis* FEILLA et MESSINA, if tegmina have reddish-brown small spots or if the cells have very slightly brown spots compare with *E. pallidus punctulatus* FIEB]

– Elytra 5-6 mm lang, apikal mit einigen dunklen Punkten «» Tegmina 5-6 mm long, with a few small dark spots apically . . . .
E. caprai GALV., p. 226

43. Die Elytra erreichen nie 8 mm Länge (falls bis 8 mm lang vergleiche *E. kraussianus* RME., p. 235) «» Tegmina never reaching 8 mm in length (if up to 8 mm compare with *E. kraussianus* RME., p. 235 44

– Die Elytra sind 8,5-9,4 mm lang «» The tegmina are 8.5-9.4 mm long: . . . .
E. punctatissimus RME., p. 248

[Vergleiche «» Compare with *E. aeoliensis, parvosacculatus, filicensis,* and *usticaensis* FEILLA et MESSINA]

44. Körper meist länger als 7,5 mm, selten nur 6,5 mm «» Body mostly longer than 7.5 mm, rarely only 6.5 mm 46

– Körper 6,5-7,3 mm lang «» Body 6.5-7.3 mm long 45

45. Discus des Pronotums bernsteingelb, nicht aufgehellt «» Disc of the pronotum amber-yellow, without light areas . . . .
E. frieseanus PRINC., p. 234

– Discus des Pronotums braun mit Aufhellungen «» Disc of the pronotum brown with light areas . . . .
E. thyrrhenicus FAILLA, p. 240

46. Nicht auf Korsika «» Not on Corsica 47

– Nur auf Korsika «» On Corsica only . . . .
E. corsorum RME., p. 228

47. Auf Sizilien «» On Sicily only . . . .
E. kraussianus RME., p. 225

– Nicht auf Sizilien, aber sonst weit verbreitet «» Not on Sicily, but elsewhere spread widely . . . .
E. pallidus (OLIV.), p. 226

a Zwischen den Augen eine braune Querbinde; Elytra 6,5-7,5 mm lang; S-England; S-Rheinland, Belgien, Frankreich, N-Italien «» A brown transverse band between the eyes; tegmina 6.5-7.5 mm in length; S. England, S. Rhineland, Belgium, France, N. Italy . . . .
E. p. pallidus (OLIV.), p. 226

b Zwischen den Augen mit Querreihen dunkler Punkte; Elytra 6,4-7,8 mm lang; Frankreich, Spanien, Portugal «» With rows of small dark spots between the eyes; tegmina 6.4-7.8 mm in length France, Spain, Portugal . . . .
E. pallidus punctulatus FIEB., p. 226

c Pronotum und Elytra mit markanten dunklen Punkten; jederseits der Mitte der Sterna mit einer braunen Längsbinde; N-Italien, Frankreich «» Pronotum and tegmina with conspicuous small dark spots; with brown longitudinal bands on each side of the middle of the sternites; N. Italy, France . . . .
E. pallida f. chopardi ADEL., p. 227

Ich bin mir der Schwäche des Schlüssel für die ♀♀ bewußt, aber ich konnte keine besseren Merkmale finden um sie zu trennen «» I am aware of the weakness of the key for the ♀♀, but I was not able to find any more suitable characters with which to distinguish them.

1. *E. pallidus* (OLIVIERI) 1789 (*Blatta p.*, Enc. Méth., Ins. 4:319, n. 29; Typ: verschollen; terra typica: Umgebung von Paris und S-Frankreich; Neotypi ♂♀ Montpellier, 1 ohne patria, W. RAMME det. (als *lividus*), beide Nat. Hist. Mus. Wien; Syn.: *Blatta livida* FABRICIUS 1793 (nec DE GEER 1793), *B. livens* TURTON 1802, *B. succinea* RISSO 1826, *B. livida brevipennis* BR. 1865, *B. vittiventris* (nec COSTA 1847) BOLIVAR 1876 et auct., *Ectobius livida minor* RME. 1923). Fig. 653-659, 726-729.

Kopf und Antennen gelblich, auf der Stirn ohne dunkle Zeichnung oder mit kleinen orangefarbigen bis bräunlichen Pünktchen in bis 4 Querreihen (bzw. borstentragende Punkte) oder Fleckchen oder auch mit mit je einer bräunlichen Querbinde zwischen den Augen und zuweilen auch zwischen den Antennenbasen (siehe den Schlüssel zuvor); die Ocelli sind wegen der hellen Grundfarbe oft etwas undeutlich; das Apikalglied der Maxillarpalpen ist oft dunkler als die anderen. Der Discus des Pronotums ist gelblich (726, 727), zuweilen orangefarben gemustert oder orangebräunlich bis braun punktiert, gegen den Saum gut begrenzt, oft ist dieser weißlichgelb. Meso- und Metanotum basal auch mit einer schmalen braunen Querbinde und einer verwaschenen helleren Querbinde, Thorakalsterna gelblich. Abdomen gelb, beim ♂ zuweilen im Basalteil vor dem Seitenrand der Terga mit einer braunen Längsbinde oder braunen Fleckchen, solche können auch auf den Sterna auftreten, beim ♀ auf den Terga mit dunklen Querbinden, die den Hinterrand und die Seiten nicht erreichen, ventral in der Mitte und vor den Seitenrändern mit bräunlichen Fleckchen. Die Drüsengrube ist quer (653, 656-659, 729), in der Form etwas variabel, nach hinten läuft sie (wenigstens bei getrockneten Tieren) in eine Längsleiste aus, die aber zuweilen sehr schwach sein kann, ein Zäpfchen fehlt doch ist die Grube innen ± fein behaart; die Cerci sind hell gelblich; der mittelgroße Stylus (im Vergleich zu den Styli anderer Arten) ist apikal dicht goldgelb behaart (654, 655). Macropter bis brachypter; die Elytra sind durchsichtig gelblich, in der Regel fein rötlich bis bräunlich punktiert, sie decken auch beim ♀ das Abdomen oder überragen es um 1-1,5 mm, bei ihm auch längs des R zuweilen mit bräunlichen Fleckchen und bräunlichen Zellen ähnlich wie bei *lapponicus*; Alae in situ so lang wie die Elytra. Die Beine sind gelblich; das Arolium so lang wie die Innenkralle oder wenig kürzer. Die Oothek ist hell rötlichbraun mit etwa rotbrauner Zahnleiste (730), die davon ausgehenden Querlinien sind nur schwach eingedrückt, sonst ist die Oothek glatt. Maße: Körper ♂ 7-9, ♀ 7,8-10,5, Pronotum ♂ 1,7:2,6-2,2:3,3, ♀ 2,3:3,2-2,5:3,8, Elytra ♂ 6,8-9,4, ♀ 7-8. VI-X. Die Unterarten und Formen fallen alle in diese Maße:

a *E. p. pallidus* (OLIVIERI) 1789 (wie oben): S-England, Frankreich (mehr im Norden), Belgien, im südlichen Rheinland, Schweiz, N-Italien, Vesuv.

b *E. pallidus punctulatus* (FIEBER) 1853 (Lotos, 3:94; Typ: verschollen; terra typica: Portugal; Neotypus ♂, Portugal, Nazeré, 20.VI.1967, H. ECKERLEIN leg., coll.m.): Frankreich (mehr im Süden), Spanien, Portugal.

c *E. pallidus f. chopardi* (ADELUNG) 1916 (*Ectobius vittiventris chopardi*; Ann. Mus. Zool. Ac. Sci. Petrograd, 21:264). Die durch eine markantere bräunliche Punktierung ausgezeichnete Form kann mit der Nominatform zusammen auftreten, besonders in Italien (S-Tirol, Portici, Fiume, Toskana), Frankreich, N-Spanien (Aragonien, in den Pyrenäen bei Jaca bis 1045 m); Übergänge zu *punctulatus* kommen vor.

d *E. pallidus minor* RAMME 1923 (Arch. Natgesch. A, 89:129-130) Typ: ♂♀ HUMBOLDT Museum Berlin, Nat. Hist. Mus. Wien; terra typica: Insel Elba. Diese Form ist keineswegs kleiner, ihre Abmessungen liegen wie die anderen Merkmale in der Variationsbreite von *p. pallidus* und steht in dieser der *f. chopardi* recht nah; ich habe sie deshalb oben als Subspecies eingezogen.

Meldungen der Art von Montenegro (M. BURR 1906) und F. WERNER (1902) für Griechenland bedürfen der Überprüfung, ebenso Angaben für Algerien und Tunis (I. BOLIVAR hat 1914 für Marokko auch eine *ssp. tingitana* beschrieben). In N-Amerika (Massachusets) – auch nach K. PRINCIS 1971 – eingeschleppt, dort sollen nicht die Junglarven, sondern die Gelege überwintern (M. BEIER 1974).

2. *E. caprai* GALVAGNI 1971 (Studi Trent. Sc. Nat. Trento, Sez. B., 48:494, Taf.

1; Typ: ♂ coll. A. GALVAGNI; terra typica: Italien, Montemonaco (Ascoli Piceno) und (♀) Pintura di Bolognola; Syn.: *E. rammei* GALVAGNI 1958, nom. preoccupiert durch *E. rammei* REHN 1926 als nom. nov. für *E. sjöstedti* RME.) Fig. 663, 664, 731, 732.

Grundfarbe des ♂ braun-gelbbraun, des ♀ blaßgelblich-ocker. Zwischen den Augen eine dunkelbraune Binde, oft darüber und darunter je eine gelbliche bis hellbraune Querbinde, beim ♀ fehlt eine Querbinde völlig; am hellen Vertex 2 punktförmige, symmetrische Fleckchen, der Occiput ist dunkelbraun; die Antennen sind schwarz, beim ♀ braun. Das Pronotum ist beim ♂ rotbraun, mit einigen dunkleren Flecken oder Punkten (664), seitlich und hinten ist der Discus etwas unscharf begrenzt; der Saum ist hell und breit, zuweilen mit kleinen braunen Pünktchen durchsetzt, beim ♀ ist der Discus unregelmäßig fünfeckig, leicht marmoriert, mit gelbockerfarbigem, durchscheinendem Saum. Abdomen des ♂ dorsal in der Mitte mit bräunlicher Längsbinde bis zum 7. Tergum und jederseits mit zwei braunen Längsbinden, die sich am 8. Tergum vereinigen, das 9. und 10. Tergum sind schwarz, ventral ist das ganze Abdomen des ♂ schwarz, beim ♀ ist es dorsal schwarz, Hinterrand der Terga mit gelblicher Querbinde, seitlich mit breiter, gelbockerfarbiger Längsbinde, ventral gelb mit drei bräunlichen, aus Flecken zusammengesetzten Längsbinden, die z.T. schwach bis undeutlich sind, die weniger breite mittlere Binde vereinigt sich mit den seitlichen am 7. Sternum oder auf der Subgenitalplatte; die Drüsengrube ist jener von *pallidus* recht ähnlich (663), der Stylus ist behaart (731), die Cerci des ♂ sind dunkel (732). Die Elytra des ♂ sind gelblichweiß geadert, kleine braune Punkte längs der Adern bzw. braune Fleckchen in den Zellen, beim ♀ sind sie gelbocker mit nur wenigen dunklen apikalen Punkten, sie erreichen den Abdomenapex oder überragen ihn etwas in der Mitte; die Alae sind so lang wie die Elytra, beim ♂ in situ auch etwas länger. Die Beine des ♂ sind dunkel, Dornen gelb, beim ♀ lichtocker, Tarsi der Postfemora meist leicht gebräunt. Maße: Körper ♂ 7,1-7,9, ♀ 8,4-9,2, Pronotum ♂ 1,4-1,7:2,4-2,7, ♀ 2,1:3,2, Elytra ♂ 5,5-6,2, ♀ 6,4. VI-VIII(-IX). Von 850-1360 m in den Monti Sibillini (Umbro-Marchigiano Apennin), weit verbreitet, auf der Forca Miccia bis 1700 m, Massiv des Mte. Velino (Abruzzi) und Mte. Faito (1100 m), an der Basis der Sotentinischen Halbinsel (Campania). Scheint im Zentral-Apennin und im südlichen Teil über 800 m weit verbreitet zu sein. (Meist nach dem Autor und M. LA GRECA 1965).

3. *E. siculus* RAMME 1949 (Opuscula Ent. Lund, 1949:14, Fig. 1; Typ: ♂ Zoolog. Mus. Kopenhagen; terra typica: Sizilien, San Cataldo). Fig. 665, 666, 733-735.

Körper ± einförmig braun. Kopf braun bis dunkelbraun, nur der Vertex zwischen den Augen leicht aufgehellt ohne eine Binde zu formen, selten ist eine orangefarbene Binde mit zwei dunklen Punkten vorhanden. Der Discus des Pronotums ist braun, seine Ränder sind verwaschen (666), im Umriß oft ähnlich wie *sylvestris* aber auch mit verrundeten Hinterecken am Rand und im hellen Saum mit verstreuten braunen Punkten. Sterna des Thorax braun. Abdomen mit graubraunen bis bräunlichen Terga mit gelblichen Hinterrändern und Seiten, Sterna ebenso, aber Grundfarbe braun bis schwarz; Terga seltener hell, bloß mit braunen Flecken vor den hellen Seitenrändern; Drüsengrube wie in Fig. 665, beim Aufweichen verschwindet die apikal davor gelegene Längsfurche und es bleibt nur ein heller Längsfleck in dieser Form; Cerci schlank, braun; der Stylus (733, 734) ist relativ groß; linker Epiphallus wie in Fig. 735. Macropter; die Elytra sind graugelb, R mit Zweigen und die Analis dicht braun punktiert-gefleckt, sonst weißlichgelb geadert mit den üblichen dunklen Punkten und Zellen; Alae wie üblich. Die Beine sind schwarz bis braun, Dornen hell, Arolium breit, so lang wie die Krallen. Körper 9, Pronotum 2,1:3, Elytra 7,6. VII–VIII. Seither nur vom locus typicus bekannt; das ♀ ist noch nicht aufgefunden worden.

4. *E. corsorum* RAMME 1923 (Arch. Natgesch., Abt. A, 89:130, Taf. 2, Fig. 10; Typ: ♂ Nat. Hist. Mus. Wien; terra typica: Korsika, Vizzavona; auch im Humboldt-Museum, Berlin befindet sich ein als Typus bezeichnetes ♂ von Korsika aus der coll. C. BRUNNER VON WATTENWYL, MANN leg. 1855). Fig. 660–662, 736–741.

Kopf zwischen den Augen mit dunkler Querbinde, die oben und unten von der hellen Grundfarbe begrenzt wird und der ventral zwischen den Antennenbasen eine weitere braune Binde folgen kann, die hellen Binden mit feinen bräunlichen, haartragenden Punkten, am Außenrand dieser Binde hell; unter der Binde zwischen den Ocelli innen an den Antennenbasen auch bloß braune Flecken, beim ♀ kann auch die Ocellibinde braune Punkte tragen. Der Discus des Pronotums gelblich-orange (736), aber auch braun gesäumt und dann im Umriß an *sylvestris* erinnernd (662) oder falls die Hinterecken fehlen an *lapponicus*, der Rand ist einfarbig gelblichweiß bis durchscheinend oder ganz durchsichtig (737) und auch leicht punktiert (738), rötliche Punkte können auch am Discus auftreten; die dunkel durchscheinenden Elytrabasen bzw. Gelenke können dunkle Hinterwinkel vortäuschen. Die Sterna des Thorax sind gelblich. Das Abdomen ist beim ♂ dorsal gelblich oder trägt bei dieser Farbe vor dem Seitenrand und in der Mitte auch kleine braune Flecken, ventral mit bräunlichen Flecken vor dem lichten Seitenrand; beim ♀ ist das Abdomen hell mit braunen Seiten- und Mittelflecken oder auch Querbinden; das Epiproct des ♂ ist hinten breit verrundet, seine Subgenitalplatte trägt einen großen Stylus (739, 740), der dorsal dicht anliegend orangefarben behaart ist; Drüsengrube wie in Fig. 660, in der Mitte zuweilen mit schwachem Ansatz eines Zäpfchens (661), K. PRINCIS 1965 spricht nur von einer flachen Erhöhung, die konvergierenden Linien am Hinterrand können völlig fehlen; es ist festzustellen, ob diese Unterschiede in der Variationsbreite liegen oder ob sich vielleicht eine weitere Art darunter verbirgt; linker Epiphallus wie in Fig. 741. Die Cerci sind schlank. Macropter; Elytra längs des R mit 4–5 größeren dunklen Flecken, die aber zuweilen fehlen können, auch im Analfeld oft 1–2 braune Flecken, manchmal auch im hinter dem Radius liegenden Teil 1–3 größere Flecken; die Fleckenzeichnung kann ganz fehlen und es ist nur die übliche feine Punktierung auf den Adern und die feine Bräunung der Zellen vorhanden; beim ♀ ebenso, die Elytra erreichen den Abdomenapex oder überragen ihn um 05 mm; Alae wie in der Gattung üblich. Maße: Körper ♂ 7–9,5, ♀ 7–8, Pronotum ♂ 1,6:2,5–2,1:3, ♀ 1,6:2,6–2,3:3,4, Elytra ♂ 7–8, ♀ 5,5–7,3. VII–IX, im September noch ♂♂. Korsika, bei Evisa 800 m; Sardinien (bei Aritzo).

5. *E. sylvestris* (PODA) 1761 (*Blatta s.*, Ins. Mus. Graecensis, Graecii, p. 50; Typ: verschollen; terra typica: Steiermark, Graz; Neotypi: ♂♀ Bayern, Münnerstadt, 10.VI.+14.VIII.1958, coll. m.; Syn.: *Blatta thorace nigro* GRONOVIUS 1764, B. *hemiptera* FABRICIUS 1793 (♀), *Ectobius lapponicus f. hemiptera* ADELUNG 1916). Fig. 553, 650-652, 699-672, 716-718, 742-748.
Abgesehen von Farbvarianten bis auf die Elytra im ganzen dunkel wirkend (553, 727). Der Kopf ist dunkelbraun bis schwarz, zwischen den Augen am Vertex eine gelbliche bis ockerfarbene Querbinde; die Antennen sind braun (♂), bis hellbraun (♀). Der Discus des Pronotums (669-671) ist normal schwarz, schwarzbraun bis dunkel rotbraun, auch aufgehellt, gut begrenzt, mit betonten Hinterecken, selten (742) sind diese nur angedeutet oder fehlen ganz, der Saum ist weißlichgelb, z. T. durchsichtig. Das Mesonotum meist mit hellem Querstrich am Beginn des proximalen Drittels seitlich der Mitte, Metanotum in der Mitte auch mit keilförmiger Längsaufhellung. Die Thorakalsterna sind braun. Das Abdomen ist schwarz bis braun, die Hinterränder der Terga sind schmal hellgesäumt, seitlich licht gerandet, beim ♂ ab dem 7. Tergum ± aufgehellt, gelblich, aber hinder der Drüsengrube wieder z.T. dunkel, ventral dunkelbraun bis schwarz, seitlich und am Hinterrand hell gesäumt (Ausnahmen siehe unten); die Drüsengrube ist groß, hell, gut eingesenkt, am Hinterrand rund, leicht beborstet (650, 651); die Subgenitalplatte des ♂ mit relativ kleinem, stumpfkonischem Stylus, ganz selten einmal fast zylindrisch (743), in jedem Fall nur mit wenigen Borsten; beim ♀ ist die Subgenitalplatte in der Mitte des Hinterrandes schwach ausgerandet (744, 745); die Cerci sind schlank, schwarz (746). Linker Epiphallus wie in Fig. 747. Das ♂ ist macropter, Elytra gelblich-ocker, R in der Basalhälfte breit dunkel- bis schwarzbraun, Zellen gebräunt, auch mit einigen braunen Flecken und Punkten auf den Adern, das ♀ ist subbrachypter, die Elytra reichen nur bis zum 5. bis 6. Tergum (717), sonst wie beim ♂; Alae so lang wie die Elytra, vor dem Analfächer teilweise gebräunt. Beine beim ♂ dunkel, beim ♀ gelblich. Die Oothek (748) ist rötlichbraun, etwa 3 mm lang und hat keine Längsrippen, aber Querfurchen. Maße: Körper ♂ 9-11, ♀ 7,5-10, Pronotum ♂ 2:3-2,2:3,5, ♀ 2,1:3,2-2,4:3,6, Elytra ♂ 9-11,4, ♀ 4-5,5. V-IX. Waldränder, lichte Wälder, in Sträuchern und (besonders ♀♀) im Bodenbewuchs; ♂♂ fliegen gut und weit und kommen auch ans Licht. Biologie bei K. HARZ 1960. S-Schweden (selten), in Finnland vom Polarkreis südwärts, in den europäischen Gebieten der SSSR, Dänemark, ganz Mittel- und Westeuropa, N-Italien, Jugoslawien, Rumänien, Bulgarien. Es werden folgende Formen unterschieden:

a *f. discrepans* (ADELUNG) 1916 (*E. lapponicus var. d.*, Ann. Zool. Mus. Petrograd, 21:259; Typ: ♀, coll. Zool. Inst. Ac. Sci. SSSR, Leningrad; terra typica: Frankreich, bei Vernon). Wie die Nominatart, aber der Discus des Pronotums zeigt Aufhellungen oder ist rötlichbraun, das Abdomen des ♀ ist gleichfalls aufgehellt (744, daneben aber Übergänge zur Nominatart und zu folgender forma). Überall mit der Nominatart.

b *f. lucidus* (HAGENBACH) 1822 (*Blatta l.*, Symb. faunae ins. Helvetia, p. 18, Fig. 9; Typ: ♂ verschollen; terra typica: Schweiz, Basel; Syn.: *Blatta helvetica* HAGENBACH (♀) 1822, *Ectobius ferrum-equinum* COSTA 1866, *E. lapponicus var. picta* (ADELUNG) 1916, *e. livida* auct.). Weitgehend mit *sylvestris* und dessen Form *discrepans* übereinstimmend, vor allem auch in der Form der Drüsen-

TAFEL 40

725. *Ectobius punctatissimus* RAMME; ♀; Kopf von vorn; Dalmatien, BRUNNER VON WATTENWYL leg., Nat. Hist. Mus. Wien
726-730. *Ectobius pallidus* (OLIV.); soweit nicht anders vermerkt im Nat. Hist. Mus. Wien
726. ♂, Pronotum; Frankreich, Valle de la Manane prés de Argelés, Pyrenées orientales H. FRANZ leg.
727. Desgleichen, ♀, wie zuvor
728. *E. pallidus punctulatus* (FIEB.), Pronotum ♂; Portugal, Nazeré, 20.VI.1967, H. ECKERLEIN leg., coll. m.
729. Drüsengrube des ♂ von Fig. 728
730. Oothek; Spanien, 11,5 km nördl. Jaca, 2.IX.1972, K. HARZ et al. leg., coll. m.; der linke Teil, der sich noch im Körper befand, ist noch nicht ausgeformt
731. *Ectobius caprai* GALV., ♂, Stylus von oben; Mte. Sibillini, Valle Bolognote, 26.VI.1955 A. GALVAGNI leg.; Humboldt-Mus., Berlin
732. Desgleichen; linker Cercus ♂, von oben; wie zuvor
733. *Ectobius siculus* RAMME; ♂, Subgenitalplatte mit Stylus von unten; San Cataldom VI-VII 1936, J. G. HANSEN leg., Humboldt-Museum, Berlin
734. Desgleichen; Stylus von oben; wie zuvor
735. Dzsgleichen; linker Epiphallus von oben; wie zuvor
736-741. *Ectobius corsorum* RAMME; soweit nicht anders vermerkt im Humboldt-Museum Berlin
736. ♂, Pronotum, Korsika, 1855 MANN leg., Nat. Hist. Mus. Wien
737. ♀, Pronotum, Paratypus, Korsika, Piana 1921, L. CHOPARD leg.
738. ♀, Pronotum, Korsika, Vizzavona, 15.IX.1928, Nat. Hist. Mus. Wien
739. ♂, Subgenitalplatte (Apex) mit Stylus von oben, Corse
740. Desgleichen, von rechts
741. Linker Epiphallus von oben; Korsika, Corte, 20.IX.1930, P. SCHULZE
742-748. Ectobius sylvestris (PODA)
742. ♂, Pronotum mit abweichendem rotbraunen Discus, Sauerbrunn bei Wiener Neustadt; Nat. Hist. Mus. Wien
743. Stylus abnorm, coll. CH. MAERKI, Mus. Nat. Hist. Genf
744. ♀, Abdomen von unten *f. discrepans*, aus K. HARZ 1960
745. ♀ *f. lucidus* (HGB.), Abdomen von unten, aus K. HARZ 1960
746. ♂, linker Cercus von oben; Münnerstadt, Bayern, 17.VI.1957, K. HARZ leg., coll. m.
747. Apikalhaken des linken Epiphallus von oben; Schwäbische Alb, Rosenstein, 27.VIII.1938, A. SPANEY leg., Humboldt Mus. Berlin --- = Frankreich bei Arcine, Mus. Nat. Hist. Genf
748. Oothek; aus K. Harz 1960
749. *Ectobius fernandesi* HARZ, ♀, Pronotum; Allotypus, Serra Estrella, Portugal, H. FRANZ leg., Nat. Hist. Mus. Wien

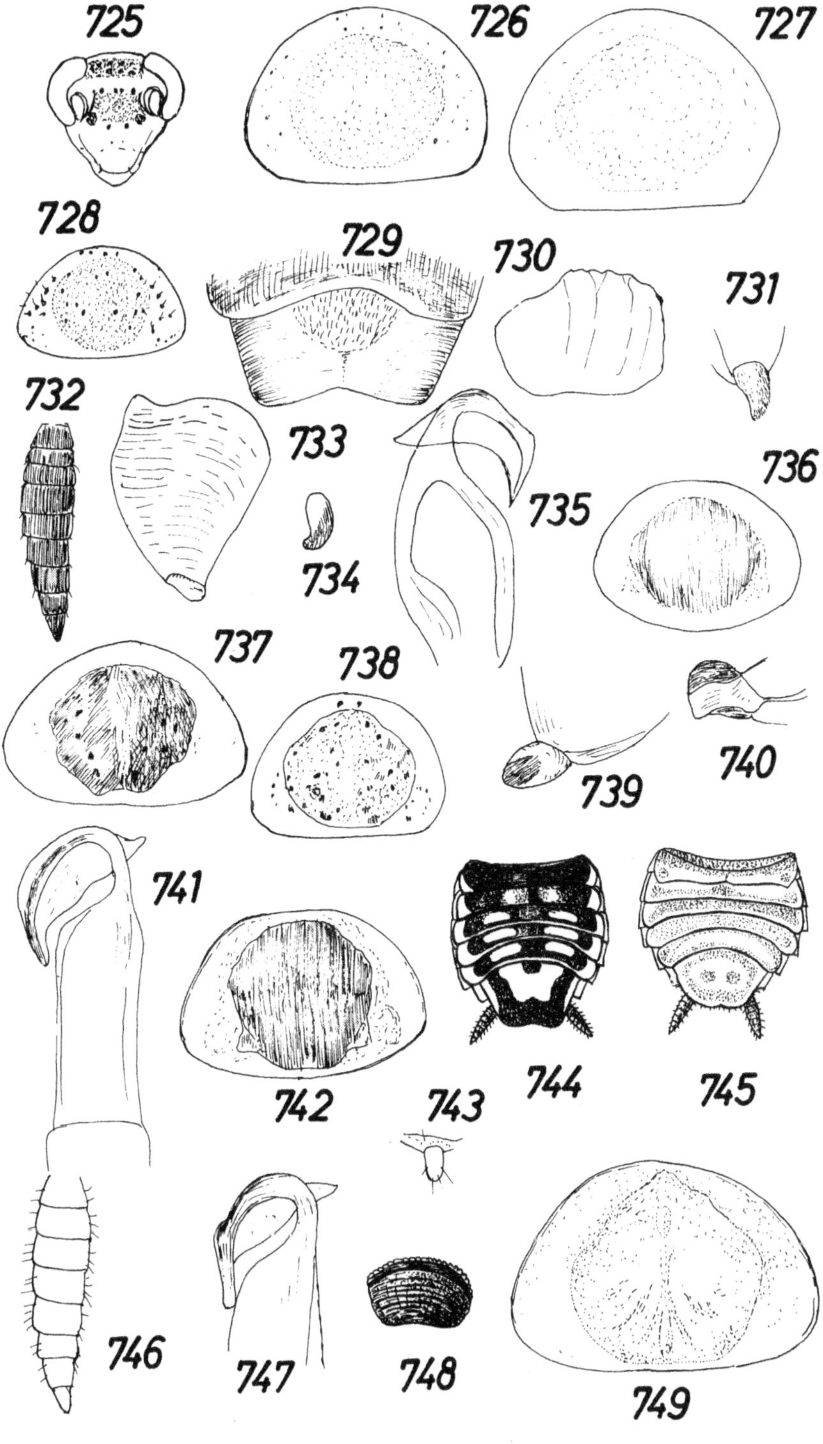
725
726
727
728
729
730
731
732
733
734
735
736
737
738
739
740
741
742
743
744
745
746
747
748
749

grube und des Stylus, basal ± zylindrische oder verschmälerte Styli sind sehr selten (743) innerhalb einer Population mit normalen Styli. Es ist eine stärker aufgehellte *f. discrepans*, der Discus des Pronotums ist orangerötlich bis bräunlichgelb, oft mit Aufhellungen (671, 743), südlich der Alpen wird die forma immer heller, bei Individuen aus S-Deutschland ist die Trapezform des Discus mit dunklen Hinterwinkeln noch meist erkennbar, diese verliert sich bereits im Süden Österreichs; der Kopf ist gelblichbraun bis gelblich und trägt zwischen den Augen eine braune Binde; auch der Körper ist bereits in S-Deutschland heller (745), desgleichen die Elytra, die zumal beim ♂ keine dunkle Flecken und Zellen haben. Im Durchschnitt größer als *sylvestris* (wegen der günstiger Biotope?): Körper ♂ 9,5-11,2, ♀ 8,4-10,5, Pronotum ♂ 2,3:3,1-2,4:3,6, ♀ 2,2:3,2-3,5:4, Elytra ♂ 9-11,3, ♀ 4,5-6,6. ♀♀ viel häufiger als ♂♂. VI-X. In klimatisch begünstigten Biotopen S-Deutschlands, Österreichs, der Schweiz, N-Italiens, Frankreichs, Ungarn und N-Jugoslawien, auch zusammen mit der Nominatform.

6. *E. fernandezi* HARZ 1975 (Articulata 1:6, Fig. 2-6; Typ: ♂♀ Nat. Hist. Mus. Wien; terra typica. Spanien, Bosque de Cernadas, Umgebung von Santiago). Fig. 668, 673, 749-751.
Sehr ähnlich der *f. lucidus* südlich der Alpen; der Discus des Pronotums ist ± verrundet (668, 749), orangegelb bis rotorange mit gelblichen, durch die Thoraxmuskulatur bedingten Zeichnungen; beim ♀ ist das Pronotum im Verhältnis zur Länge etwas breiter als bei der *f. lucidus*, der Saum ist breit, weißlich, weißlichgelb bis durchsichtig, Hinterecken des Discus sind auch nicht andeutungsweise vorhanden; die blaßbräunliche Binde zwischen den Augen kann völlig fehlen. Die Drüsengrube ist offenbar mehr oval (750); Stylus ungleichmäßig konisch, schwach beborstet (673); linker Epiphallus wie in Fig. 751. Maße: Körper ♂ 9-9,8, ♀ 8-8,5, Pronotum ♂ 2,2:3,2-2,3:3,2, ♀ 2,3:3,8-2,5:3,9, Elytra ♂ 10,2-10,3, ♀ 4,3-5,6. Diese Angaben bedürfen noch der Ergänzung. Spanien (locus typicus; Umgebung von Manteigas, 100-1200 m; weiters W-Spanien ohne nähere Ortsangabe), Portugal (Serra de Estrella), auf der Iberischen Halbinsel wohl noch weiter verbreitet, nach J. DE A. FERNANDES 1962 vom Galizischen Massiv bis in die Katalonischen Pyrenäen.

7. *E. brunneri* (SEAONE) 1879 (*Ectobia b.*, Mitt. Schweiz. Ent. Ges., 5:485; Typ: verschollen; terra typica: Spanien, Galizien, Ferrol; Neotypi: ♂♀ Mus. Bocage, Lissabon, von Portugal, Malhadouro, Gerèz; Syn.: *Ectobia livida var. brevipennis* BR. 1865). Fig. 720, 752.
Grundfarbe im ganzen gelblich; zwischen den Augen eine rötlichbraune bis bräunliche Querbinde, darüber und darunter weißlich. Der Discus des Pronotums ist rundlich, beim ♂ etwas stärker punktiert als beim ♀ (720). Das Abdomen ist beim ♂ hell, seitlich mit bräunlichen Fleckchen, beim ♀ tragen die Terga 5 Reihen unscharfer bis undeutlicher Fleckchen und Randmakel, Sterna mit 5 Fleckenreihen, die auch undeutlich sein oder bis auf die Randflecke fehlen können; Cerci hell; die Drüsengrube erinnert an *sylvestris* (752), der leicht verdickte Hinterrand ist schwach behaart. Makropter; die Elytra überragen beim ♂ das Abdomen um 1,5-2 mm, beim ♀ sind sie apikal fast abgestumpft (720) und erreichen etwa den Hinterrand des 3. Tergums, R und An basal

sind oft etwas gröber punktiert und gebräunt; die Alae sind beim ♂ so lang wie Elytra, beim ♀ erreichen sie etwa die Mitte des 2. Tergums und fast das Apikalfünftel der Elytra. Styli wie bei *sylvestris*. Maße: Körper ♂ 9-9,5, ♀ 7-8,5, Pronotum ♂ 2:2,3, ♀ 2,3:3,3-2,5:3,5, Elytra ♂ 8,3-9, ♀ 3,5-4,5. VI-VIII. N-Spanien (Galizien) und Portugal entlang der Antlantikküste im Norden, südwärts bis zum Tejo.

8. *E. vittiventris* (COSTA) 1847 (*Blatta v.*, Ann. Ac. Asp. Nat., 2. Ser., 1:31; Typ: verschollen; terra typica: Cusano beim Mte. Matese; Syn.: *Ectobia livida* auct., *E. neolividus* FRUHSTORFFER 1921, *E. grandis* RAMME 1922, *E. vitreus* RAMME 1923). Fig. 674, 753-760.
Körper ± gelblich. Kopf gelb-orange, zwischen den Augen hell, höchstens beim ♀ zwischen den weißlichen Ocelli und innen neben den Antennenbasen mit zwei bräunlichen Fleckchen; Apikalglied der Maxillartaster kaum dunkler. Der Discus des Pronotums gelb bis gelborange, rundlich, Saum gelblich oder durchsichtig, nur mit eingedrückten gleichfarbigen Pünktchen. Thorakalsterna hell gelblichbraun. Abdomen des ♂ braun, mit schmalen gelblichen Seitenrändern, in der Mitte auch aufgehellt, ab der großen Drüsengrube (755) sind die Terga gelblich oder bloß mit bräunlichen Fleckchen vor dem hellen Seitenrand, beim ♀ dorsal braun bis dunkelbraun, welche Farbe lateral in die hellen Seiten vorspringt, ventral hell, beim ♂ oft mit drei bräunlichen Längsstreifen, beim ♀ oft mit dunklen Querbinden oder Fleckchen in der Mitte und vor dem Seitenrand; das Epiproct des ♂ ist quer-dreieckig bis breit verrundet (wohl Verformung durch den Trocknungsvorgang), beim ♀ quer; der Stylus ist groß (674, 756, 757) dorsal dicht anliegend orangegelb behaart; die Subgenitalplatte des ♀ mit leicht ausgerandetem Apex und manchmal mit zwei großen braunen Längsflecken; die Cerci sind schlank (758, 759); linker Epiphallus wie in Fig. 760. Macropter; die Elytra überragen das Abdomen beim ♂ meist um etwa 2,5, beim ♀ um 2 mm, hell, Adern schwach orangebräunlich punktiert, Zellen ebenso gefleckt (beides nur bei guter Vergrößerung erkennbar, der Gesamteindruck ist matt-bernsteinfarben), R im Basaldrittel manchmal etwas dunkler. Beine gelblich bis gelb, Pulvilli ziemlich kurz, das Arolium überragt mit dem helleren Apikalteil die innere längere Kralle. Maße: Körper ♂ 9-11, ♀ 8,5-10,5, Pronotum ♂ 1,9:2,8-2,4:3,5, ♀ 2,2:3,5-2,8:4,1, Elytra ♂ 9-12, ♀ 6,3-9,5. Die rötlichbraune Oothek hat nur schwache Längsrippen. VII-IX-(-XI). Schweiz, Italien (S-Tirol und lokal vom Gardasee bis Calabrien, auch auf Sizilien), Jugoslawien, Bulgarien, Rumänien, Kaukasien (K. PRINCIS 1965); von Griechenland wurde seither nur 1 ♀ angeführt (W. RAMME 1923) und weitere Funde von dort wären sehr erwünscht, obwohl die Art dort eigentlich eher als in Kaukasien zu erwarten wäre.

9. *E. montanus* (COSTA) 1866 (*Ectobia m.*, Atti. Ac. Sci. fis. mat. Napoli, 3:4, Taf. 8, Fig. 2A-B; Typ: ♂♀ verschollen; terra typica: Italien, Abruzzen; als Neotypi schlage ich die Typenserie von *E. niger* EBNER im Nat. Hist. Mus. Wien vor; Syn.: *Ectobia lapponica var. nigra* EBNER 1915). Fig. 667, 675, 761-766.
Kopf braun, Ocelli hell. Der Discus des Pronotums ist braunrötlich bis schwarz, groß (761, 762), an den Rändern unscharf in den weißlichen Saum übergehend; Sterna, Coxen usw, des Thorax dunkelbraun. Abdomen dorsal

bräunlich, die große Drüsengrube (667, 675) ist hinten hell gerandet und dicht hell beborstet, nach K. PRINCIS (1965), innen mit kräftiger, unbehaarter Längsleiste (675), beim Typ und dem Paratypus von *niger* konnte ich nur eine distale Erhebung feststellen (667); Abdomen ventral glänzend dunkelbraunrot; die Subgenitalplatte des ♂ ist ventral dichter gelblich beborstet; der Stylus ist braun und rechts mit hell orangebräunlichen Haaren dicht besetzt (763, 764); die Cerci sind dunkel (765); linker Epiphallus wie in Fig. 766. Die Elytra sind dunkelbraun, C hell, zuweilen auch das C-Feld hell, sonst mit lichten Queradern, aber auch im ganzen strohfarben und nur R und An braun. Beine braun mit gelben Dornen; das Arolium so lang wie die Krallen. Diese Angaben beziehen sich alle auf das ♂, das ♀ – von dem ich kein Exemplar sah – hat nach COSTA gleichfalls einen braunen Pronotumsdiscus und ebenso gefärbte Elytra, nach K. PRINCIS (1965) mündet die Analis derselben nahezu rechtwinklig in den Hinterrand; nach M. LA GRECA (1965) ist das ♀ schwer von *rammei* (= *caprai* GALVAGNI) zu unterscheiden und ocker- bis dunkelbraun bei melanistischen Tieren, bei denen der Discus des Pronotums schwarz und wie bei den ♂; nach ihm ist bei ♂ und ♀ wenigstens das Basaldrittel des R schwarz, die An nur bei ♂ und melanistischen ♀♀. Maße: Körper ♂ 7-9,2, ♀ 6,8-8,8, Pronotum ♂ 1,7:2,6-2,6:3,2, ♀ 1,7:2,8-2,3:3,5, Elytra ♂ 6,5-7,7, ♀ 5,2-7,5. VII-IX. Endemisch in den Abruzzen: Terminillo, Mti. Sibillini (oft mit *caprai* zusammen), Massiv des Mittelapennins: Mti. Simbruini (1900 m), Mti. Ernici (1700-1890 m), Massiv des Velino (1550-1850 m), Mte. Sirente (1330-1600 m). Maße und Verbreitungsangaben nach M. LA GRECA 1965.

10. *E. frieseanus* PRINCIS 1963 (Beitr. Ent. 13:65, 66, 68, Fig. 1,2,: Typ: ♂♀ Deutsch. Ent. Inst. Eberswalde; terra typica: Albanien, Borshi südl. Vlora). Fig. 676, 767.

Körper des ♂ fast bernsteingelb, beim ♀ etwas dunkler. Zwischen den Augen gelblich mit brauner Querbinde, dunkelbraunen Punkten oder mit beiden. Der Discus des Pronotums ist bernsteingelb, am Vorderrand verrundet, nicht abgestutzt. Das Abdomen ist beim ♂ schwach braun gefleckt, beim ♀ mit etwas dunklerer und ausgedehnterer Fleckung. Die Drüsengrube hat in der Mitte eine feine Längsleiste (676), die beiderseits fein und kurz behaart ist, distal davon eine feine Längsleiste (auch bei frischen Tieren und Alkoholpräparaten?) und schrägen feinen Rinnen beiderseits davon; Stylus mit etwas zugespitztem Apex (767); die Cerci sind dunkel, das Apikalglied derselben ist beim ♂ wenig länger als das vorletzte, beim ♀ diesem etwa gleichlang. ♂ macropter, mit schwach ausgeprägten braunen Flecken längs der Adern, beim ♀ nicht über 7,5, aber immer über 5,8 mm lang, R mit dunklen Flecken, besonders in der Distalhälfte, diese Fleckchen sind dunkler als beim ♂ und haben die Tendenz zu größeren Flecken zusammenzufließen, so daß ♀♀ oft dunkler als die ♂♂ erscheinen. Maße: Körper ♂ 8-9, ♀ 6,5-7,2, Pronotum ♂ 2-2,2:3,2, ♀ (keine Angabe), Elytra ♂ 7-7,2, ♀ 6. V-VII. Albanien, vielleicht auch Griechenland. Der locus typicus liegt auf der litoralen Terasse mit Ölbaum (*Olea*) und Feigen (*Ficus*) in 50-100 m Höhe; Bize bei Shenjergji auf Wiesen in der Rotbuchenzone in 1400-1500 m Höhe, Mali me Grope, Rotbuchenzone mit angrenzender Wiese, 1200 m. (Diese Streuung in der Höhenlage läßt eine weitere Verbreitung vermuten). Alles bis auf die eingeklammerten Sätze nach dem Autor.

11. *E. kraussianus* RAMME 1923 (Arch. Natgesch., A, 89:135, Taf. 2, Fig. 9a, b; Typ: ♂♀ Nat. Hist. Mus. Wien, aber auch im Humboldt-Museum, Berlin, befindet sich ein ♂, das als Holotypus bezeichnet ist; terra typica: Sizilien, Balestrate). Fig. 690, 691, 768-773.
Körper außer den Elytra etwa matt hellbraun. Der Kopf ist hell mit zwei Reihen eingedrückter Punkte zwischen den Augen, die zuweilen etwas gebräunt sind; die Ocelli sind schwach oder als weißlichgelbe Pünktchen ausgeprägt, beim ♀ ist die Stirn manchmal braun. Der Discus des Pronotums ist rundlich (768, 769), springt aber an den Seiten oft etwas vor, gelblich, seltener gelblich-orange, weißlich bis durchsichtig gesäumt, oft etwas unscharf begrenzt, auch rötlichgelb punktiert, Discus beim ♂ auch mit je einem braunen Punkt jederseits der Mitte. Abdomen beim ♂ auf den Terga seitlich und in der Mitte mit Reihen bräunlicher Längsflecke, die mittleren reichen manchmal nur bis zur Abdomenmitte; auf den Sterna sind solche Flecke schwächer ausgeprägt und die seitlichen können auch fehlen oder die Ventralseite ist ganz hell; beim ♀ tragen die Terga oft breite, bräunliche Querbinden und haben hinten einen schmalen hellen Rand, zuweilen sind sie auch bloß schwach elfenbeinfarben und verwaschen bräunlich marmoriert, Sterna ganz hell oder seitlich - manchmal auch in der Mitte - mit dunkleren Flecken, auf der Subgenitalplatte vor dem Apex in der Mitte auch bei ganz heller Ventralseite ein brauner Fleck; das Epiproct bei ♂ und ♀ breit dreieckig verrundet; die Drüsengrube (772) kann beim Betrachten von oben vom vorhergehenden Tergum weitgehend bedeckt sein (773), die konvergierenden Linien dahinter laufen (bei Trockenpräparaten) meist in eine Mittel-Längskante zusammen, seitlich neben dieser mit einer unterschiedlichen Anzahl von - oft längsgekerbten - Querwülsten (690, 691), die offenbar wenigstens z. T. auf Trocknungsvorgänge zurückzuführen sind und keinen systematischen Wert haben, wenngleich sie zum Ansprechen bei ♂♂ der Artengruppe durchaus brauchbar sind; in der Mitte der Drüsengrube ein proximalwärts gerichtetes Zäpfchen; der Stylus ist groß (770, 771), apikal mit dichtem, anliegenden, orangefarbenem Haarfleck; Apex des linken Epiphallus wie in Fig. 774. Schwach macropter bis brachypter, die Elytra überragen bei ♂ und ♀ knapp das Abdomen oder decken es doch, sie sind durchsichtig-gelblich, fein bräunlich punktiert, die Zellen mit bräunlichen Fleckchen, manchmal, besonders im Analfeld; Alae in situ so lang wie die Elytra, apikal gebräunt. Die Beine sind gelblich. Maße: Körper ♂ 8,3-10,4, ♀ 7,5-9,6, Pronotum ♂ 1,8:3-2,1:3,3, ♀ 1,9:3-2,2:3,3, Elytra ♂ 7,3-8, ♀ 7,5-7,7. Die Oothek ist glatt, schwärzlich-dunkelbraun (W. RAMME 1927). V-VIII. Auf Sizilien bis 400 m, auf der Insel Kalamos (der von Insel Meganisi liegt nur ein etwas unsicheres ♀ vor), am Epirus bei Katarraki und Cumerka in 600-700 m Höhe.
Die folgenden vier Arten kenne ich nur aus der Beschreibung der Autoren; sie stehen *kraussianus* recht nahe «» The following four species I know by the descriptions of the authors only; they are nearly related to *kraussianus*.

12. *E. aeoliensis* FAILLA et MESSINA 1974 (Animalia, Catania, 1:220-224; Fig. 2,7, 12-14, 18-20, 24b-d, 25a-d, 27b-d. Typ: ♂♀ coll. M. LA GRECA et M. C. FAILLA; terra typica: Italien, Filicudi). Fig. 777-781.
Körper ± gelb-ocker. Drüsengrube wie in Fig. 774-779, Styli wie in 780,

TAFEL 41

750. *Ectobius fernandesi* HARZ; Drüsengrube; W-Spanien, coll. BR., Nr. 3063, SCHAUFUSS leg., Nat. Hist. Mus. Wien
751. Desgleichen, linker Epiphallus, wie zuvor
752. *Ectobius brunneri* SEOANE; Drüsengrube; Portugal, Malhadouro, Geréz, 23.VIII.1966, J. DE A. FERNANDES, Mus. Bocage, Lissabon
753-760. *Ectobius vittiventris* (COSTA), soweit nicht anders vermerkt im Nat. Hist. Mus. Wien
753. ♂, Pronotum, Vesuv, Mte. Soma, 29.VIII.1954, NOVICKY, leg.
754. ♀, Pronotum, linke Hälfte, Italien, bei Como, 27.IX.1955, wie zuvor
755. Drüsengrube, Vesuv, wie in Fig. 753
756. Stylus von links, Tessin, M. San Salvatore bei Lugano, 3.VIII.1925, R. EBNER leg.
757. Stylus nach W. BAZYLUK 1961
758. ♂, linker Cercus; Italien, Mataiuv, Vouro medio, ca. 1000 m; A. MÜLLER leg.
759. ♂, linker Cercus nach W. BAZYLUK 1961
760. Linker Epiphallus; Alpen, FREY-GESSNER, Mus. Nat. Hist. Genève
761-766. *Ectobius montanus* (COSTA), alle Abruzzen, Terminillo, 6.VIII.1912, R. EBNER leg., Nat. Hist. Mus. Wien
761. ♂ Pronotum (Typ. *E. niger* EBNER)
762. Pronotum, Paratypus ♂
763. Apex der Subgenitalplatte von oben
764. Stylus von rechts
765. Linker Cercus von oben
766. Linker Epiphallus von oben
767. *Ectobius frieseanus* PRINCIS, Stylus, nach K. PRINCIS 1965
768-773. *Ectobius kraussianus* RAMME, alle im Nat. Hist. Mus. Wien
768. ♂, Pronotum, Messina, FREY-GESSNER leg.
769. ♀, Pronotum, Sizilien, Colle S. Rizzo
770. Stylus von oben, Messina
771. Stylus von hinten (trocken, --- naß gestreckt)
772. Drüsengrube, Messina
773. Drüsengrube, Messina

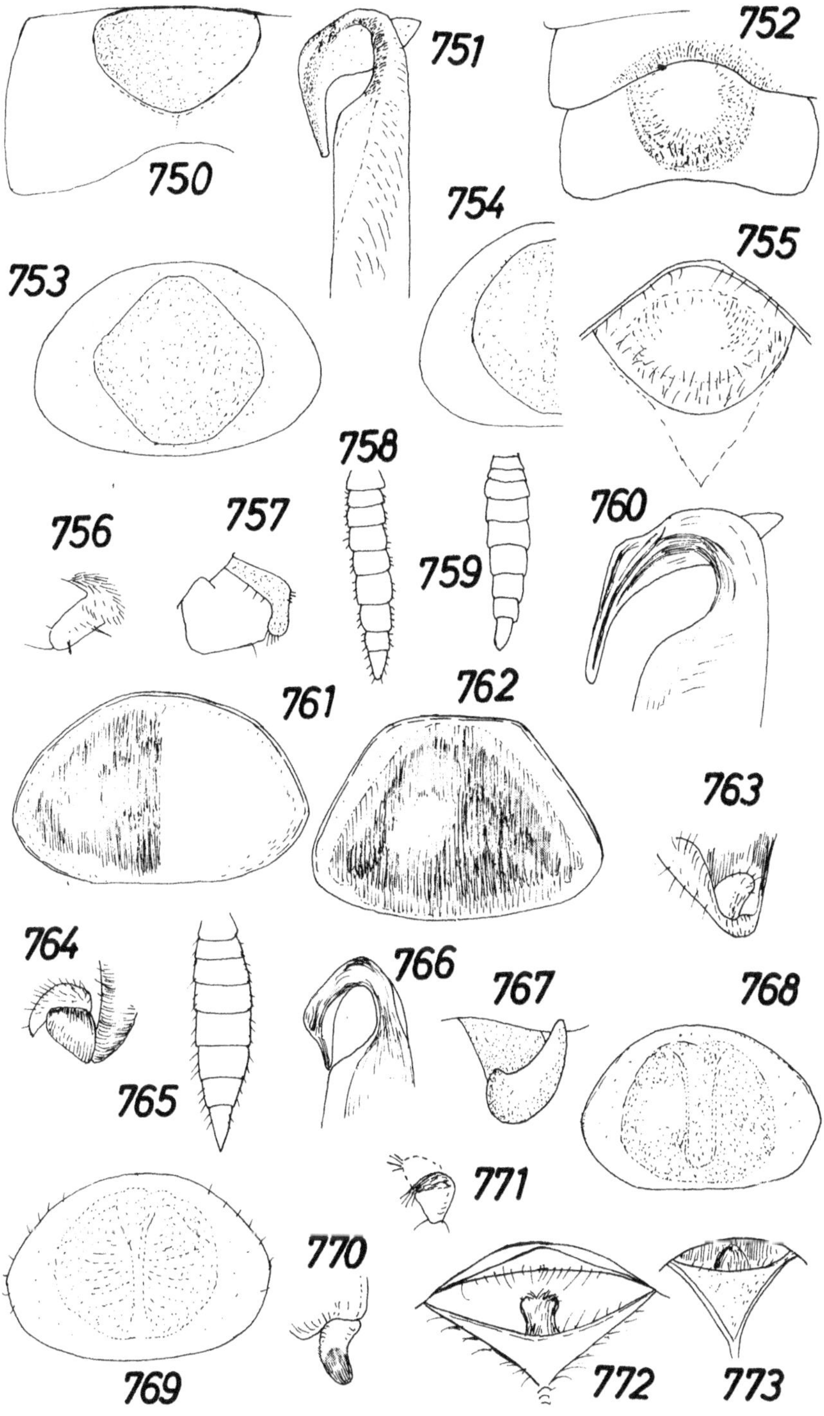
750
751
752
753
754
755
756
757
758
759
760
761
762
763
764
765
766
767
768
769
770
771
772
773

TAFEL 42

774-781. *Ectobius aeolensis* FAILLA et MESSINA, alle aus FAILLA et MESSINA 1974
774. ♂ Abdomenapex, Liparische Inseln
775. Desgl. Filicudi
776. Desgl. Lipari
777. Drüsengrube, Filicudi
778. Desgleichen, Lipari
779. Desgleichen, Lipari
780. Stylus von oben, Salina
781. Stylus von unten, Salina
782. *Ectobius parvosacculatus* FEILLA et MESSINA, aus FEILLA et MESSINA 1974
783. Drüsengrube, desgleichen
784. Stylus von unten, desgleichen
785. *Ectobius filicensis* FEILLA et MESSINA, Abdomenapex von oben, aus FEILLA et MESSINA 1974
786. Desgleichen, Drüsengrube, wie zuvor
787. Desgleichen; Stylus von oben, wie zuvor
788. Desgleichen; Stylus von unten, wie zuvor
789. *Ectobius usticaensis* FAILLA et MESSINA, Abdomenapex ♂ von oben, aus FAILLA et MESSINA 1974
790. Desgleichen, Drüsengrube, wie zuvor
791. Desgleichen, Stylus von oben, wie zuvor
792. Desgleichen, Stylus von unten, wie zuvor

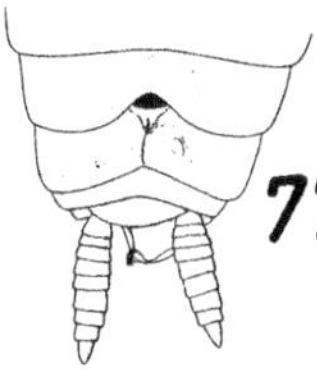
774

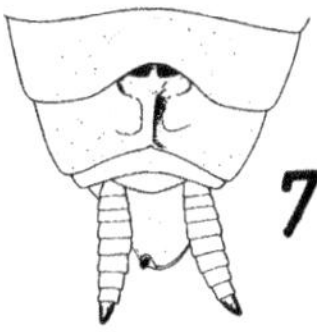
775

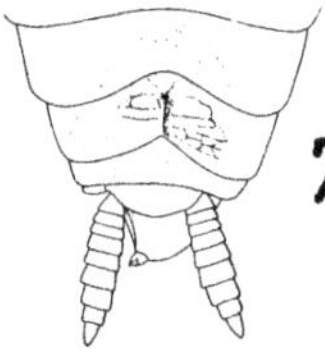
776

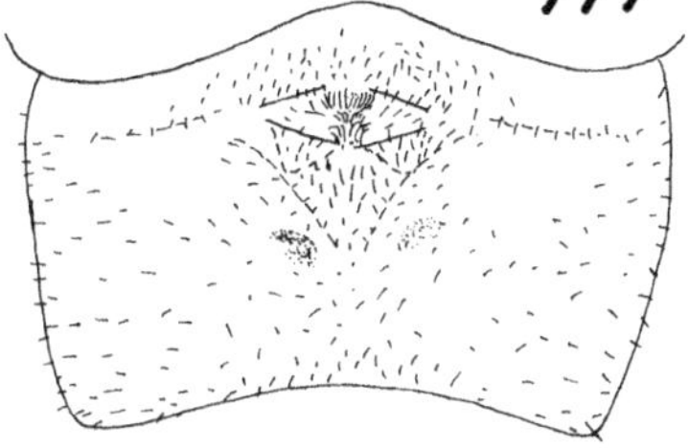
777

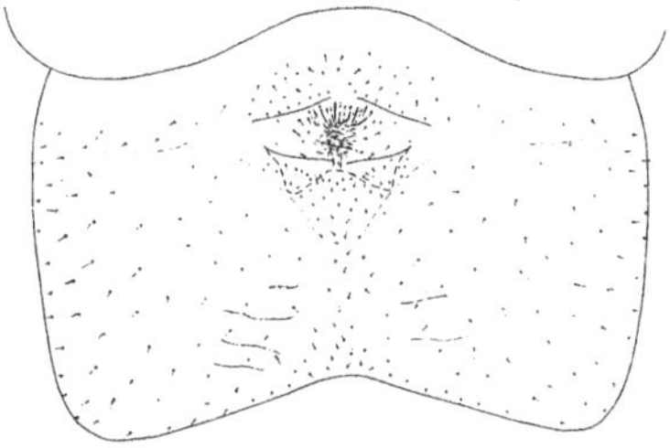
778

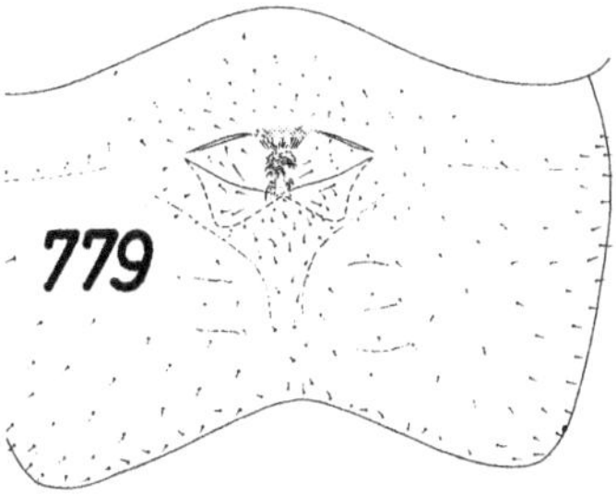
779

780

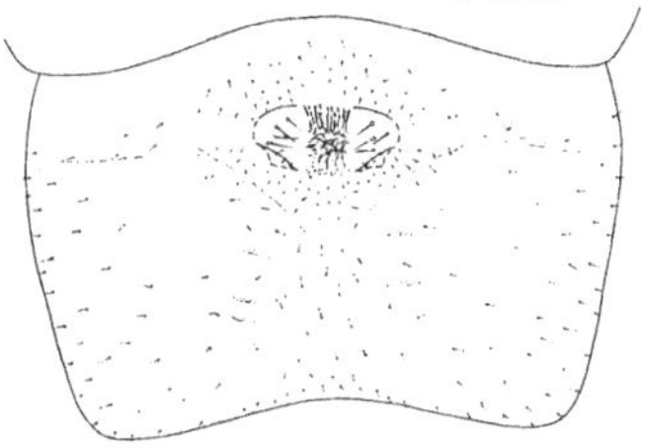
782

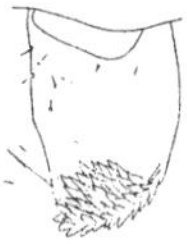
781

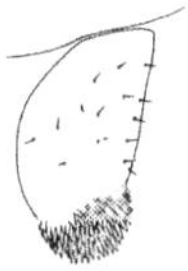
783

784

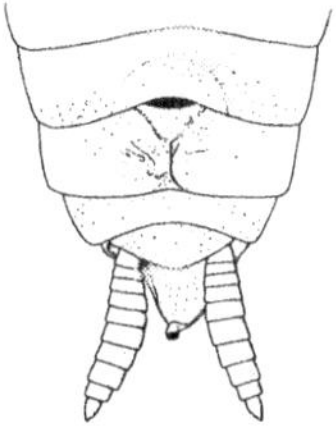
785

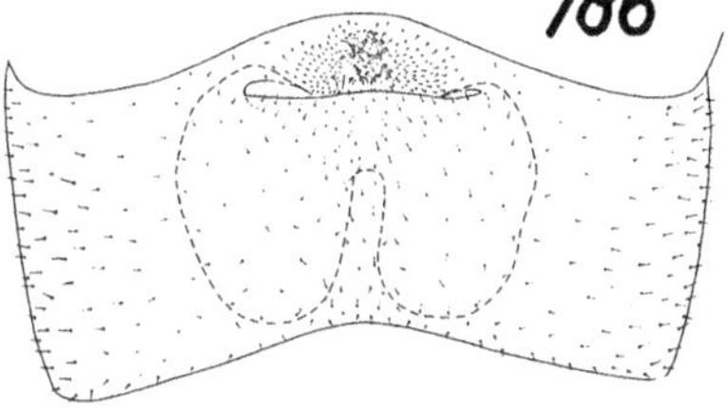
786

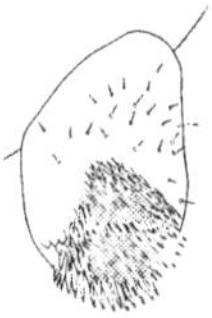
787

788

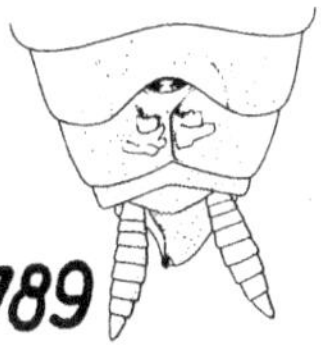
789

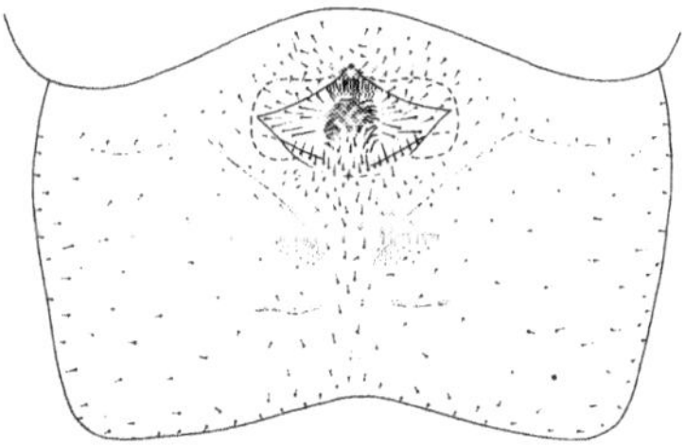
790

791

792

781. Pronotum beim ♂ 1,8-2:2,7-2,9, beim ♀ 2,1-2,3:3-3,5, Elytra ♂ 6,8-7,6, ♀ 7,5-8,3. Ich bitte die ausführliche Beschreibung der Autoren nachzulesen. IV-V. Italien, Filucidi, Liparische Inseln, Salina.

13. *E. parvosacculatus* FAILLA et MESSINA 1974 (Animalia, Catania, 1:224, Fig. 3,8, 21, 26a, 28b; Typ: ♂ coll. M. LA GRECA; terra typica: Italien, Panarea). Fig. 782-784.
In der Färbung ähnlich *aeoliensis*. Kopf einförmig braun bis auf die Ocelli. Alae etwas kürzer als die Elytra. Stylus klein (783, 784); Drüsengrube wie in Fig. 782. Pronotum 1,9:2,7, Elytra 7,1. Nach einem ♂ beschrieben; ich bitte die Beschreibung der Autoren nachzulesen.

14. *E. filicensis* FEILLA et MESSINA 1974 (Animalia, Catania, 1:225-228, Fig. 4,9, 15, 22, 26b, 28c; Typ: ♂, coll. FAILLA; terra typica: Italien, Salina). Fig. 785-788.
Gelbocker mit kleinen braunen Flecken am Pronotum und auf den Elytra, am Pronotum ± symmetrisch im verrundeten Discus; Kopf mit einer dunklen Querbinde zwischen den Augen. Die Drüsengrube (785) fällt bei durchfallendem Licht durch zwei distale sackartige Erweiterungen auf (786); Stylus klein (787, 788). Pronotum 2,2:3,2 mm, Elytra 7,8 mm. Es ist nur der Holotypus der Art bekannt.

15. *E. usticaensis* FAILLA et MESSINA 1974 (Animalia, Catania, 1:288-230, Fig. 5, 10, 16, 23, 26c,d, 28d; Typ: ♂♀ coll. M. LA GRECA; terra typica: Italien, Ustica). Fig. 789-792.
Farblich ähnlich den anderen der Gruppe; Elytra mit zahlreichen kleinen braunen Fleckchen. Drüsengrube wie in Fig. 789 und 790, Stylus wie in Fig. 791 und 792.
Pronotum des ♂ 1,9:2,7-3, des ♀ 2,2:3,3, Elytra ♂ 6,8-7, ♀ 7,7. Ich bitte auch hier die Beschreibung der Autoren nachzulesen. Nur vom locus typicus bekannt.

16. *E. thyrrhenicus* FAILLA 1973 (Boll. Sed. Acc. Gioenia Sci. Nat. Catania, Ser. 4, 12:229-235, Fig. 1-10; Typ: ♂♀ Inst. Ent. Univ. Pavia; terra typica: Insel Montecristo auf den Bergen der Fortezza und bei Cala Maestra). Fig. 793-795.
Körper gelbocker mit dunklen Flecken auf Pronotum, Elytra und Abdomen. Der Kopf ist hell gelbocker mit einer breiten braunen Querbinde zwischen den Augen und einer weiteren zwischen den Antennenbasen; Antennen gelbocker. Das Pronotum (793) ist am Vorderrand verrundet, in der Mitte desselben etwas abgestumpft, der Discus ist braunschwarz, etwa achteckig-verrundet mit etwas betonten Hinterecken, in der Mitte aufgehellt, Saum hyalin. Das Abdomen trägt beim ♂ vor dem Seitenrand eine aus dunklen Flecken gebildete Längsbinde, beim ♀ auf jedem Tergum bis auf den schmalen hellen Hinterrand dunkle Querbinden und eine Randmakel. Die Drüsengrube (794, 795) ist quer, knapp 3,5 mal so breit wie lang, in der Mitte mit y-förmiger von Borsten gebildeter Zeichnung, deren Basis sich unter dem membranösen Distalrand der Grube fortsetzt, die bei durchfallendem Licht sackartige

Erweiterungen zeigt; linker Epiphallus wie in Fig. 796; Stylus apikal dicht beborstet (797, 798); Subgenitalplatte des ♀ in der Apikalhälfte mit deutlicher, braunschwarzer Querbinde. Cerci des ♂ etwas dunkler als die Grundfarbe, beim ♀ gelbocker, an der Basis und am Apex braunschwarz. Macropter, mit vielen braunen Pünktchen in den Zellen und größeren Flecken längs der Hauptnerven. Maße: Körper ♂ 7,6, ♀ 7,3, Pronotum ♂ 1,7:2,8, ♀ 2:2,8, Elytra ♂ 6,6, ♀ 7,3. V-VI. Seither nur von der Insel Montecristo bekannt. Steht *kraussianus* und *albocinctus* nahe. Alles nach der Autorin.

17. *E. albicinctus* (BR.) 1861 (*Blatta a.*, Verh. zool.-bot. Ges. Wien, 11:98; Typ: ♂♀ Nat. Hist. Mus. Wien; terra typica: Istrien und Dalmatien, ♂ Makarstka, ♀ Spalato). Fig. 681-684, 721, 799-802.
Gesicht dunkel, selten beim ♀ aufgehellt; zwischen den Augen bzw. deren Dorsalrand eine hellrötliche Querbinde, S-Ocelli deutlich. Der Discus des Pronotums ist schwarz oder fast schwarz, mit unscharfen, braunen Rändern, zuweilen rötlich oder – besonders bei ♀♀ – hellrötlichbraun bis orangebraun und auch gelblich aufgehellt (799, 800). Sterna, Coxen etc. des Thorax braun bis dunkelbraun, beim ♀ auch hellbraun. Abdomen dunkelbraun, Hinterränder der Terga und Seitenränder schmal (beim ♀ etwas breiter) gelblichbraun gerandet, um die Drüsengrube hell; Sterna, beim ♀ braun, hinten – außer dem letzten – schmal, seitlich breit hell gerandet; die Drüsengrube (681) ist mit einem zweiteiligen Zäpfchen versehen, distalwärts (trocken) oft mit einer Längskante in der Mitte (682) und konvergierenden Seiten, die aufgeweicht verschwinden (801), selten ist das Zäpfchen einfach und rundlich (802, dieses völlig entfärbte ♂ lag offenbar lange Zeit in Alkohol oder Äther); linker Epiphallus wie in Fig. 803; Stylus relativ groß (683, 684), apikal dicht und ± anliegend behaart; die Subgenitalplatte des ♀ ist in der Mitte schwach ausgerandet und oft stark aufgehellt; die Cerci sind dunkel. ♂ brachypter, die Elytra bedecken das Abdomen oder reichen wenigstens bis zum Epiproct, ♀ micropter, die Elytra (721) erreichen den Hinterrand des 4. oder die Mitte des 5. Tergums, beim ♂ ist der R bis fast zur Mitte braun bis schwarzbraun, die R-Zweige zur C, besonders seitlich, dunkelbraun punktiert, zwischen ihnen oft helle unechte Adern, so daß sie viel dichter als sonst zu stehen scheinen, die Zellen sind braun, nur das Sc-Feld ist hell, so daß sie im ganzen dunkel wirken, beim ♀ ist das Braun aber oft heller und spielt mehr ins Rötliche. Die Alae sind beim ♂ so lang wie die Elytra, die einzige Ausnahme bildet das ♂ mit dem einfachen Zäpfchen in der Drüsengrube, bei ihm erreichen die Alae nur den Hinterrand des 3. Tergums und die Mitte der Elytra; vielleicht ist es eine neue Art, aber weil es nur ein einziges ♂ und durch den Einfluß der Konservierungsflüssigkeit vielleicht verändert ist, bezeichne ich es nur als f. aberratus, Maße: Körper 6, Pronotum 1,6:2,6, Elytra 4:1,8 (804, 805 = normales ♂), Fundort: Lesina, BUCCHIC leg., coll. BRUNNER VON WATTENWYL, Wien, Nr. 17.646, es war als ♂ von *subaptera* eingereiht. Die Beine des ♂ sind dunkel mit hellen Dornen, beim ♀ meist gelblichbraun. Maße: Körper ♂ 6,5-7,8, ♀ 6,5-8, Pronotum ♂ 1,5:2,5-2:3,1, ♀ 1,7:2,9-2,1:3,2, Elytra ♂ 4,2-5-7, ♀ 3,1-3,6. V-VIII(?). Österreich (Kärnten), Jugoslawien (Krain, Istrien, Dalmatien, auch auf Curzola), N-Italien (Fiume, C. BRUNNER VON WATTENWYL 1882, aus der Toskana habe ich keine Tiere gesehen), K. PRINCIS (1965) nennt

TAFEL 43

793-798. *Ectobius thyrrhenicus* FAILLA, alle aus FAILLA 1973
793. ♂, Habitus
794. ♂, Abdomenapex
795. Drüsengrube bei durchfallendem Licht
796. Linker Epiphallus
797. Stylus von oben
798. Stylus von unten
799-805. *Ectobius albicinctus* (BR.); soweit nicht anders vermerkt alle im Nat. Hist. Mus. Wien
799. ♂, Pronotum, Dalmatien, Vrana, Crna Gora, STURANY leg., --- = *f. aberratus*
800. ♀, Pronotum, Dalmatien 1872, KAHR leg., --- = ♀ Dalmatien, MANN leg.
801. Drüsengrube, wie in Fig. 799
802. ♂, Abdomenapex *f.* aberratus, Lesina, BUCCHICH leg.
803. Apikalhaken des linken Epiphallus, von unten, Dalmatien, Zara Cosino, 6.VI.1911, SPANEY-SCHUMACHER S.V., HUMBOLDT-Museum, Berlin
804. ♂, *f. aberratus*, linkes Elytron
805. ♂, linkes Elytron, Dalmatien, Gata/Omis, Anf. VI 1972, H. ECKERLEIN, coll. m.
806-810. *Ectobius lapponicus* (L.), alle coll. M. LA GRECA
806. ♂, Pronotum; Ungarn, Pilis-Gebirge, Rika Berg, Steppenwald, VIII.1957, G. HANGAY leg.
807. ♂, Pronotum, Bayern, Endsee, 15.VIII.1958, K. HARZ leg.
808. ♂ *f. pallens*, Bayern, Münnerstadt, 30.V.1963, K. HARZ leg.
809. ♀, Pronotum, Ungarn, wie in Fig. 806
810. ♀, Oberweidling, Nieder Österreich, MADER leg.

793

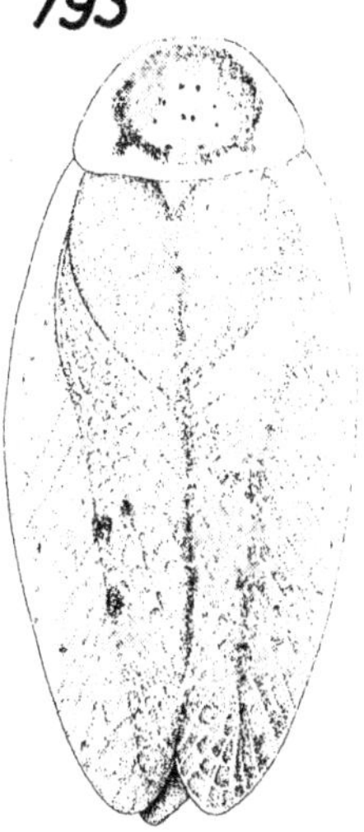

794

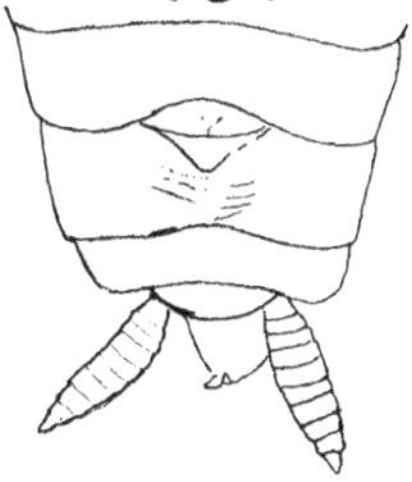

795

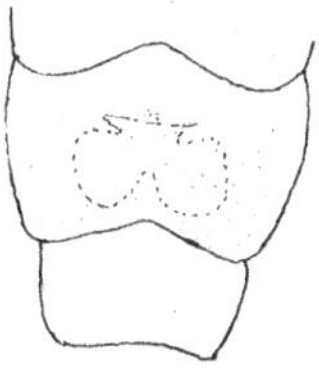

796

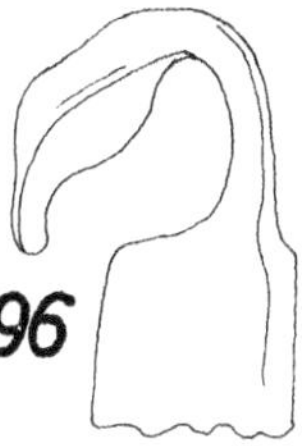

797

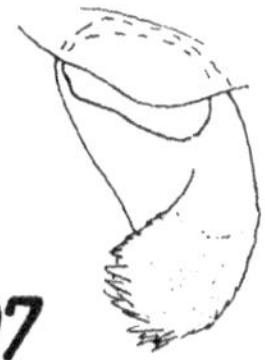

798

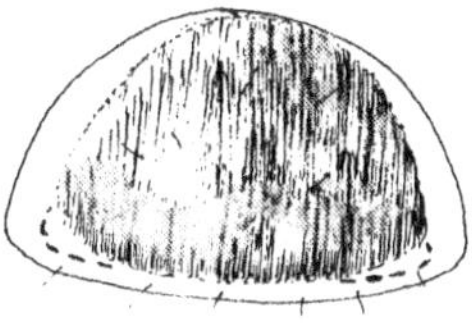

799

800

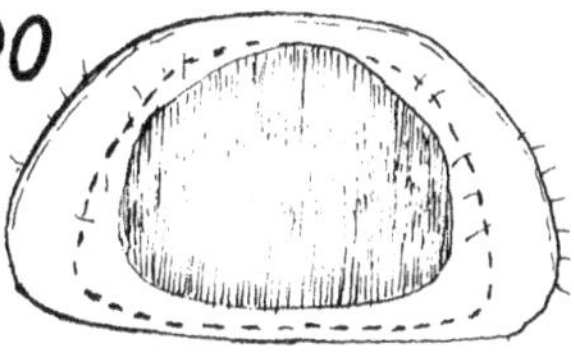

801

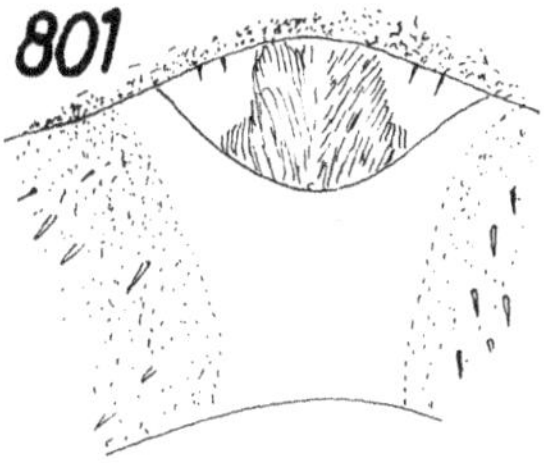

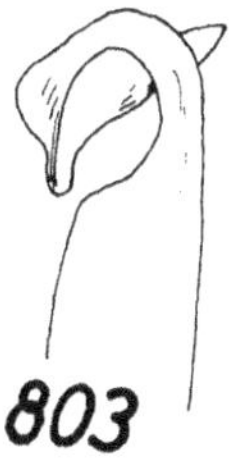

803

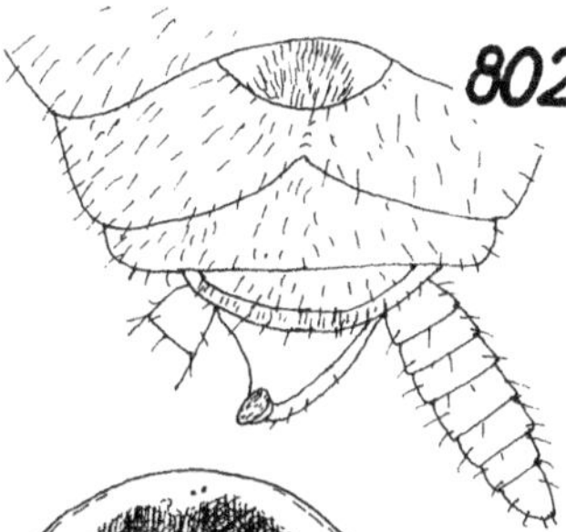

802

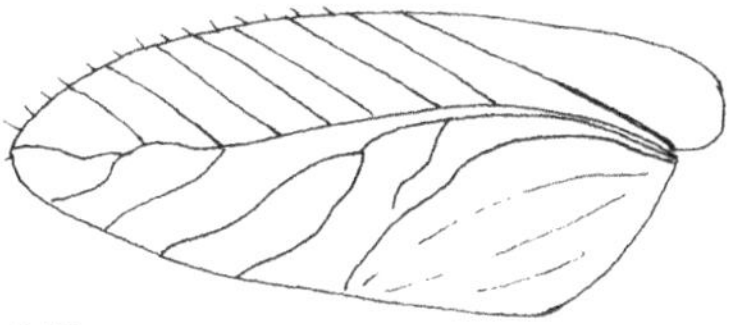

804

805

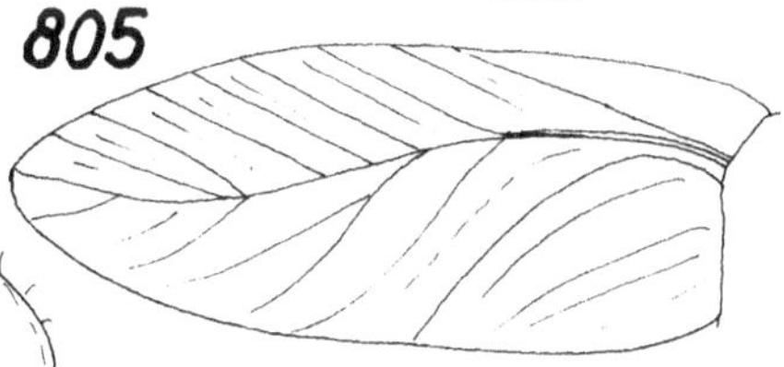

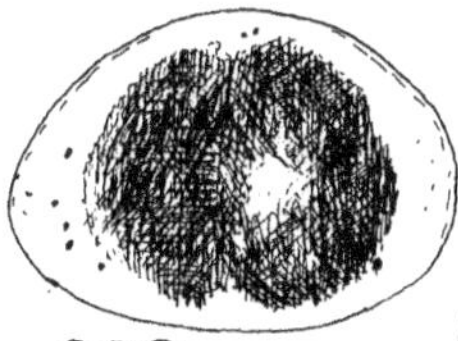

806

808

807

809

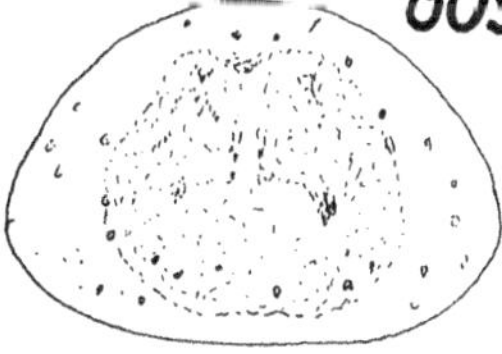

810

auch Rumänien, aber im Naturhistorischen Museum zu Wien ist nur noch der Kopf eines Exemplares vorhanden, das von MANN 1859 bei Mehadia gefangen wurde, was also nicht mehr nachprüfbar ist, 1971 wird auch Ungarn von K. PRINCIS angeführt. W. RAMME hat 1 ♀ von Menorca (*livida brevipennis* BR.) und 1 ♂ *albicinctus sardeus*, leg. KRÜGER, M. Sette, E-Sardinien, FRATELLI S.E. als *albicinctus* bestimmt, beide befinden sich im Nat. Hist. Mus. Wien; schon von den Fundorten her erscheint dies unwahrscheinlich und auch morphologisch weichen beide von der Art ab; doch bevor nicht mehr Material vorliegt, kann darüber nicht entschieden werden.

18. *E. lapponicus* (L.) 1758 (*Blatta l.*, Syst. Nat. (ed. X), p. 425, n. 8: Typ. ♂ verschollen; terra typica: Lappland; Neotypi: ♂♀ Schweden, Lappland, Messaure, 25.V.-8.VI.1970, K. MÜLLER leg., coll. m., beide werden in Alkohol aufbewahrt; Syn.: *Blatta parvablatta* RAY 1710 (präbinär), *B. flavescens* L. 1746 (präbinär), *B. prima* SCHAEFFER 1766, *B. nigrofusca* DE GEER 1773, *B. anelyta* SCHRANK 1776, *B. variegata* LUDWIG 1799, *B. concolor* HAGENBACH 1825, *B. rupestris* RISSO 1826, *B. perspicilaris* STEPHENS 1835, *B. minor* L. 1742 (präbinär), *B. silvestris lute minor* HEBENSTREIT 1743 (präbinär), *B. livida* KELCH (nec F.) 1852 (präbinär), *B. lurida* ASSMUSS 1857, *Ectobius perspicillaris var. lapponicus* SCHUG. 1908, *E. lapponicus var. perspicillaroides* ADELUNG 1915, *E. panceri* (nec STEPHENS) DRENSKI 1949). Fig. 8, 554, 547a, 649, 678, 679, 723, 806-812.
♂♂ im ganzen meist dunkel (8), ♀♀ hell (554). Kopf des ♂ zwischen den Augen auf dem Vertex mit einer rotbraunen bis gelblichen Querbinde, beim ♀ ocker bis lichtocker, Vertex manchmal mit 4 etwas dunkleren Punkten, Stirn mit braunen Flecken, beim ♀ der *ssp. infumata* wie beim ♂. Discus des Pronotums (806-810) ± rundlich oder mit stumpf verrundeten Kanten, beim ♂ dunkel- bis rötlichbraun, an den Rändern heller, unscharf begrenzt, auch mit Aufhellungen; beim ♀ ist der Discus ocker bis weißlich-ocker, auch fein locker rötlich punktiert; bei aufgehelltem Discus sind auch Meso- und Metanotum seitlich einer braunen Mittellinie aufgehellt bis weißlichgelb; bei der *ssp. infumatus* RAMME 1923 (Arch. Natgesch. A, 89:116; Typ: Humboldt-Museum, Berlin; terra Typica: Lappland, bei Torne Träsk), ist das Pronotum ganz schwarz und auch sonst erscheint der Körper schwärzlich übergossen (nach der Beschreibung von W. RAMME, ich erhielt sie von Prof. Dr. Karl MÜLLER von der Scientific Research Station Arbisco, also praktisch vom locus typicus; danach trifft die Beschreibung nur für ♂♂ insoweit zu, als der Discus des Pronotums schwarz ist, die Elytra sind dunkler als üblich gefärbt und erscheinen durch das durchscheinende schwarze Abdomen gleichfalls dunkler, der Discus des Pronotums ist zuweilen bis auf einen schmalen Saum scharf begrenzt, ♀♀ von hier und dem weiter südlich am Polarkreis gelegenen Messaure haben einen meist rötlichbraunen, aber auch dunkelbraunen bis schwarzen, lichtbraunen bis gelblichen Discus, welcher dem mitteleuropäischer Tiere nahekommt, auch schwarz und hinten breit orange gerandet; das Abdomen ist auch hier dunkler und ebenso die Flügel, was ein dunkleres Gesamtbild bewirkt; in jedem Fall sind sie wenigstens etwas dunkler als südliche Individuen. Weil Lappland die terra typica von *lapponicus* ist, kann K. VON LINNÉ ja nur diese Form gemeint haben und weil daneben keine Unterart vorkommen kann, ist die *subsp. infumatus* einzuziehen; die im südlich von Lapp-

land liegenden Gebiete vorkommende, deutlich von lappländischen Individuen unterscheidbaren Populationen benenne ich *Ectobius lapponicus princisi* nach meinem werten Kollegen KARL PRINCIS, Lund, den hochverdienten Blattoptera-Forscher. Holotypus ♂ Münnerstadt, Bayern, 24.VIII.1963, Allotypus ♀ ebenda, 7.IX.1961, Paratypi 6 ♂♂ Bayern, Kaufering, 1.VI.1974, je 1 ♀ Isarauen bei Freising, Bayern, VII 1957, W. RATHMEYER leg., Würzburg, 30.V.1960 U. EITSCHBERGER leg., Münnerstadt, 5.VIII.1958, Wülfershausen/Saale, 29.VIII. 1956 und bei Freising, 30.VI.1958, W. RATHMEYER leg., die anderen alle K. HARZ leg., coll.m.; ich hätte auch eines der alten Synonyme dafür einsetzen können, aber weil bis zu den klärenden Arbeiten W. RAMME's nicht zu ersehen war, was eigentlich mit den vielfach ungenauen Beschreibungen gemeint war bzw. vielfach keine Typen vorhanden sind habe ich diese Lösung vorgezogen. Die *f. pallens* STEPHENS 1835 (Ill. Brit. Ent. 6:46) aus der Umgebung Londons beschrieben hat beim ♂ einen gelblichbraunen Pronotumdiscus oder dieser ist ±, zumal in der Mitte aufgehellt; diese forma tritt überall mit normalgefärbten Individuen auf. Thorax ventral beim ♂ braun, beim ♀ ocker. Abdomen des ♂ braun, ab dem 7. Tergum gelblichweiß (bei *l. lapponicus* nur um die Drüsengrube, zuweilen auch das Epiproct), beim ♀ ocker- bis weißlichgelb, bei *l. lapponicus* oft dunkler, Terga mit dunklen Querbinden, Hinterränder licht, ebenso die Seiten, Sterna mit braunen bis rötlichen Flecken vor dem Seitenrand, bei *l. lapponicus* ♀ sind die Terga dunkelbraun bis schwarz, nur seitlich hell und hier oft noch mit dunkler Makel, ventral schwarz mit breitem, hellen Seitenrand, am Hinterrand höchstens ganz schmall hell gesäumt; Drüsengrube mit großem, ± deutlich zweiteiligem Zäpfchen (649, 678), das zuweilen (unsachliche Präparation?) zu einem verschmelzen, verkleben kann; Apikalhaken des linken Epiphallus wie in Fig. 811; Stylus groß (679, 812), mit anliegendem, dichtem Haarfleck; die Subgenitalplatte des ♀ ist hinten in der Mitte leicht ausgerandet und oft stark verdunkelt; die Cerci sind dunkel. ♂ macropter, ♀ brachypter, hier decken sie das Abdomen, sind zuweilen kürzer oder überragen es um etwa 1 mm, ganz selten sind sie so schlank wie beim ♂ und überragen den Abdomenapex um 1,5-2 mm (ein solches ♀ von Bad Leopoldsruh bei Lienz, E-Tirol mißt: Körper 8,7, Pronotum 2,3:3,3, Elytra 9,2:2,7), sie sind helladerig, beim ♂ (auch ♀ *l. lapponicus*) in den Zellen fein bräunlich gefleckt, wegen des durscheinenden Körpers sehen die Elytra aber – zumal beim ♂ dunkler aus, längs dem R einige größere (2-4, bei *l. lapponicus* bis 6) dunkle Flecken, die aber auch fehlen können, beim ♀ sind die Elytra bei gleicher Zeichnung im ganzen heller, mehr ocker; die Alae sind glasig, helladerig, etwa hell gelblichbraun. Die Beine des ♂ sind dunkel, licht bedornt, beim ♀ gelblich. Maße: Körper ♂ 8-11, ♀ 7-10, Pronotum ♂ 1,9: 2,5-2,6:3,2, ♀ 1,8:2,3-2,3:3,3, Elytra ♂ 8,5-10, ♀ 5-6,5. V-IX(-X), ♂♂ in der Regel bloß bis VII-Anfang VIII. Oothek wie in Fig. 723, etwa 3,3 mm lang und 2,1 mm hoch, ohne Längsrillen oder -Furchen. Vom Norden Lapplands und der finischen Eismeerküste südwärts bis N-Italien, Jugoslawien, Albanien, Bulgarien und Rumänien, westwärts bis auf die britischen Inseln, ostwärts bis zum Ural und Transbaikalien.

19. *E. balcani* RAMME 1923 (*E. lapponicus balcani*, Arch. Natgesch., A, 89:117, Taf. 1, Fig. 5; Typ: ♂♀ Humboldt-Museum, Berlin; terra typica: Balkanstaa-

ten). Fig. 688, 694-698, 722, 813-817.
Kopf des ♂ braunschwarz bis schwarz, dorsal zwischen den Augen mit einer hellen, gelblichbraunen bis orangefarbigen Querbinde, Seitenocelli hell; beim ♀ gelblich bis orangegelb, Stirn mit zwei Borstenreihen, die jeweils einem dunklen Fleckchen aufsitzen können, ein 3. Querreihe zwischen den Antennenbasen, Ocelli wenig heller als das umgebende Integument, unter ihnen am Innenrand ein rundliches dunkles Fleckchen, das aber auch fehlen kann. Der Discus des Pronotums ist beim ♂ schwarz bis schwarzbraun (696, 813, die beiden Abbildungen zeigen wie variabel die Form sein kann, 694 ist die normale Ectobius-Form, 813 wohl beim Trocknen verzogen), am Rand geht er verwaschen in Hellbraun über, im gelblichen Saum dunkle Punkte, am Vorderrand meist 4 davon in einer Querreihe; beim ♀ ist der Discus gelblich bis orange, ohne Punkte oder mit solchen, eingedrückte gleichfarbige Punkte kommen bei ♂ und ♀ vor. Sterna Coxae etc. beim ♂ braun, beim ♀ gelblich. Abdomen beim ♂ dunkel, Terga am Hinterrand aufgehellt, Terga des ♀ dunkel mit gelblichen Hinter- und Seitenrändern, vor dem Außenrand eine dunkle, eckige Makel; Sterna des ♀ schwarz, seitlich gelb gerandet, am Hinterrand desgleichen, aber schmaler, auch seitlich der Mitte können lichte Flecke auftreten, so daß nur eine mittlere und zwei seitliche Längsbinden aus dunklen Flecken vorhanden sind; Drüsengrube mit behaartem, zwei- oder mehrzipfeligem Zäpfchen (688, 695); Epiproct des ♂ mit dreieckigem, beim ♀ mit breit verrundetem Hinterrand; Stylus dorsal mit dichtem, anliegendem orangebräunlichem Haarfleck (696-698, 815); linker Epiphallusapex wie in Fig. 816. Die Cerci sind dunkel. ♂ macropter, R meist nur bis kurz vor die Mitte dunkel, Zellen dunkelbraun gefleckt, besonders hinter dem C-Feld, auf dem R zuweilen größere dunkle Flecken; ♀ brachypter, die Elytra decken gerade das Abdomen, licht ockerfarben bis gelblich, mit den üblichen Fleckchen in den Zellen und längs des R, zuweilen auch darauf, mit dunklen Flecken; Alae des ♀ wenig kürzer als die Elytra, apikal nicht eingerollt. Die Beine des ♂ sind dunkel, gelblich bedornt, beim ♀ gelblich. Die Oothek wie in Fig. 722 und 817, mit feinen Längsstreifen. Maße: Körper ♂ 7-8, ♀ 7-8,5, Pronotum ♂ 1,8:2,7-2,7:3,7, ♀ 2,1:3,2-2,2:3,3, Elytra ♂ 6,7-7,7, ♀ 5,8-6,6. V-VII. Nieder-Österreich, Ungarn, CSSR, Rumänien, Bulgarien (u.a. Vitos, Rilo), Jugoslawien (Dalmatien, Serbien, Montenegro, Mazedonien 800-1400 m, Herzegowina), Albanien (-1100 m), Griechenland (Epirus 1300-1400 m, Thessalien, Corfu), Türkei, Kaukasus.

20. *E. erythronotus* (BURR) 1913 (Orthoptères, in Coll. Zool. SELYS-LONGCHAMPS Cat. syst. descript. 2:7; Typ: coll. E. DE SELYS-LONGCJAMPS, Brüssel; terra typica: Italien? *Ectobia lapponica var. erythronota* BURR 1898, Ent. Rec. 10:268 ist ein nomen nudum weil keine Beschreibung erfolgte; *E. livida* (nec FABRICIUS) bei F. WERNER 1902). Fig. 699-703, 724, 818-827.
Kopf des ♂ braun bis hellbraun, am Vertex zwischen den Augen mit breiter orangebräunlicher bis gelblicher Querbinde zuweilen auch zwischen dem Unterrand der Augen eine solche Binde, Stirn auch manchmal mit den üblichen dunklen Fleckchen; beim ♀ ist der Kopf gelblich bis orange, oft mit den üblichen Querreihen dunkler Punkte, innen neben der Antennenbasis oft je ein größerer dunkler Fleck, aber auch das ganze Gesicht kann braun sein;

die Antennen sind beim ♂ dunkel bis hell, beim ♀ meist lichtbraun. Der Discus des Pronotums ist beim ♂ scharf begrenzt, orangebräunlich (ähnlich dem ♀ von *lapponicus*) bis braun, seltener rötlichbraun, dann auch mit gelblichen Aufhellungen, bei gelblich-orangefarbigem Discus oft mit zwei dunklen Punkten vor der Mitte; Rand z.T. weißlichgelb oder durchsichtig, nur ganz außen gelblich weiß, bei gelblicher Begrenzung des Discus kann dessen Rand etwas unscharf erscheinen; beim ♀ wie bei hellen ♂♂, aber ± gelblich begrenzt (auch bis zum Außenrand). Sterna, Coxae etc. des Thorax beim ♂ braun bis bräunlich, beim ♀ gelblich. Abdomen beim ♂ braun, Hinter- und Seitenränder der Terga oft hell, Apex ab der Drüsengrube licht; Sterna dunkel mit schmalen hellen Hinterrändern und breiten Seitenrändern, zuweilen fehlt die hellere Färbung fast völlig; beim ♀ dunkel mit hellen Hinterrändern und aufgehellten Seiten, vor dem Seitenrand auch mit dunkler Randmakel, fehlt diese, so sind die Seiten ganz gelblich, auch seitlich der Mitte mit Aufhellungen oder auch nur in der Mitte der Terga und auf jeder Seite mit einer Fleckenreihe oder nur auf den vier letzten Terga so und sonst mit dunklen Querbinden, 9. Tergum ganz hell; Sterna gelblichweiß mit dunkler Mittel- und ebensolchen Seitenbinden, aber an den Hinterrändern aufgehellt; Subgenitalplatte beim ♀ dunkel mit hellem Hinterrand, in der Mitte ebenda schwach ausgerandet; Drüsengrube mit einfachem Zäpfchen (700, 819), Hinterrand der Grube gut behaart; Epiproct des ♂ quer-dreieckig, beim ♀ mit lichtem Hinterrand; Stylus (701-703, 821, 823, 825, 827) mit hellem, dichtem Haarfleck; die Cerci sind beim ♂ dunkel, beim ♀ gelblich, zuweilen hellbraun oder nur z. T. dunkel, besonders am Apex. ♂ macropter mit gelblicher Grundfarbe, auf den Adern braun punktiert, längs oder auch auf dem R braun gefleckt, Fleckchen aber meist nicht so breit wie bei *lapponicus,* Zellen, besonders im M- und An-Feld meist mit bräunlichen Fleckchen; beim ♀ decken die Elytra gerade das Abdomen, wie beim ♂ gefärbt oder heller, auch mit wenigen dunklen Flecken auf oder längs des R; Alae mit gebräuntem C-Feld, beim ♀ so lang bis etwa 1 mm kürzer. Beine beim ♂ braun mit hellen Dornen bis gelblichbraun und dann auch ab der Tibia öfter gelblich, beim ♀ gelblich bis gelblichbraun. Maße: Körper ♂ 6,7-10, ♀ 7-10, Pronotum ♂ 1,7:2,7-2,2:3,2, ♀ 2:3-2,3:3,4, Elytra ♂ 7,2-9,8, ♀ 5,3-9,2. Die Oothek (724) mit niedrigeren Längsrippen als bei *sylvestris.* Gegenwärtig werden mit W. BAZYLUK 1961 (Ann. Zool. Polska Ac. Sci. Warschau, 19:428) folgende Rassen bzw. Formen unterschieden:

a *e. erythronotus* BURR (wie oben): Pronotum vorn abgerundet, gelblich, Discus bräunlichrot bis orange; die Drüsengrube geht am Hinterrand in eine behaarte Lamelle über, im mittleren Distalteil eine Erhöhung mit Haarbüschel; die Cerci sind etwas verlängert, das Apikalglied ist 1,5-2 mal so lang wie das vorletzte (820); Stylus wie in Fig. 821. Gesamtlänge (vom Kopf bzw. Pronotumvorderrand bis zum Elytraapex) ♂ 9-11,5, ♀ 7-9, Körper ♂ 8-9, ♀ 7-8. Bulgarien, Rumänien. Albanien, moldauische SSR, Ukrainische SSR, Jugoslawien, Italien, Österreich (Kärnten, am Plöckenpaß 1200-1300 m, Radniger Alm bei Hermagor 1000-1500 m, Nieder Österreich, S-Deutschland (ich habe kein einziges Exemplar von hier gesehen, die Angabe geht auf ein einziges Stück zurück), Schweiz (Wallis), CSSR.

b *erythronotus burri* ADELUNG 1916 (Ann. Mus. Zool. Ac. Sci. Petrograd, 21:256-259; Typ: ♂♀ Zool. Inst. Ac. Sci. Leningrad; terra typica: Jugoslawien, Deliblato). Apikalglied der Cerci 1,5 mal so lang wie das vorletzte Glied (822); Stylus wie in Fig. 823; Gesamtlänge ♂ 8,5-9,5, ♀ 7,6-8,5, Körper ♂ 8,3-9, ♀ 7-7,5. Bereits W. RAMME (1951) meinte, daß es sich hier um eine etwas kleinere lokalisierte Form handle, wie sie zuweilen auch anderwärts in Einzelstücken auftreten kann (schon allein das Auftreten mit der Nominatrasse schließt eine Subspecies aus.

c *erythronotus nigricans* RAMME 1923 (Arch. Natgesch. A, 89:119): Discus braunschwarz; die Drüsengrube etwa ⅓ so breit wie das Tergum, mit größerer Erhebung, die auch stärker behaart ist; Apikalglied des Cercus mehr als 1,5 mal so lang wie das vorhergehende (824), Stylus wie in Fig. 825; Gesamtlänge ♂ 9-11, ♀ 8-10, Körper ♂ 7-9, ♀ 7-10. Seither nur in Ungarn. Aber auch in Ungarn kommen Individuen mit rotbraunem bis orangefarbigem Pronotumdiscus vor, was auch hier - zumal die anderen Merkmale gleichfalls recht variabel sind, eher an eine forma denken läßt.

d *erythronotus ater* BAZYLUK 1961 (Ann. Zool. Polska Ak. Nauk, Warschau, 19:428, 430, Fig. 2, 7, 11, 15, 19; Typ: Zool. Inst. Ac. Sci. Warschau; terra typica: Polen,Sbójna Gora bei Warschau. Vorderrand des Pronotums fast gerade, Hinterrand parallel, Färbung ähnlich *nigricans*; Drüsengrube ähnlich der Nominatrasse; Cercus mit stumpfem Apikalglied (826), das nur wenig länger als das vorhergehende ist; Stylus wie in Fig. 827. Gesamtlänge ♂ 9-10,5, ♀ 7-8, Körper ♂ 7,5-9,9, ♀ 6-7. Polen, Lettland. Von d) habe ich keine Exemplare gesehen, alles nach dem Autor, auch die Abbildungen und ebenso die Fig. 820-825.

VI-IX. Die Art lebt in Wäldern verschiedener Zusammensetzung mit Lichtungen.

21. *E. punctatissimus* RAMME 1923 (Arch. Natgesch. A, 89:133-134, Taf. 1, Fig. 17, 26, Taf. 2, Fig. 7; Typ: ♂♀ Humboldt-Museum, Berlin; auch im Nat. Hist. Museum Wien befinden sich neben 3 Paratypi als Holo- und Allotypus bezeichnete Exemplare; terra typica: Dalmatien, bei den Wiener Typen noch mit dem Hinweis auf Curzola versehen). Fig. 685-687, 725, 828-836.

Kopf licht gelbbraun, am Vertex weißlich, zwischen den Augen eine hellbraune Querbinde, die auch verwaschen braun und durch haartragende, dunkle, quergereihte Punkte ersetzt sein kann (725), zwischen den Antennenbasen folgt eine weißliche Querbinde, der sich wieder eine dunkle Querbinde anschließen kann, die in der Mitte meist winklig gebogen ist; die Seitenocelli sind groß, innen an der Antennenbasis können auch dunkle Punkte auftreten und auch am Clypeus können sich 2-4 solche befinden, selten fehlen alle Punkte. Der Discus des Pronotums ist rundlich (828, 829), gelb bis orange, zerstreut bis leicht und fein rötlich punktiert, wenn die Ränder nicht verwaschen sind, so sind sie doch unscharf begrenzt; der Saum ist gelblichweiß bis teilweise durchsichtig, manchmal auch lichtbräunlich punktiert. Thorakalsterna, Coxae etc. gelblich. Abdomen beim ♂ dorsal gelblich, vor den Seiten- und Hinterrändern der Terga gebräunt, in der Mitte der Terga oft ein kleiner brauner Fleck oder Punkt, zuweilen auch bloß mit braunen Längsbinden vor dem hellen Seitenrand; beim ♀ mit braunen Querbinden, die vor dem Hinterrand und den breiten hellen Seitenrändern der Terga dunkelbraun sind; ventral beim ♂ bis auf die Seiten braun, beim ♀ in der Mitte und auf den Seiten der Sterna braune Flecke oder schmale Querbinden; die Drüsengrube mit etwas variablem, ziemlich flachem, einfachen bis zweiteiligem, behaartem Zäpfchen (685, 686, 832-834), distal davon meist mit konvergierenden Schwielen oder Mittelfalte oder Mittelfurche; Apikalhaken des linken Epiphallus wie in Fig. 836; die Subgenitalplatte des ♂ mit großem Stylus (830, 687, 835), links dicht behaart, beim ♀ ist die Subgenitalplatte leicht ausgerandet (831) bis seicht ausgeschnitten; die Cerci sind apikal oft gebräunt, ebenso basal, beim ♂ auch ganz braun. Macropter, die Elytra sind glasig-gelblich, weißlich-gelb geadert, Außenzweige des R lichtbraun punktiert, Zellen hinter dem R gebräunt; Alae mit schwach gebräuntem Präcostalfeld. Die Beine sind gelblich, beim ♂ oft gelbbraun bis braun, Tarsi gelblich. Maße: Körper ♂ 9-12, ♀ 7-9, Pronotum ♂ 2,3:3,3-2,4:3,5, ♀ 2,4:3,6-2,6:3,8, Elytra ♂ 10,3-10,8, ♀ 7,5-9. Oothek wie in Fig. 837. VI-(?)IX. Italien (K. PRINCIS 1965), Jugoslawien (Dalmatien, Herzegowina, Montenegro), Albanien (bis 1100 m), Bulgarien.

22. *E. aetneus* RAMME 1927 (Eos, 3:113, Fig. 1-2; Typ: Nat. Hist. Mus. Wien; terra typica: Sizilien, Ätna). Fig. 692, 693, 837.
Kopf zwischen den Augen gelblichbraun, Stirn etwa kastanienbraun, sonst lichtocker. Pronotum mit hell rotbraunem Discus, in der Mitte mit schmaler Längsaufhellung (692), der Saum ist gelblichweiß bis durchsichtig. Das Abdomen fehlt beim Typus, nach W. RAMME dorsal hell ockerfarben mit verdunkelten Basalhälften der Terga, Drüsengrube mit apikal beborstetem Zäpfchen (893); Abdomen ventral hell ockerfarben mit zwei nußbraunen Streifen. Macropter; die Elytra (837) sind glasig hell mit lichtbräunlich getönten Zellen. Maße: Körper 10,1, Pronotum 2,3, Elytra 8.3; es ist nur der Holotypus bekannt.

23. *E. nicaensis* (BRISOUT DE BARNEVILLE) 1852 (*Blatta n.*, Ann. Soc. Ent. France, 10:68; Typ: ♂♀ coll. BRISOUT DE BARNEVILLE; terra typica: S-Frankreich; Syn.: *Ectobia tridentina* TARG.-TOZZ. 1881). Fig. 704, 719, 838-844.
Die Stirn ist beim ♂ zwischen den Augen wenig aufgehellt bis weißlichgelb, mit drei Querreihen brauner Punkte, von denen 3-5 meist mehr betont sind, sonst braunschwarz; auch beim ♀ ist das ganze Gesicht bis auf die gelbweiße Stirn mit ± 12 braunen Punkten braun. Der quer-rundliche bis dreieckig verrundete Discus des Pronotum (719, 838) ist braunschwarz mit rot bis rotbraun, scharf begrenzt, schmal strichförmig gelb gesäumt, am Rand mit dunkelbraunen Punkten, die auch zerstreut im lichten Saum auftreten, bei rotbraunem Discus kann auch dieser dunkelbraun punktiert sein, zuweilen setzt sich der Discus aus ± symmetrischen Zeichen auf hellerem Untergrund zusammen, beim ♀ ist dies die Regel (719), auf hellbraunem bis dunkelrotbraunem Grund treten dabei meist neben der Mitte zwei schmale braune Längsbinden auf, denen Flecke und Punkte folgen, sonst ziemlich dicht punktiert; der Discus kann beim ♀ aber auch gelblich sein und hellbraune, ± symmetrische Muster tragen und fast über das ganze Pronotum punktiert sein. Thorakalsterna, Coxae etc. beim ♂ dunkelbraun, letztere schmal hell ge-

TAFEL 44

811. *Ectobius lapponicus* (L.); Apikalhaken des linken Epiphallus; Schweden, Arbisco, VI 1975 (halb so stark vergrößert wie 816), K. MLLER et al. leg., coll. m.
812. Desgleichen; rechter Cercus von oben, ♀, Weidling, NIEDER Österreich, MADER leg., coll. m.
813-817. *Ectobius balcani* RAMME, soweit nicht anders vermerkt Nat. Hist. Mus. Wien
813. ♂, Pronotum; Epirus, Paraskevi Cumerba, 1300-1400 m, 14.-16.VI.1933, M. BEIER leg.
814. ♀, Pronotum, linke Hälfte, Alban. Expec. Nat. Hist. Mus., Kula Ljums, 25.V.1918
815. Stylus nach K. PRINCIS 1965
816. Apikalhaken des linken Epiphallus, wie in Fig. 813
817. Oothek, von der Zähnchenseite gesehen; Mazedonien, Karadzica-Planina, Elova, 4.-5.IX.1934, S. ZWICK leg., Humboldt-Museum, Berlin
818-827. *Ectobius erythronotus* BURR, soweit nicht anders vermerkt aus W. BAZYLUK 1961
818. ♂, Pronotum, Pest, Ungarn, 16.V.1910, R. EBNER leg., als Lectotypus bezeichnet, Nat. Hist. Mus. Wien
819. Drüsengrube; Kärnten, Eisenkappel, 20.VII.1959, SCHEERPELZ leg., Nat. Hist. Mus. Wien
820. *E. e. erythronotus*, Cercusapex
821. Desgleichen, Stylus
822. *E. erythronotus burri* ADEL., Cercusapex
823. Desgleichen, Stylus
824. *E. erythronotus nigricans* RAMME, Cercusapex
825. Desgleichen, Stylus
826. *E. erythronotus ater* BAZ., Cercusapex
827. Desgleichen, Stylus
828-836. *Ectobius punctatissima* RAMME, alle im Nat. Hist. Mus. Wien
828. ♂, Pronotum; Dalmatien, Curzola (Holotypus)
829. ♀, Pronotum; Dalmatien, BR. leg.
830. ♂, Subgenitalplatte von oben; Holotypus
831. ♀, Subgenitalplatte von unten; Dalmatien
832. Drüsengrube; Curzola, TÄUBEL leg.
833. Drüsengrube; Curzola, Zäpfchen zur Mitte leicht erhöht
834. Drüsengrube; Curzola
835. Stylus von unten; Curzola, TÄUBEL leg.
836. Apikalhaken des linken Epiphallus; Dalmatien, BR. leg.
837. *Ectobius aetneus* RAMME; rechtes Elytron; Holotyp, Nat. Hist. Mus. Wien
838-842. *Ectobius nicaensis* (BRIS.), alle im Mus. Nat. Hist. Genf
838. ♂, Pronotum, S-Frankreich/Nice/Nizza, 18.VI.1893, DE BORMANS leg.
839. ♂, Subgenitalplatte von unten
840. ♂, Stylus von oben
841. ♀, Subgenitalplatte von unten; Frankreich, Digne, III 1892
842. ♂, linker Cercus von oben, wie in Fig. 838

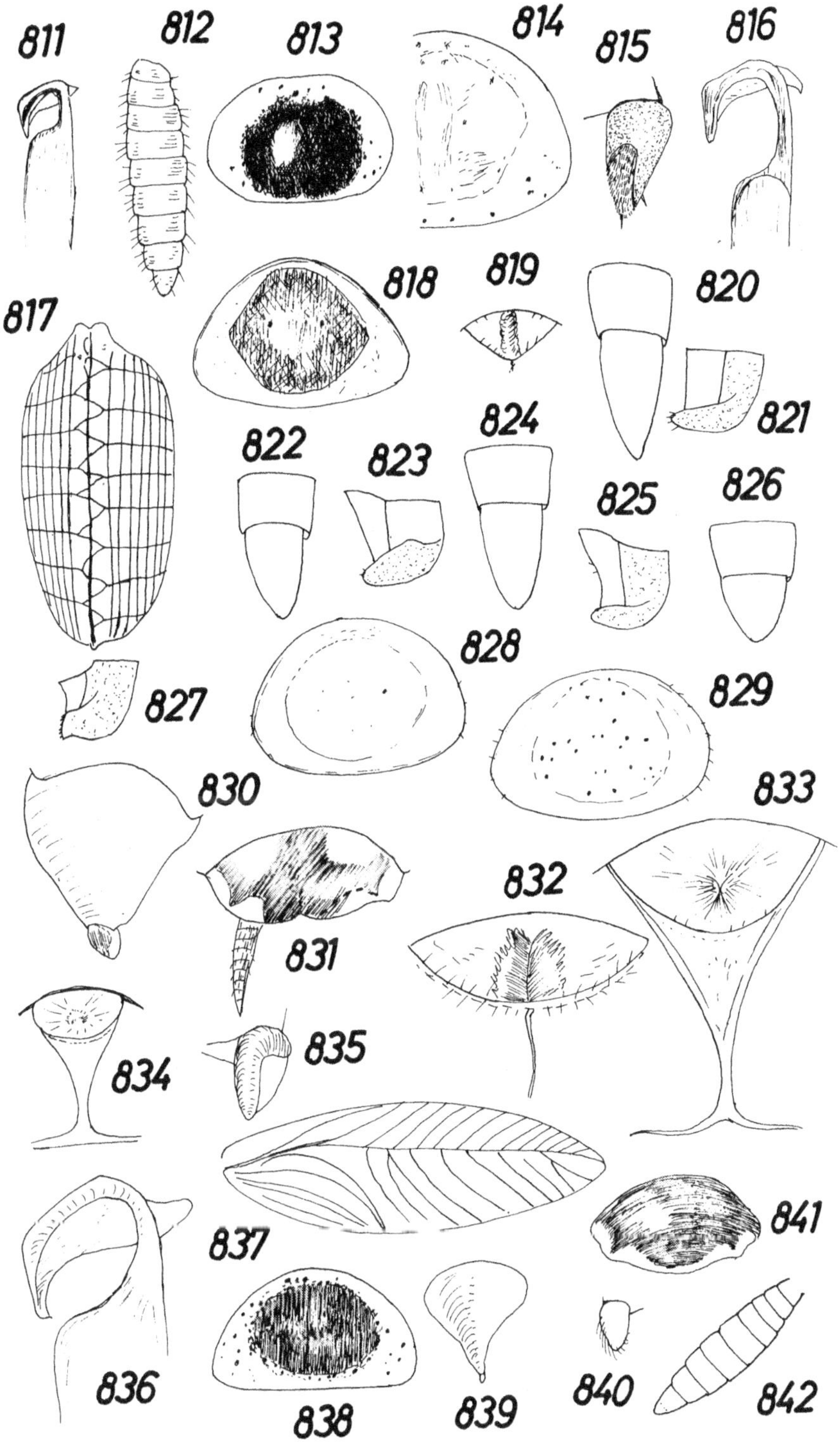
811
812
813
814
815
816
817
818
819
820
821
822
823
824
825
826
827
828
829
830
831
832
833
834
835
836
837
838
839
840
841
842

randet, Sterna mit hellen Apices, beim ♀ im ganzen gelblichbraun bis ocker. Abdomen dunkelbraun, seitlich gelblichweiß gesäumt, ventral mit fast weißen Hinterrändern, beim ♀ braun mit oft sehr schmalen hellen Hinterrändern und Seitenflecken, ventral ebenso, aber die Flecke sind kleiner, keilförmig, nach innen gerichtet, das Abdomen beim ♀ kann aber ventral auch schwarzbraun sein und breite weiße Seitenränder haben, auch vor der hellgerandeten Subgenitalplatte (841), die auch seitlich der Mitte aufgehellt sein kann; Subgenitalplatte des ♂ wie in Fig. 839; Stylus klein, leicht beborstet bis etwas dichter behaart (840); die Drüsengrube ist klein, mit kleinem behaartem Zäpfchen (704) und konvergierenden, leistenartig erhöhten hellen Hinterrändern, der Apikalhaken des linken Epiphallus mit breitem Segel (843); die Cerci (842) sind beim ♂ braun, beim ♀ gelblichbraun, am Apex meist dunkler. Brachypter, die Elytra bedecken gerade das Abdomen, sie sind weißlichgelb geadert und können auf oder an den Adern auch größere Punkte oder Fleckchen tragen, die Zweige des R im Sc-Feld sind braun punktiert, die Zellen sind gebräunt; die Alae sind in situ etwa ½ mm kürzer als die Elytra, am Apex nicht eingerollt. Die Beine sind beim ♂ braun, hell bedornt, beim ♀ lichtbraun bis gelblich, Tarsen hell. Die Oothek (844) hat keine Längsrippen oder Längsfurchen. Maße: Körper ♂ 5,5-7, ♀ 6-7,5, Pronotum ♂ 1,6:2,8-2,2:3,3, ♀ 2:3-2,2:3,3, Elytra ♂ 4,8-5,6, ♀ 5,2-5,8. III-VI. S-Frankreich (Alpes-Maritimes: Nizza; Var; Basses-Alpes: Digne; Chabrières).

Untergattung/Subgenus: Capraiellus n. subgen.

Pronotum bei ♂ und ♀ oft mit symmetrischen Mustern aus Punkten und Flecken. Die Drüsengrube des ♂ rund, falls quer, dann sitzt das Zäpfchen in einer rundlichen Vertiefung oder ist distal gut erweitert und dicht behaart; Apikalhaken des linken Epiphallus mit schmalem Apex. ♀♀ micropter, Elytra am Hinterrand quer abgestutzt «» Pronotum in ♂ and ♀ often with symmetrical patern consisting of points and spots. ♂ glandular pit round, if transverse, then the tubercle in a roundisch impression or well widened distally and thickly covered with hairs; apical hook of the left epiphallus narrow. ♀♀ micropterous, hind margin of the tegmen transversely truncated. Typus subgeneris: *C. panzeri* STEPHENS 1835. Ich bennene diese Untergattung nach meinem werten Kollegen FELICE CAPRA, Genova «» I name this subgenus after my dear colleague FELICE CAPRA, Genoa.

24. *E. panzeri* STEPHENS 1835 (Ill. Brit. Ent. Mand. 6:47-48, n. 5; Typ: verschollen; terra typica: England, Küsten von Devonshire, Cornwall und im New Forest; Syn.: *Blatta germanica* (nec L 1767) PANZER 1793, *B. ericetorum* WESMAEL 1853, *B. arenicola* FISCHER 1853, *Ectobius nigripes* STEPHENS 1835). Fig. 689, 705, 706, 708, 709, 712, 714, 845-855.
Kopf licht, Stirn weißlichgelb, zwischen den Augen mit einer braunen Binde, oft aber auch das Gesicht oder dessen Mitte vom selben Braun, Ocelli und Antennenbasen dann besonders hell; beim ♀ kann auch die ganze Stirn gelblich sein. Discus des Pronotums licht orangegelb, einfarbig oder mit braunen

Punkten, von denen eine Querreihe längs des Hinterrandes besonders auffällig ist und mit brauner, leicht symmetrischer Zeichnung (689, 712, 714, 845, 846), Saum weißlichgelb bis durchsichtig, bei der *f. nigripes* STEPHENS 1835 (Ill. Brit. Ent. 6:48; Typ: ♂♀ Inst. Espan. Ent. Madrid) ockergelb, der Discus des Pronotums, Antennae und Beine – außer den hellen Basalgliedern der Tarsi – schwarz, England, New Forest. Sterna und Coxae des Thorax gelblich. Abdomen ganz gelblich oder beim ♂ vor dem Seitenrand mit bräunlicher bis dunkelbrauner Fleckenbinde, Sterna zuweilen auch mit einer zusätzlichen Reihe von Längsflecken in der Mitte oder braunen Querbinden mit breiten hellem Hinter- und Seitenrand; beim ♀ sind die Terga auf gelblichem Grund oft punktiert und gefleckt (714), oft sind vier Flecken-Längsreihen und eine mittlere Punktreihe erkenntlich, kurz vor dem Außenrand dunkle, manchmal keilförmige Makel, aber auch mit dunklen Querbinden und hellem Hinter- und Seitenrand, dazwischen alle Übergänge wie etwa zwei seitliche Längsbinden mit Aufhellungen und einer mittleren Längsbinde aus Flecken, ventral bis auf die hellen Seiten und schwachen Aufhellungen in der Mitte braun oder braun und dunkel punktiert; das Epiproct ist beim ♂ verrundet bis fast abgestumpft, beim ♀ breit verrundet; die Drüsengrube (705, 706, 709, 850, 851) mit variablem Zäpfchen, das in einer Vertiefung der Drüsengrube sitzt; der Stylus ist gut anliegend beborstet (708, 847, 848); Apikalhaken des linken Epiphallus wie in Fig. 852 und 853; die Subgenitalplatte des ♀ ist hinten schwach ausgerandet, auch bei hellen Tieren ist sie in der Mitte oft gebräunt, bei dunklen bis auf die Seiten braun; die Cerci (849) sind hell gelblichbraun bis braun, zuweilen gelblich und an beiden Enden braun. ♂ macropter, Elytra schlank lanzettlich (854), sie überragen das Abdomen um 1–1,5 mm, hell, wie üblich punktiert und mit gebräunten Zellen; ♀ micropter, die Elytra sind am Hinterrand quer abgestutzt, hinter dem Sc-Feld ziemlich dicht punktiert (712, 714), aber auch dieses und die nach außen laufenden Zweige des R desgleichen, zuweilen gelblichweiß gesäumt; Alae beim ♀ in situ etwa ⅕ kürzer als die Elytra. Beine hell gelblich bis (♂) bräunlichgelb, bei dunklen Tieren sind wie üblich die Dornen hell.

Maße: Körper ♂ 5,7–7, ♀ 5.6,5, Pronotum ♂ 1,4:2,2–1,8:2,5, ♀ 1,6:2,5–2,8:2,9, Elytra ♂ 5,2–7, ♀ 1,7–2,3. Oothek ohne Querrillen oder Querfurchen (855). VI–IX. In Dünen am Meer, in submontanem Unterholz und in Nadelwäldern. Dänemark, Deutschland, Niederlande, Belgien (in diesen Ländern überall an den Küsten), England, N-Frankreich, Luxemburg, Schweiz (Wallis), Italien (Belluno/W. RAMME 1923), S. Anna d'Alfaeto/Mti. Lessini, 1000 m, Mte. Terminillo, 1500 m, in der Sila bis 1350 m (M. LA GRECA 1965), Jugoslawien (Lesina, Sinj. Herzegowina) bei Korito 1100 m (F. WERNER leg. 1897), Spanien, Isla cies des Sur, S-Portugal (u.a. Lichtfang bei Monchique, ca. 500 m). Bitte die Schlußbemerkung bei folgender Art vergleichen.

25. *E. haeckeli* (BOL.) 1876 (*Ectobia h.*, An. Soc. Esp. Hist. nat., 5:118, n. 2; Typ: ♂ Inst. Espan. Ent., Madrid, in sehr schlechtem Zustand, Abdomen fehlt; terra typica: Spanien, Ferrol; Syn.: *Blatta concolor* (nec HAGENBACH 1822, nec STEPHENS 1835) SERVILLE 1839, *Ectobia trivittata* (nec SERVILLE 1839) SEOANE 1839, *E. panzeri* (nec STEPHENS 1835) auct., *Ectobius panzeri servillei* FERNANDES 1962). Fig. 707, 856–859.

Recht ähnlich voriger Art. Kopf hell gelblich bis ocker oder selbst rosa, mit weißlicher Querbinde zwischen den Augen. Discus des Pronotums beim ♂ (856) bräunlichgelb, mit kastanienbraunen Punkten (856), die zuweilen zu größeren Flecken zusammenlaufen können, der Saum ist ziemlich breit, hell bis durchsichtig, zuweilen im Discus auch längliche, symmetrische Flecken, zuweilem ist er dunkler kastanienbraun bis schwarz gezeichnet; beim ♀ ± gelblich, ± braun gefleckt bis punktiert. Das Abdomen ist beim ♂ blaß- bis bräunlichgelb, mit zerstreuten braunen Flecken oder beiderseits mit einer Längsbinde, ventral ebenso, beim ♀ desgleichen, aber heller; die Drüsengrube ist rundlich bis oval, mit zungeförmigem, behaartem, apikal zweiteiligem Zäpfchen (707, 857); Stylus wie in Fig. 858, 859. ♂ macropter, Elytra mit zahlreichen braunen Punkten, die selten fehlen, ohne Flecke; ♀ micropter. Die Oothek ist hellbraun, leicht gebogen, glatt, mit 8 parallelen Querfurchen, Maße: Körper ♂ 6-10,5, ♀ 6,5-6,8, Pronotum ♂ 2:3, ♀ 1,8:3, Elytra ♂ 5-8,5, ♀ 1,8-3. (? V-)VII(-?). In seiner Arbeit von 1973 hat J. DE A. FERNANDES die Variationsbreite dieser Art (als *panzeri servillei*) für die Iberische Halbinsel ausführlich dargestellt und kommt zu dem Schluß, daß die beachtlichen Unterschiede wohl mehrere Taxa darin vermuten lassen, daß aber die Unterschiede nicht ausreichen, Unterarten oder gar Arten danach aufzustellen. Ich konnte zu wenig Material von dieser und der letzten Art studieren, um mir ein Urteil erlauben zu können, aber ich glaube es wäre lohnend 500 und mehr Exemplare jeder Art zu untersuchen.

26. *E. tamanini* GALVAGNI 1972 (Studi Trent. Sci. Nat. Sez. B, 50:3-23. Fig. 1-6, 13, 15, 16, 19-21, 23-28; Typ: coll. A. GALVAGNI; terra typica: Italien, Valle di Bordo (Tremosine, Lombardei). Fig. 710, 711, 860, 861.
Grundfarbe strohgelb. Der Kopf ist hell kastanienbraun, zwischen den Augen eine gelb-ockerfarbige Querbinde, die Augen selbst sind von einer schmalen gelben Binde begrenzt (auch bei anderen Arten oft hell gerandet), die Antennen sind braun. Der Discus des Pronotums (861), etwas unregelmäßig sechseckig-verrundet, strohgelb, außen leicht gebräunt, mit einem Muster symmetrischer brauner und ockerfarbiger Flecken und Punkte, der Saum ist breit, glasig, vorn und hinten verengt und fein bräunlich punktiert. Abdomen gelblich bis strohgelb, mit winzigen bräunlichen Pünktchen, beiderseits mit brauner Längsbinde, beim ♂ mit drei von Längsflecken gebildeten Binden und Seitenflecken sowie vielen ± symmetrischen schwarzen Punkten; ventral ähnlich wie dorsal; die Drüsengrube ist klein und tief, mit gut entwickeltem Zäpfchen (711), die Grube ist wenig kürzer als $\frac{1}{3}$ der Gesamtlänge des Tergums, die größte Breite ist wenig geringer als $\frac{1}{4}$ der Tergumbreite; bei trockenen Tieren ist der Vorderrand vom Hinterrand des 6. Tergums bedeckt und der Hinterrand winklig; Apikalhaken des linken Epiphallus wie in Fig. 860; der Stylus trägt ventral kurze, schwache Haare (710), bei *panzeri* sind sie länger und stärker (711); bei *tamanini* ist im Gegensatz zu diesem die Drüsengrube weniger ausgedehnt, aber tiefer und mit steileren Wänden und das Zäpfchen ist wegen der distalen Erweiterung größer und die Ventralseite des Zäpfchens bedeckenden Haare sind kurz und kräftig (711), bei *panzeri* und *haeckeli* länger und dünner; die Cerci sind braun. ♂ macropter, Elytra mit blaßgelben Adern und zahlreichen bräunlichen Fleckchen längs der Nerven und

in den Zellen; ♀ micropter, die Elytra überragen wenig das 2. Tergum, am Hinterrand sind sie leicht konkav; die Alae des ♂ sind in situ ganz wenig länger als die Elytra, beim ♀ etwa halb so lang. Die Beine sind ockerfarben, Apizes der Tarsi und Tibiae gebräunt. Maße: Körper ♂ 7,4-8,7, ♀ 5,9-6,2, Pronotum ♂ 1,7:1,8-2,3:2,5, ♀ 1,7-1,8:2,6, Elytra ♂ 5,5-6,5, ♀ 1,9-2. VII-X. Italien: Trentino, Lombardei, auf den Höhen im Westen des nördlichen Gardasees, 300-700 m, sehr lokal; vielleicht auch im Veneto (Alles, auch die Abbildungen, nach dem Autor).

Untergattung/Subgenus: Ectobiola UVAROV 1940

(Ann. Mag. Nat. Hist. 5:173; typus subgeneris: *E. duskei* (ADELUNG) 1904; *Ectobiella* ADELUNG 1916, präokupiert durch eine Protozoen-Gattung von BRUYNE 1889).

Der Discus des Pronotums vorn und seitlich mit scharf begrenzter, schwarzer bis schwarzbrauner hufeisenförmiger Binde (713). Drüsengrube ohne Zäpfchen aber fast bürstenartig behaart. ♀ squamipter. Eine einzige Art in den Steppen mit *Stipa lessingiana* und *Festuca sulcata* der europäischen SSSR «» Disc of the pronotum with a sharply bordered black to blackish-brown horseshoe-like band anteriorly and laterally (713). Glandular pit without tubercle but almost brush-like hairy. ♀ squamipterous. One species only in the steppes with *Stipa lessingiana* and *Festuca sulcata* in the European SSSR.

27. *E. duskei* (ADELUNG) 1904 (*Ectobia d.*, Hor. Soc. Ent. Ross. 37:127-129, Fig. 1a-c; Typ: ♂ Zool. Inst. Ac. Sci. SSSR, Leningrad; terra typica: SSSR, Untere Wolga, am Berg Bogdo, Sarepta, Gouv. Astrachan; Syn.: *E. ericetorum* (nec WESMAEL) KRAUSS 1888, *E. larrinuae* (nec BOLIVAR) KRAUSS 1888, *Aphlebia larrinai* RETOWSKI 1888 (♀, nec BOLIVAR 1911)). Fig. 648, 713, 862-865.
Kopf beim ♂ dunkelbraun bis schwarz; Antennenbasen, Ocelli und eine Querbinde zwischen dem Dorsalrand der Augen weißlichgelb, die Augen sind auch dorsal weißlichgelb gesäumt, beim ♀ ähnlich; K. PRINCIS (1965) beschreibt diese Färbung mit anderen Worten: 'mit einem schwarzem bis schwarzbraunem Längsstreifen und einer gleichfarbigen Querbinde auf dem Occiput'; Antennen braun bis gelblich. Der Discus des Pronotums beim ♂ wie in Fig. 648, in der Mitte mit einer hellen, proximal verbreiterten Längsbinde und in dieser wie im übrigen Discus ± symmetrische Zeichnungen; weißlichgelb bis durchsichtig gerandet; beim ♀ ist die hufeisenförmige Zeichnung breiter bzw. betonter (713); Meso- und Metanotum mit brauner Seitenbinde, in der Mitte wie am Pronotum mit cranialwärts verschmälertem Längsfleck. Thorakalsterna, Coxae etc. gelblich. Abdomen mit je einer hellbraunen, etwas vom Seitenrand abgesetzter, aus Flecken zusammengesetzter Längsbinde, die beim ♂ bis zur Drüsengrube reicht, beim ♀ noch mit einer Mittelbinde aus kleineren Fleckchen; Sterna beim ♂ ± hellbraun mit lichten Hinter- und Seitenrändern, beim ♀ wie dorsal, aber alle Flecken undeut-

TAFEL 45

843. *Ectobius nicaensis* (BRIS.); Apikalhaken des linken Epiphallus; S-Frankreich, Nice/Nizza, 18.VI.1893, DE BORMANS leg., Mus. Nat. Hist. Genf
844. Desgleichen; Oothek mit Subgenitalplatte von links, Dept. du Var, AZAM leg., wie zuvor
845-855. *Ectobius panzeri* STEPH., soweit nicht anders vermerkt im Mus. Nat. Hist. Genf
845. ♂, Pronotum, Sierra de Peñalara, bei Cercedilla, 17.VII.1924, R. EBNER leg., Nat. Hist. Mus. Wien
846. ♀, Pronotum; Ardèche, Annonay
847. Stylus von oben; wie in Fig. 845
848. Desgleichen; Schweiz, Wallis
849. ♀, rechter Cercus; Ardèche
850. Drüsengrube; Scheveningen, Nat. Hist. Mus. Wien
851. Drüsengrube; Sierre Valais
852. Apikalhaken des linken Epiphallus; wie zuvor
853. Apikalhaken des linken Epiphallus, Scheveningen, Nat. Hist. Mus. Wien
854. ♂, linkes Elytron ♂; Brüssel
855. Oothek im Abdomen von links; Scheveningen, Niederlande, 16.VIII.1923, R. EBNER leg., Nat. Hist. Mus. Wien
856. *Ectobius haeckeli* (BOL.); ♂, Pronotum; bei Arenas San Pedro, 13.VII.1792, Spanien, U. EITSCHBERGER leg., coll. m.
857. Desgleichen; 7. Tergum mit Drüsengrube, nach einem Photo aus A. GALVAGNI 1972
858. Desgleichen; Stylus von oben; wie in Fig. 856
859. Desgleichen; Stylus nach K. PRINCIS 1965
860. *Ectobius tamanini* GALV.; Apikalhaken des linken Epiphallus; aus A. GALVAGNI 1972
861. Desgleichen; Abdomen ♀ von oben; wie zuvor
862. *Ectobius duskei* ADEL.; Drüsengrube; S-Russland, Walouiki, VELITCHKOVSKY leg., Nat. Hist. Mus. Wien
863. Desgleichen; selbe Daten, aber anderes ♂, 6. Tergum angehoben
864. Desgleichen; Stylus von oben; wie zuvor
865. Desgleichen; Oothek; wie zuvor
866. *Phyllodromica panteli* (BOL.); ♂, Thorax mit Elytra; Holotypus, Algeciras, 10.IV.1914, I. BOLIVAR leg., Inst. Españ. Ent. Madrid
867. *Phyllodromica carpetana* (BOL.); ♂, Thorax m. linkem Elytron; Léon, Sierra de Bayos, 1400 m; wie zuvor
868. *Phyllodromica carpetana* (BOL.); linkes Elytron in Aufsicht, a) ♂, Léon, Umgebung San Emiliano, H. FRANZ leg., b) ♀, Sierra Guadarrama, 1800-2300 m, H. FRANZ leg., beide im Nat. Hist. Mus. Wien

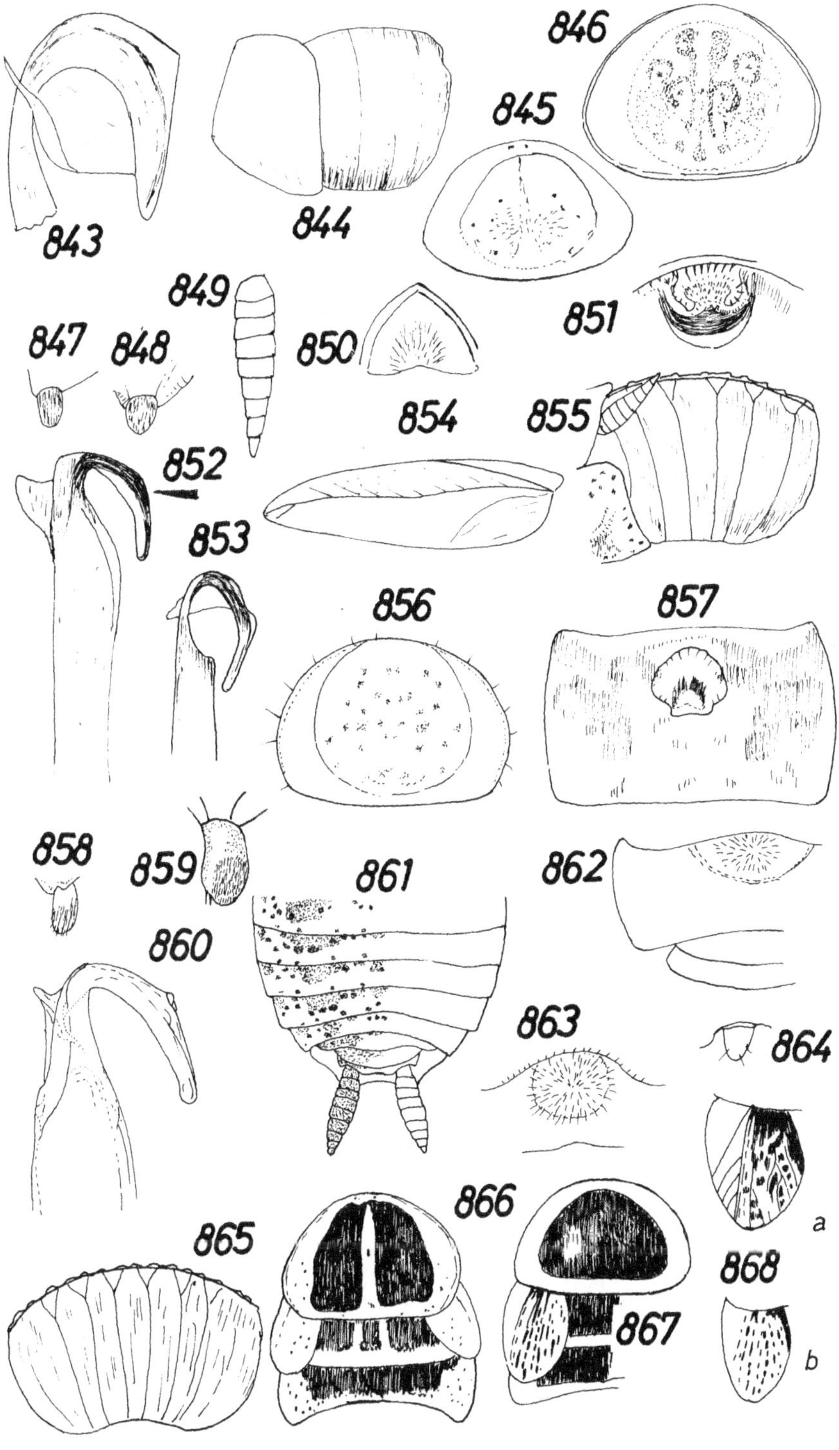
843
844
845
846
847
848
849
850
851
852
853
854
855
856
857
858
859
860
861
862
863
864
865
866
867
868
a
b

licher; Drüsengrube quer, ohne Zäpfchen, aber fein und lang bis bürstenartig behaart (862), beim Anheben des 6. Tergums erscheint die Grube rundlich (863); der Stylus ist relativ klein, stumpfkonisch (864), schwach beborstet; die Subgenitalplatte des ♀ ist am Hinterrand kaum ausgerandet; die Cerci sind beim ♂ lichtbräunlich, gelblich aufgehellt oder gelblich und wie beim ♀ an beiden Enden gebräunt. ♂ macropter, die Elytra überragen das Abdomen um etwa 1,5 mm, R und seine Außenzweige hellbräunlich, wie üblich punktiert, auf dem R auch größere, bräunliche Flecken, Zellen gebräunt; ♀ squamipter, Sc deutlich, An undeutlich. Die Beine sind beim ♂ gelblichbraun, beim ♀ gelblich, Tibia apikal zuweilen dunkel. Die Oothek ist hellbraun, ohne Längsrillen (865), etwa 3:2 mm groß. Maße: Körper ♂ 6,3-7,5, ♀ 6,5-7, Pronotum ♂ 1,5:2,5-2,2:3, ♀ 1,5:2,5-2:3, Elytra ♂ 6,7-7,8, ♀ 08-1. VI-VIII(-IX). Steppenzone der europäischen SSSR, nordwärts bis Krasnograd-Walouiki-Saratow-Uralsk-Tschjalow-Orsk, südwärts bis Simferopol-Kertsch-Nowotscherkask-Baskuntschaksee, der westlichste bekannte Fundort ist Askania Nova (Prov. Cherson). Die Larven sind ähnlich den ♀♀ gezeichnet.

Gattung/Genus: Phyllodromica FIEBER 1835

(Lotos 3:93; typus generis: *Ph. megerlei* (FIEBER) 1853, wurde erst 1903 von J. A. G. REHN eingesetzt; *Hololampra* SAUSSURE 1846. *Aphlebia* BRUNNER VON WATTENWYL 1865, *Arbiblatta* CHOPARD 1936, *Dziriblatta* CHOPARD 1936).

Der vorigen Gattung im Aussehen und in der Lebensweise recht ähnlich, aber die Elytra sind stärker sklerotisiert, die Aderung ist oft schwach ausgeprägt, die Analis fehlt zuweilen; macropter bis squamipter, Alae oft zurückgebildet. Mit etwa 30 Arten im Gebiet verbreitet, sonst in W-Asien, N-Afrika, auf den Azoren, Kanaren und Madeira «» In appearance and behaviour rather similar to the last genus, but the tegmen is more sclerotized, veins often weakly developed, An sometimes absent alae often reduced; macropterous to squamipterous. With about 30 species spread over Europe, others in W. Asia, N. Africa, the Azores, Canary Islands and Madeira.

Schlüssel zu den Arten «» Key to the species

1. ♀♀ 30
– ♂♂ 2
2. Elytra zuweilen verkürzt, aber nie squamipter «» Tegmina sometimes shortened, but never squamipterous 7
– Squamipter «» Squamipterous: Subgen. *Lobolampra* HOULB. (vergl.-compare also *Tartaroblatta* BEY-BIENKO, p. 306) 3
3. Elytra breiter als die hellen Seitenränder des Pronotums davor

(866) «» Tegmina wider than the light margins of the pronotum (866) 4

– Elytra nicht breiter als die hellen Seitenränder des Pronotums davor «» Tegmina not wider than the light margins of the pronotum . *P. subaptera* (RAMB.), p. 303

4. Discus des Pronotums in der Mitte ± aufgehellt (866) oder mit dunklen Zeichnungen «» Disc of the pronotum ± lightened in the middle (866) or with dark marks 6

– Discus des Pronotums ± einfarbig (867) «» Disc of the pronotum ± unicoloured 5

5. Discus schwarzbraun bis schwarz; Elytra außen leicht konvex (868), hinter der Sc oder dem R dunkel gefleckt «» Disc blackish-brown to black; outside edge of the tegmen slightly convex darkly spotted behind the Sc or R (868) . . . . *P. carpetana* (BOL.), p. 303

– Discus schwarz; Elytra außen gerade, weißlich «» Disc of the pronotum black; outside edge of the tegmen straight whitish . . . . *P. algerica* BOL., p. 306

6. Discus braun bis braunschwarz, in der Mitte mit einer weißlich-gelben bis lichtbräunlichen Längsbinde (866) «» Disc of the pronotum brown to brownish-black, with a yellowish-white to light-brownish longitudinal band in the middle (866) . . . . *P. panteli* (BOL.), p. 302

– Discus des Pronotums hell, auf den Seiten mit je einer schwarzen bis rötlichbraunen gebogenen Längsbinde und oft einer 3. Längsbinde in der Mitte und auch mit dunklen Längslinien dazwischen «» Disc of the pronotum light, with a black to reddish-brown incurved longitudinal band on each side and often a third longitudinal band in the middle, often also with dark longitudinal lines between them . . . . *P. virgulata* BOL., p. 302

7. Tergum 6 nicht modifiziert, Tergum 7 in der Mitte einsenkt, aber längs der Mitte nie in zwei gegeneinander gerichtete Loben geteilt «» Tergite 6 not modified, 7th tergite impressed in the middle, but never separated into two lobes which are directed towards each other 13

– Tergum 6 und 7 stark modifiziert, 7. Tergum längs der Mitte in zwei gegeneinander gerichtetet Loben geteilt (869) «» Tergite 6 and 7 strongly modified, 7th tergite separated into two lobes which are directed towards each other (869) 8

8. Seitenkanten des 8. Tergums nicht lobenartig erweitert; Elytra apikalwärts konvergierend, der Apex ist wenigstens innen gerundet (870) «» Side edges of the 8th tergite not widened and lobe-like; tegmen converging distally, apex at least rounded on the in-

side (870) 9
- Seitenkanten des 8. Tergums lobenartig erweitert (671); Elytra abgesehen vom Apikaldrittel nicht konvergierend, Apex innen fast rechtwinklig (672) «» Side-edge of the 8th tergite widened and lobe-like (671); tegmen, apart from the apical third, not converging, apex almost right-angled on the inside (672) . . . .
P. adusta (F.W.), p. 279
9. Cerci schlank, 3,5-4 mal so lang wie breit «» Cerci slender, 3.5-4 times as long as wide 10
- Cerci dick, 2-2,5 mal so lang wie breit «» Cerci thick, 2-2.5 times as long as wide . . . .
P. retowskii (KRAUSS) pag. 278
10. Beine wenigstens z.T. braun, falls braun, dann ist der Hinterrand des 8. Tergums gerade bis leicht konkav «» Legs at least partly brown, if wholly brown, then the hind margin of the 8th tergite is straight 12
- Beine braunschwarz bis schwarzbraun; Hinterrand des 8. Tergums konkav «» Legs brownish-black; hind margin of the 8th tergite concave 11
11. Die Loben des 7. Tergums berühren sich in der Mitte (869); die Sc des Elytrons reicht höchstens etwas über die Mitte hinaus (870) und ist am distalen Ende nicht gebogen «» The lobes of the 7th tergite meet each other in the middle (869); the Sc reaches or just surpasses the middle of the tegmen, and it is not bent apically (870)
P. maculata (SCHREB.), p. 277
- Die Loben des 7. Tergums sind weit getrennt; die Sc des Elytrons reicht gut über die Mitte hinaus und ist apikal gegen den Vorderrand gebogen «» The lobes of the 7th tergite are widely separated; Sc of the tegmen always surpasses the middle and is bent towards the fore margin . . . .
P. kiritshenkoi BEY-BIENKO, p. 278
12. Discus des Pronotums schwarz bis schwarzbraun; Elytra desgleichen, am Vorderrand schmal weißlich gesäumt (873); Epiproct mit konvexem Hinterrand «» Disc of the pronotum and the tegmen black to blackish-brown, narrow fore margin of tegmen whitish (873); epiproct with convex hind margin . . . .
P. polita (KRAUSS), p. 282
- Discus des Pronotums gelblichrot, zuweilen rötlich mit aufgehellter Mitte; Elytra bräunlichrot bis rötlichbraun, am Vorderrand nicht hell gesäumt; Epiproct mit gerade abgestutztem Hinterrand «» Disc of the pronotum yellowish-red, sometimes reddish, but lightened in the middle; tegmina reddish-brown, fore margin not with a light margin; epiproct with a transversely truncated hind margin . . . .
P. euxina BEY-BIENKO, p. 282

13. Elytra am Apex ± verrundet; 6. Tergum seitlich ohne Tuberkel «» Apex of the tegmen ± rounded; 6th tergite without tubercle laterally 15
- Elytra am Apex quer abgestutzt (874); 6. Tergum seitlich mit Tuberkel (875) – Tegmen transversely truncated apically (874); 6th tergite with tubercle on both sides (875) 14
14. Discus des Pronotums dunkelbraun bis schwarz; diese Färbung dehnt sich oft bis an den Rand des Pronotums aus (874); Drüsengrube in der Mitte mit einem zäpfchenartigem Gebilde (876) «» Disc of the pronotum dark brown to black; this colouration often extends up to the margin of the pronotum (874); glandular pit contains a tubercle-like projection (876) . . . .
P. princisi FERN., p. 293
- Discus des Pronotums hell rotbraun, breit hell gerandet (877); Drüsengrube ohne Zäpfchen, am Hinterrand mit gefurchtem Vorsprung (878) «» Disc of the pronotum light reddish-brown, with a broad light margin (877); glandular pit without tubercle, but hind margin with a sulcated projection (878) . . . .
P. agenjoi HARZ, p. 296
15. Die Elytra bedecken ± das Abdomen «» Tegmina ± covering the abdomen 21
- Micropter; die Elytra bedecken das Abdomen höchstens etwas über die Mitte «» Micropterous; tegmina at most just surpassing the middle of the abdomen 16
16. Pronotum ohne 3 dunkle Längsbinden «» Pronotum without 3 longitudinal dark bands 17
- Pronotum mit drei dunklen Längsbinden, die sich auf den Elytra fortsetzen (879) «» Pronotum with three dark longitudinal bands which continue on the tegmina (879) . . . .
P. trivittata (SERV.) p. 299*
17. Die Drüsengrube ist nicht durch eine Längserhebung in der Mitte geteilt, öfters ist sie vom 6. Tergum bedeckt «» Glandular pit not separated by a longitudinal elevation in the middle, often covered by the 6th tergite 19
- Drüsengrube mit einer Längserhebung in der Mitte «» Glandular pit with a longitudinal elevation in the middle 18
18. Elytra ohne dunkles Analfeld, innen an der Basis nicht schwarz; Apex des linken Epiphallus (880) weniger spitz «» Tegmen without dark anal-area, not black on the inside basally; apex of the left epiphallus less pointed (880) . . . .
P. baetica (BOL.), p. 293
[vergleiche «» Compare with *moralesi*]
- Elytra mit dunkel punktiertem und geflecktem Analfeld, Innenrand basal schwarz (881); Apex des linken Epiphallus spitzer (882)

* Vergl. Ph. nadigi HARZ, Fußnote p. 271

TAFEL 46

869. *Phyllodromica maculata* (SCHREB.); Abdomenapex ♂; Siebenbürgen, ex. coll. FIEBER; Nat. Hist. Mus. Wien
870. Desgleichen; linkes Elytron ♂. Mödling bei Wien, die gestrichelte Linie deutet die Lage der Ala an; wie zuvor
871. *Phyllodromica adusta* (F.W.); 6.-8., Tergum ♂ von oben; Krim, Jalta-Utshan San, 10.IV.1915, SG RAMME; Humboldt-Mus. Berlin
872. Desgleichen; Apex des linken Elytrons; wie zuvor
873. *Phyllodromica polita* KRAUSS; ♂, rechtes Elytron von oben; Novo Rossisk, Typ; coll. KRAUSS im Mus. Ludwigsburg
874. *Phyllodromica princisi* FERN.; ♂, Typ. Pronotum und linkes Elytron; Inst. Españ. Ent. Madrid
875. *Phyllodromica agenjoi* HARZ; 6. und 7. Tergum; Spanien, Bacares VII; wie zuvor
876. *Phyllodromica princisi* FERN.; Drüsengrube; Laguna de Cerro Palado, Sierra Nevada, VII.1951, MATEU-COBOS leg., wie zuvor
877. *Phyllodromica agenjoi* HARZ; Pronotum und Elytra ♂; Span., Bacares; links ist die Ala durch eine gestrichelte Linie angedeutet; wie zuvor
878. Desgleichen; 7. Tergum; wie zuvor
879. *Phyllodromica trivittata* (SERV.); ♂, Pronotum, Mesonotum und Elytra; Portugal, Aldeia Nova, Mata do laneco, Monte Gordo (Algarve Oriental), 17.VII.1973, . DE J. FERNANDES leg.; Mus. Bocage, Lissabon
880. *Phyllodromica baetica* (BOL.); Apex des linken Epiphallus; Lanjaron, Spanien; Inst. Españ. Ent. Madrid
881. *Phyllodromica sacarraoi* FERN.; rechtes Elytron ♂; Ponte las Herrenas, Sierra Cazorla, Jaén; Wie zuvor
882. Desgleichen; Apikalhaken des linken Epiphallus; wie zuvor
883. *Phyllodromica llorentae* HARZ; Drüsengrube, Typ; wie zuvor
884. *Phyllodromica graeca* BR.; linkes Elytron ♂; Peloponnes, SCHLÜTER leg.; Nat. Hist. Mus. Wien, coll. BR. Nr. 9843
885. *Phyllodromica moralesi* FERN.; ♂, linkes Elytron; Topada de Mafra, Cacaira do Tiro, 8.V.1961, J. DE A. FERNANDES leg.; Mus. Bocage, Lissabon
886. *Phyllodromica marginata* (SCHREB.); ♂, Pronotum und Elytra (vom Mesonotum ist in der Mitte ein Stückchen zu sehen); Türkei, 18 km östl. Tekirdag, 20.V.1974, H. ECKERLEIN leg., coll. m.

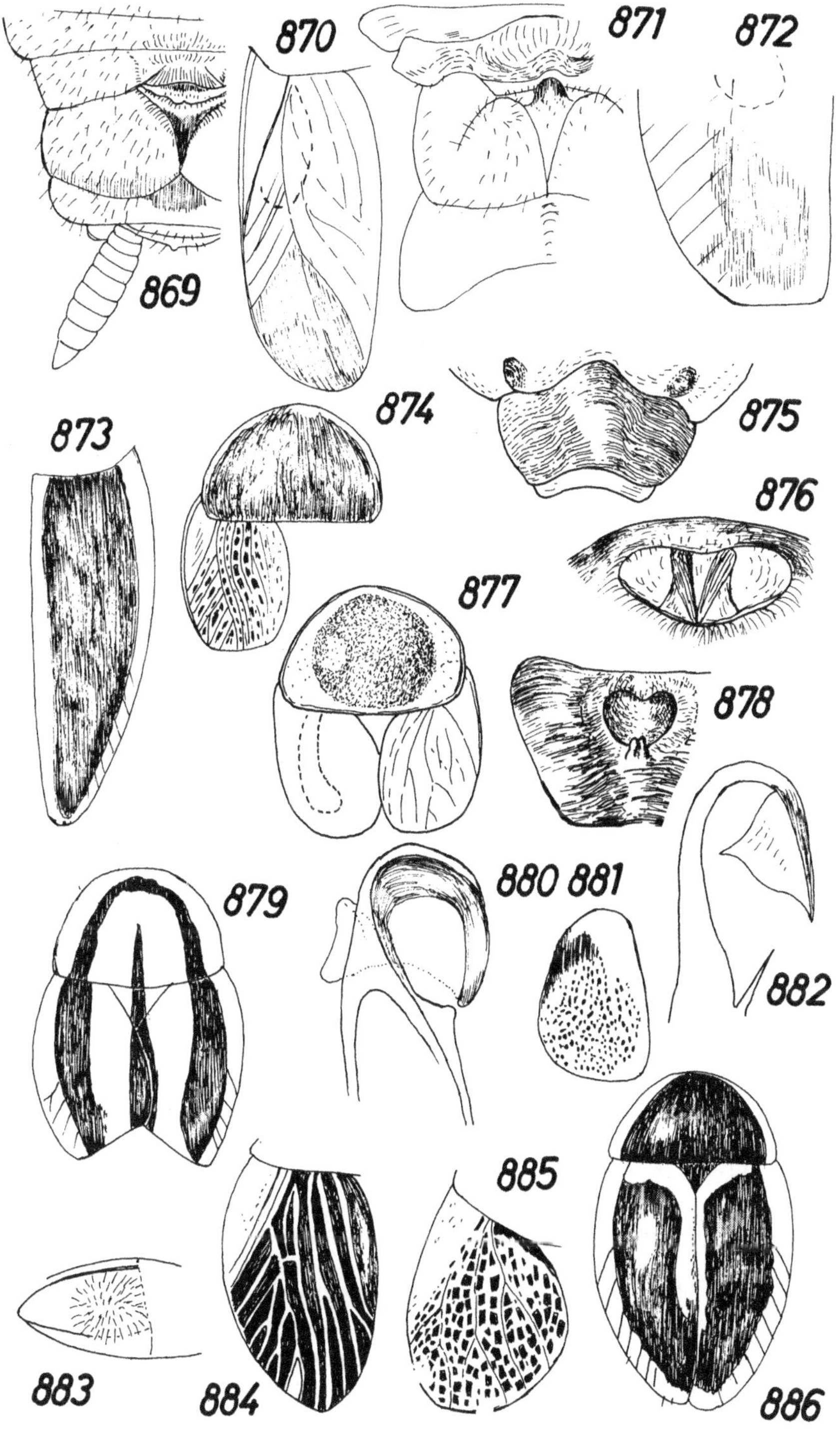
869
870
871
872
873
874
875
876
877
878
879
880
881
882
883
884
885
886

«» Anal-area of the tegmen with dark variously-sized spots, inside base of tegmen black (881); apex of the left epiphallus more pointed (882) . . . .
P. sacarroi FERN., p. 296

19. Elytra dunkel mit hellen Adern; Drüsengrube ohne Zäpfchen «» Tegmina dark with light veins; glandular pit without tubercle . 20
- Elytra hell, ihre Zellen sind schwach ockerbräunlich; Drüsengrube mit Zäpfchen (883) «» Tegmen light, cells weakly ochre-brown; glandular pit with tubercle (883) . . . .
P. llorentae HARZ, p. 292

20. Die Elytra sind länglich eiförmig (884) und erreichen etwa die Mitte des 5. Tergums «» Tegmen longitudinally oval (884), reaching about the middle of the 5th tergite . . . .
P. graeca (BR.), p. 286
- Die Elytra sind kurz-eiförmig (885) und überragen nicht das 2. Tergum «» Tegmen shortly-oval (885), not surpassing the 2nd tergite . . . .
P. moralesi FERN., p. 297

21. Vorder- und Hinterrand der Elytra nicht wie in Fig. 886 weißlich gesäumt «» Fore- and hind-margin of the tegmen not whitish as in fig. 886 23
- Vorder- und Hinterrand der Elytra weißlich gesäumt (886) «» Fore- and hind-margin of tegmen whitish as in fig. 886 22

22. Elytra schwarz «» Tegmina black . . . .
P. marginata (SCHREB.), p. 275
- Elytra rötlich «» Tegmina reddish . . . .
P. marginata f. erythronota BR., p. 276

23. Sc-Feld des Elytrons mit deutlichen Radius Zweigen (Rami anteriores) «» Sc-area of tegmen with distinct branches of the radius (rami anteriores) 24
- Sc-Feld des Elytrons ohne schräge, einander parallele R-Zweige, im ganzen dicht und unregelmäßig geadert «» Sc-area of tegmen without oblique, parallel branches of the R, generally thickly and irregularly veined . . . .
P. megerlei (FIEB), p. 276

24. Elytra basal ohne dunklen Fleck «» Tegmen without dark spot basally 26
- Elytra basal mit dunklem Fleck «» Tegmen with a dark spot basally 25

25. Der Hinterrand der Drüsengrube (887) erreicht etwa die Mitte des 7. Tergums; Stylus mit wenigen abstehenden Borsten (888) «» Hind margin of the glandular pit reaching the middle of the 7th tergite (887); style with a few erect bristles (888) . . . .
P. brevipennis (FISCH.), p. 275

- Der Hinterrand der Drüsengrube erreicht nicht dit Mitte des 7. Tergums (889); Stylus dorsal dicht behaart (890) «» The hind-margin of the glandular pit does not reach the middle of the 7th tergite (889); style thickly covered with hairs dorsally (890) ..... *P. cincticollis* (LUCAS), p. 286
26. Distal der Drüsengrube weder eine breite noch eine schmale Längserhebung «» Neither a wide nor a narrow longitudinal elevation distal to the glandular pit 27
- Distal der Drüsengrube eine deutliche schmale bis breite Längsleiste (891, 892) «» A distinct narrow to wide longitudinal elevation or ridge distal to the glandular pit (891, 892) .... *P. sardea* (SERV.), p. 283
27. Elytra spärlich behaart oder mit wenigen Borstenpunkten, apikalwärds mehr konvergierend (893) «» Tegmen sparsely covered with hairs ,or with a few punctations with bristles, more converging apically (893) 29
- Elytra am Rand ziemlich behaart (besonders apikal deutlich), aber auch auf der Oberfläche behaart oder – wenn die Borsten abgebrochen sind – mit Punkten besetzt, apikalwärts wenig konvergierend (894) «» Tegmen with rather hairy margins (distinct, especially at the apex), surface also hairy or (if hairs are broken off) covered with punctuations, slightly converging apically (894) .. 28
28. Zweige des R im Sc-Feld der Elytra laufen schräg zum Außenrand (894); Discus des Pronotums eckig-verrundet (895) «» R-branches of the tegmen running obliquely into the Sc-area towards the outer margin (894); disc of pronotum square with rounded edges (895) .... *P. pallida* (BR.), p. 288
- Die Zweige des R im Sc-Feld der Elytra laufen wenig schräg zum Außenrand, zumal in der Mitte (896); der Discus des Pronotums ist rundlich (897) «» R-branches of the tegmen running slightly obliquely into the Sc-area towards the outer margin, especially in the middle (896); disc of the pronotum rounded (897) .... *P. carniolica* (RME.), p. 288
29. Discus des Pronotums am Hinterrand ± verrundet (898); die Drüsengrube ist groß, seitlich dunkel gerandet (899) «» Hind margin of the pronotum-disc ± rounded (898); large glandular pit with dark lateral margins (899): style long, with thickened apex (900) .. *P. thyrrhenica* (RME.), p. 292
- Der Discus des Pronotums ist am Hinterrand ± abgestutzt (901), meist mit betonten Hinterecken; die Drüsengrube ist kleiner, das 7. Tergum dahinter erhöht (902); Stylus kurz, stumpf konisch «» Hind margin of the pronotum-disc ± truncated (901), often with projecting hind-corners; glandular pit smaller, 7th tergite

TAFEL 47

887. *Phyllodromica brevipennis* (FISCH.); ♂, Abdomenapex von oben; Jugoslawien, Trebinje, BR. leg.; Nat. Hist. Mus. Wien
888. Desgleichen; Stylus von hinten, Jugoslawien, Siesnica, BR. leg; wie zuvor
889. *Phyllodromica cincticollis* (LUCAS); Drüsengrube; Oran, 8.I.1879; coll. BR. 13.510, Nat. Hist. Mus. Wien
890. Desgleichen; Stylus von oben; wie zuvor
891. *Phyllodromica sardea* (SERV.); ♂ Abdomenapex; Mallorca; Inst. Españ. Ent. Madrid
892. Desgleichen; Drüsengrube; Mallorca; wie zuvor
893. *Phyllodromica thyrrhenica* (RAMME); ♂, linkes Elytron; Neapel, Salerno, oberhalb Nocera, 6.VIII.1924. RAMME-RICHTER SG; coll. R. EBNER im Nat. Hist. Mus. Wien
894. *Phyllodromica pallida* (BR.); ♂ linkes Elytron; Morea (Peloponnes), VON OERTZEN leg.; Nat. Hist. Mus. Wien
895. Desgleichen; ♂, Pronotum; wie zuvor
896. *Phyllodromica carniolica* RAMME; linkes Elytron; Vitos, BR. leg.; Nat. Hist. Mus. Wien, coll. BR. 14.297
897. Desgleichen; ♂, Pronotum; wie zuvor
898. *Phyllodromica thyrrhenica* RAMME; ♂, Pronotum, wie in Fig. 893
899. Desgleichen; ♂, Abdomenapex; wie in Fig. 893
900. Desgleichen; Stylus; wie in Fig. 893
901. *Phyllodromica chorpardi* FERN.; ♂, Pronotum; San Hilario (Barcelona), VIII 1945, RUTILANT leg.; Inst. Españ. Ent. Madrid
902. Desgleichen; Drüsengrube: wie zuvor
903. *Phyllodromica carpetane* (BOL.); ♀, Thorax mit Elytra; S. Vicente de la Barquera, VII-IX, I. BOLIVAR leg.; wie zuvor
904. *Phyllodromica subaptera* (RAMB.); Thorax und Elytra, ♀; Dalmatien; Mus. Nat. Hist. Genf
905. Desgleichen; ♀, Pronotum; Jugoslawien, Lesina; Nat. Hist. Mus. Wien

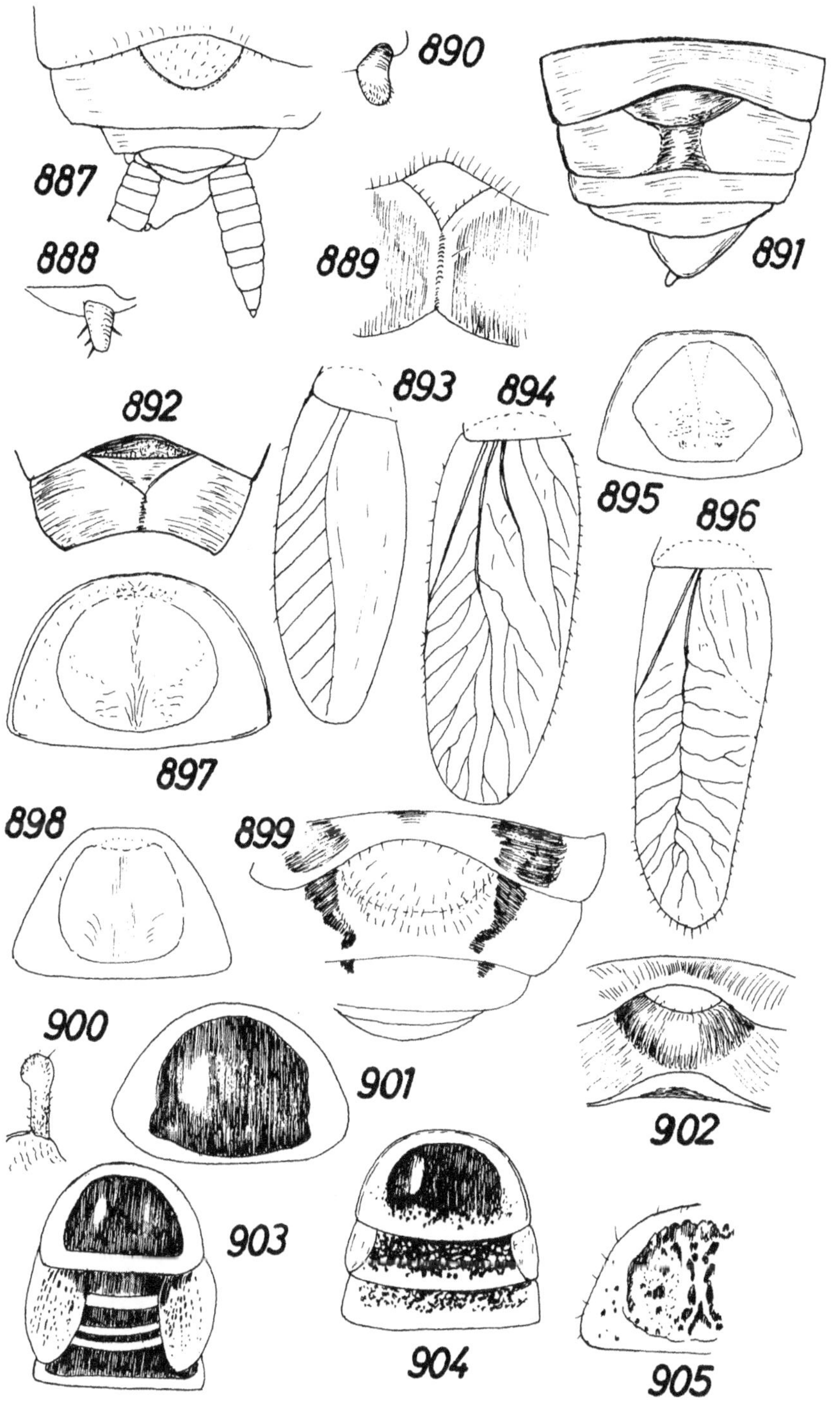
887
888
889
890
891
892
893
894
895
896
897
898
899
900
901
902
903
904
905

raised behind it (902); style short, bluntly conical . . . .
P. chopardi FERN., p. 287

30. Elytra stark verkürzt «» Tegmina strongly shortened 31
- Die Elytra erreichen den Apex des Abdomens, zuweilen sind sie leicht verkürzt, der Vorderrand ist dann völlig, der Hinterrand bis auf das Apikaldrittel weißlich gesäumt (vergl. Fig. 886), Stylus lang mit verdickten Apex (900) «» Tegmen reaching the apex of the abdomen, sometimes slightly shortened, then the fore margin is entirely whitish; the hind margin, apart from the apical third, also whitish (compare with fig. 886) . . . .
P. marginata (SCHREB.), p. 275

31. Die Elytra berühren sich mit den Hinterränder oder diese berühren sich fast am Rücken, Alae verkürzt (± micropter) «» Tegmina meet or almost meet over the back, alae reduced (± micropterous) 43
- Die Elytra liegen seitlich (sqamipter), die Alae sind völlig mit dem Metanotum verwachsen «» Tegmina situated laterally (squamipterous), alae entirely fused with the metanotum 32

32. Ein Elytron ist breiter als der helle Seitenrand des Pronotums (903) «» Tegmen wider than the light side-margin of the pronotum (903) 34
- Elytron nicht breiter als der helle Seitenrand des Pronotums davor (904) «» Tegmen not wider than the light side-margin of the pronotum (904) 33

33. Der Discus des Pronotums ist ganz dunkel oder hell mit ± symmetrischen dunklen Zeichnungen (905) «» Disc of the pronotum entirely dark or light with a ± symmetrical pattern (905) . . . .
P. subaptera (RAMB.), p. 303
- Discus des Pronotum einfarbig hell (906) «» Disc of the pronotum light and unicoloured (906) . . . .
P. algerica (BOL.), p. 306

34. Elytra innen-basal ohne dunklen Fleck «» Base of tegmen without dark spot on the inside 36
- Elytra innen-basal mit dunklem Fleck «» Base of tegmen with a dark spot on the inside 35

35. Der dunkle Fleck der Elytra ist viel breiter als das Sc-Feld (907) «» Dark spot of the tegmen is much wider than the Sc-area (907) . . . .
P. brevipennis (FISCH.), p. 275

[vergl. eventuell «» compare with: *P. tartara* (SAUSS.)]
- Der dunkle Fleck der Elytra ist schmaler als das helle Sc-Feld (908) «» Dark spot of the tegmen narrower than the light Sc-area (908) .
P. sacarroi FERN., p. 296

36. Die Elytra sind ± hell, höchstens leicht punktiert «» Tegmen ±

light, at most slightly punctated 39

- Die Zwischenräume der Adern der Elytra sind dunkel (909) «» Space between the veins dark (909) 37

37. Der Discus des Pronotums ohne vorspringende Hinterecken; Elytra nicht dick weißlich geadert «» Disc of pronotum without projecting hind corners; tegmen without thick white veins 38

- Pronotum discus mit vorspringenden Hinterecken (910); Elytra dick weißlich geadert (909) «» Disc of the pronotum with projecting hind corners (910); tegmen with thick white veins (909) . . . . . *P. graeca* (BR.), p. 286

38. Beine braun, Tarsi heller; Elytra basal am Innenrand dunkel, 09-1,2 mm lang «» Legs brown, tarsi lighter; inner margin of the base of the tegmen dark 0.9-1.2 mm in length . . . . *P. carpetana* (BOL.), p. 303

- Beine schwarz, Tarsi hell; Elytra basal am Innenrand höchstens leicht verdunkelt, 1,4 mm lang «» Legs black, tarsi light; inner margin of the tegmen at most slightly darkened, 1.4 mm in length . *P. moralesi* FERN., p. 297

39. Die Elytra sind etwa zweimal so breit wie der helle Seitenrand des Pronotums; der Discus des Pronotums ist nicht schwarz bis braun und ohne helle Längsbinde in der Mitte «» Tegmina about twice as wide as the light side-margin of pronotum; disc of pronotum not black to brown, without a light longitudinal band in the middle 40

- Elytra wenig breiter als der helle Pronotumsaum davor (911); Discus des Pronotums schwarz bis braun, mit schmaler heller Längsbinde in der Mitte «» Tegmen slightly wider than the light margin of the pronotum; disc of pronotum black to brown, with a narrow light longitudinal band in the middle (911) . . . . *P. panteli* (BOL.), p. 302

40. Discus des Pronotums einfarbig hell oder dunkel, höchstens vorn fein dunkel gesäumt, punktiert oder am Hinterrand dunkel gefleckt «» Disc of pronotum unicoloured, light or dark, at most with a fine dark border anteriorly, punctated or with dark spots along the hind margin 41

- Discus des Pronotums hell, seitlich mit breiter, dunkler Längsbinde (912) «» Disc of pronotum light, with a dark, wide, longitudinal band on each side (912) . . . . *P. virgulata* (BOL.), p. 302

41. Discus des Pronotums rostrot oder anders rötlich «» Disc of pronotum rusty red or another reddish colour 42

- Discus des Pronotums schwarz (immer?) «» Disc of pronotum black (always?) . . . . *P. pallida* (BR.), p. 289

42. Discus des Pronotums hell rostrot, vorn fein dunkel gesäumt «» Disc of pronotum light rusty red, with a fine, dark anterior border *P. pallida cecconii* (GRIFF.), p. 289
- Discus des Pronotums einfarbig rostrot bis orange, selten am Hinterrand mit dunklen Flecken «» Disc of pronotum unicoloured rusty red to orange, hind margin, rarely with dark spots .... *P. carniolica* (RME.), p. 288
43. Zweige des R im Sc-Feld der Elytra deutlich «» Branches of the R in the Sc-area of the tegmen distinct 44
- Zweige des R im Sc-Feld undeutlich bis fehlend (913) «» Branches of the R in the Sc-area indistinct or absent (913) .... *P. megerlei* (FIEB.), p. 276

  [Falls Pronotum mit 3 dunklen Längsbinden vergleiche «» If pronotum with 3 dark longitudinal bands compare with: *P. trivitatta* (SERV.), p. 300]
44. Elytra apikal deutlich abgestutzt (914) «» Apex of tegmen distinctly truncated (914) 49
- Elytra am Apex verrundet, höchstens am Apex ganz leicht abgestutzt (915) «» Tegmen with rounded apex, at most very slightly truncated apically (915) 45
45. Elytra unter 3 mm lang, ± eiförmig «» Tegmen less than 3 mm in length, ± oviform 47
- Elytra länger als 3 mm, lang eiförmig «» Tegmen more than 3 mm in length, longitudinally oviform 46
46. Beine gelblich; Cerci ocker mit bräunlicher Basis; Discus des Pronotums licht-ocker, braun punktiert (916) bis einfarbig rötlichbraun oder in der Mitte aufgehellt «» Legs yellowish; cerci ochre with brownish base; disc of pronotum light ochre with brownish punctuations (916) to unicoloured reddish-brown, or lightened in the middle .... *P. sardea* (SERV.), p. 283
- Beine gelblichbraun, seltener gelblich; Cerci hell rötlich- bis dunkelbraun oder dunkel gefleckt; Discus des Pronotums fast trapezförmig (917), dunkelbraun, auch aufgehellt, selten ohne betonte Hinterecken «» Legs yellowish-brown, more rarely yellowish; cerci reddish- to dark brown or with dark spots; disc of the pronotum almost trapezoidal (917), dark brown, sometimes lightened, rarely without projecting hind corners .... *P. chopardi* FERN., p. 287
47. Elytra apikal breit verrundet bis schwach abgestutzt, höchstens gebräunt «» Apex of tegmen broadly rounded to weakly truncated usually light but at most tanned 48
- Elytra apikal verrundet (918), bis auf das Sc-Feld ± dunkel «» Apex of tegmen rounded (918), apart from the Sc-area ± dark ... *P. marcelloi* FERN., p. 298

48. Cerci braun; Zellen der Elytra braun «» Cerci brown; cells of the tegmen brown ....
P. baetica (BOL.), p. 293
– Cerci gelblich, höchstens basal gebräunt; in den wenig deutlichen Zellen der Elytra hellbräunlich «» Cerci yellowish, at most light brownish basally; cells of tegmen less distinct, light brownish ....
P. llorentae HARZ, p. 292
49. Discus des Pronotums ohne braune fast hufeisenartige Binde und eine braune Längsbinde in der Mitte «» Disc of pronotum without an almost horseshoe-like band and also without a brown longitudinal band in the middle 50
– Discus des Pronotums mit einer fast hufeisenförmigen Binde und einer braunen Längsbinde in der Mitte (919) «» Disc of pronotum with an almost horseshoelike band and a brown longitudinal band in the middle (919) ....
P. trivittata (SERV.), p. 299*
50. Elytra am Hinterrand gerade abgestutzt (920) «» Hind margin of the tegmen straightly truncated (920) 55
– Elytra am Hinterrand schräg abgestutzt (921) «» Tegmen with ± obliquely truncated hind margin (921) 51
51. Die Sc erreicht nicht die äußere latero-caudale Ecke des Elytrons «» The Sc does not reach the apical corner of the outside of the tegmen 52
– Die Sc erreicht die äußere latero-caudale Ecke des Elytrons «» The Sc reaches the apical corner of the outside of the tegmen ....
P. kirithenkoi BEY-BIENKO, p. 278
52. Cerci wenigstens viermal so lang wie breit; Kopf zwischen den Augen heller oder mit heller Querbinde «» Cerci at least four times as long as wide; head lighter between the eyes or with a light transverse band 53
– Cerci drei-bis höchstens dreieinhalbmal so lang wie breit; Kopf einfarbig hell «» Cerci 3-3½ times as long as wide; head light and unicoloured ....
P. retowski (KRAUSS), p. 278
53. Terga dunkel, zuweilen mit gelblichen Hinter- und Seitenrändern oder hell mit undeutlichen dunklen Querstreifen «» Tergites dark, sometimes with yellowish hind- and side-margins or light with indistinct dark transverse stripes 54
– Terga hell mit drei, manchmal nur schwach ausgeprägten Längsbinden «» Tergites light with three, sometimes weakly developed, longitudinal bands ....
P. adusta ADEL., p. 279
[Schwer davon zu unterscheiden ist die im Kaukasus vorkommende P. polita KRAUSS «» Difficult to distinguish from the

* *Phyllodromica nadigi* HARZ (Articulata 1:19-20, 6 Fig., 1976) auf der Insel Elba hat eine ± hufeisenförmige Pronotumzeichnung.

TAFEL 48

906. *Phyllodromica algerica* (BOL.); ♀, Thorax; Sierre de las Nieves, Yunquera, Malaga, A. COBES leg.; Inst. Españ. Ent. Madrid
907. *Phyllodromica brevipennis* (FISCH.); ♀, Pronotum und linkes Elytron; Steinbrück, BR. leg.; Nat. Hist. Mus. Wien, die strichelten Linien deuten die Variationsbreite an
908. *Phyllodromica sacarraoi* FERN.; ♀, Pronotum und linkes Elytron; Allotypus, Jaén, Pte las Herrenias, Sierra Cazorla; Inst. Españ. Ent. Madrid
909. *Phyllodromica graeca* (BR.); ♀, linkes Elytron; Korax-Geb. VON OERTZEN leg.; Nat. Hist. Mus. Wien
910. Desgleichen; ♀, Thorax und rechtes Elytron; Olymp, Valle Stalamata; wie zuvor
911. *Phyllodromica panteli* (BOL.); ♀, Thorax; bei Ronda, Andalusien, H. FRANZ leg.; wie zuvor
912. *Phyllodromica virgulata* (BOL.); ♀, Thorax; Typ, Inst. Españ. Ent., Madrid
913. *Phyllodromica megerlei* (FIEB.); ♀, Pronotum und linkes Elytron; Nieder-Österreich, Mauer, BR. leg.; Nat. Hist. Mus. Wien
914. *Phyllodromica maculata* (SCHREB.); ♀, Pronotum und linkes Elytron; Rumänien, Kronstadt; wie zuvor
915. *Phyllodromica llorentae* HARZ; ♀, Pronotum und Elytra; Menorca, Umgeb. Monte torre, H. FRANZ leg.; Inst. Españ. Ent. Madrid
916. *Phyllodromica sardea* (SERV.); ♀, Pronotum; Mallorca; Nat. Hist. Mus. Wien
917. *Phyllodromica chopardi* FERN.; ♀, Pronotum, die gestrichelte Linie deutet die Variationsbreite an; Montseny, 20.VII.1941; Inst. Españ. Ent. Madrid
918. *Phyllodromica marcelloi* FERN.; ♀, rechtes Elytron; nach J. DE A. FERNANDES 1962
919. *Phyllodromica trivittata* (SERV.); ♀, Pronotum, Linanon, Ain Sofar, 22.VIII.1928, R. EBNER leg. (= *ebneri* HARZ); Nat. Hist. Mus. Wien
920. *Phyllodromica cretensis* RAMME; ♀, rechtes Elytron; S-Kreta, 1914, LOHR leg.; Nat. Hist. Mus. Wien

906
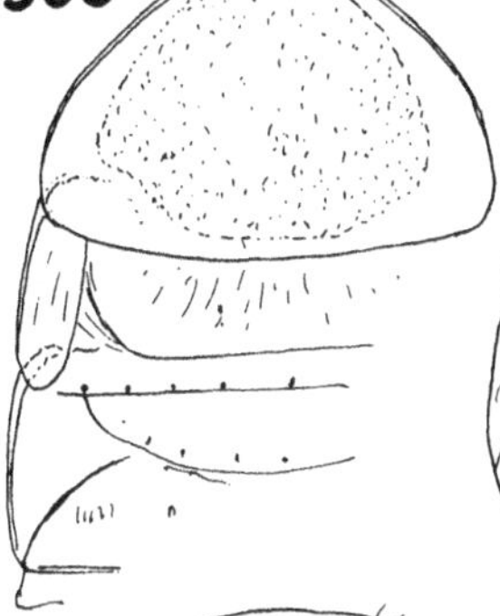

907
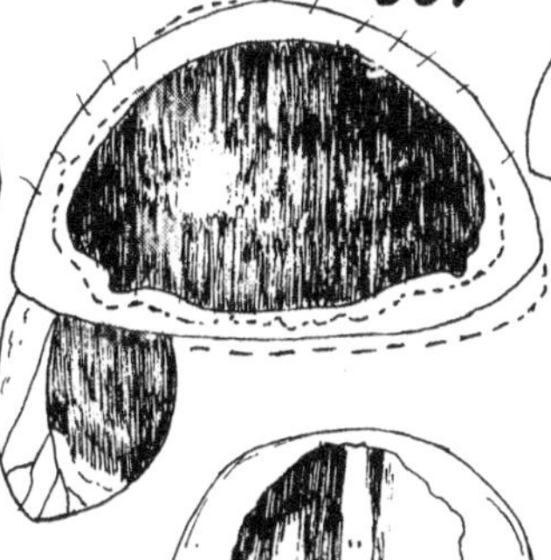

908

909

910
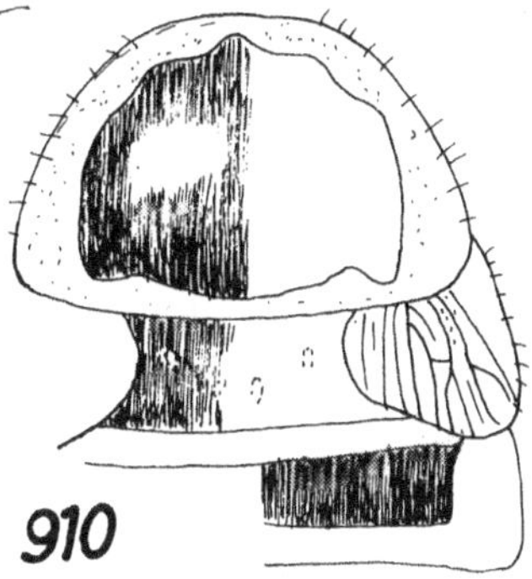

911
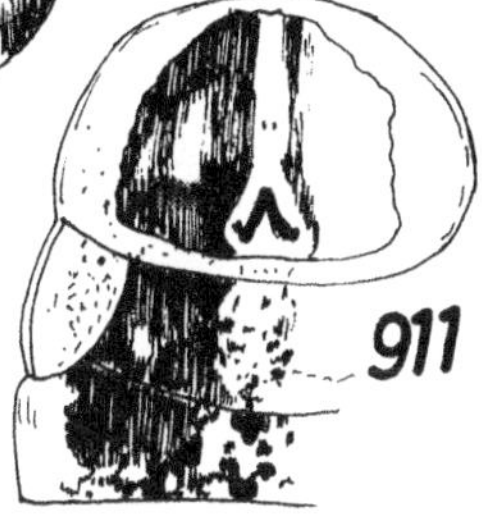

912
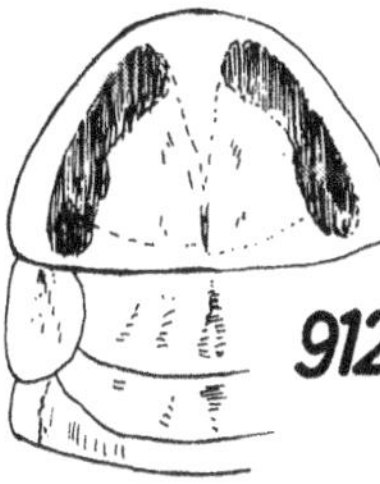

913
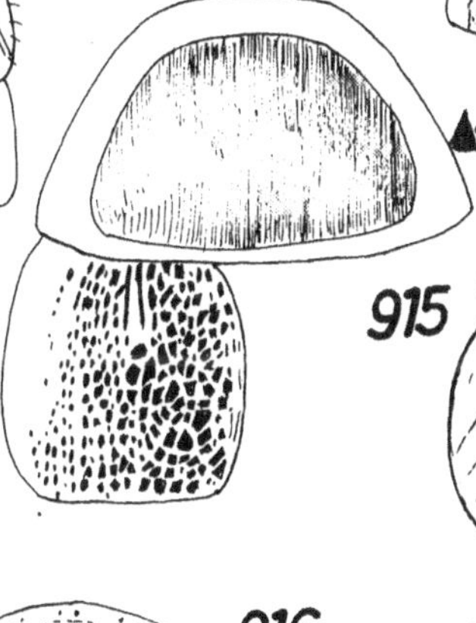

915
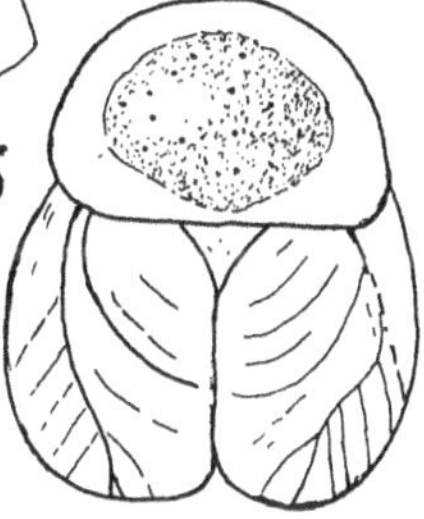

914
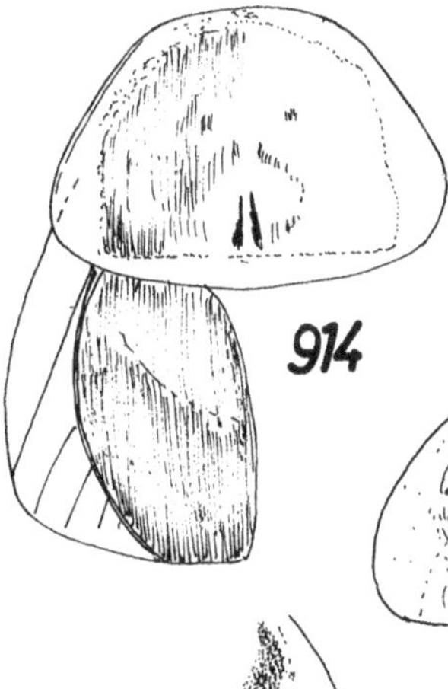

916
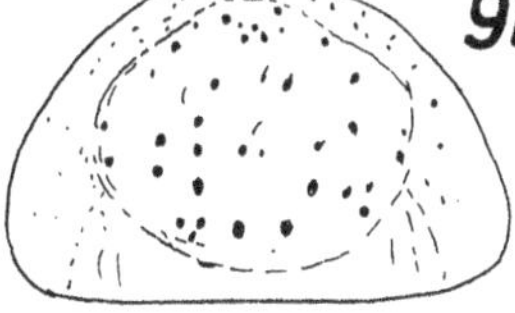

917
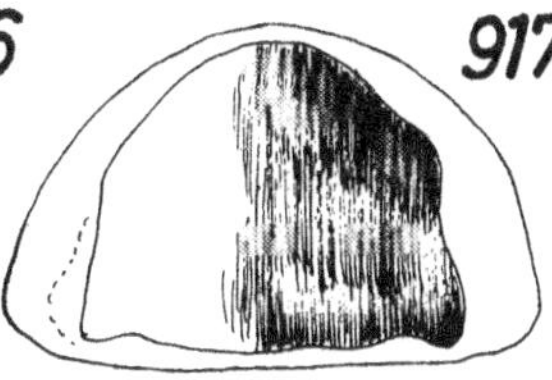

918
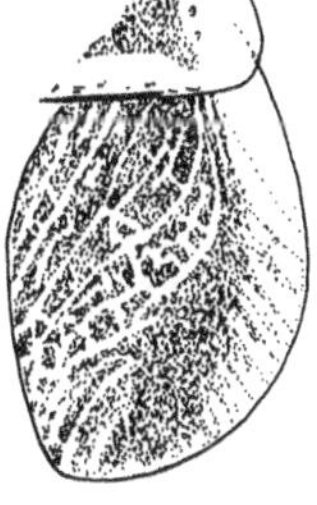

919

920
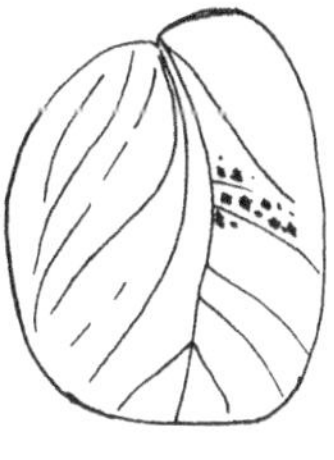

related species *polita* KRAUSS living in the Caucasus, p. 282]

54. Discus des Pronotums dunkel bis schwarzbraun mit betonten Hinterecken, falls rötlich mit Aufhellungen, dann ist der Vorderrand der schwarzen Elytra gelblich; Terga dunkelbraun bis schwarz, zuweilen mit gelblichen Hinterrand und Seiten «» Disc of pronotum dark to blackish-brown with projecting hind corners, if reddish with lighter areas then the fore margin of the black tegmen is yellowish; tergites dark brown to black, sometimes with yellowish hind-margin and side-margin . . . .
P. maculata (SCHREB.), p. 277

– Discus des Pronotums gelblichrot, zuweilen rötlichbraun mit aufgehellter Mitte; Elytra einfarbig rötlichgelb-durchsichtig; Terga gelblich mit unscharfen dunklen Querstreifen «» Disc of pronotum yellowish-red, sometimes reddish-brown with lighter middle; tegmen unicoloured translucent-reddish-yellow; tergites yellowish with blurred transverse dark stripes . . . .
P. euxina BEY-BIENKO, p. 282

55. Der discus des Pronotums erstreckt sich ± bis zum Hinterrand des Pronotums oder der Hinterrand des Discus ist gerade «» Disc of pronotum reaches the hind-margin of pronotum or the hind-margin of pronotum is transversely truncated 57

– Der Discus des Pronotums ist rundlich und erreicht nicht den Hinterrand des Pronotums «» Disc of pronotum is rounded and does not reach the hind margin of pronotum 56

56. Der Discus des Pronotums ist rötlichbraun, am Außenrand hell gelblichbraun und wie der lichte Saum leicht punktiert «» Disc of pronotum reddish-brown with light yellowish-brown sides; whole of pronotum slightly punctated . . . .
P. cincticollis (LUCAS), p. 286

– Der Discus des Pronotums ist gelblich-ocker bis rötlichocker gefärbt und wie die helle Umrandung nicht punktiert «» Disc of pronotum yellowish-ochre to reddish-ochre; pronotum not punctuated . . . .
P. thyrrhenica (RME.), p. 292

57. R des Elytrons ab dem Basaldrittel fast gerade (920) «» R of the tegmen almost straight (apart from the basal third) (920) . . . .
P. cretensis (RME.), p. 297

– R des Elytrons über die ganze Länge gebogen (922) «» R of the tegmen incurved along its whole length (922) . . . .
P. princisi FERN., p. 293

Untergattung/Subgenus: Phyllodromica FIEBER 1853

Wie zuvor; ♂ macropter, sind die Elytra verkürzt, dann sind sie doch deutlich geadert; ♀ micropter oder die Elytra berühren sich doch fast am Rücken «» As above; ♂ macropterous, if the tegmina are shortened, then with distinct venation; ♀ micropterous, if not, then the tegmina almost meet over the back.

28. *P. brevipennis* (FISCHER) 1853 (Orth. Eur., p. 102, Taf. 7, Fig. 12; Typ: ♀ verschollen; terra typica: Istrien). Fig. 887, 888, 907, 923, 924.
Kopf braun, Vertex und Stirn oft etwas heller, dorsal zwischen den Augen eine gelblichweiße Querbinde und die üblichen queren Punktreihen; Antennenbasen und Ocelli hell, Antennen hell- bis dunkelbraun. Der Discus des Pronotums ist schwarz bis schwarzbraun, am Rand bräunlich, Saum weißlichgelb bis durchsichtig (907, 923); der Discus kann am Rand wo er dem Thorax nicht aufgewachsen ist auch kaffeebraun durchscheinen. Thorakalsterna, Coxen etc. braun bis bräunlich, beim ♀ auch gelblich. Abdomen beim ♂ mit schwarzen, am Hinterrand und seitlich gelblichweiß gesäumten Terga, das 6.-8. Tergum ist fast ganz hell, das 9. und 10. basal dunkel; Sterna braun; beim ♀ sind die Terga dunkel mit schmalem hellem Hinterrand und distalwärts etwas breiteren Seitenrändern, Sterna nur mit hellen Seitenrändern bis auf die Subgenitalplatte, die hinten schmal ausgerandet und schmal hell gesäumt ist; Drüsengrube ohne Zäpfchen, leicht behaart (887); Stylus leicht konisch, spärlich beborstet (888); Apikalhaken des linken Epiphallus wie in Fig. 924; die Cerci sind beim ♂ braun, beim ♀ ebenso, aber auch zuweilen hell und an beiden Enden gebräunt. Die *f. nigra* HARZ 1975 (Ber. Naturwiss. Ges. Bayreuth, 15:52-54, Fig. 13-16) unterscheidet sich von der Stammform durch schwarze Antennen, das hinten leicht konkave Pronotum, den Discus des Pronotums, dessen größte Breite kurz vor den Hinterwinkeln liegt und die allmählich zum Apex verschmälerten Elytra, die vom ganz schmal bräunlich gesäumten Hinterrand bis etwa zum Radius glänzend tiefschwarz gefärbt sind, in normaler Ausfärbung befindet sich innen vom R in der Basalhälfte ein brauner bis schwarzer Fleck, der etwa bis zur Mitte reicht und die Seiten der Elytra laufen einander fast parallel, wogegen sie bei der forma allmählich zum Apex verschmälert sind. Beine beim ♂ braun bis gelblich, Dornen und Tarsi, zuweilen auch die Tibia gelblich, beim ♀ gelblich, bei der Forma sind die Beine u.a. sonst hellere Teile weitgehend geschwärzt. Maße: Körper ♂ 7-8,8, ♀ 7-8, Pronotum ♂ 2:3,7-2:3,8, ♀ 2:3,5-2,3:4,2, Elytra ♂ 4-4,6, ♀ 1,8-2. Oothek ohne Längsrippen. VI-VIII(-IX). Österreich (Kärnten), Ungarn, Jugoslawien, Albanien, Bulgarien, Griechenland (Wermion N-Hang, 1100-1310 m), Türkei, Syrien; die nigristische Form seither nur in den Julischen Alpen, Italien.

29. *P. marginata* (SCHREBER) (1781) (*Blatta m.*, Naturf. 15:88, Taf. 3, Fig. 16; Typ: verschollen; terra typica: Italien; Neotypi: Italien, ♂ Campania, 25.V.1961, ♀ Lucania, 1.VI.1958, beide A. SERVADEI leg. coll. m.; Syn.: *Kakerlac olicipennis* BRULLÉ 1832, *Aphlebia marginata meridionalis* DRENSKI 1939). Fig. 886, 925-935.
Kopf schwarz oder mit einer breiten, gelben bis licht orangefarbenen Querbinde zwischen den Augen, die zwei Reihen dunkler Punkte trägt, bei rotbraunem Kopf ist die Binde gelblichweiß, sie kann auch die Antennenbasen

umfassen; die Ocelli sind bei heller Stirn schwach ausgeprägt. Der Discus des Pronotums ist schwarz bis rötlichbraun, orangerot bis orange bei der *f. erythronota* BR. 1882, ziemlich scharf begrenzt, bei der genannten forma auch mit Aufhellungen, besonders am Vorderrand und in den Hinterecken, Saum gelblich. Thorakalsterna, Coxae etc. braun bis gelblich. Abdomen schwarz bis rötlichbraun, Hinter- und Seitenränder der Terga und Sterna hell, zuweilen nur auf den drei letzten Sterna und der Subgenitalplatte so, diese beim ♀ auch seitlich der Mitte schmal bis breit aufgehellt; Epiproct am Hinterrand breit verrundet; Stylus (929) apikal auf der Dorsalseite mit dichtem, anliegendem hellem Haarfleck; die Drüsengrube ist quer, mit unterschiedlich großem, aber immer dicht gelblich behaartem Zäpfchen (930-933), dahinter in der Mitte zuweilen mit feiner Längsfurche oder Falte, Unterschiede, die wohl auf Trocknungsvorgänge zurückzuführen sind; Apikalhaken des linken Epiphallus wie in Fig. 934; die Cerci sind dunkelbraun bis schwarz, schlank bis fast spindelförmig (926-928), das Apikalglied ist kaum länger bis doppelt so lang wie das vorhergehende, wobei wohl auch Schrumpfungsvorgänge beim Trocknen eine Rolle spielen, Alkoholpräparate sind überhaupt bei Schaben vorzuziehen; in der Regel sind aber die Cerci etwa viermal so lang wie breit. Brachypter; bei durchfallendem Licht sind die Elytra licht hellbraun, erst die Auflage auf die Terga läßt sie braunschwarz oder schwarz erscheinen. Bei der *f. erythronota* zuweilen hell rotbraun, außen bis zum Apex, innen etwa bis zum Apikaldrittel breit weiß, elfenbeinweiß bis gelblichweiß gerandet (886, 925), am Innenrand auch mit dunklen Punkten; nach K. PRINCIS (1965) berühren sich die Elytra nur am Distalrand des Scutellums, sonst divergieren sie proximal und distalwärts, so daß das Scutellum und z. T. auch die Abdomenoberseite unbedeckt bleiben, aber dies beruht wohl ausschließlich auf schlechter Präparation bzw. dem Trockenvorgang; die Aderung der Elytra ist recht undeutlich, eigentlich ist nur der R mit seinen Außenzweigen (im reflektierenden Licht) gut zu erkennen; die Alae erreichen beim ♂ das Hinterende des 2. bis 3. Tergums, beim ♀ höchstens bis zur Mitte des 3. Tergums. Die Beine sind schwarz bis braun (♂) mit gelben Dornen und Tarsi, beim ♀ sind sie meist gelblich, Tibiae dorsal von den Dornen auch mit dunklen Fleckchen. Maße: Körper ♂ 5,3-6,5, ♀ 6-7,5, Pronotum ♂ 1,6:2,5-1,8:3, ♀ 1,7:2,8-2,2:3,6, Elytra ♂ 3,8-5, ♀ 4,5-5,6. Oothek (935) ohne Längsstreifen oder Rillen. IV-VII. Von Korsika (?) über Sardinien, Sizilien und Italien durch Jugoslawien, Albanien, Griechenland, Bulgarien sowie Ungarn und Rumänien bis nach S-Russland und über die Türkei verbreitet; die *f. erythronota* überall mit normalgefärbten Tieren.

30. *P. megerlei* (FIEBER) 1853 (*Blatta m.*, Lotos 3:94, Nr. 7; Typ: Nat. Hist. Mus. Wien; terra typica: Österreich; Syn.: *Blatta punctata* MEGERLE DE MÜHLFELD in CHARPENTIER 1825, der Name ist ein Homonym zu (*Diploptera*) *punctata* ESCHHOLZ 1822). Fig. 913, 935-940.
Der Kopf des ♂ ist dunkel braunrot bis schwarz, um die Ocelli hell, beim ♀ ist die ganze Stirn orange, die kleinen Ocelli sind weißlichgelb, dunkel gerandet (immer?); die Antennen sind gelblich; das Apikalglied der Maxillarpalpen ist dunkel. Der Discus des Pronotums (913, 936) ist schwarz, seltener gelborange, scharf begrenzt, weißlichgelb bis durchsichtig gerandet. Thora-

kalsterna, Coxae etc. braun. Abdomen beim ♂ dunkel, nur die letzten Terga an den Seiten mit aufgehelltem Hinterrand, beim ♀ sind die Terga und Sterna gelblichweiß gerandet, zuweilen auch die Hinterränder; Drüsengrube ohne Zäpfchen, am Hinterrand etwas dichter behaart bzw. beborstet, ebenso am Hinterrand des 7. Tergums; Stylus relativ groß, orangefarben, apikal hakenförmig gebogen und hier mit dicht anliegendem Haarfleck (937, 938); die Cerci sind dunkelbraun bis schwarz; die Subgenitalplatte des ♀ ist kaum ausgerandet. ♂ brachypter; die Elytra bedecken gerade das Abdomen, zwischen den hellen Adern sind sie dunkel gefleckt; ♀ micropter, die Elytra sind am Hinterrand quer abgestutzt (913) und erreichen den Hinterrand des 1. bis 2. Tergums, gezeichnet sind sie wie beim ♂, das Sc-Feld ist gleichfalls wie beim ♂ ohne R-Zweige; die Alae sind stark verkürzt und erreichen bei ♂ und ♀ etwa den Hinterrand des 1. Tergums. Die Beine sind beim ♂ braun bis schwarz, Tibiae mit gelben Dornen, Tarsi ± gelblich, beim ♀ mit gelblichbraunen Tibiae und Tarsi. Maße: Körper ♂ 5-7, ♀ 5,6-7, Pronotum ♂ 1,7:3-2,1:3,2, ♀ 1,6:2,9-2,2:3,5, Elytra ♂ 4-5,8, ♀ 1,9-3,2. Oothek mit 10-12 scharfen, kielartigen Längsrippen, Kamm mit kleinen spitzen Zähnchen, etwa 2,8 mm lang und 2 mm hoch. VI-(?IX). Die helle forma wurde von W. RAMME als *f. erythronota* bezeichnet. S-Deutschland (neuere Funde fehlen), Österreich, CSSR, Ungarn, N-Italien, Moldauische und Ukrainische SSR; in der Türkei und N-Syrien schließt sicht *megerlei asiatica* BEY-BIENKO 1950 an.

31. *P. maculata* (SCHREBER) 1781 (*Blatta m.*, Naturforscher 15:88-89, Taf. 3, Fig. 17, 18; Typ: verschollen; terra typica: S-Deutschland, Erlangen, Halle; Neotyp: ♂ bei Erlangen, 5.VIII.1958, H. REMOLD leg., coll. m.; Syn.: *Blatta quarta* SCHAEFFER 1769). Fig. 869, 870, 914, 940-942.

Der Kopf ist braun bis braunschwarz, auf dem Vertex auch heller, zwischen den Augen rötlichbräunlich aufgehellt, Ocelli klein, aber deutlich, die Antennenbasen sind weißlich; beim ♀ dorsal zwischen den Augen meist eine gelblichweiße Querbinde und das übrige Gesicht ist oft heller braun, die queren Punktreihen wie üblich. Der Discus des Pronotums (914, 940) ist dunkel- bis schwarzbraun und schwarz, seitlich oft unscharf gerandet, auch heller bräunlich, er kann sich auch fast bis zum Pronotumrand ausdehnen (940 – – –) bei der *f. schaefferi* GOETZE 1778 ist der Discus rötlich mit Aufhellungen und zuweilen ist auch der Hinterrand schmal hell gebräunt. Thorakalsterna, Coxae etc. braun bis gelbbraun. Das Abdomen ist dunkelbraun bis schwarz, beim ♀ sind die Hinterränder und Seiten zuweilen gelblich, die Terga sind beim ♂ runzlig und ziemlich beborstet, die Sterna beim ♀ mit gelblichem Hinterrand und ebensolchen Seiten; das 7. und 8. Tergum ist beim ♂ seitlich erweitert (gegenüber den vorhergehenden), das 7. distal der Drüsengrube in der Mitte gespalten (869), die gegeneinander gerichteten Loben berühren sich etwa in der Mitte, im Querspalt der Drüsengrube zwischen dem 6. und 7. Tergum gut beborstet, fast bürstenartig, aber ohne ausgesprochenes Zäpfchen; der Stylus ist relativ klein, stumpf konisch, die Subgenitalplatte des ♀ ist in der Mitte des Hinterrandes leicht ausgerandet; die Cerci sind etwa viermal so lang wie breit, dunkel, beim ♀ auch aufgehellt. ♂ brachypter; die Elytra (870) decken gerade das Abdomen, apikal mit braunem Fleck, der auch über die Mitte basalwärts hinwegreichen und dann über den (sonst hellen) dunklen R das Pronotum erreichen kann; die dunkle Farbe kann aber bis auf das helle C-Feld das ganze Elytron einnehmen; das ♀ ist micropter, die Elytra erreichen etwa den Hinterrand des 2. Tergums und sind am Hinterrand etwas schräg quer abgestutzt (914); sie sind fast farblos bis fast (außer dem C-Feld, den Apex des Sc-Feldes und das innere apikale Eck) ganz dunkel; das Sc-Feld bei ♂ und ♀ mit deutlichen R-Zweigen, die Sc reicht beim ♂ höchstens wenig über die Mitte der C hinaus und ist am Distalende gerade (870); die Alae erreichen beim ♂ etwa die Mitte des 2. Tergums und das distale Ende des Basaldrittels oder Basalfünftels der Elytra, beim ♀ reichen sie bis zum Ende des Metanotums und bis zum Apikalviertel oder-drittel der Elytra. Die Beine des ♂ sind schwarz bis schwarzbraun mit gelblichen Dornen und Tarsi; beim ♀ gelblich bis gelblichbraun. Maße: Körper ♂ 6,5-7,5, ♀ 6,5-8, Pronotum ♂ 2:3,2-3,3:3,2, ♀ 2,1:3,2-2,3:3,5, Elytra ♂ 5,5-6. ♀ 2,7-3,9. Die Oothek ist etwa 3,3 mm lang und 2,1 mm hoch und hat keine Längsrippen (ich habe keine gesehen). (V?-IX). Deutschland, Österreich, Schweiz (K. PRINCIS 1971), gewiß auch Ungarn, Rumänien, Jugoslawien, Polen, Ukrainische SSR.

32. *P. kiritschenkoi* BEY BIENKOI 1948 (*Blattodea* in Opredelitel nasekomych Ewrop. tschasty SSSR, Selchosgis, M-L, p. 73; Typ: ♂♀ Zoll. Inst. Ac. Sci. SSSR, Leningrad; terra typica: Krim, Sewastopol). Fig. 943.
Sehr ähnlich voriger Art. Kopf ♂ kastanienbraun bis schwarzbraun, auf dem Vertex heller, beim ♀ braun bis braunrot. Der Discus des Pronotums ist beim ♂ schwarz, hell umrandet, halb durchsichtig, manchmal ist auch der Hinterrand schmal hell gesäumt; beim ♀ ist der Discus gelbrot bis schwarzbraun. Die Terga sind beim ♂ an der Basis hell, bei hellen Exemplaren ist dieser Saum schwarz gefleckt; das 6. und 7. Tergum sind bei ihm stark modifiziert (943), das 7. ist in der Mitte stark eingesenkt, distal jederseits mit einem gegen die Mitte gerichteten Loben, das 8. Tergum ist hinten in der Mitte leicht aus gerandet; beim ♀ sind die Terga schwarz, am Hinterrand wie die Sterna (außer den distalen) breit weißlich gesäumt; Epiproct des ♂ ohne deutlichen Längskiel; die Cerci sind wenigstens 3,5 mal so lang wie breit, dunkel, beim ♀ auch aufgehellt. ♂ brachypter die Elytra bedecken das Abdomen bis auf die Subgenitalplatte und erreichen die Cercusbasen, distal etwas verschmälert und verrundet, die Sc reicht beträchtlich über die Mitte des Vorderrandes und ist distal gegen diesen gebogen, am Apex mit schwarzem Fleck; ♀ micropter, die Elytra sind am Hinterrand schräg abgestutzt, die Sc reicht hier bis zum apikalen Außeneck, bei ♂ und ♀ sind die Adern ziemlich deutlich, R-Zweige im Sc-Feld. Die Beine sind schwarz bis schwarzbraun. Maße: Körper ♂ 5,8-7,5, ♀ 6,6-8,1, Pronotum ♂ 2-2,2, ♀ ebenso, Elytra ♂ 4,9-5, 3, ♀ 2,8-3. Die Oothek ist etwa 3 mm lang und 2 mm hoch, ohne Längsrippen, Kamm mit spitzen Zähnchen. SSSR: Südliche Ukraine, Krim, N-Kaukasien (E-Küste des Schwarzen Meeres). Alles nach G. JA. BEY-BIENKO 1950.

33. *P. retowskii* (KRAUSS) 1888 (*Aphlebia r.*, Verh. zool.-bot. Ges. Wien, 38:570, Taf. 15, Fig. 3, 3a; Typ: Verschollen?; terra typica: SSSR, Krim, Theodosia). Fig. 944.
Im ganzen ± gelblichbraun. Kopf beim ♂ ♀ schwarzbraun, beim ♀ gelb. Dis-

cus des Pronotums beim ♂ rötlichbraun, beim ♀ rötlichgelb, Saum gelblichweiß bis durchscheinend. Abdomen beim ♂ dorsal schwarz, Sterna schwarz, vorn und hinten bräunlich, beim ♀ sind die Terga gelblich, mit schmalen, zuweilen undeutlichen schwarzen Querstreifen, Sterna gelb, in der Basalhälfte schwärzlich; 6. und 7. Tergum beim ♂ stark abgeändert (944), das 7. ist in der Mitte kräftig eingesenkt, distalwärts in zwei gegeneinander gerichtete Loben geteilt, die seitlichen Hinterecken des 8. Tergums sind nach hinten gerichtet, nicht lobiform, aber breit abgerundet; die Subgenitalplatte des ♂ ist schmal; die Cerci des ♂ sind dick, etwa 2-2,5 mal länger als breit, schwarz, beim ♀ gelblich, etwa 3-3,5 mal so lang wie breit, mit stark konvexen Seiten, an der Basis deutlich verengt. Maße: Körper ♂ 7,4-8,8, ♀ 7,3-9,3, Pronotum ♂ 2,2-2,6, ♀ 2,5-2,7, Elytra ♂ 6,7, ♀ 3,1-4. V-(?IX). SSSR: S-Krim, von der Küste bis in die Berge und längs der Küste bis Sudak und Feodosia. (Alles nach dem Autor und G. JA. BEY-BIENKO 1950).

34. *P. adusta* (F.W.) 1846 (*Phyllodromia a.*, Orth. Ross., p. 355; Typ: Unbekannt; terra typica; Krim, Tschatyr-Dag). Fig. 871, 872, 921, 945-947.
Stirn zwischen den Augen mit lichter Querbinde mit Punktstreifen, darüber dunkel, darunter hell- bis dunkelbraun; Ocelli hell; beim ♀ ist der Kopf zuweilen gelblich. Der Discus des Pronotums ist rundlich (921, 945), schwarz, seltener braun oder kastanienbraun mit orangegelben Aufhellungen, gelblichweiß gesäumt, zuweilen auch der Hinterrand schmal gelblich gesäumt; beim ♀ ist der Discus manchmal gelblicher und gegen den Saum verwaschen. Thorakalsterna, Coxae etc. braun. Die Terga sind beim ♂ braun, an der Basis heller, ebenso um die Drüsengrube, ventral ist sein Abdomen fast ganz schwarz; beim ♀ sind die Terga gelblich und tragen drei, manchmal nur leicht angedeutete Reihen von Längsflecken in der Mitte und seitlich sowie einen Keilfleck vor dem Seitenrand, Sterna mit hellem Seitenrand; die Subgenitalplatte und das Sternum davor haben zuweilen auch einen hellen Hinterrand; 6. und 7. Tergum beim ♂ stark abgeändert (871), das 6. ist in der Mitte rundlich eingesenkt, das 7. ist in der Mitte in zwei Loben gespalten, die sich wenigstens am distalen Ende berühren, zwischen ihnen liegt die apikal verrundete Drüse; das 8. Tergum springt seitlich mit dem breit verrundetem distalen Ende vor; der Stylus ist relativ klein (946), schwach konisch, mit stumpf verrundetem bis breit konischem Apex, leicht beborstet, der Apikalhaken des linken Epiphallus wie in Fig. 947; die Cerci sind etwa 4mal so lang wie breit. ♂ brachypter, die Elytra decken das Abdomen, im Apikaldrittel sind sie wenig verschmälert, innen am Apex zur quer abgestumpften Spitze fast rechtwinklig (872), apikal mit braunem Fleck, der aber höchstens ganz apikal den Außenrand erreicht, C, Sc und R sowie dessen Außenzweige sind deutlich, gelblich, durschscheinend; ♀ micropter (921); die Elytra sind außen apikal etwas schräg abgestutzt, innen mehr verrundet, gelblich, ungefleckt und erreichen den Hinterrand des 1. oder 2. Tergums; die Alae überragen beim ♂ in situ etwas die Mitte der Elytra oder erreichen knapp deren Apikaldrittel bzw den Hinterrand des 5. Tergums, beim ♀ erreichen sie knapp den Hinterrand der Elytra. Die Beine sind gelblich bis gelblichbraun. Maße: Körper ♂ 7-9, ♀ 8-9, Pronotum ♂ 2,1:3,3-2,3:3,4, ♀ 2,3:3,4-2,6:3,7, Elytra ♂ 6,5-7,3, ♀ 2,6-4. Die Oothek ist etwa 3-4 mm lang und 2,5-2,6 mm hoch, mit

TAFEL 49

921. *Phyllodromica adusta* (F.W.); ♀, Pronotum und linkes Elytron; Krim, Jalta-Utshan San, 10.IV.1914, SG W. RAMME; Humboldt-Museum, Berlin
922. *Phyllodromica princisi* FERN.; ♀, linkes Elytron; Allotypus; Inst. Españ. Ent. Madrid
923. *Phyllodromica brevipennis* (FISCH.); ♀, Pronotum; Jugoslawien, Trebinje, BR. leg.; Nat. Hist. Mus. Wien
924. Desgleichen; Apex des linken Epiphallus; wie zuvor
925-935. *Phyllodromica marginata* (SCHREB.), soweit nicht anders vermerkt im Nat. Hist. Mus. Wien
925. ♀, Pronotum und linkes Elytron; Dalmatien, M. H. SAUSSURE leg.; Mus. Nat. Hist. Genf
926. ♂, linker Cercus; wie zuvor
927. ♂, rechter Cercus; Türkei, 18 km östl. Tehirdag, 20.V.1974, H. ECKERLEIN leg., coll. m.
928. ♀, linker Cercus; Dalmatien, Curzola; Mus. Nat. Hist. Genf
929. Stylus von oben wie in Fig. 927
930. Drüsengrube wie in Fig. 927
931. Drüsengrube; Mazedonien, bei Kavalla, VI.1963, A. KALTENBACH leg.; Nat. Hist. Mus. Wien
932. Drüsengrube; Griechenland; Mus. Nat. Hist. Genf
933. Drüsengrube; Dalmatien, Curzola; wie zuvor
934. Apex des linken Epiphallus wie in Fig. 927 und 931
935. Abdomenapex mit Oothek von links; Lesina, HR. BUCCHICH leg. Nat. Hist. Mus. Wien
936-939. *Phyllodromica megerlei* (FIEB.), alle Mödling bei Wien, H. TÜRK leg., Nat. Hist. Mus. Wien
936. ♂, Pronotum
937. Stylus von oben
938. Stylus von hinten
939. Drüsengrube
940. *Phyllodromica maculata* (SCHREB.); ♂, Pronotum; Siebenbürgen/Rumänien, ex coll. FIEBER; --- = Mödling, . . . = 2. ♂ Mödling; Nat. Hist. Mus. Wien
941. Desgleichen; ♂ linker Cercus; Mödling; wie zuvor
942. Desgleichen; Apex des linken Epiphallus; Ungarn, Pilis-Geb., Roka-Berg, Steppenwald, VIII.1957, G. HANGAY leg., coll. m.
943. *Phyllodromica kiritschenkoi* BEY-BIENKO; nach K. PRINCIS
944. *Phyllodromica retowskii* (KRAUSS); Abdomenapex nach G. JA. BEY-BIENKO 1950
945. *Phyllodromica adusta* (F.W.); Stylus von oben; wie in Fig. 921

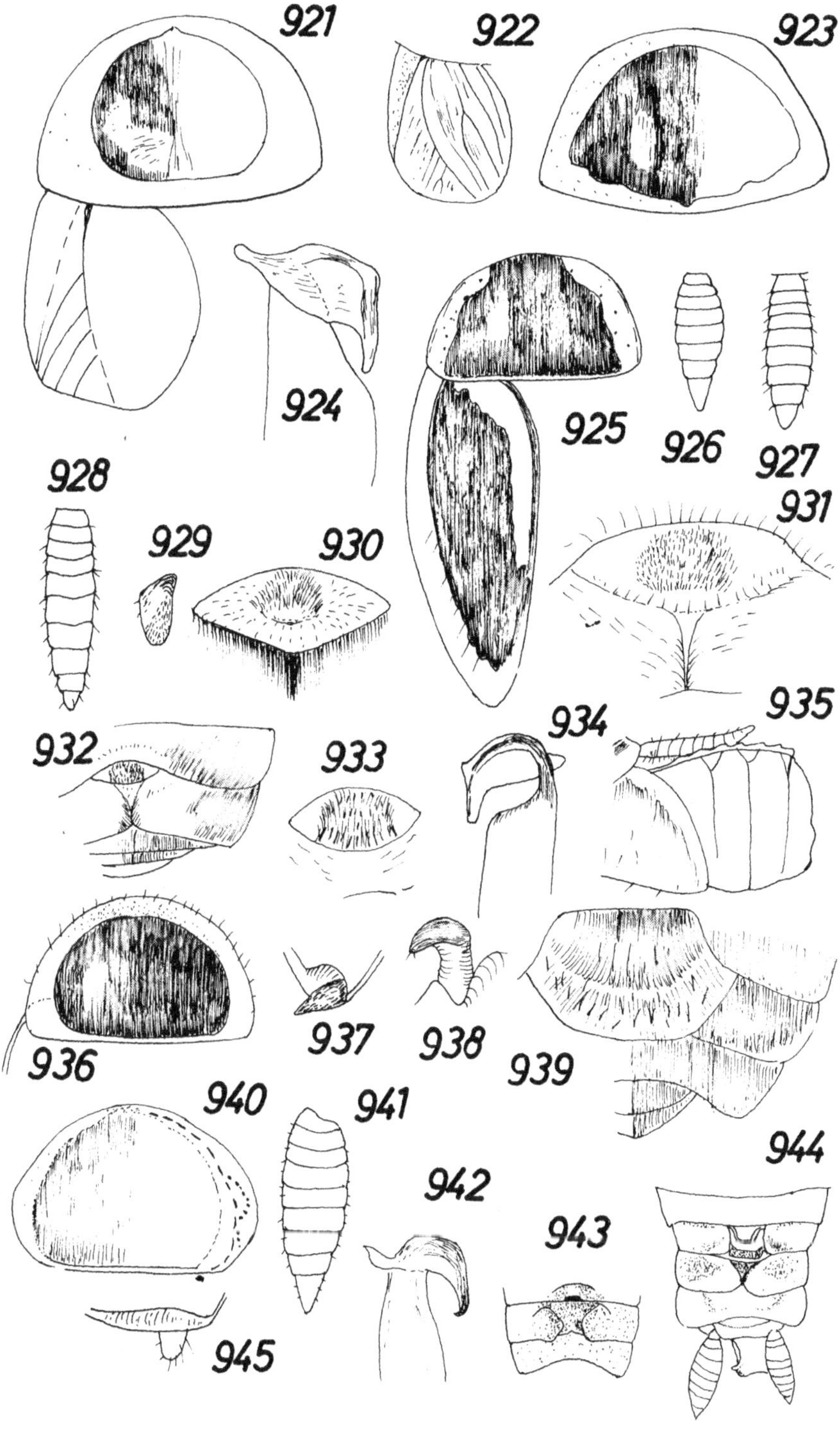
921
922
923
924
925
926
927
928
929
930
931
932
933
934
935
936
937
938
939
940
941
942
943
944
945

etwa 20-26 Längsrippen versehen, Kamm mit gut getrennten Zähnchen. v-viii(-ix). SSSR: Krim, nordwärts bis Belbek, Alma und Simferopol.

35. *P. euxina* BEY-BIENKO 1950 (Fauna SSSR, Now. Ser., 40: 239-240, Fig. 96; Typ: ♂♀ Zool. Inst. Ac. Sci. SSSR, Leningrad; terra typica: N-Ufer des Schwarzmeer-Kaukasus (Lysa Berge) bei Anapa). Fig. 948.
Der Kopf des ♂ ist bräunlichrot bis rötlichbraun, beim ♀ gelblich. Der Discus des Pronotums ist beim ♂ gelblichrot, zuweilen rötlichbraun mit aufgehellter Mitte, Saum durchsichtig. Das Abdomen des ♂ ist dorsal zum Großteil gelblich, ohne deutliche schwarze Mittelbinde oder basal braun, zum Apex schwärzlich, ventral graugelb mit drei schwärzlichen, zum Apex verschmälerten Längsbinden oder schwarz mit schmal hellgesäumten Basalsterna, beim ♀ dorsal und ventral hell gelblich, mit unscharfen dunklen Querstreifen auf den Terga und basalen Sterna, Subgenitalplatte rötlichgelb mit braunem Fleck in der Mitte des Hinterrandes; das 6. und 7. Tergum beim ♂ stark abgeändert, das 7. ist in der Mitte stark eingesenkt, distal mit zwei gegeneinander gerichteten Loben, das 8. Tergum ist am Hinterrand schwach ausgerandet, die distalen Seitenecken sind nach hinten gerichtet, nicht erweitert (948); der Hinterrand des Epiprocts ist beim ♂ gerade abgestutzt; die Cerci sind etwa 4 mal so lang wie breit, beim ♂ schwarz, beim ♀ hell gelbich. ♂ brachypter; die Elytra erreichen kaum das Abdomenende, Vorder- und Hinterrand laufen einander bis zum Apikaldrittel ± parallel, der Apex ist breit bogenförmig verrundet, innen fast winklig, braunrötlich bis rötlichbraun, längs des Costalrandes kaum heller; ♀ micropter, die Elytra sind durchsichtig rötlichgelb und überragen kaum den Hinterrand des 2. Tergums, distal sind sie abgestutzt. Die Beine sind gelblich. Maße: Körper ♂ 6,7-7,5, ♀ 7-7,5, Pronotum 2,1-2,3, ♀ 2,2-2,3, Elytra ♂ 5,5-6,5, ♀ 3,1-3,3. Oothek ohne Längskiele. v-vii(-ix). SSSR: Krim (Sewastopol). Alles nach dem Autor.

36. *P. polita* KRAUSS 1888 (Verh. zool.-bot. Ges. Wien, 38: 569, Taf. 15, Fig. 2, 2A; Typ: ♂ coll. H. KRAUSS im Staatl. Mus. Ludwigsburg; terra typica: SSSR, Noworossiysk an der NE Küste des Schwarzen Meeres) Fig. 873, 949-952.
Kopf beim ♂ braun bis schwarzbraun, mit heller Querbinde dorsal zwischen den Augen, beim ♀ zwischen den Augen rötlichbraun, am Vertex heller. Der Discus des Pronotums ist beim ♂ dunkel braunrot bis schwarzbraun (949), am Rand heller Braun, Saum gelblich bis durchsichtig; beim ♀ ist der Discus oft bräunlichrot bis gelbrötlich je nachdem das ♀ dunkler oder heller ist. Die Coxae sind gelblich, basal auch gebräunt. Das Abdomen ist beim ♂ dorsal gelblich, in der Mitte bis zum 6. Tergum mit dunkler Längsbinde, die sich basal seitlich erweitert, besonders vom 4.-6. Tergum vor dem Außenrand mit dunkler Makel; beim ♀ tragen die Terga jederseits eine breite schwarze Längsbinde und einen recht schmalen Mittelstreif, manchmal sind diese Binden miteinander verbunden; die Sterna sind meist schwarz oder überwiegend schwarz, seltener nur basal dunkel; das 6. und 7. Tergum sind beim ♂ stark abgeändert (950), letzteres mit Querovaler Drüsengrube, distal der Mittellinie in zwei gegeneinander gerichtete Loben geteilt, die hinteren verrundeten Seitenecken des hinten leicht konkaven 8. Tergums sind nach hinten

gerichtet, nicht erweitert; der Stylus (951) ist relativ klein; das Epiproct des ♂ ist am Hinterrand leicht konvex; die Cerci sind etwa 4 mal so lang wie breit, schwarz bis braun oder gelblich mit dunklem Apex oder dieser und die Basis ist dunkel; der Apikalhaken des linken Epiphallus wie in Fig. 952. ♂ brachypter, die Elytra decken das Abdomen oder überragen es selten etwas, zuweilen sind sie apikal wenig verschmälert, meist schwarz, seltener dunkelbraun, am Vorderrand und zuweilen auch am Hinterrand schmal weißlich gesäumt (873) bis durchscheinend gelblich, die Zweige des R im Sc-Feld sind deutlich; ♀ micropter, Elytra wie zuvor geadert, apikal schräg abgestutzt, sie überragen kaum den Hinterrand des 2. Tergums, einfarbig gelblich, sehr selten mit einem verschwommenen braunem Fleck im Apikalteil; Alae rückgebildet, beim ♂ erreichen sie etwa die Mitte des 2. Tergums. Die Beine sind gelblich, selten beim ♂ braun. Maße: Körper ♂ 6,5-8,6, ♀ 7,1-8,8, Pronotum ♂ 2:2,8-2,2:3, ♀ 2,2-2,4 (♀♀ konte ich nicht selbst untersuchen), Elytra ♂ 5,8-7,1, ♀ 2,8-3,3. Die Oothek ist etwa 4 mm lang und 2 mm hoch, mit 16-20 Längskielen, Kamm mit breitem, rundlichen Zähnchen. VI-(?IX). Kaukasien (nördlich bis Noworossijsk, Anapa, Pjatigorsk, am Berg Indjuk, am Kaspisee bis Derbent-Transkaukasien. Iran, Türkei (Zumeist nach dem Autor und G. JA. BEY-BIENKO 1950).

37. *P. sardea* (SERVILLE) 1839 (*Blatta s.*, Hist. Nat. Ins. Orth., p. 12; Typ: Humboldt-Museum, Berlin; terra typica: Sardinien). Fig. 891, 892, 916, 953-963. Stirn zwischen den Augen lichtocker, braun punktiert, auch ohne Punkte, auch hell rötlichbraun bis fast orange. Der Discus des Pronotums ist rundlich, gut begrenzt, lichtocker, ± symmetrisch braun punktiert (916, 953, 954) oder einfarbig rötlichbraun (auf den Balearen offenbar überwiegend mit punktiertem Discus, danach wurde die *spp. sardea adspersa* von I. BOLIVAR 1897 (*Aphlebia s. var a.*, Ann. Sci. Nat. Porto 4:128) aufgestellt, die K. PRINCIS 1971 (als) Art aufführt; ich habe die als Hauptunterschiede von K. PRINCIS (1965) angeführten Merkmale (Breite der Erhöhung distal der Drüsengrube, s. unten) untersucht; sie sind offenbar auf unterschiedliche Schrumpfungsvorgänge beim Trocknen zurückzuführen und haben keinen systematischen Wert; ob die vorhandenen zuweilen aber auch auf den Balearen fehlenden Punkte (ich konnte nur 11 Exemplare untersuchen) für eine Unterart ausreichen, kann nur das Studium langer Serien von den verschiedenen Örtlichkeiten entscheiden, dabei sollte auch der Apikalhaken des linken Epiphallus einbezogen werden, der bei einem ♂ von Sardinien spitzer war als von Balearen ♂♂. Thorakalsterna, Coxae etc. ockerfarben. Abdomen beim ♂ dorsal ocker bis hellbräunlich, in der Mitte oft mit dunklem Längsstreif, auch rötlichbraun und am Hinterrand der Terga, in deren Mitte und auf deren Seiten heller, ventral braun, seitlich aufgehellt, beim ♀ dorsal ocker, mit drei braunen bis dunkelbraunen Längsfleckenreihen, von denen sich die Seitenflecken bis zum Rand ausdehnen können, der auch sonst oft eine hellbraune Makel trägt (955), ventral gelblichweiß bis gelblich, vor den Seiten je eine dunkel-rötlichbraune Binde, die sich auf der Subgenitalplatte vereinen, in der Mitte eine ebensolche Längsbinde (956), sonst zerstreut punktiert; Drüsengrube quer, ohne Zäpfchen, recht schmal, teilweise von einer feinen Haut bedeckt, manchmal auch ganz, distal der Grube eine schmale Falte (892) oder eine

TAFEL 50

946. *Phyllodromica adusta* (F.W.); ♂, Pronotum; Krim, Jalta-Utshan San, 10.IV.1914, SG W. RAMME; Humboldt-Museum, Berlin
947. Desgleichen; Apikalhaken des linken Epiphallus; wie zuvor
948. *Phyllodromica euxina* BEY-BIENKO; ♂, Abdomenapex, nach G. JA. BEY-BIENKO 1950
949-952. *Phyllodromica polita* KRAUSS, Holotypus, Staatl. Mus. Naturkunde Ludwigsburg
949. Pronotum
950. Drüsengrube
951. Stylus von unten
952. Apikalhaken des linken Epiphallus von oben
953-963. *Phyllodromica sardea* (SERV.), alle im Inst. Españ. Ent. Madrid
953. ♂, Pronotum, –.–.– = Balearen, Mallorca, – – – und . . . Sardinien
954. ♀, Pronotum, Mallorca, Palma
955. ♀, Abdomen von oben, wie zuvor
956. ♀, Abdomenapex von unten, wie zuvor
957. ♂, Subgenitalplatte von unten, Mallorca
958. Stylus von oben, rechts daneben stärker vergrößert, Mallorca
959. ♂, linker Cercus von oben, Mallorca
960. ♀, linker Cercus von oben, Mallorca
961. Apikalhaken des linken Epiphallus von oben, Mallorca
962. ♂, linkes Elytron, Mallorca
963. ♀, linkes Elytron, Mallorca
964-968. *Phyllodromica cincticollis* (LUCAS), alle im Nat. Hist. Mus. Wien
964. ♂, Pronotum, Oran, 8.I.1879, coll. BR. 13.510 (gelb)
965. ♀, Thorax, Elytra entfernt; Lanjaron, Spanien
966. ♀, 4. Tergum, wie zuvor
967. ♂, linker Cercus, wie in Fig. 964
968. Apikalhaken des linken Epiphallus; wie zuvor

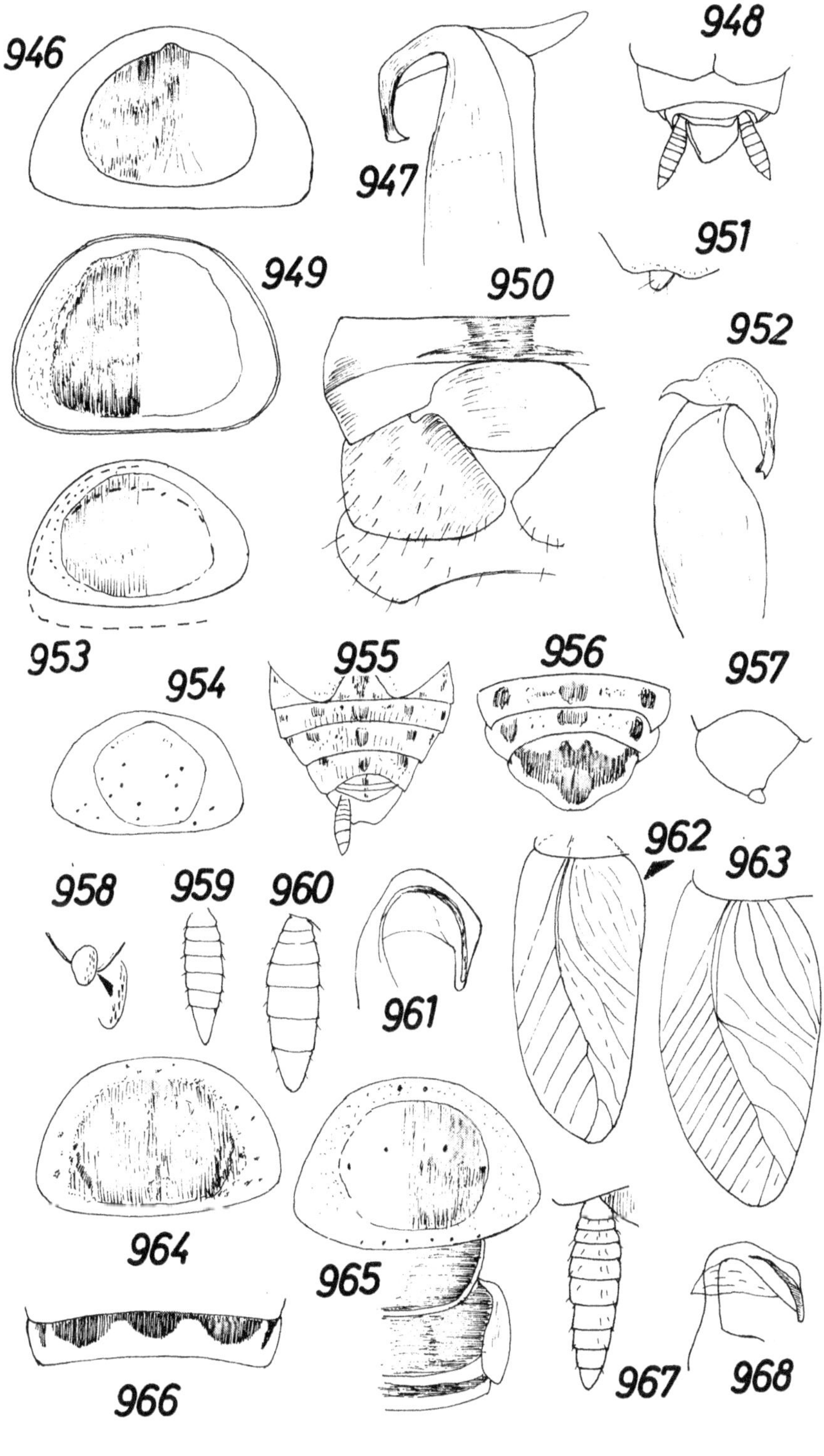
946
947
948
949
950
951
952
953
954
955
956
957
958
959
960
961
962
963
964
965
966
967
968

Längswulst, der auch mehrfach so breit sein kann (891); der Stylus ist schwach konisch (957, 958), apikal verrundet, dorsal fein anliegend kurz behaart; der Apikalhaken des linken Epiphallus wie in Fig. 961; Cerci wie in Fig. 959, 960, ocker mit bräunlichem Basalglied (zuweilen wohl auch apikal so) oder bräunlich bis dunkelbraun. ♂ brachypter; die Elytra erreichen das 8. Tergum oder überragen etwas die Cercusbasis (962), weißlichgelb geadert mit gebräunten Zellen, Adern deutlich, den kastanienbraunen Längsstreif entlang des R und einen gleichfarbigen Fleck an der Basis des Anal-Feldes, die K. PRIN- (1965) anführt, konnte ich nicht feststellen; ♀ ebenso, aber die Elytra erreichen nur die Abdomenmitte, selten das 7. Tergum (963); die Alae sind beim ♂ etwa ⅓ bis ½ so lang wie die Elytra und erreichen etwa die Mitte des 2. Tergums, beim ♀ mit der dem ♂ im Verhältnis zur Elytralänge entsprechenden Länge, aber sie erreichen meist nur den Vorderrand des 1. Tergums. Die Beine sind lichtocker, Tibiae mit rötlichbraunen Fleckchen dorsal der Dornenbasen. Maße: Körper ♂ 4,5-6,5, ♀ 6,5-7,5, Pronotum ♂ 1,3:2,1-2:3, ♀ 1,8:3,1-2,2:3,3, Elytra ♂ 3,5-4, ♀ 2,7-4,1. III-V(-VII?). Sardinien, Balearen, Algerien.

38. *P. cincticollis* (LUCAS) 1849 (*Blatta c.*, Expl. Alg. Zool. 3:8, Taf. 1, Fig. 3; Typ: ♂ Nat. Mus. Paris; terra typica: Algerien). Fig. 889, 890, 964-970.
Kopf braun, Stirn bis zum Pronotumvorderrand orange, mit den üblichen Querreihen von Punkten, Ocelli gelblichweiß, Kopf außer diesen auch völlig orange. Der Discus des Pronotums ist dunkel rotbraun, gelblich gerandet, auch mit rötlichen Aufhellungen und rötlichbraunen Punkten in der weißlichgelben Umrandung, die auch z.T. durchsichtig sein kann (964, 965). Thorakalsterna, Coxae, etc. braun. Abdomen beim ♂ dorsal braun, nur das 6. Tergum vor der Drüsengrube breit hell gerandet, seltener apikal heller, die Seiten sind recht schmal hell gerandet, ventral braun, Sterna nur seitlich hell gerandet; beim ♀ dorsal dunkelbraun bis schwarz, die Hinterränder sind recht schmal bis breit (966, ♀ Lanjaron), die Seiten breit hell gerandet, auch hell mit drei Längsreihen dunkler Flecken und Keilfleckchen am Seitenrand, 2-3 Sterna vor der Subgenitalplatte gegen die Mitte breit aufgehellt oder nicht; die Drüsengrube (889) ist am Hinterrand breit weißlichgelb gerandet und sehr fein beborstet, distalwärts der Mitte ein heller Mittelkiel, kein Zäpfchen; Apikalhaken des linken Epiphallus wie in Fig. 968; Stylus relativ groß (890, 869), dorsal mit dichtem, anliegendem Haarfleck; die Cerci sind braun (967). ♂ brachypter, die Elytra erreichen etwa das 6. Tergum, bis auf das Sc-Feld dunkel- bis bräunlichrot punktiert, R nur ganz basal braun, im Basalfünftel auch ganz dunkelbraun; ♀ micropter, die Elytra erreichen die Mitte oder das Ende des 2. Tergums, Färbung ähnlich wie beim ♂ (970); die Alae erreichen beim ♂ das distale Ende des Basaldrittels der Elytra bzw. das Ende des Metanotums, beim ♀ die Mitte oder das Ende des 4. Fünftels der Elytra bzw. das Ende des 1. Tergums. Die Beine sind gelb bis (♂) braun oder bräunlich. Maße wie bei *sardea*, der sie nahesteht. IV-IX. Spanien, Lanjaron (ein einziges ♀, I. BOLIVAR leg., coll. C. BRUNNER VON WATTENWYL Nr. 13. 721; Nat. Hist. Mus. Wien); Algerien, in der Zedernregion bis 1800 m.

39. *P. graeca* (BR.) 1882 (*Aphlebia g.*, Prodr. Eur. Orth., p. 43, n. 3; Typ: Nat.

Hist. Mus. Wien; terra typica Griechenland, Peloponnes, Korax-Gebirge). Fig. 884, 909, 910, 971-976.
Der Kopf ist braun bis schwarz, die Stirn dorsal zwischen den Augen mit gelblichweißer, dunkle Punkte in Querreihen tragender Binde; Antennen lichtbräunlich bis braun. Der Discus des Pronotums ist rötlichbraun bis schwarz, mit ± betonten Hinterecken (910, 971), auch mit Aufhellungen, Saum weißlichgelb bis durchsichtig; Meso- und Metanotum sind wie der Discus gefärbt, mit breiten weißlichen Hinter- und Seitenrändern, seitlich der Mitte auch mit Aufhellungen. Thorakalsterna etc. braun. Abdomen des ♂ bis zum 6. Tergum mit braunen bis schwarzen Querbinden, hinten und seitlich breit weißlich gerandet, dann hell, nur am 10. Tergum mit braunen Seitenflecken, ventral braun bis schwarz, hinten und seitlich sind die Sterna schmal hell gerandet; beim ♀ tragen die Terga gleichfalls dunkle Querbinden, die höchstens apikal in drei Flecke aufgelöst sind, seitlich ein dunkles Keilfleckchen, auch wie beim ♂ oder vor dem hellen Hinterrand und Seitenrand mit je vier hellen Flecken, ventral wenigstens seitlich breiter gerandet; die Drüsengrube ist flach, aber deutlich eingesenkt, der tiefere Teil wird vom 6. Tergum bedeckt (972, 973), kein Zäpfchen; der Apikalhaken des linken Epiphallus wie in Fig. 974; der Stylus ist relativ klein, schlank (975); die Subgenitalplatte des ♀ ist hinten nicht oder sehr schwach ausgerandet; die Cerci sind gelblich, basal und apikal (meist) gebräunt (976). ♂ subbrachypter, die Elytra sind etwa eiförmig und erreichen ungefähr die Mitte des 5. Tergums, hell bis durchsichtig gelbbraun, C-Feld hell, die Adern sind dick, weißlichgelb (884); ♀ squamipter (909), gleichfalls braun und dick weißlich geadert; die Alae erreichen beim ♂ etwa die Mitte der Elytra bzw. vom Ende des 1. bis zum Anfang des 2. Tergums, beim ♀ sind sie völlig mit dem Metanotum verwachsen. Die Beine haben oft braune Femora, sonst sind sie gelblich. Maße: Körper ♂ 6,5-7, ♀ 6,7-7, Pronotum ♂ 2:3-2,2:3,3, ♀ 1,9:3-2,3:3,4, Elytra ♂ 3,2, ♀ 1-1,9. VI-VIII(-IX?). Griechenland (Thessalien, Ossa; Peloponnes. Koraxgebirge, Wermion Hang, 2000 m; Ida (1 Larve), Bythinischer Olymp (Valle Stalamata), Kreta, Jugoslawien (Herzegowina, R. EBNER 1908), in der Türkei in Gebirgen von 800-1200 m (R. EBNER, 1919); W-Asien (Georgien).

40. *P. chopardi* FERNANDES 1962 (Rev. Portug. Zool. Biol. ger. 3:193-195, Fig. 6, A-D; Typ: ♂♀ Inst. Espan. Ent. Madrid; terra typica: Spanien, San Hilário (Barcelona)). Fig. 901, 902, 917, 977-981.
Kopf des ♂ dorsal rötlichbraun, dorsal zwischen den Augen eine gelborangefarbene Querbinde, ab den Antennenbasen ventral dunkelbraun bis schwarz, beim ♀ ebenso oder die Querbinde ist hellbraun und zwischen den Ocelli dreieckig aufgehellt oder die ganze Stirn ist bis auf die Zwischenaugenbinde hellbraun. Discus des Pronotums an *sylvestris* erinnernd, aber tief dunkelbraun (901, 917), zuweilen wie bei dessen *f. lucidus* aufgehellt und mit dunklen Hinterecken, aber auch ohne letztere, in diesem Fall kann der Discus auch gelblich sein und die Hinterecken können undeutlich werden, so daß er jenem des ♀ von *lapponicus* ähnlich wird, der Saum ist meist undurchsichtig gelb bis durchsichtig. Das Abdomen ist beim ♂ dorsal schwarzbraun bis schwarz, die Terga – besonders die drei distalen – sind hinten schmal hell gesäumt, beim ♀ sind sie schwarz, hinten und seitlich breit gelb gerandet; ventral beim ♂ dun-

kelbraun, am Hinterrand und seitlich stärker gelb aufgehellt, beim ♀ wie auf der Dorsalseite; Drüsengrube ohne Zäpfchen (902), sie erreicht nicht die Mitte des 7. Tergums, das distal von ihr aufgewölbt ist; Apikalhaken des linken Epiphallus wie in Fig. 977; Stylus schwach konisch, apikal verrundet (978), nur leicht beborstet. Die Cerci des ♂ (979) sind dunkelbraun. ♂ brachypter; die Elytra bedecken das Abdomen, sie konvergieren deutlich zum Apex, dieser ist schmal verrundet, Adern gelb, die R-Zweige im Sc-Feld sehr schräg, Zellen bräunlich; ♀ micropter, die Elytra reichen etwa bis zum 4. Tergum; Alae beim ♂ etwa 1/3 so lang wie die Elytra, beim ♀ etwa 1/2 so lang. Die Beine sind beim ♂ hellbraun bis schwarz, z.T. gelblich, beim ♀ gelblichbraun bis samt den Coxae gelblich. Maße: Körper ♂ 6-7, ♀ 7-8, Pronotum ♂ 1,8:2,7-2:2,8, ♀ 2:3,2-2,5:3,7, Elytra ♂ 4,5-5,2, ♀ 3,3-4. Die Angaben für das ♂ bedürfen der Ergänzung, weil sie nur von 3 ♂♂ stammen. Oothek (981) mit tiefen Längsrillen. VI-VIII(-IX). Spanien; Provinz Barcelona, Gerona, Lérida, Huesca; Frankreich; Val d'Eyne (1959, leg. CH. WALTHER).

41. *P. carniolica* (RAMME) 1913 (*Aphlebia c.*, Berliner Ent. Zschr. 58:8-10, Taf. 1, Fig. 2, 3; Typ: Humboldt-Museum Berlin; terra typica; Krain, St. Peter; Fig. 896, 897, 982-987.

Kopf bräunlich; beim ♂ zwischen dem Dorsalrand der Augen mit einer hellen Querbinde, am ventralen Innenrand der Augen auch mit je einem dunkler braunem Fleck; Stirn beim ♀ einförmig braun mit lichter Querbinde, die Flecken an den Antennenbasen sind heller als beim ♂. Der Discus des Pronotums (897, 982, 983) ist rostfarben, orange bis gelblich (etwa vom gelb des ♀ von *lapponicus*), rundlich, seltener mit etwas betonten Hinterecken (982), Saum weißlichgelb; Meso- und (oder nur das) Metanotum mit zwei braunen Flecken; beim ♀ gelb bis orange oder orangerötlich, auch mit dunklen Flecken am Hinterrand, das Mesonotum ist oft braun, in der Mitte orangefarben aufgehellt, Metanotum ebenso, am Hinterrand schmal, auf den Seiten breit gelblich gesäumt. Thorakalsterma, Coxae etc. gelblich. Das Abdomen ist beim ♂ dorsal schwarz, die Terga sind hinten schmal, seitlich breiter gerandet, 8. und 9. Tergum sind heller, das 10. nur seitlich braun; beim ♀ mit dunklen Querbinden, die sich apikal in Flecken auflösen können, seitlich auf den Terga mit je einem rotbraunen Fleck, aber auch seitlich der Mitte mit orangefarbigem Fleck und ganz seitlich mit dunklem Keilfleckchen, auch hell mit drei Längsbinden und seitlichem dunklem Keilfleckchen oder Punkt; ventral beim ♂ braun bis schwarz, mit schmalem hellem Hinterrand und ebensolchem breitem Seitenrand, auch mit Aufhellungen seitlich der Mitte; beim ♀ ebenso oder mit je einer Längsbinde aus dunklen Flecken in der Mitte und seitlich; Drüsengrube (985) ohne Zäpfchen, aber ziemlich behaart bzw. beborstet; der Stylus ist leicht konisch und spärlich, aber lang beborstet (896); die Subgenitalplatte des ♀ ist braun, seitlich breit, hinten schmal gelblich gerandet; die Cerci sind gelblichbraun, an der Basis und am Apex gebräunt, beim ♀ auch hell. ♂ brachypter, Elytra zum verrundeten Apex sehr schwach konvergierend (896), sie bedecken das Abdomen oder sind etwas kürzer, am Rand, besonders apikal, gut behaart und dorsal mit vielen Borstenpunkten; einfarbig gelblich, innen an der Basis bräunlich, die R-Zweige im Sc-Feld wenig schräg; ♀ squamipter, gelblich, leicht bräunlich punktiert (987), sie erreichen etwa die Mitte des Metanotums oder nur das Ende des Mesonotums; die Alae erreichen beim ♂ knapp den Hinterrand des 1. Tergums bzw. fast die Mitte der Elytra, beim ♀ sind sie völlig mit dem Metanotum verschmolzen (982). Die Beine sind gellbraun bis gelb. Maße: Körper ♂ 7-7,7, ♀ 7,3-8, Pronotum ♂ 2:3,3-2,2:3,5, ♀ 1,9:3,3-2,2:3,5, Elytra ♂ 5-5,3, ♀ 1,5-2. VII-IX. Jugoslawien (Krain, Herzegowina/Bahtievica Planina, Mazedonien am Gipfel des Pepelak bis 2350 m), Albanien (-1350 m), Bulgarien (Rila-Gebirge, Vitosha).

42. *P. pallida* (BR.) 1882 (*Aphlebia p.*, Prodr. Eur. Orth., p. 42, n. 5; Typ: ♂ Nuturhist. Mus. Wien; terra typica: Griechenland). Fig. 894, 895, 988-991.
Kopf hell gelblich, die lichte Querbinde dorsal zwischen den Augen ist schwach ausgeprägt, ventral zwischen den Augen eine lichtbraune Querbinde, die Antennen sind gelblich bis bräunlich. Der Discus des Pronotums ist orange bis rötlichgelb, mit wenigen bräunlichen Zeichnungen oder Punkten, auch einfarbig (895, 988), beim ♀ auch dunkel bis schwarzbraun, auch mit vorgezogenen Hinterwinkeln (bei ♂♂ können die durchscheinenden Epytrabasen dunklere Hinterwinkel vortäuschen!); Meso- und Metanotum gelb mit schwarzem Mittel- und Seitenlängsstreifen; diese Fleckenstreifen können auch rötlichbraun sein oder (1 ♂ Kreta) der Mittelstreif ist hell und seitlich davon liegen dunkle Längsflecken. Terga des ♂ mit dunkler Querbinde an der Basis, aber nur bis zur Drüsengrube, beim ♀ gelborange mit dunklen Mittel- und Seitenbinden aus Flecken, Hinter- und Seitenränder aber immer hell; Sterna beim ♂ gelblich oder gebräunt, beim ♀ mit schmalem Längsstreif in der Mitte, aber auch wohl wie beim ♂; Drüsengrube ohne Zäpfchen (989), oft durch das 6. Tergum ± verdeckt; der Apikalhaken des linken Epiphallus wie in Fig. 990; der Stylus ist schwach konisch (991), apikal verrundet, leicht beborstet; die Subgenitalplatte des ♂ ist gebräunt bis schwarz, beim ♀ bis auf den Hinterrand und Seitenrand ± rotbraun, hinten schwach ausgerandet; die Cerci sind oft gelb, an beiden Enden gebräunt. ♂ brachypter; Vorder- und Hinterrand des Elytrons fast parallel, am Apex breit verrundet (894), schwach punktiert, außen kurz beborstet (die Borsten sind oft abgebrochen, aber die Punkte bleiben sichtbar), Zellen gebräunt, deutlich geadert, Zweige des R im Sc-Feld sehr schräg; ♀ squamipter, Elytra hinten nach außen leicht abgeschrägt, sie erreichen etwa den Hinterrand des 2. Tergums; die Alae erreichen beim ♂ in situ etwa den Hinterrand des 1. Tergums, bzw. das Ende des Basaldrittels bis fast die Mitte der Elytra, beim ♀ sind sie mit dem Metanotum völlig verschmolzen. Die Beine sind ± gelblich, Coxae mit dunklem Fleck, beim ♀ auch mit dunklen Flecken auf den Femora. Maße: Körper ♂ 7,8-8,5, ♀ 7-7,6, Pronotum ♂ 2,3-2,4:3,5, ♀ 2,2-2,3:3,3-3,4, Elytra ♂ 6-6,7, ♀ 1,8. V-(IX?). Griechenland (Phthiotis, Thessalien (Ossa), Peloponnes, Koraxgebirge; Kreta/Arcadi; Jugoslawien (K. PRINCIS 1971), Türkei (K. PRINCIS 1971, 1 sehr kleines ♀ von Bosdagh im Nat. Hist. Mus. Wien).

43. *P. cecconii* (GRIFFINI) 1895 (*Aphlebia pallida c.*, Boll. Mus. Zool. Univ. Torino, 10(193):1; Typ: verschollen; terra typica Candia/Kreta).
Eine etwas ungewiße Art, die der Autor von voriger allein durch den blaßroten, mit breiten hellen Rändern versehenen und in der Apikalhälfte fein dunkel begrenzten Discus unterschied. Maße Körper ♂ 6,4, Pronotum 2:3,

TAFEL 51

969. *Phyllodromica cincticollis* (LUCAS); Stylus von rechts; Oran, 8.I.1879, coll. BR. Nr. 13.510 (gelb); Nat. Hist. Mus. Wien
970. Desgleichen; ♀, rechtes Elytron; Spanien, Lanjaron, I. BOLLIVAR leg., Nat. Hist. Mus. Wien
971-976. *Phyllodromica graeca* (BR.), alle im Nat. Hist. Mus. Wien
971. ♂, Pronotum, Peloponnes, SCHLÜTER leg., coll. BR. 9843
972. Abdomenapex ♂ mit Beginn der Drüseneinsenkung am 7. Tergum, wie zuvor
973. Drüsengrube, 6. Tergum hochgeschlagen, der Pfeil zeigt auf den normal sichtbaren Teil; wie zuvor
974. Apikalhaken des linken Epiphallus, wie zuvor
975. Stylus mit dem Apex der Subgenitalplatte von rechts; wie zuvor
976. ♀, linker Cercus von oben; Korax-Gebirge, VON OERTZEN leg.
977-981. *Phyllodromica chopardi* FERN.; alle im Inst. Españ. Ent. Madrid
977. Apikalhaken des linken Epiphallus; Gerona, Comprodon, VII.1945, MATEU leg.
978. Stylus von oben, wie zuvor
979. ♂ Holotypus, linker Cercus
980. ♀, linker Cercus; Huesca, Faja Pelay, VII 1934, MORALES
981. Oothek; wie zuvor
982-987. *Phyllodromica carniolica* RAMME, alle im Nat. Hist. Mus. Wien
982. ♀, Thorax; Herzegowina, Bahtievica Planina, 15.VII.1911, R. EBNER leg.
983. ♀, Thorax; Vitos, BR. leg.
984. ♀, Abdomen, 4-10. Tergum; wie in Fig. 982
985. Drüsengrube; Vitos, coll. BR. 14.297
986. Stylus von oben; wie zuvor
987. ♀, linkes Elytron; Vitos
988. *Phyllodromica pallida* (BR.); ♂, Pronotum; Morea, leg. VON OERTZEN; Nat. Hist. Mus. Wien
989. Desgleichen; Drüsengrube; wie zuvor
990. Apikalhaken des linken Epiphallus; wie zuvor
991. Stylus von oben; wie zuvor

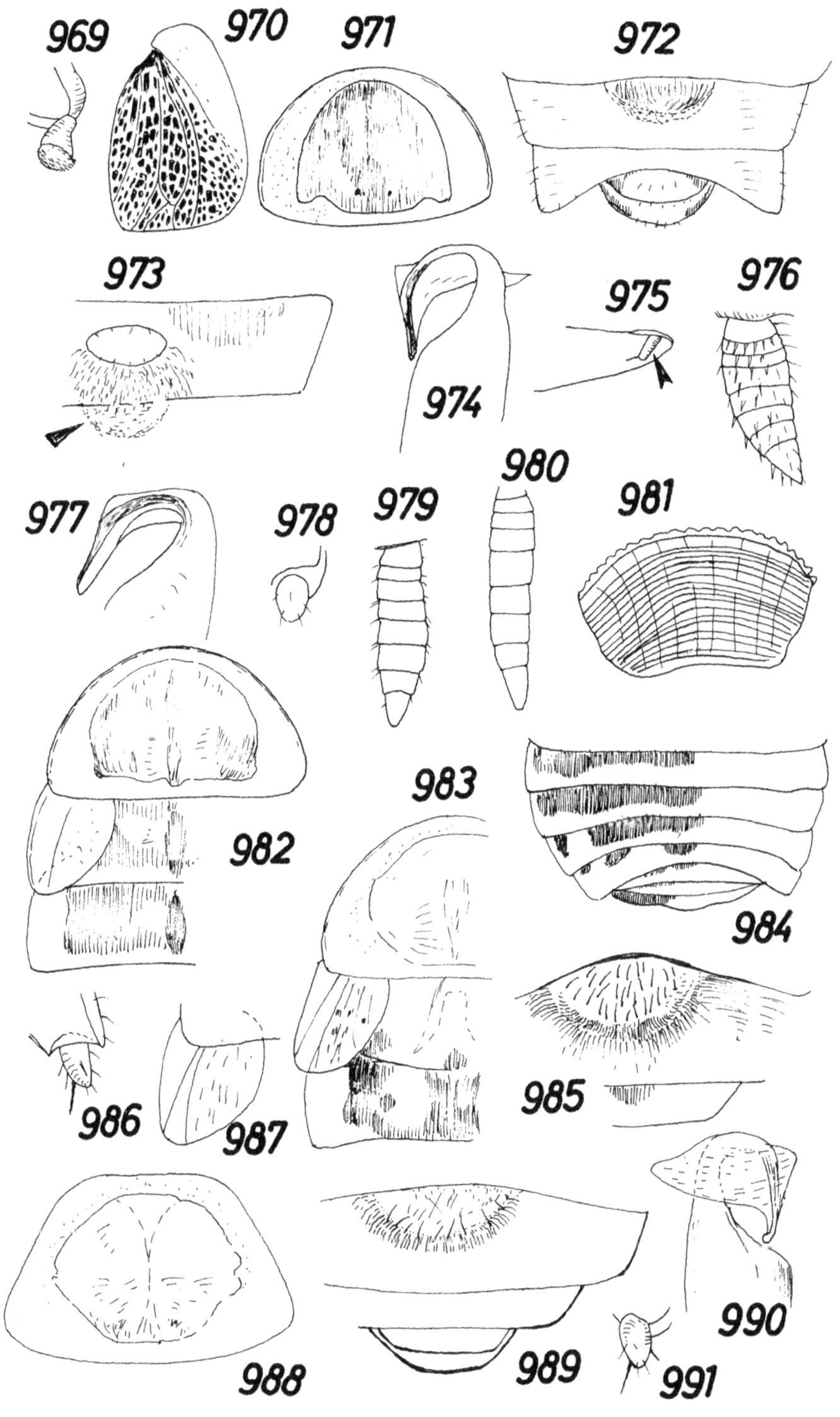
969
970
971
972
973
974
975
976
977
978
979
980
981
982
983
984
985
986
987
988
989
990
991

Elytra 4,3. Weil *pallida* auf Kreta vorkommt, kann *cecconii* nur eine Forma oder aber eine eigene Art sein.

44. *P. thyrrhenica* (RAMME) 1927 (*Hololampra t.*, Eos 3:117-118, Fig. 3, Taf. 7, Fig. 3a, b; Typ: Humboldt Museum Berlin; terra typica: Sizilien, Colle S. Rizzo (bei Messina) und Italien, Nocera/Salerno). Fig. 893, 898, 899, 900, 992. Kopf gelblich bis rötlichbraun, dorsal zwischen den Augen mit heller Querbinde, darunter mit bräunlicher bis brauner Querbinde, darunter wieder hell, doch kann diese Querbinde in der Mitte einen braunen Fleck tragen, der mit der braunen Binde in Verbindung treten kann, ist sie auch seitlich braun, bleiben davon nur zwei helle Fleckchen zwischen den Ocelli übrig; innen an den Antennenbasen mit je einem braunem Fleckchen; der Clypeus kann dorsal an den Seiten oder ganz dunkler braun sein; die Antennen sind gelblich bis gelblichbraun. Der Discus des Pronotums ist gelblich-ocker bis rötlich ocker, ± rundlich (898), nicht punktiert. Die Terga sind beim ♂ braun, hinten und seitlich hell gerandet, auch in der Mitte und seitlich mit aus Flecken bestehenden Längsbinden, aber ab der Drüsengrube gelblich, 7. und 8. Tergum seitlich mit braunen Längsstreif; ventral mit brauner Flecken-Längsbinde vor dem hellen, breiten Seitenrand; beim ♀ dorsal mit drei braunen Längsbinden aus Flecken oder dunkel mit hellem Hinter- und Seitenrand, ventral braun mit schmalem lichten Hinterrand und etwas breiterem Seitenrand der Sterna, zuweilen fast ganz dunkel oder auch in der Mitte etwas aufgehellt; die Drüsengrube ist gut vertieft (899), ohne Zäpfchen, höchstens mit einer kleinen, glatten, blaßen Längserhebung, am Hinterrand ziemlich beborstet; der Stylus ist lang und apikal verdickt (900, 992); die Subgenitalplatte des ♀ ist hinten kaum ausgerandet; die Cerci sind hell, basal und apikal oder nur an einem Ende braun. ♂ brachypter; die Elytra lassen den Abdomenapex etwas unbedeckt oder überragen ihn etwas, apikalwärts sind sie leicht verschmälert (893), die Adern sind hell weißlichgelb, die Zellen gebräunt; ♀ micropter; die Elytra sind hinten quer abgestutzt und erreichen nicht das 2. Tergum; beim ♂ erreichen die Alae etwa die Mitte des 3. Tergums bzw. die Mitte der Elytra, beim ♀ reichen sie kaum bis zum Hinterrand des Metanotums. Die Beine sind gelblich. Maße: Körper ♂ 5,4-7, ♀ 5,8-8, Pronotum ♂ 1,7:2-2,8:3,2, ♀ 1,7:2,9-2:3,2, Elytra ♂ 4,3-5,8, ♀ 2-2,9. VII-IX. Von Meereshöhe bis 1300 m; Italien, Campania, Lucania, Apulien; Sizilien, die Funde außer Sizilien gehen alle auf M. LA GRECA zurück, dessen Maßangaben ich mitverwendet habe.

45. *P. llorentae* HARZ 1971 (Atalanta 3:343, Fig. 1-5; Typ: ♂♀ Inst. Espan. Ent. Madrid; terra typica: Balearen, Menorca, Umgebung des Monte de Torre). Fig. 883, 915, 993-999.

Kopf dorsal zwischen den Augen mit gelber, in der Unterhälfte brauner Querbinde, darunter gelblich; an der Innenseite der Antennenbasen je ein rötlichbraunes Fleckchen. Der Discus des Pronotums ist lichtocker, bräunlich punktiert und gegen den durchsichtigen Saum gut abgesetzt (915, 993). Das Abdomen ist dorsal ocker, beim ♂ mit drei Reihen dunkler Flecken (993), beim ♀ ebenso, aber die seitlichen Flecken können sich bis zum Rand ausdehnen, der auch sonst oft eine bräunliche Makel trägt; Sterna ocker, beim ♀ mit bräunlichen, meist unterbrochenen Längsbinden, die sich auf der Subgenitalplatte vereinen (998); die Drüsengrube (883) ist, wenigstens bei Trockenpräparaten – vom 6. Tergum ± bedeckt, quer-lanzettförmig und trägt in der Mitte ein großes, rundliches, behaartes Zäpfchen; der Apikalhaken des linken Epiphallus wie in Fig. 994; die Cerci (995, 996) sind gelblich, basal oft gebräunt; der Stylus ist ± zylindrisch, am Apex verrundet (997). Micropter; die Elytra sind glasig-gelblich, mit gelblichweißer, schwach ausgeprägter Aderung (915, 993, 999), Zellen schwach hellbräunlich; apikal sind die Elytra verrundet bis (besonders bei ♀♀) leicht abgestutzt. Die Beine sind ockerfarben, dorsal der Dornenbasis auf den Tybiae mit rötlichbraunen Fleckchen. Maße: Körper ♂ 4,5, ♀ 6,2-7,3, Pronotum ♂ 1,3:2,4, ♀ 1,7:2,7-2,3; Elytra ♂ 2,2, ♀ 2,3-2,8. III-IX. Balearen (Menorca, Majorka, Mallorca). Tagsüber unter Steinen.

46. *P. princisi* FERNANDES 1962 (Rev. Portug. Zool. Biol. ger., 3:204-206, Fig. 9, A, B; Typ: Inst. Espan. Ent. Madrid; terra typica: Spanien, Sierra Nevada, Cerro Pelado). Fig. 874, 876, 922, 1000-1008.
Kopf beim ♂ braun, mit heller Querbinde zwischen den Augen oder nur rötlich aufgehellt, beim ♀ gelborange. Der Discus des Pronotums geht beim ♂ (874, 1000) aus braun ganz allmählich und unscharf in den helleren Saum über, der recht schmal ist und bei breiterer Ausbildung gleichfalls braun, aber durchsichtig ist; beim ♀ ist der Discus gut gegen den breiten hellen Saum begrenzt (1001). Coxae etc. braun. Das Abdomen des ♂ ist dorsal schwarz oder die Hinterränder und zuweilen auch die Seiten sind rötlichbraun bis gelb, beim ♀ gelb, ventral beim ♂ schwarzbraun, beim ♀ seitlich mit gelblichen Fleckchen; die Drüsengrube (876, 1004) ist in situ (wenigstens bei Trockenpräparaten) verdeckt (1002), sie ist gut eingesenkt und in der Mitte durch einen gelblichen Wulst längsgeteilt, der wie ein Bündel Muskelfasern aussieht (eine Art Zäpfchen?); seitlich trägt das 7. Tergum je eine gelborangefarbene Schwiele (1003); der Apikalhaken des linken Epiphallus wie in Fig. 1005; die Subgenitalplatte ist beim ♂ ohne eigentlichen Stylus, an dessen Stelle etwas zusammengedrückt (1006); beim ♀ ist die Subgenitalplatte hinten fast gerade, kaum ausgerandet; die Cerci (1007, 1008) sind schwarz bis braunschwarz. Micropter; die Elytra sind hinten quer abgestutzt (874, 922), das Mesonotum ist in der Mitte nicht bedeckt, die Adern sind schwach, aber deutlich; sie erreichen etwa das 3. Tergum und sind braun, weißlich genetzt; die Alae sind beim ♂ etwa ¼ kürzer, beim ♀ ½ so lang wie die Elytra. Die Beine sind beim ♂ braun bis schwarz, beim ♀ auch bräunlich. Maße: Körper ♂ 6-6,5, ♀ 7,3-7,6, Pronotum ♂ 1,9-2:3, ♀ 2,1-2,2:3,4, Elytra ♂ 2-2,3, ♀ 2-2,7. VI-VII(-VIII). Spanien; Sierra Nevada (Laguna de Cerro Pelado, Fiñana, 100 m).

47. *P. baetica* (BOLIVAR) 1884 (*Aphlebia b.*, C. R. Soc. ent. Belg., 28:105; Typ: ♂ Inst. Españ. Ent. Madrid; terra typica: Spanien, Sierra Nevada, Lanjaron). Fig. 1009-1016.
Kopf beim ♂ rötlichbraun, zwischen den Augen mit gelborangefarbiger Querbinde, beim ♀ bräunlich-gelblich mit heller Querbinde. Der Discus des Pronotums ist gelborange, rötlichbraun oder dunkelbraun, gut begrenzt

TAFEL 52

992. *Phyllodromica thyrrhenica* (RAMME); Stylus von rechts, links Apex stärker vergrößert; Neapel, Salerno, 6.VIII.1924, RAMME-RICHTER SG; Nat. Hist. Mus. Wien

993-999. *Phyllodromica llorentae* HARZ, soweit nicht anders vermerkt im Inst. Españ. Ent. Madrid

993. ♂, Beine und Antennen nicht gezeichnet, Menorca

994. Apikalhaken des linken Epiphallus, --- = problematisch

995. 995. ♂, linker Cercus von oben, Menorca

996. ♀, linker Cercus von oben, Menorca, Umgeb. Mte. Torre, H. FRANZ leg.

997. Stylus von unten; Menorca

998. ♀, Subgenitalplatte von unten; Majorka, Cala Ratjada, 19.III.1970, B. HAUSER leg., Mus. Nat. Hist. Genf

999. ♀, rechtes Elytron; wie zuvor

1000-1008. *Phyllodromica principi* FERN.; alle Laguna de Cerro Pelado, Sierra Nevada, VII 1951, MATEU-COBOS leg.; Inst. Españ. Ent. Madrid

1000. ♂ Pronotum

1001. ♀, Pronotum, Meso- und Metanotum sowie Ala rechts; Allotypus

1002. ♂, Abdomenapex

1003. ♂, die linke Schwiele stärker vergrößert

1004. Drüsengrube freigelegt

1005. Apikalhaken des linken Epiphallus von oben

1006. Apex der Subgenitalplatte ♂, der Pfeil zeigt auf die zusammengedrückte Stelle

1007. ♂, rechter Cercus von oben

1008. ♀, rechter Cercus von oben

1009-1016. *Phyllodromica baetica* (BOL.); Lanjaron; Inst. Españ. Ent. Madrid

1009. ♂ Pronotum und Elytra, auf dem linken Elytron ist die Ala durch eine gestrichelte Linie angedeutet

1010. ♂, Abdomenapex

1011. 7. Tergum, Drüsengrube verdeckt

1012. Drüsengrube aufgedeckt (L = Läppchen)

1013. Drüsengrube im Profil von rechts

1014. ♂, Subgenitalplatte von oben

1015. Linker Epiphallus

1016. ♀, rechtes Elytron

1017. *Phyllodromica agenjoi* HARZ; Apikalhaken des linken Epiphallus; Typ, Bacares, Spanien; Inst. Españ. Ent. Madrid

1018. *Phyllodromica sacarraoi* FERN.; ♂ Typ, Thorax rechte Seite mit Ala, ohne rechtes Elytron; Inst. Españ. Ent. Madrid

1019. Desgleichen; Abdomenapex ♂; wie zuvor

1020. Desgleichen; 6.-9. Tergum, stärker vergrößert, der Pfeil zeigt auf die Mündung der verdeckten Drüsengrube; wie zuvor

1021. Desgleichen; Drüsengrube, die weißen ovale sind stark konkav; wie zuvor

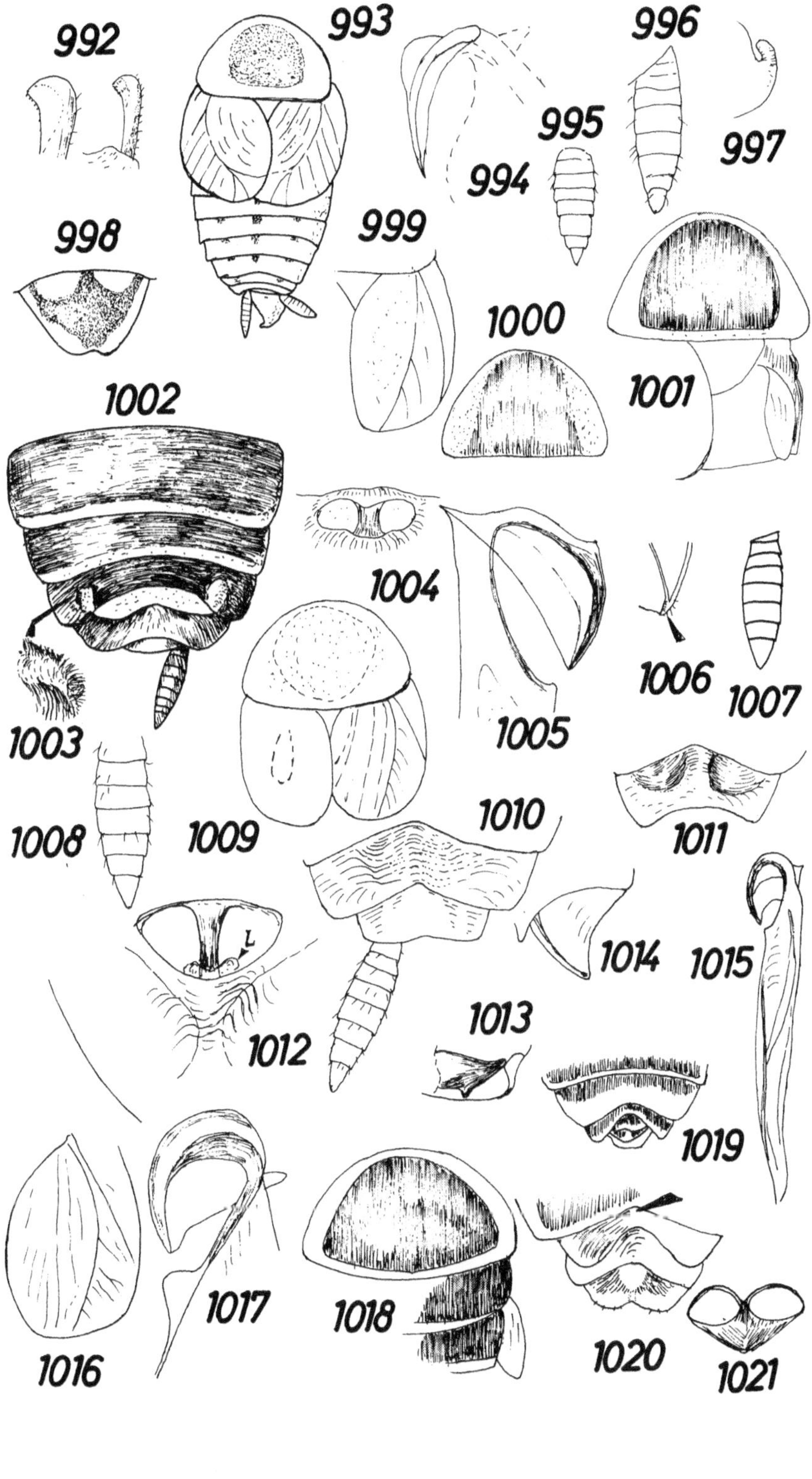
992
993
996
997
995
994
998
999
1000
1001
1002
1004
1005
1006
1007
1003
1008
1009
1010
1011
L
1012
1013
1014
1015
1019
1016
1017
1018
1020
1021

(1009) bis an den Seiten etwas unscharf. Abdomen dunkel rötlichbraun bis schwarzbraun, Hinter- und Seitenränder der Terga weißlichgelb, bei ♀ können die dunklen Querbinden in drei bis fünf Flecken aufgelöst sein; ventral braun, hinten und seitlich oft schmal hell gerandet, Seitenecken bei ♀ auch breit gelblichweiß; der sichtbare Teil der Drüsengrube (1010, 1011) ist in der Mitte durch einen Längswulst geteilt, doch die eigentliche Drüsengrube ist seitlich viel stärker vertieft (1012) und in der Mitte durch eine kräftig sklerotisierten dunkle Scheidewand getrennt, die distal ein Läppchen (L)und ventral einen zahnartigen Vorsprung trägt (1013); die Subgenitalplatte des ♂ trägt keinen Stylus (1014); der Epiphallus wie in Fig. 880, 1015; die Cerci sind braun. Micropter (1009, 1016); die Elytra sind weißlichgelb geadert, die Zellen gebräunt, am Hinterrand schwach verrundet; die Alae sind in situ etwa ½ so lang wie die Elytra. Die Beine sind gelblich mit kleinen dunklen Fleckchen an der Basis der Tibialdornen oder (bei dunklen Tieren) dunkelbraun mit gelben Tarsi. Maße: Körper ♂ 6,5-7, ♀ 7-7,3, Pronotum ♂ 1,8:2,7-2:3, ♀ 2,2:3-2,4:3,5, Elytra ♂ 2,4, ♀ 2,5-2,6. VI-VIII. Spanien: Lanjaron, Siles, Pto. de la Rague, Chicote/S. Nevada, Horcajo/S. Nevada.

48. *P. agenjoi* HARZ 1971 (Atalanta, 3:343-344, Fig. 6-8; Typ: ♂ Inst. Espan. Ent. Madrid; terra typica: Spanien, Bacares). Fig. 875, 877, 878, 1017.
Ähnlich den beiden vorhergehenden. Der Discus des Pronotums ist hell rotbraun und scharf von der hellen Umrandung abgesetzt (877). Das 6. Tergum ist hinten in der Mitte tief ausgerandet (875) und seitlich mit je einer gelbbraunen Tuberkel versehen, das 7. in der Mitte mit einem flachen Höcker in dessen proximaler Verlängerung die – in situ vom 6. Tergum verdeckte – Drüsengrube liegt (878); sie hat kein Zäpfchen, aber in der Mitte des Hinterrandes einen kleinen, medial gefurchten Höcker. Der Apikalhaken des linken Epiphallus wie in Fig. 1017; auch hier ist die Subgenitalplatte ohne Stylus; die Cerci sind braun. Micropter; die Elytra sind jenen von *baetica* sehr ähnlich (877), sie erreichen etwa das 3. Tergum, die Adern sind blaß gelblichweiß, die Zweige des R im Sc-Feld ausgeprägt schwach, Die Beine sehr ähnlich wie bei *baetica*. Maße ♂ (♀ noch unbekannt): Körper 7, Pronotum 1,9:3,1, Elytra 2,4. VII. Bisher nur vom locus typicus bekannt.

49. *P. sacarraoi* FERNANDES 1967 (Eos, 43:57-58, Taf. 2, A, B; Typ: ♂♀ Inst. Espan. Ent. Madrid; terra typica: Spanien, Sierra de Cazorla, Pte. las Herrerias). Fig. 881, 882, 908, 1018-1026.
♂ im ganzen schwärzlich, ♀ etwas heller. Bis auf die gelbe Binde zwischen den Augen ist der Kopf des ♂ schwarz, beim ♀ gelblich bis gelblichbraun; Antennen und Palpi schwarz. Der Discus des Pronotums (1018) ist beim ♂ tief schwarz, am Rand stellenweise auch aufgehellt, Saum gelblich; Meso- und Metanotum schwarz, hinten fein hell gerandet; beim ♀ ist der Discus schwarz, hinten und seitlich breit hell gerandet (908); das Metanotum ist in der Mitte aufgehellt. Abdomen beim ♂ dorsal und ventral schwarz, nur die Hinter- und Seitenränder der Terga sind gelb, beim ♀ dorsal licht gelblich, Terga vor dem Seitenrand an der Basis mit schwarzer, schmaler Quermakel, leicht punktiert, am Hinterrand weißlich, locker beborstet; Sterna mit drei Reihen von Längsflecken; das 6. Tergum ist hinten ausgerandet, verdeckt

aber trotzdem ± die Drüsengrube (1019, 1020), die in der Mitte eine Längsleiste trägt und beiderseits davon je eine Grube (1021). Der Apikalhaken des linken Epiphallus wie in Fig. 882; das Epiproct beim ♂ wie in Fig. 1019, beim ♀ quer-dreieckig (1025); der Stylus der schwarzen Subgenitalplatte ist schwach konisch, apikal verrundet und leicht beborstet (1026); beim ♀ ist die Subgenitalplatte hinten ganz schwach ausgerandet; die Cerci des ♂ sind braunschwarz, mit ganz leicht einwärts gerichtetem (immer?) Apikalglied (1023), beim ♀ gelblich (1024), an beiden Enden meist schwarz. ♂ micropter; die Elytra (811) sind innen-basal schwarz und überragen nicht das 3. Tergum, Sc-Feld und außen- sowie Apikalrand hell, sonst dunkel punktiert mit kaum angedeuteten Adern; ♀ squamipter (908, 1026), die Elytra überragen kaum das Mesonotum, innen an der Basis schmal schwarz gesäumt, sonst mit dunklen Längsfleckchen, die eine Aderung andeuten. Beine beim ♂ gelbbraun bis schwarz mit hellen Dornen und helleren Tarsi, beim ♀ gelb, nur dorsal der Dornenbasen mit braunen Fleckchen, Tibia und Tarsi auch mit dunklen Apizes. Maße: Körper ♂ 6-6,5, ♀ 7-7,2, Pronotum ♂ 1,9:3,2-2,2:3,5, ♀ 2,3-2,4:3,9, Elytra ♂ 2,3, ♀ 1,4-1,6, diese Angaben bedürfen der Ergänzung. Es sind nur drei Exemplare vom locus typicus bekannt; möglicherweise gehören 6 ♀♀ von der Nava del Espino, Sierra de Cazorla (1600 m) im Brit. Mus. (Nat. Hist.), London, hierher.

50. *P. moralesi* FERNANDES 1962 (Rev. Portug. Zool. Biol. ger. 3:207-209, Fig. 10A, B; Typ: ♂♀ Mus. Bocage, Lissabon; terra typica: Portugal, Tapeda de Matra, Soure). Fig. 885, 1027-1031.

Kopf beim ♂ schwarz, öfters aber mit rötlicher Stirn, Ocelli hell, milchigweiß, meist mit weißlichgelber Zwischenaugenbinde, bei ♀ ebenso; Antennae basal auf der Dorsalseite mit einigen helleren Segmenten. Discus des Pronotums schwarz bis englischrot, Saum hell weißlich bis durchscheinend (1027), auch das Mesonotum kann rötlich sein. Terga des ♂ schwarz, vor dem Lichten Hinterrand auch bräunlich aufgehellt, 4.-6. Tergum hinten konkav (1028), die Drüsengrube ist in situ unter dem 6. Tergum verborgen (1029), in ihrer Mitte eine Längserhebung die ± behaart ist (1030); die restlichen Terga sind ± dachförmig, d.h. fallen von der Mitte seitlich ab; in der Mitte mit heller Längsbinde; beim ♀ sind die Terga schwarz gefleckt, am Hinterrand gelblichweiß, die Flecken können Längsstreifen bilden, Sterna schwarz, weiß gerandet; Stylus fast zylindrisch, apikal verrundet, leicht beborstet (1031). Cerci schwarz, Apex auch bräunlich. ♂ fast micropter (1027), die Elytra überragen nicht das 2. Tergum, schwarz, mit hellen Adern, sie können sich auch am Innenrand berühren; ♀ squamipter, am Außenrand fast gerade, innen und hinten verrundet, sie überragen leicht den Hinterrand des Metanotums, hell, schwarz punktiert; Alae wenig kürzer als die Elytra. Beine ± schwarz, Tarsi lichtbräunlich bis gelblich, auch die Dornen der Tibiae hell. Maße: Körper ♂ 6-6,5, ♀ 6-7, Pronotum ♂ 1,8:2,9, Elytra ♂ 2-2,2, ♀ 1,4. Portugal, seither offenbar nur vom locus typicus bekannt, die 3 ♀♀ von der Sierra de Cazorla im Mus. Madrid sind einwandfrei Larven, die vorerst der Art nicht zugeschrieben werden können.

51. *P. cretensis* (RAMME) 1927 (*Hololampra c.*, Eos, 3:118-119, Fig. 4; Typ.: ♀ Nat.

Hist. Mus. Wien (coll. EBNER); terra typica: S-Kreta). Fig. 920, 1032-1035. Kopf braun mit scharfbegrenzter elfenbeinfarbiger Binde. Der Discus des Pronotums ist hell rötlichbraun, an den Seiten etwas dunkler, Saum glasig-gelblich, Hinterecken etwas dunkler betont (1032). Abdomen dorsal dunkelbraun, gelb gerandete Terga, 8. bis 9. Tergum gelb, von der Basis bis fast zum Hinterrand mit braunen, dreieckig-verrundeten Flecken (1033), 10. Tergum basal gelb, apikal glänzend braun; ventral braun, seitliche gelb gerandet, Subgenitalplatte an der Basis gelblich, dann rotbraun (1034); Cerci schwarz (1035). Fast micropter; die Elytra sind fast rechteckig (920), am Hinterrand abgestutzt, braun, hell geadert, C-Feld hell, durchsichtig; Alae etwa ½ so lang wie die Elytra. Coxae und Beine hell gelblichbraun. Maße: Körper 7,5, Pronotum: 2:3, Elytra 2,2. Nur das einzige ♀ vom locus typicus bekannt.

52. *P. marcelloi* FERNANDES 1962 (Rev. Portug. zool. Biol. ger. 3: 145-147, Fig. 1 A-E; Typ: ♂♀ coll. M. LA GRECA; terra typica: Sardinien, Sassari). Fig. 918, 1036-1038.
♂ und ♀ von dunkler Grundfarbe. Kopf des ♂ schwarz, beim ♀ schwarz mit heller Querbinde zwischen den Augen; Antennen und Palpi dunkel. Der Discus ist ähnlich wie bei *Ectobius sylvestris*, schwarz, Saum weißlich bis durchsichtig. Abdomen schwarz, beim ♂ seitlich schmal weißlich gesäumt, beim ♀ haben die Terga einen blaß gelblichen Hinterrand; das 6. Tergum ist beim ♂ kaum modifiziert, das 7. wie in Fig. 1036, Drüsengrube mit Zäpfchen, ⅓ so breit wie das 7. Tergum, distal davon ein dunkler Längskiel, das Zäpfchen ist lang, zugespitzt, flaumhaarig mit hellem Apex; der Stylus ist groß, flaumhaarig; die Cerci sind breit, bei ♂ und ♀ schwarz bis fahlrot (1037). ♂ brachypter, die Elytra decken das Abdomen (1038), bis auf den blaßgelblichen Vorderrand ± dunkel mit hellen Adern, R-Zweige im Sc-Feld deutlich; ♀ micropter, Elytra apikal spitzeiförmig, überragen nicht das 3. Tergum, Färbung wie beim ♂. Die Beine sind beim ♂ schwarzbraun, Tarsi gelblich mit schwarzem Apex, beim ♀ gelblich. Maße: Körper ♂ 5,3, ♀ 6,7, Elytra ♂ 4, ♀ 2,8. V. Sardinien (alle Angaben nach dem Autor).

Untergattung/Subgenus Luridiblatta FERNANDES 1965

(Arqu. Mus. Bocage, 2. Ser. 1:10-11; typus generis: *L. trivittata* (SERVILLE) 1839; *Phyllodromica* FIEBER 1853, *Lamprella* BOLIVAR 1921, *Arbiblatta* CHOPARD 1936).

Pronotum mit drei dunklen Längsbinden, die sich über die Elytra fortsetzen, ♂ brachypter, ♀ micropter, nur C, Sc und der R (mit schwachen Zweigen im Sc-Feld) gerade noch erkennbar. ♂ ohne oder mit schwach entwickelter Drüsengrube. Dies sind die Unterschiede gegenüber *Arbiblatta* CHOPARD «» Pronotum with three longitudinal bands which continue on the tegmina; ♀ brachypterous, ♀ squamipterous, C, Sc, and R (with weak branches in the Sc-area) distinct only. ♂ with weakly developed or without glandular pit. These are the main differences compared with *Arbiblatta* CHOPARD.

53. *L. trivittata* (SERVILLE) 1839 (*Blatta t.*, Ins. Orth. p. 1906; Typ: ♀, verschollen; terra typica: Sardinien). Fig. 879, 919, 1039-1042.
Kopf braun, zwischen den Augen eine weißlichgelbe Querbinde; wegen der fast gleichen Färbung der Umgebung sind die Ocelli kaum erkennbar; an der Innenseite der Antennenbasen je ein braunes Fleckchen, etwas tiefer in der Mitte ein weiteres, diese drei können zusammenlaufen und das mittlere kann dann einen Längsfleck bilden. Der Discus des Pronotums reicht bis zum Hinterrand und ist gelblich, zuweilen bräunlich punktiert, die Seiten tragen braune, vorn verbundene, proximal ± erweiterte Längsbinden, in der Mitte dieser fast hufeisenförmigen Zeichnung ein gleichfalls proximalwärts erweiterter Längsfleck (879, 919); diese Binden setzen sich auf den Elytra fort, beim ♀ auch auf Meso-, Metanotum und Terga; der Saum des Pronotums ist weißlichgelb bis durchsichtig, zerstreut abstehend behaart (Haare öfters abgebrochen). Coxae etc. gelblich. Das Abdomen des ♂ ist hellgelb, zuweilen in der Mitte gebräunt und seitlich mit scharf begrenzten bräunlichen Fleckchen, beim ♀ mit 3-5 Längsreihen brauner Flecken; Sterna beim ♂ gelblich, beim ♀ in der Mitte (abgesehen von dem hellen Hinterrand) mit braunen Querstreifen, vor den Seiten mit je einer Längsbinde und Keilfleckchen auf dem Seitenrand; 7. Tergum ohne Drüsengrube, diese ist höchstens durch eine verdeckte Querfurche angedeutet; 8. Tergum an Hinterrand tief ausgeschnitten (1039); der Stylus ist schwach-konisch, verrundet und kurz und zerstreut beborstet (1040); die Subgenitalplatte des ♀ trägt in der Mitte einen breiten braunen Längsfleck, hinten ist sie kaum ausgerandet; die Cerci sind gelblich bis orange, basal und apikal meist gebräunt, doch kann das Apikalglied dabei hell sein (1041). ♂ subbrachypter, ♀ micropter; die Elytra sind beim ♂ hinten schräg (879), beim ♀ quer abgestutzt (1042), sie erreichen beim ♂ etwa den Hinterrand des 5. Tergums, beim ♀ etwa die Mitte des 2. Tergums, glatt, glänzend, die schwache Aderung ist am besten noch bei seitlicher Beleuchtung zu sehen; die Alae erreichen beim ♂ etwa den Anfang des 2. Tergums, beim ♀ den Hinterrand des 1. Tergums. Die Beine sind gelblich bis gelblichbraun. Maße: Körper ♂ 5-5,5, ♀ 6-7, Pronotum ♂ 1,5:2,2, ♀ 1,9-2:3, Elytra ♂ 2,2-3, ♀ 2 (diese Angaben bedürfen der Ergänzung). VII-VIII. Spanien (Sevilla, Moron), Portugal (E-Algarve, wohl weiter verbreitet), Sardinien, Sizilien (keine Belgstücke gesehen); Algerien, Marokko, Lybien; in Palästina die sehr ähnliche *L. ebneri* HARZ 1975.

Untergattung/Subgenus: Lobolampra HOULBERT 1927

(*Thysanoures, Dermaptères* et *Orthoptères* de France, 2:18; typus subgeneris: *L. algerica* (BOL.) 1881; *Dziriblatta* CHOPARD 1937).

Diese Untergattung fügt sich gut in die Gattung ein von der sie sich in der Hauptsache dadurch unterscheidet, daß ♂ und ♀ regelmäßig squamipter sind. Sie ist mit etwa 15 Arten über S-Frankreich, die Iberische Halbinsel und Nordafrika verbreitet und erreicht im Atlas 3500 m, auch in SE-Europa, auf Sizilien und in W-Asien tritt sie auf «»
This subgenus fits well into the genus, ♂ and ♀ are here squamipterous,

TAFEL 53

1022-1026. *Phyllodromica sacarraoi* FERN., Typen im Inst. Españ. Ent. Madrid
1022. Stylus von oben
1023. ♂, rechter Cercus von oben
1024. ♀, linker Cercus von oben
1025. Abdomenapex von oben, der Pfeil zeigt auf das Epiproct
1026. ♀, linkes Elytron
1027-1031. *Phyllodromica moralesi* FERN., Paratypus ♂, Tapada de Mafra, Cacceira do Tiro, 8.V.1961, J. DE A. FERNANDES leg.; Mus. Bocage, Lissabon
1027. Thorax mit Elytra von oben
1028. Abdomenapex von oben
1029. Drüsengrube
1030. Die behaarte Längserhebung der Drüsengrube stärker vergrößert
1031. Stylus von oben
1032. *Phyllodromica cretensis* (RAMME); ♀, Pronotum, Typus; Nat. Hist. Mus. Wien
1033. Desgleichen; ♀, Abdomen dorsal; wie zuvor
1034. Desgleichen; ♀, Abdomenapex von unten; wie zuvor
1035. Desgleichen; ♀, rechter Cercus von oben; wie zuvor
1036. *Phyllodromica marcelloi* FERN.; Drüsengrube, nach J. DE A. FERNANDES 1962
1037. Desgleichen; ♂ Cercus; wie zuvor
1038. Desgleichen; ♂ rechtes Elytron; die durch Striche angedeuteten Adern sind tatsächlich weißlich wie beim ♀ in Fig. 918; wie zuvor
1039. *Phyllodromica trivittata* (SERV.), ♂, Abdomenapex, Aldeira Nova, Mata do laneo, Momte Gordo (Algarve or.), 17.VII.1963, J. DE A. FERNANDES leg., Mus. Bocage, Lissabon
1040. Desgleichen; Stylus stäkrer vergrößert; wie zuvor
1041. Desgleichen; ♀, rechter Cercus (*ebneri* HARZ), Ain Sofar, 22.VII.1928, R. EBNER leg., Nat. Hist. Mus. Wien
1042. Desgleichen; ♀, linkes Elytron; wie zuvor
1043. *Phyllodromica virgulata* (BOL.); ♀ Kopf von vorn, Allotypus; Inst. Españ. Ent. Madrid
1044. Desgleichen; ♀, linkes Elytron; wie zuvor
1045-1049. *Phyllodromica panteli* (BOL.); alle im Inst. Españ. Ent. Madrid
1045. ♂, Thorax mit Elytra; Cala/Huesca, Paratypus
1046. ♀, Pronotum und Elytra, Allotypus; Badajos
1047. Drüsengrube (6. Tergum aufgebogen); Jandula/Jaèn, 27.III.1933, ESCALERA leg.
1048. Zäpfchen, stärker vergrößert
1049. Stylus von oben; wie in Fig. 1045

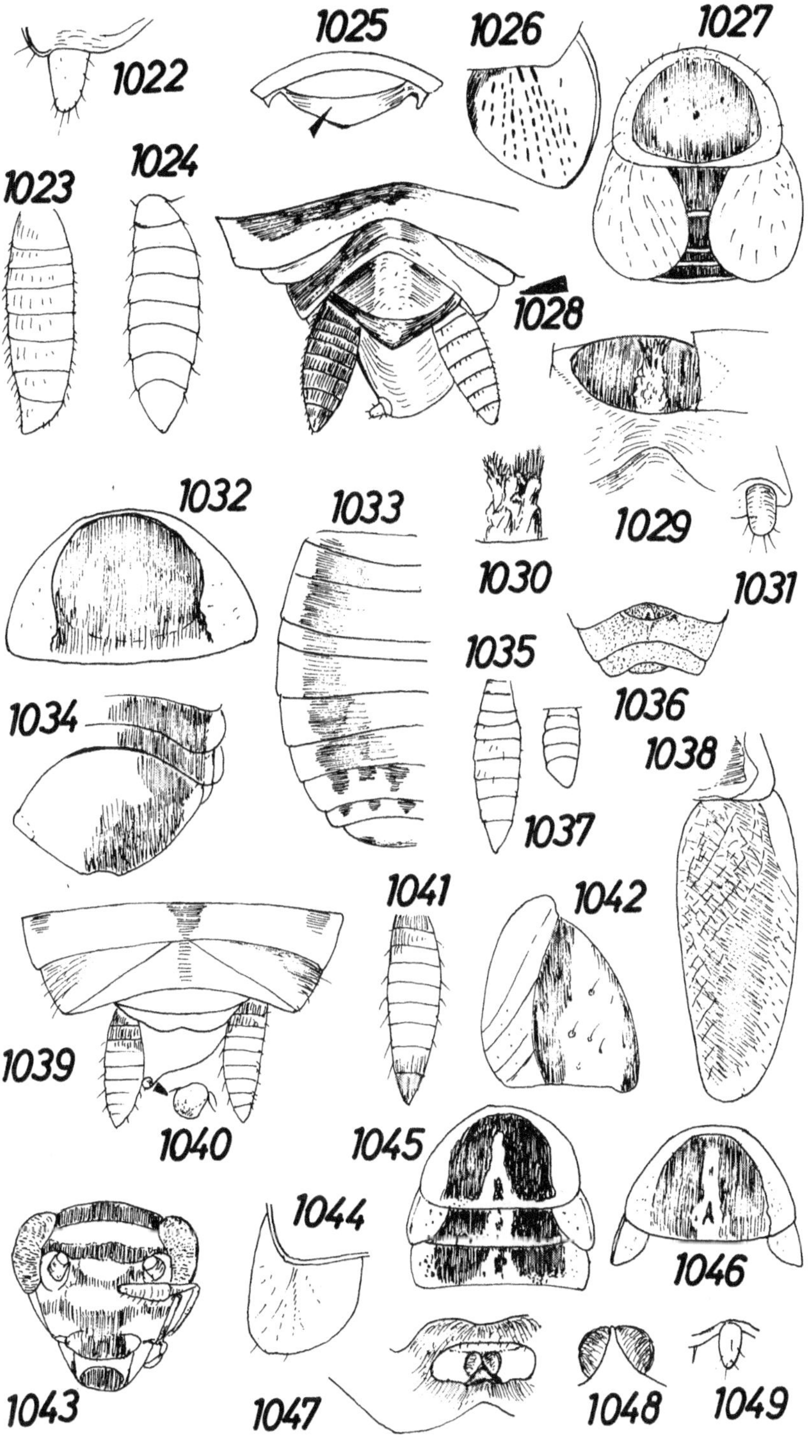
1022
1023
1024
1025
1026
1027
1028
1029
1030
1031
1032
1033
1034
1035
1036
1037
1038
1039
1040
1041
1042
1043
1044
1045
1046
1047
1048
1049

that is the main difference. With about 15 species spread over S. France, the Iberian Peninsula, Sizily, N. Africa (in the Atlas 3500 m), S.E. Europe, and W. Asia.

54. *L. virgulata* (BOLIVAR) 1878 (*Aphlebia v.*, Ann. Soc. Ent. Belg., 21:66-67; Typ: ♂ Mus. Nat. Brüssel; terra typica: Portugal, Pedro do Cerro; das als Allotypus bezeichnete ♀ befindet sich im Inst. Españ. Ent. Madrid). Fig. 912, 1043, 1044.
Kopf des ♂ schwarz, zwischen den Augen und Antennen mit gelblicher Querbinde, beim ♀ sind drei lichte Querbinden erkennbar (1043), beim ♂ wohl zuweilen auch so. Der Discus des Pronotums ist gelblich, beiderseits mit schwarzer bis rötlichbrauner Längsbinde (912), auch in der Mitte kann ähnlich wie bei *trivittata* ein dunkler Längsstreif auftreten. Meso- und Metanorum sind in der Mitte hell mit drei dunklen Punkten, beiderseits mit schwarzem Fleck (C. BRUNNER VON WATTENWYL 1882). Abdomen dorsal gelb, mit drei zuweilen undeutlichen dunklen Längsstreifen; ventral schwarz mit einigen gelben Flecken auf den Seitenrändern. Die Cerci sind dunkel, der Apex und das den drei apikalen vorhergende Glied schwarz, aber wohl auch hell mit gebräunten Enden. Die Elytra sind am Hinterrand schräg abgestutzt (1044), breiter als der helle Pronotumsaum, beim ♂ erreichen sie etwa die Mitte des Metanotums, beim ♀ etwa die Mitte des Mesonotums, sie sind gelblich, zwischen den undeutlichen Adern gebräunt. Beine bräunlichgelb. Maße: Körper ♂♀ 6 mm. Diese sehr unvollkommenen Angaben (nach C. BRUNNER VON WATTENWYL 1882 und K. PRINCIS 1965; ich selbst konnte nur den Allotypus untersuchen, dem das Abdomen fehlt, Pronotum 2,1:3, Elytra 1,4) bedürfen dringend der Ergänzung. Seither nur vom locus typicus bekannt.

55. *L. panteli* (BOLIVAR) 1921 (R. Soc. Esp. Hist. Nat. 50:453-454, Fig. 3; Typ: ♂♀ Inst. Españ. Ent. Madrid; terra typica: Spanien, Holotypus ♂ Algeciras, Allotypus ♀ Badajoz). Fig. 866, 911, 1045-1054.
Der Kopf ist braun bis schwarz, dorsal zwischen den Augen eine gelbliche Querbinde; Ocelli und Antennenbasen hell; Antennen und Palpi braun bis dunkelbraun. Der Discus des Pronotums ist braun bis dunkelbraun, in der Mitte mit weißlichgelber bis aufgehellter bräunlicher Längsbinde (866, 911, 1045, 1046), die proximal am Ende durch ein braunes Keilfleckchen geteilt sein kann und sich auf das Mesonotum und zuweilen auch auf das Metanotum fortsetzen kann. Die Hinterränder von Meso- und Metanotum sind hell, auch dunkel punktiert, ebenso die aufgehellten Seitenteile; beim ♂ kann das Mesonotum in der Mitte auch gans schwarz sein. Abdomen braun bis braunschwarz, Terga hinten lichtocker, vom dunklen Vorderrand aus z.T. mit dunklen Flecken und Punkten durchsetzt, seitlich breiter hell; ventral beim ♂ seitlich schmaler hell gerandet als beim ♀; beim ♀ sieht das Abdomen ohne Vergrößerungsglas oft gelblichgrau aus, zuweilen sind 5 Längsbinden aus Flecken angedeutet und ganz seitlich Keilflecke oder überhaupt dunklere Fleckchen; die Drüsengrube ist (wenigstens bei Trockenpräparaten) verdeckt und enthält ein zweiteiliges Zäpfchen (1047, 1048); Apikalhaken des linken Epiphallus wie in Fig. 1052; die Cerci sind hell-bis dunkelbraun, beim ♀ auch um die Mitte aufgehellt (1050, 1051). Die Elytra über-

ragen beim ♂ (1053) wenig das Mesonotum, beim ♀ (1054) erreichen sie gerade das Metanotum, bei ♂ und ♀ sind sie breiter als der helle Pronotumseitenrand, außen weißlichgelb, sonst graubraun und leicht punktiert; die Alae sind völlig mit dem Metanotum verschmolzen, nur als breiter, durchsichtiger Saum erkennbar. Die Beine sind gelblich mit dunklen Fleckchen oder braun mit gelblichen Dornen, Tarsi meist gebräunt, Basalglied aber an der Basis hell. Maße: Körper ♂ 4,8-6,3, ♀ 5,2-6,5, Pronotum ♂ 1,6:2,5-1,7:2,7, ♀ 1,9:2,9-2:3, Elytra ♂ 1-1,4, ♀ 1-1,3. II-IV(-?). Im Südwesten der Iberischen Halbinsel, ostwärts bis zur Sierra Nevada; offenbar recht lokalisiert (Algeciras, Badjoz, Cala/Huelva, Chiclana, Jandula/Jaén, Santisteban/Sierra Sagra, Arcos de la Frontera, Ronda, Pinheiro da Chave (Mt. Pide

56. *L. carpetana* (BOLIVAR) 1873 (*Aphlebia c.*, An. Soc. Esp. 2:214, Taf. 9, Fig. 1; Typ: ♂♀ Inst. Españ. Ent. Madrid; terra typica: Spanien, Navacerradam, Escorial; im Mus. Nat. Hist. Genf aus der Coll. PICTET als *sylvatica* RAUL bezeichnet, ich konnte in der Literatur aber keine Beschreibung oder einen Hinweis unter diesem Namen finden). Fig. 867, 868, 903, 1055-1062.
Kopf meist dunkelbraun bis schwarz, seltener ist das Gesicht orange bis rötlichbraun, dorsal zwischen den Augen eine helle Querbinde. Discus des Pronotums schwarz bis schwarz mit rötlichem Schimmer, scharfbegrenzt, auch rotbraun mit etwas dunkleren Rändern (867, 903). Meso- und Metanotum gleichfalls dunkel mit hellen Hinterrändern, letzteres an den Seiten breit gelblich-durchsichtig gerandet (Alae). Abdomen beim ♂ schwarzbraun bis schwarz, Hinterränder und Seiten breit gelblichweiß, 7. und 8. Tergum in der Mitte mit dunklem Fleck, 9. und 10. nur basal-seitlich dunkel (1055), beim ♀ breiter hell gesäumt, lateral oft mit dunklem Keilfleckchen und im Hinterrand punktiert, Sterna braunschwarz, hinten beim ♂ schmal, beim ♀ breiter gerandet, beim ♀ auch seitlich breiter aufgehellt, im ganzen licht mit braunen Querbinden und hellem Hinterrand; Drüsengrube (wenigstens bei Trockenpräparaten) vom 6. Tergum ± verdeckt (1055; die dunklen Halbkreise sind Flecken), mit Zäpfchen, proximal mit vorspringendem Zapfen (1056); Stylus zylindrisch bis schwach konisch, apikal verrundet, schwach beborstet (1057, 1058); Apikalhaken des linken Epiphallus wie in Fig. 1059; Cerci robust, braun bis schwarz (1060, 1061). Elytra wie in Fig. 867, 868, beim ♂ auch länglich eiförmig (903), zwischen den dicken, weißlichgelben Adern braun gefleckt, beim ♂ basal außer dem C-Feld dunkel gefleckt, beim ♀ nur basal am Innenrand (868); die Elytra sind immer breiter als der helle Pronotumsaum. Beine braun, Femora auch dunkelbraun, Coxae braun, hell gerandet, Dornen der Tibiae wie immer gelblich. Maße: Körper ♂ 4,7-6,5, ♀ 6-7,3, Pronotum ♂ 1,4:2,3-2:3, ♀ 1,6:2,7-2,2:3,4, Elytra ♂ 1,2-2, ♀ 1-1,7. Die Oothek (1062) ist glatt, ohne Längsfurchen oder Kiele, Crista fein gezähnelt, etwa 2,6 mm lang, gelblich. (VI?)VII-VIII. Auf der Iberischen Halbinsel außer im SW weit verbreitet, nach den bekannten Fundorten bis 1480 m

57. *H. subaptera* (RAMBUR) 1838 (*Blatta s.*, Faune Andal. 2:14; Typ: ♀ coll. RAMBUR im Brit. Mus. (Nat. Hist.) London; terra typica: Spanien, Umgebung von Granada). Fig. 904, 905, 1063-1068.
Der Kopf ist braun bis schwarzbraun, dorsal zwischen den Augen mit einer

TAFEL 54

1050-1054. *Phyllodromica panteli* (BOL.); soweit nicht anders vermerkt im Inst. Españ. Ent. Madrid
1050. ♂, rechter Cercus, Cala/Huesca
1051. ♀, rechter Cercus, Jandula/Jaèn
1052. Apex des linken Epiphallus, von unten; wie in Fig. 1050
1053. ♂, linkes Elytron, wie zuvor
1054. ♀, linkes Elytron; Ronda, Andalusien, H. FRANZ leg., Nat. Hist. Mus. Wien
1055-1062. *Phyllodromica carpetana* BOL., alle im Inst. Españ. Ent. Madrid soweit nicht anders vermerkt
1055. ♂, Abdomenapex, Sierra de Bajos, Léon, 1400 m
1056. Drüsengrube; Santander; der Pfeil zeigt auf das Zäpfchen
1057. Stylus von oben; wie zuvor
1058. Stylus von oben; San Emiliano/Léon, H. FRANZ leg., Nat. Hist. Mus. Wien
1059. Apikalhaken des linken Epiphallus; Santander
1060. ♂, rechter Cercus von oben; Sierra de Bayos, 1400 m, Léon
1061. ♀, rechter Cercus, von oben; Cercedilla, 1480 m
1062. Oothek; Brihueca
1063-1067. *Phyllodromica subaptera* (RAMB.); soweit nicht anders vermerkt im Nat. Hist. Mus. Wien
1063. Abdomenapex ♀ von unten; Salève, Haut. Savoie, leg. FREY-GESSNER; Mus. Nat. Hist. Genf
1064. ♀, rechter Cercus; Lesina; coll. PICTET; wie zuvor
1065. ♀, linkes Elytron; Uclès
1066. ♀, linkes Elytron, Lesina, BUCCHIC leg.
1067. a) ♀, linkes Elytron, Lesina, --- Variationsbreite ebenda b) Oothek, c) *Supella longipalpa* (F.), Oothek, aus K. HARZ 1960
1068-1071. *Reticulitermes lucifugus* (ROSSI); Dalmatien ex coll. BRAUER; Nat. Hist. Mus. Wien
1068. ♂, Kopf im Profil mit Pronotum von links
1069. ♂, Kopf von vorn; der Pfeil zeigt auf den Stirn-Porus
1070. ♂, Pronotum von oben
1071. Abdomenapex ♂ von oben
1072. *Reticulitermes flavipes* (KOLL.); ♀, Abdomenapex von hinten; Wien, Schönbrunn 1830; Nat. Hist. Mus. Wien
1073. *Kalotermes flavicollis* (F.); ♂, Elytron und Ala rechts; Montpellier, S-Frankreich, 20.IX.1972, K. HARZ leg., coll. m.

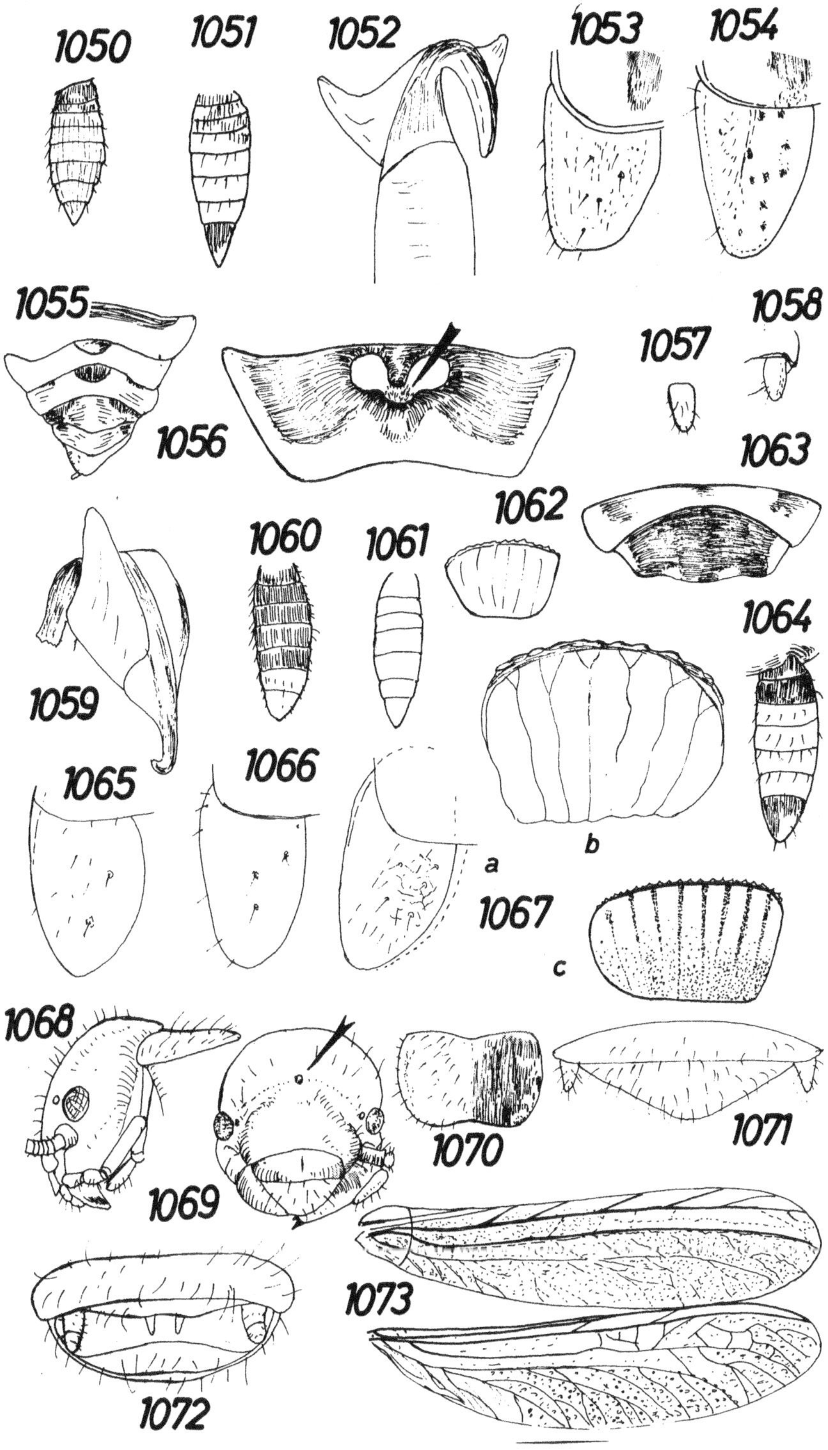
1050
1051
1052
1053
1054
1055
1056
1057
1058
1063
1062
1060
1061
1064
1059
1065
1066
a
b
1067
c
1068
1069
1070
1071
1072
1073

weißlichgelben Querbinde, Ocelli und die Antennenbasen sind ebenso gefärbt, innen am Ventralteil letzterer je ein etwas dunkleres Fleckchen. Der Discus des Pronotums ist dunkelrotbraun bis dunkelbraun, er löst sich proximal in Pünktchen und Fleckchen auf (904) oder zeigt überhaupt nur ein leicht symmetrisches Muster (905), weiß bis durchsichtig gesäumt, zuweilen ist der Saum auch punktiert; scheint das Mesonotum durch, kann es Discushinterecken oder einen bis zum Hinterrand reichenden Discus vortäuschen. Meso- und Metanotum sind oft wie der Discus gezeichnet, oft auch mit dunkler Mittellinie. Das Abdomen des ♂ ist schwarz, hell gerandet (K. PRINCIS 1965), beim ♀ weißlichgelb, dicht braun punktiert und mit kleinen Flecken besetzt, am Vorderrand der Terga sind manchmal die sonst üblichen 5 Fleckenreihen durch größere Flecke angedeutet, Randmakel immer vorhanden, der Hinterrand der Terga ist heller punktiert; die basalen Sterna sind braun, dann mit Fleckenreihen in der Mitte und vor den Seiten. Subgenitalplatte des ♀ wie in Fig. 1063; Cerci des ♂ schwarz (K. PRINCIS 1965), beim ♀ (1064) gelblichbraun, basal und apikal dunkler braun. Die Elytra erreichen etwa den Hinterrand des Mesonotum und sind nicht breiter als der helle Pronotumsaum davor (904), sie sind etwas variabel geformt (1065-1067), gelblichweiß-durchsichtig, zerstreut bräunlich punktiert und behaart; die Alae sind völlig mit dem Metanotum verschmolzen. Coxae und Femora dorsal braun, sonst sind die Beine gelblich. ♂♂ scheinen recht selten zu sein, ich fand in keiner der großen Sammlungen eins; J. DE A. FERNANDES fand in Portugal unter 135 Exemplaren nur 17 ♂♂. Maße: Körper ♂ 4,5-6,5, Elytra ♂ 07 K. PRINCIS 1965). ♀ Körper 5-6,3, Pronotum 1,6:2,7-2:3,3, Elytra 1-1,3. Oothek wie in Fig. 1068, glatt, ohne Längsfurchen oder Rillen, lichtbraun. V-VIII? Iberische Halbinsel, S-Frankreich, Korsika, Sizilien, Jugoslawien (Dalmatien), Griechenland (Saloniki), Bulgarien (K. PRINCIS 1965). J. DE A. FERNANDES (1965) synonymiert damit *P. pygmaea* BEY-BIENKO 1932, die westlich bis in die Mugoscharen-Berge vordringt, welche sich aber nach dem Autor durch einen stärkeren Stylus und die Färbung (ähnlich *trivittata* und *virgulata*) auszeichnet.

Turanoblatta irinae BEY-BIENKO 1932 aus W-Asien, die einmal bei Orenburg (Nat. Hist. Mus. Wien) gefangen wurde, *Tartaroblatta/Dziriblatta tartara* SAUSSURE 1874 aus Zentral- und W-Asien, von der gleichfalls ein ♀ an der Eisenbahn-Strecke Orenburg-Taschkent gefunden wurde sind wohl nicht in die europäische Fauna aufzunehmen, weil es sich dabei wohl um verschleppte Tiere oder überhaupt um Fundortverwechslungen handelt. Vielleicht ist es auch mit *Lobolampra algerica* BOLIVAR 1881 so, von der sich ein einziges ♀, gefangen in der Sierra de las Nives, Yunquera (Málaga) in der Collection des Inst. Españ. Ent. Madrid befindet.

ORDNUNG/ORDER: ISOPTERA

Die Isopteren oder Termiten sind staatenbildende Insekten mit flugfähigen Geschlechtstieren, die nach dem Schwärmen ihre Flügel ablösen und in Holz oder im Boden neue Staaten gründen. Das Abdomen eierlegender ♀♀ vergrößert sich oft um das Mehrfache seiner Länge und Breite. Geschlechtstiere: Kopf (1068) freibeweglich, ± orthognath, nicht vom Pronotum bedeckt, mit beißenden, kauenden Mundwerkzeugen; die Antennen sind fadenförmig, 15-32 gliederig; Augen und zwei Ocelli vorhanden; dort wo die Quernähte mit der Längsnaht zusammentreffen bzw. in der Mitte der Quernaht liegt die Mündung der Stirndrüse (1069, Stirnporus, Fontanelle), die zuweilen undeutlich ist oder auch fehlt. Das Pronotum (1068, 1070) ist ± kürzer als der Kopf; Meso- und Metanotum sind gleichgroß oder wenig kürzer. Das Abdomen setzt sich ursprünglich aus 10 Segmenten zusammen, das 1. Sternum ist aber stark zurückgebildet oder fehlt, die übrigen Segmente sind bei ♂ und ♀ ziemlich gleichartig, aber das 9. und 10. Tergum sind kleiner als die vorhergehenden; die Subgenitalplatte wird beim ♂ vom 9. Sternum gebildet, das bei den ursprünglichen Arten am Hinterrand ein Paar Styli trägt, beim ♀ wird die Subgenitalplatte vom vergrößerten 7. Sternum gebildet und bedeckt das 8. und 9. Sternum; am 10. Segment seitlichbasal mit einem Paar zweigliederiger Cerci (1071, 1072); das 10. Tergum bildet das Epiproct (1071), das 10. Sternum ist in der Mitte geteilt und bildet die Paraproctes. Die Genitale des ♂ sind ± membranös. Elytra und Alae sind (1073) membranös, zart und ± gleichartig, von den festeren, fast schuppenförmigen Basalteilen (1074, 1075) werden sie nach dem Schwärmen an präformierten Rißlinien abgetrennt, sie liegen links auf rechts oder umgekehrt. Die Coxae sind groß und einander recht nahe. Die Beine sind ziemlich gleichartige Schreitbeine; die Tarsi sind bei den behandelten Arten 4 gliederig, ein Arolium ist nur bei den ursprünglichen Arten vorhanden und wird auch bei diesen nach dem Abwurf der Flugorgane zurückgebildet. Arbeiter: Die unfruchtbaren Arbeiter (Pseudergaten) sind in der Regel blind, apter, weißlichgrau, Kopf gelblich, braun bis schwarz (10) mit kräftige gezähntten Mandibeln (1076); in der Entwicklung stehengebliebene Larven ersetzen bei ursprünglichen Arten die Arbeiter. Auch Nymphen können Larven-Arbeiter werden, die sich aber notfalls zu Geschlechtstieren oder Soldaten verwandeln können. Soldaten (1077) sind gleichfalls unfruchtbar; sie sind durch den großen Kopf und – bei Arten in Europa – stark vergrößerte Mandibeln gekennzeichnet, auch ihnen fehlen die Ocelli und Flugorgane und bei versteckt lebenden Arten auch die Augen. Zwischen allen Kasten können Übergangsformen auftreten. Etwa 2000 Arten, von denen nur wenige in Europa vorkommen «» *Isoptera* or termites are insects with developmental states with sexual forms that are able to fly, but after swarming remove their wings and form a new state in wood or in the ground. When ♀ is in egg-laying state, its abdomen becomes much longer and thicker. Fertile specimens: Head (1068) easily movable, ± orthognathous, not covered by the pronotum, with masticating mouth-parts; antennae filiform, 15-32-segmented; eyes and two ocelli present; where the transverse suture meet the longitudinal suture there is a frontal gland; sometimes the sutures are indistinct (1069), and the gland then lies in the middle of the front, sometimes that frontal-porus or fontanel is indistinct or absent. Pronotum (1068, 1070) ± shorter than the head; meso- and metanotum of equal size or a little shorter. Originally the abdomen consisted of 10 segments. Now the 1st sternite is strongly reduced or absent, the others are of rather similar appearance, but the 9th and 10th tergites are somewhat smaller; the ♂ subgenital plate is formed by the 9th sternite, in primitive species there is a pair of styles; in ♀ the subgenital plate is formed by the enlarged 7th sternite, which covers the 8th and 9th sternite; 10th tergite with two-segmented lateral cerci (1071, 1072); the 10th tergite forms the epiproct (1071) the 10th sternite is divided in the middle and forms the paraproctes. ♂ genitalia ± membranous. Tegmina and alae (1073) membranous, soft and ± equal to each other; a preformed line of fracture between the harder basal sqamae and the softer tegmen allows the latter to break off after swarming; the left wing lies over the right, or vice versa. The large coxae are situated close together; legs rather homogenous walking-legs; the tarsi of the species here have 4 segments; an arolium is present only in the primitive species an in these its becomes reduced after they have lost their wings. Workers (pseudergates): Infertile, usually blind, apterous, whitish-grey, head yellowish, brown to black (10), with strongly thoothed mandibles (1076); in primitive species workers are replaced by larvae halted in their development, nymphs can also become larval-workers, but sometimes they can become transformed into imagines or soldiers. Soldiers (1077) are infertile; they are characterized by their large head and – in European species – strongly enlarged mandibles; they have no ocelli and wings, in species living hidden in wood or in the ground eyes are also lacking; between the castes (e.g. soldiers and workers) there are transitional stages. About 2000 species, a few of them living in Europe.

Schlüssel zu den Familien «» Key to the families

1. Stirn ohne Porus; Pronotum proximal nicht oder wenig verschmälert (1078, 1079) «» Frons without fontanelle; pronotum not or only a little narrowed proximally (1078, 1079) ....
   Kalotermitidae, p. 309
– Stirn mit Porus; Pronotum proximal deutlich verschmälert (10, 1077, 1080) «» Frons with fontanelle; pronotum distinctly narrowed proximally (10, 1077, 1080) ....
   Rhinotermitidae, p. 310

FAMILIE/FAMILY: KALOTERMITIDAE

Trockenholztermiten. Die Augen sind relativ klein; kein Stirnporus; Mandibeln mit drei Zähnen (1081). Pronotum flach gewölbt (1074), nach hinten nicht oder kaum merklich verschmälert (1078, 1079, 1082). Die Basalschuppe des Elytrons bedeckt jene der Ala; Sc und R sind unverzweigt, sklerotisiert, kurz, der R-Sektor ist verzweigt (1083), Tibiae mit 4 Apikaldornen. Keine echten Arbeiter vorhanden, diese werden von Pseudergaten gestellt. Etwa 343 Arten, besonders in Mittel- und Südamerika; einige Arten sind weltweit verschleppt, so z. B. *Kalotermes brevis*, der 1966 im Juni in einem Schiff im Hamburger Hafen schwärmte und auf Madeira und den Kanaren bodenständig wurde «» Dry-woodtermites. Eyes relatively small, without frontal fontanelle: mandibles with 3 teeth (1081). Pronotum flatly convex (1074), hardly or not at all narrowed posteriorly (1078, 1079, 1082). Basal squamae of the tegmen covering the basal-squamae of the ala; Sc and R short, not branched, sclerotized, R-sector branched (1083). Tibiae with 4 apical spines. No real workers, these are replaced by pseudergates. About 343 species, particularly in Central- and S. America, some species introduced into many parts of the world, e.g. Kalotermes brevis into Madeira and Canary Islands; in June 1966 it swarmed inside a ship in the Hamburg harbour.

Gattung/Genus: Kalotermes HAGEN 1853

(Ber. Königl. Preuss. Akad. Wiss. Berlin, 1853:479-480; typus generis: *K. flavicolis* (F.(1793).
Weil bei uns keine anderen Gattung vorkommen stimmt die Diagnose weitgehend mit jener der Familie überein; die Antennen sind kurz, 10-20 gliederig, Imagines mit nach hinten eher etwas verbreitertem Pronotum (1082), bei Soldaten und Pseudergaten kaum merklich nach hinten konvergierend, Soldaten meist blind. Etwa 50 Arten, von denen die meisten in Mittel- und S-Amerika leben, 6 in der Paläarktis, 1 Art im europäischen Mittelmeerraum, 1 auf den Kanaren (*dispar* GRASSÉ), *K. monticola* SJÖSTEDT steigt in Algerien bis 1000 m «» Because there are no other genera in Europe, the description widely agrees with the description of the family; antennae short, 10-20-segmented; pronotum in imagines somewhat widened posteriorly (1082), in soldiers and pseudergates hardly converging posteriorly; soldiers mostly blind. About 50 species, most of them living in Central- and S. America, 6 in the Palaearctic, 1 on the Canary Islands (*dispar* GRASSÉ), *K. monticola* SJÖSTEDT in Algeria up to 1000 m.

1. *K. flavicollis* (F.) 1793 (*Termes f.*, Ent. Syst, 2:91; Typ: verschollen? terra

typica: Barbaria (= Berberei), N-Afrika. Fig. 1074, 1075, 1078, 1079, 1081-1083. Kopf rötlichbraun, Clypeus distal weißlichgelb, Labrum gelblich, desgleichen die Antennae; die Kopfnähte sind schwach bis undeutlich; Ocelli gelblichweiß, sie liegen innen vor der Augenmitte und ihr Durchmesser ist etwa zweimal größer als ihr Abstand von den Augen; schwach abstehend beborstet. Pronotum mit steil abfallenden Paranota, gelblich, bei Imagines wie auch weitgehend der übrige Körper schwarzbraun, spärlich, aber lang abstehend beborstet. Abdomen bei Imagines braun bis rötlichbraun, Hinterränder der Terga öfters gelblichbraun, 8. und 9. Tergum auch bloß apikal braun, sonst gelblich, Epiproct auch ganz gelblich. Abdomen des fertilen ♀ nicht übermäßig gedehnt. Flugorgane dicht gekörnt, auf den Adern feiner, dazwischen fast grob, gebräunt, schwach durchsichtig. Maße: Körper ♂ 4-6, ♀ 4-5,5, Soldat 5-8, Arbeiter etwa 3-4, Pronotum ♂ 1-1,1, ♀ 1, Soldat 08-1, aber Kopf 2-2,5, Elytra ♂ 07-08, ♀ 07-1. Imagines I, IX. Frankreich (Var, Bouches-du-Rhône, Vaucluse, Pyrenées Orientales; Iberische Halbinsel, Italien (ligurische Riviera), Jugoslawien (Dalmatien), Griechenland (Attica), Sizilien, im europäischen Mittelmeerraum wohl noch weiter verbreitet. SSSR: Schwarzmeerküste am Kaukasus, N-Aserbeidshan. N-Afrika. Lebt in toten Baumstämmen, Telegraphen und Telephonmasten, Holzbauten und Material, auch in geschwächten Holzgewächsen. Biologie (nach L. CHOPARD 1951: GRASSÉ et SANDIAS 1897, Atti Ac. Sci. nat. Catania, NEEFS 1932, Bull. Soc. Zool. Fr., 57:409, GRASSÉ et NOIROT 1947, C. R. Ac. Sci. 224:219, RICHARD 1949, La Feulle Nat. N.S. 5:13, 1950 Ann. Sc. nat. Zool. 12:508.

FAMILIE/FAMILY: RHINOTERMITIDAE

Stirnporus vorhanden, wenn auch zuweilen nur schwach entwickelt; Mandibeln bei Arbeitern und Imagines mit mehr als 3 Zähnen (1076), bei Soldaten ungezähnt (1077). Das Pronotum ist quer bis fast herzförmig, im Basalteil deutlich verschmälert (1070, 1077, 1080, 1084, 1085). Die Basalschuppen der Elytra decken nicht jene der Alae (1080); R-Sektor unverzweigt bzw. mit einem Zweig, sekundäre Queradern zum Costalrand, M und Cu stark genähert oder mit dem R verschmolzen (1086); Soldaten blind «» Frontal fontanelle present, but sometimes hardly developed; mandibles in workers and imagines with more than three teeth (1076), soldiers without teeth (1077). Pronotum square to almost heart-shaped, distinctly narrowed at its base (1070, 1077, 1080, 1084, 1085). Basal squamae of the tegmina not covering those of the alae (1080); R-sector not branched or with one branch, transverse secondary veinlets reaching the costal-margin, M and Cu close together or fused with the R (1086). Soldiers blind.

UNTERFAMILIE – SUBFAMILY: HETEROTERMITINAE

Wie zuvor. 1. Tibia mit 2, 2. und 3. mit je drei Apikaldornen. Labrum der Soldaten vorgezogen, zugespitzt, Mandibeln ohne Innenzähne oder nur mit Höcker«»As above. 1st tibia with 2, 2nd and 3rd tibia with 3 apical spines each. Labrum of the soldiers lengthened, pointed; mandibles without teeth on the inside, at most with a tubercle.

Gattung/Genus: Reticulitermes HOLMGREN 1913

(K. Svenska Vetensk. Ak. Handl. 50, no. 2:60-61/damals als Subgenus von *Leucotermes* SILVESTRI 1901/; typus generis: r./*Termes flavipes* KOLLAR 1837).
Bei uns nur die nachstehenden Arten «» In Europe the next species.

Schlüssel zu den Arten «» Key to the species

(Nur für Imagines «» Only for adults)

1. Der Post-clypeus springt schwach vor (1090); der Mittelwert des Augen-Index (1091) ist 1,5-1,6 «» Postclypeus weakly projecting (1090); eye-index (1091) 1.5-1.6 (mean) 2
- Der Postclypeus spring stark vor (1092); der Mittelwert des Augenindex ist 2,3 «» Post-clypeus strongly projecting (1092); eye-index (mean) 2.3 . . . . *R. clypeatus* LASH, p. 315
2. Der Kopf ist schwarzbraun, die Mandibeln gelblich-braun, das Labrum hellbraun; Elytra graubraun-glasig «» Head blackish-brown, mandibles yellowish-brown, labrum light-brown; wings greyish-brown, glassy . . . . *R. lucifugus* (ROSSI), p. 311
- Der Kopf ist licht rötlichbraun, die Mundteile sind gelblich; Elytra und Alae abgesehen von der gelblichen C und Sc, glasig, durchscheinend «» Head light reddish-brown, mouth-parts yellowish; tegmen and alae, apart from the yellowish C and Sc, glassy, translucent . . . . *R. flavipes* (KOLL.), p. 314

1. *R. lucifugus* (ROSSI) 1792 (*Thermes l.*, Mantissa Insectorum Etr. 1:107; Typ: verschollen; terra typica: Toskana, wohl in der Umgebung von Pisa). Fig. 10, 1068-1071, 1076, 1077, 1080, 1085-1089.

Kopf bei ♂ und ♀ schwarzbraun, der Clypeus springt vor und ist, besonders bei Nymphen öfters aufgehellt, das Labrum ist heller braun, die Mandibeln gelbbräunlich, desgleichen die Antennen mit oft 17-10 Gliedern, das 4. Glied ist am kürzesten, sie sind etwas länger als der Kopf; die Augen sind relativ klein, innen davon im Abstand etwa eines Ocellusdurchmessers die Ocelli; der Stirnporus kann Ocellusgröße erreichen, ist aber oft nur angedeutet (1068, 1069). Das Pronotum (1070, 1080) ist quer, vorn und hinten leicht ausgerandet, die Seiten sind verrundet und konvergieren ab der Mitte nach hinten, beim ♀ ist der Hinterrand zuweilen auch verrundet; locker abstehend beborstet;

TAFEL 55

1074. *Reticulitermes flavipes* (KOLL.); ♀, Pronotum und Basalschuppen der Elytra von links; Algeciras; SIMON leg. Nat. Hist. Mus. Wien
1075. Desgleichen; von oben; wie zuvor
1076. *Reticulitermes lucifugus* (ROSSI); Arbeiter, rechte Mandibel; Spanien, Totana, Collado Bermejo, 1250 m, 24.V.1969. U. EITSCHBERGER leg., coll. m.
1077. Desgleichen; Soldat; wie zuvor
1078. *Kalotermes flavicollis* (F.); Arbeiter, Dalmatien, Meleda, aus Arbutus, G. HENTSCHEL leg., Nat. Hist. Mus. Wien
1079. Desgleichen; Soldat, Portugal; wie zuvor
1080. *Reticulitermes lucifugus* (ROSSI); Pronotum mit linksseitigen Flügelschuppen; Epirus 700-800 m, 2.-12, VI.1933, M. BEIER leg.; Nat. Hist. Mus. Wien
1081. *Kalotermes flavicollis* (F.); Arbeiter, rechte Mandibel von unten; Dalmatien, Meleda, G. HENTSCHEL leg.; wie zuvor
1082. Desgleichen; ♀, S-Spanien, Algeciras, SIMON leg.; wie zuvor
1083. Desgleichen; ♀, linkes Elytron ♀; wie in Fig. 1081
1084. *Reticulitermes flavipes* (KOLL.); ♂, Pronotum von oben; Wien, Schönbrunn 1830; Nat. Hist. Mus. Wien
1085-1089. *Reticulitermes lucifugus* (ROSSI); soweit nicht anders vermerkt im Nat. Hist. Mus. Wien
1085. Arbeiter, Kopf und Pronotum von oben; wie in Fig. 1076
1086. Linkes Elytron; Dalmatien, ex coll. BAUER
1087. Soldat, Kopf von oben; wie in Fig. 1076
1088. ♂, Abdomenapex von unten; Dalmatien
1089. ♀, Abdomenapex von unten; Livorno
1090. *Reticulitermes flavipes* (KOLL.); Kopf mit schwach vorspringendem Clypeus (nach I. HRDY 1961)
1091. Desgleichen; Indizes nach I. HRDY 1961: a = pigmentierter Teil des Auges, c = Clypeuslänge, d = größter Augendurchmesser, e = Abstand Auge: Ocellus, i = unpigmentierter Augenteil, l = Labrum länge (nach I. HRDY 1961)
1092. *Reticulitermes clypeatus* LASH; Kopf von links mit stark vorspringendem Clypeus (nach I. HRDY 1961)

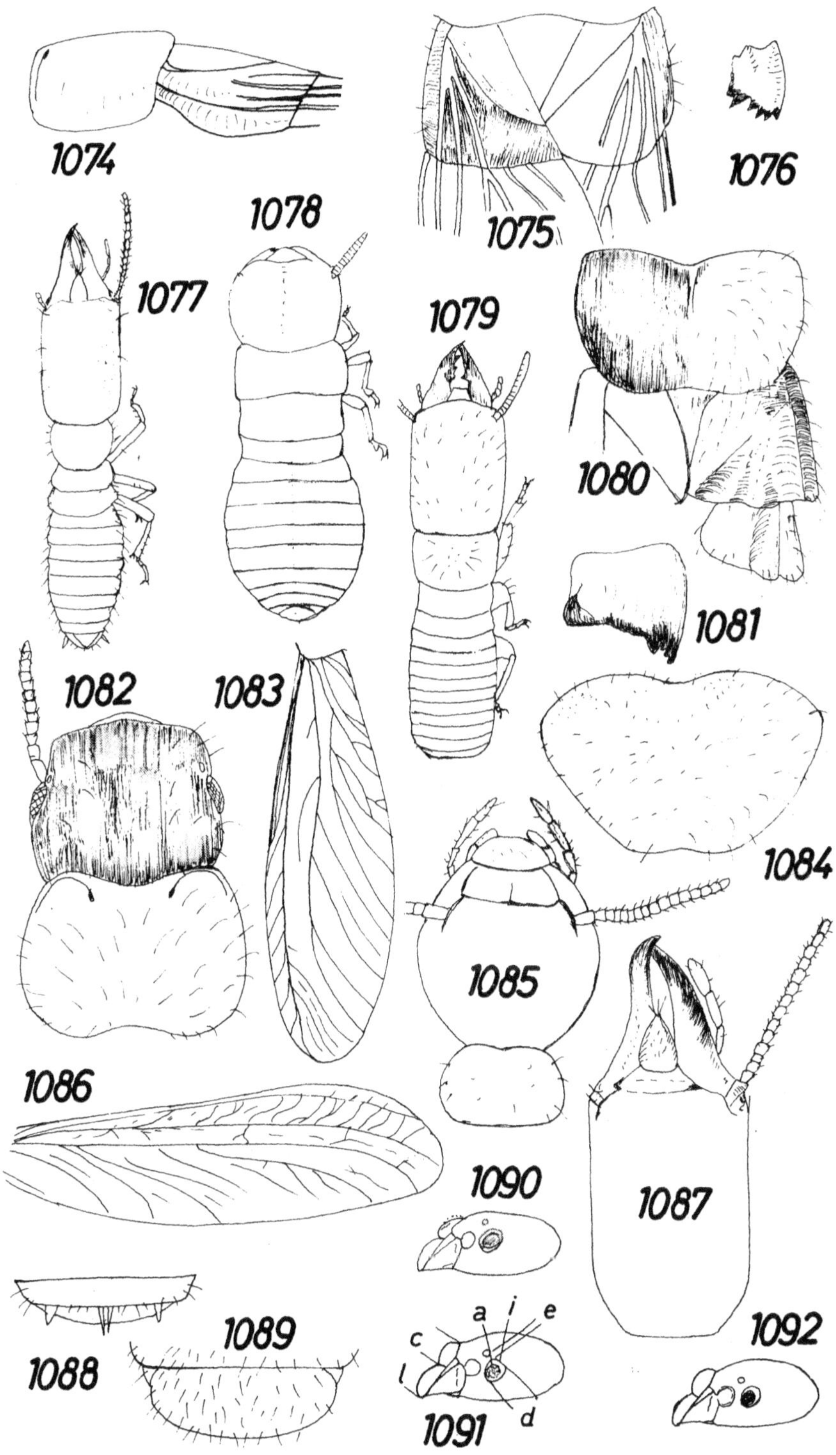
1074
1075
1076
1077
1078
1079
1080
1081
1082
1083
1084
1085
1086
1087
1088
1089
1090
a
i
e
c
l
d
1091
1092

braun bis dunkelbraun. Thorakalsterna etc. braun. Das Abdomen ist beim ♂ oft hellbraun, beim dunkel bis schwarzbraun, besonders ventral ziemlich beborstet, die Borsten sind ± nach hinten gerichtet; das Epiproct ist beim ♂ (1071) quer dreieckig-verrundet, die Subgenitalplatte mit zwei nahbeisammenstehenden Styli (1088); beim ♀ ist das Epiproct breit verrundet, desgleichen die Subgenitalplatte (1089). Elytra (1086) graubraun, glasig, C und Sc gelblichbraun, Adern fein gekörnt, sonst fein runzlig-punktiert; die Alae sind so lang wie die Elytra und von gleicher Beschaffenheit; die Basalschuppen der Elytra decken nur die Basis jener der Alae (1080). Beine hellbraun, an der Basis auch schwarz, Femora auch bloß braun, Tarsi gelblich. Schwarmzeit v-vi, aber auch (Montpellier 1972) noch im ix. Arbeiter weißlich bis weißlichgrau, Kopf rundlich (10, 1085), auch braun bis schwarzbraun, Antennen dann gelbbraun, ohne Augen und Ocelli; Antennen 15-16 gliederig, Pronotum denen der Imagines ähnlich. Abdomen oval, leicht depress, der Verdauungskanal scheint durch. Soldaten: Körper ähnlich wie bei den Arbeitern, aber der Kopf ist groß (1077, 1087), mit meist 13-17 Antennengliedern, keine Augen und Ocelli. Maße: Körper ♂ 4,5-5, ♀ 4-5 (Königin 10-12), Arbeiter 3,5-4 (selten bis 5-6), Soldat 5-5,5, Pronotum ♂ 05-07, ♀ 05-06, Arbeiter meist um 04, Soldat 0-07, Elytra ♂ 7-8, ♀ 8-9. Ganzjährig. Spanien (ich fand in der Literatur keine Angaben, aber erhielt reichlich Material aus Holz von Totana, Collado Bermejo, 1250 m, das von U. EITSCHBERGER am 24.v.1969 gesammelt wurde); Frankreich (besonders in Kiefern-(Pinus)Stümpfen, Pyrenées Orientales, Lot-et-Garonne, Gironde, Charente-Inférieur, in Paris zweimal eingeschleppt; offenbar im ganzen Süden und hier besonders im SW verbreitet); Italien (Riviera in Ligurien, Toskana, Livorno, Grosseto, Arezzo, Alta Val Tiberina, Genua (Schwärme 1942, 1944, 1946), 1948 von Rom, Viterbo, Pergia, Gubbio und Siena angeführt, was vielleicht mit einer Invasion aus Spanien über Südfrankreich zusammenhängen könnte (F. CAPRA 1948). Aber in der Toscana schon 1792 angegeben; auch die Insel Elba wird angeführt); Jugoslawien, wohl in allen Mittelmeerländern. Am Balkan nordwärts bis Rumänien, wo ihre nördliche Verbreitungsgrenze mit der Isotherme von 10,5° zusammenfällt. In der SSSR in der südlichen Ukraine im Norden bis Dnepropetrowsk, Moldawia, Transkaukasien. Biologie (nach L. CHOPARD 1951): FEYTAUD, 1912, Arch. Anat. micr., 12:481; 1920, C. R. Ac. Sc. 203; 1920 l.c., p. 1287; 1920, P. V. Soc. Linn. Bordeaux, p. 160; JUCCI, 1926. Boll. Soc. ent. it. 57:98, GHIDINI, 1938, Mem. Soc. ent. it 70:25; BATHELLIER, 1941, C.R.Ac. Sc., p. 664.

2. *R. flavipes* (KOLLAR) 1837 (*Thermes f.*, Verh. Landw. Ges. Wien, N.S., 5:411; Typ: Nat. Hist. Mus. Wien, nicht bezeichnet; terra typica: Wien, Schönbrunn). Fig. 1072, 1084.

Recht ähnlich voriger Art, aber der Kopf vom Imagines ist hell rötlichbraun, die Mundwerkzeuge gelblich, Antennen hell gelblichbraun, Antennen 18 gliederig (immer?); das Pronotum konvergiert mehr nach hinten (1084) und ist heller bis dunkler braun, vorn sehr seicht ausgerandet; das Abdomen ist hell bis dunkler rötlichbraun, die Hinterränder der Terga auch dunkler. Die Elytra wie bei *lucifugus*, aber bis auf die schwach gelbliche C und Sc glasigdurchsichtig, Die Beine sind gelblich, Femora aber wie die Coxae hellbraun.

1830 in Gewächshäusern von Schönbrunn aufgefunden; die Art stammt aber aus N-Amerika, von wo sie verschleppt wurde; in Deutschland von den 30er bis 50er Jahren in Hamburg in Häusern. Aus Frankreich wurde in Charente-Maritime die *spp. santonensis* FEYTAUD 1950 beschrieben (Proc. 8th Int. Congr. Ent., Stockholm 1950: 380-381) sie ist etwas kleiner, die Flügel sind heller, das Pronotum ist weniger abgerundet, die Beine sind bis auf den Apex der Femora gelb.

3. *R. clypeatus* LASH 1952 (Amer. Mus. Nov. 1575: 1-7, 4 figs.; Typ: unbekannt; terra typica: Israel, bei Jerusalem). Fig. 1092.
Die Art wurde auch vom Irak gemeldet und kommt nach I. HRDY (1961) in Ceonica bei Bukarest/Rumänien vor. Sie hat graue, granulierte Flügel, die anderen Merkmale sind im Schlüssel angeführt. Im Laboratorium hielten sich die Tiere nur in Holz unter der Erdoberfläche auf wogegen *lucifugus* auch in oberirdischem Holz lebt und mehr Korridore anlegt. Die ssp. *santonensis* (vergl. *flavipes*, p. 314) stellt I. HRDY (1961) zu *lucifigus*, aber L. CHOPARD (1965) führt sie als eine Unterart von *flavipes* an. Ich konnte diese Unterart nicht untersuchen (ebensowenig *clypeatus*), aber nach der Beschreibung hat L. CHOPARD recht «» According to the studies by I. HRDY (1961) lives in Ceonica near Bucarest (Romania) and is also found in Iraq. Its tegmina and alae are granulated, greyish; other characters I have mentioned in the key. A laboratory population reared by I. HRDY produced fewer corridors than *lucifugus*, and characteristly lived in wood below the surface of soil, i.e. in underground wood, whereas *lucifugus* also occurs in wood on the surface. According to I. HRDY (1961) the subspecies *santonensis* (compare with *flavipes*, p. 314) belongs to *lucifugus* but L. CHOPARD (1965) placed it in *flavipes;* I have not been able to examine specimens, although descriptions suggest that L. CHOPARD is right.

TAFEL 56

1093. *Ancistrura kinzelbachi* HARZ, ♂ linker Cercus von außen. Aus K. HARZ 1975
1094. Desgleichen, von oben, wie zuvor
1095. Desgleichen, Apex der Subgenitalplatte von links. Wie zuvor
1096. Desgleichen, Pronotum und Elytra von links. Wie zuvor
1097. *Conocephalus harzi* WILL., linker Cercus. Aus F. WILLEMSE 1971
1098. *Platycleis/Modestana ebneri excurvata* WILL., 10. Tergum ♂ nach F. WILLEMSE 1975 (punktierte Linie = Variationsbreite)
1099. *Platycleis/Modestana accuminata* WILL., rechter Cercus ♂ von oben; die punktierte Linie deutet die Variationsbreite an; nach F. WILLEMSE 1975
1100. Desgleichen, Subgenitalplatte ♀. Wie zuvor
1101. *Parnassiana parnassica* RAMME, linker Cercus ♂; nach F. WILLEMSE 1975
1102. *Parnassiana menalon* WILL., linker Cercus. Wie zuvor
1103. Desgleichen, rechter Titillator. Wie zuvor
1104. *Parnassiana tymphiensis* WILL., linker Cercus. Wie zuvor
1105. *Parnassiana tymphrestos* ZEUN., linker Cercus. Wie zuvor
1106. *Yersinella bey-bienkoi* LA GRECA, ♂, rechter Cercus. Nach M. LA GRECA 1974
1107. Desgleichen, ♀, Abdomenapex von unten. Wie zuvor
1108. *Rhacocleis trilobata* LA GRECA et MESSINA, ♀, Subgenitalplatte von unten, VII = 7. Sternum. Nach LA GRECA et MESSINA 1974
1109. Desgleichen, ♂, 10. Tergum, wie zuvor
1110. Desgleichen, rechter Cercus ♂. Wie zuvor
1111. *Rhacocleis baccetti* GALV., ♂, Abdomenapex von oben; nach A. GALVAGNI 1976
1112. Desgleichen, linker Cercus ♂. Wie zuvor
1113. Desgleichen, ♀, Subgenitalplatte. Wie zuvor
1114. *Rhacocleis bonfilsi* GALV., ♂, Abdomenapex. Wie zuvor
1115. Desgleichen; linker Cercus ♂. Wie zuvor
1116. *Rhacocleis corsicana* BONFILS, ♂, Abdomenapex. Wie zuvor

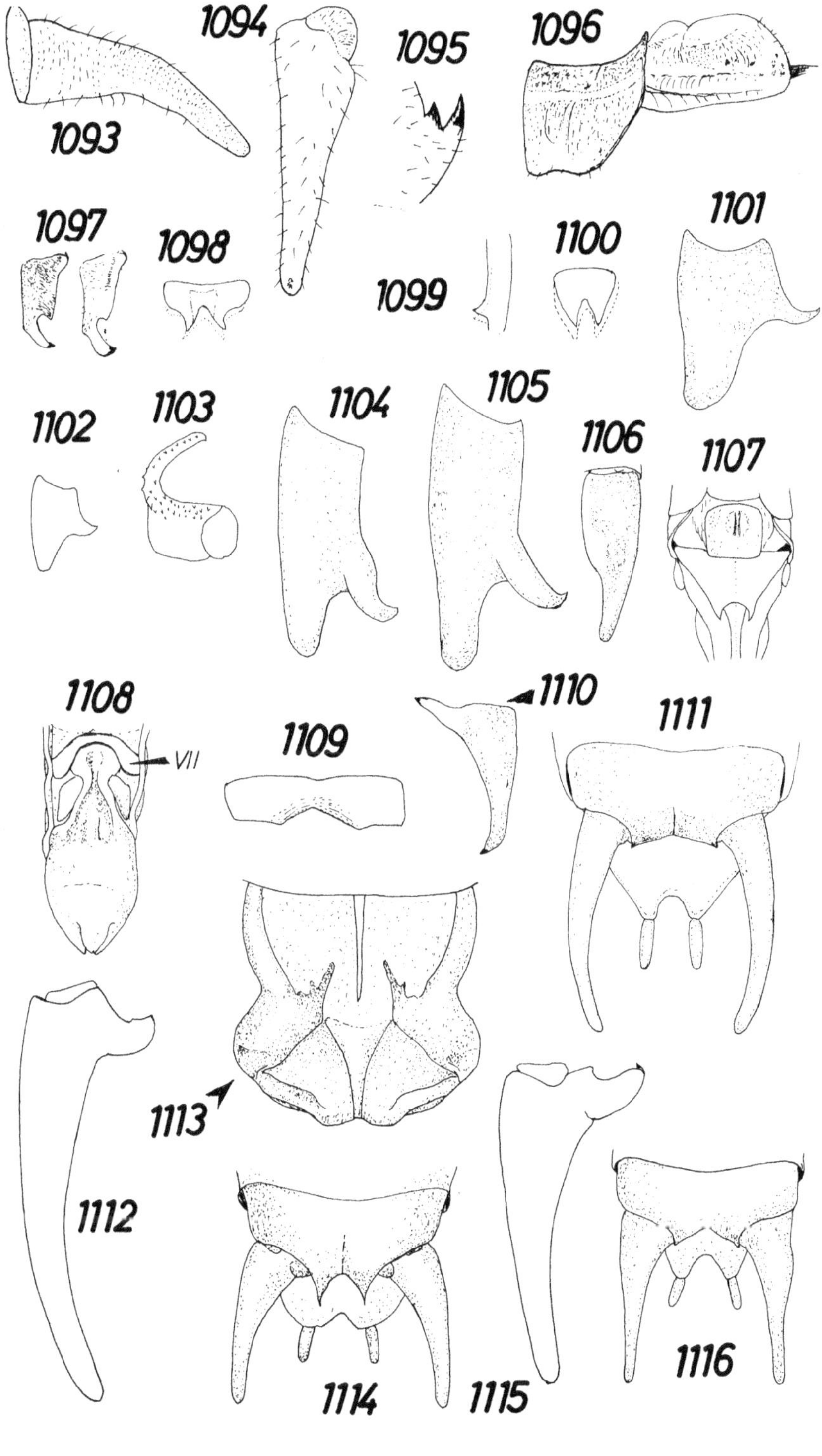
1093
1094
1095
1096
1097
1098
1099
1100
1101
1102
1103
1104
1105
1106
1107
1108
VII
1109
1110
1111
1112
1113
1114
1115
1116

TAFEL 57

1117. *Rhacocleis corsicana* BONFILS, ♂ linker Cercus. Nach A. GALVAGNI 1976
1118. Desgleichen, ♀ Subgenitalplatte. Wie zuvor
1119-1124. *Platystolus faberi* HARZ, aus K. HARZ 1975
1119. Rechter Titillator von oben
1120. Desgleichen, im Profil von außen
1121. ♂, Abdomenapex
1122. ♂, linker Cercus von oben.
1123. ♀, 5-7. Sternum und Subgenitalplatte
1124. ♀, Abdomenapex von oben
1125. *Dolichopoda calabra* GALV., Titillator. Nach A. GALVAGNI 1968
1126. Desgleichen, im Profil. Wie zuvor
1127. *Dolichopoda geniculata pontina* CAPRA. ♂, Titillator, - - - = Variationsbreite. Nach F. CAPRA 1967
1128. *Dolichopoda capreensis* CAPRA; Titillator von oben, nach F. CAPRA 1968
1129. Desgleichen; im Profil. Wie zuvor
1130. Desgleichen; Subgenitalplatte ♀. Wie zuvor
1131. *Troglophilus pretneri* US, ♂, 10. Tergum und Epiproct ♂; nach P. US 1970
1131. Desgleichen; ♀, 10. Tergum. Wie zuvor
1133. Desgleichen; Ovipositir von links. Wie zuvor
1134. *Troglophilus bukoviki* KARAM., ♂ Abdomenapex. Nach Z. KARANAN 1968
1135. Desgleichen, Genitale ♂. Wie zuvor

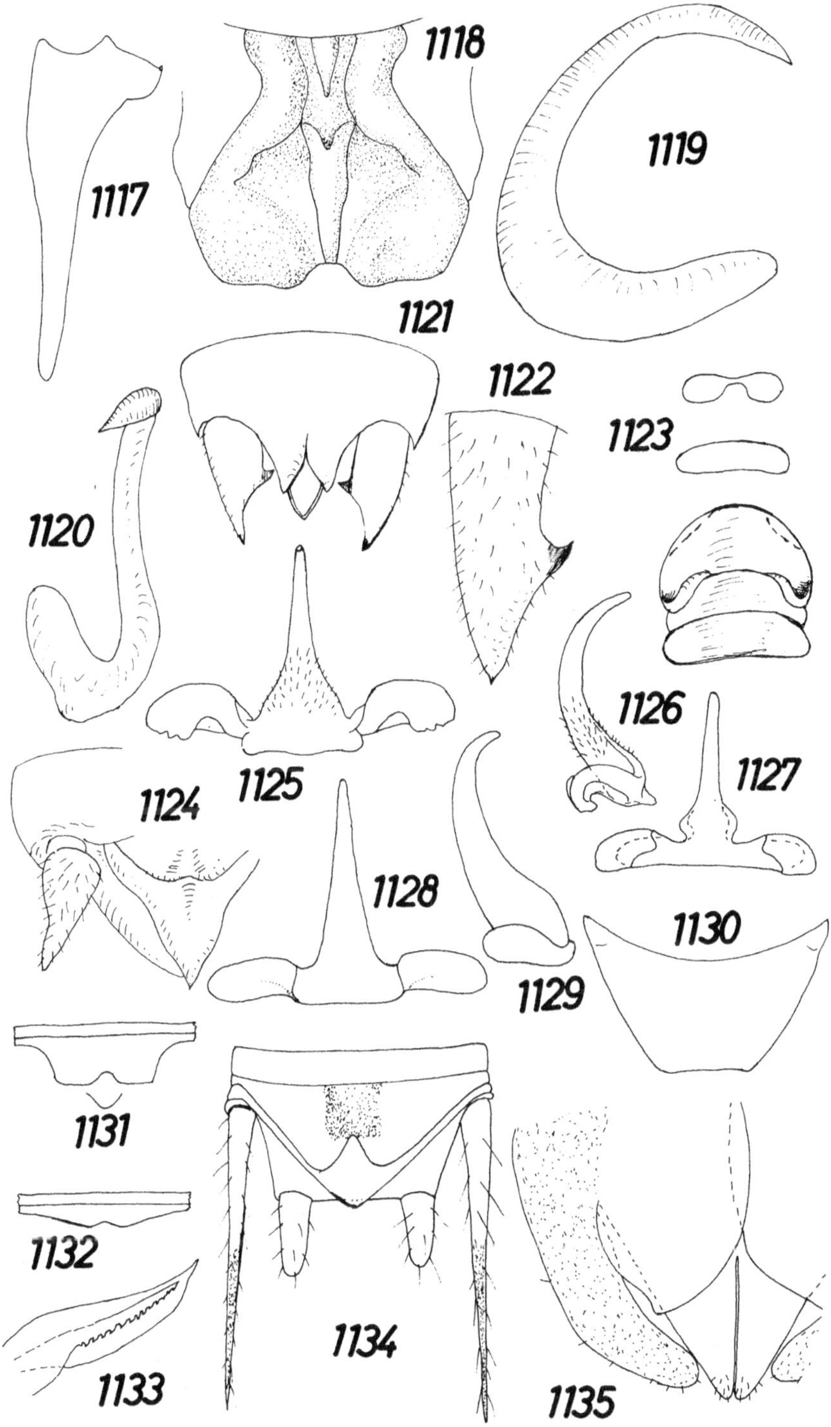

1117
1118
1119
1120
1121
1122
1123
1124
1125
1126
1127
1128
1129
1130
1131
1132
1133
1134
1135

TAFEL 58

1136. *Troglophilus bukoviki* KARAM., ♀, 9. und 10. Tergum von oben. Nach Z. KARAMAN 1968
1137. Desgleichen, ♀, Abdomenapex von unten, die Subgenitalplatte ist dunkel punktiert, Wie zuvor
1138. *Gryllomorpha albanica* EBNER, ♀, Pronotum von links; aus K. HARZ 1976
1139. Desgleichen; ♂, Epiproct, Cercusbasis, Wie zuvor
1140. Desgleichen; ♂, Genitale von oben. Wie zuvor
1141. Desgleichen; ♂, Genitale von rechts, M = Membran. Wie zuvor
1142. *Gryllomorpha guentheri* HARZ; ♂, Pronotum von oben. Wie zuvor
1143. Desgleichen; ♀ Larve, Pronotum, wie zuvor
1144. Desgleichen; stärker vergrößerter rechter Apex der Genitale ♂ von unten; wie zuvor
1145. Desgleichen; ♂ Genitale von unten; wie zuvor
1146. Desgleichen; Genitale von rechts, M = Membran. Wie zuvor
1147. *Discoptila eitschbergeri* HARZ, ♂, Kopf und Pronotum von links; aus K. HARZ 1976
1148. Desgleichen; Pronotum von oben mit rechtem Elytron. Wie zuvor
1149. Desgleichen; dieses Elytron stärker vergrößert, in Aufsicht; wie zuvor
1150. Desgleichen; ♂ Epiproct mit Paraproctes (Para) von oben; wie zuvor
1151. Desgleichen; Genitale von oben. Wie zuvor
1152. Desgleichen; Genitale von links. Wie zuvor
1153. *Discoptila kinzelbachi* HARZ, ♂, Epiproct von oben. Aus K. HARZ 1971
1154. Desgleichen; ♂, Thorax von oben. Wie zuvor

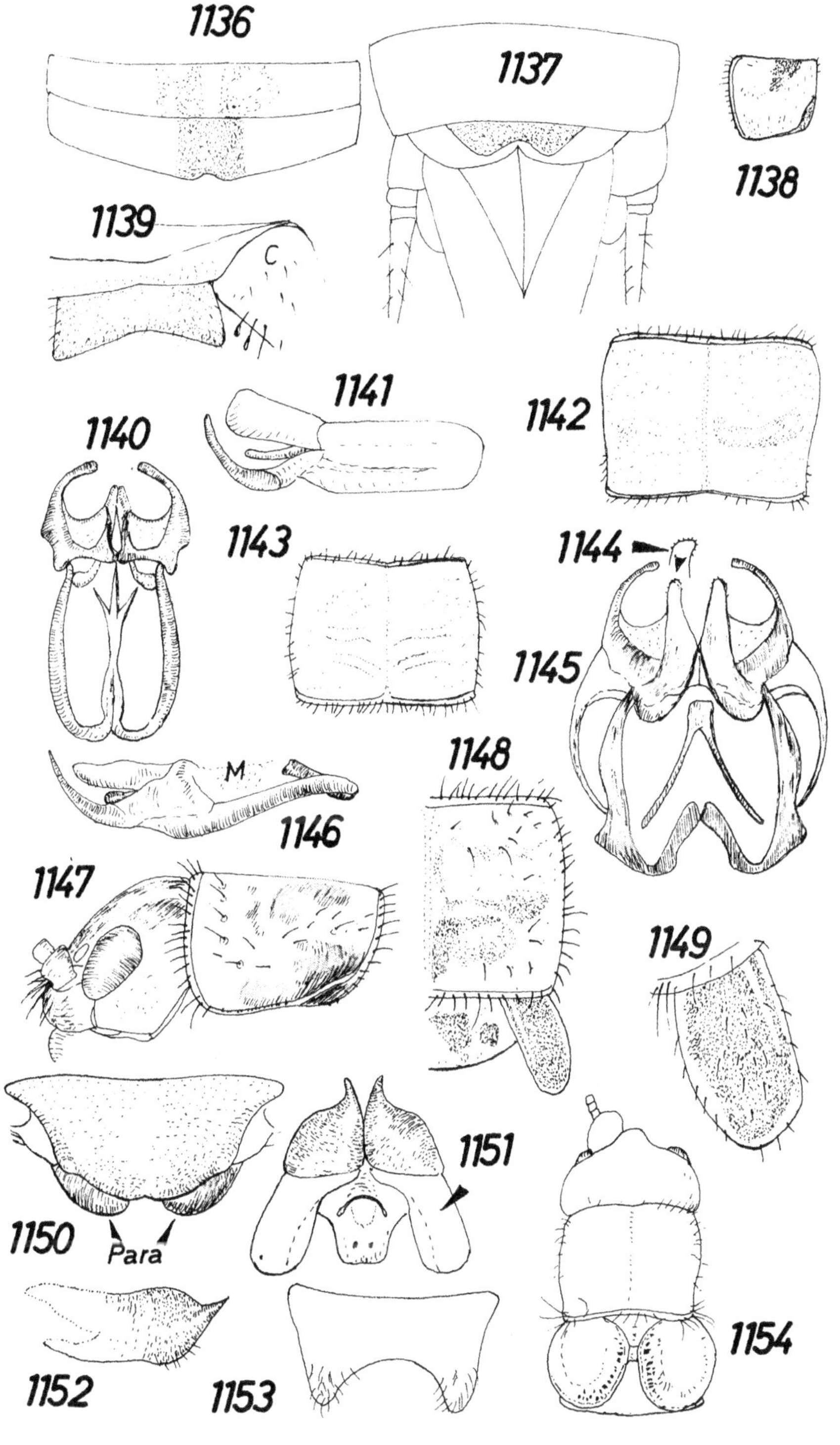
1136
1137
1138
1139
C
1140
1141
1142
1143
1144
1145
1146
M
1147
1148
1149
1150
Para
1151
1152
1153
1154

TAFEL 59

1155. *Discoptila kinzelbachi* HARZ, ♂, Genitale von oben. Aus K. HARZ 1971
1156. Desgleichen; Genitale von rechts. Wie zuvor
1157. Desgleichen; Genitale, Apex von unten, stärker vergrößert. Wie zuvor
1158. *Cycloptiloides orientalis* CHOPARD, ♂ Kopf und Pronotum von oben. Von Tikurila, Finnland, 1969, coll. m.
1159. Desgleichen, von links. Wie zuvor
1160. Desgleichen; ♀, Kopf und Thorax ♀. Wie zuvor
1161. Desgleichen; ♀ Kopf und Pronotum von links. Wie zuvor
1162. Desgleichen; ♂, linkes Elytron von unten, der Pfeil zeigt auf die Schrillader. Wie zuvor
1163. *Mogoplistes kinzelbachi* HARZ; ♂, Subgenitalplatte von unten; aus K. HARZ 1976
1164. Desgleicchen; ♀, Subgenitalplatte von unten. Wie zuvor
1165. Desgleichen; ♀ Genitale von hinten. Wie zuvor
1166. *Gryllotalpa vinea* BENNET-CLARK, rechtes Elytron, nach H. C. BENNET-CLARK 1970
1167. *Podisma pedestris nadigi* HARZ; ♀, Elytron und Ala (Al) aus K. HARZ 1975
1168. Desgleichen; ♂, Thoraxausschnit, Al = Ala, E = Elytron, M = Mesonotum; wie zuvor
1169. *Chorthippus vagans* (EV.); Penisvalven von rechts. Aus K. HARZ 1975
1170. *Chorthippus reissingeri* HARZ; Penisvalven von rechts. Wie zuvor
1171. *Chorthippus mollis* (CHARP.); Penisvalven von rechts. Wie zuvor
1172. *Chorthippus reissingeri* (HARZ.), Penisvalven von hinten, R = Rami cinguli; wie zuvor
1173. *Chorthippus mollis* (CHARP.), Penisvalven von hinten, R = Rami cinguli. Wie zuvor
1174. *Chorthippus lacustris* LA GRECA et MESSINA; ♂, Penisvalven von links. Aus M. LA GRECA et A. MESSINA 1975

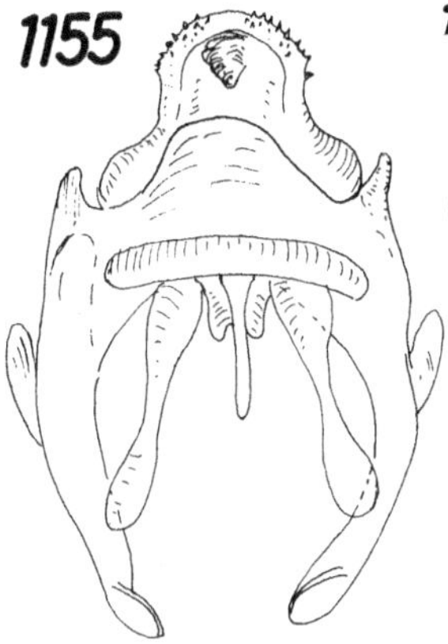
1155

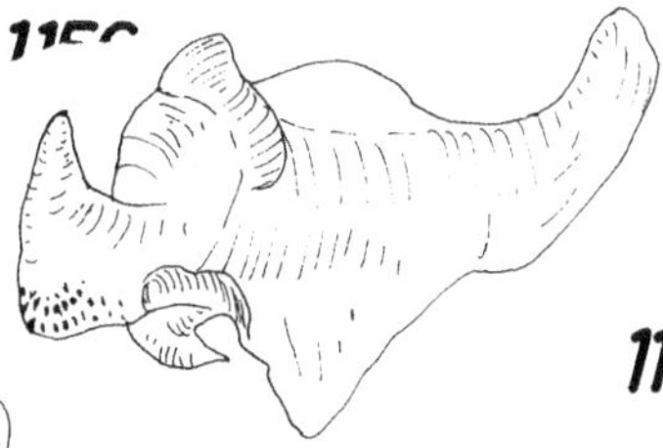
1156

1157

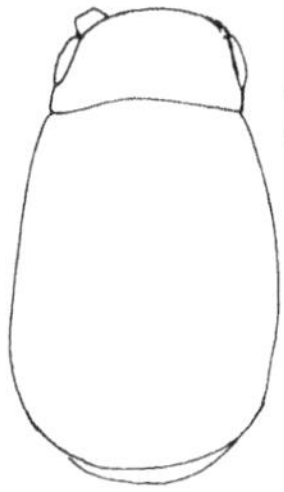
1158

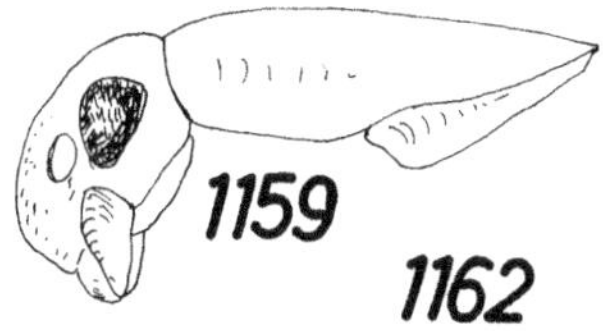
1159

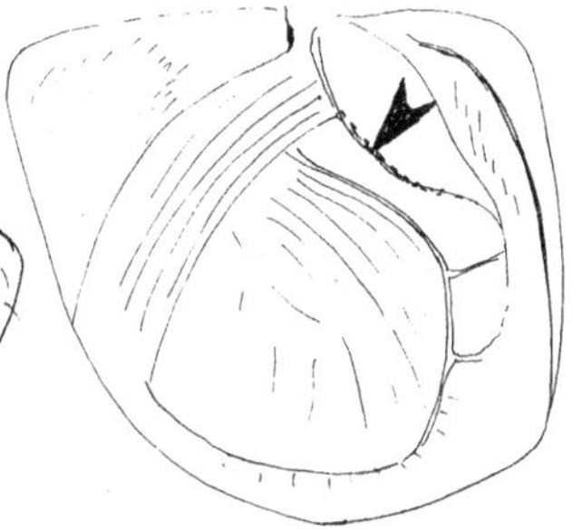
1162

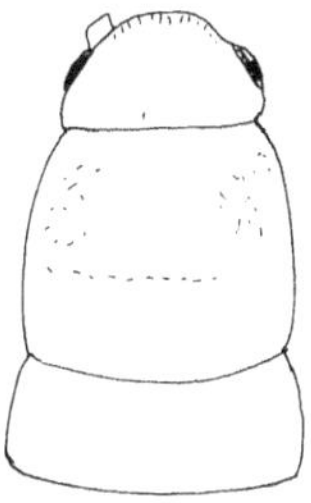
1160

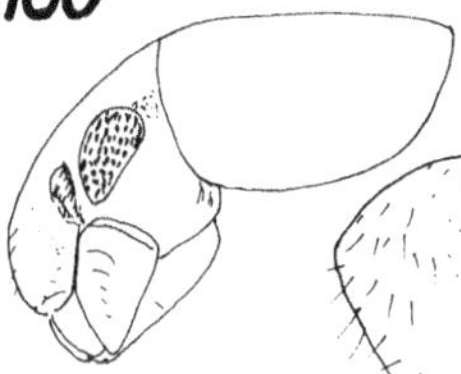
1161

1163

1164

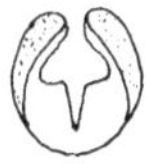
1165

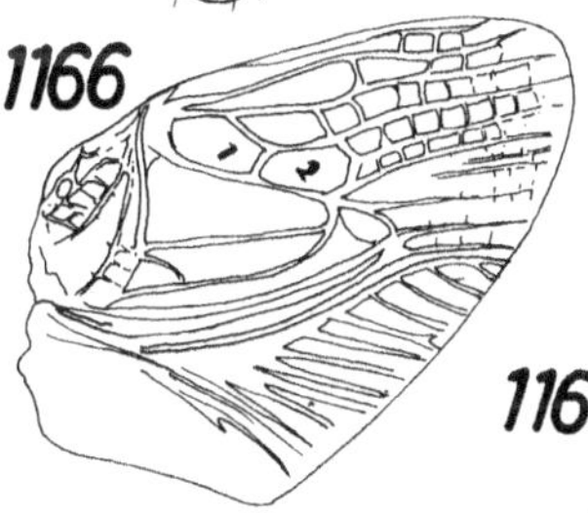
1166

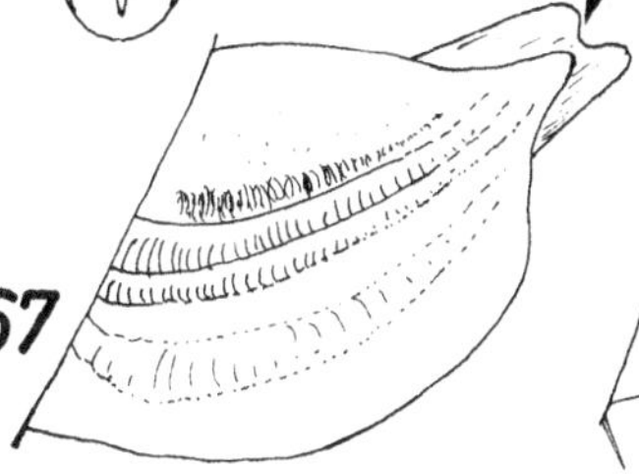

1167

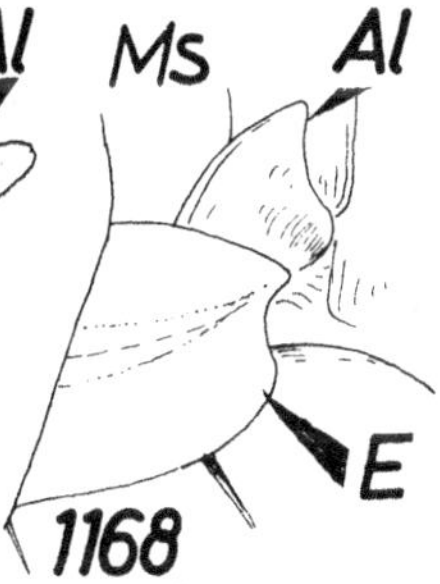

1168

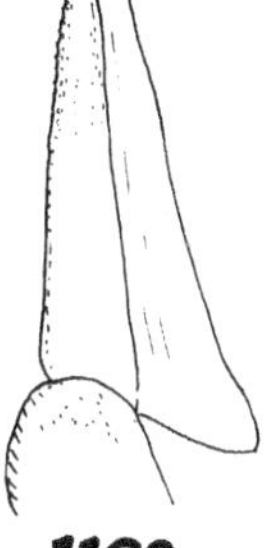
1169

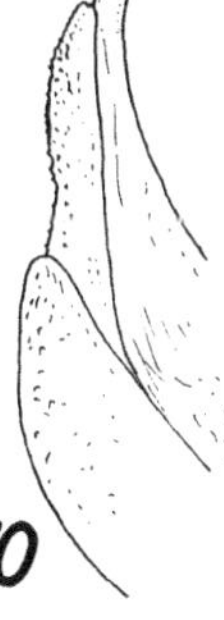
1170

1171

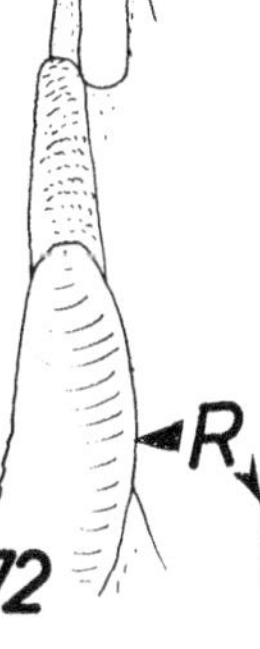

1172

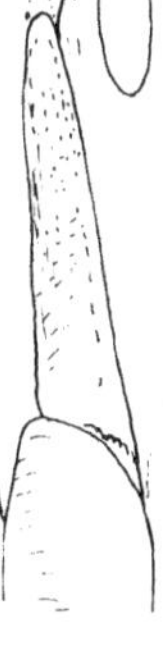
1173

1174

TAFEL 60

1175. *Phaneroptera falcata* (PODA) ♂. Aus K. HARZ 1969
1176. *Barbitistes serricauda* (F.) ♂. Aus K. HARZ 1960
1177. *Leptophyes albovittata* (KOLL.), ♂. Aus K. HARZ 1960
1178. *Polysarcus denticauda* (CHARP.), ♂. Aus K. HARZ 1960
1179. *Meconema thalassinum* (DE GEER), ♀. Aus K. HARZ 1960
1180. *Conocephalus discolor* THUNBG./fuscus (F.), ♀. Aus K. HARZ 1960

1175

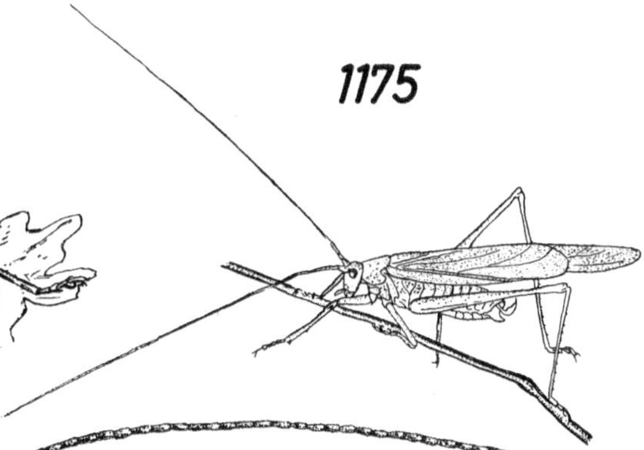

1176

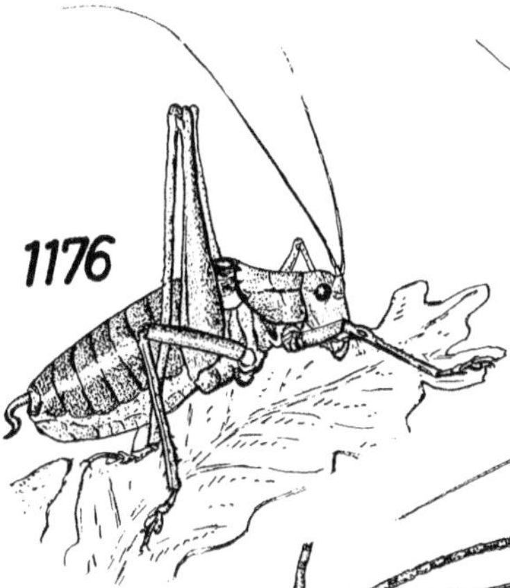

1177

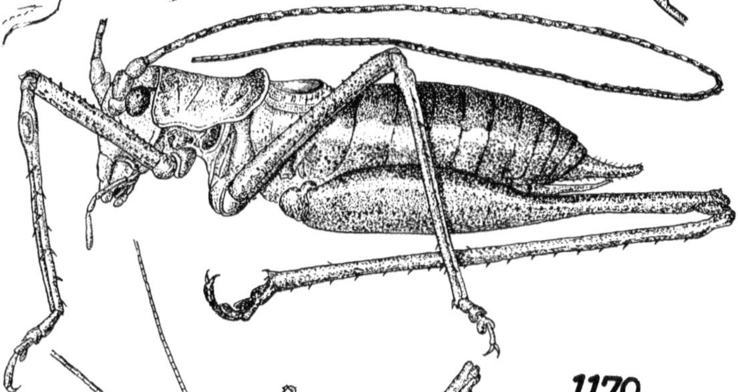

1179

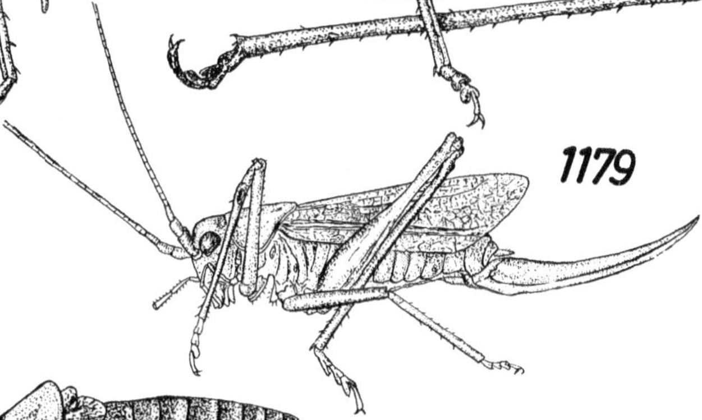

1178

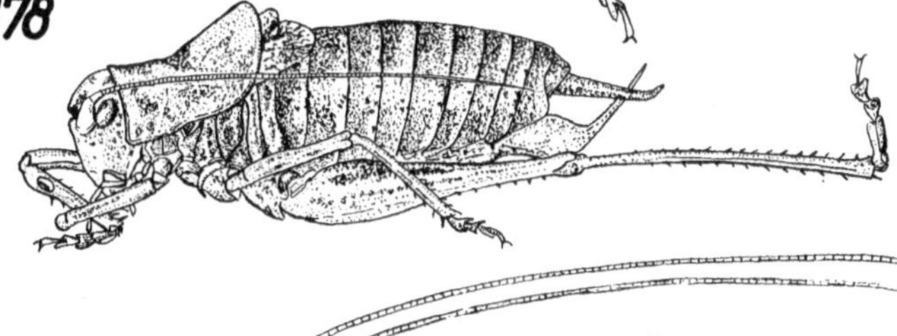

1180

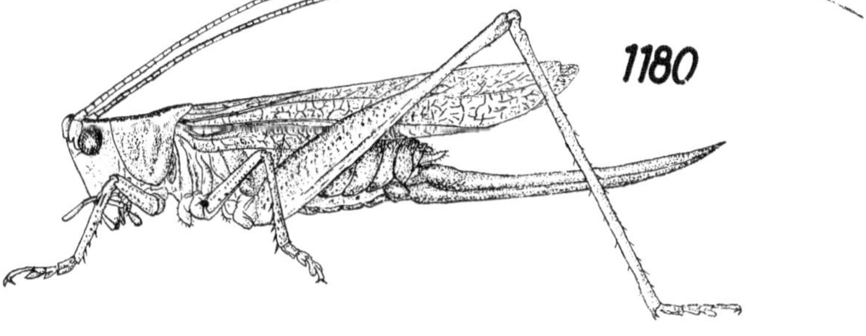

TAFEL 61

1181. *Homorocoryphus nitidulus* (SCOP.), ♀. Aus K. HARZ 1960
1182. *Tettigonia viridissima* (L.), ♀. Aus K. HARZ 1960
1183. *Tettigonia cantans* (FUESSLY), ♂. Aus K. HARZ 1960
1184. *Decticus verrucivorus* (L.), ♂. Aus K. HARZ 1960
1185. *Platycleis a. albopunctata* GOEZE, ♂. Aus K. HARZ 1960

1181

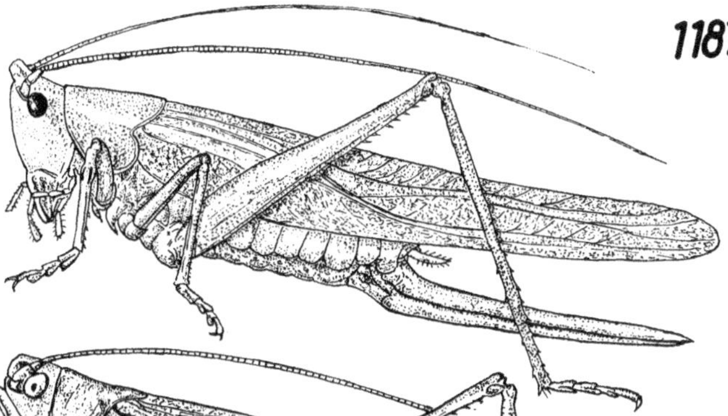

1182

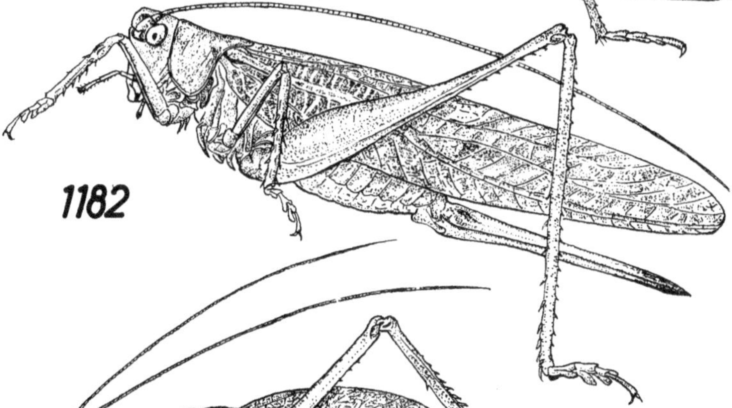

1183

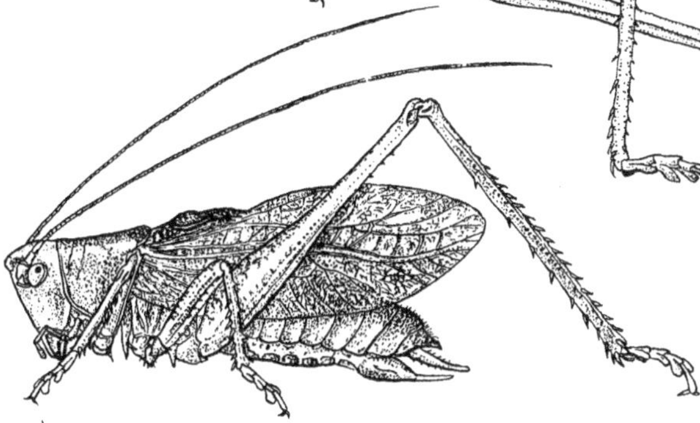

1184

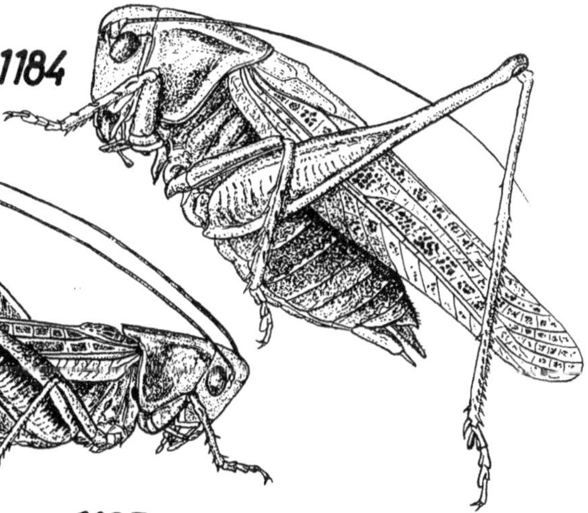

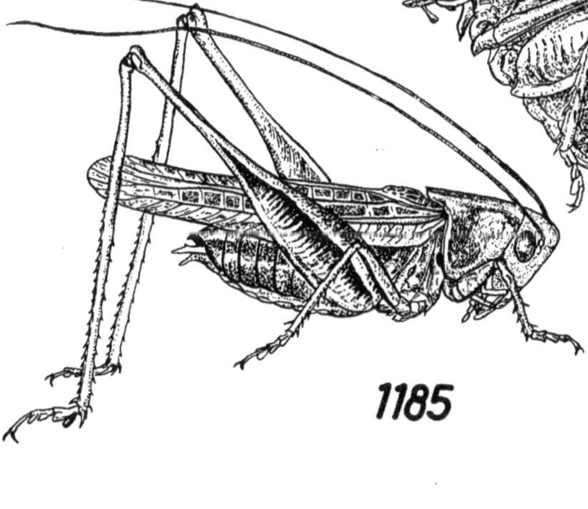

1185

TAFEL 62

1186. *Metrioptera/Roeseliana roeseli* (HGB.), ♂. Aus K. HARZ 1960
1187. *Pholidoptera griseoaptera* (DE GEER), ♀. Aus K. HARZ 1960
1188. *Pholidoptera a. aptera* (F.), ♂. Aus. K. HARZ 1960
1189. *Gampsocleis glabra* (HERBST), ♀. Aus K. HARZ 1960
1190. *Ephippiger ephippiger* (SERV.), ♂. Aus K. HARZ 1960
1191. *Oecanthus pellucens* (SCOP.), ♂. Aus K. HARZ 1960
1192. *Myrmecophila acervorum* (PANZ.), ♀. (Nach W. BAZYLUK 1956)

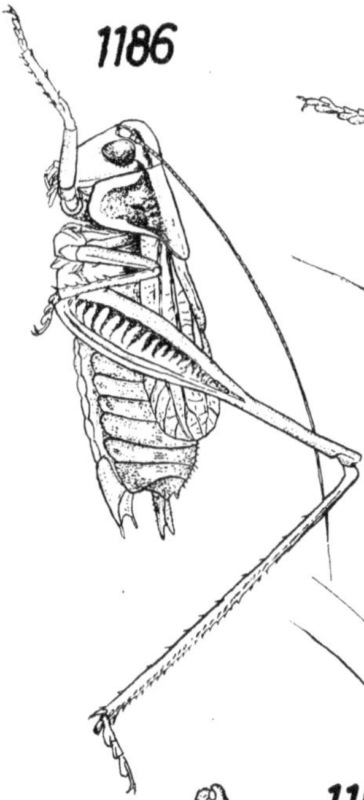

1186

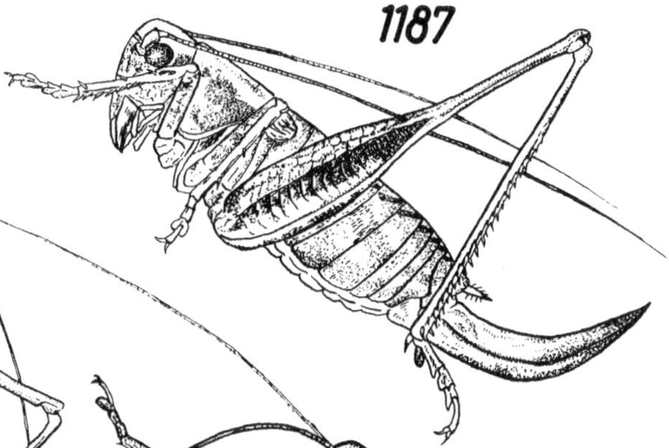

1187

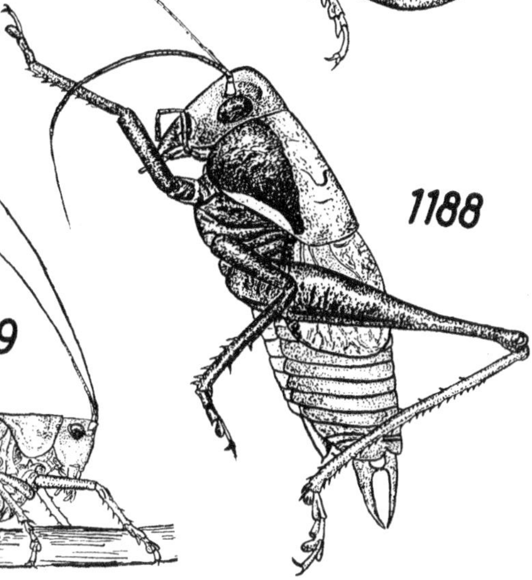

1188

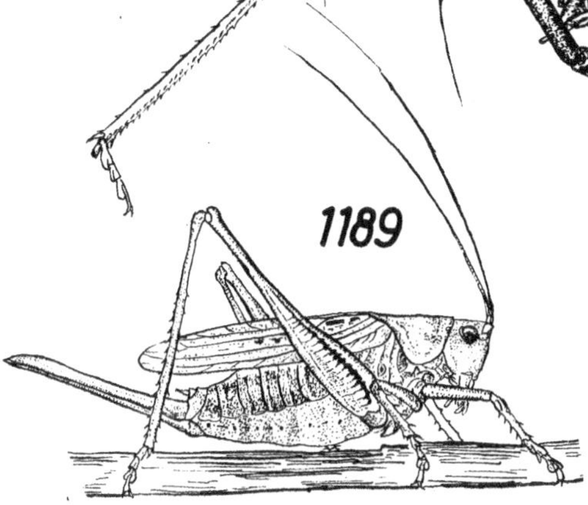

1189

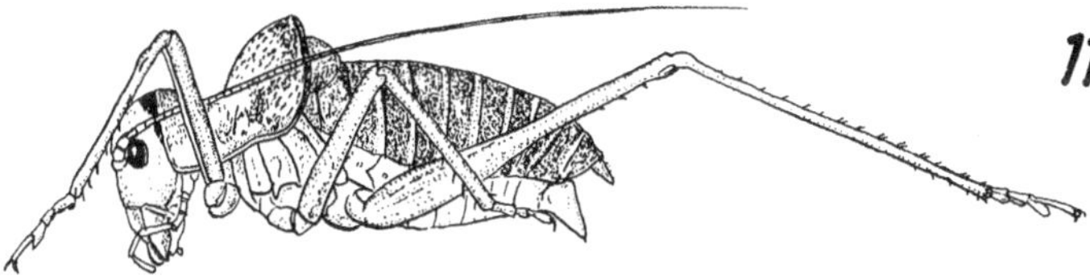

1190

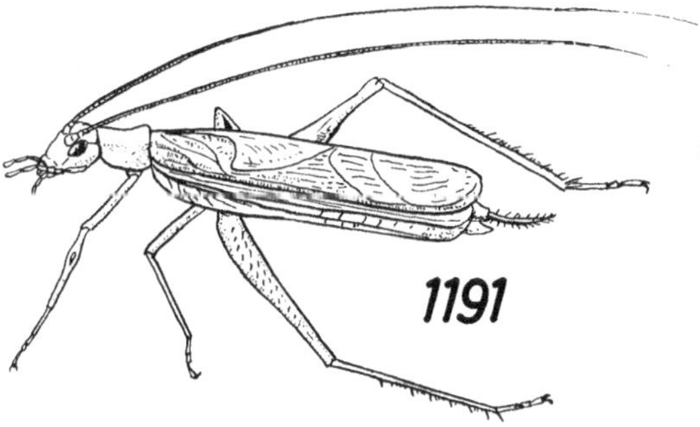

1191

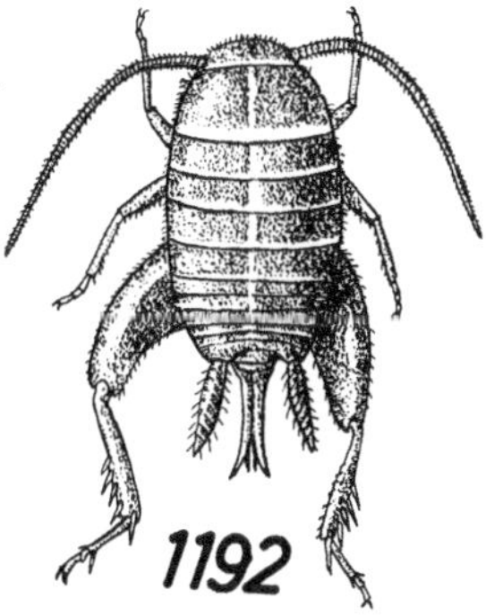

1192

NACHTRÄGE-ADDENDA

BAND I-VOLUME I

p. 15 *Phaneroptera falcata:* Niederlande. F. WILLEMSE 1968.

p. 39 *Isophya brevipennis:* Hinweis auf Fig. 91 streichen.

p. 52 *Isophya posthumoidalis* BAZYLUK 1971 (Fragmenta Faunistica 17: 131-134, 156-158, Fig. 2-12) gegenüber *bey-bienkoi* sind die Elytra kürzer als das Pronotum, der Cu2 dünner als das 3. Antennenglied; Ovipositor 7,5 mm lang (alles nach dem Autor).

p. 76 *Ancistrura kinzelbachi* HARZ 1975 (Articulata 1:8-9, Fig. 12-15) ♂. Gegenüber *nigrovittata* (BR.) sind die Cerci dorsoventral abwärtsgebogen und apikal fast zylindrisch und am Apex stumpf-verrundet (1093, 1094); der Mitteldorn am Hinterrand der Subgenitalplatte steht weniger vor und darunter befindet sich ein weiterer, kürzerer Dorn (1095); die Elytra überragen im Profil gesehen das Pronotum (1096).

p. 87 *Leptophyes bosci* auch in der Romagna, 1000 m, E-Abhänge des Monte Faumaiolo (äußerster südlicher Tosco-Emiliano-Apennin. M. LA GRECA 1954.

p. 120 *Poeclilimon ornatus hölzeli* HARZ ist nach Mitteilung von Prof. Dr. M. KARAMAN eine gute Art, die zusammen mit *o. ornatus* auftreten kann (in litt. 7.III.1973).

p. 120 *Poecilimon poecilus* RAMME setzt M. KARAMAN 1974 (Reichenbachia, 15:27-29, Fig. 4-6, 12, 17, 20, 23, 29, 30, 36) als Unterart von *affinis* ein.

p. 121 *Poecilimon affinis serbicus* KARAMAN 1974 (Reichenbachia 15:29, Fig. 9, 10, 15, 21, 26, 32-34), als Unterscheidungsmerkmale gegenüber *affinis* werden angeführt: Cerci stärker nach innen gekrümmt, Fastigium etwas breiter als Scapus, selten nur so breit wie dieser. Serbien, der locus typicus ist ein Berg oberhalb des Stausees Gračanica bei Priština. *P. affinis hajilensis* KARAMAN 1974 (ebenda, p. 29-31, Fig. 7, 8, 13, 14, 18, 24, 27, 31, 35); als Kennzeichen bzw. Unterscheidungsmerkmale werden angeführt: ♂ Fastigium distal verbreitert; Metazona des Pronotums etwa so lang wie die Prozona von oben gesehen, Pro- und Metazona gleichbreit (nach der Fig. 31 trifft dies nicht zu, sie entspricht der *affinis*); Cerci sehr dünn, *ornatus*-ähnlich. ♀: Fastigium breiter als Scapus; Elytra vom Pronotum bedeckt. Serbien, Hajla Planina.

p. 122 Zu *Poecilimon komareki* hat M. KARAMAN 1972 (Bull. Sté. Ent. Mulhouse, p. 10-12 eine *ssp. rumijae* vom Mont Rumija/S. Montenegro beschrieben, die größer ist und Unterschiede in der Pronotum- und Cercusform zeigt (alles nach dem Autor).

p. 172 *Meconema thalassinum:* Auch in Griechenland, Chalkidiki, Cholomon 850 m.

p. 184 Zwischen *hastatus* und *kisi* einfügen: *Conocephalus harzi* WILLEMSE 1971 (Reeks 20:15-17, Fig. 1-4; beim ♂ sind die Cerci deutlich anders als bei den beiden angeführten Arten (1097). Griechenland, Peloponnes, 500-800 m.

p. 184 *Conocephalus kisi:* auch in Griechenland (Pindos, Peloponnes, Olympia, 800-1000 m).

p. 197 *Tettigonia cantans:* Wermion-Gebirge, SW von Florina, Griech. Mazedonien; Maglic Gebirge S von Sarajevo (F. WILLEMSE 1969 in litt.). Fränkische Alb (K. HARZ 1975).

p. 204 1. ... hinter Apikaldornen einfügen: falls ein par innere Dornen vorhanden, so sind diese winzig – 1. ... after: "equal length" put in: if there are a pair of inner spurs, these are tiny.

Mein Freund Dr. MICHAEL SAMWAYS hat folgenden Beitrag zur Verfügung gestellt, der das *Ansprechen von 5 Platycleis-Arten ♂ in Südfrankreich im Gelände sehr erleichtern wird.*

Die Lautäußerungen sind auf Seite 335 graphisch dargestellt. Auf etwa 1000 m² können, besonders im Küstenbereich, zwei oder drei der Arten zusammen vorkommen, aber selten treten zwei davon innerhalb eines m² auf. Das Biotop spielt bei diesen Arten eine große Rolle.

1. *P. intermedia* (SERV.): In einzelnen Büschen und Hecken, oft allein. Singt in der Regel nur nachts (gelegentlich im späten August oder September auch tagsüber). Strenger Zwei-Silbenrhythmus. ♂♂ im Hörbereich eines anderen zirpen synchron. 180 Strophen/Zirptöne in der Minute bei 23°C.
2. *P. sabulosa* AZAM: In niederen Büschen, besonders solchen mit Gras

an deren Grund. Häufig dort, wo Queller (*Salicornia*) vermengt mit Gras und Kräutern. An den Küsten, in Binnenland nur entlang sandiger Flußterassen. Kann am Nachmittag singen, aber die meisten ♂ singen wenn die Dämmerung in Dunkelheit übergeht. Jeder Zirplaut besteht gewöhnlich aus 6-10 Silben (meistens 7). ♂♂ in Hörweite oft in Wechselgesang, doch kommt ein Überlappen und synchrones Zirpen zuweilen vor. Die Zirpfolge ist oft unregelmäßig, aber falls regelmäßig, dann mit 78 Strophen in der Minute bei 23°C.

3. *P. albupunctata* (GOEZE): In niederen Büschen, besonders wenn deren Basis von Gras umgeben ist. Häufig in der Garrigue; aber in der Causse Noir z.B. ist sie auch häufig in grünem (nicht in dürrem) mit krautigen Pflanzen durchsetztem Grase. In der Garrigue bei Montpellier singt sie nur nachts, aber mehr nördlich meist bei Tag. Jedes Zirpen umfaßt gewöhnlich 4-5 Silben, ♂ im Wechselgesang mit ♂ in der Nähe, überlappen ist häufig und auch synchroner Gesang kommt vor. Zirpfolge oft unregelmäßig, falls regelmäßig, dann 82 Silben je Minute bei 23°C.
4. *P. affinis:* In offenen Gebieten mit dürrem Gras und Kräutern, auch auf Ödland häufig. Meist in schwach begrenzten Gruppen, in denen ein ♂ zirpt und damit die in der Nachbarschaft sitzenden anregt, das Ergebnis ist ein wenige Sekunden dauernder Chor. Strophen von unterschiedlicher Länge, aber gewöhnlich mit etwa 6 längeren Silben (Makrosilben) unmittelbar gefolgt von etwa 5 kürzeren Silben (Mikrosilben). Zuweilen fallen letztere aus. Zirpfolge sehr unregelmäßig.
5. *P. falx* (F.): In offenem dichtem Grasland. Wo sie auf Ödland vorkommt, befindet sie sich in der Regel in hohen Grashorsten. Ungleichmäßig verbreitet, lange nicht so weit wie *affinis*. Gewöhnlich singt sie auch an stark windigen Tagen, meistens tagsüber, aber nicht selten auch nachts. Ähnlich *affinis* tritt sie in loser Gruppierung mit gegenseitiger akustischer Anregung auf. Ihre Zirp-Struktur ist ähnlich jener von *affinis*, aber die Silbenfolge ist höher und der Gesang ist stärker. Die Zirpfolge ist sehr unregelmäßig, aber isolierte ♂♂ singen ziemlich regelmäßig (3-4 "Zirp" in der Minute, jedes von 0.5-5 Sekunden Dauer).

HABITATS AND SONG OF THE FIVE SPECIES OF PLATYCLEIS (sensu stricto) (TETTIGONIIDAE) FROM MONTPELLIER, HÉRAULT, SOUTHERN FRANCE

M. J. SAMWAYS
Animal Acoustics Unit, City of London Polytechnic, Old Castle Street, London E1 7NT

This is not meant to be an exhaustive key, but rahter a habitat and song guide to supplement the morphological differences found in this difficult group. Only the males sing. The songs are represented diagrammatically on pag. 335. There may be two, or even three, species of *Platycleis* in the same 1000 sq m quadrat (especially near the coast), but rarely do you find two species in the same 1 sq m. The precise habitat is very important to these species.

1. *P. intermedia* (SERVILLE) ... Inhabits isolated bushes and hedgerows. Often solitary. Sings at night only (occasional individuals sing during the day in late August and September). Has a regular and distinct disyllabic rhythm. Individuals within hearing range of each other synchronize chirps. 180 chirps/min at 23°C.
2. *P. sabulosa* AZAM ... Inhabits low bushes, especially those with grass at their base. Frequently found where *Salicornia* spp. are interspersed with grass and herbs. Coastal, although does occur inland, but only along sandy river terraces. May sing in the afternoon, but most individuals are singing when dusk turns to darkness. Each chirp usually has 6-10 syllables (mostly 7). Individuals mostly alternate chirps with those of a nearby conspecific, although there are also chirp-overlaps and occasional synchronies. Chirp rate often irregular, but where regular then about 78 chirps/min at 23°C.
3. *P. albopunctata* (GOEZE) ... Found in low bushes, especially those with grass at their base. Common in the Garrigue; but in the Causse Noir, for example, it is often found in low, green (not parched) grass and mixed herbs. In the Garrigue near Montpellier, it sings only at night, but more northerly localities it sings mostly during the day. Each chirp usually has 4-5 syllables. Individuals alternate chirps with those of nearby conspecifics, although there are frequent chirp-overlaps and even synchronies. Chirp rate often irregular, but where regular then 82 chirps/min at 23°C.
4. *P. affinis* FIEBER ... Occurs on open areas with parched grass and herbs; also common on waste ground. Sings mostly during the day but also sings at night. Generally occurs in poorly-delimited groupings, where one individual chirps, which then stimulates others in the vicinity to chirp also; this results in a chorus lasting a

few seconds. Chirps of irregular length, but usually with about 6 longer syllables (macrosyllables) immediately followed by about 5 shorter ones (microsyllables). Some chirps lack the microsyllables. Chirp rate highly irregular.

5. *P. falx* (FABRICIUS) ... Found on open, well-established grasslands. Where it occurs on waste ground, then it is usually situated in stands of long grass. Geographical distribution patchy; not nearly as widespread as *P. affinis*. Usually continues to sing on very windy days. Sings mostly during the day, but frequently at night as well. Like *P. affinis*, it is also generally found in loose groupings, where there is mutual acoustic stimulation. Its chirp structure is also similar to that of *P. affinis*, but its syllable rate is higher and its song is more intense. Chirp rate highly irregular, but isolated individuals may sing fairly regularly (3-4 chirps/min, each chirp from 0.5-5.0 s long).

Graphische Darstellung (nach Oscillogrammen angefertigt) des gewöhnlichen Gesanges von fünf *Platycleis* (s. str.) Arten von Montpellier, Herault, S-Frankreich «» Diagrammatic representation (based on oscillograms) of the proclamation songs of five species of *Platycleis* (sensu stricto) from Montpellier, Hérault, s. France.

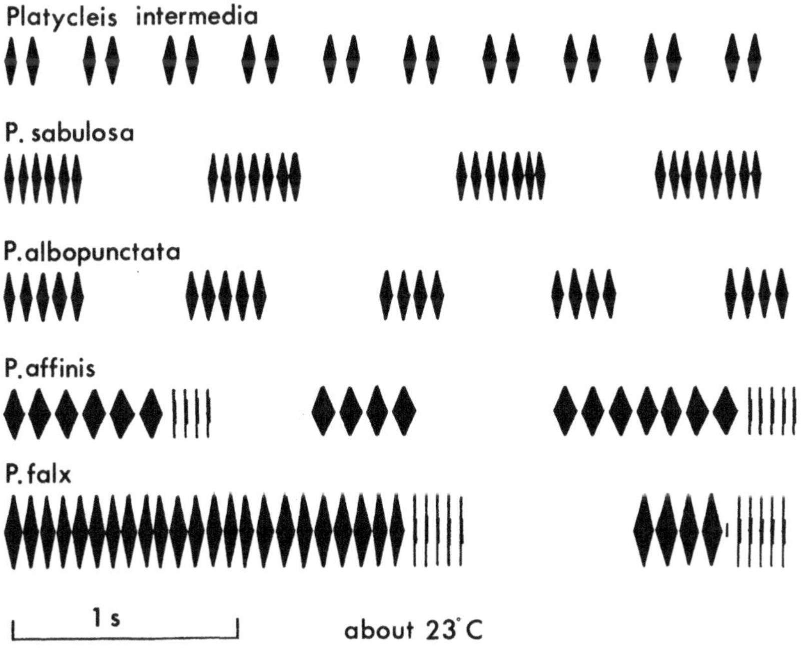

p. 241 *Platycleis albopunctata hispanica* hat auch leicht zurückgebogene Titillatoren.

p. 245 *Platycleis iberica:* Elytra apikal auch kurz verrundet; Pronotum ♂ 5-6,6, ♀ 5-6,5, Elytra ♂ 17,5-20, ♀15-19,5, Poszfempra ♂ 16-20, ♀ 18-24 mm lang.

p. 244 *Platycleis sabulosa* kommt auch in Portugal vor.

p. 263 *Platycleis/Modestana ebneri excurvata* WILLEMSE 1975 (Ent. Ber. 35:121-122, Fig. 9-12, 18-20, 25-24, 30). Griechenland (Florina, Vernon Ori), Mt. Bela Voda (Pissoderion) 950-2400 m; Gavroso Pieria Ori: Fteri, Velventos-Katafigion; Olympos Oros. Die Loben des 10. Tergums sind beim ♂ ± divergent, ihre Apizes seitwärts gerichtet (1098). Alles nach dem Autor.

P. Modestana ebneri accuminata WILLEMSE 1975 (ebenda, p. 122-123, Fig. 7, 8, 21, 22, 26, 27, 31, 32). Gegenüber den beiden anderen Unterarten ist beim ♂ der Apikalzahn des Cercus kaum länger als der Zahn darunter (1099), die Subgenitalplatte des ♀ hat spitze Endloben (1100), das Seitensklerit fehlt (alles nach dem Autor).

p. 272 *Parnassiana menalon* WILLEMSE 1975 (Ent. Ber. 35:88-91, Fig. 1, 2, 4, 18, 24). Griechenland (Peloponnes, Arkandia), Oros Melanon über Kardaras, 1600 m.

P. tymphiensis WILLEMSE 1973 (Biologia Gallo-Hellenica 5:52-53, Fig. 5, 10, 11, Taf. Fig. 1, 2, 6).

P. chelmos unicolor WILLEMSE 1973 (ebenda, p. 46 and 48).

P. chelmos deplanata WILLEMSE 1973 (ebenda, p. 48).

Zur leichteren Unterscheidung gegenüber den anderen Arten schalte ich hier Bestimmungstabelle meines lieben Freundes FER WILLEMSE ein:

1. Pronotum dorsal gerundet oder leicht abgeflacht, in der Mitte nicht eingedrückt und so glänzend wie die Paranota «» Pronotal dorsum rounded or slightly flattened, not depressed in the middle and its surface as shiny as that of the lateral lobes 2
- Pronotum dorsal abgeflacht und in der Mitte eingedrückt, matt und nicht so glänzend wie die Paranota «» Pronotal dorsum flattened and depressed, its surface dull and not as shiny as the lateral lobes 6

2. Loben des 10. Tergums beim ♂ halbkreisförmig, Cercus dick und kurz (1101, 1102), Innenzahn in der Mitte oder proximal davon inseriert; Apikalteil der Titillatoren dornig «» Lobes of the last abdominal tergite in ♂ semicircular; ♂ cercus thick, short and wide, medial tooth inserted at the middle or proximally of the middle of the cercal length (1101, 1102); apical part of epiphallus spinu-

lose 3

– Die Loben des 10. Tergums des ♂ sind dreieckig zugespitzt, die Cerci schlanker und länger, der Mittelzahn sitzt distal der Mitte; Apikalteil der Titillatoren bis auf den Endhaken glatt «» These lobes triangularly pointed; ♂ cercus more elongate and slender, medial tooth distally of the middle of the cercal length; apical part of epiphallus smooth, except for the terminal recurved spine 4

3. Mittelzahn des Cercus beim ♂ schlank (1101); Apikalteil der Titillatoren seitlich leicht kompress, nicht stark zurückgebogen, seitlich einschließlich des Vorder- und Hinterrandes dornig; Subgenitalplatte bei ♂ und ♀ in der Grundfarbe, nicht glänzend schwarz «» Medial tooth of the ♂ cercus slender (1101); apical part of epiphallus slightly compressed laterally, not strongly curved posteriorly, lateral side including the anterior and posterior margins spinulose; ♂ and ♀ subgenital plate of general colour, not shiny black . . . .

P. parnassica (RME.) (Mt. Parnass, Mt. Iti), Vol. I: p. 268

– Mittelzahn des ♂ Cercus stärker (1102); Apikalteil der Titillatoren seitlich nicht kompress, sondern im Querschnitt rund, stark nach hinten gebogen, nur vorn-seitlich dornig (1103); die Subgenitalplatte des ♂ ist glänzend schwarz, beim ♀ in der Grundfarbe, meist mit schwarzem Seitensklerit an der Basis «» Medial tooth of the ♂ cercus stronger (1102); apical part of epiphallus not compressed laterally but, in cross-section, rounded, strongly recurved posteriorly and antero-lateral side only spinulose (1103); ♂ subgenital plate shiny black, the ♀ one of general colour with, usually, the latero-basal sclerite black . . . .

P. menalon WILL. (Mt. Menalon), Vol. III: p. 336

4. Postfemur, besonders ventral, auffallend gefärbt: Das Basaldrittel gelblich, das Mitteldrittel schwarz; die Subgenital platte des ♀ glänzend schwarz «» Hind femur, especially the lower side, conspicuously coloured: the basal third yellowish, the middle third black; ♀ subgenital plate shiny black . . . .

P. ch. chelmos ZEUNER (Mt. Chelmos), Vol. I. p. 268

– Postfemur basal und in der Mitte in der Grundfarbe mit einigen schwarzen Flecken; die Subgenitalplatte des ♀ glänzend schwarz bis völlig gelb «» Hind femur with basal and middle third parts of general colour with some black spots. ♀ subgenital plate ranging from shiny black to completely yellow 5

5. Pronotum dorsal leicht abgeflacht; Subgenitalplatte des ♀ nicht glänzend schwarz «» Pronotal dorsum slightly flattened; ♀ subgenital plate not shiny black . . . .

P. chelmos deplanata WILL. (Mt. Erymanthos), p. 336

– Pronotum dorsal rundlich; Subgenitalplatte des ♀ glänzend schwarz – Pronotal dorsum rounded, not at all flattened. ♀ subgenital plate shiny black . . . .
P. chelmos unicolor WILL. (Mt. Kyllini), p. 336

6. Loben des 10. Tergums beim of dreieckig zugespitzt; Apikalteile der Titillatoren stark nach hinten zurückgebogen; die weiße Binde am Ventralrand der Paranota ist vorn nicht scharf begrenzt; Elytra gewöhnlich stark dunkelbraun gesprenkelt «» Lobes of the last abdominal tergite in the ♂ triangularly pointed; epiphallus with the apical part strongly recurved posteriorly; white band along the lower margin of the pronotal lateral lobe not sharply delimited anteriorly; tegmen usually strongly mottled with dark brown . . . .
P. fusca (BR.), I: p. 272

– Loben des 10. Tergums beim ♂ halbkreisförmig; Apikalteil der Titillatoren nicht kräftig nach hinten gebogen; die weiße Ventralbinde der Paranota ist vorn scharf begrenzt; Elytra mehr einfarbig «» These lobes semicircular; epiphallus with the apical part not strongly recurved posteriorly; white band of the pronotal lateral lobe sharply delimited anteriorly; tegmen more unicoloures . . . 7

7. Cercus des ♂ mit kurzem Apikalzahn (1104); Apikalteile der Titillatoren an Vorder- und Hinterrändern dornig «» ♂ cercus with the apical tooth shorter (1104); epiphallus with both the anterior and the posterior margins of the apical part spinulose . . . .
P. tymphiensis WILL. (Mt. Tymfi), p. 336

– Cercus des ♂ mit längerem Apikalzahn (1105); Titillatoren am Vorderrand der Apikalteile dornig, am Hinterrand glatt oder wenigen Basaldörnchen «» ♂ cercus with the apical tooth longer; epiphallus with the anterior margin of the apical part spinulose, however, the posterior margin smooth or with few basal spines only . . . .
P. tymphrestos ZEUN. (Mt. Tymfristos and Mt. Iti), I: p. 272

p. 274 Bei ♀♀ 1. . . . statt Fig. 693 muß es 593 heißen, desgleichen 2. . . . im 2. Absatz.

p. 275 *Platycleis/Tesselana tesselata f. anomala* ist zu streichen, die Verschiedenheit der Titillator-Darstellung beruht offenbar auf Verkanten der Präparate.

p. 312 Bei *Metrioptera/Roeseliana roeseli* ist bei den macropteren Formen die hypoptere *f. prisca* ZACHER 1917 einzufügen.

p. 323 *Sepiana sepium:* Pronotum ♂ 5, 3–, Elytra 6–, Postfemora 22,5–.

p. 351 *Pholidoptera macedonica:* Griechenland, Chalkidiki.

p. 371 *Eupholidoptera chabrieri usi* ADAMOVIĆ 1972 (Bull. Mus. Hist. Nat. Belgrade, Ser. B., 27:193-195, Fig. 1: 5, 6, 12, Fig. 2:5-8, 20-25, Fig. 3:1; terra typica Insel Lošinj, Dalmatien (seither nur dort gefunden); von *chabrieri schmidti* aus dem nordöstlichen Italien und Istrien durch etwas größeren Körper und die Titillatoren abweichend (alles nach dem Autor).
Eupholidoptera chabrieri galvagni ADAMOVIĆ 1972 (wie zuvor, p. 105-198, p. 198-200, Fig. 1:7, 8, 9, 11, Fig. 2:9-12, 21, 26, Fig. 3:2; terra typica: Ulcinj, Montenegro), von *chabrieri schmidti* durch größeren Körper und Titillatorenform abweichend. Petrovac/Montenegro, Mostar/Herzegowina (alles nach dem Autor).
Eupholidoptera chabrieri kaltenbachi ADAMOVIĆ 1972 (wie zuvor, p. Fig. 1: 3, 4, 10, Fig. 2: 13-18, 22, 24, Fig. 3:3; terra typica: Mte. Rudnik, Serbien). Von den beiden vorhergehenden Unterarten durch kleineren Körper und Titillatorenform abweichend. Serbien: Mt. Romanija, Mt. Stolovi, Mt. Goč, Mt. Paštrik, Mt. Sara, Umgebung von Skoplje und Djevdjelija (alles nach dem Autor).

p. 373 *Eupholidoptera megastyla:* Olymp.

p. 392 *Psorodonotus illyricus macedonicus:* Epirus, Peristori, Metsovan, 1968, W. KÜHNELT leg.

p. 416 Anhängen: *Yersinella bey-bienkoi* WILL. 1974 (Boll. Soc. Ent. Ital. 106:60-64, Fig. 1-3, 8, 9, 15, 16, 18, 19-21, 24). Von *raymondi,* mit der sie zusammen auftritt, durch die Form der Cerci (1106) und des 7. Sternums des ♀ (1107) unterschieden. Italien, Tusco. Emilian-Apennin.

p. 422 *Anterastes serbicus:* Griechenland, Wermion-Nordhang, 1000 m.

p. 436 7. Zeile hinter Ovipositor: Zwischen den ventralen Apikalsporen der Posttibia oft zwei winzige innere Dornen, die nicht über die Basis der ersteren hinausreichen.

p. 436 *Rhacocleis trilobata* LA GRECA et MESSINA 1974 (Animalia 1:175-183, Fig. 1, 3, 4, 7, 10, 13). Zusammen mit der nahestehenden *germanica* und *graeca* am Peloponnes; sie ist von ihnen deutlich durch die Subgenitalplatte des ♀ (1108), beim ♂ durch das 10. Tergum (1109), die Cerci (1110) und die Titillatoren unterschieden.

p. 440 *Rhacocleis neglecta* kommt nicht auf Korsika vor.

p. 440 *Rhacocleis bacetti* GALVAGNI 1976 (Mem. Mus. Tridentino Sci. Nat. 21:44-52, Fig. 1-4, 12, 20, 26, 28, 31-34), Abdomenapex, Cercus ♂ und Subgenitalplatte des ♀ wie in Fig. 1111, 1112, 1113; Korsika; Limbara 1350 m, Bruncu Spina 1650 m, Monti Ferru, Urtigu, Corrasi.

p. 440 *Rhacocleis bonfilsi* GALVAGNI (wie zuvor, p. 52-58, Fig. 5-8, 13, 23). Abdomenapex des ♂ wie in Fig. 1114, Cercus wie in Fig. 1115. Evisa, Korsika, 600 m (alles nach dem Autor).

p. 440 *Rhacocleis corsicana* BONFILS 1960: Abdomenapex des ♂ (1116), linker Cercus ♂ von oben (1117), Subgenitalplatte des ♀ von unten (1118). Pineta di Palombaja a Sud di Porto Vecchio, Korsika (alles nach A. GALVAGNI 1976).

p. 467 *Antaxius hispanicus* (BOL.): Die Erweiterung der Cerci des ♂ ist im Norden des Verbreitungsgebietes der Außenseite auch fast parallel.

p. 475 *Gampsocleis abbreviata renei* MIKŠIĆ 1971 (Glasn. Zemaljsk. Museja Bosnien et Herzegowina 10 + Wiss. Mitt. Bosn.-herzeg. Landesmus. Naturwissenschaft 3:161-164, 3 Fig.). Pronotum und Postfemora kürzer; außer den Nerven von Elytra und Alae grün (alles nach der Autorin).

p. 490 *Epiphigerina,* 3. Zeile, statt Fastigium setzen: Vertex.

p. 491 ♂♂ 3. ... 1. Zeile hinter Innen- setzen: oder Außen-.

p. 507 *Ephippiger ephippiger harzi* ADAMOVIĆ 1973 (Reichenbachia, 14: 153-154, Fig. 1a-c, 2f-h, m, 3j-m): Dunkelbraun, oft violett getönt, Gesicht ockergelb oder bläulichgrau, Occiput schwarz, Terga violett-dunkelbraun mit sehr schmalem hellem Hinterrand, Sterna heller violettbraun mit glänzenden, dunkel-violettbraunen und gelben Flecken; Apikalteile der Titillatoren gerade, lang und schlank. Ovipositor lang und schlank, 18,6-26 mm; Postfemora außen-ventral mit 2-9, meist 4-6 Dörnchen. Serbien. Troglav-Gebirge.

p. 507 *Ephippiger ephippiger usi* ADAMOVIĆ 1973 (Reichenbachia, 15:154-155, Fig. 1d-e, 2c-e, k. l, 3x-z. Terga grün, selten hellbräunlichgrau, Sterna gelb oder hellgelblichgrün, ockergelb oder gelblichgrün, Gesicht hell ockergelb, Occiput schwarzblau, Pronotum gelblichgrün oder hell rötlichbraun; Postfemora ventral-außen mit 2-7, durchschnittlich 4-6 Dörnchen. Ovipositor schwach aufgebogen, etwas breiter, 18-20,5 mm (alles nach dem Autor).

p. 507 *Ephippiger cruciger* hat auch dunkelgrüne Grundfarbe.

p. 523 8. 1. Absatz hinter 1718) einfügen: bis gleichlang.

p. 563 *Uromenus/Steropleurus politus* kommt auch in der Sierra Maria, Provinc Almeria in 1600 m Höhe vor.

p. 569 *Steropleurus ceretanus* = *S. catalaunicus* (BOL.) (C.A.W. JEEKEL et G. KRUSEMAN 2.II.1970 in litt.).

p. 595 *Platystolus faberi* HARZ 1975 (Articulata 1:17-18, 8 Fig. Die Art steht *Callicrania monticola* nahe, ist von ihr aber unterschieden durch die schlankeren Titillatoren (1119, 1120), das weiter vorspringende Epiproct (1121) und die robusteren Cerci des ♂ (1122), deren Innenzahn distal der Mitte liegt und beim ♀♀ ist das 6. Sternum nicht in zwei Plättchen geteilt, das 7. ist breit und hinten leicht ausgerandet (1123), das Epiproct springt gleichfalls weiter vor (1124). Spanien, Provinc Léon, C. do de Carmenes von 1300-1400 m.

p. 603 *Pycnogaster inermis* (RAMBUR), im letzten Absatz, 2. Zeile Cerci ♂ statt ♀.

p. 624 Schlüssel *Dolichopoda* 1.-nach "Postfemora ventral unbedornt" einsetzen: selten innen mit 1, außen mit 2-3 Dornen *(palpata).*

p. 640 vor *geniculata* einsetzen: *Dolichopoda calabra* GALVAGNI 1968 (Mem. Mus. Civ. Stor. Nat. 16:39-48, 8 Fig.). Von *geniculata* und *palpata* besonders durch die Form des Titillators verschieden (1125, 1126). Grotten von Cetraro (Cosenza), an der Mündung des Trionto.

p. 640 F. CAPRA hat 1967 zu *Dolichopoda geniculata* die ssp. *pontina* beschrieben (Fragmenta Entomologica 4:171-175, Fig. 2-3, die sich von *g. geniculata* hauptsächlich durch den schlankeren Apikalteil des Titillators auszeichnet (1127, – – – = Variationsbreite) und auf den Pontinischen Inseln (Arcipelago Pontino) vorkommt (alles nach dem Autor).

p. 641 Zwischen *Dolichopoda palpata* und *laetitia* einfügen: *D. capreensis* CAPRA 1968 (Fragmenta Entomologica 6:39-44, Fig. 1-8), die sich durch die kürzeren und stärker gebogenen Apikalteile der Titillatoren von den genannten unterscheidet (1128, 1129); die Beine sind länger als bei diesen; die Subgenitalplatte des ♀ wie in Fig. 1130.

Auf Capri, Grotte von San Michele (alles nach dem Autor).

p. 647 2. Absatz, – hinter "kleinen Borsten" einfügen: oder Postfemora ventral mit 1 bis einigen Dörnchen.

p. 651 *Troglophilus pretneri* US 1970 (Poročila – Acta Carsologica 5:307-311, 2 Abb.) einfügen. Ähnlich *neglectus,* aber grau bis dunkelbraun mit hellen Fleckchen, 10. Tergum und Epiproct beim ♂ wie in Fig. 1131, beim ♀ wie in Fig. 1132, Ovipositor wie in Fig. 1133. Körper ♂ 21-24, ♀ 21-26, Pronotum ♂ 4,5-5, ♀ 5-6, Postfemora ♂♀ 19-22, Ovipositor 14. Jugoslawien, Karst, Glouspa spila/Höhle, Seoca bei Virpazar, Montenegro (alles nach dem Autor).

p. 654 Einfügen: *Troglophilus bukoviki* KARAMAN 1968 (Fragmenta Balcani, 6:197-199, Fig. 1-5). Abdomenapex des ♂ wie in Fig. 1134, Genitale des ♂ wie in Fig. 1135, 10. Tergum ♀ wie in Fig. 1136, Subgenitalplatte ♀ wie in Fig. 1137. Jugoslawien, W-Mazedonien beim Dorf Gornja Donovica in der Höhle Golema dupka (Ubavica). Alles nach ZORA KARAMAN.

p. 659 *Mogoplistini,* 720 in 717 ändern.

p. 659 7., 3. Zeile von oben anfügen: Zuweilen mit hellen längsstreifen am Occiput.

p. 672 *Melanogryllus desertus* (PALLAS) bei der Verbreitung ergänzen: Türkei.

p. 678 *Modicogryllus chopardi* KIS muß nach M. VASILIU 1968 (Rev. Muzeelor 5:540) *M. geticus* heißen (nom. nov.), vergl. KIS et VASILIU, Trav. Mus. Hist. Nat. Bucuresti 1970, 10:215. Bei Verbreitung ergänzen: Bulgarien.

p. 680 *Gryllodes,* 6. Zeile von oben, Fig. 281 in 1281B ändern.

p. 699 *Gryllomorpha dalmatina:* Subgenitalplatte des ♀ auch dreieckig.

p. 703 *Gryllomorpha albanica* EBNER ist offenbar in Griechenland weit verbreitet, weil einige Funde vom Peloponnes (N-Sparta, Phyrgana, Taygetos bis 1600 m) vorliegen. Das ♂ stimmt in der Körperform weitgehend mit dem ♀ überein, in der Metazona des Pronotums gleichfalls eine dunkle Querbinde (1138), das Epiproct ist hinten seicht und weit ausgerandet (1139), Genitale von unten wie in Fig. 1140, von rechts wie in Fig. 1141. ♀ Körper 8-10, Pronotum 1,5-1,9, Postfemora 5,4-7, Ovipositor 6,5-7.

p. 704 Als Nr. 10 *Gryllomorpha guentheri* HARZ 1976 (Nachrbl. Bayer. Ent. 15: 55, Fig. 1-4) anhängen. Das Pronotum des ♂ (1142) und von ♀-Larven (1143, ♀ Imago noch unbekannt) ist nach hinten schwach verschmälert, hinten leicht ausgerandet; das Epiproct ist hinten leicht ausgerandet und springt jederseits der Ausrandung rundlich vor; Genitale des ♂ wie in Fig. 1144-1146. Griechenland, Rentina-Tal. Gegenüber *miramae* und *uclensis* ist das Pronotum hinten ausgerandet und das Epiproct hat keine seitliche Vorsprünge wie diese, *wettsteini* hat einen Fortsatz am Vorderrand des Mesonotums, der hier völlig fehlt.

p. 710 Als Nr. 7 ist *Discoptila eitschbergeri* HARZ 1976 (Nachrbl. Bayer. Ent., 15: 55, Fig. 5-12). Bisher ist nur das ♂ bekannt. Gelblich-ocker; Pronotum wie in Fig. 1147 und 1148, braun bis bräunlich gezeichnet, eine helle Mittellinie setzt sich über das Abdomen fort, das seitlich braun, dorsal ± symmetrisch dunkel gefleckt ist; Elytra (1149) ohne Aderung, braun, innen hell gerandet, innen mit einer hellen Linie vor dem dunklen Streif; Epiproct wie in Fig. 1150; Genitale wie in Fig. 1151 und 1152. Weicht von den bekannten Arten stark ab. Spanien, Teruel, Sierra Alta.

p. 710 *Discoptila kinzelbachi* HARZ 1971 (Atalanta 3:332-333, Fig. 1-5), als Nr. 8 anhängen. Die Hinterecken des Epiprocts springen deutlich vor (1153); Scapus kaum breiter als das Fastigium verticis an der Basis; Elytra rundlich, am Innenrand fast gerade (1154); Genitale wie in Fig. 1155-1157. Karpathos, Grillenhöhle.

p. 716 Bei *Pteronemobius* den Artnamen *concolor* in *heydeni* FISCHER ändern, *concolor* wird statt diesem Synonym.

p. 717 *Pteronemobius gracilis* (JAKOVLEV) kommt auch in der Türkei vor (Adana, N. LODOS leg.).

p. 720 *Arachnocephalus* COSTA, 2. Zeile, hinter "beborstet" einfügen: oder auch nicht.

p. 720 Zu den *Mogoplistinae* gehört auch die Gattung *Cycloptiloides,* kleine Grillen mit unbedornten Posttibiae und sehr hinfällig beschupptem Körper. Sie leben meist zwischen Fallaub am Boden, einige auch auf Stauden oder Sträuchern. 1969 wurde in Finnland, in Gebäuden von Tikkurila *C. orientalis* CHOPARD 1925 (Ann. Soc. Ent. France, 94:301-303. Fig. 19-24; terra typica: Sumatra; Malaja, Assam, Ceylon/Srilanka; Syn.: *C. ceylonicus* CHOPARD 1925) gefunden, die dort noch 1971 zu finden war. Kopf und Pronotum wie in Fig. 1158-1161, Elytra ♂ bis auf einen schmalen Saum verdeckt, mit Schrill-Leiste (1162), ♀ apter, Vordertibiae innen mit Tympanalöffnung.

p. 721 Als Nr. 3 (*squamiger* auf p. 722 bekommt Nr. 4) einfügen *Mogoplistes kinzelbachi* HARZ 1976 (Nachrbl. Bayer. Ent. 15: 56, Fig. 17-23). Eine *nowaki* nahestehende Art, aber die Subgenitalplatte des ♂ springt in der Mitte des verrundeten Hinterrands leicht vor (1163), beim ♀ ist sie im Umriß etwa dreieckig und am Apex quer abgestutzt (1164); Genitale des ♂ wie in Fig. 1165, Ovipositor 1,5-1,8 mm. Griechenland; auf Karpathos.

p. 738 Einschalten: *Gryllotalpa vinea* BENNET-CLARK 1970 (Proc. R. ent. Soc. Lond. (B) 39:125-132, 4 Figs.). Außer anderen angeführten Merkmalen scheint die Elytra-Aderung zur Unterscheidung von *G. gryllotalpa* besonders geeignet, von den zwei Zellen im Cu1a-Feld ist die 1. so groß oder größer als die 2 (1166), 42-50 Schrill-Leisten; der Gesang ist ähnlich einer elektrischen Klingel. Frankreich, Dordogne; in Weingärten, Kornfeldern und höher gelegenen Weiden, also in trockeneren Biotopen als *gryllotalpa.*

BAND II - VOLUME II

p. 3 13. Zeile hinter dreigliederig einfügen: oder bei Vorder- und Mittelbein zweigliederig. 15. Zeile hinter tibio-alare anhängen: abdominal-elytrale.

p. 4 1., 2. Absatz, 6. Zeile, hinter elytro-alar anfügen: oder abdomino-elytral.

p. 5 15. Zeile hinter tibio-alare einfügen: abdomino-elytrale.

p. 14 In Fig. 20 muß es statt *Mesotetrix* heißen: *Mishtshenkotetrix transsylvanica.*

p. 46 20. Zeile hinter: 5. einfügen bzw. 4.

p. 51 Unter Familie *Tridactylidae* einfügen: Entspricht hier der Überfamilienbeschreibung - The same as the previous description of the superfamily.

p. 51 Typus generis *T. digitatus* COQ. 1804 streichen und dafür setzen: *T. paradoxus* LATREILLE 1802.

p. 57 In Fig. 191 sind die Terga unrichting nummeriert, (1. 2. mit Pfeil ist Tergum 1, dem die Terga 2-10 folgen).

p. 58 2. Absatz, vorletzte Zeile, *palaestinensis* ändern in *palaestinae.*

p. 59 *Tridactylus tartarus* (SAUSSURE) bei der Verbreitung ergänzen: Rumänien, Donaudelta/Caraorman (B. KIS 1972).

p. 72 Tafel 17, Fig. 232, im Text dazu ergänzen: Spina = Spinasternum.

p. 91 *Pamphagus sardeus* tritt bis wenigstens X auf.

p. 154 *Paranocarodes chopardi* PESCHEV 1965 (Bull. Inst. Zool. & Mus. 19:73, 83, Fig. 1a, 2a, 3a, 4a, 5, 6a, 7a, 8a, 10). Nahe *straubei,* aber in der Grundfarbe heller, die Stirnrippe weniger tief gefurcht, unter dem Ocellus weniger verengt, Vertex weniger konkav und stärker granuliert, Tympanum kleiner, Pronotum hinten fast abgestutzt-verrundet nicht spitzwinklig. E-Rhodope im Gebiet des Dorfes Černi Rid, 450 m (alles nach dem Autor).

p. 155 *Paranocaracris bulgaricus flavotibialis* WILLEMSE 1974 (Biologia Gallo-Hellenica 5:351-354, 4 Abb.). Kleiner als *b. bulgaricus* Integument weniger rauh, Tuberkeln stumpfer, Eindrücke am Vertex und Pronotumdiscus schwächer, Mittelkiel des Pronotums niedriger und weniger gebogen, besonders beim ♀, die Cerci des ♂ sind kürzer und schmaler; Grundfarbe gelbbraun (♂) oder graubraun (♀), Hinterbeine ohne Spur von rot, Mitte und ventraler Rand der Innenseite der Postfemora schwarz mit einer Schattierung von gelb, Posttibia gelb, besonders innen. Griechendland, Thessalien, M. Olymp, 1800-2300 m (alles nach dem Autor).

p. 237 Einfügen: *Podisma pedestris nadigi* HARZ 1975 Articulata 1:14, Fig. 19-23, Passo Croce Domini Gio Bala (Brecianer Alpen), 2000-2050 m). Die Elytra erreichen nicht das 1. Tergum, oft nur die Mitte des Metanotums, sie werden von den Alae überragt (1167), die weitgehend unbedeckt bleiben oder die larvale Stellung beibehalten (1168), was auch für die Elytra zutreffen kann. Von *dechambrei* durch schmalere Elytra unterschieden, von *melisi* durch breitere Elytra und im Innenausschnitt des Penis höher gezogene Dorsalvalven, von *pedestris caprai* durch die seitwärts am Apex nicht soweit ausladenden Dorsalvalven des Penis und viel kürzere Elytra, von *eitschbergeri* durch den Penisapex und kürzere Elytra.

p. 443 9., 2. Absatz, 4. Zeile, statt "000" einfügen: 489, falls blau, vergleiche *Oe. fuscocincta.*

p. 487 *Oe. fuscocincta* LUCAS, 19. Zeile, hinter "hinaus" einfügen: Dorsalkante der Postfemora selten kaum erniedrigt.

p. 489 Bei Verbreitung einfügen: Auf Sizilien eine einwandfreie Population von *germanica.*

p. 648 Von *Euthystira brachyptera* (OCSK.) wurde 1971 1 ♂ in N-Holland bei Hoorn festgestellt (C. A. W. JEEKEL et G. KRUSEMAN in Ent. Ber. 33:66-67).

p. 755 *Stenoborhrus bolivari* (BR.): Grundfarbe auch lila, rot usw.

p. 827 24. 2. Absatz, Fig. 3017 verbessern in: 3007.

p. 862 *Chorthippus incertus* und *pascuorum* CHOPARD sind nach einer freundlichen Mitteilung von O. und D. VON HELVERSEN (1976) identisch, auch *chopardi* HARZ und *corsicus* dürften hierher gehören.

p. 880 9. Zeile streichen: 1 ♂ Regensburg, 1.IX.1915, R. EENER leg.

p. 881 Ergänzen: *m. mollis* am Ätna in 1200-2200 m Höhe.

p. 881 *Chorthippus mollis* reissingeri ist eine gute Art (K. HARZ 1975, Articulata 1:15-16, Fig. 27, 29, 31, 32), bei der gegenüber *vagans* (1143) die Dorsalvalven die Ventralvalven des Penis überragen (1169) und gegenüber *mollis mollis* (1170, 1171) (und *vagans*) die Rami zynguli weit an den Penisvalven hinaufragen (1172, 1173). Die Tympanalöffnung ist bei ♂ von *reissingeri* 2-2,5, selten 3mal so lang wie in der Mitte hoch, bei *mollis* 4, selten 3,5 mal, bei *vagans* 1,7-2 mal, bei ♀♀ von reissingeri 2-3,5 mal, bei mollis 5-6 (-8) mal, bei vagans wie bei den ♂♂. Umgebung von Alicante und Peñaroja de Jijona 800 m, bei Calpe, Sierra de Bernia 700-1129 m, Umgebung Alcoy, Sierra Menechuar, 1200-1350 m am Gebirgsgrad.

p. 895 *Chorthippus biguttulus yersini* HARZ liegt mir nun in einer Anzahl von Exemplaren vom Tenda-Paß, Nava-Paß, Genevre-Paß und St. Ehemi vom September 1960, W. JACOBS leg. vor; außerdem aus Spanien von St. Eulalia 1969, Pas de Bonette ca. 1200 m 1966 (CH. WALTHER leg.), südl. Huesca 10.IX.1972, Calanda, 11.-17.IX.1972 und bei Gelsa am Ebro 10.IX.1972 (alle K. HARZ *et al.* leg.).

p. 906 Hinter *albmarginatus* einfügen: *Chorthippus lacustris* LA GRECA et MESSINA 1975 (Animalia 2:67-77, Fig. 1, 2, 4-7, 10). Nahe *albomarginatus,* aber Antennen mit hellem Apex, Radius weniger gebogen, Penisapex gebogen (1174), Posttarsi schwarz mit weißem Apikalglied. Griechenland, am See der Johanna, Epirus u, Lago Khimaditis bei Florina (Mazedonien). Alles nach den Autoren.

NACHWORT-EPILOGUE

Arten sind keine starre Einheiten, sondern ihrer Natur nach eben dynamisch. Das bringt natürlich in einem taxonomischem Werk wie diesem Probleme mit sich, denn jede Art muß ja bei ihrem Namen auch eine möglichst genaue Beschreibung der wesentlichen Merkmale haben, um sie gegen andere abzugrenzen. Weitere Probleme erheben sich weil hier eben so ein ausgedehntes Gebiet wie Europa behandelt wird mit seinen Gebirgszügen, Mittelgebirgen und Ebenen, was nicht ohne Einfluß auf die Morphologie bleibt; auch der Einfluß der verschiedenen Eis- und Zwischeneiszeiten auf die Tierwelt darf nicht vergessen werden. So ergeben sich schließlich in dem großen Gebiet mehrere Formen einer weitverbreiteten biologischen Art wie etwa *Chorthippus/Glyptobothrus bigutulus,* die in einem einigermaßen verläßlichen Schlüssel untergebracht werden sollen, wobei fast nur morphologische Merkmale zur Verfügung stehen. Auf der Art-Ebene ergeben sich in einigen Gattungen die größten Probleme, weil manchmal nicht zu erkennen ist, wo eine Art (z.B. bei *Chorthippus s. lat.* and *Platycleis s. lat.*) aufhört und eine Unterart beginnt; es ist deshalb auf diesem Gebiet noch viel zu tun, zumal Verhaltensstudien sind dringend notwenig um Klarheit zu schaffen. Innerhalb dieses umfangreichen Werkes war es nicht möglich solche in Einzelheiten durchzuführen, schon der Versuch dazu hätte die Vollendung des Manuskripts verhindert. Spezialisten schwieriger Gattungen (für einige Gattungen gibt es noch keine!) sollten nun die Brauchbarkeit morphologischer Merkmale für biologische Arten untersuchen. Die Schwierigkeiten reichen zuweilen über die Art-Ebene hinaus, so ist z.b. die Grenze zwischen *Platycleis* und *Metrioptera* nicht immer klar; ich habe sie durch Untergattungen zu überbrücken versucht.

Einige Arten scheinen aus mehr als einer biologischen Art zusammengesetzt zu sein, deshalb habe ich, wenn ihre Typen verloren oder unbekannten Verbleibs sind, Neotypen aufgestellt, die später vielleicht einmal zur Klärung von Problemen nützlich sein können.

In einem Werk wie diesen wäre es sehr wünschenswert gewesen, Beschreibungen der Lautäußerungen und genaue Biotopangaben bei den Arten anzuführen. Abgesehen davon, daß das Werk dadurch viel zu umfangreich geworden wäre, gab es auch andere Gründe; Umschreibung der Gesänge mit Buchstaben ist für ein kleines Gebiet, z.B. für Deutschland möglich, in denen man genau weiß, was da vorkommt, aber für ein größeres Gebiet reichen sie nicht aus zumal Mißverständnisse bei der Auslegung des geschriebenen Lautes auftreten können. Objektive Analysen hätten z.B. Oscillogramme und Sonagramme vermitteln können, aber nur relativ wenige Arten sind so untersucht. Außerdem haben zahlreiche Arten mehr als eine typische Lautäußerung und daneben gibt es geographische Unterschiede, die beachtet werden müßen. Selbst wenn zahlreiche Tonbänder vieler Arten zur Verfügung gestanden hätten, so hätte eine gewißenhafte Analyse zuviel Zeit für die morphologische Arbeit geraubt und es hätte noch vieler Jahre bedurft, das Werk zu vollenden. Untersuchungen wenigstens der Orthopterenstimmen Europas laufen ja und werden eines Tages vollendet sein und Vergleiche auf europäischer Ebene ermöglichen. Gern hätte ich biologische Angaben – soweit vorhanden – und genaue Biotopangaben beigefügt, aber Zeitmangel und Platzmangel erlaubten dies nicht; Biotopangaben waren aber auch vielfach wegen Mangel genauer Angaben nicht möglich, außerdem können sich die Lebensräume in dem großen Gebiet ändern, eine Art, die z.B. im Norden im Flachland auf sandigen Gebieten lebt, kann im Süden eine ökologische Nische in großer Höhe benutzen, z.B. *Myrmeleotettix maculatus*. Auch hier wird künftiges Forschen Klarheit schaffen. Der Umfang des Werkes und der Mangel an umfangreichem Material ließ auch nur gelegentlich Angaben über die Anzahl und Form von Stridulations-Zäpfchen bzw. Schrill-Leisten zu. In andere Hinsicht habe ich, wo es immer möglich war, lange Serien (zuweilen Hunderte von Individuen) genau untersucht, um die Variationsbreite der Arten zu erfassen und zu klären. Bei seltenen Arten war dies nicht immer möglich. Deshalb ist die angeführte Variationsbreite bei diesen durchaus nicht endgültig und auch die Angaben über die Verbreitung bedürfen wohl vielfach der Ergänzung.

Kenntnis des Habitus ist oft von Nutzen. Deshalb habe ich hier im Anhang eine Anzahl solcher Bilder von Ensifera beigefügt, was im I. Band unterlassen wurde.

PRÄPARATION. Das Spannen von Flugorganen ist besonders bei *Caelifera* wichtig, um den Verlauf von Adern, Form des Apex usw. besser erkennen zu können, es genügt Elytron und Ala einer Seite zu spannen; auch eine gewiße Anordnung der Beine ist erforderlich, es ist gut die Beine nicht abstehen zu lassen (weniger Platzbeanspruchung, weniger Bruchgefahr) also einzuschlagen, aber das Prosternum soll dabei nicht bedeckt werden, ebensowenig die Subgenitalplatte, bei Tettigoniiden, besonders bei Decticinen sollen Apikalsporen und Sohlenlappen der Hinterbeine gut erkennbar sein. Abgebrochene Glieder mit Tapetenleim oder Eukit anleimen oder auf ein Plättchen Pappendeckel aufkleben, für Untersuchungen können sie mit Wasser oder Xylol abgelöst werden. Bei *Ensifera* ist der Genitalapparat, bei Tettigoniiden besonders die Tittilatoren, bei den Caelifera besonders Penis und Epiphallus für Untersuchungen wichtig. Trockene Präparate in

Wasser oder "Barbara" (53 ccm 96% Alkohol, 19 ccm Essigäther, 7 ccm Benzol, 49 ccm Aqua dest.; nur in dieser Reihenfolge mischen; grüne Farbe kann sich in gelbe verwandeln) aufweichen damit der Genitalapparat leicht entfernt werden kann, der aufgeklebt oder in Glyzerinlösung (10-30%) in einem verkorktem Gläschen an der Nadel des dazugehörigen Tieres befestigt wird «» Species are not rigid entities, but, by their nature, are dynamic. This of course poses problems in a taxonomic work like this, where each species is described under its own species name. Further problems arise when describing the morphology of animals from such a large area as Europe with its several mountain ranges and lowland types. A further consideration is that Europe has suffered from several ice ages. Such a large area results in many forms of one biological species that is widespread (e.g. *Chorthippus biguttulus* or *brunneus*) which raises many problems concerning the preparation of keys that are fool-proof at the species level. It is at this level that the greatest problems arise and within certain genera e.g. *Chorthippus sens. lat.* and *Platycleis sens. lat.* it is clear that much detailed work is required. It was not possible within the large compass of this work to consider these in great detail, otherwise the work would never have been finished. It is now for specialists on these difficult groups to determine the appropriateness of morphological characters in determining true biological species. It is not just at the species level that there are difficulties, there are some at the genus level also. For example the *Platycleis*|*Metrioptera* boundary is not well delimited, and for this reason I have used sub-genera (e.g. *Montana*|*Tesselana*) to bridge the gap.

Some species turn out to be composed of more than one biological species, and the original type has been lost, and it is for this reason that I have in many cases erected neotypes.

In a work like this it would have been desirable to have included descriptions of the songs and habitats. Several reasons precluded this. As regards song, verbal anthropomorphic descriptions could have been given in some examples. But these are not adequate for a wider range and sometimes are misleading because of personal interpretation of the written word. Objective analyses would have been most appropriate (e.g. oscillograms, sonagrams), but this could have been done for relatively few species as we have nowhere nearly as many recordings as species. Giving the song of one or two species within the genus for example can be misleading. Forthermore, many species have more than one type of song, and there are also geographical differences to consider. Even if many recordings were available, for analysis, the careful editing of them would have taken so much time that it would not have been possible to complete the morphological work. Song is a necessary inclusion on any work on Orthoptera and should at some time in future be collated for the whole of the European Orthoptera. Another factor I should have liked to have included is description of biotops and aspects of the biology. Again time and space did not allow inclusion of these in any detail in such a large work as this. This problem was also partly promoted by the lack of data, especially when considering widespread species which occur across large areas of Europe; often the habitat in one area is not the correct habitat for the species in another. Then there is the special case of altitude, which may allow a species to occupy a niche at high altitude in an unusually southern latitude e.g. *Myrmeleotettix maculatus*. Thus a classification of habitat types for the European *Orthoptera* is left for the future. The vastness of the work and lack of data also dit not allow inclusion of numbers and forms of stridulatory teeth. However, where possible I have always examined long series (sometimes hundreds) of specimens in order to clearly cover the European intraspecific variation. In rare species this was of course not always possible. This also means that for less well-known species the geographical ranges given are likely to be less that the ranges in reality.

Habitus often is useful to know and drawings of some Ensifera of the 1st volume therefore are added nos in this appendix.

PREPARATION. Setting of wings often is necessary especially in Acridids (remember that there the course of veins, the shape of wing apex etc. is important), but setting tegmen and ala of one side is enough. Set limbs inwards but do not cover prosternum and in Tettigonids, especially in *Decticinae* alow hind tibial spurs and flaps to be visible. Always be careful not to damage limbs. Setting limbs inwards preserves space in the collection and minimizes damage to limbs when specimes are removed from it for examination. Glue limbs that are brocken off back with wall-paper glue or Eukit etc.; this limbs can later be removed, if necessary, with water or Xylol. Often it is necessary to study genitalia. Soften specimens with water (including soaking to remove loose tissue) or "Barbara" (53 ccm 96% alcohol, 19 ccm ethylacetate, 7 ccm benzol, and 49 ccm aqua destilata, only mixe in this succession, green colour sometimes turns into yellow). Always attach titillators, phallus and epiphallus (with glue on a small carton or in glycerin in a a minute glass korked up) to the pin of the specimen.

LITERATURVERZEICHNIS

Von allgemeinen und Sammelwerken sowie *Orthoptera* s. str., *Phasmoptera, Dermaptera, Blattodea* und *Isoptera*, die spezielle Literatur über *Mantodea* und *Orthoptera*|*Ensifera*|*Saginae* am Ende dieses Verzeichnisses. Viele kleine ältere faunistische Arbeiten konnten nicht berücksichtigt werden, aber ihr Zitate können ja in den Faunen der einzelnen Gebiete nachgeschlagen werden.

Weil ich so wenig oder keine Angaben über Biologie, Physiologie u.a.m. bringen konnte, habe ich dies in Literaturverzeichnis weitgehend nachgeholt und bitte weitere Einzelheiten in den Literaturverzeichnissen der großen Arbeiten von M. BEIER, G. JA. BEY-BIENKO, L. CHOPARD, L. MISHTSHENKO, B. P. UVAROV nachzuschlagen. Ich bitte zu beachten, daß, wenn keine weiteren Namen angeführt wird, immer der angeführte Autor der alleinige Verfasser der zitierten Arbeit ist.

ADAM, L. J. & SCHWARTZKOPFF, J.: 1967. Getrennte nervöse Representation für verschiedene Tonbereiche im Protocerebrum von *Locusta migratoria*. *Z. vergl. Physiologie* 54: 246-255.

ADAM, L. J.: 1967. Funktionsbereiche einzelner Hörneurone im Gehirn und Tonbereiche arteigener Laute der Heuschrecke *Locusta migratoria*. Verh. Deutsch. Zool. Ges. Heidelberg, p. 621-629.

ADAM, L. J.: 1968. Verarbeitung akustischer Reize im Insektengehirn. Untersucht an Wanderheuschrecken. *Naturwissenschaften* 55:654-655.

ADAM, L. J.: 1969. Neurophysiologie des Hörens und Bioakustik einer Feldheuschrecke (*Locusta migratoria*). *Z. vergl. Physiol.* 63:227-289.

ADAM, L. J.: 1970. Überlegungen zur Verarbeitung von Nachrichten im Zentralnervensystem von Insekten. Untersuchungen am Hörsystem einer Feldheuschrecke. Verh. Ber. Deutsch. Zool. Ges.; 64. Tagung, p. 245-250. Stuttgart 1970.

ADAMOVIĆ, Ž. R.: 1955. List of the collected species of Kosovo, Serbia. *Bull. Mus. Hist. Nat. Serbia, Ser. B.* 7:149-162,

ADAMOVIĆ, Ž. R.: 1956. *Orthoptera* collected in the surrounding country of Mostar, Hercegovina. *Ibid.* 8:129-172.

ADAMOVIĆ, Ž. R.: 1956. The grasshoppers *Calliptamus italicus* L. and *C. barbarus* COSTA in South Banat, Serbia. Zbornik 11:123-135 (serb. mit engl. Zusammenfassung).

ADAMOVIĆ, Ž. R.: 1959. The Moroccan Locust, *Dociostaurus maroccanus* THNBG. in North Banat, Serbia. *Glas. Prir. Mus. Beograd Ser. B.* 13:1-123 (serb.).

ADAMOVIĆ, Ž. R.: 1964. Orthopteroides collected in Dubrovnik district, Jugoslavija. *Bull. Mus. Hist. Nat. Belgrade, Sér. B.* 19:155-188.

ADAMOVIĆ, Ž. R.: 1966. Ecological differences of some closely related species. *Ekologija* 1:121-131.

ADAMOVIĆ, Ž. R.: 1967. *Platycleis*|*Montana montana milae* n. ssp. aus Serbien (*Tettig.; Salt.*). *Reichenbachia* 8:127-128.

ADAMOVIĆ, Ž. R.: 1967. *Zeuneriana amplipennis* (BR.W.) endemicni zrikavac u Srbiji (Tettig.; Salt.). *Cernserv. Nat.* 34:139-147.

ADAMOVIĆ, Ž. R.: 1972. Drei neue Unterarten von *Eupholidoptera chabrieri* aus Jugoslawien. *Bull. Mus. Hist. Nat. Belgrade, Sér. B,* 27:193-200.

ADAMOVIĆ, Ž. R.: 1973. Zwei neue Unterarten von *Ephippiger* aus Serbien (Tettig.; Orthoptera). *Reichenbachia,* 14:153-161.

ADAMOVIĆ, Ž. R.: 1975. Überblick über die aus Serbien gemeldeten Arten der *Mantodea* und *Saltatoria*. *Rec. trav. faune ins. Serbie,* 1:9-84 (serb.).

ADELUNG, N. V,: 1904 (1905). Symbola Nova ad cognitionem *Blattodeorum* (*Orthoptera*) Africae Orientalis. *Ann. Mus. Zool. Ac. Imp. Sci. St. Petersb.* 9:417-489.

ADELUNG, N. V.: 1905. Zur Kenntnis der Orthopterenfauna des Russ. Kaiserr. Esch, *Zool. Mus. Kais. Ak. Sci.* 10:1-5.

ADELUNG, N. V.: 1907. Beitrag zur Kenntnis der Orthopterenfauna Transkaukasiens. *Hor. Soc. Ent. Ross.* 38:28-81.

ADELUNG, N. V.: 1907. Beiträge zur Orthopterenfauna der südlichen Krim, 1. *Blattodea* und *Locustodea* (part.) gesammelt von N. J. KUSNEZOV, 1897-1905. *Ann. Mus. Zool. Ac. Imp. Sci. St. Petersb.* 12:388-413.

ADELUNG, N. V. Eine Aufsammlung von Insekten aus dem Gebiet von Kursk von S. I. MALYSCHEEW. *Esch. Zool. Mus. Kais. Ak. Sci.* 12:72.

ADELUNG, N. V.: 1909. Über neue Arten der Gattung *Gampsocleis* FIEB. (Locustidea, Decticidae), *Ann. Mus. Zool. Ac. Imp. Sci. St. Pétersb.* 14:1-14, 332-345.

ADELUNG, N. V.: 1910. Über einige bemerkenswerte Orthopteren aus dem palaearktischen Asien. *Hor. Sci. Ent. Ross.* 39:328-358.

ADELUNG, N. V.: 1916. Contributions à la connaissance des Blattaires paléarctiques. I. Genre *Ectobius* STEPH., considérations générales, formes nouvelles de l'Europe occidentale. *Ann. Mus. Zool. Ac. Sci.* 21:243-268.

ADELUNG, N. V.: 1919. Desgl. II. Notice supplémentaire sur *l'Ectobiella duskei* ADEL *Esch. Zool. Mus. Ross. Ak. Sci.* 23:129-142.

AFIFY, A. M.: 1960. Über die postembryonale Entwicklung des Zentralnervensystems (ZNS) bei der Wanderheuschrecke *Locusta migratoria migratorioides* (R. et F.). *Zool. Jb. Anat.* 78:1-38.

AHWERDINEW, A. *R.*: 1967. Geradflügler aus der lenkorischen Zone Aserbajdhans. Baku 1967, 81 pp. (russ.).

AIRES, B. & MENANO, H. P.: 1916. Catálog sinoptico dos Ortópteros de Portugal. Coimbra, 58 pp.

ALBRECHT, F. O.: 1956. The Anatomy of the Red Locust (*Nomadacris septemfasciata* SERV). *Anti Locust Bull.* 23:1-9.

ALBRECHT, F. O.: 1962. Some physiological and ecological aspects of locust phases. *Trans. R. ent. Soc. London* 114:335-375.

ALBRECHT, F. O. & CASSIER, P.: 1965. Influence de la photopériode et de la température sur les élevages de *Locusta migratoria migratorioides* (R. et F.), *ph. gregaire*. C. R. *Ac. Sci. Paris*, 260:6449.6451.

ALEXANDER, G.: 1962. Ecology of high altitude insects, *Rev. in Ecology* 43:780-781.

ALICATA, P. & MESSINA, A.: 1972 (1973). Note preliminari sul poliformismo cromatico di *Calliptamus barbarus* (COSTA) (Orth.; Acrid.) delle isole circumsiciliane. *Lav. Soc. Ital. Biogeografia, N.S.* 3:1-11.

ALLIA, E. E. & CROVETTI, A.: 1962. Alcune indagini fotoelastografiche sul femore e la tibia delle zampe metatoraciche di *Anacridium aegyptium* (L.) (Orth.; Catantopidae). *Ann. Fac. Agrar. Univ. Sassari* 9:1-29.

ALPATOW, W. W.: 1926. Statistische Variation mit Anwendung zur Systematik der Asiatischen Heuschrecke. *Saschtsch. Rast, Wred.* 3:352-359.

ANDER, K.: 1931. Orthopterologische Beiträge 1-2. *Ent. Tidskr.* 1931:245-257.

ANDER, K.: 1931. Bidrag toll kännedomen om Bornholms orthoperofauna. *Ent. Meddel. Kbhvn.* 17:348-365.

ANDER, K.: 1931. Über die Orthopterenfauna Schwedens. Konovnia 1931.

ANDER, K.: 1933. Tva för Sveriges fauna nya Orthopterer. *Ent. Tidskr.* 1933:247-248.

ANDER, K.: 1939. Vergleichend-anatomische und phylogenetische Studien über *Ensifera* (*Saltatoria*). Opusc. Ent. 2 (Suppl.) I-VIII+1-306.

ANDER, K.: 1943. Systematische und morphologische Bemerkungen über einige Rhaphidophoriden, Gryllacrididen und Stenopelmatiden. *Kungl. Fysiograf. Sallsk. Lund Förhandl.* 13:1-13.

ANDER, K.: 1943. Revision der Orthopterensammlungen ZETTERSTEDTS. Lunds Univ. *Arsskrift. N. F. Avd.* 2, 38:1-23.
ANDER, K.: 1945. Catalogus Insectorum Suecicae. *V. Opusc. Ent.* 1945:127-134.
ANDER, K.: 1947. Flygförmagan hos vara hopprävingar. Fauna och Flora 1947:210-221.
ANDER, K.: 1948. Zur Systematik einiger Arten der Gattung *Platycleis* FIEB. (*Salt. Tettig.*). *Opusc. Ent.* 1948:36-45.
ANDER, K.: 1949. Rassenbildung und Variabilität bei der skandinavischen *Platycleis denticulata* PANZ. (*Salt. Tettig.*). *Kungl. Fysiograf. Sälls. Lund Förhandl.* 19:1-14.
ANDER, K.: 1949. Die boreoalpinen Orthopteren Europas. *Opusc. Ent.* 14:89-104.
ANDER, K. *Omocestus haemorrhoidals* CHARP. in Schweden. *Ibid.* 121-149.
ANDER, K.: 1949. De Borealpina *Orthoptera.* Ann. Ent, Fen. 14/Suppl. 48-55.
ANDER, K.: 1951. Västpalearktis' och Nordamerikas orthopterfauna en jämförelse. *Ent. Medd.* 26:155-156.
ANDER, K.: 1951. (in BRINK, P. & WINGSTRAND) The mountain fauna of the Orthoptera in Virihaure area in Svedish Lappland. *Acta Univ. Lund (N.F.)* 46:135-137.
ANDER, K.: 1952. Was ist *Gryllus morio* FABRICIUS? *Opusc. Ent.* 17.
ANDER, K.: 1952. Mitteilung über die im Entomologischen Museum zu Lund befindlichen Typen. *Opusc. Ent.* 17:77-79.
ANDER, K.: 1953. Catalogus insectorum Suecicae Additamenta od partes I-X. V. *Orthoptera (Dermaptera, Blattoidea, Saltatoria). Ibid.* 18:88.
ANDER, K.: 1956. *Orthoptera saltatoria* in TUXEN, S. L.: Taxonomist's glossary of Genitalia in Insects, p. 53-62.
ANT, H.: 1971. Fundorte von *Stenobothrus stigmaticus* (Orthopt.) in Nordwestdeutschland. *Natur & Heimat, Münst.* 31:18-20.
ANONYMUS: 1969. Schaben sind Überträger von Krankheitserregern. *Prakt. Schädlingsbek.* 21:112-113.
ANTI-LOCUST RESEARCH Centre London and the Central Office of Information: 1965. Anti-Locust Research Centre London, 18 pp.
ANTI-LOCUST RESEARCH Centre London and the Central Office of Information: 1966. Report of the Anti Locust Research Centre 1965, 47 pp.
ANTI-LOCUST RESEARCH Centre London and the Central Office of Information: 1967. Desgl. for 1966, 56 pp.
ANTI-LOCUST RESEARCH Centre London and the Central Office of Information: 1968. Desgl. for 1967, 36 pp.
ANTI-LOCUST RESEARCH Centre London and the Central Office of Information: 1969. Desgl. for 1968, 46 pp.
ANTI-LOCUST RESEARCH Centre London and the Central Office of Information: 1970. Desgl. for 1969, 49 pp.
ANTI-LOCUST RESEARCH Centre London and the Central Office of Information: 1973. Final Report 1st January 1970-31st May 1971.
ANTONIOU, A. & HUNTER-JONES, P.: 1968. The life history of *Eyprepocnemis plorans ornatipes* (WALK.). *Ent. Month. Mag.* 104:81-84.
ARADI, M. P.: 1955. On the Orthoptera fauna of the Kis-Alföld. *Fol. ent. Hung.* (N.S.) 8: 95.110.
ASPLIDEN, C. I. H. & RAINY, R. C.: 1961. Lutte contre le criquet Pèlerin, *Bull. L'Om.* 1961: 170-177.
AUTRUM, H.: 1941. Über Gehör- und Erschütterungssinn bei Locustiden (in "Über Lautäußerungen und Schallwahrnehmungen bei Arthropoden. *Z. vergl. Physiol.* 28:326 pp.
AUTRUM, H.: 1960. Phasische und tonische Antworten vom Tympanalorgan von *Tettigonia viridissima. Acustica* 10:339-348.
AZAM, J.: 1900. Description d'un Orthoptère nouveau de France. *Bull. Soc. Ent. France* 1900:82-85.
AZAM, J.: 1901. Catalogue synonymique et systématique des Orthoptères de France. *Misc. ent.* 9:107 pp.

AZAM, J.: 1906. Description d'n Stenobothrus nouveau des Pyrénées (Orth.). *Bull. Soc. Ent. France* 1906:128-131.
AZAM, J.: 1907. Description d'n Orthopthère nouveau de France. *Ibid.* 1907:262-264.
BACCETTI, B.: 1952. Contributo alla conoccenza della ortotterofauna della Toscana. Ortotteri dell'Isola d'Elba. *Redia* 37:333-343.
BACCETTI, B.: 1953. Nuovi reperti sull'Ortotterofauna dell'Arcipelago toscano. *Ibid.* 38:247-254.
BACCETTI, B.: 1954. Contributo alla conoscenza dell'Ortotterofauna della Toscana continentale. *Ibid.* 39:75-155.
BACCETTI, B.: 1954. Note su alcuni ortotteri italiani di alto montagna. *Ibid.* 39:361-394.
BACCETTI, B.: 1955. Notulae orthopterologicae I. Specie italiane del sottogenere *Chorthippus s. str. Ibid.* 40:294-308.
BACCETTI, B.: 1955. Notulae orthopterologicae II. Precisazione sistematiche sulla *Podisma pedestris* L. *Ibid.* 40:345-352.
BACCETTI, B.: 1956. Notulae orthopterologicae III. Ortotteri endemici del Terminillo nuovi o poco noti. *Ibid.* 41:119-126.
BACCETTI, B.: 1958. Notula Orthopterologicae VI. Materiali per una fauna dell'Arcipelago Toscano XXII. Ortotteri dell'Isola del Giglio. *Ann. Mus. Civ. Stor. nat. Genova* 70:73-91.
BACCETTI, B.: 1958. Notulae orthopterologicae VII. Sulla interessante corologia di alcuni Ortotteri del centro di entomologia alpina e forestale del C. N. R. *Ibid.* 43:297-309.
BACCETTI, B.: 1958. Richerche faunistiche sull'Isola della Gorgona. *Mem. Soc. ent. ital. Genova* 37:101-108.
BACCETTI, B.: 1958. Notulae orthopterolocicae IX. Oservazioni cariologiche sulle Dolichopode italiane. *Redia* 43:315-327.
BACCETTI, B.: 1958. Notulae Orthopterologicae X. Indagini sugli ortotteri del Gran Sasso d'Italia per il centro di entomologia alpina. *Ibid.* 43:351-450.
BACCETTI, B.: 1959. Notulae Orthopterologicae XI. Ortotteroidei della Regione Etnea. *Mem. Soc. ent. Ital.* 38:5-14.
BACCETTI, B. & CAPRA, F.: 1959. Notulae Orthopterologica XII. Revisione delle specie italiane del genere *Dolichopoda* BOL. (*Orthopt.; Rhaphidophoridae*). Redia 44:165-217.
BACCETTI, B.: 1959. Notulae Orthopterologicae XIII. Indagini sugli ortotteroidei della Maiella per il centro di entomologia alpina e forestale del C.N.R. *Ibid.* 245-306.
BACCETTI, B.: 1960. Notulae orthopterologicae XIV. Descricione di un nuovo genere cavernicolo di Ortotterti scoperto in Sardegna. *Ann. Fac. Agrar. Univ. Sassari* 7: 1-13.
BACCETTI, B.: 1963. Notulae Orthopterologicae XVII. Nuove esservatione sistematiche sulle *Tettigonia* e i *Decticus* italiani di montagna. *Arch. Biogeograf. It.* 39: 1-7.
BACCETTI, B.: 1964. Notulae Orthopterologicae XIX. Richerche sugli ortotteroidei dell'Apennino Ligure orientale per il centro di entomologia alpina e forestale del C.N.R. *Redia* 48:110-124.
BACCETTI, B.: 1964. Recento vedute sul problem delle fasi negli Ortotteri. *Atti. Acc. naz. ital. Ent. Rc.* 12:17 pp.
BACCETTI, B.: 1966. Notulae orthopterologicae XXI. Le *Dolichopoda* della Francia e della Spagna. *Int. Journ. Speleol.* 2:17-28.
BACCETTI, B.: 1966. Notulae orthopterologicae XXII. Il genera *Myrmecophilis* BERTH. in Italia. *Redia* 50:1-33.
BACCETTI, B.: 1969. Notulae Orthopterologicae XXVI. Osservazioni Faunistiche e Cariologiche sui *Troglophilus* italiani. *Raphidophoridae. Rass. Speleol. Ital.* 21: 1-15.
BACCETTI, B. & CAPRA, F.: 1970. Notulae Orthopterologicae XXVII. Nuove Osservazione sistematiche su Alcune *Dolichopoda* Italiane Esaminate anche al Microscopio Elettronico a scanaione (Orth., Rhaphidophorinae). *Mem. Soc. Ent, Italiane* 48:351-367.
BAILEY, W. J. 1970. The Mechanics of Stridulation in bush crickets (*Tettig., Orth.*). I. The

Tegminal Generator. *J. Exp. Biol.* 52:495-505.

BAILEY, W. J. & BROUGHTON, W. B.: 1970. Desgleichen. II. Conditions for Resonance in the Tegminal Generator. *Ibid.* 52:507-517.

BAILEY, W. J. et ROBINSON, D.: 1971. Song as a possible isolating mechanism in the genus *Homorocoryphus* (*Tettig., Orthopt.*) *Anim. Behav.* 19:390-397.

BARIGOZZI, C.: 1932. L'assette cromosomico in *Gryllotalpa gryllotalpa. Boll. Soc. Ital. Biol. esperiemt.* 7:109-110

BARIGOZZI, C.: 1933. L'unicita della specie *Gryllotalpa gryllotalpa* L. e il suo ciclo biologico. *Boll. Lab. Zool. gen. agr. Portici* 27:145-154.

BARIGOZZI, C.: 1933. Die Chromosomengarnitur der Maulwurfsgrille und ihre systematische Bedeutung. *Z. Zellforsch, mikrosk. Anat.* (Abt. B. Z. wiss. Biol.) 18:626-641.

BAUCHHENSS, E.: 1971. *Carausius morosus* BR. Stabheuschrecke. Groß. Zool. Prakt. 14c, 53 pp. Stuttgart 1971.

BAYRAMOGLU-ERGENE, S.: 1964. Untersuchungen über den Einfluß der Ocellen auf die Fluggeschwindigkeit der Wanderheuschrecke *Schistocerca gregaria. Z. vergl. Physiol.* 48:467-480

BAYRAMOGLU-ERGENE, S.: 1965. Einfluß der Ocellen auf die Klettergeschwindigkeit bei *Mantis religiosa* und *Anacridium aegyptium. Z. vergl. Physiol.* 51:96-102.

BAYRAMOGLU-ERGENE, S.: 1965. Die Funktion der Ocellen bei *Anacridium aegyptium. Ibid.* 49:465-474.

BAYRAMOGLU-ERGENE, S.: 1966. Untersuchungen über die dynamogene Funktion der Antennen bei *Anacridium aegyptium. Ibid.* 52:362-369.

BAYRAMOGLU-ERGENE, S.: 1969. Die stimmulierende Wirkung der Antennen bei *Locusta migratoria migratorioides. Ibid.* 64:346-350.

BAYRAMOGLU-ERGENE, S.: 1969. Untersuchungen über den beschleunigenden Einfluß mechanischer Schwingungen auf die positive Phototaxis bei *Locusta migratoria. Ibid.* 64: 351-354.

BAZYLUK, W.: 1948. Przyczynek do fauny prostoskrzydlych (Orthoptera) i skorków (Dermaptera) woj. poznańskiego. Sprav. P.T.P.N. I. i II. quart.

BAZYLUK, W.: 1954. Badania nad prostoskrzydlymi, karacznami i skorkami (*Orthoptera, Blattodea, Dermaptera*) Pólnocno-Zachodniej Polski. *Pozn. Tow. Przyj. Nauk.* 15:131-147.

BAZYLUK, W.: 1955. Uwagi dotyczace zmiam zachodzacych i zaobserwowanych w ostatnich latach w obrebie ortopterofauny *Polskie Psmo Ent.* 24:113-121.

BAZYLUK, W.: 1956. Klucze do oznaczania owadów polski. 92:IX-X. Karaczany-*Blattodea*, Modliszki-*Mantodea*, 40 pp. 93, XI, Prostoskrzydle-*Orthoptera|Saltatoria.* 119 pp. 94. XII. Skorski-*Dermaptera.* 15 pp.

BAZYLUK, W.: 1957. *Blattodea, Mantodea, Orthoptera* and *Dermaptera* new or rare in Poland (poln.; engl. Zusammenfassung). *Fragm. Faun.* 7:263-282.

BAZYLUK, W.: 1958. *Tetrigidae* (*ORTHOPTERA*) Polski. *Ibid.* 7:379-409.

BAZYLUK, W. & KIS, B.: 1960. *Mesotettix* (*Uvarotettix*) *transsylvanicus* subgen. et sp. n. de Roumanie (Orthopt.; Tetrigidae). *Ann. Zool.* 18:357-363.

BAZYLUK, W.: 1961. Materialien zur Kenntnis von *Blattodea* der Paläarktis. I-IV. *Ibid.* 19: 417-435.

BAZYLUK, W.: 1962. Matériaux pour la connaisance des Orthoptères paléarctiques I-II. Deux espèces nouvelles du genre *Tetrix* LATR. *Ibid.* 20:207-212.

BAZYLUK, W.: 1963. Desgl. III-IV. Deux espèces nouvelles du genre *Tetrix* LATR. de Mongolie. *Fragm. Faun. Polsk. Ak. Nauk.* 21:289-293.

BAZYLUK. W.: 1970. Protoskrzydle (*Orthoptera*) Ojcoroskiego Parko Narodwego. *Fragm. Faun. Polsk. Ac. Nauk.* 16:365-378.

BAZYLUK, W.: 1970. Badania nad protoskrzydlymi (*Orthoptera*) siedlisk kserotermieznych Polski I-III. *Ibid.* 16:11-20.

BAZYLUK, W.: 1971. Prostokrzydle (*Orthoptera*) Bieszczadóro wraz z opisem *Isophya posthumoides* n. sp. *Ibid.* 17:127-159.

BECKERT, R.: 1972. Die larvalen Tymponalorgane der Wanderheuschrecke *Locusta migratoria migratorioides* (R. et F.). *Z. angew. Ent.* 70:289-296.

BEIER, M.: 1934. *Orthopteroidea* II (*Phasmodea, Saltatoria*) in SCHULZE: Biologie der Tiere Deutschlands, Teil 26:292-415.

BEIER, M.: 1954. Die jugoslawischen Arten der *Pholidopterini* (*Orthoptera-Tettig.-Decticinae*). *Razprave* 2:197-213.

BEIER, M. Zoologische Studien in West-Griechenland, 3. Teil vergl. EBNER, R.

BEIER, M.: 1955. Die jugoslawischen Arten der *Platycleidini* (*Orth.; Tettig.; Decticinae*). *Razprave* 3:210-252.

BEIER, M.: 1955. *Embioptera* und *Orthoperoidea* in BRONN's Kl. Ord. Tierr. 5, 6. Buch:1-304.

BEIER, M.: 1956. *Dictyoptera* (*Blattoidea* et *Mantoidea*) in TUXEN, S. L.: Taxonomist's Glossary of Genitalia of insects, pp. 31-34. Copenhagen.

BEIER, M.: 1957. *Orthopteroidea Cheleutoptera* in BRONN's Kl. Ord. Tierr. 5/III/6:305-454, Leipzig.

BEIER, M.: 1959. *Orthopteroidea/Dermaptera. Ibid.* 455-585.

BEIER, M.: 1961. *Blattopteroidea/Blattodea. Ibid.* 587-848.

BEIER, M.: 1966. *Orthopterorum Catalogus.* Pars 9:247-342. Den Haag.

BEIER, M.: 1967. Schaben. Die Neue Brehm-Bücherei 379, 38 pp. Wittenberg-Lutherstadt.

BEIER, M.: 1968. *Phasmida* (Stab- oder Gespenstheuschrecken) in *Handb. Zool. Berlin* 4(2) 2/10:1-56.

BEIER, M.: 1968. *Mantodea. Ibid.* 4(2) 2/12:1-47.

BEIER, M.: *Blattariae* (Schaben). *Ibid.* 4(2) 2/13:1-127.

BEKKER-MIGDISOWA, E. A.: 1960. Nowye permskie rawnokrylije ewropejskoj taschasti SSSR (neue Geradflügler aus dem Perm der europ. SSSR; russ.) *Trud. palent. Inst. Ak. Nauk SSSR* 76:1-112.

BENNET-CLARK, H. C.: 1970. The mechanism and efficiency of sound production in Mole Cricket. *J. Exp. Biol.* 52:619-652.

BENNET-CLARK, H. C.: 1970. A new French mole cricket, differing in song and morphology from *Gryllotalpa gryllotalpa* L. *Proc. R. ent. Soc. London (B)* 39:125-132.

BENNET, L. V. & SIMMONS, P. M.: 1972. A review of estimates of numbers in some types of desert locusts (*Schistocerca gregaria*) (FORSTK.) populations. *Bull. ent. Res.* 61:637-649.

BÉRENGIER, P.: Prodrome des Orthoptères du Département du Gard et de l'Ile de la Camargue. *Bull. Soc. d'Étude Sci. Nat. Nîmes* 32:1-13.

BERG, R.: 1970. Beobachtungen zur Heuschreckenfau a (*Saltatoria*) in Süd-Württemberg anläßlich des Internationalen Naturschutztages 1969 des Deutschen Jugendbundes für Naturbeobachtung. *Jahrb. Deutsch. Jugendbund f. Naturbeobachtung*, 7:146-168.

BERNAYS, E. A. & CHAPMAN, R. F.: 1970. Food Selection by *Chorthippus parallelus* (ZETT.), (Orth.; Acrid.) in the Field. *J. Anim. Ecol.* 39:383-394.

BERNAYS, E.: 1970. Water Uptake and Exchange in the Eggs of *Schistocerca gregaria* at a Late Stage in Development. *J. Ins. Physiol.* 16:825-832.

BERNAYS, E. et CHAPMAN, R. F. 1970. Experiments to determine the basis of Food Selection by *Chorthippus parallelus* (ZETT.) (Orth.; Acrididae) in the Field. *J. Anim. Ecol.* 39: 761-776.

BERNAYS, E.: 1971. The vermiform larve of *Schistocerca gregaria* (FORSK.); Form and Activity (Ins.; Orthoptera). *Z. Morph. Tiere* 70:183-200.

BERNAYS, E.: 1972. The intermediate moult (1st Ecdysis) of *Schistocerca gregaria* (FORST.) (Ins.; Orthoptera). *Ibid.* 71:160-179.

BERNAYS, E.: 1972. Hatching in *Schistocera gregaria* (FORSTK.) (Orth.; Acrididae). *Acrida* 1: 41-60.

BERNAYS, E.: 1972. The muscles of newly hatched *Schistocerca* larvae and their possible function in hatching, digging and ecdysial movements (Ins.: Acrididae). *J. Zool. London* 166:141-158.

BERNAYS, E.: 1972. Some factors affecting size in first-instarlarvae of *Schistocerca gregaria* (FORSTK.). *Acrida* 1:189-195.

BERNAYS, E. A. & CHAPMAN, R. F.: 1972. Meal size in Nymphs of *Locusta migratoria, Ent. exp. appl.* 15:399-410.

BERNAYS, E. A. & BLANEYLAND, W. M. & CHAPMAN, R. F.: 1972. Changes in chemoreceptor sensilla on the Maxillary palps of *Locusta migratoria* in Relation to feeding. *J. Exp. Biol.* 57:745-753.

BERNAYS, E. A. & CHAPMAN, R. F. The control of changes in peripheral sensillae associated with feeding in *Locusta migratoria* (L.). *Ibid.* 57:755-763.

BERNAYS, E. A.: 1972. Changes in the first-instar cuticle of *Schistocerca gregaria* before and associated with hatching. *J. Ins. Physiol.* 18:897-912.

BERNAYS, E. A. & MORDUE, A. J.: 1973. Changes in the palp tip sensilla of *Locusta migratoria* on relation to feeding: The effects of different levels of hormone. *Comp. Biochem. Physiol.* 45 A:451-454.

BERNAYS, E. A. & CHAPMAN, R. F.: 1973. The regulation of feeding in *Locusta migratoria*: Internal inhibitory mechanisms. *Ent. exp. et appl.* 16:329-342.

BERNAYS, E. A. & CHAPMAN, R. F., HORSEY, J. & LEATHER, E. M.: 1974. The inhibitory effect of seedling grasses on feeding and survival of Acridids (*Orthoptera*). *Bull. ent. Res.* 64:413-420.

BERNAYS, E. A. & CHAPMAN, R. F.: 1974. The effect of haemolymph osmotic pressure on the meal size of nymphs of *Locusta migratoria* L. *J. Exp. Biol.* 61:473-480.

BERNAYS, E. A. & CHAPMAN, R. F.: 1974. The regulation of food intake by Acridids. In: Experimental Analysis of Insect Behaviour, 48-59 pp. Berlin-Heidelberg-New York.

BERNAYS, E. A. & CHAPMAN, R. F.: 1974. Changes in haemolymph osmotic pressure in *Locusta migratoria* larvae in relation to feeding. *J. Ent.* (A) 48:149-155.

BERNAYS, E. A. & CHAPMAN, R. F.: 1975. Importance of chemical inhibition of feeding in host-plant selection by *Chorthippus parallelus* (ZETT.). *Acrida* 4:83-93.

BETTS, E.: 1961. Outbreaks of the African Migratory Locust (*Locusta migratoria migratorioides* R. et F.) since 1871. *Anti-Locus-Memoir* 6:1-25.

BEY-BIENKO, G. JA.: 1930. Monographie der Gattung *Bryodema* FIEB. und ihrer näheren Verwandten (russ.). *Esch. zool. Mus. AN SSSR* 30:71-127.

BEY-BIENKO, G. JA.: 1932. The group Chrysochraontes. *Eos* 8:43-92.

BEY-BIENKO, G. JA.: 1936. *Dermaptera* (Nasekomye Koschistokrylyi (russ. mit engl. Zusammenfassung). *Fauna SSSR N. Ser.* 5:1-239.

BEY-BIENKO, G. JA.: 1950. Heuschrecken aus der Gattung Pustiniz (*Sphigonotus* FIEB.) und ihre näheren Verwandschaft (Orth.; Acrididae). (russ.). *Ent. Obosr.* 31:198-205.

BEY-BIENKO, G. JA.: 1950. Tarakanowyie – Schaben. (Russ.). *Fauna SSSR, N. Ser.* 40:1-342.

BEY-BIENKO, G. JA. & MISHTSHENKO, L. L.: 1951. Die Heuschrecken der SSSR und angrenzender Länder. Teil 1:1-378, Teil 2:381-667 (russ.). Moskau-Leningrad 1951.

BEY-BIENKO, G. JA.: 1953. Geradflügler (*Orthoptera*) und Ohrwümer (*Dermaptera*) in den Waldgebieten der SSSR. *Schiwotnyj Mir* 4:527-551 (russ.).

BEY-BIENKO, G. JA.: 1954. Geradflügler, Unterfam. *Phaneropterinae, Fauna SSSR, N. Ser.* 59:1-385.

BEY-BIENKO, G. JA. & PESCHEV, G. P.: 1960. Eine Studie der Orthopterenfauna von Bulgarien (bulg. mit engl. Zusammenfassung). *Iswj. Zool. Inst. Bulg.* 9:1-51.

BEY-BIENKO, G. JA.: 1960. New Iranian Acridoidea. *Stuttgarter Beitr. Naturk.* Nr. 36:1-7.

BEY-BIENKO, G. JA.: 1960. *Acridoidea* aus dem Iran. *Ibid.* 37:1-19.

BEY-BIENKO, G. JA.: 1964. Über orthopteroide Insekten, die mit tropischen Waren in die USSR eingeschleppt wurden (russ.; engl. Zusammenfassung). *Ent. Obosr.* 43:131-137.

BEY-BIENKO, G. JA.: 1964. Bestimmungsbuch der Insekten des europäischen Teils der SSSR (russ.). I (7. *Blattoptera* 162-169, 9. *Isoptera*-Termiten 174-176, 11. *Embioptera* 201-202, 12. *Phasmoptera* 203-204, 13. *Orthoptera* 205-284, *Dermaptera* 285-290. Moskau-Leningrad.

BEY-BIENKO, G. JA.: 1966. Die Hauptzentren und Hauptfortschritte der entomologischen Forschung in der SSSR. (Russ.). *Ent. Obosr.* 55:465-474.

BEY-BIENKO, G. JA.: 1966. Standortwechsel (Biocönosewechsel) von terrestrischen Organismen als ein biologisches Prinzig (russ.). *J. Obschtsch. Biol.* 27:1-21.

BEY-BIENKO, G. JA.: 1969. Über Höhlengrillen aus der Familie *Dolichopoda* im Kaukasus. Actes IVe CIS, 4-5:19-25 (mit engl. Zus.).

BEY-BIENKO, G. JA.: 1969. *Ectobius duskei* ADELUNG as a characteristic inhabitant of steppes in the SSSR. *Mem. Soc. ent. Ital.* 48:123-128.

BEY-BIENKO, G. JA.: 1970. Orthopteroide Insekten des Naturschutzgebietes bei Kursk als Zeiger der lokalen Landschaft. *J. Obschz. Biol.* 31:30-46 (russ.).

BEY-BIENKO, G. JA.: 1970. International study conference on the current and future problems of Acridology (russ.). *Ent. Obosr.* 49:928-934.

BEY-BIENKO, G. JA.: 1972. *Blattoptera*, p. 13-15, *Isoptera*, pp. 15-16, *Dermaptera*, 115-116 pp. in "Insekten und Milben, Schädlinge landwirtschaftlicher Kulturen", Band I, Insekten mit unvollkommener Verwandlung (russ.). Leningrad.

BEY-BIENKO, G. JA.: 1976. Dermaptera. In Landwirtschaftliches Bestimmungsbuch für Schädlinge an Kulturpflanzen,Leningrad, p. 479-481 (russ.).

BEY-BIENKOVA IRINA & SCHTAKELBERG, A. A.: Pamjati Grigorija Jakowlewitscha BEY-BIENKO (1903-1971). Schriftenverzeichnis 1924-1971 (russ.). *Ent. Obosr. SSSR* 51:1-16.

BHATA, D. R.: 1959. Occurence of seven eye-striped individuals among phase gregaria adults of the Desert Locust (*Schistocerca gregaria* FORSK). *Indian J. Ent.* 21:284-285.

BHATA, D. R.: 1960. Observation on the night flying of scattered *Locust. Ibid.* 22:232-233.

BIANKI, A. P.: 1966. Citologia. Note sulla cariolgia Efippigeridi (Ins.; Orthopt.). Ac. Naz. Lincei, Rend. Class. Sci. fis.-mat. e naturali, Ser. 8, 41:553-557.

BIANCHI BULLINI, A. P.: 1969. Citogenetica. Nuovi dati sul corredo cromosemico degli Efippigeridi italiane (*Orth.-Tettig.*). *Ibid.* 46:213-216.

BIANCHI BULLINI, A. P. & BULLINI, L.: 1974. Il corredo cromosomico de *Uromenus riggioi*, *Ibid.* 50:132-134.

BLACKITH, R. E. & GOTO, H. E.: 1974. Antennal structures of Morabine grasshoppers. *Acrida* 3:7-17.

BLANEY, W. M. & CHAPMAN, R. F.: 1969. The anatomy and histology of the maxillar palp of *Schistocerca gregaria* (Orth.-Acrid.). *J. Zool. Proc. Soc. London* 157:509-535.

BLANEY, W. M. & CHAPMAN, R. F.: 1969. The fine structure of the terminal sensilla of the maxillar palps of *Schisterca gregario* (FORST.). *Z. Zellforsch.* 99:74-97.

BLANEY, W. M. & CHAPMAN, R. F.: 1970. The function of the maxillary palps of *Acrididae* (*Orthopt.*). *Ent. exp. and appl.* 13:363-376.

BLANEY, W. M., CHAPMAN, R. F. & COOK, A. G.: 1971. The structure of the terminal sensilla of the maxillar palps of *Locusta migratoria* (L.) and changes associated with Moulting. *Ibid.* 121:48-68.

BLANEY, W. M., CHAPMAN, R. F. & WILSON, A.: 1973. The pattern of feeding of *Locusta migratoria* (L.). *Acrida* 2:119-137.

BLONDHEIM, S. A. & SHULOW, S. A.: 1972. Acoustic communication and differences in the biology of two sibling species of grasshoppers, *Acrotylus insubricus* and *A. patruelis*. *Ann. Ent. Soc. America* 65:17-24.

BÖHMERLE, D.: 1966. Beobachtungen und Untersuchungen zur Biologie der Maulwurfsgrille (*Gryllotalpa gryllotalpa* L.). Zulassungsarbeit z. 1. Dienstprüfung für das Lehramt an Volksschulen (Manuskript).

BOLDYREV, W.: 1914. Das Liebeswerben und die Spermatophore bei einigen Locusto-

deen und Gryllodeen. *Hor. Soc. Ent. Ross.* 40:1-54 (russ.; deutsch. Zusammenfassung).
BOLDYREV, W.: 1915. Contributions à l'étude de la structure des spermatophores et des particularités de la copulation chez *Locustodea* et *Gryllodea*. *Ibid.* 41:1-245.
BOLDYREV, W.: 1927. Copulation and spermatophore of *Gryllomorpha dalmatina* (OCSK.). *Eos* 3:277-288.
BOLDYREV, W.: 1928. *Bradyporus multituberculatus* synonomy. *Ibid.* 4:13-16.
BOLDYREV, W.: 1928. Einige Episoden aus dem Geschlechtsleben von *Discoptila fragosoi* BOL. (russ. mit deutsch. Zusammenf.). *Rev. Russ. Ent.* 12:137-147.
BOLIVAR, I.: 1876. Sinopsis de los Ortopteros de España y Portugal. 334 pp. Madrid.
BOLIVAR, I.: 1887. Essai sur les Acridiens de la tribe de *Tettigidae*. *Ann. Soc. Ent. Belg.* 31:175-313.
BOLIVAR, I.: 1894. Ad cognitionem Orthopterorum Europae et confinium. (2. sobre el género *Gryllodes* SAUSS.). *Act. Soc. esp. Hist. nat. 2. Ser.* 3:1-77.
BOLIVAR, I.: 1897, 1898. Catalogo sinoptico de los Orthopteros de la Fauna Iberica. Ann. Sci. nat. Porto, vol. 4, 5.
BOLIVAR, I.: 1901. Nueva especies del género *Ephippigera*. *Bol. Soc. Esp. Hist. nat.* 1:335-336.
BOLIVAR, I.: 1902. Ortópteros nuevos de España. *Bol. Soc. esp. Hist. nat.* 1902: 86-87.
BOLIVAR, I.: 1907. Revision der *Ephippigerinae* (span.). *Ann. Sci. Nat. N.S. Zool.* 5:38-59.
BOLIVAR, I.: 1907. Los "*Pamphagus*" de Marruecos. *Bol. Soc. esp. Hist. nat.* 1907:325-337.
BOLIVAR, I.: 1908. Algunos ortópteros nuevos de España, Marruecos y Canarias. *Bol. Real. Soc. esp. Hist. nat.* 8:317-334.
BOLIVAR, I.: 1912. Estudios Entomológicos (I. Los panfaginos palaeárcticos, II. El género *Sciobia* BURM. *Platyblemmus* SERV.), III. El género *Hieroglyphus* KRAUSS y otros próximos. *Trab. Mus. Cienc. Nat. Madrid*, 6: 1-62.
BOLIVAR, I.: 1925. I. La Hololampras de España. *Ibid.* 50:450-455.
BOLIVAR, I.: 1925. II. Observationes sobre el *Prionotrops flexuosa* SERV. *Ibid.* 455-459.
BOLIVAR, I.: 1926. Orthoptera palaearctica critica III. Subfam. *Pycnogastrinae*. *Eos* 2:423-463.
BOLIVAR, I.: 1926. Datos conplementarios sobre los Ortópteros de la Peninsula Ibérica. *Bol. R. Soc. Esp. Hist. Nat.* 26:98-102.
BOLIVAR, I.: 1927. Desgl.; *ibid.* 27:96-109.
BOLIVAR, I.: 1927. Los Gryllidos de la Peninsula Ibérica. *Bol. Soc. esp. Hist. nat.* 27:96-110.
BORCK, J. B. V.: 1848. Skandinaviens Rätvingade Insektens. Natural-Historia. Lund.
BORNHALM, D.: 1963. Ein Beitrag zur Biologie von *Chrysochraon dispar* GERM. *Beitr. Naturk. Niedersachs.* 16:36-38.
BORNHALM, D.: 1964. Beobachtungen an Heuschrecken und Grillen in der Umgebung von Celle. *Ibid.* 17:87-89.
BORNHALM, D.: 1970. Desgl. II. *Ent. Mitt. Zool. Mus. Hamburg* 4:121-124.
BORNHALM, D.: 1972. Zum Wiederauffinden von *Sphingonotus caerulans* (L.) 1971 in der Lüneburger Heide. *Ibid.* 4:233-238.
BORNHALM, D.: 1975. Beobachtungen an *Tettigonia viridissima* (L.), insbesondere Revier- und Paarungsverhalten. *Sb. Ges. Naturforsch. Freund Berlin* (N.F.) 15:64-69.
BOTHA, D. H. & JANSEN, A.: 1969. Night flying by Brown Locus, *Locustana pardalina* (WALK.). *Phytophylactica* 1:79-92.
BOWEN, M.: 1950. *Mogoplistes squamiger* FISCH. (Orth.-Gryll.) in Dorset. Ent. Month. Mag. 86:81.
BOCCO, B.: 1948. Sinonimia del *Decticus aeolicus* GUARINO 1935 con *Decticus albifrons* (F. 1775). *Mem. Soc. Ent. Ital.* 27:45-49.
BRINDLE, A.: 1966. Notes on *Dermaptera* in the Hamburg Museum. *Ent. Mitt. Zool. Mus. Hamburg* 3:127-141.

BRINDLEY, H. H.: 1918. Notes on certain parasites, food, and capture by birds of the common earwig (*Forficula auricularia*). *Proc. Cambridge philos. Soc.* 19:165-177.

BRINDLEY, H. H.: 1918. Branched Forceps in Earwigs. *Ent. Month. Mag.* 4: 59-60.

BRINDLEY, H. H.: 1920. Further notes on the food plants of the common earwig (*Forficula auricularia*). *Proc. Cambridge Philos. Soc.* 20:49-55.

BRING, P. & WINGSTRAND, K. G. vergl. ANDER, K.

BROUGHTON, W. B.: 1955. Notes sur quelques caractères acoustiques de *Platycleis affinis* FIEBER (Tettigoniidae). Coll. Acoust. Orthop. Fasc. Hors. Ser. Ann. Epiphyties, 203-247 pp.

BROUGHTON, W. B.: 1972. The Grasshopper and the Taxonomer. Use of song and structure in Orthoptera Saltatoria for teaching the principles of taxonomy. Part I. Field and Laboratory Exercises. *J. Biol. Educ.* 6: 267-279.

BROUGHTON, W. B.: 1972. The Grasshopper and the Taxonomer. Part II. Acoustic aspect and the interpretation of results. 1. Demonstration on song behaviour in relation to toxonomy. *Ibid.* 6:333-340.

BROUGHTON, W. B.: 1972. The Grasshopper and the Taxonomer. III. Keys to the species. *Ibid.* 6:385-395.

BROUGHTON, W. B. & SAMWAYS, M. S. & LEWIS, D. B.: 1975. Low-frequency sounds in nonresonant songs of some bush crickets. Ent. exp. et appl. 18:44-54.

BROUGHTON, W. B.: vergl. BAILEY.

BRUNNER VON WATTENWYL, C.: 1882. Prodromus der europäischen Orthopteren. 466 pp. Leipzig.

BRUNNER VON WATTENWYL, C. & REDTENBACHER, J.: 1908. Die Insektenfamilie der Phasmiden. Leipzig.

BÜCHNER, H. (und Mitarbeiter): 1918. Die Heuschreckenplage und ihre Bekämpfung. Beiheft Z. angew. Ent. 1 zu Band 5, XIII + 274 pp. Berlin.

BUGDANOW, G. B.: 1958. Russische Bibliographie über Heuschrecken 1825-1957 (russ.). Sew. Ocetinskij Selsk. Ordshonikikidze, 67 pp, 1476 Zitate.

BULLEN, F. T.: 1966. Locusts and grasshoppers as pests of crops and pasture – a preliminary economic approach, *J. appl. Ecol.* 3:147-168.

BULLINI, L. & BIANCHI BULLINI, A. P.: 1968. Osservazioni sulla citosistematica degli Efippigeridi (Orthopt.; Tettigoniida). Boll. Zool. (Atti 37 Convegno U.Z.J.) vol. 35.

BURESCH, I. & PESCHEV, G.: 1957. Artbestand und Verbreitung der Geradflügler (Orthoptera) in Bulgarien. 2. Teil: *Blattodea, Mantodea, Gryllodea. Isv. Zool. Inst. Bulg. Ac. Sci.* 6:305-356 (bulgar.; deutsche Zus.).

BURESCH, I. & PESCHEV, G.: Desgl. 3. Teil: *Tettigoniidea. Ibid.* 7:1-190 (bulgar.).

BURMEISTER, H.: 1839. Handbuch der Entomologie II. Berlin.

BURR, M.: 1904. XIII. Observations on the *Dermaptera*, including revisions of several genera, and descriptions of new genera and species. *Trans. Ent. Soc. Lond.* 1904: 277-322.

BURR, M.: 1910. A synopsis of the Orthoptera of Western Europe. 160 pp. London.

BURR, M.: 1923. A contribution to our knowledge of the Orthoptera of Macedonia. *Trans. Ent. Soc. Lond.* 1923:110-169.

BURR, M.: 1947. Two new species of Dermaptera from Turkey. *Ent. Soc. London (B)* 16:60-65.

BURR, M.: 1952. On the distribution of Turkish Dermaptera. Rev. *Fac. Sci. Univ. Istanbul, Sér. B*, 17:130-134.

BURTON, J. F.: 1959. Notes on *Orthoptera* for 1958 from Breconshire, Kent, and Oxfordshire. *Ent. Rec.* 71:76-77.

BURTON, J. F.: 1960: Notes on *Orthoptera* in S.E. England in 1959. *Ibid.* 72: 68-71.

BURTON, J. F.: 1961. Notes on *Orthoptera* in southern England in 1960. *Ibid.* 73:64-66.

BURTON, J. F.: 1961. Notizen über Orthopteren des Neckartals. *Ent. Z.* 71:55-58.

BURTON, J. F.: 1963. *Orthoptera* Notes, 1961-1962 with some casual observations on *Lepidoptera*. *Ent. Res.* 75:142-147.
BURTON, J. F.: 1964. *Orthoptera* notes from S.W. Britain. 1963. *Ibid.* 76:136-139.
BURTON, J. F.: 1964. Notes on *Orthoptera* of the Isle of Man with special reference to *Stenobothrus stigmaticus* (RAMB.). *Ent. Month. Mag.* 100:193-197.
BURTON, J. F.: 1965. Notes on British Orthoptera in 1964, with some New Vice-county records, *Ent, Rec.* 77:71-78.
BURTON, J. F.: 1971. Some records of grasshoppers (*Adrididae*) in S.W. Ireland. *Ent. Rec.* 1971:392-393.
BURTON, J.: 1971. Some notes on welsh orthoptera with some first county records. *Nature in Wales* 12: 267-269.
BURTT, E. T. & CATTONS, W. T.: 1961. Diffraction images in the compound eye. *J. Physiol.* 159:52.
BURTT, E. T. & CATTONS, W. T.: 1961. Visual acuity in insects. *Ibid.* 159:64-66.
ZUSNEL, M. C.: 1963. Caractérisation acoustique de population d'*Ephippiger* écologiquement voisines. *Ann. Epiphyt,* 14:25-34.

CAMHI, J. M. & HINKLE, M.: 1974. Response modification by the central flight oscillator of Locusta. *J. Exp. Biol.* 60:477-492.
CAMPION, D. G.: 1972. Insect chemosterilants: a review. *Bull. ent. Res.* 61:577-635.
CAN, E.: 1959. Zur Kenntnis von *Isophya amplipennis* BR., *paveli* BR. und *tenuicerca* als Schädlinge von Eichen-Niederwäldern in SO-Europa. Teile 1 + 2. *Z. angew. Ent.* 43: 387-411, 44:227-261.
CAPLAN, E.: 1966. Differential feeding and niche relationships among Orthoptera. *Ecology* 47:1074-1076.
CAPPE DE BAILLON, P.: 1920. Contribution anatomique et physiologique à l'étude de la reproduction chez les Locustiens. *Cellule* 31:1-245.
CAPPE DE BAILLON, P.: 1921. Desgl. II. La ponte et l'éclosion chez les Gryloniens; Conclusions générales. *Ibid.* 32:1-193.
CAPPE DE BAILLON, P. & VICHET, G. de: La parthénogenèse des espèces du genre *Leptynia*, vergl. VICHET, G. de.
CAPRA, F.: 1925/26. Una nuova species di *Triglophilus* d'Italia (*Orth., Phasgonuridae*). Ann. Mus. Civ. St. Nat. Genova 52:310-313.
CAPRA, F.: 1927. Una nuova specie di *Troglophilus* d'Italia. *Ibid.* 52:310-313.
CAPRA, F.: 1928. Ortotteri e Dermatteri (Expl. Oasi di Giarabub). *Ibid.* 53:122-159.
CAPRA, F.: 1930. Sull'*Abrodiaeta modesta* BR. *Ibid.* 55:5-9.
CAPRA, F.: 1934. Una nuova *Dolichopoda* d'Italia. *Boll. Soc. Ent. Ital.* 66:40-43.
CAPRA, F.: Specie nuove o poco note di *Tettigonia* e *Decticus* d'Italia. *Ibid.* 68:162-171.
CAPRA, F.: 1936. Un nuovo *Grillomorphilo d'Italia. Ann. Mus. Civ. Stor. Nat. Genova* 69: 289-296.
CAPRA, F.: 1937. Due nuovi ortotteri d'Italia, raccolti dal Dr. A. ANDREINI. *Boll. Soc. Ent. Italia* 69:102-107.
CAPRA, F.: 1938. Sulla sinonimia di *Epibacillus chopardi* CAPRA e del Gen. *Epibacillus* REDT. *Mem. Soc. Ent. Ital.* 17:128.
CAPRA, F.: 1938. Note su alcuni Panfagini Italiani. *Ibid.* 87-91.
CAPRA, F.: 1938. Una nuova *Arcyptera* delle alpi occidentali e sulla *Ramburiella turcomana* (F.W.). *Ann. Mus. Civ. Stor. Nat. Genova* 60:104-110.
CAPRA, F.: 1940. Un nuovo Grillomorfino d'Italia. 6. Congr. Intern. Entom. 1935:45-48, Madrid.
CAPRA, F.: 1946. Su *Andreiniimon* CAPRA e *Leptophyes nuptialis* KARNY. *Boll. Soc. Ent. Ital.* 76: 12-13.
CAPRA, F.: 1946. Sulla posizione sistematica di *Anisolabis mauritanica* (LUCAS). *Ibid.* 13-15 pp.

CAPRA, F.: 1946. Sulla terra tipica di alcuni orttoteroidei Italiani. *Ibid.* 29-32 pp.
CAPRA, F.: 1946. Su alcuni Acridoidei di Romagna. *Ibid.* 74-76.
CAPRA, F.: 1946. Due Ortotteroidei interessanti per l'Italia. *Ibid.* p. 32.
CAPRA, F.: 1948. Ortotteri del Matese (1). *Boll. Assoc. Romana Ent.* 3:1-2.
CAPRA, F.: 1948. Sul *Reticulitermes lucifugus* (ROSSI) in Italia. *Mem. Soc. Ent. Ital.* 30:2777-2779.
CAPRA, F.: 1951. *Troglophilus cavicola* KOLLAR in Lombardia. *Ibid.* 30:141-144.
CAPRA, F.: 1957. Una nuova *Dolichopoda* del Mente Argentario. *Boll. Soc. Ent. Ital.* 87:90-92.
CAPRA, F.: 1958. Fauna. *Alpi Apuane* 1958:33-35.
CAPRA, F.: 1959. Un nuovo riperto di *Troglophilus* in Lombardia. *Boll. Soc. Ent. Ital.* 89:45-48.
CAPRA, F.: 1964. Le collezioni entomologiche del Museo Civico di Storia Naturale "G. Doria" di Genova. *Atti. Acc. Naz. Ital. Ent. Rend.* 11:35-57.
CAPRA, F.: 1967. Una nuova forma di *Dolichopoda* dell'Arcipelago Pontino. *Fragm. Entom.* 4:171-175.
CAPRA, F.: 1968. Una nuova *Dolichopoda* dell'Isola di Capri. *Ibid.* 6:39-44.
CAPRA, F.: 1969. La fauna del Biellese. Biella 1969:362-365.
CAPRA, F.: & CARLI, A. M.: 1969. L'Ortotterofauna del Monte Fasce (Genova). *Arch. Bot. Biogeograf. Ital.* 45(4a Ser. 4):311-369.
CAPRA, F.: 1969. Vergl. BACCETTI, B. 1969 et 1970.
CAPRA, F.: 1972 (publ. 1973). Dermatteri delle isole circumsiciliane (*Dermaptera*). *Lav. Soc. Ital. Biogeograf.; N. Ser.* 3:907-910.
CAPRA, F.: 1974. La Speleologia in Liguria. Atti 11. Congr. Naz. Speleologia Genova 1972, Mem. XI, vol. 1 di Rassegna Speleologica Ital. Como: 17-22. 1974.
CARLI, A. & ZUNINO, B.: 1974. L'Ortotterofauna del Monte Beigua (Savona). *Mem. Soc. Ent. Ital.* 53:5-29.
CARLISLE, D. B.: 1965. Current work in the laboratory of the Anti-Locust Research Centre, London. Congr. Prot. Cult. Trop. 1965:283-285.
CARLISLE, D. B. & ELLIS, P. E.: 1965. Synchronisation of sexual maturation in the Desert Locust swarms. Comp. Rend. 5th Congr. Un. It. Etude Ins. Soc. Tolouse 1965:63-67.
CARLISLE, D. B., ELLIS, P. E. & BETTS, E.: The influence of aromatic shrubs on sexual maturation in the Desert Locus *Schistocerca gregaria. J. Ins. Physiol.* 11:1541-1558.
CARLISLE, D. B. & ELLIS, P. E.: 1965. Desert Locusts: Sexual Maturation delayed by feeding on senescent vegetation. *Science* 149:546-547.
CARPENTER, F.: 1942/43. Les *Acrydium* (*Orthoptera*) de Belgique. Bull. Mus. R. Hist. nat. Bruxelles.
CARPENTER, F.: 1951. Sauterelles de Belgique. *Bull. et Ann. Soc. ent. Belg.* 87:100-105.
CARPENTER, G. D: 1946. The relative edibility and behaviour of some aposematic grasshoppers. *Ent. Month. Mag.* 82:5-10.
CASTELLANI, O.: 1941. Contributo alla conoscenza della fauna entomologica del Lazio (Orth. et Derm.). *Mem. Soc. ent. Ital. Genova* 20:109-117.
CAUDELL, A. N.: 1913. Notes on nearctic orthopterous insects. I. Nonsaltatorial forms. Proc. U.S. Nat. Mus. 44:595-614.
CAUDELL, A. N.: 1928. Separation of *Stenopelmatidae* and *Raphidophorinae. Proc. Ent. Soc. Wash.* 30:104.
CAUDELL, A. N.: 1916. *Saginae.* In: P. WYTSMAN, Genera Insectorum, 167:1-10.
CAZURRO Y RUIZ, M.: 1888. Enimeracion de los Ortópteros de España y Portugal. An. Soc. Esp. Hist. Nat. Madrid, 17:435-513 (span.).
CHABOUSSOU, F., REMAUDIER, G., ROEHRICH, R. & VERDIER, M.: 1947. Évolution de l'invasion du criquet migrateur (*Locusta migratoria* L.) dans les Landes de Gascogne en 1946. Ac. Agric. France, proc. verb. 1947:1-5.
CHAPMAN, E. (vergl. auch bei BERNAYS, E.) Morocan Locusts in Cyprus (vergl. bei UVAROV, B. P.).

CHAPMAN, R. F.: 1955. A laboratory study of roosting behaviour in hoppers of the African migratory locus (*Locusta migratoria migratorioides* R. et F.). *Anti-Locust Bull* 19:1-40.
CHAPMAN, R. F.: 1964. The structure and wear of the mandibles in some African grasshoppers. *Proc. zool. soc. London* 142:107-121.
CHAPMAN, R. F.: 1968. The external morphogenesis of grasshopper embryos. *Proc. R. ent. Soc. London* (A) 43:161-169.
CHAPMAN, R. F.: 1970. Growth of the embryo of *Ornithacris turbida* (WALK.) with special reference to antennae. *Ibid.* 45:29-38. (vergl. auch bei BERNAYS and BLANEY).
CHAPMAN, R. F.: 1970. The movements of Acridoid population (Session: Population studies I). Proc. Int. Stud. Conf. current and future problems of Acridology. London 1970:239-252.
CHAPMAN, R. F.: 1971. How insects taste and smell. Centr. Assoc. of Bee-Keepers. 1971:1-12.
CHAPMAN, R. F.: 1974. The control of feeding in Acridids. *Acrida* 3:XXXIX-XLVIII.
CHARPENTIER, T. DE: 1825. Horae Entomologicae, Wratislaviae, 255 pp.
CHLADEK, F.: 1965. Zur Verbreitung der Art *Hololampta punctata* (CHARP.) 1825 in der Tschechoslovakei. Zool. list. (Folia zool.) 14:372 (tschech. m. deutsch. Zus.).
CHLADEK, F.: 1966. Funde seltener makropteren Formen von Laub- und Feldheuschrecken (*Saltatoria*) in der Tschechoslovakei. Sprav. československ. spol. ent. 2:50-52 (tschech. m. deutsch. Zus.).
CHLADEK, F.: 1968. Beitrag zur Verbreitung der Geradflügler (*Saltatoria*) in der Tschechoslovakei. *Ibid.* 4:47-48. (tschech. m. deutsch. Zus.).
CHLADEK, F.: 1971. Beitrag zur Kenntnis der Geradflügler und Schaben der Umgebung von Třebič. *Acta Soc. Sci. Nat. Mus. Morav. Occid. Třebič* 8:33-36 (tschech. m. deutsch. Z.).
CHLADEK, F.: 1973. Weitere Funde macropterer Geradflüglerformen in der CSSR (Orth.-Salt.). *Zpráv. Českosl. spol. ent. CSAV. Praha* 9:81-84 (tschech. m. deutsch. Zus.).
CHOPARD, L.: 1916. *Dolichopoda*-Synopsis. *Bull. Soc. Ent. France* 1916:175-177.
CHOPARD, L.: 1917. *Dolichopoda palpata* synonymie. *Ibid.* 1917:154.
CHOPARD, L.: 1921. Description d'une espèce nouvelle du genre *Troglophilus* (Orth.; *Phasgonuridae*). *Ibid.* 1921:147-151).
CHOPARD, L.: 1922. Orthoptères et Dermaptères. In: Faune de France. 3. Paris, 212 pp.
CHOPARD, L.: 1923. Note sur quelques formes du genre *Myrmecophila* et diagnose d'une sous espèce nouvelle de France. *Bull. Soc. ent. France* 92:29-30.
CHOPARD, L.: 1923. Essai sur la faune des Orthoptères de la Corse. *Ann. Soc. ent. France* 92:268-275.
CHOPARD, L.: 1927. Descriptions de Gryllides nouveaux. *Ibid.* 96:147-174.
CHOPARD, L.: 1929. Orthoptera Palaearctica critica, VII: Les Polyphagiens de la faune palearctique (*Orth. Blatt.*). Eos 5:113-358.
CHOPARD, L.: 1932. Orthoptères des Acores. Ann. Soc. ent. France 101:55-68.
CHOPARD, L.: 1932. Les Orthoptères cavernicoles de la faune palearctique. *Arch. zool. expèr. gen. Paris* 74 (Biospeleogica nr. 57):263-286.
CHOPARD, L.: 1934. Diagnoses d'Orthoptêres cavernicoles nouveaux. *Bull. Soc. ent. France* 39:137-139.
CHOPARD, L.: 1938. La Biologie des Orthoptères. Paris, 541 pp.
CHOPARD, L.: 1940. Orthoptères cavernicoles recueillis par M. P. REMY en Yougoslavie et Macedonie. Comparision entre la distribution des Orthoptères et les Coleoptères cavernicoles d'Europe. VI. Int. Congr. Ent. Madrid 1935:509-514.
CHOPARD, L.: 1943. Orthopteroides de l'Afrique du Nord (I. Faune de l'Empire Français), 450 pp. Paris.
CHOPARD, L.: 1950. Traité de Zoologie: Ordje des Dictyoptères 8:355-407, Ordre des Chéleutoptères, *ibid.* 594-616, ordre des Orthoptères ibid. 617-722, *ibid.*, ordre des Dermaptères, *ibid.* 723-770.

CHOPARD, L.: 1950. Note sur les Dolichopodes de Corse (Orth. Raphidophoridae) *Bull. Soc. Ent. France* 55:12-15.

CHOPARD, L.: 1951. Orthoptéroides. In Faune de France. Paris, 56, 359 pp.

CHOPARD, L.: 1954. Contribution a l'étude des Orthoptêroides cavernicoles. *Notes Biospel. 9:27-36.*

CHOPARD, L.: 1955. Les Dolichopodes de Grèce. *Notes Biospéleologiques* 10:31-34.

CHOPARD, L.: 1957. Notes sur les Orthoptères cavernicoles de Crète. *Bull. Soc. Ent. France* 62:26-28.

CHOPARD, L.: 1961. Les divisions du genre *Gryllus* basées sur l'étude de l'appareill copulateur. Eos 37:267-287.

CHOPARD, L.: 1964. Descriptions d'Orthoptères cavernicoles de Grèce. *Bull. Soc. Ent. France* 69:17-20.

CHOPARD, L.: 1965. Orthoptères et Aptérygotes de France. Nouvel Atlas d'Entomologie, no. 2. 124 pp. Paris.

CHOPARD, L.: 1965. Résultats de la croisière du 'Vema' en mediterranée orientale. Orthopteres. *Fragm Ent.* 4:73-79.

CHOPARD, L.: 1923. Essai sur la faune des Orthoptères de la Corse. *Ann. Soc. ent. France* 92:268-275.

CHOPARD, L.: 1927. Descriptions de Gryllides nouveaux. *Ibid.* 96:147-174.

CHOPARD, L.: 1929. Orthoptera Palaearctica critica, VII: Les Polyphagiens de la faune palearctique (*Orth. Blatt.*). Eos 5:113-358.

CHOPARD, L.: 1932. Orthoptères des Acores. Ann. Soc. ent. France 101:55-68.

CHOPARD, L.: 1932. Les Orthoptères cavernicoles de la fauné palearctique. *Arch. zool. expèr. gen. Paris* 74 (Biospeleogica nr. 57):263-286.

CHOPARD, L.: 1934. Diagnoses d'Orthoptères cavernicoles nouveaux. *Bull. Soc. ent. France* 39:137-139.

CHOPARD, L.: 1938. La Biologie des Orthoptères. Paris, 541 pp.

CHOPARD, L.: 1940. Orthoptères cavernicoles recueillis par M. P. REMY en Yougoslavie et Macedonie. Comparison entre la distribution des Orthoptères et les Coleoptères cavernicoles d'Europe. VI. Int. Congr. Ent. Madrid 1935:509-514.

CHOPARD, L.: 1943. Orthopteroides de l'Afrique du Nord (I. Faune de l'Empire Français), 450 pp. Paris.

CHOPARD, L.: 1950. Traité de Zoologie: Ordre des Dictyoptères 8:355-407, Ordre des Chéleutoptères, *ibid.* 594-616, ordre des Orthoptères, *ibid.* 617-722, *ibid.*, ordre des Dermaptères, *ibid.* 723-770.

CHOPARD, L.: 1950. Note sur les Dolichopodes de Corse (Orth.-Raphidophoridae) *Bull. Soc. Ent. France* 55:12-15.

CHOPARD, L.: 1951. Orthoptéroides. In Faune de France. Paris, 56, 359 pp.

CHOPARD, L.: 1954. Contribution a l'étude des Orthoptéroides cavernicoles. *Notes Biospel.* 9:27-36.

CHOPARD, L.: 1955. Les Dolichopodes de Grèce. *Notes Biospéleologiques* 10:31-34.

CHOPARD, L.: 1957. Notes sur les Orthoptères cavernicoles de Crète. *Bull. Soc. Ent. France* 62:26-28.

CHOPARD, L.: 1961. Les divisions du genre *Gryllus* basées sur l'étude de l'appareil copulateur. Eos 37:267-287.

CHOPARD, L.: 1964. Descriptions d'Orthoptères cavernicoles de Grèce. *Bull. Soc. Ent. France* 69:17-20.

CHOPARD, L.: 1965. Orthoptères et Aptérygotes de France. Nouvel Atlas d'Entomologie, no. 2. 124 pp. Paris.

CHOPARD, L.: 1965. Résultats de la croisière du "Vema" en mediterranée orientale. Orthoptères. *Fragm. Ent.* 4:73-79.

CHOPARD, L.: 1965. Missione 1962 del Prof. G. SCORTECCI nell'rabia meridionale. Orthoptera, *Gryllidae. Atti. Soc. Ital. Sci. Nat. Mus. Civ. Stor. Nat. Milano,* 10:20-22.

CLARKE, K. U. & LANGLEY, P.: 1962. Factors concerned in the initiation of growth and moulting in *Locusta migratoria* L. *Nature* 194:160-162.
CLOUDSLEY-THOMPSON, J. L.: 1959. The growth stages of *Arixenia* (*Dermaptera*). *Proc. R. Ent. Soc. London* (A) 34:139-140.
CLOUDSLEY-THOMPSON, J. L.: 1961. Diurnal rhythms of activity in insects and their ecological significance. Entomologist 1961:40-94.
COBELLI, R.: 1886. Gli Ortotteri genuini del Trentino. 10. Publ. Mus. Cic. Rovereto, 99 pp.
COBELLI, R.: 1886. Appendice agei Ortotteri genuini del Trentino. *Ibid.* 26 pp.
COLLINS, P. B.: 1948. Locust control an international problem. *Discovery* 9:5 pp.
COLOMBO, G., FRANCO, P. & MOCCELLIN, E.: 1955. Sulla pigmentazione degli Acridoidei. Ricerche sulla pigmentazione delle larvi di *Anacridium aegyptium* L. *Boll. Zool.* 22:309-321.
COLOMBO, G.: 1956. Ricerche sulla biologia dell'*Anacridium aegyptium* L. (Orth.; Cant.). *Redia* 41:277-313.
COOK, G. A.: 1972. The ultrastructure of the A1 sensilla on the posterior surface of the clypeo-labrum of *Locusta migratoria migratorioides* (R. et F.). *Z. Zellforsch.* 134:539-554.
COOTER, R. J.: 1973. Flight and landing posture in hoppers oft *Schistocerca gregaria* (FORSK.). *Acrida* 2:307-317.
COSENS, D. J.: 1966. Visual sensitivity in the light- and dark-adapted composed eye of the Desert Locust. *J. Ins. Physiol.* 12:871-890.
COSENS, D. J.: 1967. Extracellular potentials in the Locust-eye and optic lobe. *Ibid.* 13: 1373-1386.
COSENS, T. H. & CALLOW, G.: 1973. A Locust flight balance. *Miscell. Rep.* 10:1-8.
COSTA, A.: 1871. Fauna del Regno di Napoli. Orotteri, Locustidei. Napoli, 24 pp.
COSTA, G.: 1970. Prime osservazioni sull'orientamento di *Sphingonotus candidus personatus* JAN. Boll. Ac. Gioenia Sci. Nat. Catania Ser. 4, 10:257-263. *Ibid.* 10:910-913.
COSTA, G.: 1971. Il compartimento in acqua di un Ortottero Acridide *Omocestus panteli* BOL. *Ibid.* 10.
COUSIN, G.: Les éléments du dérerminisme de l'aile, longue chez un *Gryllus campestris* L. de l'Afrique du nord. *C. R. Ac. Sci. Paris* 224:1076-1078.
CSIKI, E.: 1922. Explorationes zoologiae ab E. CSIKI in Albania peractae. VI. Orthopteren. Magyar Tud. Ak. Balkán-kutásainak tud. eredm. Budapest, 1:75-82.
ČEJCHAN, A.: 1955. Beitrag zur Kenntnis der *Acridioidea* und *Tettigonioidea* in Schlesien. *Prir. sbor. Ostrav. kraj.* 16:270-273 (tschech.).
ČEJCHAN, A.: 1955. Die Orthopteren der staatl. Reservation Česky Krumlov. *Cas. Nar. Mus. odd. prir.* 124:142-144 (tschech.).
ČEJCHAN, A.: 1956. Die Orthopteren von Nachod. *Cas. Nar. Mus.* (*prir.*) 11:156-160 (tschech.).
ČEJCHAN, A.: 1957. Beitrag zur Kenntnis der Orthopteren der Slovakei. *Cas. csl. spol. ent.* 54:142-147.
ČEJCHAN, A.: 1957. Über eine neue Art der Gattung *Poecilimon* FISCH. aus Albanien. *Act. faun. ent. Mus. Nat. Pragae* 2:5-8 (tschech.).
ČEJCHAN, A.: 1958. Beitrag zur Kenntnis der Orthopteren der Slovakei. *Cas. Slezsk. mus.* 7:1-7 (tschech.).
ČEJCHAN, A.: 1958. Ein Beitrag zur Kenntnis der Gattung *Miramella* DOVNAR-ZAPOLSKY. *Mitt. Münch. Ent. Ges.* 48:88-92.
ČEJCHAN, A.: 1959. Die Orthopteren des Naturschutzgebietes "Zádiel" und dessen nächste Nachbarschaft (S-Slovakei). *Act. Mus. Siles. Ser. A.* 8:97-114 (tschech.).
ČEJCHAN, A.: 1959. Ein Beitrag zur Verbreitung einiger seltener Orthopteren in Böhmen und in der Slovakei. *Act. Mus. Sci. Nat. Reginhrad.* (A) 2:173-182 (tschech.).
ČEJCHAN, A.: 1960. Die postembryonale Entwicklung von *Metrioptera roeseli* HGB. *Ibid.* 3:45-78 (tschech.).

ČEJCHAN, A.: 1960. *Metrioptera bicolor* (PHIL.) in Böhmen. *Ibid.* 3:231-232 (tschech.).
ČEJCHAN, A.: 1961. Über die Verbreitung von *Acrotylus insubricus* in der Slovakei. *Act. Mus. Siles. Ser. A* 10:68 (tschech.).
ČEJCHAN, A.: 1961. Ein Beitrag zur Kenntnis der *Orthoptera* und *Blattodea* der Berge von Kopanik (Serbien) I. *Acta faun. Ent. Mus. Nat. Pragae* 7:19-29 (engl.).
ČEJCHAN, A.: 1963. A contribution to the knowledge of the *Orthoptera* of Csechoslovakia and Poland. *Ibid.* 9:149-153.
ČEJCHAN, A.: 1963. Ergebnisse der Albanien-Expedition 1961 des Deutschen Entomologischen Instituts. *Beitr. Ent.* 13:761-796.
ČEJCHAN, A.: 1964. Der gegenwärtige Stand der faunistischen Erforschung der orthopteroiden Insekten im nördlichen Teil des ostböhmischen Kreises. Ent. Symp. 150. Jub. Schles. Mus. 1964.
ČEJCHAN, A.: 1965. A preliminary revision of the genus *Glyphotmetis* BEY-BIENKOO (*Orth.; Pamphagidae*). *Act. ent. Mus. Nat. Pragae* 36:451-484.
DADD, R. H.: 1961. Observations on the effect of carotene on the growth and pigmentation of Locusts. *Bull. Ent. Res.* 52:63-81.
DALLA TORRE, K. W. V.: 1920. Die Heuschrecken Invasionen in Tirol und Vorarlberg. *Ent. Jb.* 29:161-169.
DAMBACH, M.: 1970. Ein auf Substratvibration reagierendes Interneuron im Bauchmark der Grille. *Z. vergl. Physiol.* 70:57-61.
DAMBACH, M.: 1971. Beobachtungen und Experimente zur Ethologie der Grillen. In: STOKES, A. W.: Praktikum der Verhaltensforschung, pp. 76-83. Stuttgart.
DAMBACH, M.: Der Vibrationssinn der Grillen. I. Schwellenmessungen an Beinen freibeweglicher Tiere. *J. comp. Physiol.* 79:281-304.
DAMBACH, M.: 1972. Der Vibrationssinn der Grillen. II. Antworten von Neuronen im Bauchmark. *Ibid.* 79:305-324.
DAVIES, D. E.: 1952. Statistical analysis of data on the selection experiments. *Anti-Locust Bull.* 12:1-35.
DAVIES, D. E.: 1969. Locomotory behaviour of Desert Locusts to a light. *Ent. Month. Mag.* 105:180-181.
DE GEER, CH.: 1773. Mémoire pour servir à l'histoire des Insectes. Vol. III Orthoptères. Stockholm.
DELMAS, R. & RAMBIER, A.: 1950. Une espèce nouvelle de *Decticinae* (*Orthopt.*) de France méridionale. *Bull. Soc. Ent. France* 55:7-9.
DELLA BEFFA, G.: 1948. Fase gregaria dell'*Orphania denticauda* CHARP. *Boll. Soc. Ent. Ital.* 78: 68-70.
DEMPSTER, J. P.: 1955. Factors influencing small scale movements of some British grasshoppers. *Proc. R. Ent. Soc.* (A) 30:145-150.
DEMPSTER, J. P.: 1963. The population dynamics of grasshoppers and locusts. *Biol. Rev.* 38:490-529.
DESCAMPS, M. & WINTREBERT, D.: 1961. 1. Quelque remarques et recherches préliminaires à propos des critères de maturité sexuelle et de ponte chez les femelles D'Acridiens migrateurs. 2. Notes sur le comportement dans les conditions naturelles, des larves solitaires de *Locusta migratoria migratorioides* R. et F. *Rev. Pathol. végét. Ent. France* 40: 131-199.
DESCAMPS, M. & WINTREBERT, D.: 1966. Possibilités d'utilisation des facteurs bio-écologiques de limitation des Acridiens migrateurs. *Entomophaga* 2:217-229.
DESCAMPS, M.: 1968. Notes sur le genre *Euchorthippus*. Sa répartition dans le Vaucluse et les Départements adjacents. *Ann. Soc. Ent. France* (*N.S.*) 4:5-25.
DESCAMPS, M.: 1970. Geographical regions and taxonomic groups of *Acridomorpha* on need of study. Proc. Int. Stud. current and future problems of Acridology London 1970, Sess. Taxonomy pp. 1-20.
DESCAMPS, M. & MOUNASSIF, M.: 1972. Le complexe *Orchamus, Paracinipe, Acinipe* et *Pamphagus* (*Acridomorpha, Pamphagidae*). *Acrida* 1:247-303.

DESCAMPS, M.: 1972. Sur quelques captures d'Acridiens du Massif Central. *Entomologiste* 28:125-144.

DIRSH, V. M.: 1928. Orthopterologische Notizen. *Mem. Cl. Sci. Phys. Math. Ac. Sci. Ukraine* 6:467-471.

DIRSH, V. M.: 1931. A new species of the genus *Stenobothrus* FISCH. from Crimea (Orth. Acrid.). *Bol. Soc. Esp. Hist. Nat.* 31:711-716.

DIRSH, V. M.: 1933. On a new subfamily of *Acrididae*. *Ann. Mag. Nat. Hist. Ser. 12,* 6:172.

DIRSH, V. M.: 1949. Two new species of *Pezotettix* BURMEISTER 1840 (Orth.; Acrid.). *Proc. R. Ent. Soc. London* (B) 18:177-178.

DIRSH, V. M.: 1950. Revision of the group Truxales. Eos, tom. extr. 119-248.

DIRSH, V. M.: 1954. Revision of species of the genus *Acrida* LINNE. *Bull. Soc. Fuad Ier Ent.* 38:107-160.

DIRSH, V. M.: 1956. Preliminary revision of the genus *Catantops* SCHAUM and review of the group *Catantopini. Publ. Cult. Comp. Diamant. Angola* 28:1-151. Lisboa.

DIRSH, V. M.: 1956. The phallic complex in *Acridoidea* (Orth.) in relation to taxonomy. *Trans. R. ent. Soc. London* 108:223-356.

DIRSH, V. M.: 1957. The spermatheca as a taxonomic character in *Acridoidea. Proc. R. ent Soc. London* (A) 32:107-114.

DIRSH, V. M.: 1961. A preliminary revision of the families and subfamilies of *Acridoidea. Bull. Brit. Mus. (Nat. Hist.) Ent.* 10:351-419.

DIRSH, V. M.: 1965. Preliminary note for the revision of the genus *Schistocerca* STAL. 1873. *Eos* 41:31-43.

DIRSH, V. M.: 1965. The African Genera of *Acridoidea*. 579 pp. Cambridge.

DIRSH, V. M.: 1968. The post-embryonic ontogeny of *Acridonorpha. Eos* 43:413-514.

DIRSH, V. M.: 1973. Genital organs in *Acridomorphoidea* as taxonomic character. *Z. zool. Syst. et Evolut.* 11:133-154.

DIRSH, V. M.: 1975. Genus *Schistocerca (Acridomorpha, Insecta)*. In: Series Entomologia, vol. 10, 240 pp. The Hague.

DIRSH, V. M.: 1975. Classification of the Acridomorphoid Insects. 171 pp. London.

DOBŠIK, B.: 1948. Addiamentum ad cognitionem orthopterorum ČS.R. *Ent. Listy* 11:40-42.

DOBŠIK, B.: 1951. Addit. ad cognititionem orthopterorum C.S.S.R. II. *Ibid.* 13: 97-99.

DOBŠIK, B.: 1951. Orthoptera and Dermaptera of the hill Kotouč near Stramberg. Prir. sborn. *Ostrav. kraje* 12:102-114.

DÖDERLEIN, L.: 1911 (1912). Über die im Elsaß einheimischen Heuschrecken.*Mitt. Philomath. Ges. Elsaß-Lothr.* 4:587-601.

DÖHRING, E.: 1961. Über Schaben und ihre Bekämpfung mit neuartigen Mitteln. Schädlingsbekämpfer, 6. pp.

DÖHRING, E.: 1969. Über Vorkommen, Bedeutung und Bekämpfung plagenerregender Schaben. *Ibid.* 21:105-111.

DÖHRING, E.: 1970. Erhebung über Schabenbefall. *Ibid.* 22:127-128.

DÖHRING, E.: 1971. Vorläufige Ergebnisse einer Erhebung über Schabenbefall in der Bundesrepublik Deutschland. *Ibid.* 23:91-94.

DÖHRING, E.: 1972. Vorkommen und Verbreitung von Schaben in der Bundesrepublik Deutschland. *Ibid.* 24:29-35.

DÖHRING, E.: 1973. Schlußbericht über die Erhebung zum Vorkommen von Schaben in der Bundesrepublik Deutschland. *Ibid.* 25:47-59

DÖHRING, E.: 1974. Schaben-ein sehr verbreitetes Ungeziefer im Lebensmittelbetrieb. Ungezieferbekämpfung-ein wichtiges Problem der Lebensmittelhygiene. Chem. Rundschau 1974:13-23.

DOHRN, H.: 1863-1867. Versuch einer Monographie der Dermapteren. *Stettiner Ent. Z.* 1863 24:35, 309; 1864 25:285; 1865, 26:28; 1867 28:341.

DONALDSON, J. M. J.: 1970. Differences between top and bottom eggs and between the resulting hopper and adult populations of two strains of *Locusta migratoria migratorioides* (R. et F.). *Phytophybatica* 2:199-202.

DOVNAR-ZAPOLSKIJ, D. P.: 1932. Zur Kenntnis der paläarktischen *Podismini* (vorläufige Mitteilung). *Trud. Zool. Inst. Ak. Nauk SSSR* 1:253-268 (russ.).

DREUX, PH.: 1962. Recherches écologiques et biogéographiques sur les Orthopterès des Alpes françaises, 1. part. Théses Fac. Sci. Univ. Paris, Ser. A no. 3965/4816 p. 319-766.

DREUX, PH.: 1970. Catalogue des Orthoptèroides du Parc National de la Vanoise. Trav. sci. Parc. Nat. Vanoise, 1:75-118.

DREUX, PH.: 1972. Recherches de Terrain en Auto-Ecologie des Orthoptères. *Acrida* 1: 305-330.

DUBRONY, A.: 1878. Essai sur le genre *Chelidura. Ann. Mus. Civ. Nat. Genova* 12:444-449.

DUDLEY, B.: 1964. The effect of temperature and humidity upon certain morphometric and colour characters of the Desert Locust (*Schistocera gregaria* FORSK.) reared under controlled conditions. *Trans. R. ent, Soc. London* 116:115-129.

DUIJM, M.: 1969. Die Verbreitung der Feldgrille (*Gryllus campestris* L.) in der Niederlanden. *Ent. Ber.* 29:27-33.

DUMORTIER, B.: 1963. Etude experimentale de la valeur interspécifique du signal acoustique chez les Ephippigères et rapport avec les problèms d'isolement et de maintien de l'espècs. *Ann. Epiphyt.* 14:5-23.

DUMORTIER, B.: 1964. Ethological and physiological study of sound emissions in *Arthropoda.* Acoustic Behav. Animal, 1964, 584-590.

EBNER, R.: 1910. Ein Beitrag zur Orthopterenfauna der europäischen Türkei mit besonderer Berücksichtigung von Albanien. Zool. *Jahrb. Abt. Syst. Geograph. Biol. Tiere* 29:401-414.

EBNER, R.: 1912. Zur Kenntnis der Orthopterenfauna von Griechenland. *Verh. zool.-bot. Ges. Wien* 62:108-113.

EBNER, R.: 1915. Zur Kenntnis der Orthopterenfauna der Abruzzen. *Deutsch. Ent. Z. Berlin* 1915:545-570.

EBNER, R.: 1925. Quelques notes au sujet de *Supella supellectilium* SERV. *Bull. Soc. R. Ent. Egypt* 1925:198-203.

EBNER, R.: 1931. Einige Orthopteren von Mallorca. *Bol. Soc. Esp. Hist. nat.* 31:497-503.

EBNER, R.: 1946. Einige seltenere paläarktische *Tettigoniidae* und *Gryllidae. Eos* 22:17-30.

EBNER, R.: 1948. Einige bemerkenswerte Orthopterenfunde in der Steiermark. *Ann. naturhist. Mus. Wien* 56:550-557.

EBNER, R.: 1950. Über Macropterie bei *Metrioptera.* Eos-Sonderband 1950, p. 267-274.

EBNER, R.: 1951. Kritisches Verzeichnis der orthopteroiden Insekten von Österreich. *Verh. zool.-bot. Ges. Wien* 93:143-165.

EBNER, R.: 1953. Catalogus faunae Austriae, Teil XIIIa, *Saltatoria, Dermaptera, Blattodea, Mantodea.* 18 pp.

EBNER, R.: 1953. Ein neuer Fall von Veränderungen an einer Heuschrecke durch einen Parasiten. *Eos* 29:119-121.

EBNER, R.: 1954. 3. Teil Orthopteroidea. In: BEIER, M.: Zoologische Studien in West-Griechenland. Sb. Österr. Ak. Wisse. Math. naturw. Kl. Abt. I, 163:549-558.

EBNER, R.: 1955. Die Orthopteroiden (Geradflügler) des Burgenlandes. Burgenl. Heimat-Bl. 17:56-84.

EBNER, R.: 1956. Eine für Italien neue Gryllide. Bol. Soc. Ent. Ital. 86:108-111.

EBNER, R.: 1958. Nachträge und Ergänzungen zur Fauna der *Orthopteroidea* und *Blattodea* von Österreich. *Ent. Nachr. Österr. Schweiz. Ent.* 10:6-12.

EBNER, R.: 1958. Einige Orthopteroiden aus der Umgebung von Napoli und eine seltene Teratologie. *Boll. Soc. Ent. Ital.* 89:110-112.

EBNER, R.: 1958. Sobre la presencia y variabilidad del *Eulithinus analis* (RAMB.). *Graellsia* 17:77-82.

EBNER, R. & BEIER, M.: 1968. Orthopterorum Catalogus (pars 1-2), *Tettigoniidae* (*Epiphiggerinae, Pycnogasterinae, Bradyporinae, Deracanthinae, Hetrodinae, Acridoxeninae*), 101 pp. 's Gravenhage.

EKBOM, P.: 1972. *Cycloptiloides orientalis* CHOPARD in Finnland. *Not. Ent.* 52:126.

EISENTRAUT, M.: 1927. Beitrag zur Farbanpassung der Orthopteren an die Färbung der Umgebung. I. Die Farbenvariationen von *Oedipoda caerulescens* und ihre Beziehung zur Bodenfarbe. *Z. Morph. Ökol. Tiere* 7:609-642.

ELLIS, P. E.: 1956. Differences in Social Aggregation in two species of Locust. *Nature* 178:1007.

ELLIS, P. E.: 1957. The Eighth Plague – Review. *Entomologist's Month. Mag.* 43:1.

ELLIS, P. E.: 1961. Behavioural mechanisms in Locust gregariousness. Atti 4. Congr. U.I.E.I.S. Pavia 10:229-234.

ELLIS, P. E.: 1962. The behaviour of Locusts in relation to phase and species. Colloqu. In. Centr. Nat. Rech. Sci. Nr. 114:123-138.

ELLIS, P. E.: 1963. An experimental study of feeding, basking, marching and pottering in locust nymphs. *Behaviour* 20:281-310.

ELLIS, P. E.: 1968. Can insect hormones and their mimics be used to control pests? *Pest. Art. New. Summ. Sect.* A 14:329-342.

ELLIS, P. E., MORGAN, E. D. & WOODBRIDGE, A. P.: 1970. Is there new hope for hormone mimics as pesticides? *Pans* 16:434-446. (vergl. auch bei OSBORNE, D. J.).

ELLIS, P. E.: 1970. Phase variation in Locusts in relation to heredity and rearing conditions (Sessio: Physiology and Behaviour I). Proc. Int. Stud. Conf. Current and future problems of Acridology London 1970, p. 63-77.

ELLIS, P. E. & NOVAK, V. J. A.: 1971. Metamorphosis hormones and phase dimorphism in *Schistocerca gregaria*. I. Implantation of endocrine glands into hoppers reared in isolation; the effect of coloration. *Endocr. Exp.* 5:13-18.

ELLIS, P. E.: 1972. A day in the life of a Locusts. Centr. Assoc. of Bee-Keepers. 1972:1-9.

ELLIS, P. E., MORGAN, E. D. & WOODBRIDGE, A. P.: 1972. Moult-inducing hormons of the prothoracic gland of insects. *Nature* 238:274-276.

ELSNER, N.: 1967. Muskelaktivität und Lauterzeugung bei einer Feldheuschrecke. Verh. Deutsch. zool. Ges. Heidelberg 1967:592-601.

ELSNER, N.: 1968. Die feuromuskulären Grundlagen des Werbeverhaltens der Roten Keulenschrecke, *Gomphocerippus rufus* (L.). *Z. vergl. Physiol.* 60:308-350.

ELSNER, N.: 1969. Kommandofasern im Zentralnervensystem der Heuschrecke *Gastrimargus africanus* (*Oedipodinae*). *Zool. Anz. Suppl.* 33:465-471.

ELSNER, N. & HUBER, F.: 1969. Die Organisation des Werbegesanges der Heuschrecke *Gomphocerripus rufus* L. in Abhängigkeit von zentralen und peripheren Bedingungen. *Z. vergl. Physiol.* 65:389-423.

ELSNER, N.: 1970. Die Registrierung der Stridulationsbewegung bei der Feldheuschrecke *Chorthippus mollis* mit Hilfe von Hallgeneratoren. *Ibid.* 68:417-428.

ELSNER, N.: 1974. Neuroethology of sound production in Gomphocerine grasshoppers. I. Song patterns and stridulatory movements. *J. comp. Physiol.* 88:67-102.

ELSNER, N.: 1974. Neural economy: Bifunctional muscles and common central pattern elements in leg and wing stridulation of the grasshopper *Stenobothrus rubicundus* Germ. *Ibid.* 89:227-236.

ELSNER, N.: 1974. Neuroethologie des Heuschreckengesanges. Elektrophysiologische Verhaltensforschung am freibeweglichen Tier. *Umschau* 1974:765-770.

EMMERICH, R.: 1969. *Leptophyes punctatissima* (BOSC) auf Hiddensee (zugleich ein Beitrag zur Faunistik der Art im nördlichen Mitteleuropa. *Ent. Ber. (Berlin)* 1969: 25-32.

ENGEL, H.: 1948. Schadauftreten von *Orphania denticauda* in der Baar. nachrbl. Biol. Zentr. Braunschweig 1, Nr. 3.

ENGEL, H.: 1951. *Orphania/Polysarcus denticauda* CHARP. als Schadinsekt in der Baar. Pflanzenbau u. Pflanzenschutz 2:22-41.

ERGENE, S.: 1954. Weitere Untersuchungen über Schwarzanpassung bei Imagines von Heuschrecken. *Mitt. zool. Mus. Berlin* 30:107-110.

ERGENE, S.: 1954. Über den angeblichen Einfluß von frischem grünen Futter auf den Farbwechsel von *Acrida turrita*. *Z. vergl. Physiol.* 36:235-237.

ERGENE, S.: 1954. Das Verhalten der Hämolymphe im Verlauf des Farbwechsels. *Ibid.* 36: 238-240.

ERGENE, S.: 1954. Homochromer Farbwechsel bei *Oedaleus*-Imaginus. *Zool. Anz.* 153: 110-113.

ERGENE, S.: 1955. Weitere Untersuchungen bei *Oedaleus decorus*. *Z. vergl. physiol.* 37:226-229.

ERGENE, S.: 1955. Über die Faktoren, die Grünfärbung bei *Acrida* bedingen. *Ibid.* 37:221-225.

ERGENE, S.: 1955. Der imaginale homochrome Farbwechsel bei Orthopteren. *Rev. Fac. Sci. Univ. Istanbul Ser. B.*. 20:113-116.

ESCHERICH, K.: 1928. Eine Laubheuschrecke (*Barbitistes constrictus* BR.) als Kiefernschädling. *Z. ang. Ent.* 13:563-565.

EVERSMANN, E.: 1848. Addiamenta quaedam levia ad FISCHERI DE WALDHEIM *Orthoptera* rossica. Moskau.

FABER, A.: 1928. Die Bestimmung der deutschen Geradflügler (Orthopteren) nach ihren Lautäußerungen. *Z. wiss. Insbiol.* 23:209-234.

FABER, A.: 1929. Die Lautäußerungen der Orthopteren (Lauterzeugung, Lautabwandlung und deren biologische Bedeutung sowie Tonapparat der Geradflügler). Vergleichende Untersuchungen I. *Z. morph. Ökol. Tiere*, Abt. A, 13:745-803.

FABER, A.: 1929. *Chorthippus longicornis* LATR. (=*parallelus* ZETT.) und *Chorthippus montanus* CHARP. (bisher nach FINOT als *longicornis* LATR. bezeichnet). *Zool. Anz.* 81:1-24.

FABER, A.: 1930. Beobachtungen über die Orthopteren des Hohentwiel. *Jahresh. Ver. vaterl. Naturk. W:urtt.* 86:88-91.

FABER, A.: 1932. Die Lautäußerungen der Orthopteren. II. Untersuchungen über die biozönotischen, tierpsychologischen und vergleichend-physiologischen Probleme der Orthopterenstridulation. Methodik der Bearbeitung und Auswertung von Stridulationsbeobachtungen. *Z. Morph. Ökol. Tiere* 26:1-93.

FABER, A.: 1933. Pflanzensoziologische Untersuchungen in württembergischen Hardten. *Ver. vaterl. Naturk. Württ.* 89:36.

FABER, A.: 1934. Neue Untersuchungen über die Lautäußerungen der Geradflügler (Orthopteren). *Der Biologe* 3:249-254.

FABER, A.: 1936. Die Laut- und Bewegungsäußerungen der Oedipodinen. Biologisch, tierpsychologisch und vergleichend funktionell beschrieben; mit einem Erstnachweis von tonhaften Lauten bei Acridiiden und mehrfachen Lautformen bei ♀♀. Allgemeines zur Biologie der Paarungseinleitung und Paarung. *Z. wiss. Zool.* (A) 149:1-85.

FABER, A.: 1949. Eine bisher unbekannte Art der Lauterzeugung europäischer Orthopteren: Mandibellaut von *Calliptamus italicus* L. *Z. Naturforsch.* 4b, Heft 6, 3 pp.

FABER, A.: 1950. Laute und Stimmen in der Tierwelt. Sonntags-Zeitg. Schwäb. Verlagsges. 21. X.

FABER, A.: 1955. Zur Laut- und Gebärdensprache bei Insekten (mit Vergleichung von Ausdrucksformen anderer Gruppen). Ref. 3. Int. Etholog. Konf. 8. IX. 1955 Groningen (Manuskript).

FABER, A.: 1952. Ausdruckbewegungen und besonders Lautäußerung bei Insekten als Beispiel für eine vergleichend morphologische Betrachtung der Zeitgestalten. Verh. Deutsch. Zool. Ges. Freiburg 1952:107-115.

FABER, A.: 1953. Laut- und Gebärdensprache bei Insekten. *Orthoptera* (Geradflügler) 1. 198 pp, 8 Faltblätter. Stuttgart.

FABER, A.: 1957. Über den Aufbau von Gesangsformen in der Gattung *Chorthippus* FIEBER. *Stuttg. Beitr. Naturk.* 1957, Nr. 1:1-28.

FABER, A.: 1957. Über parallele Abänderungen bei Lautäußerungen von Grylliden. *Ibid.* Nr. 2:1-10.

FABER, A.: 1958. *Chorthippus erythropus* n. sp., ein nächster Verwandter der Gemeinen Grasschrecke (*Ch. longicornis* LATR.). *Ibid.* Nr. 16:1-8.

FABER, A.: 1960. Form, Ableitung und Bedeutung von Stridulationsweisen im Verwandschaftskreis um *Chorthippus longicornis* (LATR.) als grundsätzliches Beispiel der Vergleichung. *Ibid.* Nr. 32:12.

FABRE, H.: 1899. Souveniers entomologiques 6e ser. Paris.

FABRICIUS, J. CHR.: 1775. Systema Entomologiae. Flensburg et Lipsiae.

FABRICIUS, J. CHR.: 1793. Entomologia Systematica II, 519 pp. Hafniae.

FAILLA, C. M.: 1973. Una nuova specie di *Ectobius* dell'isola di Montecristo. *Boll. Acc. Gioenia Sci. Nat. Catania, Ser.* 4, 12:229-235.

FAILLA, C. M.: 1973. Blattodei, Mantodei, Ortotteri e Dermatteri delle isole Eolie e dell'isola di Ustica. *Lav. Soc. Ital. Biogeograf. N.S..* 3:3-16.

FAILLA, C. M. & MESSINA, A.: 1974. *Ectobius* dell'arcipelago Eoliano e dell'isola di Ustica. *Animalia* 1:217-233.

FARROW, R. A.: 1964. The post-embryonic development of the external genitalia of *Tetrix* LATREILLE. *Ann. Mag. Nat. Hist. Ser.* 13, 7:301-313.

FARROW, R. A.: 1964. The spermatophore of *Tetrix* LATREILLE. *Ent. Month. Mag.* 49:217-223.

FAVRELLE, M.: Vergl. VICHET, G. DE

FERNANDES, J. DE A.: 1959. Notas ortopterológicas I. *Rev. Portug. zool. Biol. Ger.* 2:1-7.

FERNANDES, J. DE A.: A 'Louva-a-Deus'. *Naturalia* 8:1-10.

FERNANDES, J. DE A.: 1962. Une nouvelle espce de Sardaigne, *Phyllodromica marcelloi* sp. n. *Rev. Portug. Zool. Biol. Ger.* 3:145-148.

FERNANDES, J. DE A.: 1962. Revisao dos *Ectobiinae* da peninsula Ibérica e ilhas Baleares. *Ibid.* 3:149-246.

FERNANDES, J. DE A.: 1965. Sobre o gênero *Calliptamus* SERV. em Portugal. *Arquiv. Mus. Bocage, 2. Ser.* 1:41-55.

FERNANDES, J. DE A.: 1965. *Luridiblatta* nom noveau pour *Lamprella* I. BOL. 1921. *Ibid,* notas e suplementos no. 1:I-II.

FERNANDES, J. DE A.: 1965. Dermápteros de Portugal. *Graellsia,* 21:89-94.

FERNANDES, J. DE A.: 1967. Les Gryllides de la faune Iberique. 1. Les genres *Gryllodinus* BOL. et *Eugryllodes* CHOP. Rêvision critique. *Aequiv. Mus. Bocage, 2. Ser.* 1:351-390.

FERNANDES, J. DE A.: 1967. *Phyllodromica sacarraoi* nouvelle espèce de Blattidae d'Espagne. *Eos* 43:57-59.

FERNANDES, J. DE A.: 1968. A new subspecies of *Mioscirtus wagneri* EVERS. *Aequiv. Mus. Bocage, 2. Ser.,* 2:1-3.

FERNANDES, J. DE A.: 1970. O "Efeito de group nos insctos orthopteros. *Graellsia* 25: 261-278.

FERNANDES, J. DE A.: 1972. Notas sobre Orthopteróides do Arquipélago da Madeira. Arquiv. Mus. Bocage 3(Ser.2a):305-317.

FERNANDES, J. DE A.: 1973. Sur le complexe *Ectobius panzeri* STEPH. *Ibid.* 4:175-185.

FERNANDES, J. DE A.: 1973. Des Dermaptères logés dans des galles de Quercus (Avec la description d'une espèce nouvelle). *Ibid.* 4:187-195.

FEYTAUD, J.: 1912. Contribution à l'étude du Termite lucifuge. Anatomie, fondation de colonies nouvelles. *Arch. An. micr.* 13:481-607.

FEYTAUD, J.: 1946. Le peuple des Termites. Paris.

FIEBER, F. X.: 1853. Synopsis der europäischen Orthopteren mit besonderer Rücksicht auf die in Böhmen vorkommenden Arten. *Lotos, Prag,* 3:90-104, 115-129, 138-154, 168-176, 184-188, 201-207, 232-238, 252-261.

FIEBER, F. X.: 1854. Ergänzungsblätter zur Synopse der europäischen Orthopteren. *Ibid.* 4:146-149, 177-183, 196-202, 220-225, 271-276.

FIEBER, F. X.: 1855. Ergänzungsbl. cont. – *Ibid.* 5:65-68, 89-92.

FIEBIG, J.: 1784. Beschreibung des Sattelsträgers (*Gryllus ephippiger*). Schriften, Berliner Ges. naturforsch. Freunde 5:260.

FINOT, A.: 1883. Les Orthoptères de la France. Paris. 199 pp.

FINOT, A.: 1884. Nouveau Catalgue des Orthoptères de la France. *Rev. Ent. Caen.* 3:21-39.

FINOT, A.: 1892. Faune de France. Inctes Orthoptères. Thysanoures et Orthoptères proprement dis. Paris. 322 pp. Paris.

FISCHER, H.: 1853. *Orthoptera* europaea. Lipsiae, 454 pp.

FISCHER, H.: 1941. *Hypochroa albipennis* und *Aiolopus tergestinus ponticus* KARNY, neu für Deutschland. *Mitt. Dtsch. ent. Ges.* 10, Nr. 7/8.

FISCHER, H.: 1948. Die schwäbischen Tetrixarten. Ber. naturf. Ges. Augsburg.

FISCHER, H,: 1950. Die klimatische Gliederung Schwabens auf Grund der Heuschreckenverbreitung. *Ibid.* Nr. 3.

FISCHER, H.: 1974. Beziehungen zwischen Flügellänge und Fundorthöhen bei *Chorthippus parallelus* ZETT. und *montanus* CHARP. Manuskript eingesehen.

FISCHER DE WALDHEIM, G.: 1833. Conspectus orthopterorum Rossicum. *Bull. Soc. I. Nat. Moscou*, 7:341-390.

FISCHER DE WALDHEIM, G.: 1833. Extrait d'une lettre de M. FISCHER, écrite le 13 Janvier 1933 a M. AUDINET SERVILLE, sur quelques genres d'Orthoptères. *Ann. ent. France*, 2:317-320.

FISCHER DE WALDHEIM, G.: 1846. Entomographia de la Russie, IV. Orthoptères. Moscou, 443 pp.

FISHELSON, L.: 1959. Two new species of the genus *Chorthippus* from Israel. *Israel J. Ent.* 4:235-242.

FREDERIANI, D.: 1954. Appunti sul *Calliptamus italicus* L., alcuni suoi predatori et altri Ortotteri della zona della Bonifica dei Bientina. *Boll. Soc. Ent. Ital.* 84:58-63.

FREY-GESSNER, E.: 1893. Orthopteren, gesammelt in Bulgarien von Herrn Prof. Dr. A. FOREL. *Mitt. Schweiz. Ent. Ges.* 8:397-403.

FRINGS, M.: Bibliographie su l'acoustique des insectes. *Ann. Epiphyt. fasc. spec.* 1954:401-455.

FRINGS, M.: 1956. Bibliographie on sound production and reception by insects. 1. Suppl., Pennsylvan. State Univ. vervielfältigtes Manuskript.

FRINGS, M. & FRINGS, H.: 1956. A simple method of producing visible patterns of taperecordet sounds. *Nature* 178:328-329.

FRINGS, M. & FRINGS, H.: 1957. The effect of temperature on chirp-rate of male coneheaded grasshoppes, *Neoconocephalus ensinger. J. Exp. Zool.* 134:411-425.

FRINGS, H. & FRINGS, M.: 1958. Uses of sounds by insects. *Ann. Rev. Ent.* 3:87-106.

FRITZE, A.: 1919. Die Orthopteren von Hannover. Jahrb. nat. hist. Ges. Hannover 1919: 62-68.

FRIVALDSZKY, J.: 1867. Monographia Orthopterorum Hungariae. Pest, 201 pp. (ungar.).

FRÖHLICH, C.: 1903. Die Odonaten und Orthopteren Deutschlands mit besonderer Berücksichtigung der bei Aschaffenburg vorkommenden Arten. Jena, 106 pp.

FRÖHLICH, C.: 1903. Über das Vorkommen von *Pachytylus cinerascens* FIEB. und anderer Insekten bei Kahl am Main. *Berliner Ent. Z.* 48:146-148.

FRUHSTORFER, H.: 1921. Die Orthopteren der Schweiz und der Nachbarländer auf Grund geographischer sowie oekologischer Grundlage mit Berücksichtigung der fossilen Arten. *Arch. Naturg. Berlin* 87 (A):1-262.

FUDALEWICZ-NIEMCZYK, W.: 1965. Ontogenèse des nerfs et de trachées alaires du termite *Reticulitermes lucifugus santonensis* FEYT. *Ins. Soc. Bull.* 12:309-320.

FUDALEWICZ-NIEMCZYK, W.: 1965. Ontognése de l'inervation des organes sensoriels des antennes chez *Reticulitermes lucifugus santonensis* FEYT. *Ibid.* M 12:241-252.

FUESSLY, J. C.: 1775. Verzeichnis der schweizerischen Insekten. Zürich.

GALVAGNI, A.: 1947. Ulteriori osservazioni sugli ortotteri cavernicoli della Venezia. Tridentina. *Boll. Soc. Ent. Ital.* 47:13-15.

GALVAGNI, A.: 1948. Cattura in Sicilia del *Platypygius platypygius* PANTE. *Ibid.* 41-44.

GALVAGNI, A.: 1950. Contributo alla conoscenza dell Orthotterofauna del Trentino e del Veneto. *Ibid.* 80:57-64.

GALVAGNI, A.: 1953. Due nuove specie ed una nuova sottospecie del genere *Miramella* DOVNAR-ZAPOLSKIJ. *Stud. Trent. Svi. Nat.* 30:20-33.

GALVAGNI, A.: 1954. Due interessanti *Podismini* delle Prealpi Veneto-Trentine: la *Chorthopodisma cobellii* (KRAUSS) e la *Pseudoprumna baldensis* (KRAUSS). *Atti Ac. Rovereto Ag. Ser.* 5, 3:103-118.

GALVAGNI, A.: 1954. Studio ecologico-sistematico sugli Ortotteroide du un'alta valle alpina. *Stud. Trent. Sci. Nat.* 31:61-102.

GALVAGNI, A.: 1955. Descrizione dello *Ephippiger ruffoi* n. sp. *Mem. Mus. Civ. Stor. Nat. Verona* 5:33-44.

GALVAGNI, A.: 1956. Descrizione di un nuovo Efippigeride (*Ephippiger perforatus tamanini* n. ssp.) e sua corologia. *Ibid.* 5:373-384.

GALVAGNI, A.: 1956. Primo contributo alla conosenca degli Ortotteroidei dei Colli Euganei (Veneto). *Ibid.* 5:337-359.

GALVAGNI, A.: 1958. Descrizione della *Metrioptera caprai baccettii* n. ssp. e sua corologia. *Ibid.* 6:195-205.

GALVAGNI, A.: 1958. Descricione di un nuovo *Ectobius* dei Monte Sibillini. *Ibid.*

GALVAGNI, A.: 1959. Studio ecologico sistematico sugli Ortotteroidei dei Monti Sibillini (Appennino umbro-marchigiano). *Ibid.* 7:1-76.

GALVAGNI, A.: 1959. Descrizione e corologia della Platycleis concii n. sp. elemento brachittero raccolto sulle alte Madonie (Sicilia). *Ibid.* 7:259-268.

GALVAGNI, A.: 1968. Descrizione di una nuova *Dolichopoda* della Calabria. *Ibid.* 16:39-48.

GALVAGNI, A.: 1968. Descritione del *Chrysochraon bey-bienkoi* n. sp. raccolto sulla Sila Piccola (Calabria, Italie meridionale. *Ibid.* 16:199-208.

GALVAGNI, A.: 1971. Ricerche sugli Ortotteroidei della Romagna e delle Marche (Italia centrale, versante adriatico). *Stud. Trentini di Sci. Nat. Ser.* 8, 48:311-418.

GALVAGNI, A.: 1971. Nome nuovo per *Ectobius rammei* GALV. (1958) e precisacioni sistematiche sulla specie da ritenersi valida. *Stud. Trent. Sci. Nat. Rev. Mus. Sez. B*, 48:491-499.

GALVAGNI, A.: 1972. Descrizione di una nuova specie del genere *Ectobius* STEPH. catturata in Italia. *Ibid.* 50:3-23.

GALVAGNI, A.: 1973. Contributo alla conoscenza del genere *Cophopodisma* DOVNAR-ZAPOLSKIJ in Italia con descricione di *Cophopodisma lagrecai* n. sp. *Ibid.* 51:24-36.

GALVAGNI, A.: 1970-73. Contributo alla conoscenza di alcuni Ortotteri e Dermatteri della fauna Italiana. *Degl. Atti ann. ac.* 220-223, Ser. VI, vol. 10-13:33-48.

GALVAGNI, A.: 1976. Le *Rhacocleis* di Sardegna e Corsica con descrizione di *R. baccettii* n. sp. e *R. bonfilsi* n. sp. *Mem. Mus. Trident. Sci. Nat.* 21:41-72 n. ser.

GANGWERE, S. K.: 1958. Grooming behaviour in Orthoptera. *Ent. News.* 69:123-128.

GANGWERE, S. K.: 1958. Notes on the feeding periodicity of various *Orthoptera. Michigan Ac. Sci. Arts et Lettero* 43:119-132.

GANGWERE, S. K.: 1959. Experiments upon the food consumption of the grasshopper *Melanoplus scudderi* (UHL.). *Ibid.* 44:93-96.

GANGWERE, S. K.: 1960. Relationships between the mandibles, feeding behaviour, and damage inflicted on plants by the feeding of certain Acridids. *Michigan Entomologist* 1:13-16.

GANGWERE, S. K.: 1960. The feeding and culturing of *Orthoptera* in the laboratory. *Ent. News.* 71:37-42.

GANGWERE, S. K.: 1960. The use of the mouthparts of *Orthoptera* during feeding. *Ibid.* 71: 193-206.

GANGWERE, S. K.: 1960. Notes on drinking and the need for water in *Orthoptera. Canad. Entomologist* 92:911-915.

GANGWERE, S.: 1961. A monograph on food selection in *Orthoptera. Trans. Amer. Ent. Soc.* 87:67-230.

GANGWERE, S. K.: 1962. A study of the feculae of *Orthoptera,* their specivity and the role which the insect's mouthparts, alimentary canal, and food-habits play in their formation. *Eos* 38:248-272.

GANGWERE, S. K., CHVIN, W. & EVANS, F. C.: 1964. Methods of marking insects, with especial reference to *Orthoptera* (s. lat.). *Ann. Ent. Soc. America,* 57:662-669.

GANGWERE, S. K.: 1964(65). The phylogenetic development of food selection in *Orthoptera.* Proc. XII. Int. Congr. Ent. London 1964, p. 333-334.

GANGWERE, S. K.: 1965. The structural adaption of mouthparts in *Orthoptera* and allies. *Eos* 41:67-85.

GANGWERE, S. K.: 1966. The mechanical handling of food by the alimentary canal of *Orthpotera* and Allies. *Ibid.* 41:247-265.

GANGWERE, S. K.: 1967. Biting in Orthoptera and their allies. *Ibid.* 42:363-382.

GANGWERE, S. .: 1967. The phylogenetic development of food selection in certain Orthopteroids.

GANGWERE, S. K.: 1968. The biography of Iberian Orthopteroids. Proc. XIII. Int. Congr. Ent. USSR 1968:133-134.

GANGWERE, S. K.: 1969. A combined short-cut technique to the study of food-selection in Orthopteroidea. *Turtox Nervs* 47:no. 4.

GANGWERE, S. K. & MORALES-AGACINO, E.: 1970. The biogeography of Iberian Orthopteroids. *Misc. Zool.* 2:1-67.

GANGWERE, S. K., MORALES-AGACINO, E.: 1972. 1. The distribution of the *Orthopteroidea* in Tenerife, Canary Island, Spain. 2. *Contributions of the American Ent. Inst.* 8:1-40.

GANGWERE, S. K.: 1972. Host finding and feeding behaviour in the *Orthopteroidea*, especially as modified by food availability: a review. *Rev. Univ. Madrid,* 21:107-158.

GANGWERE, S. K.: 1973. Notes on food-habits and behaviour in selected *Orthopteroidea* of Tenerife, Canary, Spain. *Misc. Zool.* 3:19-30.

GANGWERE, S. K. & MORALES AGACINO, E.: 1973. Food selection and feeding behaviour in Iberian *Orthopteroidea.* Minist. Agric. Inst. Nac. Invest. Agrar. no. 3, Separat. 10:251-337.

GAUSE, G. F.: 1928. Zur Kenntnis der Variabilität der Wanderheuschrecke. *Z. angew. Ent.* 13:247-266.

GAUSE, G. F.: 1927. Zur Kenntnis der Asiatischen Heuschrecke *Locusta migratoria* L. *Zaschthsch. Rast. Wred,* 4:915-929. (Russisch.).

GÉNÉ, G.: 1832. Sggio di una monografia delle Forficule indegene. *Ann. Sci. Regno Lomb.-Veneto* 2:215-228.

GENE, G.: 1837. Descrizione di cinque nueve Forficule d'Europa con alcune osservazioni intorno a varic specie già conosciute di questo genere. *Ibid.* 7:82-90.

GERHARDT, U.: 1913. Copulation und Spermatophoren von Grylliden und Locustiden I. *Zool. Jb. Abt. Syst. Geogr. Biol. Tiere* 35:415-532.

GERHARDT, U.: 1914. Desgleichen, II. *Ibid.* 36:1-64.

GERMAR, E. F.: 1817. Fauna insectorum Europae. Halae.

GERSON, U.: 1969. Moss-arthropod association. *Byologist* 72:495-500.

GERSTÄCKER, A.: 1876. Die Wanderheuschrecke (*Oedipoda migratoria* L. Berlin, 67 pp.

GETRUP, E. & WILSON, D. M.: 1964. The lift-controll reaction of flying locusts. *J. Exp. Biol.* 41:183-190.

GETRUP, E.: 1966. Sensory regulation of wing twisting in locusts. *Ibid.* 44:1-16.

GIGLIO. TOS., E.: 1914. Escurs. Zool. E. Festa Isola Rodi I. *Dermaptera* et *Orthoptera. Boll. Muss. Torino* 29:11-17.

GILES, E. T.: 1963. The comparative external morphology and affinity of the *Dermaptera. Trans. R. ent. Soc. London* 115:95-164.

GILES, E. T.: 1964. Independent Development of the ♂ gonads and vasa deferentia, and the genitalia of the Australian earwig, *Labidura riparia truncata. Nature* 4963:1109-1110.
GILLETT, S. D.: 1968. Airborne factor affecting the grouping behaviour of locusts. *Nature* 218:782-783.
GILLETT, S. D.: 1972. Social aggregation of adult *Schistocerca gregaria* and *Locusta migratoria migratorioides* in relation to the final moult and ageing. *Anim. Behav.* 20:526-533.
GILLETT, S. D.: 1973. The role of integumental colour pattern in Locusts grouping. *Ibid.* 21:153-156.
GILLETT, S. D.: 1973. Social determinants of aggregation behaviour in adults of the Desert Locusts. *Anim. Behav.* 21:599-606.
GILLETT, S. D.: 1975. Changes in the sozial behaviour of the desert locust, *Schistocera gregaria*, in response to the gregarizin pheromone. *Ibid.* 23:494-503.
GILLETT, S. D.: 1975. The action of the gregarisation pheromone on five non-behavioural characters of phase polymorphism of the desert locust, *Schistocera gregaria* (FORSK.). *Acrida* 4:137-150.
GINTER, O.: 1951. La presence de plus rares Orthoptres en Moravie. *Ent. Listy Broo.* 13: 167-169.
GODAN, D.: 1963. Über die Maulwurfsgrille, Berlin. *Naturschutzbl.* 7:440-44.
GODAN, D.: 1964. Untersuchungen über den Einfluß tierischer Nahrung auf die Vermehrung der Maulwurfsgrille (*Gryllotalpa gryllotalpa* L.). *Z. Angew. Zool.* 51:207-223.
GÖTZ, W.: 1965. Orthoptera, Geradflügler. In Die Tierwelt Mitteleuropas (BROHMER, EHRMANN-ULMER). Leipzig, 2/vi, 71. pp.
GÖTZ, W.: 1969. Zur Kenntnis einiger *Roeseliana*-Formen. *Mitt. Zool. Mus. Berlin* 45: 157-177.
GÖTZ, W.: 1970. Zur Größenvariation im Formenkreis *Decticus verrucivirus. Zool. Abhdl. Staatl. Mus. Tiekrunde Dresden* 31:139-191.
GOIDANICH, A.: 1959. Sulla corologia e la tassonomia di alcuni interessanti *Cryllidae* in Italia. *Frust. Ent.* 2:1-36.
GOETGHEBNER, M.: 1953. Calogue des Orthoptère observes en Belgique. *Bull. Ann. Soc. ent. Belg.* 9:135-145.
GOODMAN, L. J.: 1965. The role of certain optomotor reactions in regulating stability in the rolling plane during flight in the Deserert Locust, *Schistocera gregaria. J. Exp. Biol.* 42:385-407.
GRASSE, P. P.: 1929. Études biologique sur *Phaneroptera quadripunctata* BR. et *Ph. falcata* SCOP. *Bull. biol. Fr. Belg.* 58:453-472.
GRASSE, P. P.: 1937. L'hémaphorrhee rejet-réflexe de sang et d'air par les Acridiens phytatéides. *Compt. Rend. Ac. Sci.* 204:65-67.
GRASSE, P. P.: 1944. Notes systématiques et biologiques sur les Acridiens du genre *Calliptamus* SERV. Arch. Zool. exp. gen. Notes et Revue, p. 46-69.
GRASSE, P. P.: 1946. Structure de l'appareil copulateur mâle des Acridiens et ses principaux types. *Rev. fr. Ent.* 12:137-146.
GRASSE, P. P.: 1950. Étude écologique et biogégraphique sur les Orthoptères français. *Bull. biol. Fr. Belg.* 63:489-547.
GRASSE, P. P.: 1950. Traité de Zoologie. Ordre des Isoptères ou Termites. Paris, p. 408-504.
GREBENSCHTSCHIKOV, O.: 1949. Les Orthoptères des environs de Beograd, *Bull. Mus. Hist. nat. Pays serbe, Belgrad* (B) no. 4-2:243-273 (jugoslaw. mit franz. Zusammenf.).
GREATHEAD, D. J.: 1963. A review of the insect enemies of *Acridoidea. Trans R. ent. Soc. London* 114:437-517.
GREATHEAD, D. J.: 1966. A brief survey of the effects of biotic factors on populations of the Desert Locust. *J. appl. Ecol.* 3:239-250.
GREATHEAD, D. J.: 1962. The biology of *Stomorhina lunata* (F.) (*Diptera: Calliphoridae*), a predator of the eggs of Acridids. *Proc. Zool. Soc. Lond.* 139, part. 1:139-180.

GREATHEAD, D. J & STOWER, W. J.: 1969. Numerical chances in a population of the Desert Locust, with special reference to factors responsible for mortality. *J. appl. Ecol.* 6:203-235.

GRIFFINI, A.: 1893. Ortotteri del Piemonte. I. *Locustini. Boll. Mus. Zool. Anat. comp. Univ. Torino* 8:1-29.

GRISDALE, D.: 1973. Large volume preparation and processing of a synthetic diet for insect rearing. *CAN.Ent.* 105:1553-1557.

GÜNTHER, K. & ZEUNER, F.: 1930. Beiträge zur Orthopterenfauna von Ungarn. *Konowia, Wien*: 9:193-208.

GÜNTHER, K.: 1969. Zur zoogeographischen Terminologie: Das 'Inselfaunenmuster' als zoogeographischer Begriff: Die faunistischen 'Kleininselspezialisten'. *Wiss. Z. Univ. Greifswald*, 18:9-15.

GÜNTHER K. & HERTER, K.: 1974. *Dermaptera* in Handb. Zool. Berlin 4(2) 2/11, 158 pp.

GÜNTHER, K. K.: 1970. Bisher unbekannte Wehrdrüsen der *Tridactyloidea. Ent. Abh.* 38: 133-138.

GÜNTHER, K. K.: 1971. Die Geradflüglerfauna Mecklenburgs (*Orthopt.* et *Blattoidea*). *Faun. Abhdl. Staat. Mus. Tierkunde Dresden.* 3:159-179.

GÜNTHER, K. K.: 1974. Über die *Tridactyloidea* in den Sammlungen des Museums für Naturgeschichte der Stadt Genf. *Rev. suisse. Zool.* 81:1027-1074.

GULIČKA, J.: 1954. Beitrag zur Kenntnis und Verbreitung einiger Orthopteren und Dermapteren in der Slovakei. *Biologia, Bratislava* 9:617-630.

GUEGUEN, A., SELLIER, R. & LEFEUVRE, J. C.: 1971. La morphogenèse de l'appareil stridulant fémoral de *Chrysochraon dispar* GERM.; étude au microscope électronique à balayage. *C. R. Ac. Paris* 273:2281-2284.

GUESEVA, V. S.: 1970. The effect of cultivation of virgin land on Grasshopper populations (Session:Acridids as pests). Proc. Int. Study Conf. Current and future probl. Acridology, London, p. 185-189.

GUESEVA, V. S.: 1974. Jahreszeitliche Änderungen der Populationsstruktur von *Dociostaurus k. kraussi* (INGEN.), der Artemisia-Steppe (russ.). Fauna et Ecologia Schiwotnych (Sammelarbeit) Moskau, p. 62-67.

GUTHRIE, D. M.: 1964. Observations on the nervous system of the flight apparatus of the locust *Schistocerca gregaria*. Quart. *J. micr. Sci.* 105:183-201.

GYLLENBERG, G.: 1969. The energy flow through a *Chorthippus parallelus* (ZETT.) population on a meadow in Tvärminne, Finland. *Acta Zool. Fennica* 123, 74 pp.

GYLLENBERG, G.: 1970. Energy flow through a simple food chain of a meadow ecosystem in four years. *Ibid.* 7:283-289.

GYLLENBERG, G. & GORE, A. J.: 1972. Some preliminary models for the energy flow of a *Chorthippus parallelus* (ZETT.) population. *Ibid.* 134:1-25.

GYLLENBERG, G.: 1974. A simulation model for testing the dynamics of a grasshopper population. *Ecology* 55:645-650.

HABER, V. R.: 1920. Oviposition by a cockroach, *Periplaneta americana* L. *Ent. News.* 31:190-193.

HAGENBACH, J. J.: 1822. Symbola fanae insectorum Helvetia. Basilea.

HAHN, E.: 1958. Untersuchungen über die Lebensweise und Entwicklung der Maulwurfsgrille (*Gryllotalpa vulgaris* LATR.) im Lande Brandenburg. *Beitr. Ent.* 8:334-365.

HAI-CHOO, L.: 1971. Note on the chromosomes of the *Nemobiinae* (Orth.-Gryllidae). *Can. J. Zool.* 49, Nr. 3.

HARTLEY, J. C.: 1972. The developmental biology of the egg state of Western European *Tettigoniidae. J. Zool. London* 168:267-298.

HARZ, K.: 1953. Zur Färbung von *Mecostethus grossus* (L.). *Nachrbl. Bayer. Ent.* 2:79.

HARZ, K.: 1953. Der Warzenbeisser (*Decticus verrucivorus* (L.) vertilgt Larven des Kartoffelkäfers; *ibid* 2:87.

HARZ, K.: 1955. Die Eiablage der Westlichen Beißschrecke, *Platycleis d. denticulata* (PANZ.). *Ibid.* 4:87.

HARZ, K.: 1955. Das Trommeln der Eichenschrecke, *Meconema thalassinum* DE GEER. *Ibid* 4:91-93.
HARZ, K.: 1955. Die Eiablage der Waldgrille, *Nemobius sylvestris* (BOSC.). *Ibid* 4:96.
HARZ, K.: 1955. Grashüpfer und Laubheuschrecken. *Natur und Volk* 85:221-226, 5 Abb.
HARZ, K.: 1956. Die Eiablage der Sichelschrecke, *Phaneroptera falcata* (PODA). *Nachrbl. Bayer. Ent.* 5:47.
HARZ, K.: 1956. Die Entstehung der f. discrepans ADEL. von *Ectobius silvestris* (PODA). *Ibid.* 5:128.
HARZ, K.: 1956. Beiträge zur Biologie der Orthopteren. *Mitt. Münch. Ent. Ges.* 46: 58-60.
HARZ, K.: 1956. Zur Biologie der Gottesanbeterin, *Mantis religiosa* L. *Nachrbl. Bayer. Ent.* 5:119-120.
HARZ, K.: 1956. Über die Eiablage der Laubheuschrecken (*Orthopt., Ensifera*). *Ent Z.* 66: 281-293.
HARZ, K.: 1956. Zur Biologie von *Leptophyes albovittata* (KOLL.); *Nachr. Naturwiss. Muss. Aschaffenburg* 1956:51.
HARZ, K.: 1956. Ablage der Oothek bei *Ectobius silvestris* (PODA). *Ibid.* 1956:51.
HARZ, K.: 1956. Einige faunistische Notizen über Orthopteren in Unterfranken. *Ibid.* 1956:52.
HARZ, K.: 1956. Die Eichenschrecke und ihr Trommeln. *Natur und Volk* 86:203-205.
HARZ, K.: 1957. Eine neue Farbaberration der Sumpfschrecke, *Mecostethus grossus* (L.). *Nachrbl. Bayer. Ent.* 6:5-6.
HARZ, K.: 1957. Die Eiablage der Kurzflügligen Beissschrecke, *Metrioptera brachyptera* (L.). *Ibid.* 6:8.
HARZ, K.: 1957. Zur Biologie des Bunten Grashüpfers, *Omocestus viridulus* (L.). *Ibid.* 6:16.
HARZ, K.: 1957. Grashüpfer und Laubheuschrecken. *Urania* 19:141-146.
HARZ, K.: 1957. Zur Biologie der Punktierten Zartschrecke, *Leptophyes punctatissima* (BOSC). *Nachrbl. Bayer. Ent.* 6:29-30.
HARZ, K.: 1957. Die Paarung der Grossen Grünen Laubheuschrecke, *Tettigonia viridissima* (L.). *Ibid.* 6:30.
HARZ, K.: 1957. Zur Biologie der Waldschabe, *Ectobius silvestris* (PODA). *Ibid* 6:31.
HARZ, K.: 1957. Die Zucht von Heuschrecken. *Die neue Landschule* 1957:85-86.
HARZ, K.: 1957. Zur Biologie der Lauchschrecke, *Parapleurus alliaceus* (GERM.). *Nachr. Bayer. Ent.* 6:72.
HARZ, K.: 1957. Zur Biologie von *Stenobothrus lineatus* (PANZ.). *Ibid.* 6:80.
HARZ, K.: 1958. Das Schwimmen von *Tetrigidae* und *Acridinae*. *Ibid.* 7:32.
HARZ, K.: 1958. Die ♀ Larve von *Homorocoryphus nitidulus* (SCOP.). *Ibid.* 7:32.
HARZ, K.: 1958. Beobachtungen von Mandibellauten bei Angehörigen der *Acridinae*. *Ibid.* 6:96.
HARZ, K.: 1958. Die Geradflügler Mitteleuropas. IX + 494 S., 255 Abb., 20 Farbtaf.; Jena 1957.
HARZ, K.: 1958. Die Gottesanbeterin. *Natur und Volk* 87:187-193.
HARZ, K.: 1958. Ohrwürmer. *Urania* 21:373-376, 6 Fig.
HARZ, K.: 1958. Orthopterologische Beiträge. *Nachrbl. Bayer. Ent.* 7:38-40, 47-48.
HARZ, K.: 1958. Die Heideschrecke. *Ent. Z.* 68:137-140.
HARZ, K.: 1959. Das 'Fauchen' der Gottesanbeterin. *Kosmos* 55:92, 1 Abb.
HARZ, K.: 1959. Orthopterologische Beiträge II. *Nachrbl. Bayer. Ent.* 8:70-72, 76-80, 84-85.
HARZ, K.: 1960. Heuschrecken und Grillen im Raum Hannover (mit H. LÜTGENS). *Beitr. Naturk. Niedersachsens* 13:31-40, 49 Fig.
HARZ, K.: 1960. Geradflügler oder Orthopteren (*Blattodea, Mantodea, Saltatoria, Dermaptera*) in 'Die Tierwelt Deutschlands', 46. Teil, 232 S., 566 Abb. Jena 1960.
HARZ, K.: 1960. Ein Beitrag zur Biologie der Schaben. *Abhandl. Naturwiss. Ver. Würzburg* 3:32 pp.

HARZ, K.: 1960. Orthopterologische Beiträge III. *Nachrbl. Bayer. Ent.* 9:81-85.
HARZ, K.: 1961. Heuschrecken in den Alpen. *Jb. Ver. Schutz Alpenpfl. Tiere*, 26:46-53.
HARZ, K.: 1962. Zur Rassenfrage der Wanderheuschrecke, *Locusta migratoria* L. in Europa. *Mitt. Münch. Ent. Ges.* 52:39-84, 6 Tab.
HARZ, K.: 1962. Orthopterologische Beiträge IV. *Nachrbl. Bayer. Ent.* 11:46-56, 65-69.
HARZ, K.: 1963. Phänologie und Heuschrecken. *Ber. Naturwiss. Ges. Bayreuth* 11:199-201, 1961-1963.
HARZ, K.: 1963. Eine Unterart von *Isophya maior* BR. im Taurus. *Ibid* 11:165-167.
HARZ, K.: 1963. Zur Faunistik mitteleuropäischer Orthopteren. *Ber. Naturwiss. Ges. Bayreuth* 11:203, 1961/63.
HARZ, K.: 1964. Orthoptera s. lat. in BROHMER: Fauna vom Deutschland. S. 167-180.
HARZ, K.: 1964. Die Eiablage der heimischen Laubheuschrecken. Festschr. Naturwiss. Ges. Bayreuth 1889-1964:67-70.
HARZ, K.: 1965. Zur Landfauna von Wangerooge. *Veröff. Inst. Meeresforsch. Bremerhaven* 9:210-231, 1 Karte.
HARZ, K.: 1965. Orthopterologische Beiträge V. *Ann. Naturhist. Mus. Wien*, 68:443-451, 21 Fig.
HARZ, K.: 1966. Neues von europäischen Orthopteren. *Mitt. Deutsch. Ent. Ges.* 25:21-24.
HARZ, K.: 1966. Orthopterologische Beiträge VI. *Nachrbl. Bayer. Ent.* 15:24-29.
HARZ, K.: 1966. Eine neue Laubheuschreckenart aus Frankreich. *Mitt. Deutsch. Ent. Ges.* 25:81-83.
HARZ, K.: 1966. La Chichara *Ephippiger ephippiger* FIEB. y sus razas. *Graellsia* 22:123-133.
HARZ, K.: 1967. Neues von europäischen Orthopteren. *Zool. Beitr.* 13:471-477.
HARZ, K.: 1967. Zur Heuschreckenfauna des Pliozäns von Willershausen. *Ber. Naturhist. Ges. Hannover* 11:57-61.
HARZ, K.: 1967. Eine neue europäische *Conocephalus-Art. Nachrbl. Bayer. Ent.* 16:98-100.
HARZ, K.: 1967. Zur Biologie und Faunistik einheimischer Orthopteren. *Bayer. Tierwelt* 1:95-96.
HARZ, K.: 1969. Revision der *Conocephalus*-Arten der Palaearctis. *Ber. Naturwiss. Ges. Bayreuth* 13:97-118, 80 Fig. 1967/69.
HARZ, K.: 1969. The Orthoptera of Europe – Die Orthopteren Europas I. VIII + 749 S., 2360 Abb. The Hague 1969.
HARZ, K.: 1969. Orthoptera s. lat. in BROHMER, P.: Fauna von Deutschland. 10. Aufl. 168-180.
HARZ, K.: 1969. Orthopterologische Beiträge VII. *Mitt. Deutsche Ent. Ges.* 28:41-43.
HARZ, K.: 1970. Entomologische Besonderheiten im Seewinkel. *Tier und Umwelt* (N.F.) Heft 5:9-11.
HARZ, K.: 1970. Orthopterologische Beiträge VIII. *Nachrbl. Bayer. Ent.* 19:56-59.
HARZ, K.: 1970. New and Little Known Tettigoniiae (Orthoptera) from Israel and Africa. *Israel Journal of Zoology* 19:191-201.
HARZ, K.: 1971.8.-11. Ord. Orthoptera-Geradflügler in "Fauna von Deutschland", S. 152-164, 127 Fig. 11. Aufl.
HARZ, K.: 1971. Orthopterologische Beiträge IX. Atalanta (B) 3:331-338, 21 Fig.
HARZ, K.: 1971. Vier neue Arten und eine Unterart von *Tridactylus. Ibid* 3:339-342, 29 Fig.
HARZ, K.: 1971. Zwei neue Schabenarten (*Blattaria, Ectobiidae*) aus Spanien. *Ibid* 3:343-348, 12 Fig.
HARZ, K.: 1972. Orthopterologische Beiträge (X). *Ibid* 4:129-132, 10 Fig.
HARZ, K.: 1972. Der Entwicklungszyklus von *Ectobius lapponicus* L. am Polarkreis. *Ber. ökol. Station Messaure*, Nr. 16, S. 1-8.
HARZ, K.: 1972. Orthopterologische Beiträge XI. *Atalanta* 4:244-247.
HARZ, K.: 1973. Orthopterologische Beiträge XII. *Ibid* 4:344-346.
HARZ, K.: 1973. Orthopterologische Beiträge XIII. *Ibid* 4:403-407.
HARZ, K.: 1974. Orthoptera s. lat. in BROHMER, P.: Fauna von Deutschland. 12. Aufl. 61-68. Tausend, 196-208.

HARZ, K.: 1974. Förekomst och utvecklingscykel hoes *Ectotobius lapponicus* (L.) (*Insecta, Blattoidea*). *Norrbottens Läns Naturvardsförbund* 30:11-12.

HARZ, K.: 1974. Gräshoppor (*Orthoptera*) i Messaureomradet. *Ibid* 30:12.

HARZ, K.: 1974. Eine neue Schabenart aus Spanien (Ins. *Blattoptera, Blattelidae*). *Articulata* 1:4.

HARZ, K.: 1975. Neue Orthopterenarten und Unterarten aus der Paläarktis. *Articulata* 1:5-16, 32 Fig.

HARZ, K.: 1975. Eine neue *Platystolus*-Art aus Spanien. *Ibid* 1:17-18.

HARZ, K.: 1975. Die Orthopteren Europas II – The Orthoptera of Europe II. Vol. 11 of Series Entomologia. 939 S., 3519 Fig. The Hague, 1975.

HARZ, K.: 1975. Orthopterologische Beiträge XIV. *Ber. Naturwiss. Ges. Bayreuth* 15:49-54, 16 Fig.

HARZ, K.: 1976. Orthopterologische Beiträge XV. A. Drei neue Grillenarten in Europa. B. Das ♂ von *Gryllomorpha albanica* EBNER. C. Faunistisches. *Nachr. Bayer. Ent.* 25:54-58,23 Fig.

HASKELL, P. T.: 1956. Hearing in certain *Orthoptera*. I. Physiology of sound reception. *J. Exp. Biol.* 33:756-766.

HASKELL, P. T.: 1956. Desgleichen. II. The natur of the response of certain receptors to natural and imitation stridulation. *Ibid.* 33:767-776.

HASKELL, P. T.: 1957. Stridulation and associated behaviour in *Orthoptera*. I. Analysis of the stridulation of, and behaviour between, males. *Brit. J. Anim. Behav.* 5:139-148.

HASKELL, P. T.: 1958. Desgleichen. II. Stridulation of females and their behaviour with males. *Ibid.* 6:27-42.

HASKELL, P. T.: 1958. The relation of stridulation behaviour to ecology in certain grasshoppers. *Ins. Sociaux* 5:287-298.

HASKELL, P. T.: 1960. Physiology and behaviour. Rep. 7. Commonw. Ent. Conf. 1960 London:146-152.

HASKELL, P. T.: 1960. The sensory equipment of the Migratory Locust. *Symp. Zool. Soc. London* 3:1-23.

HASKELL, P. T.: 1962. The Anti-Locust Research Centre. Span 5:4 pp.

HASKELL, P. T. 1962. Progress and problems in insect acoustics. 40. Int. Kongr. Ent. Wien 1960, 3:1-5.

HASKELL, P. T.: 1962. Sensory factors influencing phase change in Locusts. *Phys. Comp. Ecol. Acrid. Rapp. Phase* Nr 114:145-163.

HASKELL, P. T. & HIGHNAM, K. C.: 1964. The endocrine system of isolated and crowded Locusta and Schistocerca in relation to oocyte growth and the effects of flying upon maturation. *J. Ins. Physiol.* 10:849-864.

HASKELL, P. T.: 1965. The fight against the Locust: The Rôle of the Anti-Locust-Research Centre. *Tropical Sci.* 6:122-130.

HASKELL, P. T. & SCHONNHOVEN, L. M.: 1969. The function of certain mouth part receptors in relation to feeding in *Schistocerca gregaria* and *Locusta migratoria migratorioides*. ENT. EXP. ET APPL. 12:423-440.

HASKELL, P. T.: 1970. The hungry Locust. *Science* 1970:61-67.

HASKELL, P. T.: 1971. International Locust Research and Control. J. R. Soc. encour. arts, manufact. and commerce 1971:249-263.

HASKELL, P. T.: 1971. Progrès récents en Acridologie et leurs implicationes dans le domaine de la protections des végétaux. *Acrida* 1:I-XIV.

HASKELL, P. T. & MORDUE, A. J.: 1970. The role of mouthpart receptors in the feeding behaviours of *Schistocerca gregaria*. *Ent. exp. et appl.* 12:591-610.

HAURY, CH. & NICKERL, O.: 1905. VII. Hmyz rovnokřidlý. In: Catalogus ins. faun. bohem. 14 pp.

HAUSER, B. & REGNER, J. C.: Une nouvelle blatte envahit nos maisons. *Rev. Mus. Genève* 103:2-4.

HEERDT, P. F. VAN: 1953. The variability of the forceps in the male common earwig *Forficula auricularia* L. (Dermapt.). *Ent. Ber.* 14:383-385.

HEER, E.: 1974. Die Heuschrecken im nördlichen vorwiegend nordwestlichen Schwarzmeergebiet. Jahrb. 1974 der Dobrudscha-Deutschen, p. 162-184. Heilbronn.

HELFERT, B. & SÄNGER, K.: 1975. Haltung und Zucht europäischer Heuschrecken (*Orthopt. Saltatoria*) im Labor. *Z. angew. Zool.* 1975:267-279.

HELVERSEN, D. V.: 1972. Gesang des ♂ und Lautschema des ♀ bei der Feldheuschrecke *Chorthippus biguttulus. J. comp. Physiol.* 81:381-422.

HELVERSEN, D. V. & HELVERSEN, O. V.: 1975. Verhaltensgenetische Untersuchungen am akustischen Kommunikationssystem der Feldheuschrecken (*Orth. Acrididae*). I. Der Gesang von Artbastarden zwischen *Chorthippus biguttulus* und *Ch. mollis. Ibid.* 104: 273-299.

HELVERSEN, D. V. & HELVERSEN, O. V.: 1975, II. Das Lautschema von Artbastarden zwischen *Chorthippus biguttulus* und *Ch. mollis. Ibid.* 301-323.

HELVERSEN, O. V. & WACHMANN, E.: 1968. Ein neuer Fundort der Sumpfgrille *Pteronemobius heydeni* (ISCHER). *Mitt. bad. Landesver. Naturk. u. Naturschutz, N.F.* 10:795-797. (vergl. bei UHRIG).

HEMMING, C. F.: 1970. Outbreaks and recession populations of the desert locust *Schistocerca gregaria* (FORSK.). *Bull. ent. Res.* 59:675-680.

HENDERSON, S. A.: 1961. Chromosome number and behaviour in the grasshopper *Pholidoptera. Heredity* 16:181-186.

HENDERSON, S. A.: 1961. The chromosomes of the British *Tetrigidae. Chromosoma (Berlin)* 12:553-572.

HENSON, H.: 1931. The wings of *Forficula auricularia* L. (Derm.). *Proc. R. ent. Soc. London (A)* 26:135-142.

HERBST, J. F. W.: 1786. Verzeichnis meiner Insectensammlung (FUESSLY, Arch. Insectengesch., Zürich und Winterthur, Fasc. 7 und 8).

HERMAN, O.: 1871. Die Dermapteren und Orthopteren Siebenbürgens. *Verh. Mitt. siebenbürg. Ver. Naturw. Hermannstadt*, 21:30-46.

HERRICH-SCHÄFFER, G.: 1829-1844. Fortsetzung zu PANZER: Fauna insectorum Germaniae inita. Heft 111-192. Regensburg.

HERRICH-SCHÄFFER, G.: 1840. Nomencl. ent. vol. 2, Verzeichnis der europäischen Ins., Orth. 1-31. Regensburg.

HEROLD, W.: 1949. Zur Verbreitung und Lebensweise von *Labidura riparia* PALL, *Entomon* 1:190-192.

HERTER, K.: 1943. Fortpflanzungsbiologie eines lebendgebärenden Ohrwurms, *Prolabia arachides* YERSIN. *Z. Morph. Ökol. Tiere* 40:158-180.

HERTER, K.: 1963. Zur Fortpflanzungsbiologie des Sand- und Uferohrwurms *Labidura riparia* PALL. *Zool. Beitr. N.F.* 8:297-329.

HERTER, K.: 1963. Weitere Beobachtungen über die Fortpflanzungsbiologie des Meerstrand-Ohrwurms, *Anisolabis maritima* BOL. *Sitzber. Ges. Naturforsch. Freunde Berlin (N.F.)* 3:103-116.

HERTER, K.: 1964. Zur Fortpflanzungsbiologie des Ohrwurms *Forficula pubescens* (GENE). *Zool. Beitr.* 10:1-28.

HERTER, K.: 1965. Vergleichende Beobachtungen und Betrachtungen über die Fortpflanzungsbiologie der Ohrwürmer. *Z. Naturforschg.* 20b:365-375.

HERTER, K.: 1965. Die Fortpflanzungsbiologie des Ohrwurms *Forficula auricularia* L. *Zool. Jb. Syst.* 92:405-466.

HERTER, K.: 1967. Weiteres zur Fortpflanzungsbiologie des Ohrwurms *Forficula auricularia* L. *Zool. Beitr. (N.F.)* 13:213-244.

HERTER, K.: 1970. Beobachtungen über den Gebrauch der "Zange" und über die Lebensdauer des Ohrwurms *Forficula auricularia* L. *Sitzber. Ges. Naturf. Freunde Berlin (N.F.)* 10:122-141.

HERTER, K. vergl. bei GÜNTHER, K.

HEWITT, G. M. & JOHN, B.: 1967. The B-Chromosome system of *Myrmeleotettix maculatus* (THUNBG.). 3. The statistics. *Chromosoma (Berlin)* 21:140-162.

HEWITT, G. M. & JOHN, B.: 1972. Inter-population sex chromosome polymorphism in the grasshopper *Podisma pedestris*. 2. Population parameters. *Ibid.* 37:23-42.

HEYMONS, R.: 1895. Embryonalentwicklung von Dermapteren und Orthopteren unter Berücksichtigung der Keimblätter-Bildung. 136 pp. Jena.

HINCKS, W. D.: 1951. *Tachycines asynamorus* ADELUNG in Cheshire. *J. Soc. Brit. Ent.* 3:249.

HINCKS, W. D.: Genitalia of *Dermaptera* vergleiche TUXEN.

HINCKS, W. D.: 1955. A systematic monograph of the *Dermaptera* of the world, part. I, *Pygidicranidae*, subf. *Diplatyinae*. Brit. Mus. (Nat. Hist.) VII-IX + 1-132.

HINCKS, W. D.: 1959. Desgleichen, II. *Pygidicranida* excluding *Diplatyinae*. *Ibid.* I-XI + 1-218.

HISINGER, E.: 1861. Öfversigt af Finlands hittils kända *Orthoptera*. Helsingfors.

HODGSON, C. J.: 1963. Some observations on the habits and life history of *Tetrix undulata* (SOW.). *Proc. R. Ent. Soc. London (A)* 38:200-205.

HÖLZEL, E.: 1955. Heuschrecken und Grillen Kärntens. Carinthia II, 19. Sonderheft 112 pp.

HÖLZEL, E.: 1960. Schaben, Fangschrecken und Ohrwürmer aus Kärnten. *Ibid.* 70 bzw. 150:147-178.

HÖRMANN-HECK, S.: 1957. Untersuchungen über den Erbgang einiger Verhaltensweisen bei Grillenbastarden (*Gryllus campestris* L. × *G. bimaculatus* DE GEER). *Z. Tierpsychol.* 14:137-183.

HOFMANN, J.: 1960. Les Orthoptères du Luxembourg. Arch. Inst. Gr. duc. Luxembourg.

HOHORST, W.: 1937. Die Begattungsbiologie der Grille *Oecanthus pellucens* SCOP. *Z. Morph. Ökol. Tiere* 32:227-275.

HOLGERSEN, H.: 1949. Nye og gamle fum avarttvinger (Orthoptera) Rogaland. Stvang. Mus. Arbock 59:93-95. Stavanger 1950.

HOLLIS, D.: 1967. New combinations affecting the genus *Aiolopus* and a description of a related new genus and species from Australia. *J. nat. Hist.* 1:157-162.

HOLLIS, D.: 1968. A revision of the genus *Aiolopus* FIEBER. *Bull. Brit. Mus. (Nat. Hist.). Ent.* 22:309-355.

HOLST, K. TH.: 1965. Om *Conocephalus dorsalis* LATR. (sivgraeshoppen) in Danmark. *Flora og Fauna* 71:61-64.

HOLST, K. TH.: 1966. Tre sjaeldne markgraeshopper in Danmark. *Ibid.* 72:37-38.

HOLST, K. TH.: 1969. The distribution of *Orthoptera* in Denmark, Scania and Schleswig-Holstein. *Ent. Medd.* 37:413-442.

HORRIDGE, G. A.: 1961. Pitch discrimination in locust. *Proc. R. Soc. B* 155:218-231.

HOULBERT, C.: 1924. Thysanoures, Dermaptères et Orthoptères de France et de la faune européene. I, 377 pp.; Paris.

HOULBERT, C.: 1927. Desgleichen, II, 357 pp. Paris.

HRDY, I.: 1961. Contribution to the knowledge of European species of the genus *Reticulitermes* (HOLMGREN). *Acta Faun. Ent. Mus. Nat. Pragae* 7:97-107.

HUBER, F.: 1955. Über die Funktion der Pilzkörper (Corpora pedunculata) beim Gesang der Keulenschrecke *Gomphocerus rufus* L. *Naturwiss.* 42:566-567.

HUBER, F. & LOHER, W.: 1964. Experimentelle Untersuchungen am Sexualverhalten des ♀ der Heuschrecke *Gomphocerus rufus* L. *J. Ins. Physiol.* 10:13-36.

HÜTHER, W.: 1963. Über einige Heuschrecken der weiteren Umgebung von Braunschweig. *Bombus* 2:144.

HÜTHER, W.: 1959. Beitrag zur Kenntnis der pfälzischen Geradflügler. Pollichia 3. Reihe, 6:169-179.

HUGHES, G. M.: 1957. The co-ordination of insect movements. II. The effect of limb amputation and the cutting of commissures in the cockroach (*Blatta orientalis*). *J. Exp. Biol.* 34:306-333.

HUNTER-JONES, P.: 1956. Instructions for rearing and breeding *Locusta* in the laboratory. Anti-Locust Research Centre 1956:1-9.

HUNTER-JONES, P.: 1956. Egg development in locusts. The school Sci. Rev. p. 658-671 (A. R. 474).

HUNTER-JONES, P.: 1958. Laboratory studies on the inheritance of phase characters in Locusts. *A.R. Bull.* 29:1-32.

HUNTER-JONES, P.: 1962. Coloration of Desert Locust (*Schistocerca gregaria* FORSK.) reared in isolation. *Ent. Month. Mag.* 98:89-92.

HUNTER-JONES, P.: 1968. The effect of constant temperature on egg development in a desert locust *Schistocera gregaria* (FORSK.).

HUNTER-JONES, P.: 1970. Factors affecting egg-survival in Acridoidea. Session: Physiology and behaviour II. Proc. Int. Study Conf. current and future problems of Acridology, London 1970:111-115.

IBRAHIM, M. M.: 1958. Grundzüge der Organbildung im Embryo von *Tachycines* (Ins. Salt.). *Zool. Jb. Anat.* 76:541-594.

IDAR, M.: 1973. *Metrioptera roeselii* HGB., eb för Sverige ny vartbitare (Salt. Ensif.). *End. Tidskr.* 94:1-2.

IONESCU, M. A.: 1947. Un gryllide nouveau pour la faune de la Roumanie. *Notat, biol. Bucharest* 5:217-221.

IONESCU, M. A.: 1947. *Isoptera-Termitina.* Fam. *Mesotermitidae* HOLMGREN 1909. Fauna Ac. Rep. soc. Romania 1975.

JACOBS, W.: 1953. Verhaltensbiologische Studien an Feldheuschrecken. Beiheft 1 zur Z. f. Tierpsychologie, 288 pp.

JACOBS, W.: 1957. Einige Probleme der Verhaltensforschung bei Insekten, insbesondere Orthopteren. *Experentia* 13:97-104.

JACOBS, W.: 1957. Über regionale Unterschiede des Verhaltens (Gesang) bei Feldheuschrecken. Ber. 8. Wandervers. *Deutsch. Ent.* 1957. München, 11:15-32.

JACOBS, W.: 1963. Über das Singen der Feldheuschrecken *Chorthippus biguttulus* in verschiedenen Bereichen Mittel- und Westeuropas. *Z. Tierpsychol.* 20:446-460.

JACOBSON, G. G. & BIANCHI, W. L.: 1905. Geradflügler und unechte Netzflügler des Russischen Imperiums angrenzender Länger. St. Petersburg X + 952 pp. (russ.).

JAGO, N. D.: 1963. Arevision of the genus *Calliptamus* SERVILLE. *Bull. Mus. (Nat. Hist.) Ent.* 13:289-350.

JAGO, N. D.: 1971. A review of the *Gomphocerinae* of the world with a key to the genera. 12Proc. Ac. Nat. Sci. Philadelphia 123:205-343.

JAKOVLEV, V. & KRÜGER, F.: 1953. Vergleichende Untersuchungen zur Physiologie der Transpiration der Orthopteren. *Zool. Jb.* 64:267-428.

JAKOVLEV, V. & KRÜGER, F.: 1954. Untersuchungen zur Transpiration der Hausgrille (*Gryllus domesticus* L.). *Z. vergl. Physiol.* 37:57-77.

JAKOVLEV, V. & KRÜGER, F.: 1955: Untersuchungen über die Vorzugstemperatur einiger Acrididen. *Biol. Zentralbl.* 73:633-650.

JAKOVLEV, V. & KRÜGER, F.: 1957. Der Wasserhaushalt der Insekten. *Umschau* 57:303-305.

JANDER, R. & BARRY, CH.: 1968. Die phototaktische Gegenkopplung von Stirnocellen und Facettenaugen in der Phototropotaxis der Heuschrecken und Grillen. *Z. vergl. Physiol.* 57:432-458.

JANNONE, G.: 1938. Osservazioni sulla presenza, struttura e funzione d'una vesicola ghiandolare confinata nel protoroace delle specie mediterranee del gen. *Acrotylus* FIEB., con particolare riguardo *A. insubricus* SCOP.). *Boll. Lab. Zool. gen. agr. Portici* 31: 41-62.

JANNONE, G.: 1938. Nuovi contributi alla conoscenza della fauna delle isole italiane dell' Egeo IX. *Ibid.* 30:163-168.

JANNONE, G.: 1939-41. Contributi alla conoscenza dell'ortotterofana italica 3. Note systematische e biologische sul *Troglophilus andreiini* CAPRA delle grotte 'La Grave' di Casellana (Bari). *Ibid.* 31:205-209.

JEEKEL vergl. KRUSEMAN

JOHN, B., LEWIS, K. B. & HENDERSON, S. A.: 1960. Chromosome abnormalities in a wild population of Chorthippus brunneus. Chromosoma (Berlin) 11:1-20.

JOHN, B. & NAYLOR, B.: 1961. Anomalous chromosome behaviour on the germ line of *Schistocerca gregaria. Heredity* 16:187-198.

JOHN, B. & HEWITT, G, M.: 1970. Inter-population sex chromosome polymorphism in the grasshopper *Podisma pedestris.* I. Fundamental facts. *Ibid.* 31:291-308.

JOHN, B.: 1972. Population Polymorphismus bei *Podisma pedestris. Proc. R. Ent. Soc. London* 37:1, 6-7.

JOHNSEN, P.: 1972. Alar-notal and tegmino-alar sound production in the African *Glauia* and *Acinipe (Acrid., Pamphagidae)* with notes on their behaviour. *Nature Jutlandica* 16: 59-80.

JOHNSEN, P.: 1974. Contribution to the knowledge of the *Dermaptera*, *Orthoptera* and *Dictyoptera* of the Canary Islands. *Ibid.* 17:27-57.

JOHNSTONE, D. R.: 1972. A differentil thermistor thermometer for measuring temperature gradients in the vicinity of the ground. *East African Agri. et Forest. J.* 37:300-307.

JOHNSTON, H. B.: 1956. Annotated catalogue of African grasshoppers. Cambridge, 833 pp.

JOHNSTON, H. B.: 1968. Desgl. Supplement. Cambridge, 448 pp.

JONES, M. D. R.: 1966. The Acoustic behaviour of the bush cricket *Pholidoptera griseoaptera.* 1. Alternation, synchronism and rivalry between males. *J. Exp. Biol.* 45:15-30.

JONES, M. D. R.: 1966. Desgleichen 2. Interaction with artificial sound signals. *Ibid.* 45:31-44.

JONES, M. D. R. & DAMBACH, M.: 1973. Response to sound in crickets without tympanal organs (*Gryllus campestris* L.). *J. comp. Physiol.* 87:89-98.

JORDAN, K. H. C.: 1932/35. Die Orthopteren der Oberlausitz. *Isis Budissina* 13:142-152.

JORDAN, K. H. C.: 1959. Beitrag zur Orthopterenfauna von Südwest-Sachsen. *Nachrbl. Oberlaus. Ins. Freunde* 3:79-86.

KADOCSA, G.: 1952. A magyarországi sáskajárások és idöszakosságuk *Ann. Inst. Prot. Plant.* 5:87-104 (Wanderheuschrecken, ungar.).

KALTENBACH, A. vergl. auch beim Literaturverzeichnis *Mantodea* und *Saginae.*

KALTENBACH, A.: 1964. Ergebnisse der Albanien Expedition des Deutsch. Entomolog. Instituts, 19. Beitrag: *Mantidae* und *Phasmodea. Beitr. Ent.* 14:239-244.

KALTENBACH, A.: 1964. Zur Taxonomie und Synonymie des *Platycleis-grisea*-Artenkreises. *Ann. Naturhist. Mus. Wien* 67:439-442.

KALTENBACH, A.: 1964. Orthogenese und geographische Verbreitung bei westpaläarktischen Gottesanbeterinnen (*Mantidae*) und Laubheuschrecken (*Tettigoniidae*). *Verh. Zool. Bot. Ges. Wien* 103:62-81.

KALTENBACH, A.: 1967. *Gampsocleis glabra* (HERBST) und *Homorocoryphus nitidulus* (SCOPOLI), zwei faunistisch bemerkenwerte Heuschrecken im Naturschutzgebiet 'Fischawiensn' bei Gramatneusiedel, Niederösterreich. *Z. Arbeitsgem. österr. Ent.* 19:35-37.

KALTENBACH, A.: 1967. *Mantodea* und *Saltatoria* aus Griechenland. *Ann. Naturhist. Mus. Wien* 70:183-199.

KALTENBACH, A.: 1969. *Saginae* und *Decticinae* aus Israel I. *Ibid.* 73:333-338.

KALTENBACH, A.: 1970. Zusammensetzung und Herkunft der Orthopteren-Fauna im pannonischen Raum Österreichs. *Ibid.* 74:159-186.

KALTENBACH, A.: 1971. Geographische Verbreitung und Artenverteilung der *Decticiinae* in der paläarktischen Region. *Ibid.* 75:453-459.

KARABAG, T.: 1951. Revision of the genus *Anterastes* BR, *Ann. Mag. nat. Hist. London, Ser* 12, 4:1043-1051.

KARABAG, T.: 1950. Revision of the genus *Bucephaloptera* EBNER. *Eos*, Sonderband 1950:275-282.

KARABAG, T.: 1952. A new species of *Pholidoptera* from the Dodecanese Island. *Rev. Fac. Sci. Istanbul, Ser. B*, 17:135-137.
KARABAG, T.: 1952. Six new *Decticinae* from Turkey. *Proc. R. Ent. Soc. (B)* 21:27-34.
KARABAG, T.: 1956. Some new and less known *Tettigoniidae* from Turkey. *Comm. Fac. Sci. Univ. Ankara* 5:1-19.
KARABAG, T.: 1956. Some new and less known *Acrididae* from Turkey. *Eos* 32:125-134.
KARAGAG, T.: 1957. Some new *Orthoptera* from Turkey. *Comm. Fac. Sci. Ankara* 8:13-18.
KARABAG, T.: 1958. The *Orthoptera* fauna of Turkey. A synonymic and distributional catalogus of Turkish *Orthoptera*. T. C. Ankara Univ. Fen. Fak. Yayinl. Istanbul, 81 (Zool. 4): 198 pp.
KARABAG, T.: 1961. Revision of *Drymadusa* STEIN and related genera. *Bull. Brit. Mus. (Nat. Hist.) Entomol.* 11:1-41.
KARABAG, T.: 1961. Some new and little known *Pholidopterini* from Turkey. *Bull. Res. Conc. Israel* 10B:107-114.
KARABAG, T.: 1962. Some new and little known *Phaneropterinae* from Turkey. *Proc. R. Ent. Soc. London (B)* 31:4-10.
KARABAG, T.: 1962. Some interesting *Acroidea* from Turkey. *Ann. Mag. Nat. Hist. Ser.* 13, 6/677-682.
KARABAG, T.: 1964. Some new species and new records of *Tettigoniidae* from Turkey. *Comm. Fac. Sci. Univ. Ankara, Ser. C.* 13:36-55.
KARABAG, T.: 1975. Studies in the Turkish *Orthoptera*. I. New species and less known *Tettigoniidae*. *J. Nat. Hist.* 9:337-350.
KARAMAN, M.: 1958. Beitrag zur Kenntnis der Orthoptern-Fauna der Umgebung von Skopje. *Zast. bilja. nr.* 45:111-113 (jugoslaw., deutsch. Zus.).
KARAMAN, M.: 1958. Neue Orthopterenarten aus Jugoslawien, insbesondere aus Mazedonien. *Biol. Glasn.* 11:35-44.
KARAMAN, M.: 1959. Sur une sauterelle de Macedonie, *Melanoplus frigidus dimovskii* n. ssp. *Bull. Soc. Ent. Mulh.* 1959:84-86.
KARAMAN, M.: 1960. Beitrag zur Kenntnis der Gattung *Pholidoptera* WESM. in Macedonien. *Phragm. Balcan.* 3:21-30.
KARAMAN, M.: 1960. Tetrigidae Mazedoniens. *Zast. bilja* nr. 57-58:145-161.
KARAMAN, M.: 1960. *Metaplastes ornata* RME. une nouvelle sauterelle pour la faune Yougoslave. *Bull. Soc. Ent. Mulh.* 1960, 3 pp.
KARAMAN, M.: 1961. Beitrag zur Kenntnis der Orthopteren Jugoslawiens. *Fragm. Balcan.* 4:37-48.
KARAMAN, M.: 1961. Beitrag zur Kenntnis der Orthopteren Mazedoniens. *Mitt. Münch. Ent. Ges.* 51:111-117.
KARAMAN, M.: 1965. Beitrag zur Systematik der Familie *Tetrigidae* Europas. *Acta Ent. Mus. Nat. Pragae* 36:403-408.
KARAMAN, S.: 1967. Contribution à la connaissance de la phase migratrice de *Homorocoryphus nitidulus* (SCOP.) et le problème de la validité de la ssp. *H. nitidulus vicinus* (WALK.). *Bull. Soc. Ent. Mulh.* 1967:33-36.
KARAMAN, S.: 1967. Contribution à la connaisance des espèces, européennes du genre *Miramella* DOVN. ZAP. *Ibid.* 1967:83-90.
KARAMAN, S.: 1974. Beitrag zur Kenntnis der Art *Poecilimon affinis* (FRIV.). *Reichenbachia* 15: 23-32.
KARAMAN, Z.: 1958. Die Höhlenorthopteren Jugoslawiens. *Jahrb. Land--u. Forstwirtschaft Fa. Univ. Skopje* 11:211-238.
KARAMAN Z.: 1968. Neue vertreter der Höhlenfauna Mazedoniens. *Fragm. Balcanica* 6: 197-205.
KARAWAJEW, W.: 1929. Eine neue *Myrmecophila*-Art vom Kaukasus und der Krim. *Mem. Sci. Phys. Math. Ukraine* 13:63-64.
KARNY, H.: 1907. Die Orthopteren des Küstengebietes von Österreich-Ungarn. *Berlin. ent. Z.* 52:17-52.

KARNY, H.: 1912. In CAUDELL: Genera Insectorum. *Listrocelinae* 131, *Conocephalina* 135, 17 pp, *Meconominae, Phyllophorinae, Tympanophorinae, Phasgoninae, Phasmodinae, Bradyporinae* 137, *Cophiphorina* 138, 50 pp., *Ephippigerinae* 140, 10 pp., *Agraeciinae* 141, 47 pp.

KARNY, H.: 1918. Zwei neue Laubheuschrecken aus Albanien. *Verh. Zool. bot. Ges. Wien*, 1918:35-39.

KELCH, A.: 1852. Grundlage zur Kenntnis der Orthopteren Oberschlesiens. Ratibor.

KENDALL, M.: 1970. The anatomy of the tarsi of *Schistocerca gregaria* FORSKAL. *Z. Zellforsch.* 109:112-137.

KENDALL, M.: 1972. Glandular Epidermis on the tarsi of the Desert Locust *Schistocerca gregaris* FORSKAL. *Acrida* 1:121-147.

KENNEDY, J. S.: 1956. Phase transformation in locust biology. *Biol. Rev.* 31:349-370.

KENNEDY, J. S. & MOORSHOUSE, J. E.: 1969. Laboratory observations on locust responses to wind-borne grass odour. *Ent. exp. et appl.* 12:487-503.

KENNETH, U. C. & LANGLEY, P. A.: 1963. Studies on the initiation of *Locusta migratoria migratorioides* R. et F. J. *Ins. Physiol.* 9:363-373. II.

KENNETH, U. C. & LANGLEY, P. A.: 1963. Studies on the initiation of growth and moulting in *Locusta migratoria migratorioides* R. et F. III. The role of the frontal ganglion. *Ibid.* 411-421.

Desgl. IV. The relationship between the stomatogastric nervous system and neurosecretion. *Ibid.* 423-430.

KENNETH, U. C.: 1966. Histological changes in the endocrine system of *Locusta migratoria* L. associated with the growth of the adult under different temperature regimes. *Ibid.* 12:163-170.

KEY, K. H. L.: 1936. A revision of the genus *Paracinema* FISCH. *Trans. R. Ent. Soc. London* 85:379-399.

KIRBY, W. F.: 1904. A synoptic catalogue of *Orthoptera*. I (*Forficulidae, Hemimeridae, Blattidae, Mantidae, Phasmidae*. London 1905, 501 pp.

KIRBY, W. F.: 1906.: II. (*Orthoptera Saltatoria*, part. 1), London, 562 pp.

KIRBY, W. F.: 1910. III (*Orthoptera Saltatoria*, part 2). London, 674.

KIS, B.: 1957. Doua specii de Ortoptere noi pentru fauna republici pop. Romine. *Com. Ac.-Rep. Pop. Romine* 7:546-551.

KIS, B.: 1958. Date noi asupra speciei *Platycleis (Tesselana) vittata* CHARP. *Stud. Cerc. Biol. Cluj* 9:91-95.

KIS, B.: 1958. Ortopterele din Jurul Culjului, Partea 1. Stud. Univ. V. et BOLYAI Ser. 2, 3:151-156.

KIS, B.: 1959. Desgl. Partea 2. *Ibid.* 105-112 (rumän., franz. Zus.).

KIS, B.: 1959. Adtok a *Pholidoptera aptera* F. elterjedéséhez a Keleti. és Déli Kárpátokban. *Rov. Kö. z. Fol. Ent. Hung.* 12:83-90 (ungar.).

KIS, B.: 1960. Revision der in Rumänien vorkommenden *Isophya*-Arten. *Acta Zool. Ac. Sci. Hung.* 6:349-369.

KIS, B.: 1960. Gynandromorphe Exemplare von *Isophya modesta* FRIV. *Fol. Ent. Hung.* 13: 163-166 (ungar. m. deutsch. Zus.).

KIS, B. & BAZYLUK, W.: 1960. *Mesotettix (Uvarotettix) transsylvanicus* subgen. n. et sp. n. de Roumanie. *Ann. Zool. Polska Ac. Sci.* 18:257-363.

KIS, B.: 1960. Contribution à l'étude des orthoptères des environs de Craiova (rumän., franz. Zus.). Stud. Univ. BABES-BOLYAY, Ser. 2, Fasc. 2 Biol. 127-138.

KIS, B.: 1961. Beiträge zur Orthopterenfauna des Cozia-Gebirges. *Fol. Ent. Hung.* 14: 423-432.

KIS, B.: 1961. Nowy wid roda *Odontopodisma* DOV.-ZAP. is rumynskoj narodnoj republiki. *Ent. Obosr.* 40:359-362 (russ., deutsch. zus.).

KIS, B.: 1962. Zur Kenntnis der in Rumänien vorkommenden *Poecilimon*-FISCH. Arten. *Fol. Ent. Hung.* 14:117-139.

KIS, B.: 1962. Revision der in Rumänien vorkommenden *Bradyporinae*-Arten. *Mitt. Münch. Ent. Ges.* 52:115-122.

KIS, B.: 1962. Contribution à la connaisance du sous-genre *Chorthippus* s. szr. de Roumanie. Ser. Biol. 1962 Fasc. 1 Stud. Univ. BABES-BOLYAY: 89-99 (rumän., franz. Zus.).

KIS, B.: 1962. Die Orthopterengattung *Odontopodisma* DOVN.-ZAP. *Acta Zool. Ac. Sci. Hung.* 8:87-105.

KIS, B.: 1963. Les Orthoptères de Dobroudja. Stud. Univ. BABES-BOLYAY, Ser. Biol. Fasc. 2:88-193 (rumän., franz. Zus.).

KIS, B.: 1965. Zubovskia banatica, eine neue Orthopterenart aus Rumänien. *Reichenbachia* 5:5-8.

KIS, B.: 1966. Contributions to the knowledge of the forest pest *Isophya speciosa* FRIV. Stud. Univ. BABES-BOLYAY. Ser. Biol. Fasc. 2:77-85 (rum:an., engl. Zus.).

KIS, B.: Contribution a la connaissance des *Tettigonioidea* de la région de Jassy. *An. Stint. Univ. Iasi, Sect.* 2, 13:83-88.

KIS, B.: 1967. Zur Frage über *Jaquetia hopodar* SAUSS. *Reichenbachia* 8:105-109.

KIS, B.: 1967. *Gryllus (Modicogryllus) chopardi – eine neue Orthopterenart aus Rumänien.Reichenbachia* 8:267-270.

KIS, B.: 1967. Entomofauna de fôrets du sud de la Dobroudja. Ord. Orthoptera. *Trav. Mus. Hist. Nat. G. Antipa* 7:107-113.

KIS, B. & KÓNYA, I.: 1967. Contributi la Cuncasterea Ortopterelor din Imperejurimile Orasulai Tirgu Mures, Studii si Materiale 1967 Mus. Jud. Tirgu Mures p. 1-7.

KIS, B. & VASILEU, M. A.: 1968. Ord. *Mantodea* et *Orthoptera* in: L'Entomofauna de l'ile de Letea (Delta du Danube). *Trav. Mus. Hist. nat.* G. ANTIPA 9:75-80.

KIS, B.: 1970. Zoogeographical division into districts of Romania on the bases of the *Orthoptera* fauna. Stud. Univ. BABES-BOLYAY, Ser. Biol., Fasc. 1:113-125 (rumän. m. engl. Zus.).

KIS, B. & VASILIA, A. M.: 1970. Kritisches Verzeichnis der Orthopterenarten Rumäniens. *Trav. Mus. Hist. Nat.* G. ANTIPA, 10:207-227.

KIS, B.: 1971. Consideratiuni Ecologice si Zoogeografice, asurpa de Ortoptere din delta Dunarii. Peuze, Mus. Delta Dunarii Tulcea p. 369-371.

KIS, B. & VASILIA, M. A.: Ord. *Blattodea, Mantodea, Orthoptera* et *Dermaptera. Tarv. Mus. Hist. Nat.* G. ANTIPA 12:117-124.

KIS, B. & KÓNYA, I.: 1972. Ortopterele din Cimpia Transilvaniei. *Studii si Materiale* 3-4:1-11.

KIS, B.: 1974. Tridactyloidee si Tetrigoidee din Imprejurimile Craiovei. Studii si cercetari. *Slatina* 1974:209-212.

KIS, B.: 1975. *Blattodea, Mantodea, Orthoptera* si *Dermaptera*. Fauna Ac. Rep. soc. Romania, p. 73-75.

KLEINOW, W.: 1966. Untersuchungen zum Flügelmechanismus der Dermapteren. *Z. Morph. Ökol. Tiere* 36:303-416.

KLEINOW, W.: 1971. Morphometrische Untersuchungen an den Flugapparaten flugfähiger Dermapteren. *Zool. Anz. Leipzig* 187:175-184.

KNABEN, N.: 1943. Oversikt over Norges *Orthoptera. Bergens Mus. Aarbok* 1943, 2:1-44.

KNECHTEL, W. K. & POPOVICI-BIZNOSEANU, A.: 1959. *Orthoptera (ordinele: Saltatoria, Dermaptera, Blattodea, Mantodea)*. In: Fauna Republ. Pop. Romîne. Bucurestim vol. 7, 336 pp.

KNETSCH, H.: 1939. Die Korrelation in der Ausbildung der Tympanalorgane, der Flügel, der Stridulationsapparate und anderer Organsysteme bei den Orthopteren. *Arch. Natgesch. N.F.* 8:1-169.

KNIPPER, H.: 1955. Zur Systematik. Biologie, insbesondere Schwarmbildung und Morphometrie afrikanischer *Homorocoryphus*. Veröff. Überseemus. Bremen, Reihe A 2:277-318.

KNIPPER, H.: 1958. Weitere Beitrage zum Vorkommen von *Gampsocleis glabra* (HERBST 1786) in der Lüneburger Heide. *Verh. Ver. naturw. Heimatforsch, Hamburg*, 23:16-24.

KNIPPER, H.: 1958. Bemerkenswerte Heuschrecken aus dem Naturschutzpark Lüneburger Heide. *Bombus* 2:41-44.
KNIPPER, H.: Desgleichen, II. *Ibid.* p. 53.
KNIPPER, H.: Vergleiche auch bei MCE. KEVAN.
KNOERZER, A.: 1942. Grundlagen zur Erforschung der Orthopteren und Dermapteren Südostbayerns. *Mitt. Münch. Ent. Ges.* 32.
KNOERZER, A.: 1939. Über Fundorte bemerkenswerte Heuschrecken. *Ibid.* 29:370-372.
KOMAROWA, G. F.: 1974. Biologie von *Chorthippus dichrous* (EV.) unter den ökologischen Umständen der Wermut (*Artemisia*)-Steppe. Fauna i ekeologija schiwotnych (russische Sammelarbeit). Moskau 1974:80-94.
KOPYSOW, W. A.: 1970. Über die Geradflüglerfauna des Kirowk-Gebietes. Lehrbrief 31 d. Naturwiss.-Geophysikal. Fakult. Kathed. Zoologie 1970:28-45.
KOPYSOW, W. A.: 1970. Bestimmung der Geradflügler des Kirowsk-Gebietes. *Ibid.* 46-71.
KOPYSOW, W. A.: Zur Phänologie der Orthopteren aus der Umgebung von Korowo. *Ibid.* p. 78-83.
KRAUSE, G.: 1939. Die Regulationsfähigkeit der Keimanlagen von *Tachycines* im Extraovoversuch. *Arch Entwicklungsmech. Organism.* 139:639-723.
KRAUSS, F.: 1883. Beobachtungen über das Zirpen der Höhlenschrecke *Troglophilus cavicola* KOLLAR. *Verh. zool. bot. Ges. Wien* 33:1-9.
KRAUSS, H.: 1878. Die Orthopterebfauna Istriens. *SB. Ak. Wiss. Wien, Math. naturw. Kl.* (I), 78:451-544.
KRAUSS, H.: 1886. Beitrage zur Orthopterenkunde. *Ibid.* 86:140-141.
KRAUSS, H.: 1887. Die Dermapteren und Orthopteren Siziliens. *Verh. Zool. bot. Ges. Wien* 37:1-122.
KRAUSS, H.: 1888. Beitäge zur Orthopterenkunde 2. Theil. *Ibid.* 38:567-576.
KRAUSS, H.: 1888. *Orthoptera* duo nova insula Lesina Dalmatina. *Wien. Ent. Z.* 7:117-118.
KRAUSS, H.: 1890. Erklärung der Orthopterentafeln J. L. SAVIGNY's in der Description de l'Egypte. *Verh. k.-k. Zool.-bot. Ges. Wien* 1890:262.
KRAUSS, H.: 1905. Beitrag zur Orthopterenfauna Montenegros. *Sb. k. böhm. Ges. Wissensch.* 2. Cl. 1904:5-6.
KRAUSS, H.: 1915. Bericht über Sardinische Orthopteren. *Arch. Naturgesch.* 81 (A2):121-122.
KRAUSS, H.: 1920. Die Orthopteren Domenico Cirillos. *Ent. Mitt. Berlin-Dahlem*, 9:33-42.
KRAUSS, H.: 1928. Orthopteren der Balearen. *Ent. Mitt.* 17:142-146.
KRAUSCH, H. D.: 1966. Die Invasionen der Wanderheuschrecke (*Locusta migratoria* L.) in die Niederlausitz. Beitr. z. Tierwelt d. Mark III, Veröff. Bez. Heimatmus. Potsdam, Heft 12:5-25.
KREMER, H.: 1960. Beiträge zur Analyse des ♂-Gesangs und zur Biologie von *Chorthippus montanus* (CHARP.). Inaug. Diss. Univ. München 1960, 62 pp.
KRIFFE, O.: 1941. Om Orthoptera i Sør Norge. *Norskent. Tijdshr.* 6:40-43.
KRITZKAJA, I. G.: 1971. Besonderheiten trophischer Beziehungen bei der Subspezie von *Chorthippus macrocerus. Lehrbriefe Naturwiss. Geophysikal. Fakult. Kathed. Zool.* 465:23-39. (Russ.).
KRONMARCK, H.: 1955. Vergleichende Untersuchungen über die Beziehungen zwischen der Ausbildung der Flügel, Ausbildung der Flugmuskulatur und Flugvermögen bei Laubheuschrecken. Inaug. Diss. Univ. München 1955, 90 pp.
KRUSEMAN, G. & JEEKEL, C. A. W.: 1964. Une nouvelle espèce de Steropleurus BOLIVAR 1878, des Pyrénées françaises. *Beaufortia* 11:33-36.
KRUSEMAN, G. & JEEKEL, C. A. W.: 1968. Le mâle *d'Antaxius chopardi* MOR.AGACINO 1936. *Ibid.* 15:127-129.
KRUSEMAN, G. & JEEKEL, C. A. W.: 1967. *Stenobothrus rubicundus* (GERMAR 1817): an invalid name. *Ent. Ber.* 27:78-80.
KRUSEMAN, G. & JEEKEL, C. A. W.: 1973. Een exemplaar van *Euthystira brachyptera* (OCSK.) in Nederland gevonden. *Ibid.* 33:66-67.

KRUSEMAN, G.: 1974. De Europese treksprinkhaan in de Benelux. Natura Mei 1974:76-92.

KUBACKA, M.: 1956. Materialy do fauny prostoskrzydlych (*Orthoptera*) powiatu koninskiego (woj. poznanskie) Wstep. *Zsz. Nauk. Univ. A. Mickiewicza* 19:59-67 (poln.).

KÜHLHORN, F.: 1953. Süddeutsche Orthopteren. *Nachrbl. Bayer. Ent.* 2:71-72, 75-78.

KÜHLHORN, F.: 1955. Beitrag zur Verbreitung und Ökologie der Geradflügler des Harzes und seines südlichen und östlichen Vorlandes. *Deutsch. E. Z. N.F.* 2:279-295.

KÜHNELT, W.: 1960. Verbreitung und Lebensweise der Orthopteren der Pyrenäen. *Zool. Beitr. N.F.* 5:557-580.

KUK-MEIRI, S., LICHTENSTEIN, N., SHULOV, A. & PENER, M. P.: 1966. Cathepsin-type proteolytic activity in the developing eggs of the African migratory locus (*Locusta migratoria migratorioides* R. et F.). *Comp. Biochem. Physiol.* 18:783-795.

KUNTZE, R.: 1931. Vergleichende Beobachtungen und Betrachtungen über die xerotherme Fauna in Podolien, Brandenburg, Österreich und der Schweiz. *Z. Morph. Ökol. Tiere* 21:629-690.

KUNZ, W.: 1966. Zur Chromosomenstruktur in den Oocyten der Heuschrecke *Locusta migratoria* L. *Naturwissenschaften* 53:23.

KUNZ, W.: 1967. Lampenbürstenchromosomen und multiple Nukleonen bei Orthopteren. *Chromosoma (Berlin)* 21:446-462.

KUTSCH, W.: 1969. Neuromuskuläre Aktivität bei verschiedenen Verhaltensweisen von drei Grillenarten. *Z. vergl. Physiol.* 63:335-378.

KUTSCH, W. & USHERWOOD, P. N. R. 1970. Studies of the innervation and electrical activity of slight muscles in the locust *Schistocerca gregaria. J. Exp. Biol.* 52:299-312.

KUTSCH, W. & HUBER, F.: Zentrale versus periphere Kontrolle des Gesanges von Gryllen (*Gryllus campestris*). *Z. vergl. Physiol.* 67:140-159.

KUTSCH, W.: 1971. The development of the flight pattern in the desert locus *Schistocerca gregaria. Ibid.* 74:156-168.

KUTSCH, W. & OTTO, D.: 1972. Evidence for spontaneous song production independent of head ganglia in *Gryllus campestris* L. *J. comp. Physiol.* 81:115-119.

KUTSCH, W.: 1973. The influence of age and culture-temperature on the wing-beat frequency of the migratory locust, *Locusta migratoria. J. Ins. Physiol.* 19:763-772.

KUTSCH, W.: 1974. The development of the flight pattern in locusts. In: BARTON BROWN, L.: Experimental analysis of insect behaviour. Berlin-Heidelberg-New-York.

LA BAUME, W.: 1910. Über Vorkommen und Lebensweise von *Barbitistes constrictus* BR. *Z. wiss. Insbiol.* 6(15):104-107.

LA BAUME, W.: 1910. Die afrikanischen Wanderheuschrecken. *Beihefte Tropenpflanzer* 11:65-128.

LA BAUME, W.: 1917. *Dermapera* und *Orthoptera*. In: Ergebnisse einer von FR. SCHUMACHER und A. SPANEY unternommenen zoologischen Reise nach den nordwestlichen Balkangebieten. I. *Mitt. Zool. Mus. Berlin* 8:315-332.

LA BAUME, W.: 1920. Die Geradflügler Westpreußens. 3. Beitrag zur Kenntnis der westpreußischen Ohrwürmer und Heuschrecken (*Dermaptera* und *Orthoptera*). *Naturforsch. Ges. Danzig, N.-F.* 15:143-185.

LA GRECA, M.: 1947. Su due specie di *Cyrtacantacrinae* nuovo per l'Italia peninsulare, con note ecologiche. *Boll. Soc. Nat. Napoli* 56:4 pp.

LA GRECA, M.: 1948. Su una particolare maniera di deambulazione di un Acridide: *Tropidopola cylindrica* (MARSH.). *Boll. Zool.* 14:83-104.

LA GRECA, M.: 1948. Primo contributo alla conoscenca degli Ortotteri del Matese. *Boll. Soc. Nat. Napoli* 57:1-14.

LA GRECA, M.: 1948. Una specie nuova di *Chorthippus* del Trentino. *Boll. Soc. Ent. Italiana* 78:71-73.

LA GRECA, M.: 1948. Note sull'ortotterifauna dell'Italia meridionale. *Boll. Soc. Nat. Napoli* 57, 8 pp.

LA GRECA, M.: 1950. Note su alcuni interessanti Mantodei e Orttoteri dell'Italia meridionale. *Boll. Soc. Nat. Napoli* 59:1-8.

LA GRECA, M.: 1951. Osservazioni sulla costituzione della fauna ortotterologica degli Appenini. *Boll. Zool.* 18:197-202.
LA GRECA, M.: 1951. Sulla distribuzione ed origine della fauna Ortotterologica degli Appennini. *Ann. Ist. Mus. Zool. Mus. Univ. Napoli* 3:30 pp.
LA GRECA, M.: 1951. Un nuovo Decticino dell'archipelago Pontino. *Ibid.* 4:1-6.
LA GRECA, M.: 1954. Le *Cophopodisma* dell'Appennino et il loro differenziamento infraspecifico. *Ann. Ist. Mus. Zool. Univ. Napoli* 6:1-20.
LA GRECA, M.: 1954. Su alcuni Mantodei e Ortotteri italiani poco noti. *Ibid.* nr. 12:1-11.
LA GRECA, M.: 1955. Studio biometrico di popolazioni italiane di *Chorthippus brunneus* (THBG.) e di *Chorthippus mollis* (CHARP.). *Arch. Zool. Italiano* 40:1-22.
LA GRECA, M.: 1955. Richerche sulla fauna delle Tremite e de Pianosa III. Il popolamento ortotterologico delle Isole Temiti e di Pianosa. *Boll. Zool.* 22:121-132.
LA GRECA, M.: 1957. Considerazioni sull'origine della fauna siciliana. *Ibid.* 24:593-631.
LA GRECA, M.: 1957. A proposito della origine dei *Podismini* in Europa. *Boll. Soc. Nat. Napoli* 65:1-6.
LA GRECA, M.: 1957. L'ortotterofauna Pugliese ed el suo significato Biogeografico. Mem. Biogeograf. *Adriatica* 4:33-170.
LA GRECA, M.: 1961. La differenziazione subspecifica in *Troglophilus andreinii* CAPRA. *Bol. Soc. Ent. Ital.* 91:86-90.
LA GRECA, M.: 1961. Considerazioni sull'origine e la constituzione della Fauna di Sicilia. *Arch. Bol. Biol. Italia* 37 ser. 4a 6:1-23.
LA GRECA, M.: 1962. Sui significato della presenza di forme brachiterre nel popolamento entomologico delle alte montagne. *Verh. Deutsch. Zool. Ges. Wien* 1962:664-672.
LA GRECA, M.: 1962. Tipi fondamentali di distribuzione geografica degli elementi della fauna italiana. *Arch. Bot. Biogeograf. Ital.* 38 Ser. 4, 7 Fasc. 2/3:1-9.
LA GRECA» M.: 1962. Un nuovospecie di Ortottero dunicolo (*Dociostaurus minutus* n.sp.) paleoendemita di Sicilia. *Boll. Ac. Gioen. Sci. nat. Catania. Ser.* 4, 7:115-122.
LA GRECA, M.: 1963. Origine ed evolzuione degli insetti. *Atti Ac. Naz. Ital. Ent. Rediconti* 10:62-90.
LA GRECA, M.: 1963. Considerazioni sul popolamento faunistico della Sila. *Arch. Bot. Biogeograf. Ital.* 39, 4. *Ser.* 8, *Fasc.* 4:1-20.
LA GRECA, M.: 1964. Le *Tropidopola italiane* con osservazioni sulle specie presenti nella regione mediterranea. *Ann. Ist. Mus. Zool. Univ. Napoli* 16:1-23.
LA GRECA, M.: 1964. Revisione degli Efippigeridi di Sicilia. *Atti Ac. Gioen. Sci. Nat. Catania, Ser.* 6, 16:1-24.
LA GRECA, M.: 1965. Influence des glaciations Pleistocenes sur les orthoptères des hautes altitudes des Apennins. Proc. 13. Int. Congr. Ent. London 1964; 1965:458-459.
LA GRECA, M.: 1965. Su alcuni Blattodei, Mantodei et ortotteri del la fauna italiana, nuovi o poci noti. *Fragm. Ent.* 4:63-71.
LA GRECA, M.: 1965. Origine degle Ortotteri appenninici di alta quota. *Rend. Ac. Naz. Ital. Ent.* 13:19-33.
LA GRECA, M.: 1967. Considerazioni sulla origine del popolamento faunistico pugliese. *Arch. Bot. Biogeograf. Italiano* 43:297-320.
LA GRECA, M.: 1969. Le montagne Fauna. In: Ensiclopedia Nat.; Bologna, p. 73-136.
LA GRECA, M.: 1969. Il differenziamente specifico e subspezifico delle popolazioni appenniniche di *Cophopodisma. Mem. Soc. ent. Ital.* 48:541-567.
LA GRECA, M.: 1969. Su alcuni Blattoie ed Ortotteri di Tripolitanica. *Studi Sassresi, Ser.* 3, 17:3-9.
LA GRECA, L. & MESSINA, A.: 1974. Le *Rhacocleis* di Grecia e descrizione di una nuova specie. *Animalia* 1:175-183.
LA GRECA, L.: 1974. Una nuova specie di *Yersinella* dell'Appeninno Tosco. Emiliano. *Boll. Soc. Ent. Ital.* 106:60-64.
LA GRECA, L. & MESSINA, A.: 1975. Il genere *Chorthippus* s. str. in Grecia, con descrizione di una nuova specie. *Animalia* 2:67-77.

LANFRANCO, G. G.: 1956. *Orthoptera* of the Maltese Island. *Entomologist* 88:271-272.
LANZA, B.: 1956. Speleofauna toscana III (1). Corologia degli ortotteri cavenicola toscani e note sistematiche sul genere *Dolichopoda*. *Monit. Zool. ital. Florence* 62:254-265.
LARSON PICKERING, P. & LARSON, M. W.: 1971. Insektenstaaten. Berlin-Hamburg, 22 pp.
LATREILLE, P. A.: 1802-1805. Histoire naturelle des Crustacés et de Insectes. Vol. 1-14, Paris, 12:424 pp.
LAWSON, F. A.: 1957. Some factors affecting the male reproductive system in cockroaches. *J. Kansas. Ent. Soc.* 30:54-57.
LAUB-DROST, I.: 1959. Verhaltensbiologie, besonders Ausdrucksäußerungen (einschließlich Lautäußerungen) einiger Wanderheuschrecken und anderer Orthoptera (*Catantopinae* und *Oedipodinae*). *Stuttg. Beitr. Naturkund. Nr.* 30:1-27.
LAUB-DROST, I.: 1960. Verhaltensweisen im Zustand niederer Aktivität bei einigen Wanderheuschrecken und anderer Acridiern. *Z. Tierpsychol.* 17:614-626.
LAUB-DROST, I.: 1964. Über Putzhandlungen und Reckbewegungen bei einigen Wanderheuschrecken und anderen Acridiern. *Verh. Ver. naturw. Heimatforsch.* 36:74-80.
LECLERCQ, J.: 1954. On some habits of house crickets, *Acheta domestica* (L.). *Ent. Month. Mag.* 90:302.
LENSINK, B. M.: 1962. Over de keuze van het ovipositisubstraat bij enkele veldsprinkhanen. *Ent. Ber.* 22:1-5.
LEONHARDT, W.: 1913. Die Orthopteren von Frankfurt am Main und einzelner Gebiete der weiteren Umgebung. *Ber. Vers. Bot. Zool. Ver. Rheinl.-Westf.* 1913:120-146.
LÉONIDE, J.: 1965. Parasitologie. Contribution à l'étude biologique des Diptères Sarcophagidès d'Acridiens: cycle biologique de *Blaesoxipha ungulata* (PANDELLEÉ).
LÉONIDE, J.: 1967. Parasitologie. – Contribution à l'étude biologiques des Diptères Sarcophagidès, parasites d'Acridiens. Cycle biologique de *Blaesoyipha rossica* VILL., injection de larves dans le corps de l'hôte par les femelles de Sarcophagidès. *C. R. Ac. Sc. Paris* 265:232-234. Sér. D.
LÉONIDE, J. C.: 1968. Contribution à l'étude de la biologie des Diptères Acridiophages. *Ann. Paras. Hum. et Comp.* 43:65-77.
LÉONIDE, J. & LÉONIDE, J. C.: 1969. Incetes parasites et prédateurs des Diptères acridiophages; parasites occasionelles des Orthoptères en Provence. *Bull. Soc. ent. France* 74:21-32.
LÉONIDE, J.: 1969. Note sur les Acomyia de la faune de France: Présence *d'Acemyia rufitibia* dans le massif de la Sainte-Baume. *Ibid* 74:63-66.
LÉONIDE, J.: 1971. Biologie *d'Acemyia pyrrhocera* VIII, Diptère acridophage. *Ibid.* 76:8-18.
LEROY, Y.: 1963. Le chant de cour chez les Grillons des genres *Gryllus* L. et *Telegryllus* CHOP. *C. R. Ac. Sci. Paris* 257:3223-3226.
LESTAGE, L.: 1922. Synonymic list *Orthoptera* belgique. *Bull. Soc. Ent. Belg.* 4:120-122.
LEWIS, D. B.: 1974. The physiology of the Tettigoniid ear. I. The implications of the anatomy of the ear to its function in sound reception. *J. Exp. Biol.* 60:821-837.
LEWIS, D. B.: 1974. The physiology of the Tettigoniid ear. II. The responses characteristics of the ear to differential inputs: Lesion and blocking experiments. *Ibid.* 60:839-851.
LEWIS, D. B.: 1974. Desgleichen. III. The response characteristics of the intact ear and some biophysical considerations. *Ibid.* 60:853-859.
LEWIS, D. B.: 1974. Desgleichen. IV. A new hypothesis for acoustic orientation behaviour. *Ibid.* 60:861-869.
LEWIS, D. B., SEYMOUR, C. & BROUGHTON, W. B.: 1975. The response of the tympanal organs of two species of bush cricket and some studies of the problems of sound transmission. *J. comp. Physiol.* 104:325-351.
LHONORÉ, J.: 1973. Application conjointe de méthodes morphologiques, cytochiques et d'analyse par spectographie des rayons x, a l'étude de l'appareil excréteur de *Gryllotalpa gryllotalpa* LATR. *Arch. Zool. exp. gén.* 114:439-474.

LIANA, A.: 1962. Etudes sur la faune des Orthoptères de la Fôret de Kampinos. Fragm. Faun. Warszawa 9:233-246.

LIANA, A.: 1966. Les Orthoptères de Masowie. *Ibid.* 12:239-280.

LIANA, A.: 1966. The biology and rearing the migratory locust, *Locusta migratoria*, in laboratory conditions. *Przegl. Zool.* 10:140-150 (poln.; engl. Zus.).

LICHTENSTEIN, N.; vergl. KUK.MEIRI.

LÖWISCH, H.: 1932. Heuschreckenplagen in Franken. 26. Ber. Naturforsch. Ges. Bamberg, p. 63-68.

LOHER, W.: 1958. An olfactory response of immature adults of the Desert Locust. *Nature* 191:1280.

LOHER, W.: 1961. Die Beschleunigung der Reife durch ein Pheromon des ♂ der Wüstenheuschrecke und der Funktion der Corpora alata. *Naturwissenschaften* 48:657-661.

LOHER, W.: 1962. Die Kontrolle des Weibchengesanges von *Gomphocerus rufus* L. durch die Corpora alata. *Ibid.* 49:406.

LOHER, W.: 1966. Die Steuerung sexueller Verhaltensweisen und der Oocytenentwicklung bei *Gomphocerus rufus* L. *Z. vergl. Physiol.* 53:277-316.

LOVERIDGE, J. P.: 1968. The control of water loss in *Locusta migratoria migratorioides* R. et F. I. Cuticular water loss. *J. Exp. Biol.* 49:1-13.

LOVERIDGE, J. P. Desgleichen. II. Water loss through the spiracles. *Ibid.* 15-29.

LUCAS, H.: 1849. Histoire naturelle des animaux articulés de l'Algérie (Exploration scientifique d'Algérie). Zool. III, Orthoptères. Paris.

LUEKEN, B. & SCHARF, J. H.: Neue Ergebnisse zur Informationsaufnahme und Informationsverarbeitung in Sinnesorganen. *Nova Acta Leopoldina N.F.* 37:223-239.

LUNAU, C.: 1941. Zur Heuschreckenfauna Mecklenburgs. *Arch. Ver. Freunde Naturgesch., Meckl. N.F.* 15:104-110.

LUNAU, C.: 1950. Zur Heuschreckenfauna Schleswig-Holsteins. *Nat. Ver. Schlesw. Holst.* 24:51-56.

LUNAU, C.: 1963. Wann musizieren Grillen und Heuschrecken in Schleswig-Holstein? *Mitt. Faunist. Arbeitsgem. Schlesw.-Holst.; Hamburg, Lübeck, N.F.* 16:16-18.

MUNAU, C.: 1966. Zur Ökologie unserer *Tettigonia*-Arten. *Faun. Ökol. Mitt.* 3:78-80.

LUNAU, C.: 1967. Springschreckenfunde in der Heide. Natur, Kultur, Jagd 1967:82-84.

LUNAU, C.: 1972. *Chorthippus vagans* EVERSM. eine auch in Schleswig-Holstein gefundene Art. *Bombus* 2:201-204.

LUX, E.: 1957. Biometrische und morphologische Studien an *Chortippus longicornis* (LATR.) und *monatnus* CHARP unter Berücksichtigung regionale Unterschiede. Inaug. Diss. Univ. München, 76 pp.

MACCAGNO, T.: 1933. I Dermatteri Italiani. *Boll. Mus. Zool. anat. comp. Torino* 43:241-296.

MAKINGS, P.: 1964. SLIFER's patches and the thermal sense in *Acrididae*. *J. Exp. Biol.* 41:473-497.

MAKINGS, P.: 1968. Transpiration through the SLIFER's patches of *Acrididae*. *Ibid.* 48:247-263.

MALEK, S. R. A.: 1957. Sclerotisation and Melanisation: Two independent processes in the cuticle of the Desert Locust. *Nature* 180:237.

MALENOTI, E.: 1926. I canti della Grillotalpe. *Att. Ac. Agric. Sci. Lett. Verona Serv.* 5, 3: 177-184.

MAŘAN, J.: 1952. Contribution to the knowledge of the genus *Pholidoptera* WESM. *Act. Ent. Mus. Nat. Pragae* 28:209-221.

MAŘAN, J.: 1952. Die Nordgrenze der geographischen Verbreitung der Art *Acrida hungarica* (HERBST) und einiger anderer thermophiler Acridoidea-Arten in der Tschecholowakei. *Acta Mus. Siles. A Hist. Nat.* 2:25-36 (tschech.).

MAŘAN, J.: 1953. Zur Kenntnis der Systematik und geographischen Verbreitung der Arten *Chorthippus loratus* (F.W.), *Ch. dorsatus* (ZETT.) und *Ch. dichrous* (EV.). *Acta Soc. ent. CSR* 50:210-221 (tschech.).

MAŘAN, J.: A contribution to the knowledge of the taxonomy origin and geographical distribution of the species of the genus *Poecilimon* FISCH. from the affinity of the species *P. intermedius* (FIEB.). *Acta ent. Mus. Nat. Pragae* 28:237-250 (tschech.).

MAŘAN, J.: 1954. Die Geradflügler des Naturschutzgebietes bei Stúrova in der südlichen Slowakei. *Ochrana Prirody* 9:132-139 (tschech.).

MAŘAN, J.: Die Orthopteren des staatl. Naturschutzgebietes Pieniny. *Ibid.* p. 65-69.

MAŘAN, J.: 1956. Aperçu des relations entomogéographiques en Tschéchoslavique. *Acta Faun. Ent. Mus. Nat. Pragae* 1:3-25.

MAŘAN, J.: 1957. Beitrag zur Kenntnis der europäischen Arten der Gattung *Euchorthippus* TARB. *Acta Ent. Mus. Nat. Pragae* 31:485-490.

MAŘAN, J.: 1958. Beitrag zur Kenntnis der geographischen Variabilität von *Acrotylus insubricus* (SCOP.). *Ibid.* 32:171-179.

MAŘAN, J.: 1958. Eine neue Art der Gattung *Isophya* BR. aus der Tschechoslovakei. *Ibid.* 32:513-517.

MAŘAN, J.: 1958. Eine neue Art der Gattung *Discoptila* PANTEL aus Bulgarien. *Ibid.* 37.

MAŘAN, J.: 1958. Über das Vorkommen von *Stenobothrus eurasius* ZUB. in der Tschechoslovakei. *Ibid.* 32:537-543.

MAŘAN, J.: 1958. Beitrag zur Kenntnis der geographischen Varibilität von *Troglophilus neglectus* KRAUSS. *Ibid.* 32:387-393.

MAŘAN, J.: 1959. Beitrag zur Kenntnis der in Griechenland vorkommenden Arten der Gattung *Myrmecophylus* LATR. *Ibid.* 33:61-67.

MAŘAN, J.: 1965. Beitrag zur Kenntnis der Taxonomie und der geographischen Verbreitung der Vertreter der Gattung *Anechura* SCUDD aus der Untergattung *Borelliola* SEM. *Ibid.* 36:671-683.

MAŘAN, J.: 1965. Beitrag zur Kenntnis der Taxonomie, Ökologie und der geographischen Verbreitung von *Homorocoryphus nitidulus* (SCOP.) in der Tschechoslovakei. *Ibid.* 36:307-326.

MARSHALL, J. A.: 1974. The British Orthoptera since 1800. Systematics assoc. Spec. Vol. "The Changing Flora and Fauna of Britain", 6:307-322.

MARTY, R.: 1961. Les orthoptères du massif du Néouvieille. *Bull. Soc. Hist. Nat. Toulouse* 96:223-240.

MASAKI, S.: 1960. Thermal relations of diapause in the eggs of certain crickets (Gryllidae), *Bull. Fac. Agric. Hirosaki Univ. Nr.* 6:5-50.

MASON, J. B.: 1954. Number of antennal segments in adult *Acrididae. Proc. R. Ent. Soc. London (B)* 23:228-238.

MASON, J. B.: 1969. The tympanal organ of *Acridomorpha. Eos* 44:267-355.

MATHUR, R. S.: 1960. Studies of the normal and x-irradiated spermatogenesis of Stenobothrus viridulus and *Schistocerca gregaria. Cellule* 61:173-190.

MATZ, G.: 1967. Etude du cancer expérimental chez *Locusta migratoria* L. *Biol. Médic.* 56: 454-490.

MCCAFFERY, A. R.: 1975. Food quality and quantity in relation to egg production in *Locusta migratoria migratorioides. J. Ins. Physiol.* 21:1551-1558.

MCCAFFERY, A. R. & HIGHNAM, K. C.: 1975. Effects of corpus allatum hormone and its mimics on the activity of the cerebral neurosecretory system of *Locusta migratoria migratorioides* R. et F. *Gen. and Comp. Endocrin.* 25:373-386.

MCE. KEVAN, D. K.: A summary of the recorded distribution of British Orthopteroids. *Trans. Soc. Brit. Ent.* 11:165-180.

MCE. KEVAN, D. K.: 1953. Notes on the distribution of British Orthopteroids. *J. Soc. Brit. Ent.* 4:119-122.

MCE. KEVAN, D. K.: 1955. Mole-crickets in Britain. Ent. Rec. 67:91-92.

MCE. KEVAN, D. K.: 1953. The identity of *Ectobius pallens* STEPHENS 1835. *Entomologist* 86: 169-171.

MCE. KEVAN, D. K.: 1953. Additional notes on the distribution of British Orthopteroids. *J. Soc. Brit. Ent.* 4:183-185.

MCE. KEVAN, D. K. & KNIPPER, H.: 1954. Über Flügelfärbung und Sicheingraben von *Acrotylus junodi* SCHULTHESS. *Ver. Überseemus. Bremen A* 2:213-226.

MCE. KEVAN, D. K.: 1953. The status of *Tetrix bipunctata* (L.) in Britain. *Ent. Gaz.* 4:205-224.

MCE. KEVAN, D. K.: 1954. Méthodes inhabituelles de production de son chez les Orthoptères. *Ann. Epiphyt. fasc. spec.* 1954:103-142.

MCE. KEVAN, D. K. 1954. Further notes on the distribution of British Orthopteroids. *J. Soc. Brit. Ent.* 5:65-71.

MCE. KEVAN, D. K.: 1955. A note on the name of the common House Cricket. *Ent. Month. Mag.* 91:108-109.

MCE. KEVAN, D. K. & KNIPPER, H.: Zur Systematik, Biologie, insbesondere Schwarm bildung, und Morphometrie afrikanischer *Homorocoryphus Veröff. Überseemus. Bremen A*, 2:277-318.

MCE. KEVAN, D. K.: 1955. The home of the House Cricket, *Acheta domesticus* (L.). *Ent. Month. Mag.* 91:263.

MCE. KEVAN, D. K.: 1956. The known distribution of British Orthopteroids, fourth supplement. *J. Soc. Brit. Ent.* 5:187-192.

MCE. KEVAN, D. K.: 1957. Wiltshire Orthopteroids. *Entomologist* 90:12-16.

MCE. KEVAN, D. K.: 1960. Proposed use of the plenary powers to supress the specific name *longicorne* LATREILLE 1804, as published in the binomen *Acrydium longicorne*. Z.N. (S.) 675. *Bull. Zool. Nomencl.* 17:203-204.

MCE. KEVAN, D. K.: 1961. A revised summary of the known distribution of British Orthopteroids. *Trans. Soc. Brit. Ent.* 14:187-205.

MCE. KEVAN, D. K.: 1961. *Metrioptera (Roeseliana) roeseli* (HAGENB. 1882) *f. diluta* (CHARP.) 1825) in the Montreal area. *Canad. Entomologist* 93:605-607.

MCE. KEVAN, D. K.: 1961. Reclassification of British and introduced cockroaches. *Entomologist* 94:241.

MCE. KEVAN, D. K.: 1961. Proposal to supress the names of certain unidentifiable nominal species in the family *Tetrigidae* and to add two others to the official list. Z.N. (S.) 673. *Bull. Zool. Nomencl.* 18:330-331.

MCE. KEVAN, D. K.: 1961. *Acrydium undulatum* SOWERBY 1806; proposed addition to the official list. Z.N. (S.) 1472. *Ibid.* 18:380-382.

MCE. KEVAN, D. K.: 1962. *Gryllinae* in the LINNEAN collection London. *Prox.* LINN. *Soc. London* 173:129-131.

MCE. KEVAN, D. K.: 1962. *Gryllus campestris* LINNAEUS 1758; proposed designation of a neotype under the plenary powers. Z.N. (S.) 1485. *Ibid.* 19:170-172.

MCE. KEVAN, D. K., LEROUX, E. J. & D'ORNELLAS, C.: 1962. Further observations on *Metrioptera (Roeseliana) roeseli* (HAGENBACH 1822) in Quebec, with notes on the genus *Metrioptera* WESMAEL 1838. *Ann. Ent. Soc. Quebec* 7:70-86.

MCE. KEVAN, D. K.: 1963. Research on Field and House Cricket at Macdonald College. *Ann. Ent. Soc. Quebec* 8:102-107.

MCE. KEVAN, D. K.: 1963. *Pyrgomorphidae* and *Gryllidae* in the LINNEAN collection - Correction and comment. Proc. Linn. Soc. London, 174 Sess. 1961-1962, 1 p.

MCE. KEVAN, D. K.: 1963. Three new genera of flightless *Pyrgomorphini* erected on the basis of their phallic structures. *Eos* 39:405-422.

MCE. KEVAN, D. K., AKBAR, S. S. & CHEN-CHANG, Y.: 1969. The concealed copulatory structures of the *Pyrgomorphidae*. Part 1. General introduction. *Eos* 44:165-266.

MCE. KEVAN, D. K., AKBAR, S. S. & CHEN CHANG, Y.: 1970. Part 2. Tribes *Fijipyrgini, Verdulini, Brunniellini, Psednurini, Mitricephalini, Geloini, Sagittacridini, Gymnohippini,* and *Malagspherini. Ibid.* 45.173-228.

MCE. KEVAN, D. K.: 1971. The type-species of the genus *Pyrgomorpha* AUDINET-SERVILLE and proposed neotypes for *Pyrgomorpha conica* (OLIVIER) and some of its synonyms. *J. Ent. (B)* 40:185-194.

MENOZZI, C.: 1935. Una nuova specie di *Troglophilus* KRAUSS di Rodi. *Boll. Lab. Zool. Gen. Agrar. Portici* 28:192-196.

MENOZZI, C.: 1936. Dermatteri di Rodi e Scarpanto. *Boll. Lab. Zool. gen. et agrar.* 30:24-31.

MERBINOWSKIJ, N. S.: 1952. Pistinaja sarantscha *Schistoverca*. Moskau, 416 pp.

MERKEL, F.: 1941. Beiträge zur Heuschreckenfauna Schlesiens. *Mitt. Deutsch. Ent. Ges.* 10:11-17.

MERTON, L. F. H.: 1959. Studies in the ecology of the Moroccan Locust (*Dociostaurus maroccanus* THUNBERG) in Cyprus. *Anti-Locust Bull* 34:1-123.

MESSINA, A.: 1971. Gli Ortotteri dei monti della laga (Appennino Centrale). Ricerche sulla fauna Appenninica. Mem. Mus. Civ. Stor. Nat. Verona 1971:457-475.

MESSINA, A.: 1973. Lo sviluppo postembryonale di *Eyprepocnemis p. plorans* (CHARP.). *Boll. Lab. Ent. Agrar. di Portici* 30:189-209, Vergleiche auch bei LA GRECA, M.

MESSNER, B.: 1963. Über das Vorkommen von *Labidura riparia* (PALL.) auf den Abraumhalden der Braunkohlentagebaue um Tröbitz und Lauchhammer. Ent. Ber. Heft 1:24-28.

MESSNER, B.: 1964. Beobachtungen zum Weidefraß und Galeriebau von *Tridactylus variegatus* LATR. in Bulgarien. *Zool. Anz.* 173:247-278.

MESSNER, B.: 1969. Zur Morphologie und Histologie einer neuen Drüse in den Mitteltibien von *Tridactylus variegatus* LATR. 1809. *Wiss. Z. Ernst-Moritz-Arndt-Univ. Greifswald* 18:93-98.

MEYER-DÜR: 1860. Ein Blick ber die schweizerische Orthopterenfauna. Denkschr. schweiz. naturforsch. Ges. vol. 17.

MEYER, K. O.: 1961. *Barbitistes serricauda* (F. 1794) im Kreis Harburg. *Bombus* 2:89.

MICHEL, R. & GAUER, B.: 1962. Contribution à l'étude du vol des criquets réalisations de nouveaux moyens de recherche. *Bull. Soc. Sci. Bretagne* 37:273-276.

MIKŠIĆ, S.: 1960. La fauna des Orthopteroides de la Yougoslavie. Verh. XI. Internat. Kongr. Wien, 1:20-23.

MIKŠIĆ, S.: 1965. Examen de la valence des formes du genre *Psorodonotus* BR. W. dans la péninsula des Balkans. *Glasn. Zem. Mus. Prir. Nauke Sarajevo* 3/4:203-212.

MIKŠIĆ, S.: 1967. Fauna Orthoptera Bosne i Hercegovine. *Ibid.* 6:97-124 (serbo kroat., franz. Zus.).

MIKŠIĆ, S.: 1967. *Miramella bosnica*, une nouvelle espèce orthoperès de Bosnie. *Ibid.* p. 125-128.

MIKŠIĆ, S.: 1972. Beobachtungen über die Orthopteren der Karstfelder. *Acta ent. Jug.* 8:1-9 (juslow., deutsch. Zus.).

MIKŠIĆ, S. & DELIC, M.: 1972. Über die Ökologie von *Prionotropis hystrix* (GERM.) in Herzegowina. *Ibid.* N.S. 11-12:126-150 (serbo-kroat., deutsch. Zus.).

MIKŠIĆ, S.: 1973. Die Orthopterenfauna der Gebirge Maglic, Volujak und Zelengora. *Wiss. Mitt. Bosnisch-herzegov. Landesmuseums* 3:145-159.

MIKŠIĆ, S.: 1973. *Gampsocleis abbreviata renei* ssp. n. *Ibid. 3:161-164.*

MIRAM, E.: 1906/1907. Zur Orthopterenfauna Russlands. *Öf. Finska Vet. Soc. Förhandl.* 49: 6:1-9.

MIRAM, E.: 1907. Ergämzungsliste der Geradflügler des Nowgorod-Gouvernement. *Russk. Ent. Obosr.* 1907:20 (russ.).

MIRAM, E.: 1908. Bericht über eine entomologische Untersuchung im Gouv. Kiew. *Esch. zool. Mus. Kais. Ak. Sci.* 13:141-142. (russ.).

MIRAM, E.: 1925. Die Arten der Gattung *Glyphonotus* REDT. *Rev. Russ. Ent.* 19:97-104.

MIRAM, E.: 1927. Beitrag zur Kenntnis der Orthopteren-Fauna der Krim I. *Ann. Mus. Zool. Ac. Sci. URSS* 28:122-137.

MIRAM, E.: 1928. Beschreibung des noch unbekannten ♂ von *Metrioptera pusilla* MIRAM aus Askania-Nova, Kr. Cherson. *Compt. Rend. Ac. Sci. URSS* 1928:293-294.

MIRAM, E.: 1929. Beitrag zur Kenntnis der Paläarltischen Orthopteren. *Ibid.* 1929:115-118.

MIRAM, E.: 1929. Beiträge zur Orthopteren-Fauna der Krim II. *Ann. Mus. Zool. Ac. URSS* 28:447-576.

MIRAM, E.: 1930. Beitrag zur Kenntnis der Orthopteren Transkaspiens. *Compt. Rend. Ac. Sci. URSS* 1930:217-222.

MISHTSHENKO, L.: 1936. Revision of palaearctic species of the genus *Sphingonotus* FIEBER. *Eos* 12:193-198.

MISHTSHENKO, L.: 1951. Revision der Heuschrecken der Gattung *Paranocarodes* I. BOL. und der nächst verwandten Gattungen. *Dokl. Ak. Nauk SSSR* 77:517-520 (russ.).

MISHTSHENKO, L.: 1951. Vergleiche BEY-BIENKO, G. Ja.

MISHTSHENKO, L.: 1952. *Orthoptera, Catantopinae*. In: Fauna SSSR, N.S. 54 4:1-610. Moskau-Liningrad (russ.).

MISHTSHENKO, L.: 1960. *Dermaptera, Orthoptera*. In 'Nachschlagewerk über dem Mais schädliche Insekten in der SSSR', Isd. Ak. Nauk SSSR, Moskau-Leningrad, p. 296-328 (russ.).

MISHTSHENKO, L.: 1972. *Orthoptera (Saltatoria)*. In: Insekten und Milben, Schädlinge landwirtschaftlicher Kulturen, vol. 1: Insekten mit unvollkommender Verwandlung, p. 16-115. Leningrad (russ.).

MISHTSHENKO, L.: 1974. Zur Kenntnis der Arten der Gattung *Dociostaurus* FIEBER. I. *Ent. Obosr.* 53:334-342.

MISHTSHENKO, L.: 1974. Desgleichen. II. *Ibid.* p. 589-601.

MISHTSHENKO, L. L.: 1976. Geradflügler. In: Bestimmungsbuch Landwirtschaftliches für Schädlinge an Kulturplanzen. Leningrad, p. 454-479 (russ.).

MITCHEL, J. E. & PFADT, R. E.: 174. A role of grasshoppers in a shortgrass prairie ecosystem. *Envir. Ent.* 3:358-360.

MOORHOUSE, J. E. Vergl. CAMPION, D. G., KENNEDY, J. S.

MOORHOUSE, J. E.: 1971. Experimental analysis of the locomotor behaviour of *Schistocerca gregaria* induced by odour. *J. Ins. Physiol.* 17:913-920.

MORGAN, E. D., WOODBRIDGE & ELLIS, P. E.: 1975. Isolation of moulting hormones from the desert locust *Schistocerca gregaria* (FORSKAL.). Acrida 4:69-81.

MORALES AGACINO, E.: 1941. Los *Gryllotalpinae* de España. *Bol. Pat. veg. Ent. agric. Madrid* 9:212-233.

MORALES AGACINO, E.: 1941. Estudios sobre Orthopteros del Mediterraneo occidental. I. Description de un subgenero nuevo de *Locustidae* y algunos datos sobre *Blattidae* y *Gryllycridae*. *Eos* 17:203-222.

MORALES AGACINO, E.: 1941. El genero *Dociostaurus* (FIEBER) en España. *Bol. Patol. Veg. Ent. Agric.* 10:1-20.

MORALES AGACINO, E.: 1942. Langostas y salmontes. Claves para identificar las especies más communes en España. Estac. Centr. Fitopatolog. Agric., publ. 10, 67 pp.

MORALES AGACINO, E.: 1943. Desgleichen. II. Notas criticas sobre las Odonturas de la Peninsula Ibérica. *Ibid.* 19:267-280.

MORALES AGACINO, E.: 1950. Breves notas sobre los *Podismini* de la Peninsula Ibèrica. Eos, tom. extr. 1950:371-381.

MORALES AGACINO, E.: 1945. Las chicharas Ibericas. *Ibid.* publ. 25:83-114.

MORALES AGACINO, E.: 1945/46. Presencia accidental de la langosta desierto, *Schistocera gregaria* (FORSK.), en es Noroesta de la Peninsula Ibèrica. *Ibid.* publ. 29:385-392.

MORALES AGACINO, E.: 1956. Decription de una nueva specie de *Stenodecticus* BO. de la Peninsula Ibrica. *Eos* 32:141-144.

MORALES AGACINO, E. vergl. auch bei GANGWERE, S. K.

MORDUE, A. J. & HILL, L.: 1970. The utilisation of food by the adult ♀ desert locust *Schistocerca gregaria*. *Ent. exp. et appl.* 13:352-358.

MORIARTY, F.: 1969. Egg diapause and water absorption in the grasshopper *Chorthippus brunneus*. *J. Ins. Physiol.* 15:2069-2074.

MORIARTY, F.: 1970. The significance of water absorption by the developing eggs of five British *Acrididae (Saltatoria)*. *Comp. Biochem. Physiol.* 34:657-669.

MORRIS, G. K.: 1971. Aggression in a *Conocephalus* grasshoppers. *Anim. Behav.* 19:132-137.

MÓSZÁR, M.: Beitrag zur Kenntnis der Geradflügler der Umgebung von Jászberény. *Folia ent. hung.* 7:99-101. (Ung.).

MUKERYI, S. & BATRA, R. N.: 1938. A note on the postembryonic development of eye-stripes and their corelation with the numer of larval-instars and the antennal segments in the live-cycle of *Schistocerca gregaria* FORST. C. R. Conf. int. antarcrid, Brüssel 5:410-416.

MULKERN, G. B. & NADERSON, J. F.: 1959. A technique for studying the food habits and preferences of grasshoppers. *J. Econom. Ent.* 52:342.

MULKERN, G. B.: 1970. The effect of preferred food plants on distribution and numbers of grasshoppers. Session: Population studies I. Proc. Int. Stud. Conf. current and future problems of Acridology, London, p. 215-218.

MÜLLER, A.: 1924. Über Herkunft und Verbreitung der Orthopteren Siebenbürgens. *Verh. Mitt. Siebenbürg. Ver. Naturwiss. Hermannstadt,* 72-74:194-247.

MÜLLER, A.: 1933. Zur Kenntnis der Orthopterenfauna der Dobrudscha und Bessarabiens. *Ibid.* 81/82:72-96.

NADIG, A.: 1930/31. Zur Orthopterenfauna Graubündens. *Jb. Naturf. Ges. Graubündens* 69:1-69.

NADIG, A.: 1932. *Ephippigera crucigera* FIEB. oder *E. vitium* SERV. im Jura bei Moutier? *Mitt. Schweiz. Ent. Ges.* 15:202-203.

NADIG, A.: sen et jun.: 1933/34. Beitrag zur Kenntnis der Orthopteren- und Hymenopterenfauna von Sardinien und Korsika. *Jb. Naturf. Ges. Graubünd.* 72:1-39.

NADIG, A.: 1950. Zwei tiergeographisch interessante Insektenfunde im Oberengadin. Verh. Schweiz. Naturf. Ges. Davos 1950:179-180.

NADIG, A.: 1958. Beitrag zur Kenntnis der Orthopterenfauna der Versilia und der Apuanischen Alpen und ihrer Beziehung zur Orthopterenfauna der insubrischen Region. *Jb. Naturforsch. Ges. Graubünden* 87:1-71.

NADIG, A.: 1959. über Podisma pedestris und andere ökologisch und zoogeographisch interessante Orthopterenfunde in den Apuanischen Alpen. *Ibid.* 88:56-71.

NADIG, A.: 1960. Beiträge zur Kenntnis der Orthopteren der Schweiz und der angrenzenden Gebiete: I. Neubeschreibung von *Ephippiger bormansi* BR. *Mitt. Schweiz. Ent. Ges.* 33:27-46.

NADIG, A.: 1960. Neue Fundorte von *Tropidopola c. cylindrica* (MARSCH.) in Mittelitalien. *Boll. Soc. Ent. Ital.* 90:95-100.

NADIG, A.: Beiträge zur Kenntnis der Orthopteren der Schweiz und angrenzender Gebiete. II. Neue und wenig bekannte Formen aus der insubrischen Region. *Mitt. Schweiz. Ent. Ges.* 34:271-300.

NADIG, A.: 1962. Die Orthopterenfauna der Insel Elba. *Ibid.* 35:1-40.

NADIG, A.: 1962. Zusammensetzung und Herkunft der Orthopterenfauna des Engadins. Verh. Schweiz. Naturf. Ges. Scuol 1962:114-115.

NADIG, A.: 1968. Über die Bedeutung der Massifs de Refuge am südlichen Alpenrand dargelegt am Beispiel einiger Orthopterenarten. *Mitt. Schweiz. Ent. Ges.* 41:341-358.

NADIG, A.: 1968. Ökologische Untersuchungen im Unterengadin. Einleitung. *Ergebnisse wiss. Untersuch. schweiz. Nationalpark* 12:2-9.

NADIG, A.: 1971. Über die zoogeographische Bedeutung des Engadins. Schweiz. *Z. Hydrologie* 33:363-375.

NADIG, A. & STEINMANN, E.: 1972. Orthopteren (Geradflügler) und Apoiden (Bienen) am Fuße des Calanda im Churer Rheintal. *Jahrb. Naturforsch. Ges. Graubünden* 95:1-88.

NAGY, B.: 1943. Beiträge zur Kenntnis der Orthopteren der ungarischen Tiefebene jenseits der Theiß. *Folia ent. Hung.* 8:33-44 (ung.).

NAGY, B.: 1944. Die Heuschreckenwelt der Puszra Hortobágy I. *Acta Sci. Math. et Nat.* 26:1-61 (ung.).

NAGY, B.: 1947. Desgleichen, II. Publ. Zool. Inst. Univ. Debrecen 1947:1-22.

NAGY, B.: 1948. On the Orthopter fauna of the Tihany peninsula (Lake Balaton, Hungaria). *Arch. Biol. Hung. Ser.* 2, 18:59-64.

NAGY, B.: 1949-1950. Quantitative and qualitative investigatigation of the Saltatoria on the Tihany peninsula. *Ann. Inst. Biol. Pervest. Hung. Fasc.* 1:95-122.

NAGY, B.: 1950. Beiträge zur Kenntnis des Nahrungsbedarfs von *Decticus verrucivorus* L. *Ann. Biol. Iniv. Debrec12.* 1:222-228.

NAGY, B.: 1951. Food consumption of *Dociostaurus crucigerus brevicollis* EVERSM. and *Oedipoda coerulescens* L. *Acta Biol. Ac. Sci. Hung.* 3:41-52.

NAGY, B.: 1952. Ernährungsökologische Beobachtungen an Imagines von *Tettigonia caudata* CHARP. *Ann. Inst. Protect. Plant.* 5:179-181.

NAGY, B.: 1953. Data referring to *Saltatoria*-populations of Hungaria grain fields. *Ibid.* 6: 150-167.

NAGY, B.: 1958. Ökologische und faunistische Angaben zur Kenntnis der Heuschrecken des Karpathenbeckens. *Fol. Ent. Hung.* 11:217-232.

NAGY, B.: 1959. Das Sicheneingraben von *Acrotylus longipes* und *A. insubricus. Acta zool. Ac. Sci. Hung.* 5:369-391.

NAGY, B.: 1960. Phänologische Angaben über einige Saltatorien-Arten Ungarns. *Fol. Ent. Hung.* 13:189-195.

NAGY, B.: 1964. Data reffering to occurence and habitat of the Moroccan Locust (*Dociostaurus maroccanus* (THNBG.) in Hungary. *Ann. Inst. Prot. Plant. Hung.* 9:263-299.

NAGY, B.: 1974. Arealdynamik bei Insekten mit besonderer Rücksicht auf einige mitteleuropäische Saltatorien. *Fol. Ent. Hung.* 27:191-199.

NAGY, B.: 1974. Saltatorien-Arten als Relikte am gefährdeten Bélkö-Berg. *Ibid.* 27:139-144 (ung.).

NAVÀS, L.: 1899. Una excursion al Montsant (provincia de Tarragona). *Acz. Soc. esp. Hist. nat.* 1899:46-48.

NAVÀS, L.: 1904. Notas zoologicas. *Bol. Soc. Aragon. Ciens. Nat.* 3:110-180.

NAVÀS, L.: 1908. *Arcyptera mariae* sp. nov. *Bol. Soc. Aragon. Ci. Nat.* 7:99-101.

NEL, M. M.: 1967. Selection of phase types based on hopper coloration in *Locusta migratoria migratorioides* (R. et F.). *S. Afric. J. Agr. Sci.* 10:461-470.

NEL, M. M.: 1967. Selection of phase types based on hopper coloration in *Locustana pardalina* (WALK.). *Ibid.* p. 823-830.

NEWMAN, P. M.: 1964. A new species of *Canariola* UVAROV from Spain. *Eos* 40:231-233.

NICKERL, O. vergl. HAURY, CH.

NIELSEN, E. T.: 1938. Zur Oekologie der Laubheuschrecken. *Ent. Medd.* 20:121-164.

NIELSEN, E. T.: 1972. Precrepuscular Stridulation in *Tettigonia viridissima. Ent. scand.* 3:156-158.

NOLTE, D. J.: 1970. The gregarisation pheromone (Session: Physiology and behaviour I). Proc. Int. Study Conf. current and future problems of Acridology, London, p. 85-92.

NORDMAN, A. FR.: 1963. Die in Finnland vorkommende Sandschrecke *Sphingonotus caerulans* (L.) *cyanopterus* CHARP. ist jedenfalls kein guter Flieger. *Mem. Soc. Fauna et Flora Fenn.* 39:141-143.

NORDMAN, A. FR.: 1963. Mindre tvestjärten, *Labia minor* L., kan stundom företaga vandringar längre sträker, t.o.m. över öppet vatten. *Ibid.* p. 136-138.

NORDMAN, A. FR.: 1963. Hussyrsan, *Gryllus domesticus* L., har funnit nya lämpliga inomhusbiotoper för sin fortsatta existens i landet. *Ibid.* p. 139-140.

NORDMAN, A. FR.: 1963. Zur Kenntnis der Orthopterenfauna auf den isolierten Aussen-inseln mitten im Finnischen Meerbusen. *Ibid.* p. 158-162.

NORRIS, M. J.: 1961. Group effect on feeding in adult males of the Desert Locust, *Schistocerca gregaria* (FORSK.) in relation to sexual maturation. *Bull. Ent. Res.* 51:731-753.

NORRIS, M. J.: 1963. Laboratory experiments on gregarios behaviour in ovopositing ♀♀ of the Desert Locust (*Schistocerca gregaria* (FORSK)). *Ent. exp. et appl.* 6:279-303.

NORRIS, M. J.: 1965. The influence of constant and changing photoperiods on imaginal diapause in the Red Locust (*Nomadacris septemfasciata* SERV.). *J. Ins. Physiol.* 11:1105-1119.

NORRIS, M. J.: 1964. Environmental control of sexual maturation in insects. Ins. Reproduct. Sympos. 1964(A.R. 464):56-65.

NORRIS, M. J.: 1964. Accelerating and inhibiting effects of crowding on sexual maturation in two species of Locusts. *Nature* 203:784-785.

NORRIS, M. J.: 1965. Reproduction of the grasshopper *Anacridium aegyptium* L. in the laboratory. *Proc. R. ent. Soc. Lond.* (A) 40:19-29.

NORRIS, M. J.: 1965. An inhibitory effect of allatectomized males and females on the sexual maturation of young male adults of *Schistercerca gregaria* (FORSK.). *Nature* 208: 1122.

NORRIS, M. J.: 1970. Agretation response in ovipositing females of the desert locust with special reference to the chemical factor. *J. Ins. Physiol.* 16:1493-1515.

NOVAK, G. B.: 1888. Primo cenno sulla Fauna dell'isola Lesina in Dalmatia. *Wien. Ent. Ztg.* 7:119-132.

NOVAK, G. B.: 1890. Secondo cenno sulla Fauna dell'isola Lesina in Dalmazia. Orthoptera II. Glasn. Hrvat. Naravoslov. Družtva, Zagreb 5:119-128.

NOWIKOFF, M.: 1932. Über den Bau der Komplexaugen von *Periplaneta* (*Stylopygia*) *orientalis* L. *Jen. Z. Naturw.* 67(N.F. 60):58-69.

OBENBERGER, J.: 1926. Rovnokřidlý hmyz (*Orthoptera* a *Dermaptera*) Republiky Ceskoslovenska. *Bull. int. Ac. Sci. Boh. Prag* 1926, 234 pp. (tschech.).

OCSKAI, F. L. B.: 1832. *Orthoptera* nova. *Ac. trad.* 25:961-962.

OSBORNE, D., CARLISLE, D. B. & ELLIS, P. E.: 1968. Protein synthesis in the fat-body of the female desert locust, *Schistocerca gregaria* FORSK., in relation to maturation. *Gen. and comp. Endocrinology* 11:347-354.

OSCHMANN, M.: 1955. Verbreitung und Ökologie der Orthopteren um Jena. Manuskript 1955, 18 pp.

OSCHMANN, M.: 1966. Beitrag zur Orthopterenfauna Thüringens. Faunist, Abhandl. Heft 6249:259.

OSCHMANN, M.: 1968. Faunistisch-ökologische Untersuchungen an Orthopteren im Raum von Gotha. *Hercynia* 6:115-168.

OSCHMANN, M.: 1969. Bestimmungstabellen für die Larven mitteldeutscher Orthopteren. *Deutsch. E. Z. N.F.* 16:277-291.

OSCHMANN, M.: 1971. Neue Exemplare von Geradflüglern mit gynandromorphen Merkmalen (*Saltatoria* et *Dermaptera*). *Ibid.* 18:401-404.

OSCHMANN, M.: 1973. Untersuchungen zur Biotopbindung der Orthopteren. *Faun. Abhandl.* 4:177-206.

PADEWIETH, M.: 1900. Orthoptera genuina des kroatischen Littorale und der Umgebung Fiumes. Glasn. Hrvat. Naravoslov. *Družtva, Zagreb*, 11:8-33.

PANČIĆ, J.: 1883. Orthoptera in Serbia hucdum dedecta. *Glasn. Srpsk. utschen. druschtwa, Beograd* 15:1-172 (serb.).

PANTEL, P. J.: 1886. Contribution à l'orthoptèrologie de l'Espagne centrale. *An. Soc. Esp. Hist. Nat.* 15:237-287.

PANTEL, P. J.: 1890. Notes orthoptérologiques III. *Ibid.* 19:335-422.

PANTEL, P. J.: 1896. Notes orthoptèrogiques V. *Ibid.* 25:47-133.

PANZER, G. W. F.: 1793-1823. Fauna Insectorum Germaniae. Nürnberg.

PAPILLON, M.: 1969. Origine de l'heterogenéité de populations nouveaux-nées du criquet pèlerin, *Schistocerca gregaria* FORSK. (phase grégaria). *C. R. Ac. Sc. Paris* 268:2136-2138.

PAPILLON, M.: 1970. La compression des oeufs, facteur de divercifucation des larves chez le Criquet pèlerin, *Schistocerca gregaria* (FORSK.) en phase grégaire. *Ibid.* 271:1311-1314.

PAPILLON, M.: 1970. Biologie. – Influence de l'humidité du sol au cours de l'incubation sur la viabilité des larves nouveaunées du Criquet pèlerin (*Schistocerca gregaria* FORSK.) en phase grégaire. *Ibid.* 270:1271-1274.

PAPILLON, M.: 1970. Influence de la substance spumeuse des oothèques sur la viabilité des oeufs et des larves du Criquet pèlerin (*Schistocerca gregaria* FORSK.) en phase grégaire. *Ibid.* 270:1616-1619.

PAPILLON, M.: 1970. L'hétérogeneité des populations nouveaux-nées du Criquet Pèlerin (*Schistocerca gregaria* FORSK.). I. Influence de la situation des oeufs dans l'oothèque. *Arch. Zool. Exp. et gen.* 111:371-391.

PAPILLON, M.: 1971. Desgleichen, II. L'influence de l'humidité du sol au sours de l'incubation des oeufs. *Ibid.* 112:221-371.

PAPILLON, M.: 1971. L'heterogenéité des populations nouveaux-nées du criquet Pèlerin (*Schistocerca gregaria* FORSK.). Influence de la compression des oeufs dans l'oothèque, *Bull. Biol.* 105:219-241.

PAPP, J.: 1959. Contribution to the fauna of the mountains Bakony, I. *Opusc. zoll. Inst. Zoosyst. Univ. Budapest* 3:83-88.

PEDGLEY, D. E.: 1966. The Red Sea convergence zone. I. The horizontal pattern winds. *Weather* 21:1-16.

PEDGLEY, D. E. & SYMMONS, P. M.: 1968. Weather and the Locust upsurge. *Ibid.* 23:484-492.

PENER, M. P. & SHULOV, A.: 1959. A contribution to knowledge of the development of the egg of *Locusta migratoria migratorioides* (R. et F.). *Locusta* 6:74-88.

PENER, M. P.: 1960. The biology of *Calliptamus palaestinensis* BODENHEIMER with special reference to the development of eggs. Bull. Res. Counc. Israel, 9b:131-156.

PENER, M. P. & SHULOV, A.: 1961. Environmental factors in interruption of development of *Acrididae* eggs. Cryptobiotic stages in biological systems, p. 144-153. Amsterdam.

PENER, M. P. & SHULOV, A.: 1963. Studies on the development of eggs of the dessert locust (*Schistocera gregaria* FORSK.) and its interruption under particular conditions of humidity. *Anti Locust Bull.* 41, 59 pp.

PENER, M. P.: 1963. Comparative studies on oxygen consumption in the albino and normal strains of *Schistocerca gregaria* bred under crowded and isolated conditions. 12. Int. Congr. Ent. 222-223.

PENER, M. P.: 1967. Comparative studies on reciprocal interchanging of the corpora allata between ♂♂ and ♀♀ of adult *Schistocerca gregaria* (FORSK.). *Proc. R. ent. Soc. London* (A) 42:139-148 (vergl. KUK-MEIR).

PENER, M. P.: 1968. The effect of corpora allata on sexual behaviour and "adult diapause" in ♂♂ of the Red Locust. *Ent. exp. et appl.* 11:94-100.

PENER, M. P.: 1969. Hormonal control of the reproductive diapause in the grasshopper *Oedipoda miniata. Experentia* 25:414-415.

PENER, M. P. & WAJC, E.: 1969. The effect of the corpora allata on the mating behaviour of the ♂ migratory locust (*Locusta migratoria migratorioides* R. et F.). *Israel J. Zool.* 18: 179-192.

PENER, M. P.: 1969. The stridulation of sexually mature males of *Locusta migratoria migratorioides* (R. et F.) in relation to temperature and some other factors. *Physiol. Zool.* 42:417-428.

PENER, M. P.: 1970. The corpus allatum in adult Acridids: The Inter-relation of its functions and possible correlations with the life cycle – Proc. Int. Study Conf. current and future problems of Acridology, London 1970:135-147.

PENER, M. P. & MEIR, B.: 1971. The effect of implanted, active corpora allata on reproductive diapause in adult ♀♀ of the grasshopper *Oedipoda miniata. Ent. exp. et appl.* 14: 190-202.

PENER, M. P. & WAJC, E.: 1971. The effect of the corpora allata on the flight activity of the ♂ African migratory locust, *Locusta migratoria migratorioides* (R. et F.). *Gen. et Comp. Endocrinology* 17:327-333.

PENER, M. P. & WAJC, E.: 1971. The effect of allatectomy on ♂ sexual behaviour in adult *Schistocerca gregaria* and *Locusta migratoria migratorioides*. Ins. endocrines. CSSR Ac. Sci. Praha 1971:35-43.

PENER, M. P. & MEIR, B.: 1972. The effect of the corpora allata on mating behaviour and reproductive diapause in adult ♂♂ of the grasshopper *Oedipoda miniata*. *Acrida* 1:79-96.

PENER, M. P., GIRARDIE, A. & JOLY, P.: 1972. Neurosecretory and corpus allatum controlled effects on mating behaviour and color change in adult *Locusta migratoria migratorioides* ♂♂. *Gen. et comp. Endocrinology* 19:494-508.

PERDECK, A. CHR.: 1957. The isolating value of specific song patterns in two sibling species of grasshoppers (*Chorthippus brunneus* THBG. and *C. biguttulus* L.). Leiden, 75 pp.

PEREZ, Y., VERDIER, M. & PENER, M. P.: 1971. The effect of photoperiod on ♂ sexual behaviour in a North Adriatic strain of the migratory locust. *Ent. exp. and appl.* 14:245-250.

PERLICK, A.: 1930. Zur Geschichte der Heuschreckenschwärme in Schlesien. *Mitt. Beuthener Gesch. u. Museums-Ver.* 1930/31:274-293.

PESCHEV, G. & BURESCH, I.: 1958. Stand und Verbreitung der Geradflügler in Bulgarien. I. *Acridoidea*. *Isw. Zool. Inst. Bulg. Ac. Sci.* 405:2-107 (bulg.).

PESCHEV, G.: 1959. Unbekannte Geradflüglerarten aus der bulgarischen Fauna. *Isw. zool. Inst. Ac. Nauk. Bulg.* 8:153-160.

PESCHEV, G.: 1960. Contribution a l'étude des Orthoptères en Bulgarie. *Ibid.* 9:347-353 (bulg. franz. Zus.).

PESCHEV, G. & BEY BIENKO, G. JA.: 1960. A study of the fauna of orthopera in Bulgaria. *Iswest. Zool. Inst. Sofia* 9:1-5.

PESCHEV, G.: 1962. Unbekannte Geradflüglerarten der Fauna Bulgariens. *Ibid.* 11:181-187 (bulg.; deutsch. Zus.).

PESCHEV, G.: 1962. Composition et répartition oecologique des orthoptères de la montagne Bélassitza. *Ibid.* 12:59-107 (bulg.; franz. Zus.).

PESCHEV, G. & MAŘAN, J.: 1963. Etude sur les insectes orthoptères du Mont Slavianka (Alibotusch). *Ibid.* 14:27-69.

PESCHEV, G.: 1964. Les Orthoptères de la Thrace. In: Die Fauna Thrakiens. Sofia, I:107-144.

PESCHEV, G.: 1965. Eine neue Art von *Paranocarodes* BOL. 1916 in Bulgarien. *Bull. Inst. Zool. et Mus. Sofia* 19:73-83 (bulgar. m. franz. Zus.).

PESCHEV, G.: 1965. Izledwanija wechy *Paranocarodes bulgaricus* (EBN. et DRENOW.). *Ibid.* 18: 71-90 (bulgar. mit franz. Zus.).

PESCHEV, G. & KIS, B.: 1967. Zur Frage über *Jaquetia hopodar* SAUSS. *Reichenbachia* 8:105-109.

PESCHEV, G.: 1970. Zusammensetzung und Verbreitung der Geradflügler in Bulgarien. Ergänzung 1. *Bull. Inst. Zool. et Mus. Sofia* 32:199-228 (bulgar.; deutsch. Zus.).

PESCHEV, G. & DSHINGOVA, M.: 1974. Orthopteren entlang der bulgarischen Küste des Schwarzen Meeres, *Ibid.* 40:17-46 (bulgar. m. engl. Zus.).

PESCHEV, G.: 1974. Orthoptera du Rhodope. Répartition et groupement écologiques. *Ibid.* 40:99-131 (bulgar. m. franz. Zus.).

PESCHEV, G.: 1974. Besonderheiten der Stara Planina mit Untersuchungen ihrer Fauna. *Ibid.* 41:5-10 (bulgar.).

PESCHEV, G.: 1974. Die Geradflügler der Stara Planina. *Ibid.* 41:65-93 (bulgar. m. franz. Zus.).

PESCHEV, G.: 1975. Orographische und klimatische Besonderheiten des Rhodope mit Betrachtung der Fauna. Fauna des Rhodopegebirges. Materialien. Sofia, p. 5-10 (bulgar.).

PESCHEV, G.: 1975. Die Orthopterenfauna des Rhodope II. Artliche Zusammensetzung. Verbreitung und Ursprung. *Ibid.* p. 93-120 (bulgar. m. franz. Zus.).

PETERSON, G. & GAEDECKE, H.: 1970. Katalog der in den Sammlungen des Deutschen Entomologischen Instituts aufbewahrten Typen. II. *Dermaptera, Mantodea, Blattariae, Isoptera, Phasmida, Saltatoria*. *Beitr. Ent.* 20:145-172.

PICHLER, F.: 1952. Über den Bau und Bewegungsmechanismus der Cerci bei *Calliptamus italicus* L. (1. Mitteilung). *Österr. Zool. Z.* 3:534-545.

PICHLER, F.: 1953. Beitrag zur Kenntnis der tympanalen Muskulatur der Feldheuschrecken. *Zool. Anz.* 150:12-15.

PICKFORD, R. & PADYHAM, D. E.: 1973. Spermatophore formation and sperm transfer in the desert locust *Schistocerca gregaria. Can. Ent.* 105:613-618.

PIERAT, D.: 1878. Catalogue des Orthoptères observés en Alsac et dans la chaine des Vosges. *Bull. Soc. Hist. nat. Colmar*, p. 97-107.

PODGRONAJA, L. I.: 1974. Anatomical peculiarities of four groups of *Orthoptera Brachycera* (*Caelifera*) and their taxonomic interelation. *Trud. wses. Obschz.* 57:66-85 (russ.).

POPHAM, E.: 1961. Earwigs in the British Isles. *Entomologist* 94:308-310.

POPHAM, E.: 1960. Proprioceptive setae in the neck of the common earwig (*Forficula auricularia*). *Proc. R. Ent. Soc. London (A)* 35:163-167.

POPHAM, E.: 1965. A key to Dermapteran subfamilies. *Entomologist* 98:126-136.

POISSON, R. & SELLIER, R.: 1947. Brachyptèrisme et actions endocrines chez *Gryllus campestris* L. *S. R. Ac. Sci. Paris* 224:1074-1075.

POPOV, G.: 1953. Investigations of suspected outbreak areas of the desert locust (*Schistocera gregaria* FORSK.). *Anti-Locust Bull.* 14:1-32.

PRADL, W. D.: 1971. *Blaberus giganteus.* Schaben. In: Großes Zoolog. Praktikum 14b, 48 pp. Stuttgart.

PRAVDIN, F. N.: 1964. Regelmäßigkeiten in der vertikalen Verbreitung von orthopteroiden Insekten im adriatischen Teil der Balkan-Halbinsel. *Ent. Obozr.* 43:258-267 (russ. m. engl. Zus.).

PRAVDIN, F. N.: 1974. Die Orthopteren-Gemeinschaft, ihre Struktur und Bedeutung in der Biozönose. *Trud. wses. Ent. Obschz.* 57:38-65 (russ.).

PREDTETSCHENSKIJ, S. A.: 1928. *Locusta migratoria* L. in Central Russia. *Iswest. ot. priklad. Ent.* 3:113-199 (russ.).

PREDTETSCHENSKIJ, S. A.: 1930. Die Heuschrecke *Locusta migratoria* L. in der Rjasano-Tambowschen Niederung. *Bull. Plant. Prot. Ent.* 1:1-49 (russ.).

PREDTETSCHENSKIJ, S. A.: 1930. Praktische Resultate der ökologischen Studien über die Wanderheuschrecke in Mittelrussland. *Ibid.* p. 149-159.

PRINCIS, K.: 1932. Orthoptera Fauna Lettland. *Folia Zoologia hydrobiol.* 4:31-38.

PRINCIS, K.: 1942. Die Wanderheuschrecke in Lettland. *Ibid.* 11:179-188.

PRINCIS, K.: 1942. Kleine Beiträge zur Kenntnis der Blattarien und ihrer Verbreitung IV. *Opusc. Ent.* 16:89-93.

PRINCIS, K.: 1943. Übersicht über die Orthopteren- und Dermapterenfauna Lettlands. *Univ. Riga, wiss. Abhdl.* 20, *Kl. naturw.* 1:65-96.

PRINCIS, K.: 1953. Kleine Beiträge zur Kenntnis der Blattarien und ihrer Verbreitung V. *Opusc. Ent.* 18:53-58.

PRINCIS, K.: 1953. Kleine Beiträge zur Kenntnis der Blattarien und ihrer Verbreitung VI. *Ent. Tidskr.* 74:203-213.

PRINCIS, K.: 1954. Wo ist die Urheimat von *Blatta orientalis* L. zu suchen? *Opusc. Ent.* 19: 202-204.

PRINCIS, K.: 1960. Zur Systematik der Blattarien. *Eos* 36:427-449.

PRINCIS, K.: 1962. *Blattariae* in Orthopterorum Catalogus, *Polyphagidae.* 's-Gravenhage, p. 1-74.

PRINCIS, K.: 1963. Ergebnisse der Albanien Expedition des Deutschen Entomologischen Institut. *Beitr. Ent.* 13:65-71.

PRINCIS, K.: 1963. Kleine Beiträge zur Kenntnis der Blattarien und ihrer Verbreitung. *Opusc. Ent.* 28:147-155.

PRINCIS, K.: 1965. Ordnung *Blattariae* (Schaben). In: Bestimmungsb. Bodenfauna Europas, Lief. 3:1-150.

PRINCIS, K.: 1971. *Blattariae* in Orthopterorum Catalogus, *Ectobiidae.* 's-Gravenhage, p. 1039-1224.

PRÖCHNOW, O.: 1908. Die Lautappate der Insekten. Berlin, 178 pp.

PUNGUR, J.: 1899. Orthoptera. In: Fauna Regni Hungariae III. Budapest. 44 pp.

PUSCHNIG, R.: 1910. Beiträge zur Orthopterenfauna von Kärnten. *Verh. k.k. Zool.-bot. Ges. Wien* 60:1-60.

QUAYYUM, H. A. & WAHLA, M. M.: 1969. Biology of *Gryllus bimaculatus* DEGEER. *Pakist. J. Sci. Res.* 21:112-116.

RABELER, W.: 1955. Zur Ökologie und Systematik von Heuschreckenbeständen nordwestdeutscher Pflanzengesellschaften. Mitt. *Florist. soziol. Arbeitsgem. N.F.* 5:184-192.

RADEK, G.: 1971. *Dermaptera.* Beitrag zur Dermapteren-Fauna von Württemberg. *Beitr. zur Insekten-Faunistik SW-Deutschlands* 6:1-9.

RAGGE, D. R.: 1955. The wing venation of the *Orthoptera Saltatoria* with notes on Dictyopteran wing-venation. Brit. Mus. (Hist. Nat.) London, 159 pp.

RAGGE, D. R.: 1955. Le problème de la stridulation des femelles *Acridinae. Ann. Epiphyt. fasc. spec.* 1954:171-174.

RAGGE, D. R.: 1955. A note on female stridulation in the British *Acridinae. Brit. J. Anim. Behav.* 3:70.

RAGGE, D. R.: 1956. Some notes on the Field-Cricket, *Gryllus campestris* L. *Entomologist* 89:300-330.

RAGGE, D. R.: 1956. A revision of the genera *Phaneroptera* SERVILLE and *Nephoptera* UVAROV, with conclusions of zoogeographical and evolutionary interest. *Proc. Zool. Soc. Lond.* 127:205-283.

RAGGE, D. R.: 1963. First record of the grasshopper *Stenobothrus stigmaticus* (RAMB.) in the British Isles, with other new distribution records and notes on the origin of the British Orthoptera. *Entomologist* p. 122-217.

RAGGE, D. R.: 1965. Song-diagrams for all the British *Saltatoria.* Exhib. 12. Int. Congr. Ent. London 1964.

RAGGE, D. R.: 1964.: A revison of the Genus *Tylopsis* FIEBER. *Bull. Brit. Mus. (Nat. Hist.) Entomology*, 15:295-322.

RAGGE, D. R.: 1965. Ortópteros y Dermápteros colectados en la peninsula Ibèrica durante los anos de 1962 y 1963 por misiones del British Museum (Nat. Hist.). *Graellsia* 21:95-117.

RAGGE, D. R.: 1965. Grasshoppers, Crickets and Cockroahes of the British Isles. London, XII + 299 pp.

RAGGE, D. R.: 1973. The British *Orthoptera*: A suplement. *Entomologist's Gazette* 24:227-245.

RAINY, R. C.: 1958. Atmospheric movements and the biology of the Desert Locust (*Schistocerca gregaria* FORSKAL). Proc. LINNEAN Soc. London 169 Sess., 1956-57:73-74.

RAINY, R. C.: 1960. Applications of theoretical models to the study of flight-behaviour in Locusts and birds. *Symp. Soc. Exp. Biol.* m- 14:122-139.

RAINY, R. C.: 1961. The Migration of Desert Locust swarms: Facts and possible implications for bord migration. *Anim. Behav.* 9:3-4.

RAINY, R. C.: 1962. The mechanisms of desert locust swarm movements and the migration of insects. XI. Int. Kongr. Ent. Wien 1960, 3:47-49.

RAINY, R. C.: 1962. Some effects of environmental factors on movements and phase-change of *Locust populations* in the field. Physiol. Comp. Ecol. *Acrid. Rapp. Phase*, n. 114:175-199.

RAINY, R. C.: 1967. A note on some migrations of moths and locusts. *Israel J. Ent.* 2:187-189.

RAINY, R. C.: 1969. Effects of atmospheric conditions on insect movement. *Quart. J. R. Meteorol. Soc.* 95:424-443.

RAINY, R. C.: 1970. Migration and Meteorology: A synecological note. *Israel J. Ent.* 4:203-206.

RAINY, R. C.: Biometeorological problems of migrant insects (particularly locusts) in developing countries. *Biometeorology* 4:91-98.

RAINY, R. C.: 1970. Wind and the distribution of the desert locust *Schistocerca gregaria* (FORSK.). Session: Population studies I. Proc. Int. Study Conf. current and future problems of Acridology. London, p. 229-237.

RAINY, R. C.: 1972. Flying insects as potential targets: Initial feasibility studies with air-borne DOPPLER equipment in East Africa. *Aeronaut. J.* 76:501-506.

RAINY, R. C.: 1973. Airborne pests and the atmospheric environment. *Weather.* 28: 224-239.

RAINY, R. C.: 1974. Biometeorology and insect flight: Some aspects of energy exchange. *Ann. Rev. Ent.* 19:407-439.

RAMAMURTHI, B. N.: 1958. Studies on the ♂ genital tube in the *Dermaptera. Proc. R. Ent. Soc. London (A)* 33:186-190.

RAMBUR, P.: 1838. Faune entomologique de l'Andallousie. 2., Orthoptères. Paris, p. 12-94.

RAMME, W.: 1911. Ein Beitrag zur Kenntnis der Orthopterenfauna der Mark Brandenburh. *Berl. Ent. Z.* 56:1-10.

RAMME, W.: 1911. Entomologische Ergebnisse einer Reise nach Südtirol und Oberitalien (1910). *Ibid.* 56:11-52.

RAMME, W.: 1913.: Nachtrag zur Orthopterenfauna Brandenburgs. *Ibid.* 58:226-235.

RAMME, W.: 1914. Orthopterologische Ergebnisse einer Reise nach Krain und Istrien (1912). *Ibid.* 58:1-20.

RAMME, W.: 1926. Neue und wenig bekannte europäische und asiatische Orthopteren. *Deutsch. Ent. Z.* 1926:273-289.

RAMME, W.: 1926. Die Eiablage von *Chrysochraon dispar. Z. Morph. Ökol. Tiere* (A) 7:127-133.

RAMME, W.: 1927. Die Dermapteren und Orthopteren Siziliens und Kretas. *Eos* 3:111-200.

RAMME, W.: 1928. Neue balkanische *Decticini. Deutsch. Ent. Z.* 1928:302-304.

RAMME, W.: 1930. Revision und Neubeschreibungen in der Gattung *Pholidoptera* WESM. *Mitt. Zool. Mus. Berlin* 16:798-821.

RAMME, W.: 1931. Beiträge zur Kenntnis der palaearktischen Orthopterenfauna I. *Ibid.* 17:165-200.

RAMME, W.: 1933. Revision der Phaneropterinen-Gattung *Poecilimon* FISCH. *Ibid.* 19:497-575.

RAMME, W.: 1933. Beiträge zur palaearktischen Orthopterenfauna II. *Ibid.* 18:416-434.

RAMME, W.: 3. Nachtrag zur märkischen Dermapteren- und Orthopterenfauna. *Märkische Tierwelt* 1:224-233.

RAMME, W.: 1939. Beiträge zur Kenntnis der palaearktischen Orthopterenfauna III. *Mitt. Zool. Mus. Berlin* 24:41-150.

RAMME, W.: 1939. Revision der *Metriotera* Gruppe. *Ibid.* 24:109-124.

RAMME, W.: 1941. Die Orthopterenfauna von Kärnten. *Carinthia II*, 131:121-131.

RAMME, W.: 1942. Zur Orthopterenfauna von Rumänien. *Ibid.* 25:323-336.

RAMME, W.: 1950. Die parallele Färbungsvariation ('Parallelochromie') der *Acrididae*; ihre genetische und phylogenetische Bedeutung. *Eos*, tom extr. 249-266.

RAMME, W.: 1951. Zur Systematik, Faunistik und Biologie der Orthopteren von Südosteuropa und Vorderasien. *Mitt. Zool. Mus. Berlin* 27:1-431.

RAMME, W.: 1952. Die Orthopteren des Elsaß. *Ibid.* 28:145-149.

RANDELL, R. L.: 1963. On the presence of concealed genitalic structures in femal *Caelifera. Trans. Americ. Ent. Soc.* 88-247-260.

RANDELL, R. L.: 1964. The ♂ genitalia in *Gryllinae* and a tribal revision. *Can. Entomologist* 96:1565-1607.

RATHLEF, E. L.: 1750. Acridotheologie. Hannover, 340 pp.

REDTENBACHER, J.: 1900. Die Dermatopteren und Orthopteren von Österreich-Ungarn und Deutschland. Wien, 148 pp.

REHN, J. A. G. & REHN, W. H.: 1939. Studies of certain Cyrtacanthacridoid genera part I. The *Podisma* complex. *Trans. Amer. Ent. Soc.* 65:61-89.

REISE, K.: 1968/69. *Saltatoria* im Altmühljura. Jahrb. Deutsch. Jugendbund Naturbeob. 6:37-38.

REISE, K.: Beiträg zur Fauna des Kreises Schongau (Bayern). Saltatoria. *Ibid.* 95-96.

REISE, K.: 1970. Etwas zur Ökologie der Heuschrecken im Murnauer Moos. *Ibid.* 7:47-102.

REMAUDIER, M.: 1947. Sur l'existence en France d'une nouvelle sous-espèce de *Locusta migratoria* L. *C. R. Ac. Sc.* 225:1025-1026.

REMAUDIER, M.: 1947. Sur les principaux parasites di criquet migrateur (*Locusta migratoria 1L.) dans ses foyer des Landes Gascogne. Bull. Soc. ent. France, p. 63-64, 117-119.*

REMAUDIER, M.: 1948. Su la résistance des oeufs de *Locusta migratoria* L. *ssp. gallica* REMAUD. (phase gregaire) au froid et à l'immersion. *Rev. Path. vég. Ent. agr* 27:25-34.

REMAUDIER, M.: 1948. Contribution à l'étude des *Locusta migratoria* phase solitoria dans la région de Palavas (Herault). 1. partie. *Ibid.* p. 148-163.

REMAUDIER, M.: 1948. Desgleichen, 2. partie, p. 220-235.

REMAUDIER, M.: 1954. Etude écologique de *Locusta migratoria migratorioides* R. et F. dans la zone d'inondation du niger en 1950. *Locusta* 2:1-248.

REMY, P.: 1922. Orthoptères des Vosges méridionales (notes biologiques). *Ann. Soc. Linn. Lyon* 69:67-72.

RENTZ, D. C.: 1972. The lock and key as an isolating mechanism in Katydids. *Americ. Scientist* 60:750-755.

RICCI, M.: 1953. Su una anomalia ereditaria osservata nei machi di *Blatta orientalis* L. *Boll. Soc. Ent. Ital.* 83:109-110.

RICHARD, G.: 1965. La régulation nerveuse de la prise d'aliment chez l'insecte. *J. Psychol. nor. et pathol.* 1:33-54.

RICHARDS, O. W. & WALOFF, N.: 1954. Studies on the biology and population dynamics of British grasshoppers. *Anti-Locust Bull.* 17:1-182.

RICHARDS, O. W.: 1968. Further experiments on the effects of social factors on the rate of sexual maturation in the Desert Locust. *Nature* 219:865-866.

RICHARDS, M. J. & EL MANGOURY, M. A.: 1968. Further experiments on the effect of social factors on the rate of sexual maturation in the Desert Locust. *Ibid.* 219:865-866.

RICHARDS, T. J.: 1952. *Nemobius sylvestris* in S. E. Devon. *Entomologist* 1952:1068-1070.

RICHTER, K.: 1973. Struktur und Funktion der Herzen wirbelloser Tiere. *Zool. Jb. Physiol.* 77:477-668.

RICHTER, W.: 1949. Zur Verbreitung der Orthopteren in Südwestdeutschland. Jahresh. Ver. vaterl. Naturk. Württemb. 1946-1949:68-69.

RICHTER, W.: 1950. Desgl. 2. Folge. *Ibid.* 1950:149-152.

RICHTER, W.: 1954. Desgl. 3. Folge. 109:135-138.

RIGGLO, G.: 1888. Sopra una nuova specie di Gryllodes della Sicilia e considerazioni su questo genere *Gryllodes brunneri* sp. n. *Naturalist. Sicil.* 7:110-113.

RILEY, J. R.: 1975. Collective orientation in night-flying insects. *Nature* 253:113-114.

ROESEL VON ROSENHOF, A. J.: 1746-1761. Insecten-Belustigungen 1-4, Nürnberg.

ROFFEY, J. & POPOV, G.: 1968. Enviromental and behavioural processes in a Desert Locust outbreak. *Nature* 219:446-450.

ROFFEY, J., POPOV, G. & HEMMING, C. F.: 1970. Outbreaks and recession popoulations of the desert locust *Schistocerca gregaria* (FORSK.). *Bull. ent. Ress* 59:675-680.

ROONWAL, M. L. & BHANOTAR, R. K.: 1966. Phase and other variations in elytron-venation in the desert locust *Schistcerca gregaria. Proc. Zool. Soc. Calcutta* 19:39-46.

ROONWAL, M. L.: 1966. New phase characters in elytron of the Desert locust. *Ind. J. Ent.* 28:1-13.

ROSSI, P. DE: 1790. Fauna Etrusca sistens Insecta, quae in provinciis Florentina et Pisana praesertim collegit. Vol. 1, 2. Liburni.

ROTH, L. M.: 1969. The evolution of male tergal glands in the *Blattaria*. *Ann. Ent. Soc. America* 62:176-208.

RUBZOW, I. A. & KOPANEWA, L. M.: 1974. Orte und Umstände von Massenvermehrungen von Acridoidea im Angara-Gebiet. *Trud. wses. Ent. Obschz.* 57:86-97 (russ.).

RUDY, H.: 1925. Die Wanderheuschrecke, *Locusta migratoria* L. *phase migratoria* L. et *Phase danica* L. Sonderbeilage z. badische Bl. Schädlingsbek. 1-34.

RUFFO, S. R.: 1935. Affi dell'Ac. Agric. Sci. e Lett. Verona, Ser. 5, 13:145-151.

SAJZEW, A. I.: 1974. Der Einfluß des Temperaturfaktors auf die Entwicklung des Eis von *Chorthippus albomarginatus* D. G. unter Laboratoriumsbedingungen. Fauna i ekologija schiwotnach (Sammelarbeit). Moskau, p. 68-79.

SAKAI, S.: 1970. Dermapterorum Catalogus praeliminaris. 1. A basis survey for numerical taxonomy of the *Labiduridae* and *Carcinophoridae*, the *Dermaptera* of the world.(1. *Labiduridae*. Bull. vol. 1:1-91). Tokyo, Daito Bunka Univ.

SAKAI, S.: 1970. Desgleichen. 2. (*Labiidae*, 1-177). Ibid.

SAKAI, S.: 1971. Desgleichen 3. vol. 4:1-68. 2. *Karschielidae* Bull. vol. 1971:1-14. 3. *Diplatyidae*, spec. Bull. vol. 3:1-162. 4. *Chelisochidae*, spec. Bull. 5:1-265. 5. A quantitative approach to the distribution of *Dermaptera*. Spec. Bull. vol. 4:1-210. *Ibid.* Tokyo 1971.

SAKAI, S.: 1973. A basic survey for numerical taxonomy of the *Forficulidae*, the *Dermaptera* of the world. Forficulidae, spec. Bull. 6:1-357, 2. A quantitative approach on the numerical taxonomy of *Dermaptera* with special reference of *Pyrgidicranidae*, Bull. vol. 1973:1-38. 3. The data series on 'A quantitative approach on the numerical taxonomy of Dermaptera' spec. Bull. 7:1-29. *Ibid.* Tokyo 1974.

SALFI, M.: 1935. Su *Rhacocleis parvula* COSTA. Descrizione del tipo e note critiche sue genere. *Ann. Mus. zool. Univ. Napoli, N.S.* 5:1-5.

SALFI, M.: 1931. Revision du genre *Platypterna* FIEB. *Eos* 7:255-347.

SALFI, M.: 1935. Sul alcune specie del genere *Podisma* LATR. *Bull. Lab. Zool. gen. agrar.* 28: 214-230. Vergleiche beim Verzeichnis *Mantodea* und *Saginae.*

SAMWAYS, M. J.: 1974. A simple but effective device vor capturing Tettigoniidae and other insects. *Ent. Month. Mag.* 109 VIII/IX 1973.

SAMWAYS, M. J.: 1974. Ethyl Acetate as a preservative. *Bull. amat. Ent. Soc.* 33:26-27.

SAMWAYS, M. J.: 1976. Song modification in the *Orthoptera*. I. Proclamation song of *Platycleis* ssp. *Physiol. Ent.* 1:131-149.

SAMWAYS, M. J.: 1976. The song of*Metrioptera azami* (FINOT), and new localities of the species. *J. nat. Hist.* 10:469-473.

SARRA, R.: 1935. Notizie biologiche della *Platycleis grisea* F. *Boll. Lab. Zool. Gen. Agrar. Portici* 28:197-209.

SAUSSURE, H.: 1862. Mélanges Orthoptèrologiques. *Comm. Soc. Ohy. Hist. nat. Genève* 17: 17-326.

SAUSSURE, H.: 1872-1878. Mélanges orthoptèrologiques. Vol. 1, Fasc. 1-3, Blattides, Phasmides, Mantides. Genève et Bâle, Lyon.

SAUSSURE, H.: 1884. Prodromus Oedipodorum. *Mem. Soc. Phys. Genèvem* 28:1-254.

SAUSSURE, H.: 1898. Analecta Entomologica. I. Orthopterologica. *Rev. Suisse Zool.* 5:183-250.

SCHIEMENZ, H.: 1960. Die Heuschreckenfauna mitteleuropäischer Trockenrasen. *Faun. Abhdl. Staatl. Mus. Tierk. Dresden* 2:241-258.

SCHIEMENZ, H.: 1962. Zum Aktivitätsradius der Laubheuschrecke *Tettigonia cantans* FUESSLY). *Ent. Nachr.* 6:117-118.

SCHIEMENZ, H. & HEMPEL, W.: 1963. Ökologische Untersuchungen der Heuschrecken einiger xerothermer Biotope im Gebiet von Meißen. *Arch. Narturschutz u. Landschaftsord.* 3:117-138.

SCHIEMENZ, H.: 1964. Faunistisch-ökologische Untersuchungen an Orthopteren in Restwälden und Feldhecken and den angrenzenden Fluren. *Abhdl. u. Ber. Naturkund. Mus. Görlitz* 39:1-18.

SCHIEMENZ, H.: 1966. Bemerkenswerte Heuschreckenfunde in Naturschutzgebieten. Faun. Abhdl. Staatl. Mus. Tierkunde Dresden 1965:243-247.

SCHIEMENZ, H.: 1966. Die Orthopterenfauna von Sachsen. *Ibid.* 29:337-366.

SCHIMITSCHEK, E.: 1947. Massenauftreten wichtiger Fortschädlinge in Österreich. *Zentralbl. ges. Forst- und Holzwirtschaft* 70:158-204.

SCHMIDT, H.: 1955. Die Termiten, ihre Erkennungsmerkmale und wirtschaftliche Bedeutung, mit Beiträgen von BAVENDAMM, W., GÖSSWALD, K., HERFS, A., SANDERMANN, W., SCHMIDT, H. & WEIDNER, H. Leipzig, 309 pp.

SCHMIDT, G. & SCHULZE, E. F.: 1961. Ökologische Untersuchungen zur Orthopterenfauna des Rhöngebirges. *Abh. Nat. Ver. Würzburg,* 2:1-18.

SCHMIDT, G. & SCHLAGBAUER: 1965. Die Orthopterenfauna und Pflanzengesellschaften der Kahlschläge des Arbergebietes im Bayerischen Wald, mit einem Beitrag zum Problem der Macropterie. *Z. Morph. Ökol. Tiere* 54:643-668.

SCHMIDT, G. H., GRAF, I. & KESTLER, P.: 1968. Faunistische Untersuchungen zur Verbreitung der Geradflügler im Toskanischen Apennin. *Boll. Soc. Ent. Ital.* 98:93-109.

SCHMIDT, G. H.: 1970. Biotopmäßige Verteilung der Orthopteren Gemeinschaften in der Umgebung eines französischen Alpensees (Lac du Bourget). *Zool. Beitr.* 16:1-72.

SCHMIDT, W.: 1963. Orthopteren-Notizen aus dem Südschwarzwald. *Nachrbl. Bayer. Ent.* 12:93-94.

SCHNEIDER, F.: 1962. Dispersal and Migration. *Ann. Rev. Ent.* 7:223-242.

SCHOCH, G.: 1886. Orthoptera Helvetiae analytisch bearbeitet als Grundlage einer Orthopterenfauna der Schweiz. Schaffhausen, 39 pp.

SCHUMACHER, R.: 1973. Beitrag zur Kenntnis des tibialen Tympanalorgans von *Tettigonia viridissima* L. *Mikroskopie* 29:8-19.

SCHUMACHER, R. & HOUTERMANS, B.: 1975. Vergleich des primären Rezeptorenbereiches der tympanalen Skolopalorgane von 14 mitteleuropäischen Laubheuschrecken-Arten. *Entomologica Germanica* 1:98-104.

SCHUMACHER, R.: 1973. Morphologische Untersuchungen der tibialen Tympanalorgane von neun einheimischen Laubheuschrecken-Arten (*Tettigonioidea*). *Z. Morph. Ökol. Tiere* 75:267-282.

SCHUMMEL, R.: 1832. Anmerkungen zu OCSKAY's Orthopteren. *Ac. trad.* 25:965-966.

SCUDDER, G. G. E.: 1961. The functional morphology and interpretation of the insect ovipositor, 11. Int. Kongr. Ent. Wien 1960. Verh. 1:348.

SCUDDER, G. G. E.: 1961. The functional morphology and interpretation of the insect ovipositor. *Canad. Ent.* 93:267-272.

SCUDDER, G. G. E.: 1961. The comparative morphology of the insect ovipositor, *Trans. R. Ent. Soc. London* 113:25-40.

SCUDDER, S. H.: 1897. Revision of the Orthopteran group Melanopli (*Acridiidae*) with special reference to North American forms. *Proc. Unit. Stat. Nat. Mus.* 20:1-421.

SELLIER, R.: 1947. *Locusta migratoria* L. en Bretagne. *Bull. Soc. ent. France* 52:152-155.

SELLIER, R.: 1947. Le polymorphisme alaire chez les Orthoptèroids. *Bull. Soc. sc. Bretagne* 22:95-112.

SELLIER, R.: 1948. L'evolution morphologique des *Locusta migratoria* dans la région armoricaine. *Arch. Zool. exp. gen. Paris* 85:199-207.

SELLIER, R.: 1950. Sur le retourment des ptérothèques chez les Orthoptères Gryllidès. *C. R. Ac. Sc.* 231:923-924.

SELLIER, R.: 1969. Etude un microscope électronique à balayage de la pars stridens des Orthoptères Ensiferès. *C. R. Ac. Sci. Paris* 268:3084-3087.

SELLIER, R.: Vergl. auch bei MAILLARD.

SELLIER, R.: 1970. Etude en microscopie électronique à balayage de la pars stridens des Ephippigéres, insectes Orthoptères à femelles stridulantes. *Ibid.* 270:622-625.

SELYS-LONGCHAMPS, E.: 1862. Catalogue raisoné des Orthoptères de Belgique. *Ann. Soc. Ent. Belg.* 6:130.

SELYS-LONGCHAMPS, E.: 1868. Additions et corrections au Catalgue raisonné. *Ibid.* 11.

SEOANE, V. L.: 1878. Orthopteros de la peninsola hispano-lusitana. *Ent. Z. Stettin,* 39:365-376.

SEOANE, V. L.: 1878. *Ephippiger* du Nord de Espagne. *Ann. Soc. ent. Belge* 21:70.

SEOANE, V. L.: 1879. Description de deux Orthoptères nouveaux d'Espagne.

SEREDINA, E. L.: 1974. Die ökologische Abhängigkeit der Verbreitung von Hochgebirgsarten unter den Orthopteren von mikroklimatischen Bedingungen. Fauna ekelog. schiwotnych (Sammelarbeit). Moskau, p. 95-114 (russ.).

SERVILLE, M. A.: 1838. Histoire naturelle des insectes Orthoptères. Paris, 776 pp.

SERVILLE, J. G.: Vergleiche beim Literaturverzeichnis *Saginae.*

SHAFIQ, S. A.: 1953. Cytological studies of the neurones of *Locusta migratoria.* Part I. Cytoplasma inclusions of the motor neurones of the adult. *J. Microsc. Sci.* 94:319-328.

SICKER, W.: 1964. Die Abhängigkeit der Diapause von der Photoperiodizität bei *Tetrix undulata* (SOW.). *Z. morph. Ökol. Tiere* 54:107-140.

SINGER, J.: 1869. Die Orthopteren der Regensburger Fauna. Stadtamhof, 34 pp.

SISLI, M. N.: 1963/64. The biology of *Acrotylus insubricus* SCOP. *Com. Fac. Sci. Univ. Ankara Ser. c.* 9:56-91.

SISLI, M. N.: 1968. *Acrotylus i. insubricus* (SCOP.) 'ta Besin Tercihi Bitki Koruma *Bulteni* 8: 110-114.

SKELTON, M. J.: 1974. *Orthoptera, Dictyoptera* and *Odonata* Preliminary distribution Maps. Biological Records Centre London.

SLAVIK, J.: 1912. O zazivacim ústroji kobylky *Diestrammena marmorata* DE HAAN. Vest. král. ceské spol. Náuk v Praze 1912:1-36.

SLZYNSKI, K.: Some observestions on the biology of *Barbitistes constrictus* BR. in North-Poland. *Bull. Ent. Pologne,* 40:867-869 (pol.).

SMITH, R. W.: 1961. Can the grasshopper's natural enemies stopt them? *Reas. Fann.* 6: 5-6.

STAL, C.: 1874-1877. Recensio Orthopterorum. Stockholm, 2, 121 pp.

STADTLER, H.: 1933. Die Ameisengrille (*Myrmecophila acervorum PANZ.) in Franken. Ent. Rundschau* 50:219-220.

STADTLER, H.: 1961. *Orthoptera* und *Dermaptera* des Naturschutzgebietes Romberg. *Nachrbl. Bayer. Ent.* 10:131-132.

STAEGER, R.: Beiträge zur Biologie einiger einheimischer Heuschreckenarten. *U. Inbiol.* 25:36-41.

STÄRK, A. A.: 1958. Untersuchungen an Lautorganen einiger Grillen und Laubheuschreckenarten, zugleich ein Beiträg zum Rechts-Links-Problem. *Zool. Jb.* 77: 9-50.

STANISLAVSKIJ, B.: 1926. K otázce slozeni hypodermi *Periplanetae orientalis. Publ. Fac. Sci. Univ. Charl. nr.* 56:1-15.

STEBAEV, J. V.: 1957. The fauna of the Orthopterous Insects of the North-Caspian plain. *Rev. Ent. URSS* 36:386-400.

STEIN, J. P. E. F.: 1878. Über *Pachytylus migratorius* und *cinerascens* F. *Deutsch. Ent. z.* 22:233-236.

STEINIGER, F.: 1932-33. Die Erscheinung der Katalepsie bei Stabheuschrecken und Wasserläufern. *Z. wiss. Biol. A Morphol.* 26.

STEINMANN, H.: 1962. Phylogenetic and systematic considerations based on the comparative anatomical study of the central nervous system of orthopterous insects. *Acta Zool. Ac. Sci. Hung.* 8:151-160

STEINMANN, H.: New palaearctic *Atractomorpha* SAUSS. and *Pyrgomorpha* SERV. species. *Acta Ent. Mus. Nat. Pragae* 37:565-575.

STOLJAROV, M. V.: 1967. Occurence of *Calliptamus italicus* L. in the middle Volga and the forecast of its abundance. *Zool. J.* 46:365-370 (russ.).

STOLJAROW, M. W.: 1974. Die Italienische Heuschrecke *Calliptamus italicus* L. im westlichen Kasachstan. *Trud. wses. Ent. obschz.* 57:98-11 (russ.).

STRAATMAN, K. A.: 1970. *Acanthacris ruficornis citrina* (SERV.) een nieuwe sprinkhaan voor Spanje. *Ent. Ber.* 30:225-228.

STRÖM, S.: 1783. Om Norske Insecter nya K. *Danske. Vid. selsk. Skrifter* 2:66-67.

STROHM, K.: 1924. Die Heuschreckenfauna von Baden. *Mitt. Bad. Ent. Ver. Freiburg i. Br.* 1:53-54.

SUGA, N.: 1960. Peripheral mechanism of hearing in Locust. *Ja. J. Physiol.* 10:533-546.

SUGA, N.: 1961. Central mechanism of hearing in insects. *J. Exp. Biol.* 38:545-558.

SYMMONS, P. M.: 1968. Threat of invasion by Desert Locusts. *Geograph. Mag.* 4:153-154.

SYMMONS, P. M.: 1969. A morphometric measure of phase in the Desert Locust, *Schistocerca gregaria* (FORSK.). *Bull. Ent. Res.* 58:803-809.

SYMMONS, P. M., GREEN, S. M., ROBERTSON, R. A. & WARDHAUGH, K.: 1974. The production of distribution maps of the incubation and hopper development periods of the desert Locust *Schistocerca gregaria* (FORSK.). *Bull. ent. Res.* 64:443-451.

TAGLIANTI, A. V.: 1968. Studi sui Dermatteri. I. Osservazioni sistematische e corologiche su *Forficula obtusangola* KRAUSS. *Mem. Mus. Civ. Stor. Nat. Verona* 16:31-38.

TAGLIANTI, A. V.: 1974. Studi sui Dermatteri II. Una nuova *Forficula* del Medio Oriente. *Fragm. Ent.* 10:53-60.

TARBINSKIJ, S. P.: 1930. Zur Kenntnis der Gattung *Calliptamus* SERV. *Isw. An. SSSR. Abt. phys. math. Wiss.* nr. 2:177-186 (russ.).

TARBINSKIJ, S. P.: 191. Überblick über die paläarktischen Arten der Gattung *Gomphocerus* THUNBG. und *Dasyhyppus* UV. *Isw. Inst. borb. wred. bolesn.* 1:127-157 (russ.).

TARGIONI-TOZETTI, A.: 1881. Orthopterorum Italiae. Species novae. In collectione R. Musei Florentini Digestae – *Bull. Soc. Ent. Ital.* 13:180-187 (vergl. auch beim Literaturverzeichnis Saginae).

TAYLOR, E.: 1954. A further record of *Mogoplistes squamiger* FISCH. in Dorset. *Ent. Month. Mag.* 90:300.

TAYLOR, R. H. C.: 1955. Locust reporting and Anti-Locust research. *Tropic. Agric.* 32:186-192.

THOMAS, J. G.: 1941. The relative size of the eye as a phase character in the African migratory locust. *Bull. ent. res.* 31:431-433.

THOMAS, J. G.: 1965. The abdomen of the ♀ Desert Locust (*Schistocerca gregaria* FORSKAL with special reference to the sense organs. *Anti-Locust Bull.* 42:1-20.

THOMAS, J. G.: 1966. The sense organs on the mouth parts of the Desert Locust (*Schistocerca gregaria*). *J. Zool.* 148:420-448.

THOMAS, J. G.: 1970. Probable pheromone-secreting cells in the epidermis of mature ♂♂ of *Schistocerca gregaria* (FORSK.). *Proc. R. ent. Soc. London (A)* 45:125-135.

THUNBERG, C. P.: 1850. Descriptio Acrydii. *Nova Acta Upsal.* 7:157.

THUNBERG, C. P.: 1824. Grylli monographia illustrata. *Mém. Ac. St. Pétersbg.* 9:390.

TEICHMANN, H.: 1955. Beitrag zur Ökologie und Tiergeographie der Heuschrecken Korsikas. *Biol. Zentralbl.* 74:244-273.

TEICHMANN, H.: 1958. Beitrag zur Ökologie der Heuschrecken in den Bayerischen Alpen. *Zool. Beitr. N.F.* 4:83-133.

TOSI, M.: 1959. The chromosome sets of *Gryllotalpa gryllotalpa* L. and their geographical distribution. *Cyryologia.* 12:189-198.

TOYE, S. A.: 1973. Effects of food on the development of the Desert Locust, *Schistocerca gregaria* (FORSK.). *J. Ent. (A)* 48:95-102.

TSHERNJANOWSKIJ, M. E. & GASENKO, G. W.: 1974. Bemerkungen über die ökologische Verteilung und Lebensfähigkeit von Orthopterenarten in unterschiedlichen Wiesen im Nord-Kaukasus. Fauna i Ekol. Schiwotnych (Sammelarbeit). Moskau, p. 52-61 (russ.).

TÜMPEL, R.: 1922. Die Geradflügler Mitteleuropas. 2. Aufl. Gotha, 325 pp.

TÜRK, R.: vergl. Literaturverzeichnis Saginae.

UHRIG, D.: 1970. Untersuchungen zum Lautschema des ♀ von *Chorthippus biguttulus* (L.). Dissertation, Univ. München, 55 pp.
US, P.: 1938. Doprinos poznavanju ortopterske faune u Jugoslaviji, Prir. *Razpr. Ljubl.* 3:239-252.
US, P.: 1960. *Miramella alpina collina* (BR.) als Schädling im Wald. Zast. bilja Nr. 62:37-44 (jugosl. deutsch. Zus.).
US, P.: 1962. Ortopteri Triglavskega Narpdnega Parka. *Varst. Narave* 1:97-98 (jugosl. deutsch. Zus.).
US, P.: 1964. Ortopterska fauna otoka Cresa i Lošinja. *Biol. Glasn.* 17:17-30.
US, P.: 1968. Beitrag zur Kenntnis der Orthopterenfauna von Montenegro. *Beitr. Ent.* 18:643-663.
US, P. & MATVEJSEV, S.: 1967. Catalogus Faunae Jugoslaviae III/6. *Orthoperoidea*. Ljubljana, 47 pp.
US, P.: 1970. Beitrag zur Kenntnis der Höhlenorthopteren Jugoslawiens. *Acta Carsologica* 5:301-319.
US, P.: 1971. Beitrag zur Kenntnis der Orthopteren von Slowenien. *Ent. Berlin*, 21:5-31.
US, P.: 1972. Ortopterska fauna Planina Nanosa (Slovenja). *Bull. Mus. Hist. Nat. Belgrade, Ser B.* 143-163.
UVAROV, B. P.: 1910. Material zur Fauna des Uralsk. Gebietes. *Trud. Rusk. Ent. Obschz.* 39:359-390 (russ.).
UVAROV, B. P.: 1916. Über die russischen Formen der Gattung *Acrida* L. *Russk. Ent. Obosr.* 16:8-13 (russ.).
UVAROV, B. P.: 1917. Material zur Kenntnis der Geradflügler des Kaukasus und angrenzender Länder. *Sm. iswest. Kaukas. Mus.* 10:282-293.
UVAROV, B. P.: 1921. A preliminary revision of the genus *Dociostaurus* FIEBER. *Bull. Ent. Res.* 11:397-407.
UVAROV, B. P.: 1922. A revision of the genus *Locusta* L. (= *Pachytylus* FIEB.), with a new theory as to the periodicty an migrations of locusts. *Bull. Ent. Res.* 12:135-163.
UVAROV, B. P.: 1922. Sur les races géographiques du *Prionotropis hystrix* GERM. *Ann. Soc. Ent. France* 91:245-148.
UVAROV, B. P.: 1923. Records and descriptions of Orthoptera from North West Africa. *Novit. Zool.* 30:67-68.
UVAROV, B. P.: 1926. Genus *Tropidopola* ST. *Eos* 2:149-177.
UVAROV, B. P.: 1926. New or less known *Acrididae* from Central Asia. *Eos* 2:328-347.
UVAROV, B. P.: 1928. Orthoptera of the mountains of Palearctic Region. *Soc. Biogéogr.* 2:1-7.
UVAROV, B. P.: 1929. Composition and origin of the palaearctic of Orthoptera. 10. Congr. Int. Zool. Sect. 8, 1516-1524.
UVAROV, B. P. & ZOLOTAREVSKI, B. N.: 1929. Phases of Locusts and their interrelations. *Bull. ent. res.* 20:261-265.
UVAROV, B. P.: 1932. A revision of the genus *Brachycrotaphus* KRAUSS. Soc. Ent. France, Livre du Cent. 1932:287-293.
UVAROV, B. P.: 1934. Studies on the Orthoptera of Turkey, Iraqu and Syria. *Eos* 10:86-87.
UVAROV, B. P.: 1935. Locust and a rational Anti-Locust Policy. *Emp. Cott. Grow. Rev.* 12:193-198.
UVAROV, B. P.: 1936. New *Orthoptera* from Cyprus. *Ann. Mag. Nat. Hist.* 18:505-515.
UVAROV, B. P.: 1939. A preliminary revision of the Palearctic species and subspecies of *Thisoicetrus* BR.W. *Novit. Zool.* 41:377-382.
UVAROV, B. P.: 1940. New generic names in *Orthoptera. Ann. Mag. Nat. Hist.* 5:173.
UVAROV, B. P.: 1941. Twenty-four new Generic names in Orthoptera. *Ibid.* 6:112-117.
UVAROV, B. P.: 1941. Eleven new Generic names in Orthoptera. *Ibid.* 377-380.
UVAROV, B. P.: 1942. New and less known Southern Palearctic Orthoptera. *Trans. Amer. Ent. Soc.* 67:327-354.

UVAROV, B. P.: 1947. The migratory locust in England in 1946. *Proc. R. Ent. Soc. London (A)* 22:85-87.
UVAROV, B. P.: 1943. The tribe Trinchini of the subfamily *Pamphaginae*, and the interrelations of the Acridid subfamilies. *Trans. R. Ent. Soc. London* 93:1-72.
UVAROV, B. P.: 1948. Recent advances in Acridology: Anatomy and Physiology of Acrididae. *Ibid.* 99:1-75.
UVAROV, B. P.: 1951. Locust Research and Control 1929-1950. *Colon. Res. Publ.* 10:1-67.
UVAROV, B. P.: 1950. Observation on the Moroccan Locust (*Dociostaurus maroccanus* THBG.) in Cyprus 1950, 1. Cyprus Locust scheme. *Anti-Locust Bull.* 10:1-4.
UVAROV, B. P.: 1951. Some recent advances in locust research. *Advanc. Sci.* 8:17-22.
UVAROV, B. P.: 1951. Some synonymy in the genus *Locusta* LINNE. *Bull. Off. Nat. Antiacrid.* 1:1-4.
UVAROV, B. P.: 1954. The Desert Locust and its environment. Biology of Deserts. *Lond. Inst. Biol.* 1953:85-89.
UVAROV, B. P.: 1960. Quantity and quality in insect populations. *Proc. R. ent. Soc. (C)* 25: 52-59.
UVAROV, B. P.: 1962. Physiologie, comportment et écologie des Acridiens en rapport avec le phase. 114:319-328.
UVAROV, B. P.: 1962. Development of arid lands and its ecological effects on their insect fauna. *Arid. Zone Res.* 18:235-248.
UVAROV, B. P.: 1966. Grasshoppers and Locusts. I. Cambridge, 481 pp.
UVAROV, B. P.: 1966. Hibernation of active stages of *Acridoidea* in temperate climates. *Atti. Acc. Gioenia Sci. Nat. Catania, Ser.* 6, 18:175-189.
UVAROV, B. P. vergl. auch Literaturverzeichnis *Mantodea* und *Saginae*.
VALLETA, A.: 1954. List of Orthoptera of Maltese Islands. *Entomologist* 87:11-15.
VALLETA, A.: 1956. Second contribution to a list of the Orthoptera of the Maltese Islands. *Ent. Monthly Mag.* 91:55-56.
VARLEY, G. C.: 1952. Mandibular stridulation in nymphs and adults of *Locusta migratoria. Ent. Month. Mag.* 87:9.
VARLEY, G. C.: 1952. *Roeseliana roeselii* (HGB.) in Hampshire. *Ibid.* 88:6.
VELTISTHEV, P. A.: 1937. Zur Kenntnis der Gattung *Paradrymadusa* HERM. *Konowia* 16:25-27.
VERHOEFF, K. W.: Die total flügellosen *Eudermaptera-Diendra*, Gonlabien, Anisolabiden und Isolabiden. Sb. Ges. Naturforsch. Freunde Berlin 1902:7-18.
VICHET, G. DE & GRASSE, P.: 1924. Sur la note des *Phaneroptera quadripunctata* BR. et *P. falcata* SCOP. *Bull. Soc. ent. France* 1924:186-187.
VICHET, G. DE & CAPPE DE BAILLON, P.: 1940. La parthénogenèse des espèces du genre *Leptynia* PANT. *Bull. Biol. Franz. Belg.* 74:43-87.
VICHET, G. DE: 1944. Un orthoptère nouveau pour la France: *Platycleis laticauda* BR. *Bull. Soc. Ent. France* 49:46-48.
VICHET, G. DE: 1944. Découverte dans le sud de la France d'une station de mâles de *Bacillus rossi* (FABR.). *Soc. LINN. Lyon* 13:1-3.
VICHET, G. DE: 1948. Etude de la descendence de *Bacillus rossii* F. issus de croisements entre les lignées bisexuée nord-africaine et parthénogénétique francaise. *Compt. rend. séanc. Ac. Sci.* 226:1108-1109.
VICHET, G. DE: 1958. Notes sur les Grillons en Languedoc. In: La vie animale sur le côte sableuse du Golf du Lion. *Ann. Soc. Hortic. Hist. Nat. Hérault*, 98:220-224.
VICHET, G. DE. III. Les orthoptéres et les dermaptéres. *Ibid.* 102:111-112.
VICHET, G. DE: 1967. Une blatte cosmopolite: *Supella supellectilium* va-t-elle envahir nos maisons? *Ibid.* 107:209-214.
VICKERY, V. R.: 1965. Factors governing the distribution and dispersal of the recently introduced grasshopper *Metrioptera roeseli* (HGB.). *Ann. Soc. Ent. Quebec* 10:165-172.
VÖLKER, H.: 1961. Ist die Feldheuschrecke *Chrysochraon dispar* GERM. in Niedersachsen allgemein selten? *Beitr. Naturk. Niedersachs.* 16:34-35.

VOJTEK, J.: A contribution to the knowledge of *Orthoptera* of Silesia. *Prir. sborn. Ostrav. kraje* 10:319-337 (tschch.).
VOSS, FR.: 1911. Morphologisches und Kinematisches vom Ende des Embryonalstadiums der Geradflügler. *Verh. Deutsch. Zool. Ges.* 100-101:283-295.
VUILLAUME, M.: 1968. Pigmentations et variations pigmentaises de trois Insects: *Mantis religiosa* (L.), *Sphodormantis viridis* (F.) et *Locusta migratoria* (L.). *Bull. Biol.* 102:147-232.
VOSSELER, J.: 1902. Beiträge zur Faunistik und Biologie der Orthopteren Algeriens und Tunesiens. *Zool. Jb. Syst. Geogr. Biol. Thiere* 16:387-393.
Verbreitung der *Tettigoïinae.* Wiss. Arb. 1. Staatsprüf. f. Lehramt an Gymnasien, Bonn, 176 pp.
WEIDNER, H.: 1937. Die Geradflügler der Nordmark und Nordwestdeutschlands. *Verh. Ver. naturwiss. Heimatforsch. Hamburg* 26:25-64.
WEIDNER, H.: 1938. Nachträge zur Orthopterenfauna der Nordmark und Nordwestdeutschlands. *Ibid.* 27:63-66.
WEIDNER, H.: 1938. Der Geradflügler Mitteldeutschlands. *Z. Naturwiss.* 90:123-181.
WEIDNER, H.: 1953. Die Ameisengrille im Altmhltal. *Ent. Z.* 63:121-125.
WEIDNER, H.: 1954. Die Heuschrecken von Heigenbrücken/Spessart. *Nachr. Nat. Mus. Aschaffenburg* 43:1-26.
WEIDNER, H.: 1955. Die Verbreitung von *Podisma pedestris* in Franken. *Mitt. Deutsch. Ent. Ges.* 14:15.
WEIDNER, H.: 1969. Beiträge zur Kenntnis der Feldheuschrecken (*Caelifera*) Anatoliens. *Mitt. Hamb. Zool. Mus. Ins.* 66:145-226.
WEIDNER, H.: 1970. *Isoptera* (Termiten). In: Handb. zool. Berlin 4(2), 2/14 p. 1-147.
WADA, S.: 1965. Analyse der Kopf-Hals-Region von *Tachycines* in morphogenetische Einzelheiten. I. Mitteilung: Anatomische Befunde im schlüpfreifen und im Imaginalen-Normalzustand. *Zool. Jb. Anat.* 83:185-234.
WADA, S.: 1966. Desgleichen. 2. Mitteilung: Experimentell-teratologische Befunde am Kopfskelett mit Berücksichtigung des zentralen Nervensystems. *Ibid.* 83:235-326.
WALKER, F.: 1869. Cat. Spec. Dermapt. Saltat. Coll. Brit. Mus. 2:1-423.
WALLACE, G. K.: 1959. Visual scanning in the desert locust *Schistocerca gregaria* FORSKAL. *J. Exp. Biol.* 36:512-525.
WALOFF, N.: 1953. Notes on the *Orthoptera* in Cyprus April 1950. *Proc. R. ent. Soc. London* (A) 28:24-50.
WALOFF, N.: 1970. Some thoughts on the studies of population dynamics of Acridids. Session: Population studies III. Proc. Int. Study Conf. Current and Future problems of Acridology, London 1970:355-358.
WALOFF, Z. V.: 1941. The distribution and migrations of *Locusta* in Europe. *Bull. Ent. Res.* 31:211-246.
WALOFF, Z. V.: 1960. Some notes on the Desert Locust and on its occurence at sea. *Marine Obs.* 30:40-45.
WALOFF, Z. V.: 1961. Orientation and displacement in flying locusts. *Animal Behav.* 9:3-4.
WALOFF, Z. V.: 1972. Orientation of flying Locusts, *Schistocerca gregaria* (FORSK.) in migrating swarms. *Bull. ent. Res.* 62:1-22.
WALOFF, Z. V.: 1972. Observations on the airspreads of freely flying Locusts. *Anim. Behav.* 20:367-372.
WALTHER, CH.: 1957. *Homorocoryphus nitidulus* SCOP. auf der deutschen Seite des Bodenseegebiets nachgewiesen. *Nachrbl. Bayer. Ent.* 6:1 p.
WALTHER, CH.: 1957. *Gampsocleis glabra* HERBST in der Garchinger Heide. *Ibid.*
WALTHER, CH.: 1969. Zum Verhalten des Krallenbeugersystems bei der Stabheuschrecke *Carausius morosus* BR. *Z. vergl. Physiol.* 62:421-460.
WEIDEMANN, A.: 1973. Zur Systematik. Morphologie, Ökologie und Geographischer
WEIDNER, H.: 1974. Einschleppung von Ohrwürmern nach Deutschland. *Anz. Schädlingskunde, Pflanzen-Umweltschutz* 47:145-148. Vergl. auch beim Literaturverzeichnis Mantodea.

WEIS-FOGH, T.: 1967. Respiration and tracheal ventilation in locust and other flying insects. *J. Exp. Biol.* 47:561-587.

WERNER, F.: Vergleiche die Literaturverzeichnisse von *Mantodea* und *Saginae*.

WESTERMAN, M.: 1969. Parallel polymorphism for supernumerary segments in *Chorthippus parallelus* (ZETT.). II. French populations. Chromosoma 26:7-21.

WESTERMAN, M.: 1970. Parallel polymorphism for supernumerary segments in *Chorthippus parallelus* v.a. new polymorphism in Europe. *Heredity* 25:662-667.

WHITE, M. S. D.: 1973. Chromosomal races or sibling species in Mole Crickets. Anim. Cytol. & Evol. Cambridge, 3. ed. p. 383-386.

WICKLER, W.: 1972. Verhalten und Umwelt. Hamburg, 196 pp.

WIESEND, P.: 1957. Die Postembryonale Entwicklung der Thoraxmuskulatur bei einigen Feldheuschrecken mit besonderer Berücksichtigung der Flugmuskeln. *Z. Morph. Ökol. Tiere* 46:529-570.

WILLE, J.: Biologie und Bekämpfung der deutschen Schabe *Phyllodromica germanica* L. Monograph. z. angew. Ent. Nr. 5 Beiheft 1 zu vol. 7 z. angew. Ent. p. 1-140.

WILLEMSE, C.: 1917. The Netherland *Orthoptera*. *Tydsch. Ent.* 60:1-176.

WILLEMSE, C.: 1939. Faunistische list in Nederland voorkoomende *Orthoptera*. Oudewater, 44 pp.

WILLEMSE, C.: 1971. De in Nederland voorkomende Oorwormen (*Dermaptera*). Wet. Med. Koninkl. Nederlandse Nat. Ver. Nr. 4:1-16.

WILLEMSE, F.: 1966. *Metrioptera montenegrina* RAMME 1933, conspecfic with *M. hoermanni* (WERNER 1906), a little known orthopterous species of the Yugoslav fauna. *Nat. Maandbl.* 55:171-184.

WILLEMSE, F.: 1968. Een voor de Nederlandse fauna nieuwe Springhaanen *Phaneroptera falcata* (PODA). *Ibid.* 57:173-174.

WILLEMSE, F.: 1970. 1. A new species of *Conocephalus* from Greece. 2. The genus *Oropodisma* UVAROW 1942. With the description of two new species. *Reeks* 20:15-17, 19-25 (1971).

WILLEMSE, F.: 1972. Further records of the genus *Oropodisma* UV. 1942. *Naturhist. Gen. Limburg* 22:27-31.

WILLEMSE, F.: 1972. *Peripodisma tymphli*, a new genus and species of the tribe *Podismini* from SE Europe. *Ibid.* 22:81-85.

WILLEMSE, F.: 1973. A study of the genus *Paracaloptenus* I. BOLIVAR 1876. *Beaufortia* 20:179-192.

WILLEMSE, F.: 1973. Records of *Parnassiana* ZEUNER 1951 from Greece. *Biol. Gallo-Hellenica* 5:43-55.

WILLEMSE, F.: 1974. New records of *Stenobothrus graecus* RAMME 1926. *Ibid.* 5:343-350.

WILLEMSE, F.: 1974. A new subspecies of *Paranocaracris bulgaricus* EBNER et DREN.) from Greece. *Ibid.* 5:351-354.

WILLEMSE, F.: 1975. *Parnassius menalos* spec. nov. from the Pelopones. *Ent. Ber.* 35:88-91.

WILLEMSE, F.: 1975. Two new subspecies of *Platycleis* (*Modestana*) *ebneri* (RAMME 1926) from Greece. *Ibid.* 35:118-123.

WINTREBERT, B.: 1969. Hibernation des Acridiens au Liban. Bull. Soc. Ent. France 74: 214-219.

RÜDIGER, W., KLOSE, W., VUILLAUME, M. & BARBIER, M.: 1969. Sur la Biliverdine IXa, pigment vert des insectes Orthoptères, *Clitumnus extradentatus* et *Mantis religiosa*. *Bull. Soc. Chin. Biol.* 51:559-562.

YERSIN, A.: 1857. Observations sur le *Gryllus heydeni*. *Ann. Soc. Ent. France* 1857:761-779.

YERSIN, A.: 1860. Note sur quelques Orthoptères nouveaux ou peu connus. *Ibid.* sér. 3, 8:509-537.

YERSIN, A.: 1863. Deux orthoptères nouveaux d'Europe. *Ibid.* 3:285-292.

ZACHER, F.: 1917. Kleine Beiträge zur Kenntnis der deutschen Geradflügler. *Ent. Jahrb.* p. 172-177.

ZACHER, F.: 1917. Die Geradflügler Deutschlands und ihre Verbreitung. Jena, 187 pp.

ZACHER, F.: 1938. Orthopteren. In: SORAUER Handb. Pflanzenkrankheiten 5. Aufl.; Band 4:228-352.

ZARING, P. W.: 1957. Heuschrecken und der Kampf mit ihnen. Merkheft Landwirtschaftsminist. SSSR, Moskau, 13 pp. (russ.).

ZETTERSTEDT, J. W.: 1821. *Orthoptera* Sueciae. Lund.

ZEUNER, F.: 1929. Beiträge zur Systematik und Phylogenie der Gattung *Platycleis* und verwandter Decticinen. *Mitt. zool. Mus. Berlin* 15:201-235.

ZEUNER, F.: 1930. Der Einfluß der postglazialen Klimaschwankungen auf die Verbreitung von *Ephippigera vitium* SERV. *Ibid.* 15:85-106.

ZEUNER, F.: 1936. The subfamilies of *Tettigoniidae. Proc. R. ent. Soc. London (B)* 5:103-109.

ZEUNER, F.: 1940. *Phlugiopsis henryi* N.G., N. sp. a new Tettigoniid, and other salatoria from the Royal Botanic Garden Kew. *Soc. Brit. Ent.* 2:76-84.

ZYPLENKOW, E. P.: 1961. Schädliche Geradflügler. Leningrad-Moskau, 83 pp. (russ.).

LITERATURVERZEICHNIS SAGINAE

AZAM, J.: 1899. Notes Orthopterologique. Sur quelques Orthoptères du Departement du Var. – Bull. Soc. étud. sci. archaeol. Draguignan 1899:1-18.

AZAM, J. & FINOT, A.: 1888. Catalogue des Insectes orthoptères observés jusqu'à ce jour dans les Departements du Var & des Alpes Martitimes. – Draguignan, 29 pp.

BAZYLUK, W.: 1956. *Orthoptera* (Saltatoria). In: Keys fot the Identification of Polish Insects. XI. – Polski Zwiazek Ent., Warszawa, 17:166 pp. (poln.).

BÉRENGUIER, P.: 1905. La Magicienne dentelée *"Saga serrata"*. – *Bull. Soc. Sci. Nat. Nîmes* 33:145-152.

BEY-BIENKO, G. J.: 1928. Notes on Mantidae, Tettigoniidae and Gryllidae (Orthoptera) of the vicinity of Orenburg, S. E. Russia. – *Rev. Russe d'Ent.* 22:124-129.

BEY-BIENKO, G. J.: 1964. 13. Ord. *Orthoptera* (Saltatoria). In: Bestimmungswerk für Insekten des europäischen Teiles der SSSR (Hrsg.: Akad. Nauk. SSSR, Zool. Inst.), Moskwa u. Leningrad, T.I.:205-284 (russ.).

BOLÍVAR, I.: 1873. Ortópteros de España nuevos ó poco conocidos. – *An. Soc. Esp. Hist. Nat., Madrid,* 2:213-237.

BOLÍVAR, I.: Analecta Orthopterologica. Catalogus Orthopterorum Europae e Confinium. – *An. Soc. Esp. Hist. Nat., Madrid,* 7:423-470.

BRULLÉ, A.: 1832. Orthoptères. In: Expédition Scientifique de Morée. – Paris, 3/1:81-97.

BRULLÉ, A.: 1835. Orthoptères. In: Histoire naturelle des Insectes. – Paris, 9/5, 230 pp.

BRUNNER V. WATTENWYL, C.: 1893. Révision du Système des Orthoptères. – *Ann. Mus. Genova,* 33:5-230.

BURESCH, I. & PESCHEV, G.: 1958. Artbestand und Verbreitung der Geradflügler (Orthopteroides) in Bulgarien unter Berücksichtigung der schädlichen Arten. III. Tettigonioidea. – *Izvest. Zool. Inst. Sofia,* 7:3-90 (bulgar.).

BURR, M.: 1910. A synopsis of the Orthoptera of Western Europe. – London, 160 pp.

CAUDELL, A. N.: 1916. Saginae. In: P. WYTSMAN, Genera Insectorum, 167:1-10.

CAZURRO Y RUÍZ, M.: 1888. Enumeracíon de los Ortópteros de Epaña y Portugal. – *An. Soc. Esp. Hist. Nat., Madrid,* 17:435-513 (span.).

ČEJCHAN, A.: 1963. Saltatoria. In: Ergebnisse der Albanien-Expedition 1961 des Deutschen Entomologischen Institutes. 10. Beitr. – *Beitr. Ent.* 13:761-796.

CHOPARD, L.: 1937. Les Sagiens. In: Encyclopédie francaise, Paris, 5(2):576-3.

COSTA, G.: 1874. Fauna salentina. Lecce. – Div. II: Animali invertebr., Ord. 3. Ortotteri, 461-483.

COULON, L.: 1909. Les Orthoptères du Musée d'Histoire Naturelle d'Eloeuf. Faune Française. – *Elbeuf. Bull. soc. étud. sci. nat.* 27:137-169.

DIRSH, W.: 1928. Orthopterologische Notizen. – *Mem. Cl. Sci. Phys. Math. Acad. Sci. Ukraine,* 6/3(5):467-471.

DRENOVSKI, AL.: 1929. Prèmiere Contribution l'Etude des Sauterelles (Orthoptera) en Bulgarie. – *Spis. Bulgar. Akad. Nauk.* 41:167-176.

DREUX, PH.: 1962. Recherches Écologiques et Biogeographiques sur les Orthoptères des Alpes Françaises. – Thès. Fac. Sci. Univ. Paris, Sér. A, 3965/4816:323-766.

DUBRONY, A.: 1878. Liste des Orthoptères recueillis jusqu'ici en Ligurie. – *Ann. Mus. Civ. St. Nat. Genova 12:5-25.*

EBNER, R.: 1910. Die Orthopterenfauna der Umgebung von Guntramsdorf in Niederösterreich. – *Mitt. nat. Ver. Univ. Wien* 8:129-153, 162 bis 167.

EBNER, R.: 1955. Die Orthopteroiden (Geradflügler) des Burgenlandes. – *Burgenländ. Heimatbl., Eisenstadt,* 17:56-62.

EICHWALD, E.: 1830. Zoologia Specialis. Pars altera. - Vilnae, 169-323.
EVERSMANN, E.: 1859. Orthoptera Volgo-Uralensia. - *Bull. soc. I. Nat. Moscau*, 32:121-146.
FABRICIUS, J. CH.: 1793. Entomologia Systematica. Hafniae, II, 519 pp.
FISCHER DE WALDHEIM, G.: 1830. Notice sur le *Tettigopsis*, nouveau genre d'Orthoptères de la Russie. - Moscou, 46 pp.
FISCHER DE WALDHEIM, G.: 1833. Conspectus orthopterorum Rossicum. - *Bull. Soc. I. Nat. Moscou*, 6:341-390.
FISCHER DE WALDHEIM, G.: 1833. Extrait d'une lettre de M. FISCHER, éctite le 13 Janvier 1833 a M. AUDINET SERVILLE, sur quelques genres d'Orthoptères. - *Ann. ent. France*, 2:317-320.
FISCHER DE WALDHEIM, G.: 1846. Entomographie de la Russie IV. Orthoptères. - Moscou, 443 pp.
FREY-GESSNER, E.: 1908. *Saga serrata* FABR. (Orthopt.). - *Mitt. Schweiz. ent. Ges., Zürich*, 11: 274-275.
GINTER, O.: 1923. *Saga serrata* F. na Moravě. - *Sborn. Přir. Spol. M. Ostravě*, 2: 93-97 (tschech.).
GISIN, H.: 1963. *Saga pedo*, sauterelle geante du Valais. - *Bull. murith., Sion fasc.* 80:87-92.
HOLDHAUS, K.: 1909. Orthoptera. In: Faune du District de Walouyki du Gouvernement de Woronège (Russie) (V. VELITCHKOVSKY). - Berlin, 5:7-16.
IVANOV, P.: 1888. Orthoptera der Umgebung von Kupjansk. In: Materiaux pour servir a l'entomologie du gouvernement de Kharkow. - *Trav. soc. nat. Univ. I. Kharkow*, 21:295-362.
JANNONE, G.: 1940. Nuovi Contributi alla Conoscenza della Fauna delle Isole Italiana dell' Egeo. XIV. Ulteriore notizie bio-ecologiche e sistematiche sull'Ortotterofauna in relazione a materiale raccolto in Rodi e Stampalia nel 1938. - *Boll. R. Labor. Ent. Agr. Portici*, 3 (1939):325-343.
JAUS, I.: 1934. Ein Beitrag zur Biologie von *Saga serrata* F. - *Konowia, Wien*, 13:171-177.
JAUS, I.: 1935. Faunistisch-ökologische Studien im Anningergebiet, mit besonderer Berücksichtigung der xerothermen Formen. - *zool. Jb., Syst.*, 66:291-362.
KALTENBACH, A.: 1962. Zur Systematik, Ethologie und Phänologie der Saltatoria und Dictyoptera des Neusiedlerseegebietes. - *Wiss. Arb. Burgenland, Eisenstadt*, 29:78-102.
KALTENBACH, A.: 1964. Zur Systematik und Verbreitung der Raubheuschrecken (Tettigoniidae - Saginae), insbesondere der europäischen Arten der Gattung *Saga* CHARPENTIER. - *Z. Arbeitsgem. österr. Ent., Wien*, 16:68-82.
KALTENBACH, A.: 1967. Unterlagen für eine Monographie der Saginae I. Superrevision der Gattung *Saga* CHARPENTIER (Saltatoria: Tettigoniidae). - *Beitr. Ent., Berlin*, 17:3-107.
KARABAĞ, T.: 1964. Some new species and new records of Tettigoniidae (Orthoptera) from Turkey. - Comm. Fac. Sci. Univ. Ankara, Ser. C, 13:36-55.
KEMPNÝ, L.: 1953. Nález *Saga pedo* (PALL.). (Sagidae, Orthoptera) na jiznim Slovensku (Zobor u Nitry). - *Act. rer. nat. distr. Ostrav. Opava*, 14:529-534 (tschech.).
KIS, B.: 1958. Les Orthoptères des Environs de Cluj. I. - *Stud. Univ. Babes-Bolyai, Cluj, Ser. 12, 3/2:151-156 (rumän., frz. Zs.).*
KIS, B.: 1959. Les Orthoptères des Environs de Cluj. II. - *Ibid.* 4/2:105-112 (rumän., frz. Zs.).
KIS, B.: 1962. *Saga italica gracilis* eine neue Unterart aus Rumänien (Orthoptera, Tettigoniidae). - *Ann. Hist.-Nat. Mus. Nation. Hung. (Zool.)*, 54:1962.
KIS, B.: 1963. Ortopterele din Dobrogea (Les Orthoptères de Dobroudja). - *Stud. Univ. Babes-Bolyai, Ser. Biol., Cluj*, 1963/2:88-103 (rumäm., frz. Zs.).
KRAUSS, H.: 1879. Synonymische Bemerkungen mit Bezug auf BOLIVAR's Catalogus Orthopterorum Europae. - *Verh. zool.-bot. Ges. Wien*, 29 (Abh.):57-64.
KUNTZE, R.: 1931. Vergleichende Beobachtungen und Betrachtungen über die xerotherme Fauna in Podolien, Brandenburg, Österreich und der Schweiz. - *Z. Morph. Ökol. Tiere*, 21, h.3/4:629-690.

LA GRECA, M.: 1959. L'Ortotterofauna Pugliese ed il suo significato biogeografico. – *Mem. Biogeogr. Adriat., Padova*, 4:33-170.

LABLER, K.: 1933. Nova naleziste Orthopter v. C.S.R. – *Acta Soc. ent. Čechoslov.*, 30:36 (tschech.).

LANG, A.: 1930. Über das Vorkommen von *Saga serrata* F. (Orthoptera) in der Umgebung von Deutsch-Altenburg, N.-Österr. – *Z. Ver. Naturbeobachter u. Sammler, Wien*, 5 (1): 1-4.

LATREILLE, P. A.: 1804. Hist. Nat. Crust. Ins., Paris, 12:424 pp.

MALFATTI, G.: 1879. Intorno ad alcune Specie di Ortotteri genuini Lombardi. – *Atti Soc. Ital. sci. nat., Milano*, 22:309-320.

MALICKY, H.: 1961. Eine merkwürdige Heuschrecke. – *Mitt. ent. Ges. Basel* N.F., 11:117-120.

MALICKY, H.: 1963. Die Sägeschrecke – ein wenig bekanntes Insekt. – Die Pyramide. *Naturwiss. Z. Innsbruck*, 11 (1):10-11.

MARGIER, E., CABANÈS, G. & HUGUES, A.: 1918. Notes Orthoptérologiques. Orthoptères nouveaux ou rares pour le Département Du Gard. – *Misc. Ent. Narbonne*, 24 (2):11-14.

MARQUET, CH.: 1876/77. Notes pour servir a l'Histoire Naturelle des Insectes Orthoptères du Langguedoc. – *Bull. Soc. hist. nat. Toulouse*, 11:137-159.

MATTHEY, R.: 1941. Etude biologique et cytologique de *Saga pedo* PALLAS (Orthoptères. – Tettigoniidae). – *Rev. Suisse Zool., Genève*, 48:91-142.

MATTHEY, R.: 1945. La répartition de *Saga pedo* (PALLAS) dans le Canton du Valais (Orthoptera – Tettigoniidae). – *Mitt. Schweiz. ent. Ges., Zürich*, 19:482.484.

MATTHEY, R.: 1946. Démonstration du caractère géographique de la parthénogénèse de *Saga pedo* PALLAS et de sa polyploidie, par comparaison avec les espèces bisexuées *S. ephippigera* FISCH. et *S. gracilipes* UVAR. – *Experientia, Basel* 2/7:1-3.

MATTHEY, R.: 1948. Données nouvelles sur les chromosomes des Tettigonides et la parthénogenèse de *Saga pedo* PALLAS. – *Rev. Suisse Zool., Genève*, 55:45-56.

MIKŠIĆ, S.: 1960. La faune des Orthopteroides de la Yougoslavie. – *Verh. XI. Internat. Kongr. Ent., Wien*, 1:20-23.

MIKŠIĆ, S.: 1967. Fauna Orthoptera Bosne i Hercegovine. 1. Tettigonioidea. Glasn. Zemaljsk. Mus., Sarajevo, N.S. (*Prir. nauke*) 6:97-124 (serbokroat., frz. Zs.).

MIRAM, E.: 1929. Beiträge zur Kenntnis der Orthopteren-Fauna der Krim. II. – *Ann. Mus. Zool. Acad. Sci. URSS*, 30:447-476.

MORGUE, M.: 1935. Observations sur *Saga serrata*. – *Bull. Mens. Soc. Linn., Lyon*, 4:47-48.

MÜLLER, A.: 1924. Über Herkunft und Verbreitung der Orthopteren Siebenbürgens. – *Verh. Mitt. Siebenb. Ver. Naturwiss. Hermannstadt*, 72 bis 74:194-247.

NAGY, B.: 1960. Vertikale Grenzen des Vorkommens der Sägeschrecke (*Saga pedo* PALL.) in Ungarn. – *Fol. ent. Hungar.* (S. n.), 13:251-252 (ungar., dt. Zs.).

NAGY, B.: 1965. Rovaróriásunk: A fürészeslábu szöyske (*Saga pedo* PALL.) (Unser Riesen-insekt: die Sägeschrecke (*Saga pedo*)-"*Buvar*", *Budapest*, 10:29-33 (ungar.).

NEDELKOV, N.: 1908. Zweiter Beitrag zur entomologischen Fauna in Bulgarien. – *Period. Z. Bulgar. Literar. Ges., Sofia*, 1907, 68:411-435 (bulgar.).

NEFEDOV, N. J. & MIRAM, E. F.: 1939. Contribution to the study of the fauna and ecology of Tettigoniidae of the Troitsk Fores Steppe Reserve. – *Bull. Inst. Rech. biol. Perm.* 11:257-278 (russ., engl. Zs.).

NOVAK, G. B.: 1890. Secondo cenno sulla Fauna dell'isola Lesina in Dalmazia. Orthoptera II. *Glasn. Hrvat. Naravoslov. Družtva, Zagreb*, 5:119-128.

PADEWIETH, M.: 1900. Orthoptera genuina des kroatischen Littorale und der Umgebung Fiumes. – *Glasn. Hrvat. Naravoslov. Druz'tva, Zagreb*, 11:8-33.

PAJNO, F.: 1888. Sul rinvenimento della *Saga serrata* FABR. in Sicilia. – *Natural. Sicil., Palermo*, 7 (1/IV):166-167.

PAJNO, F.: 1888. Notizie di Ortotterologia Siciliana. Ortotteri raccolti nel territorio di Sclafani. – *Ibid.*, 8(1/X):18-19.

PANČIĆ, J.: 1883. Orthoptera in Serbia hucdum dedecta. – *Glasn. Srpsk. utschen. druschtwa, Beograd*, 15:1–172 (serb.).
PANTEL, P. J.: 1890. Notes Orthoptérologiques III. Les Orthoptères des Environs d'Uclés. – *An. Soc. Esp. Hist. Nat., Madrid*, 19:335–422.
PANTEL, P. J.: 1886. Notes Orthopterérologiques V. Les Orthoptères du "Sitio" dans la Sierra de Cuenca. – *An. Soc. Esp. Hist. Nat., Madrid*, 25:47–118.
PAOLI, G.: 1937. Studi sulle Cavallette di Foggia e sui loro oofagi ed Acari ectofagi. – *Redia, Firenze*, 23:27–103.
PEŠEV, G.: 1962. Composition et Répartition oecologique des Orthoptères de la Montagne Bélassitza. – *Izvest. Zool. Inst. Mus. Sofia*, 12:59–107 (bulgar, frz. Zs.).
PEŠEV, G.: 1964. Les Orthoptres de la Thrace. In: Die Fauna Thrakiens. Sofia, 1:107–144 (bulgar., frz. Zs.).
PEŠEV, G. & MAŘAN, J.: 1963. Etude sur les Insectes Orthoptères du Mont Slavianka (Alibotuš). – *Izvest. Zool. Inst. Museum Sofia*, 14:27–69 (bulgar., frz. Zs.).
PESHEV, G. & DJINGOVA, M.: 1974. Orthoptera along the Bulgarian Black Sea Coast. – *Bull. Inst. Zool. Mus.* 40:17–46 (bulgar., engl. Zs.).
PESHEV, G.: 1975. La fauna Orthopterologique (Orthoptera) des Rhodopes II. Composition specifique. Distribution et origine. In: La faune des Rhodopes. Materiaux. Sofia, 93–129 (bulgar., frz. Zs.).
PUNGUR, J.: 1899. Orthoptera. In: Fauna Regni Hungariae. Budapest. III. 44 pp.
RAMME, W.: 1927. Geradflügler, Orthoptera. In: Die Tierwelt Mitteleuropas (BROHMER-EHRMANN-ULMER). – Leipzig. 4, 1/VI, 22 pp.
REDTENBACHER, J.: 1889. Die Dermapteren und Orthopteren des Erzherzogthums Österreich. – Gumpendorf. Jahresber. Ob.-Realsch. Wien, 66 pp.
REDTENBACHER, J.: 1905. Die Gliederung der Orthopterenfauna Nieder-Österreichs. – Jahresber. Elisabeth-Gymnas. Wien, 24 pp.
RIGGIO, G.: 1889. Alcune Notizie sui Progressi attuali dell'Entomologia in Sicilia. Ortotteri. – *Atti Acc. Palermo (N.S.)* 10:1–41.
SALFI, M.: 1929. Ortotteri. In: Ricerche Faunistische nelle Isole Italiane dell'Egeo. – *Arch. Zool. Ital. Napoli*, 13/1–2:212–219.
SAUSSURE, H.: 1888. Synopsis de la tribu des Sagiens. – *Ann. Soc. ent. France*, 6. Ser., 8:127–138.
SCHNEEBERG, A.: 1931. Orthopteren der Umgebung von Bratislava. – Sborn. Přir. Slov. Vlastiv. Muz. Bratislave 1924–1931:5–142 (tschech., dt. Zs.).
SCHREMMER, F.: 1959. Ein gespenstiges Insekt. – *Univ. Nat. Techn., Wien*, 14:215–217.
SEOANE, V. L.: 1878. Ortópteros de la peninsola hispano-lusitana. – *Ent. Z. Stettin*, 39:365–376.
SERVILLE, J. G.: 1831. Revue méthodique des Insectes de l'ordre des Orthoptères. – *Ann. Sci. Nat. Paris*, 22:28–65, 134–162, 262–292.
STAL, C.: 1874. Recens. Orth., Stockholm, 2, 121 pp.
STRBAEV, J. V.: 1957. The fauna of the Orthopterous Insects (Orthoptera and Mantoida) of the North Caspian plain. – *Rev. Ent. URSS*, 36:386–400.
ŠUGUROV, A. M.: 1905. Notices orthoptèrologique I. – *Rev. Russ. Ent.* 5:33–36 (russ.).
ŠUGUROV, A. M.: 1906. Notices orthoptèrologiques II. – *Ibid.* 6:21–23.
ŠUGUROV, A. M.: 1908. Materiaux pour servir à la faune des Orthoptères du Gouvernement de Cherson. – *Hor. Soc. Ent. Ross.*, 38:109–129 (russ.).
TARBINSKY, S. P.: 1927. Orthoptera, Dermaptera ec. In: Bestimmungstabellen der Insekten (TARBINSKY, JOHN & WAGNER). – Moskwa u. Leningrad, 119 pp.
TARGIONI-TOZZETTI, A.: 1878. Prospetto dei Generi e delle Specie dei Locustoidei secondo la Fauna Italiana. – *Ann. Agric. 1876, Staz. Firenze*, 1:73–135.
TÜMPEL, R.: 1922. Die Geradflügler Mitteleuropas. 2. Aufl., Gotha, 325 pp.
TÜRK, R.: 1858. Über die in Österreich unter der Enns bis jetzt aufgefundenen Orthopteren. – *Wien. ent. Monatsschr.* 2:360–381.

TÜRK, R.: 1879. Noticias acerca de la *Myrmecophila acervorum* y la *Saga serrata*, que pueden servir de base para ulteriores observaciones. - *An. Soc. Esp. Hist. Nat., Madrid*, 8 (Actas): 16-17 (span.).

UMNOV, N. N.: 1930. Materialien zur Orthopteren-Fauna des Gouv. Orenburg. - *Konowia, Wien*, 9:37-42.

UMNOV, N. N.: 1932. Revision der Orthopteren-Fauna des Ural. - *Ibid.* 11:21-28.

US, P. & MATVEJEV, S.: 1967. Catalogus Faunae Jugoslaviae III/6. Orthopteroidea. - Lubljana, 47 pp.

UVAROV, B. P.: 1910. Materialien zur Orthopterenfauna des Ural-Gebietes. - *Hor. Soc. Ent. Ross.* 39:359-390 (russ.).

UVAROV, B. P.: 1915. Aperçu de la faune des Orthoptères du gouvernement de Stavropol. /*Bull. Mus. Caucase*, 9:1915.

UVAROV, B. P.: 1921. Descriptions of four new Orthoptera from Macedonia. - *Ent. Rec. J. Var.*, 33:145-164.

UVAROV, B. P.: 1925. Über die von PALLAS beschriebenen paläarkt. Orthopteren. - *Ent. Mitt. Berlin-Dahlem*, 14:153-156.

UVAROV, B. P.: 1949. Tettigoniidae and Acrididae from Bulgaria and Greece collected in 1939 by HAKAN LINDBERG. - *Not. Ent., Helsingfors*, 28:91-94.

VASILIU, M. & AGAPI, C.: 1958. Catalogul Colectiei de Orthoptere "Arnold Müller" de la Muzeul Brukenthal din Sibiu. - *Muz. Brukenthal (Sibiu), Stud. Communic.* 10:3-68.

WACHTL, F. A.: 1888. Beitrag zur Kenntnis der Verbreitung von *Saga serrata* FABR. - Wien. ent. Ztg. 7:65.

WALKER, F.: 1869. Catalogue of Locustidae. In: Cat. Spec. Dermapt. Saltat. Coll. Brit. Mus., 2:1-423.

WERNER, F.: 1905. Die Verbreitung und Lebensweise der Riesenheuschrecken aus der Gattung *Saga*, insbesonders in Europa. - *Mitt. nat. Ver. Univ. Wien*, 3(1):1-4.

WERNER, F.: 1906. Dermapteri i Orthopteri Bosne i Hercegovine. - *Glasn. Zemal. Muz. Bosn. i Hercegov., Sarajevo*, 16:563-574 (serb.).

WERNER, F.: 1907. Die Dermapteren und Orthopteren Bosniens und der Herzegowina. - *Wiss. Mitt. Bosn. Herzegow., Wien*, 10:645-655.

WERNER, F.: 1927. Weitere Beiträge zur Kenntnis der Orthopterenfauna Österreichs. - *Arch. Naturg.*, 91/1925, Abt. A, H. 8.67-93.

WERNER, F.: 1933. Über Orthopteren aus Ost-Griechenland und von den Inseln des Aegaeischen Meeres. - *Mitt. Zool. Mus. Berlin*, 18:395-415.

ZANON, V.: 1926. Contributo alla conoscenza degli Ortotteri dei dintorni di Roma. - *Mem. Pont. Accad. Sci. Nuovi Lincei, Roma*, 9:173-193.

LITERATURVERZEICHNIS MANTODEA

ADAIR, E. W.: 1914. Notes préliminaires pour servir à l'étude des Mantidae. – *Bull. Soc. ent. Égypte* 3(6):21:36.

BAZYLUK, W.: 1960. Die geographische Verbreitung und Variabilität von *Mantis religiosa* (L.) (Mantodea, Mantidae) sowie Beschreibungen neuer Unterarten. – *Ann. Zool. (Warszawa)* 18:231-272.

BEIER, M.: 1934. Empusinae. In: WYTSMAN: *Genera Insectorum*, 197:2-8.

BEIER, M.: 1935. Mantinae. *Ibid.* 203:1-146.

BEIER, M.: 1939. Die geographische Verbreitung der Mantodeen. – Verh. VII. Internat. Kongr. Ent. Berlin, 15. – August 1938:5-15.

BEIER, M.: 1950. *Apterameles rammei* n. g. et spec., eine flügllose Mantide aus Mazedonien. – *Ent. Nachrichtenbl. Österr. u. Schweiz. Ent.* 2:61-63.

BEIER, M.: 1964. Ordnung Mantodea BURMEISTER 1838. In: BRONN's Klass. Ordn. *Tierr., Leipzig*, 5/3 (6):849-970.

BEIER, M.: 1968. Mantodea (Fangheuschrecken). In: Handb. Zool., 2. Aufl., Berlin, IV/2 (2):1-47.

BEIER, M. & JAUS, I.: 1933. Mantodea. Fangheuschrecken. In: SCHULZE: *Biol. Tiere Deutschl., Berlin*, 26:117-168.

BEIER, M. & HEIKERTINGER, F.: 1952. Fangheuschrecken. In: Neue Brehm-Büch., Wittenberg, 64:1-32.

BERLAND, L. & CHOPARD, L.: 1922. Travaux scientifique de l'Armée d'Orient (1916-1918). Orthoptères. – *Bull. Mus. Nat. Hist. Nat. Paris*, 1922:166-170, 230-235.

BERNARD, F.: 1936. Le ponte et l'eclosion des *Ameles* (Orth. Mant.). – *Bull. Soc. Ent. France* 41:42-44.

BEY-BIENKO, G. J.: 1928. Notes on Mantidae, Tettigoniidae and Gryllidae (Orthoptera) of the vicinity of Orenburg, S. E. Russia. – *Rev. Russe d'Ent.* 22:124-129 (russ.).

BEY-BIENKO, G. J.: 1964. 8. Ord. Mantoptera. In: Bestimmungswerk für Insekten des europäischen Teils der SSSR (Akad. Nauk. SSSR, Zool. Inst.). Moskwa und Leningrad, T.I.:170-173 (russ.).

BINET, L.: 1954. La mante religieuse. – Rennes, 1-123.

BOLÍVAR, I.: 1898. Nueva especie de Mántido europeo. – *Act. Soc. Esp. Hist. Nat.*, 145-146.

BOLÍVAR, I.: 1900. Catalogo Sinoptico de los Ortópteros de la Fauna Iberica. – *Coimbra*, 168 pp.

BOLÍVAR, I.: 1921. Observationes sobre Ortópteros Españoles. – *Real soc. Esp. Hist. Nat.* 50:446-460.

BONNET, E. & FINOT, A.: 1885. Catalogue raisonné des orthoptères de la régence de Tunis. – *Rev. Sci. Nat. 3e ser.* 4:207-215.

BUCCHICH, G.: 1885. Gli ortotteri di Lesina e Curzola, con alcune notizie biologiche che li risguardano. – *Verh. zool.-bot. Ges. Wien* 35:377-382.

BUGNION, E.: 1918. L'accroissement des Antennes chez *Empusa egena*. – *Mém. Soc. zool. France, Paris*, 27:127-137.

BUGNION, E.: 1919. Les mues de l'Empuse (*Empusa egena*). – *Bull. Soc. Zool. France*, 14:214-228.

BUGNION, E.: 1920. The moults of *Empusa egena*. – *Bull. Soc. ent. Égypte, Cairo*, 6:56-100.

BUGNION, E.: 1922. La pariade de l'Empuse (*Empusa egena* CHARP.). – *Rev. Hist. nat. appl.; Paris*, (1) 3:72-81.

BUGNION, E.: 1922. Note relative a l'*Ameles spallanziana**. Structure de l'oothèque, éclosion des jeunes larves. – *Bull. Soc. zool. France*, 47:172-180.

* laps. cal. pro "*Ameles spallanzania*".

BUGNION, E.: 1923. Mantes et Empuses. Essais d'elevage. Appareil génital de la femelle. Confection de l'oothèque. Eclosion des jeunes larves. – *Mem. Soc. Vaud. Sci. nat.; Lausanne*, no 5:177-243.

BUGNION, E.: 1929. Eclosion des jeunes mantes. *Sphodromantis bioculata*. – *Bull. Soc. vaud. Sci. nat.; Lausanne*, 57:49-51.

BURR, M.: 1898. Orthoptera collected in South-eastern Europe. – *Ent. Rec. J. Var.* 10:267-269, 295-297.

BURR, M.: 1899. List of the Orthoptera of Roumania, with Localities. – *Ent. Monthly Mag., 2nd Ser.*, 10:88-91.

BURR, M.: 1913. Notes on Orthoptera of Caucasus. – *Mitt. Kaukas. Mus.* 7:169-184 (russ.).

BURR, M., CAMPBELL, B. P. & UVAROV, B. P.: 1923. A contribution to our knowledge of the Orthoptera of Macedonia. – *Trans. Ent. Soc. London*, 110-169.

CESNOLA, A. P.: 1904. Preliminary note of the protective value of colour in Mantis religiosa. – *Biometrica, Cambridge*, 3:58.

CHOPARD, L.: 1914. Sur la vitalité de *Mantis religiosa* L. Ponte après décapitation. – *Bull. Soc. ent. France*, 481-482.

CHOPARD, L.: 1920. Observationes sur la mante religieuse et ses parasites. – *C.R. Acad. Sci.; Paris*, 170:140-143.

CHOPARD, L.: 1920. Influence de la lumière solaire sur la ponte de *Mantis religiosa* L. (Orth. Mantidae). – *Bull. Soc. Zool. France*, 45:100-101.

CHOPARD, L.: 1936. Le *Rielia manticida* KIEFF. est aussi parasite de l'Empuse. – *Rev. Franc. Ent.* 3:237-238.

CHOPARD, L.: 1949. Mantodea. In: Traité Zool. – Paris, 386-402. 9.

CHOPARD, L.: 1951. Orthoptéroides. In: Faune de France. – Paris, 56. 359 pp.

CHOPARD, L.: 1955. Atlas des Aptérygotes et Orthoptéroides de France. – Paris, 111 pp.

CÎRDEU, F., MÎNDRU, C., IONESCU, V. & VANCEA, ST.: 1954. Contributii la cunoasterea faunei Mantidelor si Ortopterilor din regionile: Iasi, Bacău si Suceava. – *Rev. Univ. Inst. Politechn. Iasi*, 1:235-240.

CIRILLO, D.: 1791. Dominici Cyrilli Entomologiae Neapolitanae Specimen primum. – Neapoli 1787-1792, Tab. V.

CLAUSEN, C. P.: 1940. Entomophagous Insects. New York – London, 688 pp.

COSTA, A.: 1883. Notizie ed osservazioni sulla geofauna sarda. – *Mem. sec. Atti R. Acc. Sci. Fis. Mat.; Napoli*, 2.a.s., 1:51-53.

COUPIN, H.: 1899. Histoire naturelle de la mante réligieuse. – *Rev. Sci.; Paris*, (4) 12:16-19.

CSIKI, E.: 1922. Explorationes zoologicae ab E. CSIKI in Albania peractae. VI. Orthopteren. – A Magyar Tudományos Akademia Balkán-kutásainak tudományos eredményei. – Budapest, I:75-82.

DUPUIS, CL.: 1948. Notes faunistiques sur quelques Orthoptères francais. II. *Mantis religiosa* dans la région parisienne de 1942 à 1947. – *Feuille Nat. n. s.*, III:53-56.

EBNER, R.: 1910. Ein Beitrag zur Orthopterenfauna der europäischen Türkei. – *Zool. Jahrb. (Syst.)* 29:401-414.

EBNER, R.: 1911. Ein zoologischer Ausflug in Süddalmatien. – *Mitt. Naturwiss. Ver. Univ. Wien*, 11:117-123.

EBNER, R.: 1912. Zur Kenntnis der Orthopterenfauna von Griechenland. – *Verh. zool.-bot. Ges. Wien* 62:108-113.

EBNER, R.: 1914. Beiträge zur Kenntnis der Orthopteren-Fauna von Österreich-Ungarn. – *Int. Ent. Z. Guben*, 44:294-298, 308-312.

EBNER, R.: 1941. Orthopterologische Studien in Süd-Portugal. – *Brotéria, Lissabon, Ser. trim.: Ci. Nat.* 10:5-28.

ERGENE, S.: 1953. Homochrome Farbanpassungen bei *Mantis religiosa*. – *Z. vergl. Physiol.; Berlin*, 35:36-41.

ERGENE, S.: 1955. Über die Bevorzugungen eines homochromen Milieus bei Heuschrecken und Gottesanbeterinnen. – *Zool. Jahrb. (Syst.)* 83:318-322.

ERGENE, S.: 1955. Farbe der Hämolymphe vor und nach dem Farbwechsel (Untersuchungen an *Mantis religiosa*). – *Rev. Fac. Sci. Univ. Istanbul (B)* 20:109–111.

FERNANDES, J. DE A.: 1959. A "Louva-a-Deus". – *Naturalia, Lissabon*, 8:37–46.

FREY-GESSNER, E.: 1893. Orthopteren, gesammelt in Bulgarien von Herrn Prof. Dr. A. FOREL. – *Mitt. Schweiz. Ent. Ges.* 8:397–403.

FRITZE, A.: 1915. Widerstandsfähigkeit der Eikokons der Fangheuschrecken. – *Z. wiss. Ins.-Biol.; Berlin*, 11:275–276.

GASSER, A.: 1899. Géonémie de la mante religieuse. – *Feuille jeun. Nat. Paris*, (3) 29:55, 89, 108–119.

GIARDINA, A.: 1897. Su nido nella *Mantis religiosa*. – *Natural. Sicil., Palermo (n.S.)* 2:141–149.

GIARDINA, A.: 1899. Sulla biologia delle Mantide. – *Giorn. Soc. Sci. nat. econ., Palermo*, 22: 287–328.

GIARDINA, A.: 1900. Über das Schlüpfen der Larven von *Ameles spallanzania* ROSSI. – Ill. *Z. Ent.; Neudamm*, 5:280–281.

GIGLIO-TOS, E.: 1927. Mantidae. In: Das Tierreich. 50. – Berlin u. Leipzig, 707 pp.

GUARINO, L.: 1935. Su alcuni Ortotteri di Vulcano (Isole Eolie) con descrizione di una nuova specie del gen. *Decticus* SERV. – *Ann. Mus. Zool. Univ. Napoli (N.S.)*, 6; Num. 16:1–8.

GUIGNON, J. H.: 1922. Élevage d'une mante religieuse ab ovo jusqu'à son imago. – *Rev. Hist. nat. appl. Paris*, 3:114–124.

GURNEY, A. B.: 1950. Praying Mantids of the United States, native and introduced. – *Smithson. Rep.* 1950:339–362.

GURNEY, A. B.: 1955. Further notes on *Iris oratoria* (L.) in California. – *Pan-Pac. Ent. San Francisco* 31:67–72.

HANDLIRSCH, A.: 1925. Mantodea. In: Handb. Ent. – Jena, 3:493–502.

HANDLIRSCH, A.: 1930. Mantodea oder Fangheuschrecken. In: Handb. Zool. – Berlin, 4: 803–819.

HARZ, K.: 1956. Zur Biologie der Gottesanbeterin (*M. religiosa* L. Blattopteroidea, Mantodea). – *Nachrichtenbl. Bayer. Ent.*, 5:119–120.

HEIDEMANN, H.: 1962. Ein neuer Lebensraum der Gottesanbeterin (*Mantis religiosa* L.). – *Ent. Z. Stuttgart*, 72, Nr. 1/2:7–9.

HEIDEMANN, H.: 1964. Zur Verbreitung der Gottesanbeterin und zweier Lepidopteren-Arten in Süddeutschland. – *Ibid.* 74, Nr. 16:189.

JAKOVLEV, W. E.: 1903. Eine neue Art der Gattung *Parameles* SAUSS. (Orthoptera, Mantodea) von der Krim. – *Rev. Russ. Ent.* 3:41–43 (russ.).

JAMES, H. G.: 1944. Colour changes in *Mantis religiosa* L. – *Canad. Ent., Toronto*, 76:113–116.

JAMES, H. G.: 1958. Egg development, hatching, and prey taken by the European Mantis, *Mantis religiosa* L., in several habitats. *Ann. Rep. ent. Soc.; Ontario*, 89:50–55.

JANNONE, G.: 1936. Nuovi Contributi alla Conoscenza della Fauna delle isole Italiane dell'egeo. V. Studio bio-ecologico e sistematico dell'Ortottero-fauna con notizie sui Blattoidei, Mantoidei e Fasmoidei. – *Boll. Lab. Zool. Gen. Agr.* 29:47–248.

JUDD, W. W.: 1950. Further records of the occurence of the European praying mantis (*Mantis religiosa* L.) in southern Ontario. – *Ent. News, Philadelphia*, 61:205–207.

KALTENBACH, A.: 1963. Kritische Untersuchungen zur Systematik, Biologie und Verbreitung der europäischen Fangheuschrecken (Dictyoptera – Mantidea). – *Zool. Jahrb. (Syst.)*, 90:521–598.

KALTENBACH, A.: 1963. Milieufeuchtigkeit, Standortbeziehungen und ökologische Valenz bei Orthopteren im pannonischen Raum Österreichs. – *SB. Akad. Wiss. Wien, Math.-naturw. Kl.* (I), 172:97–119.

KALTENBACH, A.: 1964. Mantidea und Phasmidea. In: Ergebn. Albanien-Exped. 1961 d. DEI. 19. *Beitr. Ent.; Berlin*, 14:239–244.

KALTENBACH, A.: 1964. Orthogenese und geographische Verbreitung bei westpaläarktischen Gottesanbeterinnen (Fam. Mantidae) und Laubheuschrecken (Fam. Tettigoniidae). – *Verh. Zool.-bot. Ges. Wien*, 103/104:62–81.

KALTENBACH, A.: 1965. Dictyoptera und Orthopteroidea von Nordost-Griechenland und der Insel Thasos. – *Ann. Naturhist. Mus. Wien*, 68:465-484.

KALTENBACH, A.: 1967. Mantodea und Saltatoria aus Griechenland. – *Ibid.* 70:183-199.

KARABAĞ, T.: 1958. The Orthoptera Fauna of Turkey. A synonymic and distributional Catalogue of Turkish Orthoptera. – T. C. Ankara Univ. Fen Fak. Yayinl. Istanbul, 81 (Zool. 4):198 pp.

KARAMAN, M.: 1958. Beitrag zur Kenntnis der Orthopterenfauna der Umgebung von Skopje. – *Zast. bilja, Beograd*, 45:111-118 (serbokroat.).

KELNER-PILLAUT, S.: 1957. Attirance sexuelle chez *Mantis religiosa*. – *Bull. Soc. ent. France*, 62:9-11.

KHEIL, N. M.: 1914. Orthopterologisches von den Hyères'schen Inseln. – *Internat. Ent. Z. Guben*, 8:123-124, 128-130, 133-135, 140-141, 145-146, 152-153, 171-174.

KLUG, O.: 1960. Die Gottesanbeterin (*Mantis religiosa* L.) am Tuniberg und im Stadtgebiet von Freiburg i. B. – *Mitt. bad. Landesver. Naturkunde u. Naturschutz, Freiburg, N. F.*, 7/6: 445-446.

KLUG, O.: 1966. Beobachtung einer Gottesanbeterin (*Mantis religiosa* L.) bei der Ablage ihres Eikokons. – *Ibid.*, N. F. 9/1:73-74.

KNOERZER, A.: 1939. Über Fundorte bemerkenswerter Heuschreckenarten. – *Mitt. Münch. ent. Ges.* 29:370-372.

KOBÁNYI, F. L.: 1870. Die Geradflügler von Niederösterreich. – Jahresber. K.K. Obergymn. Krems 1870:1-31.

KOLLAR, V.: 1833. Systematisches erzeichniß der im Herzogthume Oesterreich vorkommenden geradflügeligen Insekten. – *Beitr. Landeskunde Österr. unter d. Enns* 3:67-87.

KOLOSSOV, J.: 1932. Synonymische und systematische Bemerkungen über paläearctische Insekten. – *Ent. Nachrichtenbl.; Troppau*, 6:115-118.

KORSAKOFF, M.: 1942. Notes sur *Ameles abjecta africana* BOLIVAR (Orthoptères, Mantidae) et le rythme de croissance de Mantes. – *Bull. Mens. Soc. Linn. Lyon*, 11:71-78, 92-94, 110-112.

KRAUSS, H.: 1878. Die Orthopteren-Fauna Istriens. – *SB. Akad. Wiss. Wien, Math.-naturw. Kl. (I)*, 78:451-544.

KRAUSS, H.: 1887. Die Dermapteren und Orthopteren Siciliens. – *Verh. Zool.-bot. Ges. Wien*, 37:1-22.

KRAUSS, H.: 1905. Beitrag zur Orthopterenfauna Montenegro's mit Beschreibung einer neuen *Forficula*-Art. – *SB. Königl. Böhm. Ges. Wiss. Prag*, 1904, X:1-6.

KRAUSS, H.: 1920. Die Orthopteren Domenico Cirillos. – *Ent. Mitt. Berlin-Dahlem*, 9:33-42.

KRAUSSE, A. H.: 1910. Über braune und grüne Individuen der *Mantis religiosa* L. – *Z. wiss. Ins.-Biol., Berlin*, 6:179-180.

KRAUSSE, A. H.: Beiträge zur Insektenfauna Sardiniens. Orthoptera. – *Ent. Rdsch.; Stuttgart*, 28:107-108.

KÜHNELT, W.: 1960. Verbreitung und Lebensweise der Orthopteren der Pyrenäen. – *Zool. Beitr.; N. F.* 5:557-580.

KUTHY, D.: 1907. Insectorum messis in insula Creta A Lud. Biró congregata. – *Ann. Mus. Nat. Hung.* 5:551-555.

LA BAUME, W.: 1917. Dermaptera und Orthoptera. In: Ergebnisse einer von FR. SCHUMACHER und A. SPANEY unternommenen zoologischen Reise nach den nordwestlichen Balkangebieten. I. – Berlin, 315-332.

LA GRECA, M.: 1950. Note su alcuni interessanti Mantodei e Ortotteri dell'Italia medridionale. – *Boll. Soc. Nat.; Napoli*, 59, Suppl. 14:1-8.

LA GRECA, M.: 1953/54. Sulle struttura morfologica dell'apparato copulatore dei Mantoidei. – Ann. Ist. Sup. Sci. Lett. "S. Chiara" Napoli 28 pp.

LA GRECA, M.: 1954. Su alcuni Mantodei e Ortotteri italiani poco noti. – *Ann. Ist. Mus. Zool. Univ. Napoli*, 6/12:1-11.

LA GRECA, M.: 1955. Ricerche sulla Fauna delle Tremiti e di Pianosa III. Il popolamento ortotterologico delle Isole Tremiti e di Pianosa. – *Boll. Zool.* 22:121-132.

LA GRECA, M.: 1956. Significato biogeografico di ripartizioni disgiunte in ortotteri non montani d'Italia. – *Arch. Bot. e Biog. Ital. 32, 4a Ser. v. (I)*, IV:113-129.

LEONHARDT, W.: 1913. Die Orthopteren von Frankfurt am Main und einzelner Gebiete der weiteren Umgebung. – *Ber. Vers. Bot. Zool. Ver. Rheinl.-Westf.* 1913:120-146.

LEWANDOWSKI, J.: 1907. Das Verbreitungsgebiet von Mantodea in Rußland. – Die russ. Bienenzuchtliste, 77-80, 104-106, 131-133, 172-176 (russ.; dt. Ref. von BACHMATJEW/ Sofia).

LEYDIG, F.: 1871. Beiträge und Bemerkungen zur württembergischen Fauna. – *Jahresh. Ver. vaterl. Naturkd. Württemberg* 27:199-272 (*Mantis religiosa*: 262-264).

MEISSNER, O.: 1930. Einige Beobachtungen an der Gottesanbeterin, *Mantis religiosa*. – *Soc. ent. Stuttgart*, 45:30-31.

MEYLAN, P.: 1929. Notes sur une mante religieuse (*Mantis religiosa* L.). – *Bull. Soc. vaud. Sci. nat.; Lausanne*, 57:53-56.

MEYLAN, P.: 1929. Sur la distribution de la mante religieuse (*Mantis religiosa* L.) dans le bassin de Genève. – *Bull. Soc. Zool. Genève*, 4:60-66.

MICLUTA, A.: 1970. *Mantis religiosa*, consideratii cu privire la arhitectonica si modul de confectionare a ootecii. – Com. Zool. Soc. Sti. Biol. Rep. Soc. România, 1970:127-133 (rumän.; dt. Zs.).

MICLUTA, A.: 1970. Date privind o relatie parazit-gazdă, între *Podagrion bellator* (Chalcidoidea – parazit de ootecă) si *Mantis religiosa*. – *Bul. Sti.* (B) *Inst. Pedagog. Baia Mare*, 2:43-46 (rmän.; dt. Zs.).

MICLUTA, A.: 1971. Cîteva observatii privind biologia chalcidoidului *Podagrion bellator* – DALMAN, parazit al ootecii de *Mantis religiosa* L. – *Ibid.*, 3:75-80 (rumän.; dt. Zs.).

MICLUTA, A. & MICLUTA, H.: 1969. Date noi privind biologia călugaritei (*Mantis religiosa* L.). Experiente de crestere si observatii in laborator. – *Ibid.*, 1:127-138 (rumän.; dt. Zs.).

MORALES AGACINO, E.: 1933. Nota sobre una coleccion de Ortopteros por D. Bartolomé Muñoz Rodriguez en Teruel y sus alrededores. – *Bol. Soc. Esp. Hist. Nat.* 33:207-212.

MORALES AGACINO, E.: 1947. Mantidos de la Fauna Ibèrica. – Estac. Fitopat. Agr. Madrid, Trabajos (Ser. Fitopat.) núm. 184, 34 pp.

MÜLLER, A.: 1933. Zur Kenntnis der Orthopterenfauna der Dobrudscha und Bessarabiens. – *Verh. Mitt. Siebenb. Ver. Naturw. Hermannstadt*, 81/82:72-96.

NADIG, A.: 1930/1931. Zur Orthopterenfauna Graubündens. – *Jahresber. Naturf. Ges. Graubünd.* 69:83-149.

NADIG, A.: 1957/1958. Beitrag zur Kenntnis der Orthopterenfauna der Versilia und der Apuanischen Alpen und ihrer Beziehungen zur Orthopterenfauna der insubrischen Region. – *Ibid.* 87:3-71.

NADIG, A. sen. & NADIG, A. jun.: 1933/1934. Beitrag zur Kenntnis der Orthopteren- und Hymenopterenfauna von Sardinien und Korsika. – *Ibid.* 72:3-22.

NADIG, A.: Über abnormalen Verlauf der Kopulation bei *Mantis religiosa* L. *Mitt. Schweiz. Ent. ges.* 33:1 p.

NAGY, B.: 1943. Beiträge zur Kenntnis der Orthopteren der ungarischen Tiefebene jenseits der Theiß. – *Folia ent. Hung.* 8:33-44 (ungar.).

NAGY, B.: 1948. On the Orthoptera fauna of the Tihany Peninsula (Lake Balaton, Western Hungary). – *Arch. Biol. Hung. Ser. II*, 18:59-64.

NOVAK, G. B.: 1888. Primo cenno sulla Fauna dell'isola Lesina in Dalmatia. – *Wien. Ent. Ztg.* 7:119-132.

OBENBERGER, J.: 1926. Orthoptères et Dermaptères de la Republique Tschechoslovaque (Fauna et Flora Čechoslov.). – *Bull. intern. Acad. Sci. Boh., Praha*, 126 pp.

PANTEL, P. J.: 1886. Contribution à l'Orthoptèrologie de l'Espagne Centrale. – *Ann. Soc. Esp. Hist. Nat.* 15:237-287.

PANTEL, P. J.: 1890. Notes Orthoptèrologiques. – *Ibid.* 19:335-422.

PASSAMA-VUILLAUME, M.: 1962. Sur le prétendu mimétisme des Mantes religieuses. – *C. R. Acad. Sci., Paris,* 255:3059-3061.

PRZIBRAM, H.: 1906. Aufzucht, Farbwechsel und Regeneration einer ägyptischen Gottesanbeterin (*Sphodromantis bioculata* BURM.). – *Arch. entw. mech. Org.* 22:149-206.

PRZIBRAM, H.: 1907. Aufzucht, Farbwechsel und Regeneration unserer eurpäischen Gottesanbeterin (Mantis religiosa L.). – *Ibid.* 23:600-614.

PRZIBRAM, H.: 1909. Aufzucht, Farbwechsel und Regeneration der Gottesanbeterinnen (Mantidae) III. Temperatur- und Vererbungsversuche.-*Ibid.* 28:561-628.

PRZIBRAM, H.: 1907. Die Lebensgeschichte der Gottesanbeterinnen. – *Z. wiss. Insektenbiol. Berlin,* 3:117-123, 147-153.

PRZIBRAM, H.: 1909. Gottesanbeterinnen als Haustiere. – *Bl. Aqu. u. Terrarienkde., Stuttgart,* 20:669-673.

RABAUD, E.: 1916. Accouplement d'une mâle décapité de *Mantis religiosa* L.*Bull. Soc. ent. France, Paris,* 57-59.

RABAUD, E.: 1917. Sur les Hyménoptères des oothèques d'Orthoptères. – *Bull. Soc. ent. France, Paris,* 178.

RABAUD, E.: 1926. Variation chromatique chez *Mantis religiosa.* – *C. R. Soc. Paris,* 94:36-37.

RAMBUR, P.: 1838. Faune entomologique de l'Andallousie. 2., Orthoptères. – Paris, p. 12-94.

RAMME, W.: 1914. Orthopterologische Ergebnisse einer Reise nach Krain und Istrien (1912). – *Berl. Ent. T.* 58 (1913):1-20.

RAMME, W.: 1923. Orthopterologische Ergebnisse meiner Reise nach Oberitalien und Südtirol 1921. – *Arch. Naturg.* 89:145-169.

RAMME, W.: 1927. Die Dermapteren und Orthopteren Siziliens und Kretas. – *Eos, Madrid,* 3:111-200.

RAMME, W.: 1942. Zur Orthopterenfauna von Rumänien. – *Mitt. Zool. Mus. Berlin,* 25:323-336.

RAMME,W.: 1951. Zur Systematik, Faunistik und Biologie der Orthopteren von Südost-Europa und Vorderasien. – *Ibid.*, 431 pp.

REDTENBACHER, J.: 1900. Die Dermapteren und Orthopteren (Ohrwürmer und Geradflügler) von Österreich-Ungarn und Deutschland. – Wien, 148 pp.

REINHARDT, R.: 1968. Einige interessante Beobachtungen an *Mantis religiosa* L. *Ent. Nachr. 12:29-33.*

RETOWSKI, O.: 1888. Beiträge zur Orthopteren-Kunde der Krim. – *Bull. Soc. Imp. Nat., Moscow,* 402-416.

RIGGIO, G. & PAJNO, F.: 1886/87. Primo Saggio di un Catalogo Metodico degli Ortotteri sinore osservati in Sicilia. – *Nat. Sicil., Palermo,* 6:1-17.

RILLING, S., MITTELSTAEDT, H. & ROEDER, K. D.: 1959. Prey recognition in the praying mantis. – *Behaviour, Leiden,* 14:164-184.

ROBERT, A.: 1962. Facteurs limitants de *Mantis religiosa* L. dans la région de Montréal.N-*Ann. ent. Soc., Quebec,* 7:61-67.

ROEDER, K. D.: 1935. An experimental analyse of the sexual behaviour of the praying mantis (*Mantis religiosa* L.). – *Biol. Bull., Lancaster,* 69:203-220.

ROEDER, K. D.: 1936. Raising the praying mantis for experimental purposes. – *Science, New York,* 83:582-583.

ROEDER, K. D.: 1960. The predatory and display strikes of the praying mantis. – *Med. Biol. Illustr., London,* 10:172-178.

ROLLINAT, R.: 1926. Quelques observations sur la mante religieuse, principalement sur la nourriture pendant le premier âge. – *Rev. Hist. nat. appl., Paris* (I) 7:242-251, 270-276.

ROSSI, P.: 1972. Mantissa Insectorum exhibiens species nuper in Etruria. *Pisis,* 1:102-103, 2:T.5, f.G-H.

SALFI, M.: 1931. Ortotteri di Vulcano (Isole Eolie). – *Bol. Soc. Nat., Napoli,* 43:157-160.

SALFI, M.: 1931. Ortotteri di Valona (Albania) e di Rodi (Egeo). – *Ann. Mus. Zool. R. Univ. Napoli (n. Ser.)* 7/4:1-6.

SAUSSURE, H.: 1869. Essai d'un System des Mantides. – *Mitt. Schweiz. ent. Ges.* 3/2:49-73.

SCHMIDT, G.: 1963. Eine *Goniopsita*-Art aus Eigelegen von *Mantis religiosa* L. (Diptera-Chloropidae). – *Mitt. Dt. Ent. Ges.* 22:87.

STADLER, H.: 1961. Orthoptera und Dermaptera des Naturschutzgebiets Romberg. – Nachrichtenbl. Bayer. Ent. X/12:131-132.

STÄGER, R.: 1928. *Mantis religiosa* als Musikerin. – *Z. wiss. Ins.-Biol., Berlin,* 23:162-164.

STÄRK, O.: 1955. Fund einer Gottesanbeterin (*Mantis religiosa* L.) auf dem Schauinsland. – *Mitt. bad. Landesver. Naturkl. Natursch., N.F., Freiburg i. Br., 6/3:188-189.*

STROHM, K.: 1924. Die Heuschreckenfauna von Baden. – *Mitt. Bad. Ent. Ver. Freiburg i. Br. 1:53-54.*

STROHM, K.: 1932. Die Gottesanbeterin. – *Beilage Mitt. bad. Landesver. Naturkd. Natursch., N.F., Freiburg i. Br.,* 2/21.

TEICHMANN, H.: 1955. Beitrag zur Ökologie und Tiergeographie der Heuschrecken Korsikas (Orthoptera, Saltatoria). – *Biol. Zentralbl.* 74:244-273.

UVAROV, B.: 1931. Notes on the Genus *Iris* SAUSS. (Orthoptera, Mantidae). – *Ann. Mag. Nat. Hist., Ser.* 10, 8:234-238.

UVAROV, B.: 1936. New Orthoptera from Cyprus. – *Ibid.* 18:505-515.

UVAROV, B.: 1948. Andalusian Orthoptera described by RAMBUR. – *Eos, Madrid,* 24:369-390.

WEIDNER, H.: 1941. Die Geradflügler (Orthoptera und Blattoidea) des unteren Maintales. – *Mitt. Münch. ent. Ges.* 31:371-459.

WEIDNER, H.: 1959. Beiträge zur Geradflüglerfauna der östlichen Mittelmeerländer auf Grund der Sammlung des Zool. Mus. Hamburg (Isopteria, Orthopteria). – *Ent. Mitt. Zool. Staatsinst. u. Zool. Mus. Hamburg,* 20:1-16.

WERNER, F.: 1898. Beitr:age zur Kenntnis der Orthopterenfauna der Hercegovina. – Verh. Zool.-bot. Ges. Wien 48:153-156.

WERNER, F.: 1902. Beiträge zur Kenntnis der Orthopterenfauna Griechenlands. – *Berliner Ent. Z.* 47:111-118.

WERNER, F.: 1903. Über die von Herrn Dr. KARL GRAFEN Attems aus Kreta mitgebrachten Orthopteren. – *Verh. Zool.-bot. Ges. Wien* 53:65-69.

WERNER, F.: 1909. Weitere Beiträge zur Kenntnis der Orthopterenfauna Österreichs. – 19. Jahresber. Wien. ent. Ver. 1908, 19 pp.

WERNER, F.: 1909. Bemerkungen über die geographische Verbreitung der Mantodeen (Fangheuschrecken). – *Verh. Zool.-bot. Ges. Wien* 59:70-81.

WERNER, F.: 1915. Verschleppung von Fangheuschrecken (Mantodeen) durch den Schifferverkehr. – *Z. wiss. Insektenbiol., Berlin,* (1. Folge 20):98-99.

WERNER, F.: 1919. Beiträge zur Kenntnis der Fauna Dalmatiens, bsd. der Insel Brazza. V. Orthoptera – Neuroptera. – *Zool. Jahrb. (Syst.)* 42:213-226.

WERNER, F.: 1923. Beiträge zur Orthopterenfauna von Mähren. – *Verh. naturf. Ver. Brünn* 58:169-173.

WERNER, F.: 1927. Beiträge zur Kenntnis der Fauna Griechenlands. – *Zool. Anz.* 70:145-149.

WERNER, F.: 1927. Zoologische Streifzüge in Attika, Morea und besonders auf der Insel Kreta. – *Abh. Naturw. Ver. Bremen* 26:425-460.

WERNER, F.: 1931. Beiträge zur Kenntnis der Fauna Süd-Dalmatiens. – Unveröff. Manuskript.

WEWRNER, F.: 1933. Ergebnisse einer zoologischen Studien- und Sammelreise nach den Inseln des Ägäischen Meeres. II. Orthopteren. – *SB. Akad. Wiss. Wien (I), Math. naturw. Kl.* 142:185-204.

WERNER, F.: 1933. Über Orthopteren aus Ostgriechenland und von den Inseln des Ägäischen Meeres. – *Mitt. Zool. Mus. Berlin* 18:395-415.

WERNER, F.: 1934. Dritter Beiträg zur Kenntnis der Tierwelt der Ägäischen Inseln. – *SB. Akad. Wiss. Wien (I), Math.-naturw. Kl.* 143:313-337.

WERNER, F.: 1936. Ergebnisse einer zoologischen Forschungsreise nach dem Dodekanes, unternommen von Kustos Dr. OTTO WETTSTEIN. I. Orthopteren aus dem D. – *Ibid.* 145: 9-17.

WERNER, F.: 1937. Ergebnisse der 4. zoologischen Forschungsreise in die Ädäis (1936). III. Orthopteren. – *Ibid.* 146:89-118.

WERNER, F.: 1937. Beiträge zur Kenntnis der Tierwelt des Peloponnes, der Inseln Kythira und Euboea sowie der kleinen Inseln im Saronischen Golf. – *Ibid.* 146:135-153.

WERNER, F.: 1938. Ergebnisse der 8. zoologischen Forschungsreise nach Griechenland (Euboea, Tinos, Skiathos, Thasos usw.). – *Ibid.* 147:153-173.

YERSIN, A.: 1860. Note sur quelques Orthoptères nouveaux ou peu connus. – *Ann. Soc. ent. France, sér.* 3, 8:509-537.

ZACHER, F.: 1909. Die Nordgrenze des Verbreitungsgebietes der Montodea in Europa. – *Z. wiss. Insektenbiol., Berlin*, 5:134-135.

ZACHER, F.: 1917. Die Geradflügler Deutschlands und ihre Verbreitung. – Jena, 285 pp.

ZACHER, F.: 1928. Züchtung von Orthopteren. In: ABDERHALDEN, Handb. biol. Arbeitsmeth., Abt. IX, T. 1:89-190.

INDEX

Verzeichnis der Art- und Gattungsnamen (– vor dem Artnamen = Synonym) «» List of the species und genus-names (– before the species-name = synonym).

GPSR Compliance

The European Union's (EU) General Product Safety Regulation (GPSR) is a set of rules that requires consumer products to be safe and our obligations to ensure this.

If you have any concerns about our products, you can contact us on ProductSafety@springernature.com

In case Publisher is established outside the EU, the EU authorized representative is:

Springer Nature Customer Service Center GmbH
Europaplatz 3
69115 Heidelberg, Germany

Batch number: 10809439

Printed by Printforce, the Netherlands